三七连作障碍形成机制及优质生产技术

朱书生 何霞红 等 著

U0302946

科学出版社

北 京

内 容 简 介

作物连作障碍是粮食、蔬菜、水果、中药材等优质安全生产的主要限制因子。本书是研究三七连作障碍形成机制及优质生产技术的专著。本书系统地介绍了三七连作障碍的形成与病原菌的侵染、自身有毒代谢物的累积、土壤理化性质的恶化及养分失衡、环境因子的胁迫、栽培管理措施不当等的关系及生态种植关键技术。本书内容广泛，从应用基础研究到技术研究，从实验室研究、田间试验到示范推广，系统地介绍了三七连作障碍形成的原理、生态种植关键技术及相关研究方法。

本书可供植物保护、作物栽培、中药材种植、生物多样性、生态学、资源环境等专业的科研工作者，高等院校相关专业的教师、研究生、本科生及农业技术人员参阅。

图书在版编目（CIP）数据

三七连作障碍形成机制及优质生产技术/朱书生等著. —北京：科学出版社，2022.10
ISBN 978-7-03-073573-7

Ⅰ. ①三… Ⅱ. ①朱… Ⅲ. ①三七–栽培技术 Ⅳ. ①S567.23

中国版本图书馆 CIP 数据核字(2022)第 195011 号

责任编辑：王海光　王　妤　高璐佳 / 责任校对：严　娜
责任印制：吴兆东 / 封面设计：北京图阅盛世文化传媒有限公司

科学出版社 出版
北京东黄城根北街 16 号
邮政编码：100717
http://www.sciencep.com

北京建宏印刷有限公司 印刷
科学出版社发行　各地新华书店经销

*

2022 年 10 月第 一 版　　开本：787×1092 1/16
2023 年 1 月第二次印刷　　印张：27 3/4
字数：658 000
定价：368.00 元
(如有印装质量问题，我社负责调换)

《三七连作障碍形成机制及优质生产技术》
著者名单

主要著者　朱书生　何霞红　杨　敏　黄惠川　刘屹湘　陈　斌

其他著者（按姓名汉语拼音排序）

陈国华	陈中坚	邓维萍	杜　飞	杜广祖	杜云龙
方海燕	高　熹	龚加寿	郭存武	郭力维	金　鑫
李迎宾	刘海娇	龙月娟	罗丽芬	马文敬	毛忠顺
梅馨月	王慧玲	王罗涛	王文鹏	王　鑫	王　扬
王柱华	魏　薇	吴　灿	吴国星	吴家庆	吴劲松
肖关丽	许彦国	杨　宽	叶　辰	尹兆波	袁　也
张　贺	张立敏	张　帅	张晓明	张义杰	张治萍
郑建芬	郑亚强	周　璇	宇变仙		

序

千百年来药材采挖于深山老林，药效高、药力足，护佑了中医药的健康发展。近几十年，药材需求暴涨，野生药材挖掘殆尽，大部分药材实现了人工栽培。广大农业科技工作者在中药材遗传育种、标准化栽培、病虫害防治等方面获得了丰厚的研究成果，为保障优质药材生产做出了卓越的贡献。

中药材与水稻、小麦、玉米等主要农作物相比，科学研究积累尚存在一定的差距，在许多专业领域还有较大的研究空间，有些生产上的问题还需深入探讨。在中药材生产过程中，受利益驱动的影响，以及人们急于求成的浮躁行为，使中药材生产存在诸多问题。一是中药材高产低质现象突出。一些中药材栽培照搬了农作物的高产模式，大量施用化肥、膨大素等化学品，从而使药材品质下降，药效受到质疑。例如，云南的玛卡生产就是因追求高产而导致药效严重下滑，最终引起玛卡产业的崩塌。二是中药材农药残留、重金属超标问题突出。中药材与农作物相比经济效益高，尤其是一些名贵中药材效益高，药农不惜成本大量使用农药，加剧了农残、重金属的超标。三是中药材连作障碍问题突出。中药材连作导致土壤富营养化、根际微生物组成相变化及自毒等，使得大多数药材品种连作障碍严重，农用地种植一茬后几十年不能复种，不仅造成毁林开荒种植中药材的问题，而且一些道地产区面临无地可种的局面。四是中药材生产周期长，信息反馈滞后，市场供求失衡问题突出。中药材信息滞后和信息不对等导致部分药材种植面积失控、产量过剩、市场价格暴跌等情况突出，药农、药企的产值忽起忽落，中药材产业健康稳定发展受到严重制约。

三七是我国大宗名贵中药材之一，与其他中药材生产存在相似问题，尤其是连作障碍问题突出。十余年来，云南农业大学科研团队围绕三七连作障碍原理及克服连作障碍的关键技术进行了深入系统的研究，初步探明了三七连作障碍与病虫侵袭、微生物组成变化、有毒代谢物累积、土壤理化性质恶化、养分失衡、环境因子胁迫等之间的相互关系，研发了生境耦合、土壤性质、肥水管控、病虫害生物防治等一系列关键技术，构建了三七生态化、标准化的种植模式，为实现三七优质生产做了很多探索。

该书综合了团队研究成果及国内外的最新研究进展，从环境、土壤、病虫害等方面分析了影响三七生产、品质，以及造成连作障碍的原因，系统介绍了三七种植关键技术，该书可作为本科生和研究生的教学指导用书，也可以为从事中药材相关工作人员在解决科研、生产实际问题时提供参考。

朱有勇

2022 年 5 月

前　言

健康中国已成为国家战略，而生物医药和大健康产业也成了重点发展产业。随着人们生活质量的提高及健康意识的不断增强，国内外对中药材的需求逐年快速上升。据统计，全球有约 56 亿人在使用中草药产品。根据国家对中药产业的定位，2020 年中医药产业体量已达 3 万亿～4 万亿，且预计每年将以 20%左右的增速发展。中医药大健康产业的发展离不开中药材产业的健康发展。近年来，国家中药材产业发展十分迅猛，据第三次中药资源普查统计，我国中药资源共 12 807 种，其中药用植物 11 146 种、药用动物 1581 种、药用矿物 80 种。《全国道地药材生产基地建设规划（2018—2025 年）》显示，我国常用中药材 600 多种，其中 300 多种已实现人工种养。到 2025 年，仅全国道地药材生产基地总面积就有 2500 万亩（1 亩≈666.7 m^2）以上。中药材种植业的发展，不仅能促进地方经济发展，还能促进中医药事业可持续发展。但是大面积人工种植使中药材面临品质下降的难题，导致优质中药材供应短缺。《中共中央　国务院关于促进中医药传承创新发展的意见》也明确指出"中药材质量良莠不齐"。中药材是中医药发展的物质基础，只有提供高质量的中药材，才能保证临床用药的有效和安全。因此，生产优质安全的中药材成为中医药产业高质量发展的关键问题。

千百年来药材多采挖自深山老林，药效高、药力足，但随着药材需求暴涨，野生药材挖掘殆尽，人工农田栽培模式被广泛采用。长期以来，药材驯化、育种、栽培等取得了卓越成就，然而与农作物相比差距甚大，加之浮躁逐利，存在诸多难题：①生物医药和大健康产品原料绿色发展需求日益迫切，为追求产量而参照传统大田农作物集约化栽培模式生产的中药材，其品质受到影响；②中药材受病虫危害严重，栽培过程中农药的使用使药材的安全性受到影响；③中药材连作障碍严重，为了克服连作障碍而采用新地种植使得很多地区面临无地可种的严重局面，使药材的道地性受到影响。

引起中药材种植系列重大难题的核心原因是药材种植照搬农作物高产模式。现代的农作物品种经上千年遗传改造已经适应配套的高产模式。中药材对病虫害的抗性与农作物相比差距甚远，加之追求高产大肥大水，病虫害严重，农药过量及农残超标问题突出。由于药材农田高产栽培，尤其是化肥、膨大素等化学制品的过量使用，高产与药效药力呈负相关,高产低质普遍存在。中药材连作障碍严重,毁林开荒种植中药材不仅严重影响生态环境,而且使很多地区的中药材面临无地可种的严重局面。遵循中药材生长发育特性,研发适宜中药材生态种植的绿色模式是保障药效、确保中医健康发展的关键。

三七是我国大宗名贵中药材,占云南省药材产值一半以上。然而,随着三七种植面积的扩大,农民种植过程中只注重产量而忽视质量。尤其大量农药和化肥的使用使三七在品质和适应性方面发生了重要变化。种质资源良莠不齐、生态适应性降低、对病原微生物抗性减弱、根腐病等病害频繁发生等是制约三七生产的主要问题。大量施用农药造成的病原菌抗药性增强、农药残留和重金属含量超标导致三七药材的整体品质不断下降,加之连作障碍引起的土地和环境的压力,严重制约三七产业健康发展。因此,三七种植过程中由病虫危害、连作障碍等造成的连作障碍问题非常突出,其机制十分复杂,而能否克服连作障碍关系着三七产业的健康发展。

十多年来,云南农业大学科研团队得到了国内外及社会各界的大力支持和帮助,系统地开展了三七连作障碍形成机制及克服关键技术的研究和应用。研究表明,三七连作障碍的形成与土传病原菌的侵染、自身有毒代谢物的累积、土壤理化性质的恶化及养分失衡、环境因子的胁迫、栽培管理措施不当等有关。这些因素通常协同作用,导致三七产量、品质等受到影响。随着研究的深入,我们逐渐认识到连作障碍是植物在长期进化过程中形成的一种适应策略,是植物控制自身种群的时空分布,从而避免种内竞争的一种特性。这是植物自身特性,无法消除,且大肥大水高产的现代农作物连作高产栽培模式会加剧连作障碍的危害。因此,只有采用适宜中药材自身特性的栽培模式才能逐步减轻连作障碍对产量和品质的影响。科研团队围绕土传病菌、自毒作用、养分平衡、土壤微生物消长、环境调控等因素开展了广泛研究。经过十多年上千次试验,在机制研究、关键技术研发和应用推广等方面取得了重要进展,并构建了缓解三七连作障碍的现代化、标准化、集约化和生态化的技术体系。

随着研究的深入,科研团队发现中药材连作障碍的内容极为丰富,规律和现象极为普遍,但机制极为深奥,相关研究已经涉及植物病理学、生态学、植物化学、植物保护学、微生物学、分子生物学、遗传学、生物信息学、作物栽培学、农业气象学、植物营养学、生物统计学等系列学科。阐明中药材连作障碍的规律和机制远不是近期能完成的,需要更多对此感兴趣的科学家或科技工作者共同努力,从不同的角度揭示该规律。因此,为了便于同行之间的交流,研究组把本阶段关于三七连作障碍的主要研究成果、研究方法和相关研究资料撰写成书，希望本书起到抛砖引玉的作用，使更多的同行一起开展该领域的研究和应用工作。

研究得到了科技部、国家自然科学基金委员会、农业农村部、教育部、云南省科学技术厅、云南省教育厅、云南省发展和改革委员会、云南省农业农村厅、中国科学院昆明植物研究所、中国农业大学、西北农林科技大学、中国农业科学院等单位的大力支持和帮助；得到了云南省重大科技专项计划"林下有机中药材种植技术体系构建及利用研究"（2019ZG00901）、"克服三七连作障碍技术体系构建及应用"（2016ZF001），国家重点研发计划"三七生态种植技术与大健康产品研发及产业化"（2017YFC1702500）、"中药材化肥农药减施增效技术集成研究"（2018YFD0201107），国家自然科学基金（31660605、31772404）等项目的支持；得到了朱有勇院士、黄璐琦院士、崔秀明教授、张文生教授、张怡轩教授、辛文峰博士，以及 Jean-Benoit Morel、Jorge Vivanco 等外国专家学者的悉心指导和大力支持，在此一并予以致谢。

由于作者水平有限，加之该研究领域交叉学科较多，书中难免存在不足之处，望同行专家和读者不吝批评指正。

朱书生

2022 年 5 月

目　　录

第1章 绪 论

中医凝聚着中华民族几千年的健康养生理念及其实践经验,是中华文明的瑰宝。新中国成立以来,我国中医药事业取得显著成就,为提高人民健康水平做出了重要贡献。习近平总书记强调,要遵循中医药发展规律,传承精华,守正创新,加快推进中医药现代化、产业化,坚持中西医并重,推动中医药和西医药相互补充、协调发展,推动中医药事业和产业高质量发展,推动中医药走向世界,充分发挥中医药防病治病的独特优势和作用,为建设健康中国、实现中华民族伟大复兴的中国梦贡献力量。

优质安全是中药材产业高质量发展的关键问题。中药材产业是国家医药产业的重要组成部分,在经济社会发展全局中具有重大意义。近年来,国家中药材产业发展十分迅猛,据不完全统计,2018年全国中药材种植面积约5406万亩。但是中药材面临品质下降、供应短缺两大难题,特别是优质中药材供应短缺。2019年,《中共中央 国务院关于促进中医药传承创新发展的意见》也明确提出了"中药材质量良莠不齐"。中药材是中医药发展的物质基础,只有提供高质量的中药材,才能保证临床用药的有效和安全。因此,生产优质安全的中药材成为中医药产业高质量发展的关键问题。

千百年来药材采挖自深山老林,药效高、药力足,但随着药材需求暴涨,野生药材挖掘殆尽,人工农田栽培模式被广泛采用。长期以来,药材驯化、育种、栽培等取得了卓越成就,然而与农作物相比差距甚大,加之浮躁逐利,存在诸多难题:①生物医药和大健康产品原料绿色发展需求日益迫切,参照传统大田农作物集约化栽培模式生产的中药材原料,其品质有效性和安全性受到社会广泛质疑;②中药材连作障碍严重,另辟新地或毁林开荒种植中药材,不仅严重影响生态环境,而且很多地区因连作障碍中药材面临无地可种的严重局面。引起中药材种植系列重大难题的核心原因是药材种植照搬农业高产模式。现代的农作物品种经上千年遗传改造已经适应配套的高产模式。然而,中药材对病虫害抗性、耐肥品种的选育与农作物相比差距甚远,加之追求高产大肥大水,病虫害严重,农药过量及农残超标问题突出。由于药材农田高产栽培,尤其是化肥、膨大素等化学制品的过量使用,高产与药效呈负相关,高产低质普遍存在。因此,遵循中药材生长发育特性,研发适宜中药材生态种植的绿色模式是保障药效、确保中医健康发展的关键。

1.1 中药材产业发展现状

我国中药材的种植有着悠久的历史和深厚的基础。尤其在近30年,随着人们生活质量的提高和健康意识的不断增强,国内外对中药材的需求快速上升,全国药材种植面积也快速扩张,在栽培技术、药材品种、生产方式、规模等方面有了长足的进步。目前,人工种植的药材已占常用药材的三分之一以上。根据国家对中药产业的定位,2020年中医药产业体量已达到3万亿~4万亿,且预计每年将以20%左右的增速发展。据第三次中药资源普查统计，我国中药资源共 12 807 种，其中药用植物 11 146 种，药用动物 1581 种，药用矿物 80 种。根据《全国道地药材生产基地建设规划（2018—2025 年）》，我国常用中药材 600 多种，其中 300 多种已实现人工种养。到 2025 年，仅全国道地药材生产基地总面积就有 2500 万亩以上。根据各省（自治区、直辖市）"十三五"规划，2020 年全国已有规划面积达 7478.5 万亩，其中云南 2020 年规划药材种植面积达 1000 万亩，贵州达 700 万亩，陕西、湖南和河南达 500 万亩。据可统计的 19 省（自治区、直辖市）中药产值，2020 年规划达千亿元的省份就包括吉林、河南、安徽、浙江、江西、云南、湖南和广东。中药材种植业的发展，不仅能促进地方经济发展、改善生态环境，还能促进中医药事业可持续发展。

1.2 中药材生产面临的问题

近年来我国中药材的种植面积有了大幅度的增加，产业规模也迅速扩大，但药材资源的利用率较低，市场对中药材需求的缺口仍然很大。另外，由于种植规模的迅速扩大，加之不合理的栽培管理，中药材生产面临一系列问题。

1.2.1 中药材规模化种植导致连作障碍严重发生

连作障碍是指在同一块土地中连续栽培同科或同种作物时，即使在正常的栽培管理条件下，也会出现生长势变弱、产量降低、品质下降、病虫害加重的现象（张重义和林文雄，2009）。连作障碍是许多作物生长中的常见现象，也是现代集约农业生产中面临的主要问题之一。常见的粮食作物、园艺作物、瓜果蔬菜，包括小麦、玉米、高粱、大豆、西瓜、黄瓜、草莓、马铃薯、花生等均存在连作障碍（Ogweno and Yu，2006）。同样果树、咖啡、茶树等的种植中也存在连作障碍问题（Chou and Waller，1980；Rice，1984；Caboun，2005；Canals et al.，2005）。连作障碍在药用植物栽培中也是常见的现象，如苍术、地黄、人参、三七、太子参、黄连、当归等（张重义和林文雄，2009）。随着药用植物规范化栽培的推进及种植面积不断扩大，连作障碍已经成为药用植物栽培过程中面临的主要技术瓶颈。

随着市场对中药材需求量的不断增加，中药材连年大面积单一种植的问题更加明显，连作障碍已严重影响中药材的产量和品质。目前生产中主要通过农药施用和轮作来缓解连作障碍，但农药的大量使用不但成本高，而且减轻连作障碍效果不明显，反而导致严重的农药残留和重金属超标等药品安全问题。随着市场对中药材需求量的不断增加和新垦地的减少，种植逐渐从道地产区向非道地产区转移，严重影响药材的道地性和原产地保护。因此，深入研究中药材连作障碍的形成机制及缓解技术是确保药用植物安全生产的关键。

1.2.2 中药材规模化种植导致病虫危害严重

传统药材生长于深山老林和荒郊野外，很少见病虫害暴发危害。但由于市场的巨大需求，农民开始大规模地利用农田集中种植中药材。尤其为了追求产量而采用高密度、单一品种大面积种植及大肥大水的管理方式，导致病虫害发生越来越严重。为了防治病虫害，农民不合理地大量使用农药，尤其是一些禁用农药的违规及不科学使用，导致中药材生产中农药残留严重超标，严重影响着中药材的质量。究其原因，中药材种植病虫害高发是由于大面积单一种植导致农田生物多样性降低。

1.2.3　盲目追求高产的栽培方式导致药材质量不佳、药效降低

中药材种植多为农民自发种植，缺乏统一管理，也缺乏统一的技术指导。因此，药农在实际种植过程中常利用其他作物的栽培经验来种植中药材，一味追求产量，导致很多中药材虽然长势很好，产量很高，但药效降低。另外，我国中药材的种植较为分散，没有较大的规模，难以形成统一的市场，多数仍然是以家庭为单位的小面积种植。因此，在中药材选种和育苗上，很多都是处于原始和自然收集状态，种苗的质量不佳，直接导致生产的药材质量降低。同时，缺乏统一管理和技术指导，药材繁殖方式多种多样，如利用茎叶、种子、根茎等，这种多样化的无性繁殖方式也是导致中药材质量下降的重要原因。

1.2.4　中药材不规范种植导致污染加重、安全性降低

中药材生产过程中面临着农药污染、重金属污染、环境污染等一系列问题。这些污染严重影响中药材的安全性。农药的使用在给农业和生产者带来巨大利润的同时，也带来很多负面影响。例如，农药的长期广泛使用使作物病虫害的抗药性增强，一些益虫益鸟数量减少，土壤中有益菌群遭到抑制，破坏了自然界的生态平衡。更重要的是农药的残留直接威胁到人类的健康。中药材作为一类经济作物，除一些小品种来源于野生外，其中的大品种和一些野生资源枯竭的品种都是通过种植获得的，所以农药残留问题同样存在。一些地区为提高药材产量，大量使用农药，致使药材农药残留量过高。

中药材农药污染主要来源于以下几种途径。一是药材生产的环境受到污染。药材生长的土壤、水源、大气等的污染是一些高残留性农药污染的主要来源。例如，六六六、滴滴涕在 20 世纪 70 年代就被禁用并停止生产，但许多样品中都有检出，这都是药材植株从环境中摄取的。二是药材种植过程中不合理用药及大量滥用农药。三是采收、加工、贮存、运输过程中的污染。例如，用农药、化肥的包装袋来包装药材，运输农药、化肥的车辆未经彻底清洁就运输药材；为防止生虫变质，用农药对库存药材进行熏蒸；药材炮制过程中辅料引入污染等。目前，很多剧毒农药已被我国相关部门明确禁用，即使是一些没有禁用的农药，在使用剂量上相关部门也给予了明确的规定，尤其是对于无公害作物的农药使用量的规定更加严格。但即便如此，在一些病虫害防治技术较为落后的地方，农药的使用剂量仍然难以控制。同时，很多农民为了提高经济效益，常常私自加大农药的使用剂量，严重违背了中药材生产的标准限定，导致出现农药残留超标、药性降低的现象。中药材农药残留污染问题非常普遍，但只被消费者和出口商所重视，而在作为主要污染途径的种植环节却未得到真正重视。

重金属，尤其以铅（Pb）、镉（Cd）、砷①（As）、汞（Hg）、铜（Cu）对人体的危害最大，会造成神经系统、消化系统、造血系统、肝肾功能的损伤，影响细胞的正常代谢。因此，2015 版《中华人民共和国药典》规定重金属的检测必须包括 Pb、Hg、Cd、As 和 Cu 等。郭兰萍等以《中医药——中药材重金属限量》ISO 国际标准为依据，分析了中药材中 Pb、As、Cd、Hg 四种重金属元素的污染情况，发现超标率分别为 3.46%、4.03%、2.91% 和 1.41%。重金属元素一旦进入人体，由于其半衰期较长，在人体内的含量不断增加后，会诱发各种疾病。因此，重金属的污染不仅影响中药材的入药安全性和中药材本身的治疗效果，且已成为制约中药材走向国际市场的首要问题。

1.3　中药材连作障碍形成的原因

1.3.1　中药材连作障碍形成的生态学成因

1. 中药材单一化大面积种植导致农田生物多样性降低，病虫危害加剧

农业生产的特点是以少数栽培植物及牲畜种类取代了自然状态下的生物多样性，而单一种植模式更使这种简单化达到极致。人为造就的农田耕作系统只能依靠人为的持续干预才能维持其生产力。农业现代化的发展历程，也就是逐步背离自然生态规律的过程。在绝大多数情况下，为了提高产量，只能一味增加农用化学物质的投入。这种生产方式已使人类付出了沉重的社会与生态代价。破坏性的生产方式不仅造成了多种作物病虫草害的频繁暴发，也导致了盐碱化、土壤侵蚀、水资源污染等严重的环境问题。因此，现代农业生态系统的不稳定性也就在所难免。植被多样性是自然景观中的重要组成部分，其生态功能在农作物保护方面发挥着极其重要的作用。因此，以牺牲植被多样性为代价的作物单一种植模式中，病虫草害日益恶化也就是顺理成章的事情。在全世界的农田中，一年生作物农田种植面积占全球农田的 91%，其中大多数是小麦、水稻、玉米、棉花和大豆单一种植。这种耕作系统在面对病虫害暴发时抵抗力较弱，暴露了单一农田耕作系统的脆弱。

农作物病害是农业生产上重要的生物灾害，是制约农业可持续发展的主要因素之一。据联合国粮食及农业组织估计，世界粮食生产因植物病害造成的年损失约占总产量的 10%。近年来，由于全球性气候反常，在人口数量增加，而耕地面积逐年递减和水资源有限的情况下，为满足人类的粮食需求，少数高产、高抗品种的大面积单一化种植，导致了农业生物多样性的严重降低；同时，野生近缘种的遗传资源也随着改良品种的大面积种植和农业生产模式的改变而逐渐丧失，农业生态系统变得更加脆弱，病害暴发的周期缩短，从而加大了农药的使用量，使得农业生态环境进一步恶化；同时加大了对病原菌群体的定向选择压力，使得稀有小种迅速上升为优势小种，导致了品种抗性"丧失"，主要病害流行周期越来越短，次要病害纷纷上升为主要病害，造成更加严重的经济损失。例如，美国大面积推广 T 型胞质雄性不育系配制的杂交种，造成了 1970 年玉米小斑病

---

① 砷为非金属元素，但因砷的化合物有金属性，将其与金属一并叙述

的大流行，产量损失 15%，造成数亿美元的损失；欧洲大面积推广种植大麦品种 'Plugs Intensive'，导致含毒性基因的小种迅速上升为优势小种，造成大麦白粉病的流行；澳大利亚推广小麦品种 'Eureka'，造成小麦秆锈病的大流行。因此，农业生物多样性的过度丧失已经成为农业可持续发展所面临的主要矛盾和难题。

中药材的人工驯化种植历史短，大多数中药材是刚从野外驯化而来的，其遗传特性还不适宜大规模集约化种植。但由于市场的巨大需求，农民大规模地利用农田生产中药材，尤其为了追求产量而采用高密度、单一化种植，使农田多样性程度急剧降低，病虫害的发生越来越严重。同时，为了防控病虫害，农民不合理地大量使用农药，这又促使病虫害抗药性的产生，造成农药失效，同时还破坏了生态平衡。

2. 植物-土壤的反馈调节效应加重连作障碍

植物-土壤的反馈（plant-soil feedback，PSF）是指植物与土壤共同构成的生态系统中，植物个体会影响土壤环境，而土壤生物和非生物环境的变化也会影响植物物种在土壤生境中的表现（Thrall et al.，1997；Bever，2003）。植物-土壤反馈机制的概念最早由 Bever 等（1997）提出，反馈机制包括了两个方面的含义：首先，某株植物或者植物的种群改变了土壤生物群落的结构或非生物条件状况；其次，土壤生物群落的变化影响了地上该物种或种群的生长。2013 年，van der Putten 将该反馈机制进一步概括为直接反馈和间接反馈机制。植物-土壤的反馈调节效应在不同植物、群落间的表现有所不同，主要表现为负反馈效应、中性反馈效应和正反馈效应。植物-土壤负反馈效应是指土壤生物群落、土壤理化性质的改变不利于植物的生长，使植物本身或下茬同种个体净生长降低；植物-土壤中性反馈效应是指土壤生物群落、土壤理化性质的改变对植物净生长无明显影响；植物-土壤正反馈效应是指土壤的改变促进植物本身或下茬同种个体的生长。植物与土壤的生物和非生物特性的反馈调节在构建植物与陆地群落，以及生态系统响应方面都发挥着重要的作用（Bardgett et al.，2010）。众多研究表明，影响 PSF 的三大类土壤生物包括：第一类是有害生物，包括土壤中的病原菌、草食性线虫、昆虫幼虫和其他无脊椎动物；第二类是植物的共生体，包括菌根真菌、非菌根内生真菌、内生细菌、固氮微生物和根际促生微生物；第三类是分解者，包括土壤中大部分的真菌、细菌和放线菌等。非生物因素包括土壤元素含量变化、理化性质变化、有害物质积累等。

农业生态系统中，随着全球气候变化和人类活动的加剧，许多陆地生态系统的结构和功能发生了显著的变化，植物可以改变土壤特性；反过来，土壤也会影响植物的表型、生产力、种群丰富度等。Klironomos（2002）综述了 1994～2008 年发表的 45 篇文献中的 329 个实验结果，发现 28%的研究结果是正反馈，70%的结果是负反馈，正反馈使植物的生物量提高了 25%，而负反馈则使其降低了 65%。这一发现表明，植物-土壤反馈调节在生态系统结构和功能的研究中是非常重要的机制。植物-土壤的负反馈是植物-土壤-微生物系统中的主要方式，并起着非常重要的驱动作用。例如，绿色革命给人类带来了化肥，大大提高了作物的产量，氮肥的施用一方面改变了土壤的生物和非生物因素；另一方面也作用于植物，改变了植物的生长、代谢等生理生化过程。因此，氮肥的人为施用必将改变农业生态系统中的 PSF。随着氮肥的过量投入，农业生产上氮肥利用率低、环境污染、作物品质下降、连作障碍等一系列问题都与植物-土壤的负反馈（negative plant-soil feedback，NPSF）密切相关。因此，PSF 的研究越来越受到关注。研究者认为植物-土壤相互作用不仅涉及许多生态学过程，而且是对全球变化最敏感的生态反应之一，这一过程的解析可能会成为解决作物连作障碍问题的关键（Bardgett et al.，2010）。

农业系统与自然系统在地上生物多样性、植物功能特征和土壤生物区系方面存在很大差异。农业系统中倾向于种植具有更高生产力的物种。然而，自然系统中，植物物种具有包含了资源保守型物种在内的整个经济特征谱系。近 20 年，PSF 的研究在农业和自然系统中得到了很大的关注。野生和栽培的植物都能够影响与植物根系相关的生物，如土传病原菌、有益共生菌以及能够分解植物凋落物的腐生生物，这些生物反过来又能对植物的生长产生消极或积极的影响。这些消极和积极相互作用的总和决定了 PSF 的方向与强度。两个系统中，植物的功能性状都影响着土壤生物，而土壤生物的功能性状（在分类群内和分类群间）及其丰度也影响着土壤对植物反馈的方向和强度。

众所周知，特异性土壤病原菌和食根性动物的积累降低了农业系统中作物的产量，但同时可以促进植物的演替和自然系统中植物多样性的维持。植物还与微生物形成共生体系，包括内生真菌、菌根真菌和促生细菌，这些都是 PSF 的重要驱动因素。例如，针对自然系统的研究发现，当丛枝菌根真菌（arbuscular mycorrhizal fungi，AMF）与非优势种共生时可以增加植物多样性，而与优势种共生时则会减少植物多样性。在农业系统中，耕作和施肥会减少真菌的生物量并破坏 AMF 网络，从而导致土壤氮素淋溶增加，并对植物生产力产生负反馈。显然，要想更好地将土壤微生物作为农业系统和自然系统的一种管理工具来使用，就需要更好地理解土壤微生物在驱动 PSF 的方向和强度方面的机制。人们对植物和土壤群落的复杂自然系统的理解，可以帮助应对可持续农业面临的重大挑战，如病害控制、营养保持和对极端气候的抗性。

如何最大限度地减少作物遭受病虫害的损失是农业面临的一项关键挑战。农药的施用非常普遍，但有时收效甚微，且正在变成一个重要的公共卫生问题。自然生态系统中，野生植物依靠其根际群落的活动和功能来抵御土壤病虫害。在进化过程中，植物与有益的土壤微生物建立了密切的关系，并利用其抑制植物病原体。农药及化肥的使用改变了有益和有害根际生物之间的平衡，从而影响植物的防御能力。从对自然生态系统的研究中，我们可以学习到如何利用基于植物特性的方法来提高作物对土壤病虫害的抵抗力。例如，影响根系酚类物质分泌特征是防御根部食草动物的重要手段。因此，在农业系统中，通过常规育种或基因工程方法定位特定的根系化学性状可以提高作物抵御病原的能力并增加或维持产量。通过将野生植物特性重新引入栽培植物，以及探索原栖息地野生亲缘植物与微生物防御机制的共进化，将为作物病虫害解决方案提供新的思路。

植物驯化过程中许多植物性状的变化不利于农业系统的可持续性。对自然系统的研究发现，野生植物特性和分离自野生植物的有益微生物（如 AMF 和固氮菌）对土壤病原菌的防控能力高于栽培植物，这表明接种野生亲缘物种的土壤也可以帮助控制作物病原体。然而，接种的微生物菌株有时很难定殖，这可能是由于与土著微生物群落的竞争作用，或者是由于它们比短生长期亲缘作物需要更多的时间来定殖。解决这个问题的一种方法是微生物浸种，让来自自然生态系统的有益微生物在农业土壤中"领先"定殖。与自然系统类似，在土壤中加入特定的作物秸秆也可以重建栽培植物中有益和致病微生物之间的自然平衡。在自然生态系统中，AMF 可以保护植物，降低环境胁迫，提高植物防御能力，这些结论可以用于农业 AMF 接种的优化。

自然生态系统中植物对营养循环的影响是 PSF 的主要驱动因素。这些营养驱动的 PSF 依赖于植物资源利用特性和植物有机化合物（根分泌物、凋落物）对土壤的输入。为了提高农业资源利用效率（即单位养分产生的生物量或产量），我们可以利用在自然系统中观察到的通过营养循环产生的 PSF 效应。

首先，可以通过闭合营养循环提高资源利用效率。来自外部的营养输入以及通过淋洗和气态氮排放造成的元素损失破坏了许多农业生态系统的营养循环。在自然生态系统中，养分循环更加封闭，植物残体被分解，这些养分又被植物吸收或以其他方式固定。闭合的农业生态系统养分循环需要将作物残体留在田间，从而更好地利用土壤分解者群落参与凋落物介导的 PSF。提高农业资源利用效率还可以从利用具有互补的氮吸收特性的植物中获益，这些特性在自然系统中广泛存在。在农业系统中，通过主要作物与多种覆盖作物轮作可以实现增产。数百年来，豆类一直被用作间作栽培作物以提高土壤肥力，但近期 PSF 的研究可用于改进这种农业实践，以更好地提高生产力和可持续性。例如，在植物混合播种中，豆类和固氮细菌之间的相互作用可以增强，从而在群落水平上提高植物生产力和性状，同时促进土壤碳储存。

其次，育种科学家开始使用育种策略，使共生的土壤有机体成为育种选择过程的直接目标。例如，通过新技术编辑植物基因组，使其与根系微生物特征相一致，使内生微生物能够传给下一代作物。优化植物与相互作用的土壤生物之间的联系，也有助于增加养分的吸收，并在环境胁迫的条件下保持足够的营养（例如，干旱条件下的共生增强效应）。需要注意的是，上述讨论的凋落物介导的 PSF 与 AMF 互作等微生物介导的 PSF 可以产生协同作用，当 AMF 增加时，凋落物分解能力可能对 PSF 强度有促进作用。因此，在农业管理中积极利用营养介导的 PSF 可以提高营养利用效率，减少系统中营养物质的损失，减少大量化肥的施用。

综上所述，植物-土壤的负反馈调节是导致作物连作障碍的重要原因。自然生态系统中由于多样性的存在，植物-土壤负反馈效应不明显，充分利用自然系统中生物之间的互作关系，开展农田多样性生态系统的重构，是实现农业可持续发展的重要路径。尤其是针对中药材这类人为选择驯化少的作物，利用自然生态系统的关系开展种植才能减轻连作障碍，提升药材品质。

1.3.2　中药材遗传改良不足，导致连作障碍严重

目前我国有 300 余种中药材实现了人工栽培，但良种选育却是栽培中最薄弱的环

节。绝大部分栽培药材为遗传混杂群体，整齐度差、产量低、品质不稳定，成为制约中药材规范化生产及影响药材品质的主要瓶颈。中药材种植长期以来延续传统的粗放经营模式，种植管理水平低下，种子种苗自繁、自留、自引及相互串换，混杂、退化、抗病性差的现象十分严重。中药材在长期栽培过程中，通过遗传、变异和选择成为道地药材，使之具有了某些特殊的适应性、相对稳定的遗传基础，但群体内包含着较多变异类型，经过长期扩繁，变异累积，导致田间表现型多种多样，群体内良莠不齐、形态各异的现象，造成中药材产量高低悬殊、商品外观形态不一、有效成分含量不同，成为中药材加工和中药材走向世界面临的最大弊端。因此，发展高效、优质、抗逆的中药材新品种是中药材规范化生产的必由之路（魏建和等，2011；杨成民等，2013）。

近10年，中药材品种选育工作在国家大力扶持下已积累了一定基础。在选育的中药材数量和质量、技术水平和人才队伍建设方面取得一定成绩。目前，选育出的新品种药材种类从20世纪90年代不足5%到目前达到40.5%，其中已有70%以上的品种得到了推广。虽然中药材新品种选育已取得较大进展，但人工栽培的中药材仍有60%左右没有选育出优良品种，药用植物品种选育工作不容乐观（华国栋等，2008）。造成这个现状的原因有多方面：其一，中药材品种选育研究尚停留在种质资源评价的"初级"阶段，育种手段和方法落后；新品种选育体系、评价体系、繁育体系没有建立；解决农药残留问题的最有效方法之一——中药材抗病育种，其研究也还没有取得实质进展。与此形成鲜明对比的是我国主要农作物的品种已更新换代3~5次，良种覆盖率达85%以上，新品种在农业科技进步中贡献率达40%以上。此外，虽然生物技术飞速发展，在农作物的品种选育中得到了大量的应用，但在中药材上才刚刚起步，需要继续探索（华国栋等，2008）。其二，栽培的300多种中药材中，经选育的优良品种不足20种，大多数中药材还没有进行过种质资源调查、收集、整理和保存工作，也缺乏经典遗传育种学各项遗传参数研究资料的积累，对于优良品种选育、生长发育规律、种子特性、药材质量与栽培因素的关系等研究较少。其三，由于中药材品种繁多，品种选育要兼顾药材的质量和产量，同时药用植物多为多年生植物，选育周期长，加之研究基础薄弱等因素，中药材品种选育的复杂性及难度可想而知。药用植物品种选育是一项系统工程，目前已成功选育的优良品种较少，且药用植物品种推广工作几乎是空白，大面积种植的中药优良品种微乎其微，远不能满足中药现代化、国际化发展的需要。而缺少良种繁育基地、中试开发基础建设环节薄弱、宣传普及工作薄弱、药农对良种认知度差等，是影响药用植物优良品种推广应用的重要原因。

近年来，基于中药材基因组的分子辅助育种取得重要进展。1995年第三次全国性中药资源普查结果确认，我国有中药资源12 807种，其中药用植物11 146种，约占中药材资源总数的87%，是所有经济植物中最多的一类（史大卓等，2002）。陈士林提出"本草基因组学（herbgenomics）"，通过全基因组的组装及生物信息学分析，为药用模式生物、道地药材研究、基因组辅助育种、中药合成生物学、DNA鉴定、基因数据库构建等提供理论基础和技术支撑（Chen et al.，2015；陈士林和宋经元，2016；陈士林等，2017）。目前，包括三七在内的数十种药用植物的全基因组数据已经获得，见表1-1。

表 1-1 已获得的药用植物全基因组

序号	中文名	拉丁名	刊物	基因组大小	测序方法	组装指标
1	印度大麻	*Cannabis sativa*	*Genome Biology*	534 Mb	Illumina	Scaffold N50 16.2 kb
2	木豆	*Cajanus cajan*	*Nature Biotechnology*	833 Mb	Illumina	Contig N50 21.95 kb; Scaffold N50 516 kb
3	铁皮石斛	*Dendrobium officinale*	*Molecular Plant*	1.35 Gb	Illumina+PacBio	Contig N50 25.12 kb; Scaffold N50 76.49 kb
4	长春花	*Catharanthus roseus*	*The Plant Journal*	738 Mb	Illumina	Scaffold N50 26 kb
5	丹参	*Salvia miltiorrhiza*	*Giga Science*	641 Mb	Illumina+PacBio	Contig N50 82.8 kb; Scaffold N50 1.2 Mb
6	铁皮石斛	*Dendrobium catenatum*	*Scientific Reports*	1 084 Mb	Illumina	Contig N50 33.1 kb; Scaffold N50 391 kb
7	丹参	*Salvia miltiorrhiza*	*Molecular Plant*	615 Mb	Illumina+PacBio+Roche	Contig N50 12.38 kb; Scaffold N50 51.02 kb
8	广藿香	*Pogostemon cablin*	*Scientific Reports*	1.57 Gb	Illumina	Contig N50 416 bp; Scaffold N50 112 bp
9	甘草	*Glycyrrhiza uralensis*	*The Plant Journal*	400.95 Mb	Illumina+PacBio	Contig N50 7.3 kb; Scaffold N50 109 kb
10	薄荷	*Mentha longifolia*	*Molecular Plant*	400 Mb	Illumina+PacBio	Scaffold N50 4 474 bp; Contig N50 13.2 kb
11	三七	*Panax notoginseng*	*Molecular Plant*	1.85 Gb	Illumina	Contig N50 13.2 kb; Scaffold N50 158 kb
12	三七	*Panax notoginseng*	*Molecular Plant*	2.39 Gb	Illumina	Contig N50 16 kb; Scaffold N50 96 kb
13	博落回	*Macleaya cordata*	*Molecular Plant*	378 Mb	Illumina	Contig N50 25 kb; Scaffold N50 308 kb
14	红景天	*Rhodiola rosea*	*Giga Science*	420 Mb	Illumina	Scaffold N50 144.7 kb; Contig N50 25.4 kb
15	人参	*Panax ginseng*	*Giga Science*	3.5 Gb	Illumina	Contig N50 21.98 kb; Scaffold N50 108.71 kb
16	马缨杜鹃	*Rhododendron delavayi*	*Giga Science*	698 Mb	Illumina	Contig N50 61.8 kb; Scaffold N50 637.83 kb
17	花菱草	*Eschscholzia californica*	*Plant Cell Physiology*	502 Mb	Illumina	Scaffolds N50 753 kb
18	地钱	*Marchantia polymorpha*	*Cell*	225.8 Mb	Illumina+Sanger	Scaffold N50 1.4 Mb; Contig N50 265.9 kb
19	买麻藤	*Gnetum montanum*	*Nature Plants*	4.11 Gb	Illumina	Contig N50 25.02 kb; Scaffold N50 475.17 kb
20	蕨麻	*Potentilla micrantha*	*Giga Science*	405.87 Mb	Illumina+PacBio	Contig N50 16 235 bp; Scaffold N50 335 712 bp
21	苎麻	*Boehmeria nivea*	*Molecular Ecology Resources*	341.9 Mb	Illumina	Contig N50 22.62 kb; Scaffold N50 1 126.36 kb
22	杜仲	*Eucommia ulmoides*	*Molecular Plant*	1.2 Gb	Illumina+PacBio+BioNano	Scaffold N50 1.88 Mb
23	南方菟丝子	*Cuscuta australis*	*Nature Communications*	272.57 Mb	Illumina+PacBio	Contig N50 3.63 Mb; Scaffold N50 5.95 Mb

续表

序号	中文名	拉丁名	刊物	基因组大小	测序方法	组装指标
24	人参	*Panax ginseng*	*Plant Biotechnology Journal*	2.98 Gb	Illumina	Scaffold N50 569 kb
25	黄花蒿	*Artemisia annua*	*Molecular Plant*	1.74 Gb	Illumina+Roche+PacBio	Contig N50 18.95 kb; Scaffold N50 104.86 kb
26	卷柏	*Selaginella tamariscina*	*Molecular Plant*	301 Mb	Illumina+PacBio	Scaffold N50 407 kb
27	罗汉果	*Siraitia grosvenorii*	*Giga Science*	420 Mb	PacBio+Illumina	Contig N50 432 kb
28	几内亚山药	*Dioscorea rotundata*	*BMC Biology*	570 Mb	Illumina+BAC-Sanger	Scaffold N50 2.12 Mb
29	田野菟丝子	*Cuscuta campestris*	*Nature Communications*	556 Mb	Illumina+PacBio	
30	南方菟丝子	*Cuscuta australis*	*Nature Communications*	272.57 Mb	Illumina+PacBio	Contig N50 3.63 Mb; Scaffold N50 5.95 Mb
31	罂粟	*Papaver somniferum*	*Science*	2.72 Gb	Illumina+10x Genomics+PacBio+BAC-Nanopore	Contig N50 1.77 Mb; Scaffold N50 204.5 Mb
32	黄芩	*Scutellaria baicalensis*	*Molecular Plant*	408 Mb	PacBio+Illumina+10x Genomics+Hi-C	Scaffold N50 33.2 Mb
33	菊花脑	*Chrysanthemum nankingense*	*Molecular Plant*	2.53 Gb	Oxford Nanopore+Illumina	Contig N50 130.7 kb
34	大麻	*Cannabis sativa*	*BioRxiv*	746 Mb	Illumina+PacBio+Nanopore	Contig N50 742 kb

2017 年，*Molecular Plant* 杂志同期发表了两篇三七全基因组的研究（Chen et al.，2017；Zhang et al.，2017）。这两项研究均获得了较高质量的三七参考基因组序列，其中来自云南农业大学的研究团队完成的三七基因组大小为 2.39 Gb，Contig N50 和 Scaffold N50 分别为 16 kb 和 96 kb，共预测到 36 790 个编码蛋白的基因，平均长度为 3307 bp，同时发现了大量皂苷生物合成的候选基因。该研究发现，三七在 9100 万年前与茄科植物马铃薯和辣椒分化开来，三七与四倍体的人参属植物人参和西洋参有 9383 个共同的基因，有 976 个特有的转录本（Chen et al.，2017）。而来自华南农业大学和中国科学院昆明植物研究所的联合研究团队组装的三七基因组大小 1.85 Gb，Contig N50 为 13.2 kb，Scaffold N50 为 158 kb。共预测得到 34 369 个蛋白编码基因，鉴定到参与人参皂苷合成的基因 347 个。基于比较基因组学、转录组学和高效液相色谱比较分析进一步证实，编码人参皂苷生物合成相关酶的基因主要在花、叶中特异表达并合成人参皂苷，然后合成的人参皂苷在根中积累。该发现颠覆了一直以来认为的三七皂苷在根里合成的观点（Zhang et al.，2017）。

三七这一人参属中重要二倍体植物参考基因组的获得及其相关代谢通路的解析，对指导三七的育种、种植与深加工产业的发展具有重要的意义。依托云南农业大学建立的云南省生物大数据重点实验室构建了中草药组学数据，分为基因组（5～10 个物种）、转录组（多于 100 个物种）、合成通路三个部分，实现了百种中草药数据的共享、利用，可满足有效成分合成生物学对关键合成酶的查找、定位功能。

基因组选择（genomic selection，GS）是一种利用覆盖全基因组的高密度标记进行选择育种的新方法，可通过早期选择缩短世代间隔、提高育种值估计准确性等加快遗传进展，尤其对低遗传力、难测定的复杂性状具有较好的预测效果，真正实现了基因组技术指导育种实践（尹立林等，2019）。基因组选择与传统的分子标记辅助选择最大的区别在于，其不是仅仅依赖于一组显著的分子标记，而是联合分析群体中的所有标记，进行个体育种值的预测。

三七抗病性差、连作障碍、药材品质退化严重以及优良新品种匮乏长期以来制约着三七产业的发展（黄林芳等，2019）。三七的育种比较困难，然而，当有了三七的基因组图谱，通过分析培育材料的基因，就能预测它是否具有人们需要的高产、三七皂苷含量高、抗病等性状。有研究通过系统选育的方法获得三七抗病群体，并采用限制性位点相关 DNA 测序技术（restriction-site associated DNA sequencing，RAD-seq），基于高通量测序及信息分析，快速鉴定高标准性的变异标记——单核苷酸多态性（single necleotide polymorphism，SNP），筛选抗病株的 SNP 位点，结合 PCR 技术筛选与三七抗病关联的 DNA 片段，以此基因片段作为标记辅助系统选育并利用该关联基因片段筛选潜在的抗病群体（董林林等，2017），目前获得的'苗乡抗七 1 号'新品种能使病害下降 62%（陈中坚等，2017）。另外，道地药材是优质药材的代表，化学品质、性状品质、遗传品质与生态品质是药材道地性的重要评价指标，这些指标既受遗传因素的控制，又受环境条件的影响。组学技术可提供有用工具，阐明道地药材的分子机制。基因组辅助分子育种是未来的研究方向，对评价道地性、道地药材种质创新及资源可持续利用具有深远科学意义。

1.3.3 中药材种植追求高产而忽视品质

为了增加经济效益，提高药材产量，药农多采用高密度种植。为了满足肥力需求，需要大量使用化肥，化肥的大量使用带来了一系列负面影响。

1. 肥料过量施用会引起土壤叠加效应，导致作物减产，品质下降

肥料施用过程中，往往存在作物无法完全吸收而残留在土壤中的现象。下茬作物施肥时应考虑残留的这些肥料。但在实际的农业生产实践中，不仅没有扣除，而且是一味地加大施肥量，这就是施肥的叠加效应。一定范围内土壤植物营养元素的积累是必要的，但是超过了作物的需求量就会积累在土壤中起反作用。像这样"层层叠加式"的施肥方式是施肥障碍产生的主要原因。最终，作物的土壤生态被破坏。与此同时，过量施肥还会造成作物增产幅度降低，作物减产。这主要是由于报酬递减定律，即同样的作物，当过量施肥时，作物的增产会呈递减趋势，当超过极限时，作物便不会增产甚至开始减产了。导致作物减产的原因是生理病害加重。一方面，过量施肥易造成作物养分失调，对体内有机化合物的代谢产生不利影响，作物体内积累过量的硝酸盐、亚硝酸盐，成为农产品的污染源（徐晓荣等，2000；Ruan et al.，2007；邢瑶和马兴华，2015；张迪迪和张亚玉，2016）。另一方面，某种元素过量会导致其他元素的缺乏，过量施肥会引起养分间的拮抗作用。养分拮抗会造成植物生长失常、代谢紊乱、抗逆性严重下降，并严重降低农产品的品质。一旦发生了过量施肥的拮抗症状，再进行治理是相当困难的。最为突出的表现就是氮磷肥施用过量使作物出现生理性病害的症状，缺素症就是典型，如烧苗、落花、落果；叶片失绿，畸形；植株矮小，柔弱等，最终导致作物减产，品质下降（Schnug和符建荣，1992）。

2. 肥料过量施用会导致土壤酸化，土壤肥力下降

多数化肥不同程度地呈现生理酸性或生理碱性，长期施用化肥对土壤的酸度有较大的影响。研究表明，长期施用氮肥能够降低土壤 pH，同一块土壤种植农作物年限超过 6 年以后，土壤的 pH 会从 6.5 下降到 5.5 以下（范庆峰等，2009）。

3. 肥料过量施用会导致土壤次生盐渍化，土壤污染加重

化肥基本上都是可溶性盐类，过量施用必定会引起土壤盐类积聚。土壤可溶性盐浓度过高，加速了土壤盐积和次生盐渍化。研究表明，过量施肥致使一些保护地土壤速效氮、磷、钾含量过高，部分土壤含盐量高达 0.567%，出现盐渍化现象。次生盐渍化通常是造成连作障碍的重要因素之一，盐分的过分积累会导致作物生理性干旱，甚至生理毒性物质的形成。土壤可溶盐分中 NO_3-N 占阴离子总量的 70% 左右，含量达 300～400 mg/kg，有的高达 700 mg/kg（郑子成等，2006）。硝酸盐积累导致的土壤次生盐渍化与过量施肥关系密切。

4. 肥料过量施用会导致土壤生物群落失衡，土传病害加重

肥料的过量施用会导致土壤理化性质退化，土壤中有益微生物减少，从而不能通过土壤微生物相互抑制作用而有效抑制病原微生物的生长，使得土壤自身的修复能力降低。过量施肥后，根际土壤中的硝化细菌、氨化细菌等有益微生物受到抑制，而有害微生物大量发生；土壤的微生物区系发生了很大变化，土壤微生物和无机成分的自然平衡受到破坏，导致了肥料分解障碍。罗明等（2002）研究表明，随着施氮量的增加，作物根际微生物数量增加，微生物多样性也增加，但当氮肥用量达到最大临界值时，对微生物数量和多样性都会产生明显的抑制作用。殷永娴和刘鸿雁（1996）研究表明，过量施氮后土壤中亚硝酸细菌和硝酸细菌数量高于适氮水平，其硝化活性也较强，表现为累积的硝态氮含量高，土壤有害真菌的种类和数量明显增加。

5. 氮肥的过量施用会加重植物病害的发生

氮素是植物生长发育所必需的营养元素，它是植物组织的构成成分，对植物病害的发生和抗病性有着巨大的影响。氮素能够影响植物生长模式、植物形态和生理结构，从而形成机械屏障阻止病原菌的侵入；此外，氮素还能通过改变植物的生化特性，直接参与植物的代谢活动，从而产生大量的抑制性或抗性物质（植保素等），抑制微生物的生长和繁殖，增强植物对病害的抵抗力（Scheible et al.，2004）。由于自然土壤中经常缺乏充足的氮，为提高作物产量，大量的氮肥被施用到农田土壤中。然而，当土壤中氮积累过多不能被植物所吸收利用时，不但不会增加作物的产量，还会造成环境污染、土壤退化以及病害加重等问题。氮素与植物病害发生有着密切的关系，其对植物和病原菌互作的影响是多方面的，主要包括对病原菌生长的影响，以及对植物生长、发育和防御机制的影响（Agrios，2005；Dordas，2008；Fagard et al.，2014）。通常来说，植物的生长，以及植物受到病害的侵染时其自身的抵抗和修复能力都需要氮素营养，但当氮素营养过高时反而会增加植物的易感性（Agrios，2005），即植物的抗病性在高浓度的氮胁迫下会受到影响。已有大量的研究表明，过量施用氮肥会提高病害的发病率，加速病害的侵染过程。这一现象在活体营养型病原菌（白粉病和锈病等）和死体营养型病原菌（根腐病菌、大丽轮枝菌等）上均有报道。一般认为，氮肥能增强植物对于活体营养型病原菌和半活体营养型病原菌的敏感性，提高植物对于死体营养型病原菌的抗性。然而，在某些情况下，一些被认为是半活体营养型的病原菌的生长在高施氮条件下也会受到抑制，如小麦及禾谷镰孢菌 *Fusarium graminearum* 之间的互作（Yang et al.，2010）。因此，氮素对植物病害的影响主要是通过调节植株的代谢过程，影响病原菌的生长发育及致病因子（毒素）的分泌，改变植株根际环境和微生物群落结构和数量，调节植物体抗性相关基因的表达水平，最终影响植物病害的发生。目前，国内外对氮肥过量施用加重植物病害的研究多集中在其对叶部和根部病害的影响。

1）氮肥过量施用加重植物叶部病害发生及其机制

目前，过量施氮加重植物叶部病害发生的机制多为其导致植物叶片结构和生理的变化，而这些变化有利于病原菌的侵染和病害的发展，同时降低了植物合成防御相关次生代谢产物（Snoeijers et al.，2000）。大量研究表明，随施氮量的增加，许多病害的发病率显著增加，如大麦白粉病（Jensen and Munk，1997）、番茄白粉病和细菌性叶斑病（Hoffland et al.，2000）、水稻稻瘟病（Long et al.，2000；Talukder et al.，2005）、小麦霜霉病和叶斑病（Olesen et al.，2003）等。氮素能够影响植株的生长发育，特别是改变植株的冠层结构及微环境，从而影响病原菌的侵染。高氮使叶片质外体中氨基酸含量升高，从而促进病原菌孢子的萌发和生长（Robinson and Hodges，2010）。高氮条件下植株生长加快，幼嫩组织增加，有利于病原菌的侵染和传播，从而增加了发病的机会；氮素能改变植株体内的代谢活动，高氮条件下，参与酶类化合物代谢的关键酶活性受抑制，从而导致酚类化合物含量降低，植株抗性减弱，病害加重（Leser and Treutter，2010）。另外，高氮会使植物组织中木质素含量下降，硅的积累减少，细胞壁厚度和强度降低，也可能是导致植株抗病性下降的原因（Grosse-Brauckmann，1954；慕康国等，2000）。

2）氮肥过量施用加重作物根部病害的现象及其研究进展

过量施氮会加重植物根部病害的发生。过量施用氮肥作为诱因，改变了植株的根际环境，土壤的理化性质，以及微生物的数量、结构和功能，土壤中的病原菌积累，导致有益菌被抑制，土传病害加重。Lemmens 等（2004）发现，随着施氮量的增加，黄色镰刀菌 *Fusarium culmorum* 对小麦的侵染加剧，毒素脱氧雪腐镰刀菌烯醇（DON）的分泌增多，导致了小麦赤霉病发病率的增加。云南农业大学课题组前期的研究也发现，过量施用氮肥会显著提高三七根腐病的发病率。另外，氮肥的施肥种类对病害的发生也有很大的影响。一般而言，植株根系吸收硝态氮后会使植物根际 pH 升高，促进一些喜中性或碱性病原微生物的生长；植株根系吸收铵态氮后会使根际环境酸化，促进喜酸性病原微生物的生长，进而导致病害发生。农业系统中过量施氮的土壤环境会导致土传病害的增加（Solomon et al.，2003；Walters and Bingham，2007）。许多研究已表明，土壤肥力会影响植物土壤微生物之间的相互作用（van der Putten and Peters，1997；De Deyn et al.，2004；Kardol and Hawkes，2013）。因此，过量施氮促进根际土壤病原菌积累的原因可能是过量的氮素诱导使土壤微生物群落的结构和功能发生了变化。然而，对于氮素对土壤微生物的影响方面的研究多关注微生物与养分循环的关系（Ella et al.，2010；Zhu et al.，2016），以及过量施氮改变土壤理化性质和特定土壤微生物群落结构及功能，对植物-土壤负反馈调节的总体影响仍不清楚。

1.4 克服中药材连作障碍的基本思路

多年的研究表明，造成中药材种植业发展困境的根源是不当的生产模式。中药材种植大多照搬农业高产模式，农作物品种经上千年遗传改造适应配套的高产模式，而中药材品种研发积累不足以支撑高产模式，造成了中药材生产的重大难题。

近年来，随着研究技术的进步和对三七、人参等中药材连作障碍认识的不断深入，大家逐渐认为连作障碍是植物自身特性，无法消除，但大肥大水高产的现代农作物高产栽培模式应用于中药材的种植是加剧连作障碍危害的根源。寻找适宜中药材生长的栽培方式是解决中药材种植业发展问题的必然选择。因此，遵照药材品种生长发育的自身规律，利用道地药材产区独特的生态环境，让药材回归原生环境，建立药效第一的种植模式是未来中药材生产的新方向之一。

针对中药材连作障碍问题，众多科研工作者和中药材种植企业及种植户围绕药效第一的种植模式开展了很多探索，取得了卓有成效的成绩，为中药材种植业的转型发展奠定了基础。例如，云南省是森林资源大省，仅林业用地就有 3.75 亿亩，但森林资源长期未得到合理开发，无法转化为脱贫致富的经济资源。如果能利用云南省丰富的林地资源开展三七、重楼、黄精等中药材的生态种植，既能解决农田无地可种的困境，又能提升中药材的品质，实现产业可持续发展。林下中药材种植是将适宜林下生长的药用植物重新引种到自然环境下进行野生化栽培，在充分利用林地资源的同时节约了大量农田，并且保证了中药材质量，是一种科学合理的生态种植模式。在国家相关政策的推动下，林药复合生态模式在林区，尤其是在林业或中药材资源大省得到积极推广应用，取得了显著的生态效应和经济效益。对三七林下生态生产模式也进行了积极探索。三七是典型的阴生 C_3 植物，需要搭建荫棚栽培，林下种植不仅节约了大部分搭架建棚的生产成本，也改善了三七的产量、质量。云南农业大学朱有勇院士领衔的科研团队利用三七生长特性与思茅松针叶林生境相耦合的特点，在云南澜沧进行思茅松林下三七生态种植，取得了极大的成功，为三七种植业的转型升级做出了重要贡献。

人参林下生态种植模式也取得了成功。林下人参在东北三省已形成了相当规模的产业，为种植者创造了可观的经济效益。郑殿家（2009）实地考察了集安市的数十个林下山参种植基地，结合多年的实践提出林下山参种植技术要点：选择适宜的生长环境、选出优良品种、规划种植区。韩兆胜和徐林霞（2005）从吉林省抚松县的种植条件、林下人参种植品种选择和林地选择入手，对林下人参种植的技术要点进行分析，重点指出在自然条件下，人参的生长速度较慢，收获周期长，在林下人参的种植管理中应当避免过分的干扰，否则极容易造成其质量下降。铁皮石斛林下原生境种植也取得了初步成功。杨洪斌（2016）通过在瑞丽中缅边境干邦亚山区种植铁皮石斛 10 年来的实践，探索出了仿野生林下种植铁皮石斛的实用技术，实现了铁皮石斛的人工生态绿色种植，其药用品质可以与野生铁皮石斛媲美。陈向东（2017）在福建省华安县对铁皮石斛林下种植营养土的配制以试验方式进行了栽培比较分析，通过节约、绿色、环保的试验，得到了林下种植营养土的最佳配比，为生态公益林的生态保护及社会经济发展提供了参考。重楼的林下种植也受到了大家的广泛关注。臧秀梅（2015）在大理经过对滇重楼近 5 年林下套种技术的初步探索，在种植地选择、种植方法、种后管理等方面总结了滇重楼在林下套种的技术，为滇重楼生态绿色种植技术提供了新方法，也为林下产业发展提供了技术措施。张瑞芳（2016）在云南省芒市对重楼种植过程中的林下种植技术进行了实践。这些林下种植模式的探索均表明，根据中药材生长特性开展中药材生态种植是提升中药材品质、克服中药材产业弊端的重要途径，也是未来中药材发展的主要方向。

1.5 三七连作障碍及解决思路

1.5.1 三七药用和经济价值

三七属五加科人参属植物，是我国传统名贵中药材，主要分布在北纬 23°附近的中高海拔地区，分布范围极其狭小。三七至今已有 400 多年的栽培历史，在国内外久负盛名，自古就有"南国神草""止血神药"的美称。《本草纲目》中记载："三七近时始出，南人军中用为金疮要药，云有奇功"。《本草纲目拾遗》中记载："人参补气第一，三七补血第一，味同而功亦等，故称人参三七，为中药中之最珍贵者"。现代研究发现，三七中含有三七皂苷、三七素、黄酮、氨基酸、糖类等有效成分（居乃香和孙静，2014），具有活血化瘀、止血、抗血栓、消肿止痛、抗炎保肝、抗心绞痛、抗肿瘤等多种功效，目前已经广泛应用于心脑血管系统、血液系统、神经系统以及免疫系统等的临床治疗中（张洁，2017）。三七皂苷兼具活血和抗血栓作用，可抑制血小板聚集、过氧化物生成以及白细胞黏附，减少 Ca^{2+}、5-羟色胺等促血小板聚集的物质产生，提高血小板环腺苷酸（cAMP）含量，促进纤维蛋白原溶解，减少血栓素 A 生成，降低血液黏度，扩张血管，改善机体微循环，进而达到活血和抗血栓的目的（李云鹤和王晓梅，2016）。三七的止血功效较为突出，素有"止血金不换"和"止血神药"之称，应用历史悠久。三七的不同制剂和不同给药方式针对不同种类的动物均表现出较高的止血功效，且可散瘀血，达到止血不留瘀的效果（张洁，2017）。药理学研究发现，三七止血的有效成分主要是三七素，其可溶于水，是一种特殊的氨基酸类物质，可有效促使血小板数量增加，诱导其大量释放花生四烯酸、血小板凝血因子Ⅲ等凝血物质，缩短凝血时间，并且三七素还可增强组胺诱导的主动脉收缩，进而产生止血作用（刘东平等，2012）。也有研究表明，三七皂苷、三七氨基酸、三七黄酮可能通过下调 TF mRNA 及蛋白质表达水平，阻断炎症凝血网络，从而产生止血、抗炎的作用（刘东平等，2017）。

三七皂苷（*Panax notoginseng* saponin，PNS）在心脑血管系统方面有保护心肌（雷秀玲等，2001，2002）、抗冠心病（冯培芳等，1997；陈江斌等，2000）、保护脑组织（刘建辉等，2002；姚小皓和李学军，2002）、扩血管和降压的作用（林曙光和孙家钧，1993）；在中枢神经系统方面，三七皂苷表现为具有提高记忆力（吴兰鸥和吴平，2002）、镇痛和镇静作用（王一菱等，1994；马丽焱和肖培根，1998）；在肝脏系统方面，三七皂苷表现为有促进肝脏代谢、保护肝脏的作用（宋烈昌等，1982）；三七皂苷中的成分三七皂苷 C1（SC1）具有降血糖的作用（贡云华等，1991）；除了以上所提到的功能，三七皂苷还有保护消化系统（石雪迎等，2001；柏干荣等，2003）、抗衰老（董而博和冯兰飞，1990；但汉雄和胡宗礼，1996）、抗炎（刘文萍，2014）等作用。三七多糖具有增强免疫功能（陈新霞等，2007）、促进修复骨损伤的功能（姜文茹等，2008）和抗癌活性（刘建林等，2016；蒲洪等，2014）。

三七的市场需求非常大，用途非常广泛。三七是我国中药材资源中研究开发最深入、产业化程度最高的药材品种，是中药材单方制剂市场规模最大的品种。三七产业是聚一、

二、三产业融合发展的多业态多功能的完整产业链,2015 年,全国三七种植、加工、销售、健康服务已形成近千亿规模的产业群。同年,云南省政府确定了三七产业到 2020 年实现一千亿元的目标,把三七产业作为生物医药产业的核心来抓,相关部门和州市都围绕这个目标提出具体措施推进产业发展(郭旭初,2017)。云南省三七初加工具有原产地域及资源优势,特别是针对三七大品种血塞通系列产品的原料提取。目前,三七皂苷年消耗三七原料 1 万 t 左右。2015 年全国中药饮片加工业主营收入 1500 亿元,在医药工业各子行业比较中,营业收入增速最快,达 12.5%,利润增长也位居第一,达 18.8%。目前全国以三七为原料的中成药品种有 540 多种,2015 年我国心血管系统药物中成药市场份额为 1168.4 亿元,在市场份额前十的中成药品种中,单药材制剂只有三七,市场规模近 130 亿(刘立红等,2017)。

由于三七对生长环境要求的特殊性,其生长地区主要集中于云南和广西,历史上广东、四川、贵州等地也有零星栽培,但多数地区因地理环境等诸多因素的影响,未获得成功。云南省文山州已被国家命名为"中国三七之乡",获得了国家标准的原产地地域产品保护。三七作为中国的特有植物,目前云南主产区产量占全国的 90% 以上(林景超等,2005)。随着三七产业的发展,三七种植业步入了规模化种植阶段(刘立红等,2017)。

1.5.2 三七连作障碍成因研究进展

三七是我国特有的名贵中药材,市场需求量巨大,但其对气候、土壤、植被等环境要求特殊,且又是多年生草本宿根植物,生长环境较特殊且适宜生长范围较为狭小。随着三七种植面积的增加,适宜三七种植的土地不断减少,种植成本相对较高。三七从播种到收获要 2~3 年时间,种植时间长,病原微生物积累增多,土传病虫害严重,土壤肥力退化,供肥性能衰退,养分失衡,自毒效应明显,最终导致三七的产量减少、质量降低。因此,三七连作障碍问题尤为突出,主要表现为危害性大、成因复杂、难以防治、轮作周期较长等方面。目前,连作障碍已成为严重制约三七产业可持续性发展的主要因素。品种单一和特殊的生长环境使三七连作障碍的因素更为复杂,其连作障碍程度远远大于其他中药材。

三七在同一块地种植一茬后,第二茬即发生严重的连作障碍现象,不仅品质无法保证,严重时甚至绝收。种过三七的土壤,需要 8~10 年的恢复期,三七重茬地的再利用问题一直没有得到根本解决。目前三七生产种植上主要通过轮作倒茬和化学农药来缓解连作障碍,但农药不但不能解决问题,还会造成严重的农药残留、重金属超标等药品安全和环境污染问题,严重影响三七的药效和安全性,对三七产业的健康发展极为不利。轮作可以较好地克服连作障碍问题,但是轮作周期长达 20 年之久,在土地资源稀缺的今天也不能从根本上解决连作障碍问题。种植三七的农民为避免三七连作障碍带来的风险,通常选择不断更换三七种植土地,导致三七药材的道地性受到极大的影响,这也造成药效差、品质无法保证的现象,使三七的药用价值大大降低。因此,三七连作障碍已成为严重制约三七产业可持续发展的瓶颈,解决三七连作障碍问题迫在眉睫。

三七连作障碍是作物栽培领域的难题，严重制约着作物的健康生产。近年的研究表明，三七连作障碍的形成与作物根部病原菌的积累、自身有毒代谢物的累积、土壤理化性质的恶化及养分失衡、环境因子的胁迫等密切相关。这些因素通常协同起作用，导致连作障碍的严重发生。通常，三七生长过程中通过根系分泌或降解释放到根际土壤中的代谢物一方面对三七根系产生自毒作用，另一方面改变根际土壤微生物结构和功能，滋生病原菌，从而使当茬和下茬三七发生严重的根腐病，加重连作障碍的程度。不适宜的生长环境、土壤理化性质、栽培管理措施等会加剧连作障碍。随着研究的深入，人们逐渐认识到连作障碍是植物长期进化过程中形成的一种适应策略，是植物控制自身种群时空分布，从而避免种内竞争的一种特性。这是植物自身特性，无法消除，但大肥大水的现代农作物连作高产栽培模式会加剧连作障碍的危害。因此，只有采用生态的适宜作物生长的栽培模式才能逐步减轻连作障碍的危害。重楼、黄精等生长缓慢的块茎类中药材均面临着与三七同样的困境。如何解决中药材连作障碍的难题决定着中药材产业的可持续发展。

1.5.3　三七连作障碍解决思路及实践

三七是我国最大宗名贵中药材，也是云南省发展大健康产业和绿色食品药品的拳头产品，但连作障碍严重制约了三七产业的健康发展，也制约着云南生物医药产业的发展。近 10 年，我们围绕三七连作障碍的形成机制及生态种植关键技术体系的构建方面开展了系列研究，以期为解决三七连作障碍提供关键技术支撑，同时也为其他植物连作障碍的研究和克服提供参考。其主要思路为：①探明三七连作障碍的形成机制；②寻找克服连作障碍的关键技术参数，进行试验示范验证；③构建克服连作障碍的生态种植技术体系，示范推广。主要成果如下。

1. 探明了三七与土壤的负反馈是导致连作障碍形成的主要机制

植物-土壤的反馈是多数生态系统中维系物种多样性和相对丰度的一个普遍机制（Bever et al.，1997；Mangan et al.，2010）。多数的研究显示，植物-土壤的负反馈在植物维系物种多样性的过程中起重要作用（Kulmatiski et al.，2008）。植物-土壤的负反馈是指土壤微生物群落或非生物条件的改变导致植物的净生长降低（van der Putten et al.，2013）。这种负反馈促进了自然生态系统中多数物种间的平衡，增加了物种的多样性共存（Bever et al.，1997；Bonanomi et al.，2005；Mangan et al.，2010；Mariotte et al.，2017）。然而，在农业生态系统中，由于单一作物的连续种植，植物-土壤的负反馈调节常会导致作物连作障碍（Ogweno and Yu，2006），严重影响产量和质量。目前，连作障碍已经成为现代集约化农业生产面临的主要问题之一，严重制约了我国农业的可持续发展。

连作障碍也是药用植物栽培中最常见的现象，尤以根茎入药的药用植物表现最为突出（张重义和林文雄，2009；Yang et al.，2015）。三七属五加科人参属植物，是我国最具特色的中药材大品种，已有 700 多年的药用历史，治疗心脑血管疾病疗效显著。云南省是我国三七原料主产地，云南三七逐步进入了基地化、规模化和标准化的发展轨道，产业规模不断扩大，2016 年综合产值 700 多亿元，有望近年内产值过千亿元，成为云南省生物医药大健康产业发展的主要品种。然而，三七属于多年生宿根草本植物，性喜温暖阴湿，连作障碍问题尤其突出。多年来，研究人员从根腐病菌侵染、土壤理化性质恶化、养分失衡、化感自毒等方面对三七连作障碍的形成机制开展了系列研究（罗文富等，1998；孙玉琴等，2008；简在友等，2009；韦美丽等，2010；Yang et al.，2015），但均未完全系统阐明连作障碍形成的机制。

本课题组近年的研究结果表明，三七和土壤间存在明显的负反馈调节。三七生长过程中通过根系分泌或降解释放到土壤中的代谢物在根际的异常积累，导致根际微生物失衡，根腐病菌积累，使三七与土壤间呈现负反馈调节状态，从而引起根腐病的严重发生。课题组利用土壤有害代谢物消解和有害微生物杀灭的处理措施结合微生物修复方法，能有效克服连作土壤的再植障碍，实现三七的连作，这进一步证明了连作障碍是代谢失衡导致根际微生物失衡，病原菌累积所致。

2. 探明了追求高产而采用的大肥大水的单一化种植模式是导致连作障碍的根源

随着研究的深入，我们逐渐认识到连作障碍是植物长期进化过程中形成的一种适应策略，是植物控制自身种群时空分布，从而避免种内竞争的一种特性。这是植物自身特性，无法消除，只能缓解。因此，探明加重三七和土壤间负反馈的机制是缓解三七连作障碍的关键。通过研究发现，现代大肥大水的单一化高产栽培模式进一步加重了这种负反馈状态，导致更严重的连作障碍。具体原因如下。

1）农田设施栽培环境不适宜三七的健康生长

三七是起源于森林植被下层的植物，喜欢在阴凉、潮湿的环境下生长，不适宜的光照、温度及水分等均会阻碍三七的健康生长。生产实践及前期研究均表明，干旱、高温、强光照等生长环境逆境均会加重连作障碍的发生。通过系列研究发现，三七在适宜的温度（20～26℃）、光照（1.0 万～2.0 万 lx）、水分[80%～90%田间持水量（field capacity，FC）]条件下生长健壮，一旦温度>30℃、光照>3.0 万 lx、土壤干旱或过湿，三七连作障碍加重。当前农田三七种植采用的是人工搭建的荫棚，很难达到三七最适的生长条件，一旦碰到极端气候，很容易导致三七生长受限，加重连作障碍的发生。

2）农田土壤理化性质不适宜三七健康生长

三七起源于森林植被的最下层，林下土壤质地疏松、有机质含量高、微生物丰富。但农田土壤很难达到林下土壤的特性，尤其云南多数地区土壤为红土，黏性重、透水透气性差，尤其有机质含量低，加之农民为了追求产量而大量施用化学肥料，使土壤酸化、盐碱化严重，极不适宜三七的生长，加重了三七的连作障碍。我们利用代谢组学和微生物组学的方法已经探明大肥大水栽培模式中氮肥的过量施用是加重三七与土壤负反馈，导致更为严重连作障碍的重要因素。氮肥的过量施用一方面会诱导三七生长代谢发生变化，使其对病害的敏感性增强（NIS 现象），同时诱导三七分泌更多的有害代谢物，加剧自毒作用；另一方面，氮肥过量施用会改变土壤理化性质（使 pH 降低、C/N 降低、电导率升高），导致根际微生物结构失衡，尤其是有害微生物菌群的丰度增加，加重根腐病的发生（Wei et al.，2018）。

3）三七单一化大面积栽培降低农田生物多样性，使病虫害发生严重

三七的高密度、单一化种植是当前规模化种植的典型特征，尤其是除草剂的使用使田间单一化程度达到了极致。农田生物多样性程度的急剧降低，也使病虫害的发生越来越严重。为了防治病虫害，农民不合理地大量使用农药进行防治，随着病虫害抗药性的产生，农药失效，病虫害发生越来越严重。

4）农药的大量使用造成微生态失衡

三七种植过程中农药的施用非常普遍，严重干扰了土壤的微生态平衡。自然生态系统中，野生植物依靠其根际群落的活动和功能来抵御土壤病虫害。在进化过程中，植物与有益的土壤微生物建立了密切的关系，并利用其抑制植物病原体。农药及化肥的使用改变了有益和有害根际生物之间的平衡，从而影响植物的防御能力。

3. 验证了缓解三七连作障碍的关键技术参数，有效缓解连作障碍

为了验证三七连作障碍的形成机制和关键参数，课题组经过近十年的潜心研究，探明了缓解连作障碍的关键技术参数，包括生长环境调控参数、土壤理化性质控制参数、水分和养分管理技术参数、病虫草害生态控制技术参数、土壤处理和修复参数等。通过近十年从小试、中试到放大试验逐步完善了技术参数，为缓解三七连作障碍关键技术的构建提供了关键理论依据。

4. 构建了有效缓解连作障碍的生态种植技术体系

理论研究和关键技术参数的验证均证明，大肥大水的现代农作物高产栽培模式应用于中药材的种植是加剧连作障碍危害的根源。寻找适宜中药材生长的栽培方式是解决中药材种植业发展问题的必然选择。因此，课题组遵照三七生长发育的自身规律，利用道地药材产区独特的生态环境，遵循药效第一的目标，建立了通过现代农业技术创造适宜三七生长的生境的仿生种植模式及让三七回归原生环境（林下）种植的模式，为三七产业的转型升级提供了系列案例。

1）农田生态种植

农田生态种植是指在现有农田三七栽培模式基础上，利用现代农业技术从种植过程中区域的选择、土壤和环境的选择、种子种苗繁育、病虫害生态防控、养分及水分管理技术等方面进一步优化提升，在不影响产量的前提下，减少农药、化肥的施用，提升三七的药效和品质。可为三七生态种植提供参考。

2）仿生种植

仿生种植是在三七连作障碍理论研究的基础上利用现代农业技术从土壤改良、养分管理、生长环境控制、病虫害生态控制、土壤修复等方面模拟道地产区三七生长的特征，构建了三七仿生种植技术体系。构建的技术体系在文山、石林和寻甸等区域成功应用，有效解决三七生产的连作障碍，可生产优质、无农残和重金属污染的产品。

3）林下种植

林下有机三七是朱有勇院士带领团队，遵循中药材品质第一的原则，立足云南省丰富的退耕还林资源，根据物种相生和生境耦合原理构建的林下种植体系。历经十余年的攻关，克服了关键技术瓶颈，实现了让三七回归山林，无农药无化肥，在林下规模化、标准化生产优质、高效、安全的三七。该项技术让三七回归山林最适宜的生长环境，且整个种植过程中不用一滴农药，不用一颗化学肥料，既确保了三七的健康生长，又能生产出药效强、品质优的三七。林下有机三七生产不占农用地，不与粮食、蔬菜、水果等农作物争地。生产成本低，省去了黑色大棚和农药、化肥等化学品的成本投入。林下中药材的有机种植，不仅践行了"绿水青山就是金山银山"理念，有助于开创生态文明新时代，而且解决了三七连作障碍导致的土地匮乏的问题。另外，能为中药材产业的健康发展探索出一条新路径，加快中医药大健康产业的发展。

"药材好，药才好"，中药材质量决定了中医的疗效。传统中医多是采挖野生药材入药，但由于需求量增大，野生药材满足不了需求。现在很多中药材是按照种庄稼的高产方式在农田中种植。大量农药化肥的使用使中药材的产量越来越高，但质量越来越低，药效越来越差。因此，深入研究三七连作障碍的形成机制，遵循药材品种生长发育的自身规律，让药材回归山野林中，建立药效第一的药材种植模式，是确保中药材产业健康发展的必由之路。

参 考 文 献

柏干荣, 陆松敏, 李萍, 等. 2003. 三七皂苷 Rg1 对失血性休克大鼠肠上皮细胞线粒体损伤保护作用的研究[J]. 中国药学杂志, 38(9): 665-667.

陈江斌, 许家珂, 江洪. 2000. 三七总皂苷对冠心病患者过氧化脂质及纤维蛋白溶酶原激活物的影响[J]. 中国新药杂志, 9(11): 781.

陈士林, 等. 2017. 本草基因组学: 中药组学的发展与未来[M]. 北京: 科学出版社.

陈士林, 宋经元. 2016. 本草基因组学[J]. 中国中药杂志, 41(21): 3881-3889.

陈向东. 2017. 铁皮石斛林下种植营养土的配制与种树的选择[J]. 绿色科技, (5): 43-45.

陈新霞, 顾呈华, 杨明晶, 等. 2007. 三七多糖对小鼠免疫功能调节的研究[J]. 江苏预防医学, 18(3): 10-12.

陈中坚, 马小涵, 董林林, 等. 2017. 药用植物 DNA 标记辅助育种(三): 三七新品种——"苗乡抗七1号"的抗病性评价[J]. 中国中药杂志, 42(11): 2046-2051.

但汉雄, 胡宗礼. 1996. 三七二醇苷抗衰老作用的实验研究[J]. 中国药理学通报, 12(4): 384.

董而博, 冯兰飞. 1990. 三七对大鼠 LPO 及 SOD 的影响[J]. 中草药, 21(4): 26-27.

董林林, 陈中坚, 王勇, 等. 2017. 药用植物 DNA 标记辅助育种(一): 三七抗病品种选育研究[J]. 中国中药杂志, 42(1): 56-62.

范庆锋, 张玉龙, 陈重. 2009. 保护地蔬菜栽培对土壤盐分积累及 pH 值的影响[J]. 水土保持学报, 23(1): 103-106.

冯培芳, 秦南屏, 乔樵, 等. 1997. 三七总皂甙改善高血压病左室舒张功能的临床与实验研究[J]. 中国中西医结合杂志, 17(12): 714-717.

贡云华, 蒋家雄, 李泽, 等. 1991. 三七皂甙 C1 对四氧嘧啶糖尿病小鼠的降血糖作用[J]. 药学学报, (2): 81-85.

郭兰萍, 周利, 王升, 等. 2017.《中医药——中药材重金属限量》ISO 国际标准下中药材重金属污染现状与分析[J]. 科技导报, 35(11): 93-100.

郭旭初. 2017. 云南实现三七产业千亿目标: 条件·问题·策略[J]. 中共云南省委党校学报, 18(1): 121-125.

韩兆胜, 徐林霞. 2013. 林下人参种植技术[J]. 农业与技术, (4): 121.

华国栋, 郭兰萍, 黄璐琦, 等. 2008. 药用植物品种选育的特殊性及其对策措施[J]. 资源科学, 30(5): 754-758.

黄林芳, 张翔, 陈士林. 2019. 道地药材品质生态学研究进展[J]. 世界科学技术: 中医药现代化, (5): 844-853.

简在友, 王文全, 游佩进. 2009. 三七连作土壤元素含量分析[J]. 中国现代中药, 11(4): 10-11+17.

姜文茹, 毕良佳, 赵尔飏. 2008. 三七多糖复合自固化磷酸钙人工骨修复骨缺损的实验研究[J]. 中国中医药科技, 15(5): 355-356.

居乃香, 孙静. 2014. 三七药理作用的研究进展[J]. 北方药学, (11): 90-91.

雷秀玲, 董雪峰, 陈植和, 等. 2001. 络泰对大鼠实验性急性心肌缺血的保护作用及抗脂质过氧化作用[J]. 天然产物研究与开发, 13(4): 58-61.

雷秀玲, 董雪峰, 杨雁华, 等. 2002. 三七总皂甙和灯盏花素复方注射剂对结扎大鼠冠脉致心肌缺血的保护作用[J]. 天然产物研究与开发, (3): 54-57.

李云鹤, 王晓梅. 2016. 试论中药三七对血液系统的药理药效作用[J]. 中国现代药物应用, 10(8): 253-254.

林景超, 张永煜, 崔健, 等. 2005. 我国三七产业的发展现状及前景[J]. 中国药业, 14(2): 18.

林曙光, 孙家钧. 1993. 三七皂甙对高脂血清所致的培养主动脉平滑肌细胞增殖的作用[J]. 中国药理学报, (4): 314-316.

刘东平, 徐海燕, 李琳, 等. 2017. 三七有效部位对全周期外源性雌激素干预大鼠子宫内膜 TF、TFPI-2 表达的影响[J]. 中国中西医结合杂志, 37(2): 88-92.

刘东平, 杨军, 丁丹. 2012. 三七及其有效成分对血液系统的药理活性研究概况[J]. 中医药信息, 29(4): 172-174.

刘建辉, 冀凤云, 王婷, 等. 2002. 三七总皂甙对实验性脑缺血脑血流及血脑屏障的影响作用[J]. 中风与神经疾病杂志, 24(3): 164.

刘建林, 武秋爽, 王一涛, 等. 2016. 几种人参属中药提取物的制备及体外抗卵巢癌活性比较[J]. 中国实验方剂学杂志, (8): 105-110.

刘立红, 刘英, 王芬, 等. 2017. 云南三七产业发展现状及发展建议[J]. 中国现代中药, 19(9): 131-135.

刘文萍. 2014. 三七总皂苷的抗炎镇痛作用及其配伍对 CIA 大鼠滑膜 RANKL/OPG 表达的影响[D]. 石家庄: 河北医科大学硕士学位论文.

罗明, 文启凯, 纪春燕, 等. 2002. 不同施肥措施对棉田土壤微生物量及其活性的影响[J]. 土壤, 34(1): 53-55.

罗文富, 喻盛甫, 黄琼, 等. 1998. 三七根腐病复合侵染中病原细菌的研究[J]. 云南农业大学学报(自然科学), 13(1): 123-127.

马丽焱, 肖培根. 1998. 三七总皂苷对突触体谷氨酸释放及谷氨酸受体特异性结合的影响[J]. 中国药理学通报, (4): 311.

慕康国, 赵秀琴, 李健强, 等. 2000. 矿质营养与植物病害关系研究进展[J]. 中国农业大学学报, 5(1): 84-90.

蒲洪, 董成梅, 邹澄, 等. 2014. 三七二醇型皂苷元磺酰胺类衍生物的合成及抗肿瘤活性研究[J]. 天然产物研究与开发, 26(11): 1739-1744.

石雪迎, 赵凤志, 戴欣, 等. 2001. 三七对胃癌前病变大鼠胃粘膜癌基因蛋白异常表达的影响[J]. 北京中医药大学学报, 24(6): 37-39.

史大卓, 马迁, 徐浩, 等. 2002. 中药复方现代化研究的复杂性思考[J]. 中医杂志, (5): 8-10.

宋烈昌, 刘杰, 张毅, 等. 1982. 三七总皂甙对四氯化碳中毒小鼠 DNF 和蛋白质代谢的影响[J]. 中国药学杂志, 17(2): 67-69.

孙玉琴, 陈中坚, 韦美丽, 等. 2008. 不同氮肥种类对三七产量和品质影响的初步研究[J]. 中国土壤与肥料, (4): 26-29.

王一菱, 陈迪, 吴景兰. 1994. 三七总皂甙抗炎和镇痛作用及其机理探讨[J]. 中国中西医结合杂志, 14(1): 35-36.

韦美丽, 孙玉琴, 黄天卫, 等. 2010. 化感物质对三七生长的影响[J]. 特产研究, 32(1): 32-34.

魏建和, 杨成民, 隋春, 等. 2011. 中药材新品种选育研究现状、特点及策略探讨[J]. 中国现代中药, 13(9): 3-8.

吴兰鸥, 吴平. 2002. 三七皂甙 Rg1 对抗化学性记忆障碍的实验研究[J]. 云南中医中药杂志, 23(4): 36-38.

邢瑶, 马兴华. 2015. 氮素形态对植物生长影响的研究进展[J]. 中国农业科技导报, 17(2): 109-117.

徐晓荣, 李恒辉, 陈良. 2000. 利用 ^{15}N 研究氮肥对土壤及植物内硝酸盐的影响[J]. 核农学报, 14(5): 301-304.

杨成民, 魏建和, 隋春, 等. 2013. 我国中药材新品种选育进展与建议[J]. 中国现代中药, (9): 11-21.

杨洪斌. 2016. 仿野生林下种植铁皮石斛技术[J]. 云南林业, (5): 64-65.

姚小皓, 李学军. 2002. 三七中人参三醇苷对脑缺血的保护作用及其机制[J]. 中国中药杂志, 27(5): 54-56.

殷永娴, 刘鸿雁. 1996. 设施栽培下土壤中硝化、反硝化作用的研究[J]. 生态学报, 16(3): 246-250.

尹立林, 马云龙, 项韬, 等. 2019. 全基因组选择模型研究进展及展望[J]. 畜牧兽医学报, 50(2): 9-18.

臧秀梅. 2015. 林下重楼种植技术初探[J]. 现代园艺, (7): 56-57.

张迪迪, 张亚玉. 2016. 氮形态对药用植物生长及品质影响的研究进展[J]. 中药材, 39(3): 696-698.

张洁. 2017. 中药三七的药理作用及研究进展[J]. 中国卫生产业, 14(28): 40-41.

张瑞芳. 2016. 芒市林下重楼种植技术初探[J]. 绿色科技, (13): 67-68.

张重义, 林文雄. 2009. 药用植物的化感自毒作用与连作障碍[J]. 中国生态农业学报, 17(1): 189-196.

郑殿家. 2009. 集安人参研究所农田栽参试验示范基地[J]. 人参研究, 21(4): 48.

郑子成, 李廷轩, 何淑勤, 等. 2006. 保护地土壤生态问题及其防治措施的研究[J]. 水土保持研究, 13(1): 22-24.

Schnug E, 符建荣. 1992. 硫素营养与蔬菜品质[J]. 中国蔬菜, (6): 53.

Agrios G N. 2005. Plant Pathology[M]. 5th ed. Amsterdam: Elsevier Academic Press: 249-263.

Bardgett R D, Ward S E, Deyn G B D, et al. 2010. Plant-soil interactions and carbon dynamics in mountain ecosystems[C]. ESA Convention.

Bever J D. 1994. Feeback between plants and their soil communities in an old field community[J]. Ecology, 75(7): 1965-1977.

Bever J D. 2003. Soil community feedback and the coexistence of competitors: Conceptual framework and empirical tests[J]. New Phytologist, 157: 465-473.

Bever J D, Westover K M, Antonovics J. 1997. Incorporating the soil community into plant population dynamics: The utility of the feedback approach[J]. Journal of Ecology, 85(5): 561-573.

Bonanomi G, Giannino F, Mazzoleni S. 2005. Negative plant-soil feedback and species coexistence[J]. Oikos, 111(2): 311-321.

Caboun V. 2005. Soil sickness in forestry trees[J]. Allelopathy Journal, 16(2): 199-208.

Canals R M, Emeterio L S, Peralta J. 2005. Autotoxicity in *Lolium rigidum*: analyzing the role of chemically mediated interactions in annual plant populations[J]. Journal of Theoretical Biology, 235: 402-407.

Chen S L, Song J Y, Sun C, et al. 2015. Herbal genomics: Examining the biology of traditional medicines. Science, 347(6219 Suppl): S27-S29.

Chen W, Kui L, Zhang G H, et al. 2017. Whole-genome sequencing and analysis of the Chinese herbal plant *Panax notoginseng*. Molecular Plant, 10(6): 899-902.

Chou C H, Waller G R. 1980. Possible allelopathic constituents of *Coffea arabica*[J]. Journal of Chemical Ecology, 6: 643-654.

Datnoff L E, Rodrigues F A, Seebold K W. 2007. Silicon and Plant Disease[M]. Cham: Springer International Publishing: 233-246.

De Deyn G B, Raaijmakers C E, van der Putten W H. 2004. Plant community development is affected by nutrients and soil biota[J]. Journal of Ecology, 92(5): 824-834.

Dordas C. 2008. Role of nutrients in controlling plant diseases in sustainable agriculture: a review[J]. Agronomy for Sustainable Development, 28(1): 33-46.

Ella Wessén, Nyberg K, Jansson J K, et al. 2010. Responses of bacterial and archaeal ammonia oxidizers to soil organic and fertilizer amendments under long-term management[J]. Applied Soil Ecology, 45(3): 193-200.

Fagard M, Launay A, Clement G, et al. 2014. Nitrogen metabolism meets phytopathology[J]. Journal of Experimental Botany, 65(19): 5643-5656.

Grosse-Brauckmann G. 1954. Untersuchungen über die Ökologie, besonders den Wasserhaushalt, von Ruderalgesellschaften[J]. Vegetatio, 4(5): 245-283.

Hoffland E, Jeger M J, Beusichem M L V. 2000. Effect of nitrogen supply rate on disease resistance in tomato depends on the pathogen[J]. Plant & Soil, 218(1-2): 239-247.

Jensen B, Munk L. 1997. Nitrogen-induced changes in colony density and spore production of *Erysiphe graminis* f. sp. *hordei* on seedlings of six spring barley cultivars[J]. Plant Pathology, 46(2): 191-202.

Kardol P, Hawkes C V. 2013. Biotic plant-soil feedbacks across temporal scales[J]. Journal of Ecology, 101(2): 309-315.

Klironomos J N. 2002. Feedback with soil biota contributes to plant rarity and invasiveness in communities[J]. Nature, 417(6884): 67-70.

Kulmatiski A, Beard K H, Stevens J R, et al. 2008. Plant-soil feedbacks: a meta-analytical review[J]. Ecology Letters, 11(9): 980-992.

Lemmens M, Buerstmayr H, Krska R, et al. 2004. The effect of inoculation treatment and long-term application of moisture on *Fusarium* head blight symptoms and deoxynivalenol contamination in wheat grains[J]. European Journal of Plant Pathology, 110(3): 299-308.

Leser C, Treutter D. 2010. Effects of nitrogen supply on growth, contents of phenolic compounds and pathogen (scab) resistance of apple trees[J]. Physiologia Plantarum, 123(1): 49-56.

Long D H, Lee F N, Tebeest D O. 2000. Effect of nitrogen fertilization on disease progress of rice blast on susceptible and resistant cultivars[J]. Plant Disease, 84(4): 403-409.

Mangan S A, Schnitzer S A, Herre E A, et al. 2010. Negative plant-soil feedback predicts tree-species relative abundance in a tropical forest[J]. Nature, 466(7307): 752-755.

Mariotte P, Mchrabi Z, Bezemer M T. 2018. Plant-soil feedback: bridging natural and agricultural sciences[J]. Trends in Fcology & Evolution, 33(2): 129-142.

Ogweno J O, Yu J. 2006. Autotoxic potential in soil sickness: a re-examination[J]. Allelopathy Journal, 18(1): 93-101.

Olesen J E, Jorgensen L N, Petersen J, et al. 2003. Effects of rate and timing of nitrogen fertilizer on disease control by fungicides in winter wheat. 1. Grain yield and foliar disease control[J]. Journal of Agricultural Science, 140(1): 15-29.

Rice E L. 1984. Allelopathy[M]. New York: Academic: 292-293.

Robinson P W, Hodges C F. 2010. Nitrogen-induced changes in the sugars and amino acids of sequentially senescing leaves of poa pratensis and pathogenesis by *Drechslera sorokinian*[J]. Journal of Phytopathology, 101(4): 348-361.

Ruan Z, Zhang Y G, Yin Y L, et al. 2007. Dietary requirement of true digestible phosphorus and total calcium for growing pigs[J]. Asian-Australasian Journal of Animal Sciences, 20(20): 1236-1242.

Scheible W R, Morcuende R, Czechowski T, et al. 2004. Genome-wide reprogramming of primary and secondary metabolism, protein synthesis, cellular growth processes, and the regulatory infrastructure of *Arabidopsis* in response to nitrogen[J]. Plant Physiology, 136: 2483-2499.

Snoeijers S S, Pérezgarcía A, Joosten M H A J, et al. 2000. The effect of nitrogen on disease development and gene expression in bacterial and fungal plant pathogens[J]. European Journal of Plant Pathology, 106(6): 493-506.

Solomon P S, Tan K C, Oliver R P. 2003. The nutrient supply of pathogenic fungi; a fertile field for study[J]. Molecular Plant Pathology, 4(3): 203-210.

Talukder Z I, Mcdonald A J S, Price A H. 2005. Loci controlling partial resistance to rice blast do not show marked QTL×environment interaction when plant nitrogen status alters disease severity[J]. New Phytologist, 168(2): 455-464.

Thrall P H, Bever J D, Mihail J D, et al. 1997. The population dynamics of annual plants and soil-borne fungal pathogens[J]. Journal of Ecology, 85(3): 313-328.

Van Bakel H, Stout J M, Cote A G, et al. 2011. The draft genome and transcriptome of *Cannabis sativa*[J]. Genome Biology, 12(10): R102.

van der Putten W H, Bardgett R D, Bever J D, et al. 2013. Plant-soil feedbacks: the past, the present and future challenges[J]. Journal of Ecology, 101: 265-276.

van der Putten W H, Peters B A M. 1997. How soil-borne pathogens may affect plant competition[J]. Ecology, 78(6): 1785-1795.

Walters D R, Bingham I J. 2007. Influence of nutrition on disease development caused by fungal pathogens: implications for plant disease control[J]. Annals of Applied Biology, 151(3): 307-324.

Wei W, Yang M, Liu Y, et al. 2018. Fertilizer N application rate impacts plant-soil feedback in a sanqi production system[J]. The Science of the Total Environment, 633: 796.

Yang J Z, Wang J S, Gong G S, et al. 2010. Effect of different *Fusarium graminearum* on yield and its important components of wheat[J]. Journal of Henan Agricultural Sciences, 39(9): 91-95.

Yang M, Zhang X, Xu Y, et al. 2015. Autotoxic ginsenosides in the rhizosphere contribute to the replant failure of *Panax notoginseng*[J]. PLoS One, 10(2): e118555.

Zhang D, Li W, Xia E H, et al. 2017. The medicinal herb *Panax notoginseng* genome provides insights into ginsenoside biosynthesis and genome evolution[J]. Molecular Plant, 10(6): 903-907.

Zhu S, Vivanco J M, Manter D K. 2016. Nitrogen fertilizer rate affects root exudation, the rhizosphere microbiome and nitrogen-use-efficiency of maize[J]. Applied Soil Ecology, 107: 324-333.

第 2 章   三七生物学特性

三七为我国珍贵的多年生草本药材,栽培史已经超过 400 年,药用历史也达到 700 多年。三七生长对环境条件要求严格,温度、降雨量、海拔和湿度都是其重要影响因素,云南省部分区域是我国三七主要适宜种植产区。本章将从三七生长发育规律、三七基因组特征、三七药效成分及形成规律、三七生长对环境的要求和三七的区域分布等方面介绍三七的生物学特性。

2.1   三七生长发育规律

三七发育速度缓慢,按照其生长周期的特性,可将三七的发育周期分为种子期、幼苗期、成株期、壮年期。根据生长年限又可将三七分为一年七、二年七、三年七及三年以上的大七等。

2.1.1   种子期及其发育特征

三七种子是一种典型的顽拗性种子,具有明显的后熟特性,三七种子在采收后,种胚尚未完全发育,需要 45～60 天完成胚后熟才可萌发(崔秀明和张燕,1993)。三七要选择健壮的母株留种,并选取成熟的果实。采摘后的种子还未发育完全,需要去除果皮,用沙或土堆藏,保持一定的温度、水分,到种子开始裂口时再播种。三七种子一般在每年 11 月到翌年 1 月播种,翌年 2～3 月萌发,3～4 月出苗(图 2-1A)。

2.1.2   幼苗期及其发育特征

三七幼苗期特指从种子出苗后到移苗的时期,也称育苗期。三七种子萌发后,于 3～6 月地上部分迅速发育。三七幼苗茎长为 12～15cm,在茎顶部生有 5 片掌状复叶,地上部成型后,于 7～10 月生长根部,此时三七幼苗主根迅速膨大,侧根丛生,同时在主根顶部生出一鹰嘴状的芽口。11～12 月,三七幼苗地上部开始衰败,幼苗发育成熟,可以进行移栽(图 2-1A)。

植株移苗时间一般在 11 月到翌年 1 月。移苗时,要去除衰败的地上部叶片和茎秆。需要注意的是:种苗挖取后储存时间越长,田间出苗率越低。因此,三七种苗挖取后应及时移栽,不宜储存过长时间,也不宜长途运输。

2.1.3   成株期及其发育特征

即二年七期,从移栽后到 3～4 月出苗展叶开始。地上部分有茎秆和 2～4 个复叶,

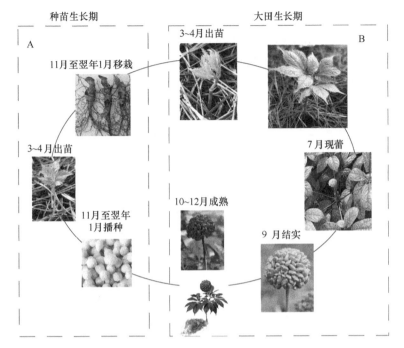

图 2-1　三七的生长发育

每个复叶有小叶 5～7 片。7 月开始出现花蕾，9 月结实，10～12 月成熟。二年生三七结果较少，且生长年限短，结出的籽成熟度不够，萌发率低，一般不用作种子（图 2-1B）。

2.1.4　壮年期及其发育特征

俗称大七期或收获期，包括三年及三年以上的三七。这一时期三七生长的主要特点是：地下部分的主根膨大，支根加粗，须根增多，同时根内药用成分的积累也增多。地上部分具有 3～4 片复叶，多数复叶有 7 片小叶，少数有 9 片小叶。这一时期收获的籽可作为种子（图 2-1B）。

2.2　三七基因组特征

三七 *Panax notoginseng*，五加科人参属，染色体数目为 $2n=2x=24$，是一种生长速度缓慢的多年生植物，中国古代医学书籍中就已记载其具有止血和促进血液循环的功效（Wang et al.，2016）。经过数十年的药理学研究，各种三七特有的次级代谢产物（特别是人参皂苷、三七皂苷和绞股蓝皂苷）被分离和鉴定，并且确认了药效活性（Wang et al.，2016）。这些药效成分已经获得批准，用于生产治疗心血管疾病、挫伤和软组织疼痛的特效药物（Wang et al.，2016）。为了鉴定三七中的新型生物活性化合物并探究其生物合成途径，Chen 等（2017）成功构建出了三七基因组。该信息对现有的三七序列（Luo et al.，2011）及其 RNA-seq 数据（Liu et al.，2015）进行了重要的补充。

人参属的植物通常具有大且高度杂合的基因组。例如，四倍体的人参和西洋参的基因组大小分别为 3.12 Gb 和 4.91 Gb（Choi et al.，2014）。在这项研究中，Chen 等（2017）首先用流式细胞术分析预估二倍体三七的基因组大小约为 2.31 Gb，并且进一步构建了 34 个 Illumina 配对末端文库。总共在两个 Illumina 平台上生成了大约 1837.6 Gb 的原始数据。在去除低质量和重复的 reads 后，获得了大约 858.6 Gb 的 clean reads 用于三七基因组的从头组装。通过核心真核基因定位方法（core eukaryotic genes mapping approach，CEGMA）评估该基因组装配的完整性，发现 248 个超保守基因中有 198 个可以完全注释（80%完整性），248 个超保守基因中有 239 个满足部分注释的标准（96%完整性）。Chen 等（2017）还使用通用单拷贝直系同源物（benchmarking universal single-copy ortholog，BUSCO）评估了三七的基因组和注释的完整性。结果显示，1440 株植物 BUSCO 中有 1186 株（82.4%）可以在该基因组装配中找到，47 株植物 BUSCO（3.3%）具有片段化的匹配。

使用 Tandem Repeat Finder 分析三七的基因组，鉴定出约 127.6 Mb 的串联重复序列，占组装基因组的 5.32%。相比之下，转座子注释显示约 1.71 Gb 重复序列，约占组装基因组的 75.94%。在所有转座子家族中，长末端重复序列（long terminal repeat，LTR）是被子植物基因组大小变异的重要决定因素（Bennetzen and Wang，2014），约占总序列的 66.72%。在人参中也观察到类似的现象，其中 5 个最丰富的 LTR 亚家族占其基因组的 33%（Choi et al.，2014）。在这方面，三七基因组提供了用于研究人参属植物中 LTR 家族扩增历史的优秀模型。

为了促进蛋白质编码基因注释过程，Chen 等（2017）从一株三七植株的果实、叶、花、茎、初生根和次生根样品中获得 RNA-seq 数据和对应的全新转录组装配。基于从头（de novo）组装，同源性和转录组预测的组合在三七基因组中产生了 36 790 个蛋白质编码基因。蛋白质编码基因的平均 mRNA 长度为 3307 bp。此外，Chen 等（2017）在三七基因组中获得了 8446 个非蛋白质编码基因（miRNA、tRNA、rRNA 和 snRNA），其约占总序列的 0.044%。

Chen 等（2017）使用 OrthoMCL 对三七、拟南芥、无油樟、辣椒、番木瓜、黄瓜、苹果、水稻、毛果杨、马铃薯和葡萄的所有蛋白质编码基因进行了直系同源聚类分析和基因家族聚类分析。在三七中，36 790 个蛋白质编码基因由 3181 个单拷贝直系同源、7818 个多拷贝直系同源、5843 个独特的旁系同源、9898 个其他直系同源和 10 050 个未聚集基因组成（图 2-2A）。共有 26 740 个蛋白质编码基因聚类在 14 027 个基因家族中，其中 1727 个是独特的基因家族。此外，上述植物的基因家族进化分析显示，三七中的 1424 个基因家族经历了扩展，而 3231 个基因家族经历了收缩（图 2-2B）。

系统发育分析表明，三七在大约 9120 万年前从茄科 Solanaceae 马铃薯 Solanum tuberosum 和辣椒 Capsicum annuum 中分离出来（图 2-2B）。由于其他人参属植物的基因组未知，Chen 等（2017）使用人参、三七和西洋参的根的转录组来构建系统发育树，结果显示二倍体三七在其谱系中假定的全基因组重复事件之前与其他两种四倍体人参属植物分开。此外，三七与其他两种人参属植物共享 9383 个转录物，并在根转录组中含有 976 个独特的转录物。

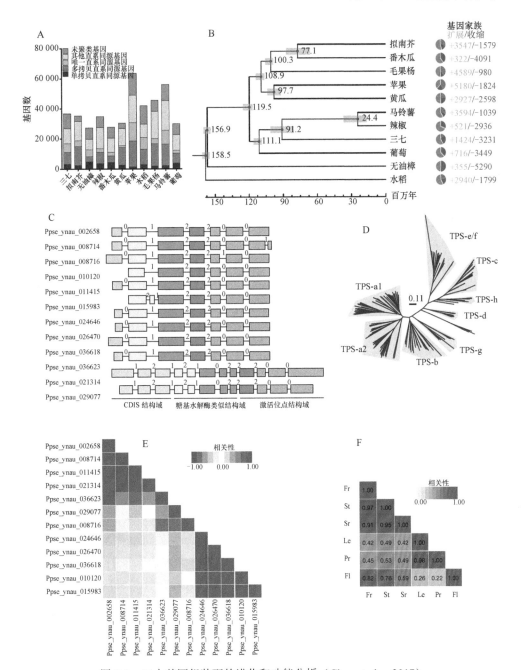

图 2-2　三七基因组装配的进化和功能分析（Chen et al.，2017）

A. 三七基因组中蛋白质编码基因的直系同源聚类分析。B. 三七和 10 种植物的系统发育树和分化时间。系统发育树是使用最大似然法从 10^6 个单拷贝直向同源物生成的。发散时间范围用红色块表示。红色块旁边的数字是预测的分歧时间。饼图显示了每个植物物种中扩展/收缩基因家族的比例。C. 在三七基因组中 12 个预测的萜烯合酶（TPS）基因的内含子/外显子分析。颜色块代表外显子。颜色块之间的黑线代表内含子。线上方的数字是相应内含子的数量。D. 来自三七、拟南芥、葡萄、高粱、水稻、小立碗藓、杨树、巨冷杉和卷柏的 TPS 蛋白（＞500 aa）的系统发育分析。TPS 亚家族被标记并以浅蓝色块显示。红色分支代表三七 TPS。Ppse_ynau_026470、024646、011415、002658、036623 属于 TPS-a1 亚家族。Ppse_ynau_008716、015983、008714、010120、036618 属于 TPS-b 亚家族。Ppse_ynau_029077 属于 TPS-e/f 子系列。E. 12 个 TPS 的基因表达水平的 Pearson 相关分析。F. 果实（Fr）、茎（St）、叶（Le）、花（Fl）、初生根（Pr）和次生根（Sr）之间的 TPS 基因表达模式的 Pearson 相关分析植物产生的萜烯类物质是用于药物筛选和设计的一类重要的天然产物（Tholl，2006）。尽管它们具有多种化学结构，但这些化合物衍生自两个五碳异构基本结构单元：异戊烯二磷酸酯（isopentenyl diphosphate，IPP）和二甲基烯丙基二磷酸酯（dimethylallyl diphosphate，DMAPP）（Trapp and Croteau，2001）。在植物中，IPP 和 DMAPP 的从头合成分别涉及细胞质中经典的乙酸盐/甲羟戊酸途径和质体中的丙酮酸/甘油醛-3-磷酸途径（Tholl，2006）。随着 IPP 和 DMAPP 的缩合，产生了用于植物萜烯生物合成的不同中间体前体（如香叶二磷酸）（Tholl，2006）。在三七基因组中，Chen 等（2017）鉴定了几乎所有参与 IPP、DMAPP 以及各种中间前体生物合成的酶的同源基因。值得注意的是，这些同源基因大多数来自三七器官的转录组数据。

根据用于合成萜烯的 IPP 和 DMAPP（C5）的数量，这组天然产物可分为单萜（C10）、倍半萜（C15）、二萜（C20）、三萜（C30）等（Chen et al.，2011）。合成这些化合物的构建块和中间体前体的关键酶统称为萜烯合酶（TPS）。通过应用基于隐马尔可夫模型的同源基因搜索方法（Chen et al.，2011），Chen 等（2017）在三七基因组中鉴定了 30 个推定的 *TPS* 基因。预测的三七 *TPS* 基因的数量与拟南芥中的数量相当，但远低于在葡萄、水稻、杨树和高粱中发现的数量。在这 30 个推定的 *TPS* 基因中，有 12 个基因编码大于 500 个氨基酸的蛋白质产物（图 2-2C），其可代表全长 TPS 蛋白（Chen et al.，2011）。

根据功能域的比对和匹配的内含子数量，这 12 个 TPS 基因的基因组 DNA 分析揭示了保守的内含子/外显子组织模式（图 2-2C）。该结果与大多数 TPS 基因有共同起源的设想一致（Trapp and Croteau，2001；Chen et al.，2011）。特别是许多 TPS 基因进化的特征在于内含子和松柏科植物二萜内序列（conifer diterpene internal sequence，CDIS）结构域的丢失（Trapp and Croteau，2001）。实际上，12 个预测的 *TPS* 基因中只有两个（Ppse_ynau_021314 和 Ppse_ynau_029077）在糖基水解酶类似结构域（glycosyl hydrolase-like domain）中含有 CDIS 结构域和另外三个内含子。来自三七和其他参比植物的推定 TPS 蛋白（>500 aa）的进一步系统发育重建（Chen et al.，2011）显示，三七 12 个 *TPS* 中有 10 个属于 TPS-a1 和 TPS-b 亚家族（图 2-2D），阐明了它们可能作为单萜或倍半萜合酶的功能（Chen et al.，2011）。此外，这 12 个 *TPS* 的基因表达水平的相关性分析显示，某些 TPS 基因在三七的 6 个植物器官中具有相似的表达模式（图 2-2F），并且某些植物器官具有相似的 TPS 表达模式（图 2-2F）。

总的来说，Chen 等（2017）对高度重复的三七基因组进行了测序、组装和注释。在来自三七的 6 个组织器官的 RNA-seq 数据的支撑下，阐述了 IPP/DMAPP 生物合成途径和 TPS 基因的基因组分析。该信息与预测的糖基转移酶基因（*GT* 基因）一起为研究三七中已知萜类化合物的生物合成奠定了基础，同时为鉴定其他人参属中的新型候选药物提供了充足的遗传资源。

2.3 三七药效成分及形成规律

三七隶属于五加科人参属，是中国特有的一种传统名贵中草药，也是云南最重要的大宗药材之一。其主要的活性成分为三七皂苷，具有较好的抗炎、抗肿瘤、抗动脉粥样硬化和降血压、降血糖等药理活性。三七皂苷在三七根中的含量较低，通常需要三年或以上的种植时间来积累，这也是生产上三七需要生长到三年才能达到采收要求的原因。长期以来，人们对这种三七皂苷的积累随着生长年限的增加而增加的分子机制不清楚，而且，对三七皂苷合成酶基因的了解也较少，极大地限制了三七皂苷生物合成的研究。

近年来，植物次级代谢途径的基因调控已成为分子生物学研究的热点与难点。植物三萜皂苷生物合成途径的明了化，使得通过代谢工程手段调控三七皂苷的生物合成成为可能。三七皂苷和植物甾醇分别由达玛烯二醇合酶（DS）及环阿屯醇合酶（CAS）催化共同的前体物质 2,3-环氧角鲨烯合成。

目前对三萜皂苷生物合成途径的研究可分为三个阶段，包括上游前体物质异戊烯二磷酸酯（IPP）和二甲基烯丙基二磷酸酯（DMAPP）的合成，中游碳环骨架的合成，以及下游通过各种复杂官能团反应形成不同类型的三萜皂苷。

1. MVA 途径和 MEP 途径

甲羟戊酸（mevalonic acid，MVA）途径是萜类化合物生物合成途径中发现最早且较传统的途径。此外，在植物细胞中也发现了在内质网（胞液）、线粒体（或高尔基体）及质体中由 IPP 合成类异戊二烯的 2-甲基-D-赤藓糖醇-4-磷酸（2-methyl-D-erythritol-4-phosphate，MEP）途径。在生物体内被称为"活性异戊二烯"的物质 IPP 和 DMAPP，是萜类化合物和植物甾醇在生物体内合成的共同前体。

2. 三萜皂苷碳环骨架的合成

活性 DMAPP 在烯丙基转移酶和萜类环化酶的催化下，合成了三萜皂苷的碳环骨架。根据烯丙基底物长度的不同，烯丙基转移酶可分为：香叶基焦磷酸合酶（geranyl pyrophosphate synthase，GPS）、法尼基焦磷酸合酶（farnesyl pyrophosphate synthase，FPPS）和香叶基香叶基焦磷酸（geranylgeranyl pyrophosphate，GGPP）合酶。在高等植物体内，C10 骨架的香叶基焦磷酸（geranyl pyrophosphate，GPP）是由 GPS 催化 1 分子 IPP 以及 1 分子 DMAPP，经头尾缩合而形成的；然后另 1 分子的 IPP 和 GPP 在 FPPS 催化下，形成具 C15 骨架的法尼基二磷酸（farnesyl pyrophosphate，FPP），最后 FPP 再与 1 分子 IPP 缩合成 GGPP。接着鲨烯合酶（squalene synthase，SS）在环丙甲醇二磷酸参与下，催化 2 分子 FPP 以头-头还原偶联的形式，发生内环化反应，生成得到 1 分子的鲨烯（squalene，SQ）。SQ 形成后，在鲨烯环氧酶（squalene epoxidase，SE）的催化下，在 C=C 之间插入一个氧原子，形成 2,3-环氧角鲨烯（2,3-epoxysqualene）。SS 与 SE 因为在三萜皂苷的中游碳环骨架的生物合成途径中起到了关键作用，被认为是此阶段的关键酶（许晓双等，2014）。

3. 不同类型三萜皂苷的生物合成

由环氧角鲨烯环化酶（epoxysqualene cyclase，OSC）催化 2,3-环氧角鲨烯的环化反应，是三萜皂苷与甾醇生物合成的关键步骤。不同三萜化合物具有不同立体构型的选择，OSC 是多基因家族，由环氧角鲨烯环化，可产生 100 多种不同骨架的三萜化合物，然后通过细胞色素 P450 单加氧酶（cytochrome P450 monooxygenase，CYP450）、UDP-糖基转移酶（UDP-glycosyltransferase，UGT）和糖苷酶，相继对三萜类骨架进行氧化置换及糖基化等化学修饰，最终获得不同类型的三萜皂苷产物。目前的研究结果表明：三萜皂苷生物合成途径中，参与三萜皂苷生物合成途径的酶大致可以分为以下三类。

上游的关键酶：催化 IPP 和 DMAPP 生成，如 MVA 途径中的 3-羟基-3-甲基戊二酰 CoA 还原酶（HMGR），MEP 途径中的 1-去氧-D-本酮糖-5-磷酸合成酶（DXS）、1-去氧-D-本酮糖-5-磷酸还原异构酶（DXR）。

中游的关键酶：催化 IPP、DMAPP 形成形式和分子量各异的萜类碳环骨架化合物以及中间体，如 SS、SE、OSC 等。

下游的关键酶：中间体和萜类化合物通过异构化、甲基化、羟基化、脱甲基化以及还原和加成等反应的复杂结构修饰，得到种类众多的三萜皂苷，如 CYP450、UGT。

4. 三七皂苷合成和累积规律

研究发现，不同种植年限三七皂苷合成和积累的含量差异较大。通过对不同种植年限三七皂苷合成的研究，结果表明：三七皂苷 R_1、Rb_1、Rg_1 在三年生三七根中的含量较高，是一年生根中含量的 8 倍多。与此相对应，皂苷的合成酶鲨烯氧化酶、达玛烯二醇合酶以及 P450 单加氧酶基因的表达水平在三年生三七中显著提高。同时转录组的研究数据表明，三年生三七的初级产物合成和代谢能力降低，而次级产物合成和代谢的能力提高。通过克隆三七中的达玛烯二醇及原人参二醇可能的合成酶基因，采用基因转化的方法，验证其功能，并获得了高产达玛烯二醇和原人参二醇的栽培烟草。该研究初步揭示了三年生三七中的皂苷含量较高的分子机制，为下一步高产三七皂苷的生物工程合成奠定了基础。

2.4　三七生长对环境的要求

三七是喜阴作物，需要一定的遮阴及适宜的光照、温度、水分和空气。这些自然条件密切联系，互相影响，制约着三七的生长。归纳起来三七具有几大特点：喜阴、怕热；喜湿、怕涝；忌肥。此外，温度、水分等气候环境的变化也会影响三七病害的发生。

2.4.1　三七生长对光照的要求

光是通过不同光受体调节植物生长和发育的最重要因素之一，提供合适的光照条件是确保植物更高产量和营养质量的关键因素（李强等，2017）。光照在影响药用植物生长发育、生理生化特性的同时，也会影响植物次生代谢产物的积累（蒋妮等，2012；巢牡香和叶波平，2013）。根据植物对光照强度的要求，传统上将植物分成阳生植物、阴生植物和耐阴植物（曹洪霞，2010）。三七是典型的阴生药用作物，应在遮阳条件下培育，且荫棚透光率对三七的生长和发育均有影响（匡双便等，2014，2015）。

1. 光照对三七生长发育的影响

光可以通过光周期、光质和光照强度对植物的生长发育产生影响（李强等，2017）。

光对植物的影响，首先体现在对作物地上部分的生长发育的影响，继而调节根系生长发育和功能（蔡昆争等，2007）。研究表明，不同透光率对一年生和二年生三七形特征有明显影响，对三七的株高、块根直径、块根长、叶面积、须根数量、根长、根体积及根系表面积影响不同，但总体看来，在透光率为 11.8% 的条件下，一年生三七长势较好，且一年生和二年生三七的主根长、根数、须根长、总根长在该透光率条件下也达到最大值（匡双便等，2015），表明这一透光率有利于三七的根系生长，且能够有效提高一年生三七的存苗率。

植物可以通过光受体来感受光源光质，进而调控植物的生长发育（时向东等，2008）。在一定透光率范围内，低透光率情况下，白膜生长棚较适合三七种苗生长，在相对高光照环境下，蓝膜生长棚更适合三七种苗的生长（匡双便等，2014）。也有研究表明，不同光质对三七叶片的叶绿素积累也有影响，如红光有利于叶绿素的积累，蓝光不利于叶绿素的积累（程晓奕，2018）。

2. 光照对三七生物量的影响

光是植物合成有机物质的能量来源，生长环境中光照强度能够直接影响植物光合生理生态特征及生物量形成（华劲松等，2009）。研究表明，当透光率仅为 1.1% 时，无论一年生还是二年生三七，根长、根数、块根直径、体积、生物量等都显著减小，而一年生三七的根冠比和根质比显著减小，茎质比和叶质比显著增加，这些情况都说明生长环境光照强度过低时会抑制三七生长及生物量积累。当生长环境光照强度低于某一阈值时，三七的生物量分配以提高叶片对光的捕获能力为目的，如增加比叶面积（specific leaf area，SLA）、提升叶片叶绿素含量等，通过这些方式提高植物叶片在光照不足时的光合生产能力和碳收获能力（匡双便等，2014，2015；王静等，2018）。不仅光照强度对三七的生物量有影响，不同光质对三七生物量也会有影响，有研究表明，绿光有利于可溶性糖在叶片中积累，蓝光条件下的可溶性糖含量低于自然光条件下且为最低值（程晓奕等，2018）。

3. 光照对三七次生代谢物的影响

植物可以通过不同的光受体来感受不同的光质，进而调控植物的生长发育（时向东等，2008；李强等，2017）。许多研究表明，光照可诱导植物中次生代谢产物的合成（Bian et al.，2015）。不同的光强、光质、光周期都会对植物次生代谢物积累产生影响（李强等，2017）。有研究表明，一年生三七根大部分皂苷及总皂苷含量都是在透光率为 22.3% 的条件下最高，而二年生三七根中单位质量和单株总皂苷及人参皂苷 Rg_1、Rb_1 和 Rd 含量却在透光率为 8.4% 的条件下最高（匡双便等，2015）。三七是根茎类药用作物，一年生三七的块根一般不作药材使用。因此，在种植过程中，应根据实际情况来选择、调整光照强度。不同光质会对三七皂苷含量积累产生影响，有研究表明，黄光下三七皂苷百分含量最大（罗美佳等，2014）。

2.4.2　三七生长对温度的要求

任何植物在生育期内生长繁殖都需要特定的温度条件。三七是喜阴凉植物，既不耐严寒又畏酷暑，适宜生长的温度条件是保证三七植株健康、实现三七高产和优产的重要保证。三七在不同生长时期对温度条件有不同的要求，此外，温度的变化也会影响三七病害的发生。

1. 不同时期三七对温度的要求

首先是三七种子及种苗的萌发。温度会影响三七种子的萌发率和霉烂率。研究表明，当温度低于 5℃，三七种子完全不萌发。在 5～20℃，种子萌发率随温度的升高而升高，20℃时种子萌发率达到 94.67%。温度若继续升高，萌发率又呈降低的趋势，当温度达到 30℃时，三七种子萌发率降低为 38.67%。从霉烂情况来看，在 10～30℃，种子霉烂率呈先降后升的趋势，20℃种子霉烂率最低，仅为 2.67%。低温和高温均能引起三七霉烂，而高温的影响（30℃，霉烂率 50.67%）明显大于低温的影响（10℃，霉烂率 8.0%）（崔秀明和张燕，1993）。三七种苗萌发的最高温度和最适温度均比种子低，在 5～30℃，5℃和 30℃完全不萌发，在 10～25℃萌发率较高，15℃萌发率最高，为 93.33%（崔秀明等，1995）。

其次是三七的生长。三七适宜在年温差变化较小的低纬度区域生长，20～25℃是三七出苗期最适气温，土壤最适宜温度为 15～20℃。夏季气温不超过 35℃，冬季气温不低于 –5℃，三七均可生长。18～25℃是最适宜三七生长的气温，年均温 15.8～19.3℃、年温差 11℃左右、最冷月均温高于 6℃、最热月均温低于 30℃、无霜期大于 280 天是适宜三七产出的气温条件（陈中坚等，1999；罗群等，2010）。研究发现，高温会使三七植株出现萎蔫、卷曲、枯黄、斑点、叶片脱落等症状，尤其是超过 30℃持续高温会使三七叶片枯黄率和植株死亡率显著提高。温度升高还会影响三七正常的生理生化反应，如 34℃时三七叶片的相对电导率、丙二醛（malondialdehyde，MDA）含量、脯氨酸（proline，Pro）含量、超氧化物歧化酶（superoxide dismutase，SOD）活性和过氧化物酶（peroxidase，POD）活性显著增加（全怡吉等，2018）。高温和低温胁迫还会显著抑制三七的光合能力（左应梅等，2017）。

2. 温度变化对三七病害的影响

研究发现，三七植株在 24～34℃处理下，接种黑斑病菌后的发病率随温度的升高逐渐升高，病斑面积在高温处理后也显著增大，表明受到高温影响后，三七植株更易被病原菌侵染（全怡吉等，2018）。在大田种植时，温度变化对三七主要病害的发生、发展也有影响，适宜的温度与湿度是病害发生的两个重要因素，温度决定病害出现的早迟和扩展的速度，湿度决定病害发生的严重程度。多数根部入侵病原生长的最适温度为 20～30℃，故在云南三七主产区发病关键在于温度，当温度为 15～20℃或更高，相对湿度大于 95%时，就会引起根腐病大发生（王朝梁等，1998）。因此，在三七产区雨季到来后，应特别注意雨后天晴时保证三七种植园内通风，以达到降温除湿的目的，防控根腐病等病害的发生。

2.4.3 三七生长对水分的要求

自然生态系统中，极端气候的频繁发生易引起自然灾害，如局部干旱和水涝等。水分胁迫（干旱或涝害）对所有作物都存在严重危害，包括水稻、玉米、烟草等重要的粮食作物和经济作物，其会造成农业的大面积减产和粮食短缺，影响农业生产安全。在栽培生产实践中，土壤水分是影响三七生长发育及健康的重要因素之一（余艳玲等，2006）。三七属于喜阴作物，与其他作物相比，对水分较为敏感，田间生产实践表明，三七喜湿怕涝。干旱条件下，三七会停止生长，叶片发黄，甚至萎蔫、死亡。而过高的土壤含水量会导致根腐烂，根腐病病害加重，从而降低产量。水分对三七的影响主要体现在水分对三七生长和品质的影响，以及对三七病害的影响两个重要方面。

1. 水分对三七生长和品质影响

土壤水分含量是影响植物根可塑性的重要环境因子，特别是对根茎类药材产量与品质的形成起着重要作用（刘大会等，2010）。土壤含水量影响三七叶片的生长、叶片含水量、叶绿素含量、抗氧化系统、渗透调节及最终的干物质积累（赵宏光等，2013）。有研究报道，适度的干旱胁迫会增加同属植物西洋参的人参皂苷 Re、Rb_1 和总皂苷的含量（Mudge and Lim，2006）。研究表明，三七不同龄期对土壤水分的需求不太一致。一年生三七栽培条件的最佳土壤水分含量为 90% 田间持水量（field capacity，FC）以上。随着土壤水分含量从 55% FC 到 100% FC 的逐渐升高，一年生三七的单株干重显著增加，根冠比显著提高。当土壤水分含量低于 65% FC，二年生三七生长明显受到抑制，当水分控制在 70%～95% FC 时，三七生物量和皂苷产量最高。当土壤水分含量为 56.4%～59.0% FC 时，既有利于提高三七产量，又能提升其质量（赵宏光等，2014）。因此，三七栽培过程中，对水分的管理显得尤为重要，应针对不同龄期，采取不同水分灌溉条件。此外，当旱季来临时，应当及时补水，而当雨季来临时，要及时排水，特别注意不要使土壤湿度忽高忽低，因为这样最容易发生病害。

2. 水分胁迫引起作物产量降低的原因

水分胁迫引起作物产量降低的原因有多种。土壤的水分条件是影响土壤呼吸的主要环境因子之一（邓东周，2009），干旱胁迫时，土壤氧含量增加，氧化应激加重，引起 Ca^{2+} 信号级联反应，导致气孔关闭；干旱调控 *ABCG25*、*ABCG40*、*AIT1* 基因的转录（Kang et al.，2010；Kuromori et al.，2010；Osakabe et al.，2014），引起 ABA 含量上调，导致气孔关闭，降低光合作用，对植株生物量和能量造成影响；干旱还会引起植株根系形态发生改变，造成木质部栓塞。水涝胁迫时，可能会引起根系乙烯合成前体 1-氨基环丙烷羧酸（ACC）含量上调（Kreuzwieser and Rennenberg，2014），导致乙烯上调，从而引起叶片脱落；水涝胁迫会引起土壤氧含量下降，造成缺氧应激效应（Irfan et al.，2010），引发一系列的变化，如引起代谢物和营养水平改变（Merchant et al.，2010）、能量交换减少等。还会引起细胞凋亡、根系导水率降低等现象（Kreuzwieser and Rennenberg，2014）。水涝胁迫降低作物的产量，不仅是由于根系统受损，还和植物营养生长受限相关（Liu，2013）。

3. 水分对三七病害的影响

土壤水分含量与三七根部病害密切相关（陈昱君等，2002；蒋妮等，2011），雨季来临后土壤湿度的增加会明显加重根腐病的发生。研究表明，三七根腐病发病率会随着土壤含水量的增加呈迅速升高的趋势（王朝梁等，1998；赵宏光等，2014）。

2.4.4 三七生长对肥料的要求

1. 三七的施肥规律和营养特点

肥料的合理施用是三七栽培的关键技术，从三七的需肥规律中发现，三七对氮、磷、钾三要素的吸收，一年生、二年生、三年生三七均表现为 $K_2O > N > P_2O_5$ 的趋势。从吸收来看，一年生和三年生吸收 N、P、K 的比例约为 2:1:3，二年生为 3:1:4，可见三七是典型的喜钾植物。为保证三七的正常生长，应科学合理地施肥，过多施肥并不可取。生产实践也表明，过量使用化肥会加重三七连作障碍的发生。

2. 三七不同生育时期的养分（N、P、K）吸收动态

从三七的不同生育时期来看，一年生和二年生三七全氮含量在 10 月以前基本呈下降的趋势，10 月以后有所回升。而三年生三七则在 8 月有个吸收高峰，以后一直呈现下降的趋势。

一年生三七全钾含量在一年中均呈现下降的趋势，二年生和三年生三七在 4~6 月吸收钾较多，6 月以后，二年生三七对钾的吸收量下降，而三年生三七则变化不明显。

一年生、二年生和三年生三七全磷的含量变化趋势比较一致，4~6 月含量下降，8 月以后开始回升。对于一年生和二年生三七来说，8 月初和 10 月初是两个吸肥高峰期，其氮和钾的吸收量分别占全生育期吸肥量的 75% 和 45%，磷则在 12 月吸收最多，占吸收总量的 52%。由此可见，开花期至结果期应是三七最重要的需肥时期。

3. 三七施肥种类的选择

三七用肥质量要求高，以元素含量较全的有机肥为主，当土壤中缺乏三七生长所需要的某种元素时，还需额外补充。在选择肥料时应该选择充分发酵的有机肥，用前都需将细碎的有机肥拌和均匀。如果选用堆沤的有机肥，则还需要晾晒后才能使用，以免烧伤种子和种苗。由于浇水后会溶走大量肥料，因此在三七的种植过程中，应适当适时追肥，以满足三七的生长需要为限。三七施肥以有机肥为主，化肥只能应急和适当补充，长期使用化肥对土壤的理化性质和土壤微生物都有影响，不仅不利于三七的生长，损害三七的品质，还会降低三七的抗逆性，导致三七病害的发生。林下三七种植中，因林下土壤含有丰富的有机质，除部分地区土壤缺磷需补充外，三七种植过程中不建议施肥。

总之，光、温、水、肥是一个有机联系的整体，需要全面协调，不能顾此失彼。

2.5 三七的区域分布

20 世纪 50 年代以来，云南文山大力发展三七种植业，因其适宜的生长环境，生产出的三七品质较高，逐渐成为三七的主产区，并且成为三七的道地产区。文山州和红河

州是目前云南三七主要种植区域,种植面积从 2010 年的 1.11 万亩到 2014 年已经增长至 39.89 万亩(戴晨曦等,2018)。其中海拔 1100～2300 m 为主要分布区域,1400～2000 m 是最适宜生长区域(戴晨曦等,2018)。

由于三七存在严重的连作障碍,已经种植过一茬的土地,需要自然恢复 20 年以上,才可以重新种植,这也导致了近年三七种植区域的外迁,近年来三七种植地已经由云南文山向红河、曲靖、昆明、玉溪、普洱、大理、保山、临沧、西双版纳、楚雄、丽江等州市发展,从行政区域来看,三七分布的区域包括云南、广西、广东、四川、贵州。但随着种植年限的增加,这些产区也开始出现无地可种的现状,生产面临萎缩。

目前,林下种植三七正在大力开展,其中最适宜种植三七的区域为北回归线附近的 1000～2000 m 海拔区域。截至 2018～2019 年,云南省范围内的林下三七种植面积已近 10 000 亩,其中最主要的林下种植地区为云南省普洱市澜沧县,种植面积已达 5000 亩,同时在红河州的石屏县、金平县和建水县,曲靖市的会泽县,昆明市的禄劝县和寻甸县,保山市的腾冲市,文山州的马关县等地,均开始开展林下三七种植。云南省森林资源丰富,森林面积为 1913.19 万 hm^2,其中适宜三七生长的针叶林占 65.67%,随着农田种植地的不断减少,利用丰富的森林资源可开展林下三七种植,将会成为未来三七产业的主要趋势。

参 考 文 献

蔡昆争, 骆世明, 段舜山. 2007. 水稻根系在根袋处理条件下对不同光照强度的反应[J]. 华南农业大学学报, 28(1): 1-5.

曹洪霞. 2010. 浅谈光照对植物生态作用的影响[J]. 安徽农学通报, 16(3): 56-57.

巢牡香, 叶波平. 2013. 环境非生物因子对植物次生代谢产物合成的影响[J]. 药物生物技术, 4: 365-368.

陈昱君, 王勇, 伍忠翠. 2002. 种苗质量与三七根腐病关系[J]. 中药材, 25(5): 307-308.

陈中坚, 崔秀明, 王朝梁, 等. 1999. 文山优质三七基地生态区划和布局研究[J]. 人参研究, 11(3): 3-5.

程晓奕, 张鑫, 崔晟榕, 等. 2018. 光质和光照度对三七种子萌发和幼苗生长的影响[J]. 江苏农业科学, 46(9): 144-147.

崔秀明, 王朝梁, 贺承福, 等. 1995. 三七种苗生物学特性研究[J]. 中国中药杂志, 20(11): 659-660.

崔秀明, 张燕. 1993. 三七种子生物学特性研究[J]. 中药材, 16(12): 3-4.

戴晨曦, 谢相建, 徐志刚, 等. 2018. 中草药材种植遥感监测与分析——以云南省文山和红河地区三七种植为例[J]. 国土资源遥感, 30(1): 210-216.

邓东周, 范志平, 王红, 等. 2009. 土壤水分对土壤呼吸的影响[J]. 林业科学研究, 22(5): 722-727.

华劲松, 戴红燕, 夏明忠. 2009. 不同光照强度对芸豆光合特性及产量性状的影响[J]. 西北农业学报, 18(2): 142-146.

蒋妮, 覃柳燕, 李力, 等. 2012. 环境胁迫对药用植物次生代谢产物的影响[J]. 湖北农业科学, 51(8): 1528-1532.

蒋妮, 覃柳燕, 叶云峰. 2011. 三七病害研究进展[J]. 南方农业学报, 42(9): 1070-1074.

匡双便, 徐祥增, 孟珍贵, 等. 2015. 不同透光率对三七生长特征及根皂苷含量的影响[J]. 应用与环境生物学报, 21(2): 101-108.

匡双便, 张广辉, 陈中坚, 等. 2014. 不同光照条件下三七幼苗形态及生长指标的变化[J]. 植物资源与环境学报, 2: 54-59.

李强, 赵瑜, 张燕, 等. 2017. 对药用植物影响的研究进展及其对生态种植的启示[J]. 现代中药研究与实践, 4: 84-87.

刘大会, 郭兰萍, 黄璐琦, 等. 2010. 土壤水分含量对丹参幼苗生长及有效成分的影响[C]. 2010 年中国药学大会暨第十届中国药师周论文集: 321-325.

罗美佳, 夏鹏国, 齐志鸿, 等. 2014. 光质对三七生长、光合特性及有效成分积累的影响[J]. 中国中药杂志, 39(4): 610.

罗群, 游春梅, 官会林. 2010. 环境因素对三七生长影响的分析[J]. 中国西部科技, 9(9): 7-8.

全怡吉, 郭存武, 张义杰, 等. 2018. 不同温度处理对三七生理生化特性的影响及黑斑病敏感性测定[J]. 分子植物育种, 16(1): 262-267.

时向东, 蔡恒, 焦枫, 等. 2008. 光质对作物生长发育影响研究进展[J]. 中国农学通报, 6: 236-240.

王朝梁, 崔秀明, 李忠义, 等. 1998. 三七根腐病发生与环境条件关系的研究[J]. 中国中药杂志, 23(12): 714-716.

王静, 匡双便, 周平, 等. 2018. 二年生三七农艺和质量性状对环境光强的响应特征[J]. 热带亚热带植物学报, 26(4): 57-64.

许晓双, 张福生, 秦雪梅. 2014. 三萜皂苷生物合成途径及关键酶的研究进展[J]. 世界科学技术-中医药现代化, 16(11): 2440-2448.

余艳玲, 彭云, 陈中坚. 2006. 三七栽培灌水指标的初步研究[J]. 云南农业大学学报, 21(1): 121-123.

赵宏光, 夏鹏国, 韦美膛, 等. 2014. 土壤水分含量对三七根生长、有效成分积累及根腐病发病率的影响[J]. 西北农林科技大学学报, 42(2): 173-178.

赵宏光, 寻路路, 梁宗锁, 等. 2013. 土壤水分含量对三七叶片生长、抗氧化酶活性及渗透调节物质含量的影响[J]. 西北农业学报, 12: 159-163.

左应梅, 张金渝, 杨天梅, 等. 2017. 温度胁迫对三七光合特性及生理指标的影响[J]. 南方农业学报, 48(2): 2145-2151.

Bennetzen J L, Wang H. 2014. The contributions of transposable elements to the structure, function, and evolution of plant genomes[J]. Annual Review of Plant Biology, 65: 505-530.

Bian Z H, Yang Q C, Liu W K. 2015. Effects of light quality on the accumulation of phytochemicals in vegetables produced in controlled environments: a review[J]. Journal of the Science of Food and Agriculture, 95(5): 869-877.

Chen F, Tholl D, Bohlmann J, et al. 2011. The family of terpene synthases in plants: a mid-size family of genes for specialized metabolism that is highly diversified throughout the kingdom[J]. The Plant Journal, 66: 212-229.

Chen W, Kui L, Zhang G Z, et al. 2017. Whole-genome sequencing and analysis of the Chinese herbal plant *Panax notoginseng*[J]. Molecular Plant, 10: 902.

Choi H, Waminal N E, Park H M, et al. 2014. Major repeat components covering one-third of the ginseng (*Panax ginseng* C. A. Meyer) genome and evidence for allotetraploidy[J]. The Plant Journal, 77: 906-916.

Irfan M, Hayat S, Hayat Q, et al. 2010. Physiological and biochemical changes in plants under waterlogging[J]. Protoplasma, 241(14): 3-17.

Kang J, Hwang J U, Lee M, et al. 2010. PDR-type ABC transporter mediates cellular uptake of the phytohormone abscisic acid[J]. Proceedings of the National Academy of Sciences of the United States, 107(5): 2355-2360.

Kreuzwieser J, Rennenberg H. 2014. Molecular and physiological responses of trees to waterlogging stress[J]. Plant Cell and Environment, 37(10): 2245-2259.

Kuromori T, Miyaji T, Yabuuchi H, et al. 2010. ABC transporter AtABCG25 is involved in abscisic acid transport and responses[J]. Proceedings of the National Academy of Science, 107(5): 2361-2366.

Liu A X, Zhu J Q, Jin T. 2013. Advance of the research on crop suffering from waterlogged stress[C]. Third International Conference on Intelligent System Design and Engineering Applications: 227-234.

Liu M H, Yang B R, Cheung W F, et al. 2015. Transcriptome analysis of leaves, roots and flowers of *Panax notoginseng* identifies genes involved in ginsenoside and alkaloid biosynthesis[J]. BMC Genomics, 16(1): 265.

Luo H, Sun C, Sun Y, et al. 2011. Analysis of the transcriptome of *Panax notoginseng* root uncovers putative triterpene saponin-biosynthetic genes and genetic markers[J]. BMC Genomics, 12(5): S5.

Merchant A, Peuke A D, Keitel C, et al. 2010. Phloem sap and leaf delta ^{13}C, carbohydrates, and amino acid concentrations in *Eucalyptus globulus* change systematically according to flooding and water deficit treatment[J]. Journal of Experimental Botany, 61(6): 1785-1793.

Mudge K W, Lim W. 2006. Effect of water stress on ginsenoside production and growth of American ginseng[J]. HortTechnology, 16(3): 517-522.

Osakabe Y, Osakabe K, Shinozaki K, et al. 2014. Response of plants to water stress[J]. Plant Physiology, 5(3): 86.

Tholl D. 2006. Terpene synthases and the regulation, diversity and biological roles of terpene metabolism[J]. Current Opinion in Plant Biology, 9(3): 297-304.

Trapp S C, Croteau R B. 2001. Genomic organization of plant terpene synthases and molecular evolutionary implications[J]. Genetics, 158: 811-832.

Wang T, Guo R, Zhou G, et al. 2016. Traditional uses, botany, phytochemistry, pharmacology and toxicology of *Panax notoginseng* (Burk.) F. H. Chen: a review[J]. Journal of Ethnopharmacology, 188: 234-258.

第3章　三七连作障碍形成机制

三七在种植过程中存在着严重的连作障碍，导致农残超标严重、优质原料缺乏、产品品质和安全性不佳等问题，严重制约着三七产业的健康发展。几十年来，国内众多研究团队围绕土传病害、自毒作用、营养平衡、土壤微生物消长等因素对三七连作障碍的机制开展了广泛研究。随着研究的深入，逐渐解析了三七连作障碍的形成机制，为破解中药材产量和质量的难题提供了重要科学支撑。

3.1　三七连作障碍的发生及危害

连作障碍是药用植物栽培中的常见现象，尤其是以根茎入药的药用植物（张重义和林文雄，2009；Yang et al.，2015）。三七属五加科人参属植物，是我国最具特色的中药材大品种，已有 700 多年的药用历史，治疗心脑血管疾病疗效显著。云南省是我国三七原料的主产地，三七生产逐步进入了基地化、规模化和标准化的发展轨道，产业规模不断扩大，成为云南省生物医药大健康产业发展的支柱产业。然而，三七属于多年生宿根草本植物，性喜温暖阴湿，连作障碍问题尤其突出。目前生产中主要通过农药施用和轮作来缓解连作障碍，但农药的大量使用不但未明显减轻连作障碍，反而导致严重的农药残留和重金属超标等药品安全问题。轮作能克服连作障碍，但三七轮作期限一般需要 20 年以上。随着市场对三七需求量的不断增加和新垦地的减少，三七种植逐渐从道地产区向非道地产区转移，严重影响三七药材的道地性和原产地保护。因此，深入研究三七连作障碍的形成机制及克服技术是确保三七安全生产的关键。

3.2　作物连作障碍的研究进展

植物-土壤的反馈是大多数生态系统中维系物种多样性和相对丰度的一个普遍机制（Bever et al.，1997；Mangan et al.，2010）。该机制包括两方面的含义：首先，某株植物或者某个植物种群改变了土壤生物群落的构成或非生物条件状况；其次，土壤生物群落的变化影响了地上该物种或种群的生长。根据反馈对植物本身或其子代的影响，可将反馈分为正反馈（positive feedback）、负反馈（negative feedback）或中性反馈（neutral feedback）（van der Putten et al.，2013）。多数的研究显示，植物-土壤的负反馈在植物维系物种多样性的过程中起主要作用（Kulmatiski et al.，2008）。植物-土壤的负反馈是指土壤微生物群落或非生物条件的改变导致植物的净生长降低（van der Putten et al.，2013）。导致植物-土壤负反馈的原因有：①土壤中有害生物（病原菌、线虫、食根动物等）数量增加，导致该物种自身或后代的生长受到抑制（Klironomos，2002；Mangan et al.，2010）；②土壤中的养分被固定或耗尽，不利于自身生长（de Kroon et al.，2012）；③植物分泌的化感物质抑制自身的生长（Baise et al.，2003）。但目前的研究还未阐释导致植物-土壤负反馈现象的不同机制之间的内在联系。无论这种负反馈的形成机制如何，它可能促进了自然生态系统中多数物种间的平衡，有助于物种的多样性共存（Bever et al.，1997；Bonanomi et al.，2005；Mangan et al.，2010；Lankau et al.，2011）。然而，在农业生态系统中，由于单一作物的连续种植，植物-土壤的负反馈调节常会导致作物连作障碍（Ogweno and Yu，2006），严重影响产量和质量。目前，连作障碍已经成为现代集约化农业生产面临的主要问题之一，严重制约了现代农业的可持续发展。

3.3　三七连作障碍由生物和非生物因子共同导致

多年来，研究人员从引起植物-土壤负反馈的根腐病菌累积、土壤理化性质恶化、养分失衡、化感自毒等方面对三七连作障碍的形成机制开展了一系列研究（罗文富等，1999；孙玉琴等，2008；简在友等，2009；韦美丽等，2010；Yang et al.，2015）。这些不同的方面均能引起三七不同程度的连作障碍，但这些引起连作障碍的不同机制的内在联系还不清楚。近年来众多学者认为，根系分泌物的直接或间接作用引起的土壤微生物区系紊乱可能是导致植物连作障碍的主要因素（Qi et al.，2009）。这可能是由于在根系分泌物特定组分的介导下，一方面产生化感自毒现象，破坏自身的防御力；另一方面，导致某些类群的微生物（如病原菌）大量繁殖，同时抑制其他有益微生物的生长。这些微生物的改变可能会进一步改变根系分泌物的组成和含量，为病原微生物提供更多的营养，形成恶性循环，造成植物生长发育不良（吴林坤等，2014）。课题组近年来从植物-土壤负反馈调节的理念入手开展的系列研究也发现，根腐病只是三七连作障碍的主要表现形式，由根系分泌物介导的三七根系与土壤微生物间的负反馈调节可能是导致三七连作障碍的关键原因。

3.4　三七根腐病菌侵染与连作障碍形成的关系

多年来，人们对三七连作障碍的研究主要集中于病原菌引起的根腐病方面。经过近 20 多年的研究，明确了三七根腐病的主要病原，包括真菌、卵菌、细菌和线虫等 20 多种病原菌。目前已报道的病原包括多种真菌（如柱孢属真菌 *Cylindrocarpon destructans* 和 *C. didynum*、茄腐镰刀菌 *Fusarium solani*、茄腐镰刀菌的根生专化型 *Fusarium solani* f. sp. *radicicola*、茎点霉 *Phoma herbarum*、立枯丝核菌 *Rhizoctonia solani*）、卵菌（如恶疫霉 *Phytophthora cactorum* 和腐霉菌 *Pythium* spp.），以及假单胞菌 *Pseudomonas* spp.和根结线虫 *Meloidogyne* spp.等（骆平西等，1991；罗文富，1999；缪作清等，2006；王勇等，2008；Mao et al.，2014；Long et al.，2015）。比较发现，三七 *Panax notoginseng* 和人参 *Panax ginseng* 及西洋参 *Panax quinquefolius* 同属五加科人参属药材。人参和西洋参的栽培同样面临根腐病的严重危害，且引起根腐病的病原菌种类和症状类型与三七非常相似。目前已经报道的人参和西洋参根腐病病原中同样也包括柱孢属真菌、茄腐镰刀菌、茎点霉、立枯丝核菌、恶疫霉、细菌和线虫等（赵日丰等，1993；白容霖，2002；张雪松等，2009）。本课题组从文山地区三七种植老区广泛采集了三七根腐病的病样，均能分离获得上述病原菌。最近还分离了引起三七根腐病的新病原菌 *Cylindrocarpon destructans* var. *destructans*、*Cylindrocarpon destructans* var. *crissum*、*Haematonectria ipomoeae*（Mao et al.，2014；Long et al.，2015），完成了三七主要病原菌，如茄腐镰刀菌 *Fusarium solani*、尖孢镰刀菌 *F. oxysporum*、毁灭柱孢菌 *Cylindrocarpon destructans*、毁灭柱孢菌变种 *C. destructans* var. *destrutans*、细极链格孢 *Alternaria tenuis*、人参链格孢 *A. panax*、恶疫霉、槭菌刺孢 *Mycocentrospora acerina* 的基因组分析，并明确了这些病原菌的发生流行规律及其与三七的互作特征。明确了根腐病菌可以由根结线虫、真菌、细菌等十余种病原物单独或复合侵染所致。另外，当三七根部遭受地下害虫、线虫等危害后，真菌和细菌性病原菌更容易发生复合侵染，加大根腐病的发生频率和危害程度。

通过多年的研究，已基本明确三七根腐病的主要病害种类及其发生流行规律，并探索了一系列以化学农药为主的防治措施（骆平西等，1991；罗文富等，1999；缪作清等，2006；王勇等，2008）。然而，多年生产实践表明，即使采用大量化学农药灌根或土壤熏蒸处理也不能完全解决三七的连作障碍，反而导致严重的农药残留和重金属超标等问题。随着研究的深入，人们逐渐意识到除了根腐病菌，还存在其他导致连作障碍的关键因素。

3.5 三七根系代谢物的分泌和积累与三七连作障碍形成的关系

为了探明三七连作障碍的原因，本课题组从生物和非生物因子等方面对三七连作障碍的成因进行了深入研究和分析。

3.5.1 三七连作障碍由土壤中生物和非生物因子共同导致

本课题组测定了种植一年、两年、三年三七后的土壤对种子出苗的影响。结果表明，种植过三七的土壤中种子的出苗率显著低于未种植土壤，且随着种植时间的增加，出苗率显著降低（图 3-1A）。连作三年土中三七种子的出苗率仅为 2.7%。三七出苗 6 个月后，未种植土壤中三七苗的存苗率可达 78.7%，但是连作两年和三年土中的三七苗在生长过程中逐渐发病死亡，最终的存苗率为 0；连作一年土中的存苗率也仅为 19.0%，显著低于未种植土壤（图 3-1B）。种植三七后的土壤再种植三七，大部分种子出芽后即腐烂，部分种子即使出苗其根部也逐渐腐烂。从部分腐烂的种子和种苗上能分离出引起根腐病的茄腐镰刀菌 *Fusarium solani* 和毁灭柱孢菌变种 *Cylindrocarpon destructans* var. *destructans*。这表明根腐病菌是导致三七腐烂和死亡的主要原因。

进一步利用连作三年的土壤开展了高温处理及高温处理后添加活性炭的试验。结果表明，连作土在 121℃湿热处理 30 min 后，出苗率和存苗率显著提高，但低于新土对照处理。而高温处理后的连作土中添加不同浓度的活性炭后种苗的生长指标随着活性炭添加量的增加而显著升高（表 3-1）。这些结果表明，土壤中根腐病菌是引起连作障碍的重要因素，但也存在其他非生物因素影响三七的生长。

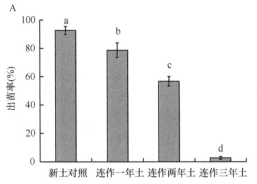
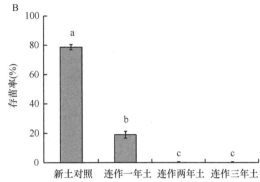
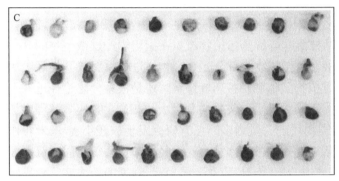

图 3-1　种植不同年限土壤中三七种子的出苗率和存苗率

A. 未种植土壤和连作一年、两年、三年土中三七种子的出苗率；B. 未种植土壤和连作一年、两年、三年土中三七种子的存苗率；C. 连作土中未出苗的腐烂种子；D. 连作土中出苗后发病萎蔫死亡的三七植株。新土对照表示未种植三七土壤；不同小写字母表示在 $P<0.05$ 水平差异显著

表 3-1　连作土高温处理及高温处理加活性炭处理对三七出苗及生长的影响

处理	出苗率（%）	存苗率（%）	叶面积（cm^2）	整株鲜重（g）	根干重（g）
新土	92.7a	78.7a	7.8b	1.67b	0.25b
连作土	2.7c	0.0d	—	—	—
连作土+蒸汽灭菌	70.0b	62.7b	8.8b	1.59b	0.20b
连作土+蒸汽灭菌+活性炭（4 g/L）	78.0b	62.7b	10.2a	1.61b	0.24b
连作土+蒸汽灭菌+活性炭（8 g/L）	82.3a	73.7a	11.3a	1.99a	0.33a
连作土+蒸汽灭菌+活性炭（12 g/L）	84.3a	75.7a	10.4a	2.23a	0.34a

注：同列不同字母表示在 $P<0.05$ 水平差异显著

3.5.2　酚酸类自毒物质是导致三七连作障碍的重要非生物因子

自毒作用是植物化感作用的一种重要形式（Rice，1984）。自然生态系统中，植物可以利用自毒物质控制自身种群在时空上的分布，从而避免种内竞争，以利于自身生存及扩展地域分布（Singh et al.，1999）。然而，在农业生态系统中，自毒物质会严重影响植物的产量和品质。药用植物中的生理活性成分大多属于植物的次生代谢产物，而化感自毒物质同样来源于植物的次生代谢循环，所以许多药用植物更容易发生自毒作用。加

之药用植物种植年限长，化感物质在根际土壤中长期积累，导致更严重的连作障碍（李瑞博等，2012）。

近年来，也相继报道了三七的同属植物人参和西洋参自毒现象的存在（王玉萍等，2005；陈长宝等，2006；李勇等，2009）。从种植三七和人参的土壤及其根系分泌物中分离鉴定出酚类、酯类、有机酸类和烷类等物质（王今堆等，1994；陈长宝等，2006；韦美丽等，2010；张子龙等，2010），并证实了酚酸类物质对西洋参具有化感自毒活性（He et al.，2009）。大量研究表明，酚酸类自毒物质能够通过多种途径对植物产生不利影响，从而引起连作障碍（甄文超等，2004；张晓玲等，2007）。

1. 酚酸类物质的来源

自然环境中，酚酸类物质进入土壤中的主要途径有两种：植物残体和枯枝落叶降解，以及根系分泌。其中植物残体和枯枝落叶降解是指植物组织在土壤中经过微生物的分解作用产生一系列物质；而根系分泌物是指植物将部分光合产物通过根系释放到根际土壤中的一组复杂的物质。无论是通过植物残体和枯枝落叶降解，还是根系分泌途径进入土壤的酚酸类物质都有两大特点：①不同途径酚酸类物质种类大致相同；②随降解程度加深和植物生长时间的延长，酚酸类物质的含量增多。已有研究发现，在小麦-玉米轮作区麦秸覆盖的土壤中检测出有阿魏酸、香草酸、肉桂酸、对羟基苯甲酸等酚酸（贾春虹等，2004）。而麦秸还田会增加土壤中的酚酸浓度，在麦秸腐解 40 天酚酸浓度达到高峰（郑皓皓等，2001）。

2. 酚酸类物质对土壤微生物的影响

随着单一作物连续种植，根系分泌物种类趋于一致，这一方面会导致土壤微生物群落丰富度与多样性逐渐降低，有益微生物的种类与丰度减少、病原微生物增加，如烟田连作后土壤中的细菌群落丰富度、多样性指数显著降低，且细菌与放线菌的数量呈现出显著的下降趋势（梁春启等，2009；Li et al.，2013；刘苹等，2018）。另一方面，大量自毒化感物质持续积累会刺激病原菌在根际大量定殖与繁殖（Xiao et al.，2017）。研究表明，烟草根系代谢物肉桂酸、延胡索酸等能够显著诱导青枯病菌在烟草根部的定殖，且苯甲酸、苯丙酸等能够刺激青枯病菌在土壤中大量繁殖，这些分泌物在土壤中的持续释放与累积可能是土传病害发生的重要原因（Jia et al.，2011；张继光等，2011）。

3. 酚酸类物质对植物的影响

酚酸类物质也通过影响细胞膜的通透性、离子吸收、水分吸收、光合作用、蛋白质和 DNA 合成等多种途径直接影响植物生长（陈龙池等，2003；顾元等，2013）。目前已在豌豆、番茄、黄瓜、西瓜和辣椒等多种作物组织和根系分泌物中分离出包括苯甲酸、肉桂酸和水杨酸在内的十余种酚酸物质，这些物质可以对植物产生直接的自毒作用（曹光球等，2003；秦嗣军等，2008）。

4. 酚酸类物质对土壤的影响

酚酸类物质在土壤中的积累，不仅对微生物和植物生长产生影响，还可以引起土壤中毒和衰退，从而造成植物连续连作障碍问题。已有研究表明，酚酸类物质引起土壤中毒和衰退的原因有两方面：一方面影响土壤养分含量（郑世燕等，2014）；另一方面影响土壤酶活性（焦永吉等，2014）。研究表明，苯丙烯酸和对羟基苯甲酸会降低连作西瓜土壤中碱解氮、速效磷、速效钾以及土壤有机质的含量，这两种酚酸在低浓度时对土壤养分的降低程度最为明显，250 μg/g 苯丙烯酸处理 2 周时，碱解氮、速效钾、速效磷和有机质含量分别比对照降低 9.6%、18.4%、20.7%和 11.0%，250 μg/g 对羟基苯甲酸处理条件下分别比对照降低 9.0%、15.8%、16.9%和 5.0%。马云华等（2005）研究黄瓜连作土壤酚酸类物质积累对土壤酶活性影响时发现，低浓度的酚酸类物质使土壤多酚氧化酶、过氧化氢酶（catalase，CAT）、蔗糖酶、脲酶和蛋白酶活性上升，而高浓度的酚酸类物质却使这些酶活性下降，但各种酶的峰值对应的酚酸浓度不同。

因此，土壤酚酸类物质在植物连作障碍的发生过程中具有重要的桥梁与调控作用。该类物质不仅能够影响土壤个体微生物的生物学特性，还调控着整个根际微生物区系的结构与功能。作为植物与病原微生物互作过程中重要的活性因子，了解土壤酚酸类物质的功能角色，对认知作物连作障碍的发生机制具有重要意义。

5. 酚酸类物质对三七连作障碍的影响

三七在生长过程中，通过植物须根残体腐解和根系分泌等途径将次生代谢产物残留在土壤中，而酚酸类物质也是三七根际土壤中鉴定到的主要化合物。经过鉴定发现，三七根际土壤中含有羟基苯甲酸、香草酸、丁香酸、对香豆酸、阿魏酸和苯甲酸等 6 种酚酸类物质，其含量为 1.26～24.01 mg/kg。虽然这些物质的含量不高，但其随着时间的延长越来越多，很可能是造成三七不能连续种植的重要原因（吴立洁，2014）。林下三七种植过程中，三七周围的林木也会产生大量的酚酸类物质积累在土壤中，对植物的生长产生一定的影响（Kong et al.，2008）。相关研究表明，和三七同属的人参在生长过程中，也可以通过根际分泌水杨酸、没食子酸、苯甲酸、3-苯基丙酸和肉桂酸等酚酸物质。这些酚酸类物质对人参种子萌发和幼苗生长有较强的抑制作用，另外也发现这 5 种酚酸物质能够促进人参锈腐病原菌的菌丝生长和孢子萌发，从而加重人参锈腐病的危害和连作障碍（李自博，2018）。

1）酚酸类物质对三七土壤微生物的影响

酚酸类物质释放到土壤中，既对微生物产生直接的影响，又可以通过影响土壤根际环境间接改变土壤微生物群落结构。三七连作造成土壤中的微生态发生重大的变化，根际土壤的细菌群落结构发生较大变化，群落多样性水平呈下降趋势，土壤微生物群落从"细菌型"向"真菌型"转变。外源添加酚酸类物质对三七病原菌的影响研究发现，引起三七根腐病的病原菌尖孢镰刀菌可以利用低浓度的阿魏酸、对羟基苯甲酸及香草酸，10 mg/L 和 20 mg/L 的阿魏酸可显著促进菌丝生长，10 mg/L 的对羟基苯甲酸、香草酸和阿魏酸可以显著促进尖孢镰刀菌的孢子产量提高及其萌发（Wu et al.，2008）。

2）酚酸类物质对三七生长的影响

生产实践中发现，在杉树林下种植三七，当土壤中酚酸类物质含量较高时，三七幼苗根系出现黄化现象，主要表现为根系发黄、主根短小、须根不发达等症状。已有研究表明，对香豆酸、丁香酸以及对羟基苯甲酸可以显著抑制三七幼苗根系生长；香草酸处理可显著降低幼苗根系活力，且丁香酸、对羟基苯甲酸以及香草酸处理显著降低了幼苗的 CAT 活性（孙萌等，2016）。

深入分析认为，虽然酚酸类物质会对三七产生自毒，也能促进根腐病菌的生长，并调控根际微生物群落而不利于三七生长，但酚酸类物质广泛地分布于绝大多数植物根系分泌物或残体降解物中，不应该是三七、人参等五加科植物特有的自毒物质，也不应该是导致三七连作障碍的主要因子。因此，深入探明三七特异性的自毒物质是解析其连作障碍的关键。

3.5.3 三七根系代谢的皂苷类物质与连作障碍形成的关系

1. 土壤中添加三七根残体会影响三七种子出苗和生长

本课题组发现，未种植过三七的土壤中添加三七根残体会对三七种子出苗和生长产生一定的抑制作用，抑制效应随添加浓度增加而上升（表 3-2）。当添加浓度达到 0.5 g/L 时，可抑制三七植株的鲜重；当添加浓度达到 0.05 g/L 时，即可抑制三七植株的株高；当添加浓度为 2.0 g/L 时，三七种子的萌发率和存苗率受到显著抑制。这些结果均表明三七根部可能存在影响三七出苗和生长的物质，而生产中三七收获后在土壤中残留大量须根及根残体，这些残留在土壤中的根可能成为导致下茬三七不能出苗或生长不良的因素之一。

表 3-2 三七根残体对种子萌发和生长的影响

残体添加浓度（g/L）	萌发率（%）	存苗率（%）	株高（cm）	鲜重（g）
0.00	90.67	78.33	9.08	1.57
0.05	92.00	70.67	8.71	1.51
0.10	92.67	68.67	8.93	1.67
0.50	85.33	63.33	8.55	1.42
1.00	83.33	62.67	8.27	1.39
2.00	71.33**	52.67**	8.12	1.38
5.00	66.67**	44.00**	7.89**	1.36*

*表示 $P < 0.05$；**表示 $P < 0.01$

2. 三七释放到根际土壤中的皂苷是特异的化感物质

研究表明，植物可以通过淋溶、根系分泌、残体分解、微生物转化、挥发等途径释放化感物质，直接或间接影响其他植物生长（Hasson and Rao，1995；孔垂华等，2004）。当供试浓度为 1.0 mg/L 时，连作土壤提取液、根系分泌物、粗皂苷提取液均可显著抑制三七种子萌发和幼苗生长（表 3-3），对种子萌发率的抑制率为 53.3%～93.3%，对株高的抑制率为 68.9%～77.9%，对根长的抑制率为 49.1%～64.7%，对整株鲜重的抑制率为

63.2%～73.7%。这些结果表明，三七连作土壤提取物、三七粗皂苷提取液及根系分泌物具有明显的自毒效应，且与皂苷有关。

表 3-3　连作土壤提取液、三七粗皂苷提取液和根系分泌物对三七种子萌发及种苗生长影响

处理	萌发率（%）	株高（cm）	根长（cm）	整株鲜重（g）
蒸馏水对照	75.00	8.42	1.16	0.19
未种植土壤提取液	72.50	5.81	1.08	0.12
粗皂苷提取液	17.50**	2.32**	0.43**	0.06**
连作一年土壤提取液	22.50**	2.21**	0.56**	0.07**
连作两年土壤提取液	17.50**	1.86**	0.47**	0.05**
连作三年土壤提取液	5.00**	2.32**	0.41**	0.06**
根系分泌物	35.00**	2.62**	0.59**	0.06**

*表示 $P<0.05$；**表示 $P<0.01$

活性炭吸附处理对培养液中三七生长的影响试验结果表明，无论是用去离子水还是用收集的根系分泌物培养的三七植株，在其中添加活性炭后均可以显著提高三七植株的存苗率（图 3-2）。在去离子水中培养三七 30 天的存苗率为 41.1%，而用根系分泌物培养的三七存苗率仅为 25%；添加活性炭后植株的存苗率可以提高到 70%以上。这些结果表明，三七根系分泌物中存在着影响三七正常生长的物质，而这些物质可以被活性炭所吸附，从而显著提高三七在培养液中的存苗率。

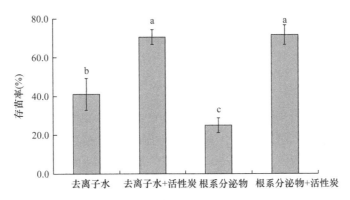

图 3-2　活性炭吸附处理对培养液中三七存苗率的影响

不同小写字母表示处理间存在显著差异（$P<0.05$）

3. 三七根组织、根系分泌物及土壤中皂苷类物质的鉴定

三七、人参及西洋参等五加科植物在生长过程中可产生 70 余种 20（S）-原人参二醇型和 20（S）-原人参三醇型皂苷，总含量可高达 12%以上（周家明等，2009）。这些皂苷类次生代谢产物可以通过各种途径释放到根际土壤中。Nicol 等（2003）利用高效液相层析-质谱联用（HPLC-MS）方法从西洋参根际土壤及根系分泌物中鉴定出人参皂苷 Rb_1、Rb_2、Rc、Rd、Rg_1、Re 和 F_{11}。从三七根际土壤中也分离鉴定出 β-谷甾醇、阿魏酸、Rh_4、胡萝卜苷、Rg_1、Rh_1 和 R_1 等物质（游佩进，2009；周家明等，2009）。

本课题组根据 HPLC-MS 分析检测时人参皂苷单体 R_1、Rg_1、Re、Rf、Rb_1、Rb_3、

Rg$_2$、Rh$_1$ 和 Rd 的保留时间及（[M-H]$^-$）特征离子峰的分子量，确定三七块根提取液、连作土壤提取液及根系分泌物中人参皂苷的存在情况。由图 3-3 可以看出，通过调整洗脱液中乙腈的含量，可以使不同的皂苷单体很好地分离开。通过保留时间和特征离子峰的比对（图 3-3，表 3-4），可以看出三七连作土壤中存在三七皂苷 R$_1$ 和 7 种人参皂苷（Rg$_1$、Re、Rh$_1$、Rb$_1$、Rb$_3$、Rg$_2$ 和 Rd），而三七根系分泌物中存在 4 种人参皂苷（Rg$_1$、Re、Rg$_2$ 和 Rd）。

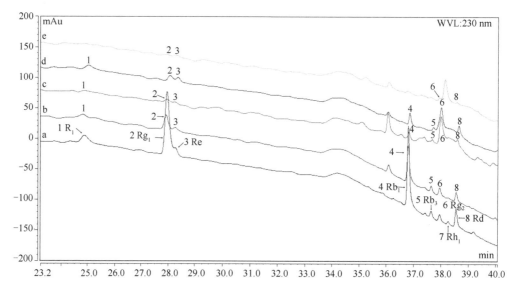

图 3-3　三七块根提取液（a）、连作三年土壤提取液（b）、连作两年土壤提取液（c）、连作一年土壤提取液（d）和根系分泌物（e）的 HPLC 图

样品中检测到的皂苷在液谱中出现的先后次序依次为：

R$_1$（1）、Rg$_1$（2）、Re（3）、Rb$_1$（4）、Rb$_3$（5）、Rg$_2$（6）、Rh$_1$（7）和 Rd（8）

由表 3-5 可知，三七块根中含有 8 种供试皂苷单体，其中含量较高的为 R$_1$、Rg$_1$、Rb$_1$ 和 Rd。连作不同年限的三七土壤中皂苷物质的含量存在差异，随着连作年限的延长，皂苷含量增加，每克连作土壤中总皂苷的含量从 2.04 μg 增加到 5.87 μg。根系分泌物中仅检测到 4 种皂苷，且含量均低于其在连作土壤中的含量。其中人参皂苷 Rg$_1$ 在三七块根、连作土壤和根系分泌物中的含量最高。由此可知，大多数三七块根中存在的皂苷可在连作土壤中检测到，连作土壤中的皂苷来源于三七根系分泌或根残体降解。

4. 皂苷类代谢物是导致三七自毒的重要物质

本课题组在对三七连作土壤提取液、根系分泌物及粗皂苷提取液 HPLC-MS 进行检测的基础上，测定了 10 种皂苷单体对三七种子萌发和幼苗生长是否存在自毒活性。结果显示，当浓度为 1.0 mg/L 时，三七皂苷 R$_1$，人参皂苷 Rg$_1$、Re、Rb$_1$、Rd 和 Rg$_2$ 均可显著抑制三七种子萌发和幼苗生长，对种子萌发率的抑制率为 23.3%～53.3%，对株高的抑制率为 44.8%～79.7%，对根长的抑制率为 35.3%～62.1%，对整株鲜重的抑制率为 42.1%～78.9%（表 3-6）。这表明皂苷在根际土壤浓度范围内可对三七的种子萌发和幼苗生长产生抑制，从而成为影响三七正常萌发和生长的自毒物质。

表 3-4 采用 HPLC-电喷雾电离 (ESI) -MS 在三七块根提取液、连作土壤提取液及根系分泌物中检测到的皂苷成分

色谱峰	皂苷种类	保留时间 (min)	分子量	皂苷标准品特征离子峰 (m/z) 分子量	样品中的特征离子峰 (m/z)				
					KG-3	One-CS	Two-CS	Three-CS	REs
1	R₁	25.299	933	932[M-H]⁻，992[M+AcOH-H]⁻	932, 992	932, 991.9	931.9, 992	931.9, 992	—
2	Rg₁	28.077	801	800[M-H]⁻，859.9[M+AcOH-H]⁻	859.9	859.9	859.9	800, 860	859.9
3	Re	28.707	947	946[M-H]⁻，1006[M+AcOH-H]⁻	945.8, 1005.9	946.2, 1006	946.9, 1006	946.9, 1006	946.8, 1006.2
4	Rb₁	36.872	1109	553.7[M-2H]²⁻，583.6[M-H+OAc]²⁻，799.9[M-2Glc-CO₂+OAc]⁻，859.9[M-2Glc-CO₂+OAc+AcOH]⁻，1107.9[M-H]⁻	553.7, 583.7, 860.0, 1108.7	553.7, 584.0, 800.0,859.9,1108.6	553.5, 583.7, 799.9,860.0,1108.3	553.7, 583.9, 799.9,860.0,1108.2	—
5	Rb₃	37.713	1078	568.5[M-H+AcOH]²⁻，1077.9[M-H]⁻	568.5, 1078.3	568.8, 1078.1	568.8, 1078.0	568.8, 1078.1	—
6	Rg₂	38.093	784	783.9[M-H]⁻，843.9[M+AcOH-H]⁻	783.8, 843.9	783.9, 843.9	784.9, 844	783.9, 844	844
7	Rh₁	38.676	638.87	638.8[M-H]⁻，697.8[M+AcOH-H]⁻	697.8	—	—	—	—
8	Rd	38.633	947	946[M-H]⁻，1006[M+AcOH-H]⁻	945.9, 1006	946, 1006	946, 1005.9	946.1, 1007	945.9, 1006

注：—表示未检出。KG-3 表示三年七块根粗提液；One-CS、Two-CS 和 Three-CS 分别表示连续种植一年、两年和三年的土提取液；REs 表示三七根系分泌物

表 3-5 块根提取液、连作土壤提取液及根系分泌物中皂苷浓度

目标峰	皂苷种类	标准曲线	浓度 (μg/g)				
			KG-3	One-CS	Two-CS	Three-CS	REs
1	R₁	y=3 592.5x-10.348, R²=0.999 0	4 756.5±588.4	0.33±0.07	0.50±0.02	0.84±0.36	—
2	Rg₁	y=3 376.9x-9.961, R²=0.999 1	26 013.2±1 177.0	0.66±0.04	1.14±0.02	1.71±0.71	0.28±0.02
3	Re	y=3 294.2x-7.022 9, R²=0.999 4	2 523.1±42.6	0.30±0.06	0.60±0.10	0.70±0.10	0.18±0.04
4	Rb₁	y=2 309.5x+12.756, R²=0.999 4	23 603.6±405.7	0.24±0.10	0.69±0.35	0.57±0.01	—
5	Rb₃	y=2 819.2x-15.372, R²=0.999 2	859.6±61.9	0.14±0.02	0.23±0.02	0.25±0.01	—
6	Rg₂	y=2 183.7x-17.923, R²=0.999 1	1 595.9±94.2	0.12±0.01	0.35±0.02	0.60±0.05	0.10±0.03
7	Rh₁	y=4 890.9x+0.427, R²=0.999 1	874.8±82.9	—	—	—	—
8	Rd	y=3 114.6x+1.384 3, R²=0.999 3	5 170.8±493.3	0.25±0.01	0.65±0.11	1.20±0.06	0.22±0.03
合计			65 397.5	2.04	4.16	5.87	0.78

注：*表中数值均为平均值±标准误。—表示未检出。KG-3 表示三年七块根粗提液；One-CS、Two-CS 和 Three-CS 分别表示连续种植一年、两年和三年的土壤提取液；REs 表示三七根系分泌物

表3-6 皂苷单体对种子萌发和幼苗生长的自毒活性测定

处理	萌发率（%）	株高（cm）	根长（cm）	整株鲜重（g）
1%甲醇对照	75.00	8.42	1.16	0.19
未种三七土壤提取液	72.50	5.81	1.08	0.12
R_1	40.00**	3.29**	0.67**	0.08**
Rg_1	50.00*	2.25**	0.44**	0.04**
Re	45.00**	1.87**	0.49**	0.05**
Rf	52.50*	5.23	0.83*	0.12
Rb_1	57.50*	4.65*	0.75*	0.11
Rg_2	35.00**	1.71**	0.47**	0.05**
Rg_3	67.50	5.01	0.78*	0.09**
Rd	37.50**	2.96**	0.60**	0.07**
Rb_3	80.00	4.97	0.96	0.14
Rh_1	55.00*	5.06	1.03	0.13

$*P<0.05$；$**P<0.01$

将所有处理的数据进行主成分分析（PCA）以确定导致三七自毒的主要因素。PCA结果（图3-4）表明，对照和处理形成了3个有明显区分的群组。第一主成分（81.4%）分析结果显示，连作土壤提取液、块根提取液及皂苷单体 R_1、Rg_1、Re、Rg_2 和 Rd 的处理聚为一组，未种植土壤提取液及皂苷单体 Rb_1、Rh_1、Rf、Rb_3 和 Rg_3 等无明显自

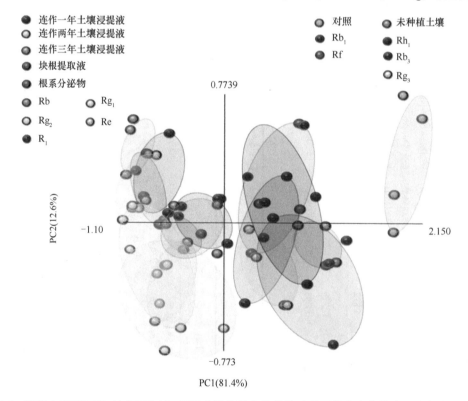

图3-4 连作土壤提取液、块根提取液、根系分泌物及皂苷单体对种子萌发和幼苗生长的自毒活性PCA

毒活性或自毒活性不强的处理聚为一组，1%甲醇对照的处理单独聚为一组。综合 HPLC-MS 及自毒活性测定的结果，可以看出，三七根系中的三七皂苷 R_1 及人参皂苷 Rg_1、Re、Rg_2 和 Rd 均可通过根系分泌或残体降解存在于连作土壤中，并能在非常低的浓度下（1.0 μg/mL）抑制三七的种子萌发和幼苗生长。

试验采用碘化丙啶（PI）染色来进一步测定皂苷物质对三七根系细胞活性的影响，结果显示，皂苷物质处理后出现的死细胞主要存在于三七的根尖部位。皂苷物质的自毒活性不同，三七根尖被 PI 染色的细胞数量也存在差异。当被 1.0 mg/L 的皂苷单体 R_1、Rg_1、Re、Rb_1、Rg_2 和 Rd 处理 24 h 后，三七根尖出现的死细胞数显著多于对照，Rg_1、Re、Rg_2 和 Rd 处理还导致根系细胞明显崩解；而与对照相比，皂苷单体 Rb_3 和 Rh_1 则并未造成根系细胞活性明显丧失（图 3-5）。

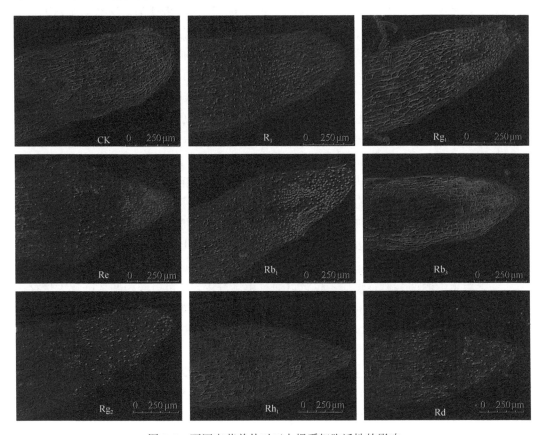

图 3-5　不同皂苷单体对三七根系细胞活性的影响

三七根系细胞用浓度 1.0 mg/L 的皂苷单体处理 24 h，用 PI（5.0 mg/L）染色后置于激光共聚焦显微镜下观察、照相；
细胞核被染为红色表明细胞已经死亡

上述研究表明，自毒是导致三七连作障碍的重要原因之一，且随着三七种植时间的延长表现越来越严重。病原菌是导致三七连作障碍的主要因素之一，为了确证引起三七连作障碍中病原菌以外的因素，将连作一年土壤进行了高温处理，结果显示，高温处理后的连作土壤中三七种子的出苗率及存苗率均有显著提高，但仍略低于未种植三七土壤。通过在高温处理土壤中添加活性炭可进一步增加三七植株的株高和鲜重，这表明在连作土壤中除了病原菌可能存在导致三七连作障碍的其他非生物因素。课题组进一步测定了在未种植土壤中添加三七根残体对三七植株出苗和生长的影响,结果表明在三七根残体中存在能抑制三七出苗和生长的物质,同样,在去离子水尤其是根系分泌物中添加活性炭可显著提高三七植株的存活率,这些结果均显示,影响三七出苗和生长的非生物因素可能是通过根残体降解及根系分泌进入土壤中的,并能在土壤中积累,从而导致三七的连作障碍。

众多研究者已从三七根际土壤中分离鉴定出酚类、酯类、有机酸类和烷类等物质,并且发现一些有机酸类物质对三七具有化感自毒活性(韦美丽等,2010)。但这类物质属于多数作物中常见的化感物质,并不是导致三七种植一茬后几十年不能复种的关键化感物质。本课题组也针对这类有机酸类化感物质的特性,在连作三七地中探索利用生石灰中和有机酸类自毒物质,但未见明显的缓解效果。深入分析认为,这类物质属于多数作物中常见的化感物质,应该不是导致三七种植一茬后几十年不能再种的特有自毒物质。皂苷是三七的重要次生代谢产物,这类物质能通过不同的途径分泌到根际土壤中。三七、人参及西洋参等五加科植物在生长过程中可产生 70 余种 20(S)-原人参二醇型和 20(S)-原人参三醇型皂苷,总含量可高达 12%(周家明等,2009)。这些皂苷类次生代谢产物可能通过各种途径释放到根际土壤中。Nicol 等(2003)利用 HPLC-MS 方法从西洋参根际土壤及根系分泌物中鉴定出人参皂苷 Rb_1、Rb_2、Rc、Rd、Rg_1、Re 和 F_{11}。从三七根际土壤中也分离鉴定出 β-谷甾醇、阿魏酸、Rh_4、胡萝卜苷、Rg_1、Rh_1 和 R_1 等物质(游佩进,2009;周家明等,2009)。三七皂苷粗提液、连作土壤提取液和根系分泌物对三七种子萌发具有明显的自毒活性,且在土壤中添加三七根残体也能明显抑制三七的出苗和生长。已有研究表明,三七和人参皂苷粗提物对其种子萌发和幼苗生长具有抑制活性(韦美丽等,2010;张秋菊等,2011)。以上研究表明,三七主要次生代谢产物——皂苷,可能是引起三七连作障碍重要的化感自毒物质。

三七根系中的许多皂苷物质不仅可以通过根系分泌,还可以经由残体降解大量存在于三七连作土壤中。本研究的结果显示,三七根系中的 8 种主要皂苷(R_1、Rg_1、Re、Rb_1、Rb_3、Rg_2、Rh_1 和 Rd)除 Rh_1 外其他 7 种皂苷均可在连作土壤中检测到。Nicol 等(2003)在种植西洋参的根际土壤中检测到了人参皂苷 Rb_1、Rb_2、Rc、Rd、Re 和 Rg_1。我们在生产中也发现大量的三七须根残留在土壤中,成为皂苷类自毒物质的重要来源之一。三七在生长过程中由根系产生的分泌物中也含有皂苷类物质。课题组从三七的根系分泌物中仅检测到人参皂苷 Rg_1、Re、Rg_2 和 Rd 四种皂苷成分,这可能与根系分泌物中皂苷物质含量非常低,以及我们所用检测手段的检出限有关。综上所述,种植过三七的土壤中的皂苷可能来源于残根降解或根系分泌。

连作 1～3 年的三七土壤中,单体皂苷浓度为每克土壤含有 0.12～1.71 μg。因此,试验选取了 1.0 mg/L 这一浓度来测定不同皂苷单体对三七的自毒活性。结果表明,皂苷单体 R_1、Rg_1、Re、Rb_1、Rd 和 Rg_2 可在根际浓度范围内显著抑制三七种子萌发和幼苗生长,并使根系丧失活性。PCA 表明,连作土壤提取液、块根提取液及皂苷单体 R_1、Rg_1、Re、Rg_2 和 Rd 的处理聚为一组,但皂苷单体的自毒活性低于连作土壤提取液和块根提取液,这可能与连作土壤和块根提取液中发挥自毒作用的皂苷单体之间具有协同增效作用有关。Blum 和 Gerig（1991）研究发现，酚酸、倍半萜内酯、生物碱、挥发性甲基酮、醇类和挥发性脂肪酸这几种化合物同时存在时，其抑制作用通常表现为加成或增效，显著高于单个组分的作用效果。此外，除了上述皂苷类自毒物质，连作三七土壤中还可能存在其他自毒物质。因此，需进一步深入研究连作三七土壤中是否还存在其他影响三七种子萌发和生长的自毒物质，为连作障碍消解技术的研发提供科学依据。

5. 三七皂苷类自毒物质的作用机制

1）不同浓度的自毒皂苷 Rg_1 对三七生长的影响

前期试验结果表明，浓度为 1.0 mg/L 的 Rg_1 可显著抑制三七种子萌发和生长，并使三七根系丧失活性。为了进一步明确不同浓度的 Rg_1 对一年七幼苗生长和鲜重的影响，试验设置了从低到高 5 个浓度，结果表明（图 3-6），在低浓度（0.1 mg/L、0.5 mg/L、1.0 mg/L）范围内，随着浓度的增加，三七植株的萎蔫率和鲜重减少率也随之增加，表现出较明显的剂量-浓度效应。1.0 mg/L 和 5.0 mg/L 的处理均会显著影响三七的萎蔫率和鲜重减少率，但是，1.0 mg/L 的处理影响最大，因此，后续试验选择 1.0 mg/L 作为自毒机制研究中的处理浓度。

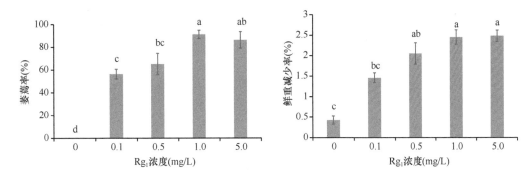

图 3-6 不同浓度人参皂苷 Rg_1 对一年七幼苗生长和鲜重的影响

不同小写字母表示处理间存在显著差异（$P < 0.05$）

2）Rg_1 引起根系细胞凋亡和细胞壁降解

为了进一步研究自毒物质 Rg_1 对三七根系细胞活性的影响，试验采用了二乙酸荧光素（FDA）-碘化丙啶（PI）复合染色来观察根尖细胞的活性。FDA 本身无荧光，进入活的原生质体后便产生荧光素，使活细胞被染成绿色；PI 只能通过细胞膜不完整的死细胞或凋亡细胞进入细胞中并与细胞内的核酸结合，使死细胞或凋亡细胞被染成红色（Jones and Senet，1985）。由图 3-7 可以看出，甲醇对照随着处理时间的延长根尖仍然保持绿色，表明低浓度的甲醇不会影响根系细胞的活性（图 3-7A～D）。自毒物质 Rg_1 处理三七根系后，从 30 min 开始可以明显观察到根尖出现被 PI 染成红色的死细胞，随着处理时间的延长，三七根尖被染成红色的区域逐渐扩大，死细胞数逐渐增多；当处理时间延长到 2 h 时，根尖几乎全被染成红色（图 3-7E～H）。这表明自毒皂苷 Rg_1 在处理三七根系 2 h 后即可使其基本丧失活性。

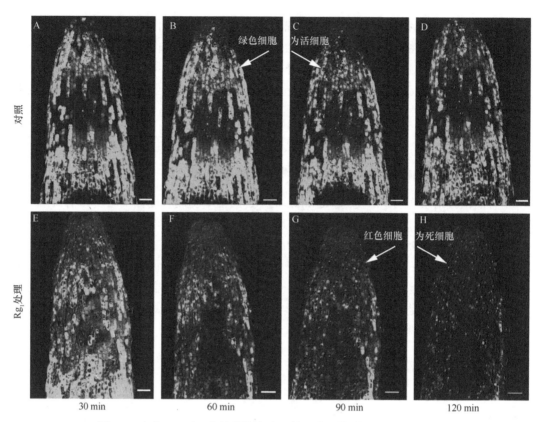

图 3-7　皂苷 Rg₁ 对三七块根的自毒活性及其对根系细胞活性的影响

Rg₁ 处理三七根部 30 min、60 min、90 min 和 120 min 后利用 FDA-PI 细胞活性染色观察根系细胞的死活；绿色荧光指示活细胞，红色荧光表明细胞死亡；标尺为 100 μm

自毒皂苷 Rg₁ 处理三七根系后根系超微结构的变化结果表明，对照处理的根尖细胞表现正常，细胞壁和细胞膜结构完整，细胞质均匀地分布于细胞膜内，细胞核及线粒体、高尔基体、内质网等细胞器清晰可见（图 3-8A）。自毒物质 Rg₁ 处理后，三七根尖细胞的超微结构出现诸多异常。处理 1 h 后，细胞壁开始增厚，细胞严重变形皱缩（图 3-8B、C）；随着自毒物质处理时间延长，细胞质开始浓缩，出现明显的质壁分离现象（图 3-8D～F）；随后细胞壁被降解（图 3-8G～I），在根尖内形成明显的空腔（图 3-8J～L）。

3）Rg₁ 胁迫处理后三七根系基因转录组研究

为了获取三七须根的转录组，本试验利用从所有须根样本提取的 RNA 构建 RNA-seq 参考序列。试验共构建了 48.95 Gb 总核苷酸的数据库，其 Q20 值为 94.39%，GC 含量为 45.92%。去除杂质后的 clean reads 共组装成 100 125 个独立基因（unigene），其序列长度为 201～12 090 bp，平均序列长度为 631.82 bp。通过 blastx 将 All-unigene 序列比对到蛋白数据库 Nr、Swiss-Prot、KEGG、COG，得到与给定 unigene 具有最高序列相似性的蛋白，从而得到该 unigene 的蛋白功能注释信息。100 125 个 unigene 序列中，有 25 317 个比对到 COG 数据库，53 743 个比对到 Nr 数据库，42 864 个比对到 Swiss-Prot 数据库，其中有 16 601 个 unigene 在所有的 4 个数据库中均能注释比对上。

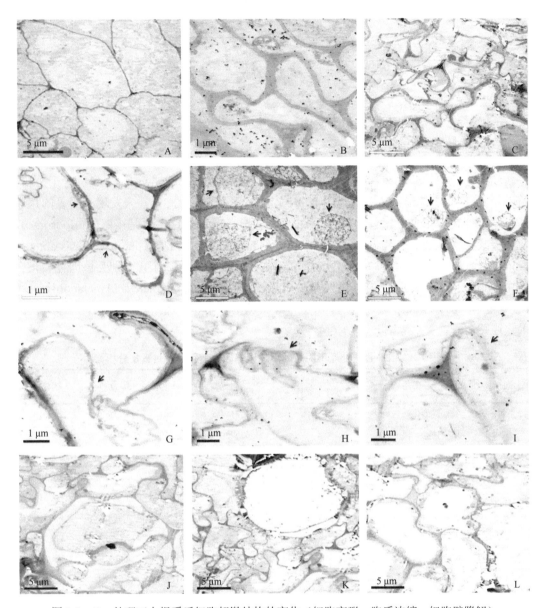

图 3-8　Rg$_1$ 处理三七根系后细胞超微结构的变化（细胞变形、胞质浓缩、细胞壁降解）

　　在本试验中，定义错误发现率（false discovery rate，FDR）＜0.05 且|log$_2$Ratio|＞2 的基因作为差异表达基因。统计结果表明，CK vs 3 h 样本中差异表达基因数最少，仅为 5 个（上调表达 2 个，下调表达 3 个）（表 3-7）。CK vs 12 h 样本中差异表达基因数为 38 个（上调表达 8 个，下调表达 30 个）；CK vs 48 h 样本中差异表达基因数为 35 个（上调表达 8 个，下调表达 27 个）。由此可以看出，除自毒物质处理 24 h 的时间段出现上调表达基因数显著多于下调基因数外，处理的其他时间段均表现为下调基因数较上调基因数多。

表 3-7　不同处理中差异表达基因统计

比对方案	上调表达基因数量	下调表达基因数量
CK vs 3 h	2	3
CK vs 12 h	8	30
CK vs 24 h	979	126
CK vs 48 h	8	27

　　利用超几何检验的统计学方法对差异表达基因的通路（pathway）富集进行了分析，将 P 值小于 0.05 的通路进行统计（表 3-8）。Rg_1 处理最初的 3 h，未发现有明显的代谢通路发生变化；处理 12 h 后，三七根系表现出显著差异的通路主要是核糖体（ribosome）、氧化磷酸化（oxidative phosphorylation）和光合作用捕光蛋白质（photosynthesis-antenna protein）通路；处理 24 h 后，表现出显著差异的通路增加到 5 个，分别为核糖体、光合作用（photosynthesis）、光合作用捕光蛋白质、亚油酸代谢（linoleic acid metabolism）和 RNA 转运（RNA transport）；处理 48 h 后，表现显著差异的通路减少至 1 个，即氧化磷酸化通路。

表 3-8　自毒物质处理不同时间后差异基因的通路显著性富集分析

处理时间（h）	通路	通路注释到的差异基因数	通路注释到的基因数	P 值	Q 值	通路号
12	氧化磷酸化	5	1071	0.001	0.009	ko00190
	核糖体	8	4369	0.010	0.045	ko03010
	光合作用捕光蛋白质	1	38	0.029	0.086	ko00196
24	核糖体	230	4369	4.732E–23	3.833E–21	ko03010
	光合作用	23	211	4.000E–08	1.620E–06	ko00195
	光合作用捕光蛋白质	10	38	7.402E–08	1.998E–06	ko00196
	亚油酸代谢	4	34	0.015	3.088E–01	ko00591
	RNA 转运	30	728	0.028	4.505E–01	ko03013
48	氧化磷酸化	5	1071	0.001	0.007	ko00190

　　基于细胞生物学的试验结果，我们进一步分析了转录组中与活性氧（reactive oxygen species，ROS）代谢、细胞壁降解和细胞膜相关基因的表达。10 个 ROS 代谢相关基因和 15 个 ROS 抗氧化酶[SOD、CAT、抗坏血酸过氧化物酶（APX）、POD、单脱氢抗坏血酸还原酶（MDHAR）和谷胱甘肽 S-转移酶（GST）]基因在三七根系受到皂苷 Rg_1 胁迫处理 12 h 或 24 h 时显著上调表达。细胞壁降解相关的 2 个糖苷水解酶基因、2 个 β-1,4-葡聚糖酶基因、3 个 β-葡萄糖苷酶基因、2 个木葡聚糖水解酶基因和 1 个几丁质酶基因在三七根系受到皂苷 Rg_1 胁迫处理 12 h 或 24 h 时也显著上调表达。此外，10 个细胞膜蛋白相关基因、编码有毒物质解毒的基因[细胞色素 P450、ABC 转运蛋白（ABC transporter）和其他转运体基因]、蛋白激酶和转录因子基因也受到显著调控（图 3-9）。

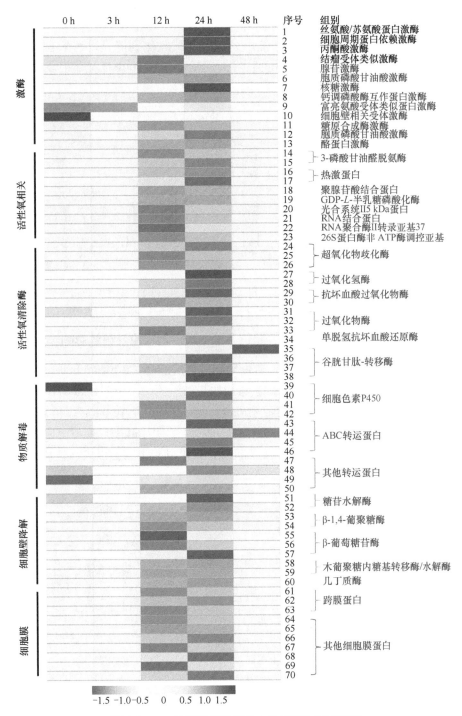

图 3-9 Rg₁ 处理后根系细胞中差异表达基因热图

4）外源添加抗氧化剂缓解 Rg₁ 导致的三七根系中的 ROS 积累

转录组学结果显示，Rg₁ 会干扰三七根系中的 ROS 代谢并引起根系细胞死亡。为了证实这一结论，试验进一步研究了外源抗氧化剂抗坏血酸和龙胆二糖对根系自毒的缓解效应及 ROS 代谢的影响。

研究结果表明，1.0 mg/L Rg$_1$ 溶液中外源添加抗氧化剂能显著缓解自毒活性。外源添加 50.0 mg/L 抗坏血酸和 10.0 mg/L 龙胆二糖（图 3-10）对三七根重的缓解作用最显著。

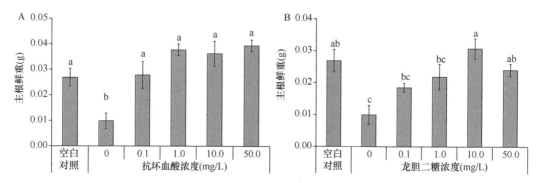

图 3-10　不同浓度抗坏血酸（A）和龙胆二糖（B）对皂苷 Rg$_1$（1.0 mg/L）自毒活性的缓解作用

图中数值表示平均值±标准误，不同小写字母表示处理间存在显著差异（$P<0.05$）

5）外源抗氧化剂对皂苷单体 Rg$_1$ 胁迫下三七根系氧化酶系统的影响

由图 3-11 可以看出，用 1.0 mg/L 自毒皂苷 Rg$_1$ 单独处理 3 h 和 6 h 时，三七根尖被四氮唑蓝（nitroblue tetrazolium，NBT）染成明显的深蓝色，表明自毒皂苷 Rg$_1$ 导致活性氧在三七根尖大量积累。在 Rg$_1$ 溶液中外源添加 1.0 mg/L、10.0 mg/L 和 50.0 mg/L 抗坏血酸及龙胆二糖处理 3 h、6 h 后，三七根尖的深蓝色明显减少，且与空白对照相比均无明显差异，这表明外源添加不同浓度的抗氧化剂可以减少三七根尖活性氧的积累。

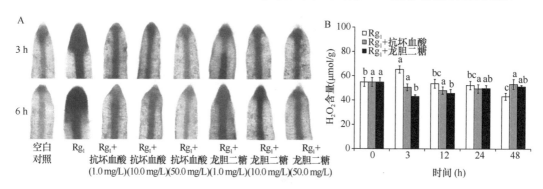

图 3-11　Rg$_1$ 处理条件下添加外源抗氧化剂对 ROS 积累的影响

A. Rg$_1$（1.0 mg/L）处理条件下添加抗坏血酸或龙胆二糖处理后，对根尖超氧根离子（O_2^-）含量变化的影响，其中抗氧化剂浓度从 0.0 mg/L 到 50.0 mg/L，用 NBT 染色观察 O_2^- 的发生情况；B. Rg$_1$（1.0 mg/L）处理条件下添加抗坏血酸（1.0 mg/L）或龙胆二糖（10.0 mg/L）处理后，对根系 H_2O_2 含量的影响。每个柱子代表均值±标准误，柱子上标有不同的字母代表不同处理时间下具有显著差异（$P<0.05$）

由图 3-12 可以看出，与对照相比，Rg$_1$ 单独处理能诱导三七根系中超氧化物歧化酶（SOD）活性提高，在 24 h 时达到最高值。过氧化物酶（POD）和过氧化氢酶（CAT）活性略有提高但差异不显著。皂苷 Rg$_1$ 和抗氧化剂共同处理下，SOD 活性比 Rg$_1$ 单独处理时有所增加，其中 SOD 活性在 12 h 和 24 h 增加显著；CAT 活性在 24 h 达到最大值；POD 活性在 12 h 后有较大幅度升高，但与 Rg_1 单独处理相比差异均不显著。

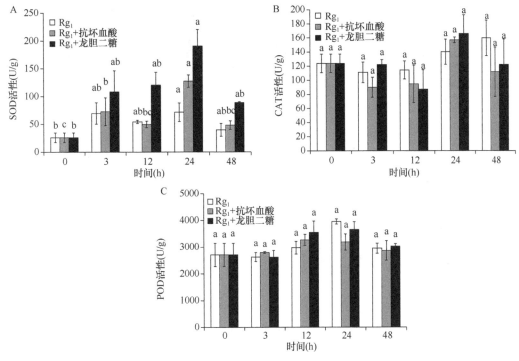

图 3-12　Rg_1（1.0 mg/L）处理条件下添加抗坏血酸（1.0 mg/L）或
龙胆二糖（10.0 mg/L）处理对根系抗氧化酶活性的影响

每个柱子代表均值±标准误，柱子上标有不同的字母代表不同处理时间下具有显著差异（$P<0.05$）

Rg_1 处理能够影响参与抗坏血酸-谷胱甘肽（ASC-GSH）循环中的抗氧化物质和酶。Rg_1 处理 3 h 后，根中的 ASC/脱氢抗坏血酸（DHA）值和抗坏血酸过氧化物酶（APX）活性显著降低（图 3-13A，B）。外源性抗氧化剂抗坏血酸、龙胆二糖处理后，均可以恢复 APX 活性和增加 ASC/DHA 值，甚至促进脱氢抗坏血酸还原酶（DHAR）活性提高（图 3-13C）。然而，Rg_1 或抗氧化剂不能显著增加单脱氢抗坏血酸还原酶（MDHAR）活性（图 3-13D）。Rg_1 处理 12 h 后，GSH/GSSG 值降低（图 3-14A），但是添加龙胆二糖后该比值显著增加（图 3-14A）。外源添加龙胆二糖能显著增加根系谷胱甘肽还原酶（GR）和谷胱甘肽 S-转移酶（GST）活性（图 3-14B，C）。

自毒皂苷能通过抑制抗坏血酸-谷胱甘肽循环（ASC-GSH cycle）中 APX 的活性及降低抗氧化剂（抗坏血酸和龙胆二糖）的含量来降低细胞对活性氧的清除能力，导致活性氧（O_2^- 和 H_2O_2）在根系细胞中过量积累，破坏细胞结构，最终使细胞膜渗漏和细胞壁降解（图 3-15）。

对三七根际土壤中含量最高且自毒活性较强的皂苷 Rg_1 的深入研究表明，Rg_1 能破坏根系细胞的抗氧化能力，诱导根系细胞活性氧（ROS）过量积累，造成细胞毒害，根系细胞畸形、细胞壁降解，最终导致细胞死亡，根系丧失功能。

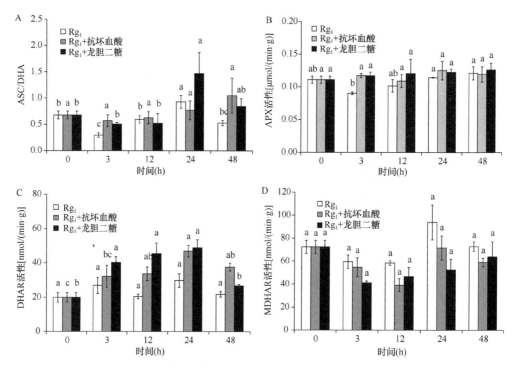

图 3-13　Rg₁（1.0 mg/L）处理条件下添加抗坏血酸（1.0 mg/L）或龙胆二糖（10.0 mg/L）处理对 ASC-GSH
循环中的抗氧化物质比例和酶活性的影响

每个柱子代表均值±标准误，柱子上标有不同的字母代表不同处理时间下具有显著差异（$P < 0.05$）

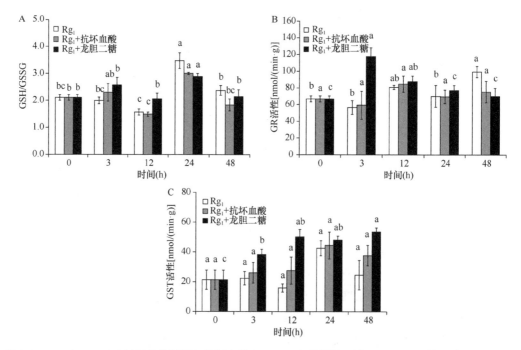

图 3-14　Rg₁（1.0 mg/L）处理条件下添加抗坏血酸（1.0 mg/L）或龙胆二糖（10.0 mg/L）处理对 GSH/GSSG
值、谷胱甘肽还原酶（GR）和谷胱甘肽 S-转移酶（GST）活性的影响

每个柱子代表均值±标准误，柱子上标有不同的字母代表不同处理时间下具有显著性差异（$P < 0.05$）

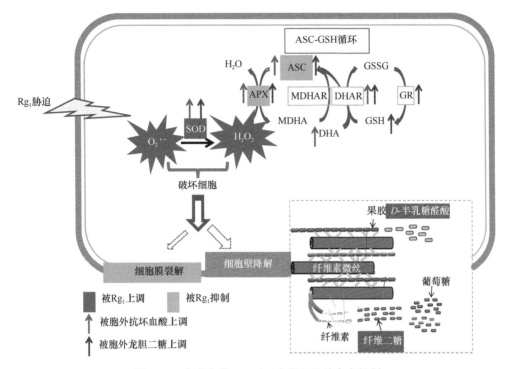

图 3-15　自毒皂苷 Rg_1 对三七根细胞的自毒机制

ASC. 抗坏血酸；APX. 抗坏血酸过氧化物酶；DHA. 脱氢抗坏血酸；DHAR. 脱氢抗坏
血酸还原酶；MDHAR. 单脱氢抗坏血酸还原酶；MDHA. 单脱氢抗坏血酸；GSH. 还原型谷胱甘肽；GSSG. 氧化型谷胱甘肽；GR. 谷胱甘肽还原酶；SOD. 超
氧化物歧化酶

3.5.4　三七根际代谢物会加重根腐病发生严重程度

土壤微生物具有强烈的根际效应，这些根际微生物的数量、种类及功能决定着植物的健康状况（Berendsen et al.，2012）。通常植物与其生长的土壤之间存在负反馈调节的关系，植物生长过程中根际土壤病原菌会过度积累，导致植物发生病害（Mangan et al.，2010）。

众多研究表明，植物对根际微生物的影响主要是通过根系分泌物实现的。不同根系分泌物成分和含量的差异影响着微生物的种类、数量和功能，对根际微生物的群落结构具有选择塑造作用（Klironomos，2002；East，2013）。根系分泌物介导下的植物-微生物互作关系变化会对土壤肥力、植物生长发育以及健康状况产生影响（Eisenhauer et al.，2012；吴林坤等，2014）。因此，三七根系与微生物之间的负反馈调节也可能由三七根系分泌物的特有组分介导所致。

三七、人参及西洋参等五加科人参属植物在生长过程中可产生 70 余种皂苷，总含量可高达 10%以上（周家明等，2009）。植物次生代谢产物可能会通过淋溶、根系分泌、残体降解、微生物转化等途径释放到根际土壤中。Nicol 等（2003）利用 HPLC-MS 从西洋参根际土壤中鉴定出人参皂苷 Rb_1、Rb_2、Rc、Rd、Rg_1、Re 和 F_{11}。本课题组利用 HPLC-MS 方法证明了三七根系分泌物和根际土壤中存在 R_1、Rg_1、Re、Rb_1、Rb_3、Rg_2 和 Rd 等皂苷（Yang et al.，2015）。周家明等（2009）和游佩进（2009）也从三七根际土壤中分离鉴定出 Rh_4、Rg_1、Rh_1 和 R_1 等皂苷。这表明三七的主要次生代谢产物皂苷可通过根系分泌和残体降解等方式释放到土壤中，可能介导了三七-土壤的负反馈调节。

1. 三七释放到根际的皂苷能促进根腐病菌的生长

课题组采用菌丝生长速率法测定了4种三七根腐病菌对三七皂苷粗提物及其含有的主要皂苷的敏感性。研究发现，三七皂苷粗提物在低浓度下对锈腐病菌和恶疫霉菌表现出明显的促生作用。皂苷单体 R_1、Rb_1 和 Rg_1 在 1000 µg/mL 浓度条件下，可明显促进锈腐病菌 CD-MS-7 菌株菌丝生长。Rg_1 对恶疫霉 D-1 菌株表现出微弱的抑制作用，而 R_1、Rb_1、Rd 对恶疫霉菌均具有明显的促生长活性。R_1 和 Rb_1 对茄腐镰刀菌 PN-21 也具有促生长作用（表3-9），但对地上部病害人参链格孢具有一定的抑制作用。

表3-9 4种皂苷单体对三七主要病原菌的抑菌活性

处理	菌落直径（cm）			
	锈腐病菌	恶疫霉菌	茄腐镰刀菌	人参链格孢
CK	3.80±0.15c	5.10±0.09bc	4.08±0.26ab	4.48±0.08a
Rg_1	4.08±0.13b	4.92±0.18c	3.88±0.08b	4.45±0.05ab
Rb_1	4.43±0.15a	5.33±0.14a	4.32±0.21a	4.32±0.04c
R_1	4.10±0.15b	5.12±0.13b	4.20±0.21a	4.38±0.04bc
Rd	3.85±0.18c	5.22±0.20ab	3.92±0.30b	3.55±0.14d

注：表中数值均为平均值±标准误；不同小写字母表示处理间在 $P<0.05$ 水平差异显著

2. 三七根系代谢物使根际微生物群落失衡

根系分泌物是土壤微生物群落动态变化或组装的主要驱动因素（Reinhold-Hurek et al.，2015）；它不仅是根际微生物的主要碳源和能源，不同根系分泌物的种类和数量也决定了根际微生物的种类及数量，并对微生物的生长和代谢具有一定的影响（王占武等，2011）。不同植物以及同一植物不同生长阶段其根系分泌物的数量和种类均有差异，这种差异又直接影响了根际微生物的种类和数量（刘峰和温学森，2006）。在烤烟生长过程中，随发育期不同，根系分泌物存在一定差异，造成根际微生物群落结构也发生改变（湛方栋等，2005）。有研究者也观察到植物分泌的芳香有机酸（烟酸、莽草酸、水杨酸、肉桂酸和吲哚-3-乙酸）对根际细菌具有趋化作用（Cai et al.，2010）；添加葡萄糖和草酸能影响土壤中的细菌群落结构，且添加草酸对土壤的影响比添加葡萄糖的要高（Zhalnina et al.，2018）；玉米根系代谢物能增加土壤中细菌、真菌和放线菌的数量（唐敏，1991）。豆科植物根系分泌物中类黄酮物质能够诱导根瘤菌对其根系的识别、侵染、定殖和结瘤（张琴和张磊，2005）。此外，根系分泌物中氨基酸、长链有机酸、短链有机酸等有机酸类物质可能具备对特定微生物的选择作用（Yuan et al.，2018），如桑苗根系分泌的氨基酸能够促进菌丝的生长和游动孢子的聚集（叶志毅和屠振力，2005）。因此，三七在生长过程中，可能通过根系分泌显著改变根际土壤中微生物的结构和功能。

1）三七生长影响土壤真菌和细菌群落

通过主成分分析研究三七根际土与未种植三七土壤中分类操作单元（OTU）组成来反

映样本间的差异。结果显示，根际土与未种植三七土壤中真菌、细菌在 PC1 轴上完全分开，表明根际土与未种植三七土壤间差异相对较大。同时种植三七 30 天、60 天和 90 天的样品在 PC2 上分开，表明随着三七生长时间的延长根际土壤微生物也发生了显著的变化，而没有种苗的三组样品中细菌虽然在 PC2 上也能分开但距离很近，说明三个时间段没种苗土壤中的细菌结构较为相似（图 3-16）。综上所述，三七根际土壤中真菌和细菌的群落结构显著不同于对照土壤。随着三七的生长，根际土壤中真菌和细菌群落也逐渐发生改变。

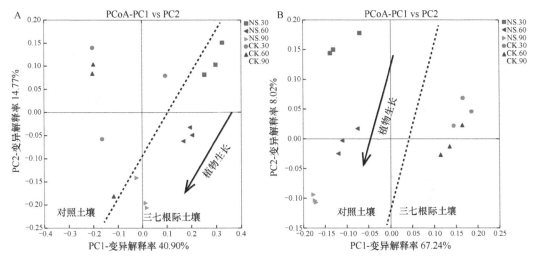

图 3-16　三七根际真菌（A）和细菌（B）群落结构主成分分析

NS.30、NS.60 和 NS.90 分别表示三七生长 30 天、60 天和 90 天的土壤；
CK.30、CK.60 和 CK.90 分别表示 30 天、60 天和 90 天时收集的未种植三七的土壤

2）种植三七后土壤中真菌、细菌群落结果丰富度和多样性增加

种植三七后土壤中真菌 Chao1 指数、Observed-species 指数、Shannon 指数和 Simpson 指数均高于未种植三七的土壤处理但差异不显著；随着种苗时间的延长，种苗样品中真菌 Chao1 指数、Observed-species 指数、Shannon 指数和 Simpson 指数均呈增加趋势。种苗使土壤中细菌物种多样性发生了很大的变化，即种苗样品土壤（NS）中细菌 Chao1 指数、Observed-species 指数、Shannon 指数和 Simpson 指数均显著高于不种苗样品（CK）（图 3-17）。综上所述，种苗后土壤中真菌和细菌多样性均显著增加。

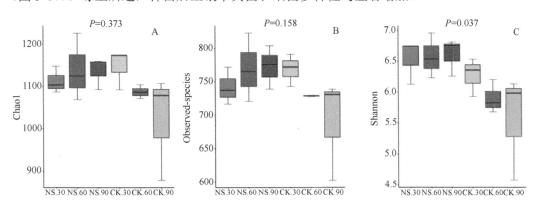

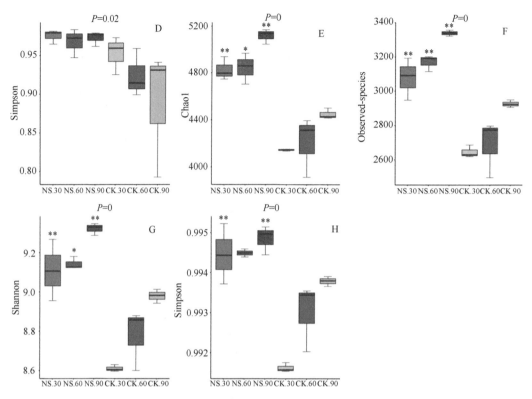

图 3-17 种苗与不种苗样品中真菌和细菌多样性指数

A～D. 真菌多样性指数；E～H. 细菌多样性指数

*代表同一时间种苗与 CK 间有显著差异（$P<0.05$）；**代表同一时间种苗与 CK 间有极显著差异（$P<0.01$）；

横轴含义见图 3-16 图注

3）三七生长过程中会促进根际病原真菌的生长但抑制有益真菌的生长

在三七根际土壤微生物属水平上也发生了显著变化，其中木霉属 *Trichoderma* 及其他具有生防潜力微生物丰度被下调，而镰刀菌属 *Fusarium* 却被上调（图 3-18），这可能是导致三七连作障碍严重发生的原因之一。

4）三七生长过程中被抑制的部分真菌和细菌具有明显的促生功能

从根际土中分离出 6 株木霉菌和 22 株细菌（9 株假单胞菌、2 株不动杆菌、2 株伯克氏菌、9 株芽孢杆菌），通过平板对峙试验评价这些菌对三七根腐病菌的拮抗能力，然后将这些微生物在三七生长过程中定期通过灌根方式回接，能促进三七的出苗率和三七鲜重的增加（图 3-19）。综上所述，这些被下调的微生物在三七生长过程中定期回接能显著促进三七生长并减轻病害的发生，种植三七后导致土壤微生物区系失衡可能是引起三七连作障碍的关键原因。

综上所述，土壤种植三七后能显著改变根际土壤中微生物的结构和功能。种植三七后土壤中真菌、细菌丰富度和多样性增加，其中木霉属 *Trichoderma*、芽孢杆菌属 *Bacillus* 及其他具有生防潜力的类群丰度被下调而镰刀菌属却被上调，这可能是三七连作障碍严重发生的原因之一。

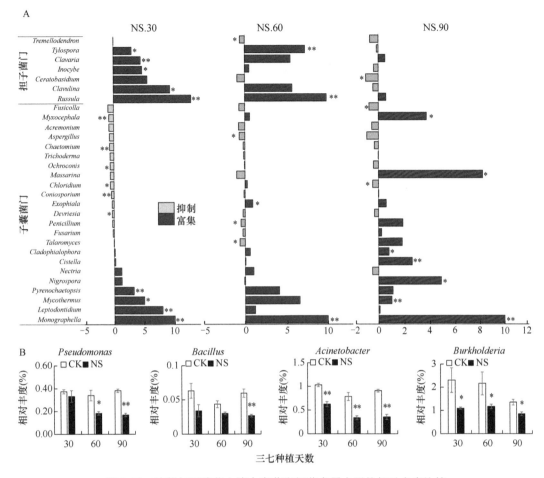

图 3-18　种苗与不种苗土壤中真菌和细菌在属水平的相对丰度比较

A. 根际土与对照土中真菌在属水平的丰度差异比较；B. 根际土与对照土中具有生防潜力的细菌在属水平的丰度差异比较。
*代表同一时间种苗与 CK 间有显著差异（$P < 0.05$）；**代表同一时间种苗与 CK 间有显著差异（$P < 0.01$）

3. 自毒物质和根腐病菌协同加重三七连作障碍

近年来，众多学者认为多数化感物质在田间自然条件下很难达到有效浓度，化感物质进入根际土壤后与其根际土壤微生物综合作用对植物生长的影响可能更大（Kaur et al.，2005；Kato-Noguchi and Macias，2006）。西洋参和人参的研究表明，连作会改变土壤生态环境，使其有利于有害生物（病原真菌、卵菌和线虫等）的增殖而不利于有益细菌和放线菌的生长，导致土壤有益微生物对根腐病菌的拮抗作用降低（傅佳等，2008；张连学等，2008；田苗等，2011；陈娟等，2012；Ying et al.，2012）。

已有研究表明，能分泌强烈自毒物质的植物，如黄瓜、草莓、芦笋、苜蓿、西洋参、人参、地黄等，均易受到根腐病菌的侵染，自毒物质能与根腐病菌协同导致更严重的连作障碍（Ye et al.，2004；Li et al.，2012）。例如，黄瓜根系分泌的肉桂酸、香豆酸等自毒物质能促进土壤中病原菌大量增殖，加重根腐病的危害（Ye et al.，2004；Zhou and Wu，2012）。

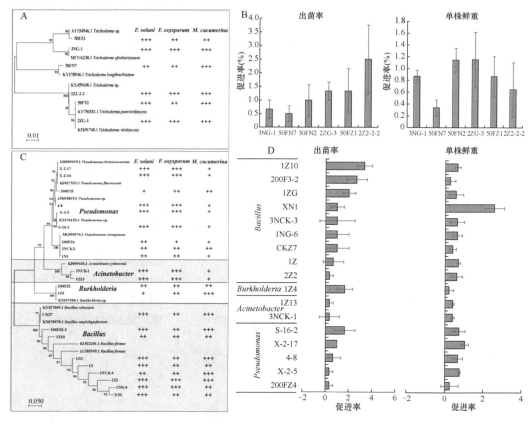

图 3-19　被显著下调类群的系统发育树及其对三七生长的影响

A. 真菌分离物的系统发育树及其对病原菌的拮抗活性；B. 真菌分离物对三七出苗和鲜重的影响；
C. 细菌分离物的系统发育树及其对病原菌的拮抗活性；D. 细菌分离物对三七出苗和鲜重的影响。
+代表对病原菌拮抗率 0～30%；++代表对病原菌拮抗率 30%～60%；+++代表对病原菌拮抗率为 60%以上

课题组前期研究表明，三七皂苷粗提物及皂苷单体 R_1、Rb_1、Rg_1 和 Rd 能明显刺激根腐病菌的生长（杨敏等，2014）；另外，自毒皂苷危害根系后会使细胞壁降解，释放出大量细胞壁降解物。研究表明，植物细胞壁降解后释放的纤维二糖和 D-半乳糖醛酸等物质在一定浓度范围内可以作为信号物质刺激微生物纤维素酶的合成和释放，有利于微生物获取生长所需养分（Ul-Islam et al.，2013；Francis et al.，2015）。

1）自毒皂苷 Rg_1 与主要根腐病菌协同加重三七根腐病的效应确证

前期研究表明，自毒皂苷 Rg_1 会导致三七细胞壁解体，释放出大量的细胞壁降解产物纤维二糖和半乳糖醛酸，因此，在进行协同效应验证的时候，试验从以下两方面同时验证了自毒皂苷和这两类细胞壁降解产物与三七主要根腐病菌（茄腐镰刀菌和锈腐病菌）协同加重根腐病的效应。

温室灭菌土处理验证协同现象。在温室灭菌土条件下，茄腐镰刀菌和锈腐病菌在自毒皂苷 Rg_1 的协同作用下，均显著加重了根腐病的发生程度，尤其在低浓度 0.01 μg/mL 时协同效应更加明显。随着浓度的升高，只添加 Rg_1 处理的根腐病发生程度显著加重，与 Rg_1 和病原菌共同加入的处理相当，但二者均显著高于清水对照和只加病原菌的处理。两种根腐病菌在纤维二糖的作用下，与只添加病原菌的处理相比，在 0.01 μg/mL、1 μg/mL 和 100 μg/mL 三个浓度下均显著加重了三七根腐病的发生，茄腐镰刀菌与纤维二糖间的协同效应强于锈腐病菌。半乳糖醛酸和病原菌同时添加的处理发病程度依然高于只添加病原菌的处理和对照，但是，只添加半乳糖醛酸的处理根腐病的发病程度高于协同处理，这一现象需要进一步确证。

95% 灭菌土混入 5% 连作土处理验证协同现象。已有文献报道显示，在 95% 灭菌土中引入 5% 连作土不会改变原土壤的理化性质，但是可以引入连作土中的根腐病菌。在混入 5% 连作土的灭菌土中加入 Rg₁、纤维二糖和半乳糖醛酸后，Rg₁ 和纤维二糖与对照相比均能显著加重三七根腐病的发生，半乳糖醛酸处理也有加剧的趋势，但是与对照相比不具有显著差异，这一结果表明，Rg₁、纤维二糖和半乳糖醛酸可能促进了连作土中根腐病菌的快速增殖。处理后不同时间段进行三七根腐病调查，结果表明，未加入 Rg₁、纤维二糖和半乳糖醛酸的处理，根腐病的发生明显滞后，病情指数也显著低于协同处理。

通过上述试验证实了自毒皂苷 Rg₁、纤维二糖和半乳糖醛酸与三七主要根腐病菌协同处理后，一方面能够使三七根腐病发生时间提前，另一方面也明显加重了三七根腐病的危害。

2）Rg₁、纤维二糖和半乳糖醛酸与根腐病菌协同加重三七根腐病的机制研究

（1）皂苷 Rg₁、纤维二糖和半乳糖醛酸对三七主要根腐病菌菌丝生长的影响

自毒皂苷 Rg₁、纤维二糖和半乳糖醛酸对两种病原菌菌丝生长均存在显著的促进作用，自毒皂苷 Rg₁ 在根际浓度范围内（0.01～1.0 μg/mL）的促进效果更明显；纤维二糖和半乳糖醛酸在 0.01～0.5 μg/mL 均表现出随着浓度的升高，促进作用随之增强，但部分浓度出现波动；而纤维二糖在 1～100 μg/mL 随着浓度的升高，促进效应有所下降（图 3-20）。

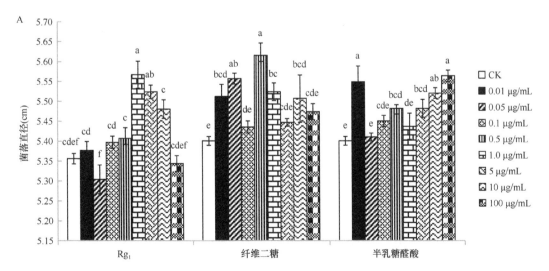

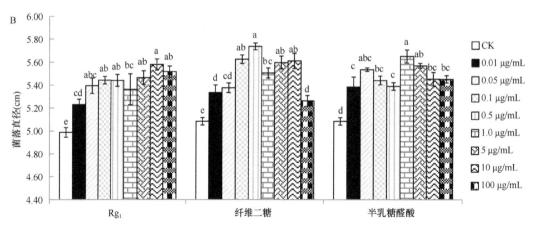

图 3-20   Rg₁、纤维二糖和半乳糖醛酸对主要根腐病菌菌丝生长的影响
A. 茄腐镰刀菌；B. 锈腐病菌

（2）皂苷 Rg₁、纤维二糖和半乳糖醛酸对根腐病菌产孢能力的影响

Rg₁、纤维二糖和半乳糖醛酸对供试根腐病菌的产孢量均无显著的促进作用。茄腐镰刀菌的产孢量除在所有浓度半乳糖醛酸下均无显著差异外，在个别浓度 Rg₁ 和纤维二糖下其至表现出较显著的抑制作用；Rg₁、纤维二糖和半乳糖醛酸对锈腐病菌产孢量在供试浓度下均无显著的促进作用，个别浓度低于或高于对照处理，但均不存在显著差异（图 3-21）。

（3）皂苷 Rg₁、纤维二糖和半乳糖醛酸对根腐病菌孢子萌发的影响

自毒皂苷 Rg₁ 可以显著促进两种病原菌孢子萌发，且萌发率随着供试浓度增加而增大。Rg₁ 对茄腐镰刀菌孢子萌发的促进作用以 1.0 μg/mL 浓度最强；Rg₁ 对锈腐病菌孢子萌发的促进作用以 1.0 μg/mL 和 10 μg/mL 相对较强。纤维二糖可以显著促进病原菌孢子萌发。纤维二糖在 0.01 μg/mL 浓度下对茄腐镰刀菌孢子萌发的促进作用最强；纤维二糖在 1.0 μg/mL、10 μg/mL 和 100 μg/mL 对锈腐病菌孢子萌发的促进作用相对较强，且萌发率随着浓度增大而增加。半乳糖醛酸对两种病原菌孢子萌发均存在显著的促进作用。半乳糖醛酸在 1.0 μg/mL 浓度下对茄腐镰刀菌和锈腐病菌孢子萌发的促进作用最强，0.01 μg/mL 促进程度最弱（图 3-22）。

由以上结果可以看出，自毒皂苷 Rg₁、纤维二糖和半乳糖醛酸协同主要根腐病菌茄腐镰刀菌和锈腐病菌加重三七根腐病，其机制在于显著促进根腐病菌菌丝生长和孢子萌发，但对病原菌的产孢能力无明显影响。进一步结合转录组学的分析显示，Rg₁ 可能通过促进细胞有丝分裂和毒素合成相关基因的表达而促进根腐病菌的生长，并增强其致病力；纤维二糖和半乳糖醛酸则主要通过促进根腐病菌糖苷水解酶基因的表达，分泌大量的细胞壁降解酶而增强其侵染致病能力。此外，这些细胞壁降解产物与自毒皂苷 Rg₁ 均能改变三七根际土壤微生物的群落结构和功能，在降低有益微生物相对丰度的同时，增加有害微生物相对丰度，使根际微生物群落朝着更有利于根腐病发生的方向发展。

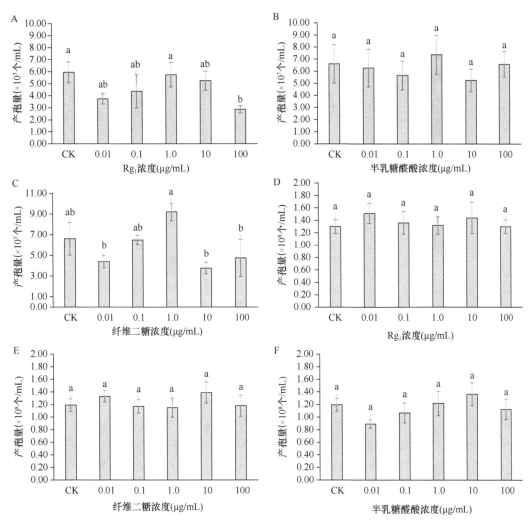

图 3-21　Rg₁、纤维二糖和半乳糖醛酸对主要根腐病菌产孢量的影响

A～C. 茄腐镰刀菌；D～F. 锈腐病菌

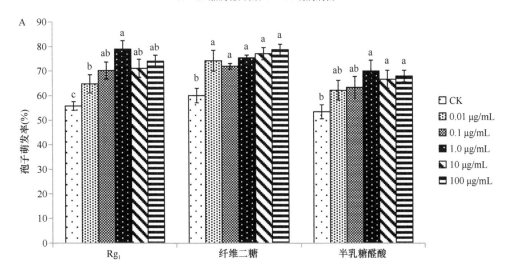

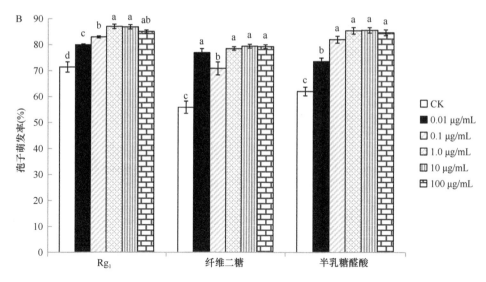

图 3-22 Rg₁、纤维二糖和半乳糖醛酸对主要根腐病菌孢子萌发的影响

A. 茄腐镰刀菌；B. 锈腐病菌

3.6 土壤养分失衡会加重三七连作障碍的发生

三七是多年生宿根草本植物，与其他人参属药用植物一样，存在着严重的连作障碍问题。连作障碍在田间主要表现在种子出苗率低，土传病害严重，植株存活率低，产量和品质下降等方面。随着三七产业的不断发展和壮大，连作障碍问题已成为三七产业可持续发展的瓶颈。长期以来，人们对三七连作障碍的研究多集中于根际土壤微生物群落变化、土传病虫害增加、化感物质积累及其自毒作用、土壤理化性质恶变等（陈长宝等，2006；孙雪婷，2015；Yang et al.，2015），而对非生物因素（水、肥、温、光）对三七的生长及与连作障碍形成的关系的研究还较少。

矿质营养是影响作物产量和品质的一个重要因素，氮素又是植物所需矿质营养中最为重要的一个元素。氮素对作物的生长发育有多方面的调控作用。首先，氮素对植物组织结构有间接的调控作用，如植物的根系形态受到氮素的调控发生改变，进而影响植物的物理抗性（Talukder et al.，2005）；其次，氮素会影响植物细胞的生化成分，如对氮、磷、钾养分的吸收，进而间接地对植物抗性产生一定的影响，植物感受这种养分的非生物胁迫后，会触发其对胁迫的响应，从而激活植物体内的各种信号转导途径并激活抗逆性相关基因的表达（Atkinson and Urwin，2012）；最后，氮素还能影响植物的代谢途径。氮素对作物的产量和品质的形成都具有非常重要的作用，对于主要有效成分是次生代谢产物的中草药更是如此。大量的生产实践表明，三七的种植过程中普遍存在着由于追求产量而过量施肥的问题。但很多七农的生产经验表明，氮肥的过多使用会加重根腐病的发生及连作障碍。但目前对于过量施肥加重三七连作障碍发生的评价和确证还只停留在农民经验上，具体现象和机制还不清楚。因此，系统而全面地对过量施用氮肥加重三七连作障碍发生的现象进行确证是探明连作障碍发生诱因并克服连作障碍的重要方面。

1. 不同施氮水平对三七生长和病害发生的影响

本课题组研究了不同的施氮量[0 kg/hm²（0N）、56 kg/hm²（56N）、113 kg/hm²（113N）、225 kg/hm²（225N）、450 kg/hm²（450N）]对三七生长和根腐病发生的影响。田间试验结果表明，随着施氮量从 0N 增加到 225N，三七的鲜重显著增加，但随着施氮量的继续增加，生物量反而减少，显著低于其他施氮水平，且与 0N 没有显著差异（图 3-23）。这些结果表明，在 5 个施氮浓度梯度中，225N 是三七生长的最佳氮肥施用量，而 450N 属于氮肥过量施用的水平。

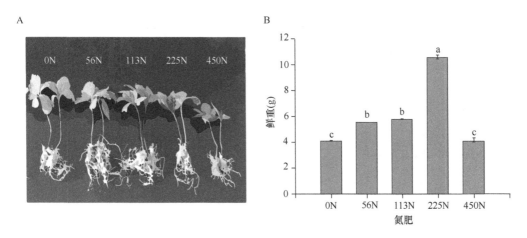

图 3-23　不同施氮水平对三七生长的影响

A. 不同施氮水平三七的种苗；B. 不同施氮水平三七种苗的鲜重。图中数据代表平均值±标准误，不同的字母代表不同处理间具有显著差异（P＜0.05），图 3-24 同

不同施氮处理中根腐病发病情况调查结果表明，不同的施氮水平对三七根腐病的发生具有显著影响（图 3-24A）。225N 处理根部病害的病情指数最低，450N 时病情指数最高，且显著高于其他施氮处理（图 3-24A，B）。进一步对发病植株病原菌进行分离鉴定发现，引起根腐病的主要病原菌有 *Fusarium solani*、*F. oxysporum*、*Cylindrocarpon destructans* 和 *Alternaria alternate*。不同氮处理的三七根际土壤中这些病原菌的分离频率在 450N 时显著地高于其他氮处理，225N 时显著低于其他氮处理。尤其是随着施氮水平的增加，能够引起三七根腐病的镰刀菌的分离频率也显著增加（图 3-24C）。

2. 过量施氮加重三七的连作障碍

种植过三七的连作土再植三七，种子萌发和幼苗存活率会显著下降，且 225N 处理种子的出苗率和存苗率显著高于 450N 处理（图 3-25A，B）。当土壤高温蒸汽灭菌处理后，不同施氮处理中种子的出苗率和种苗的存苗率之间的差异减小，且除 225N 处理外，其他施氮处理中出苗率和存苗率均显著高于未灭菌处理（图 3-25A，B）。同时，用植物和土壤反馈比率对不同氮肥水平下土壤对三七的负反馈效应进行评价，发现 0N 和 450N 的负反馈效应显著高于 225N（图 3-25C）。这些结果表明，过量施氮（450N）加剧了土壤与三七之间的负反馈效应，在田间的主要表现就是三七的连作障碍加重。

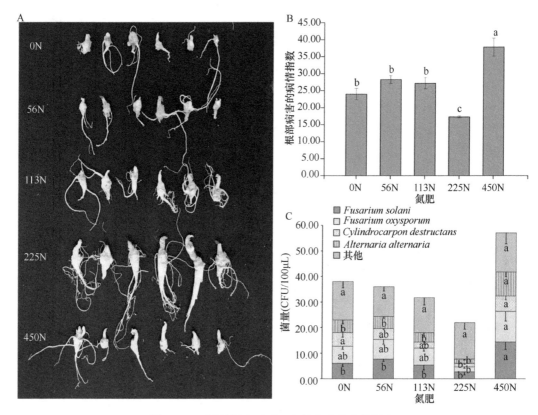

图 3-24　不同施氮水平对三七根腐病发病的影响

A. 不同施氮水平三七根腐病发病症状；B. 不同施氮水平三七根部病害的病情指数；
C. 土壤中不同施氮水平三七根腐病原菌菌量

3. 不同施氮水平对三七根际土壤微生物结构和功能的影响

作物的连作障碍问题实际上就是土壤与作物之间负反馈调节效应的表现。植物在生长的过程中会通过自身根系残体的分解和根系分泌等过程影响土壤的生物及非生物环境，土壤这些特性的改变反过来也会作用于植物本身，进而影响植物的生长和健康，该过程被称为植物-土壤的负反馈效应（NPSF）（Bever，1994）。为了明确过量施氮与NPSF 的关系，探明施氮量如何影响三七根际土壤微生物群落结构和功能的变化，利用真菌内部转录间隔序列（ITS）及细菌（16S RNA）高通量测序的方法研究了不同施氮水平下三七根际土壤真菌和细菌群落的多样性水平及组成结构；并进一步利用GeoChip 基因芯片的方法分析了不同施氮水平对三七根际土壤真菌和细菌群落功能基因丰度的影响，为进一步阐明过量施氮加重三七连作障碍的机制提供科学依据和理论支持。

1）不同施氮水平对根际土壤微生物群落组成的影响

试验利用高通量测序的方法深入研究了三个施氮水平（0N、225N 和 450N）下三七根际土壤微生物真菌和细菌群落的结构及组成的变化。将不同氮浓度处理的根际土壤微生物测序数据进行 PCoA，以确定三个氮浓度处理下三七根际土壤微生物群落的结构

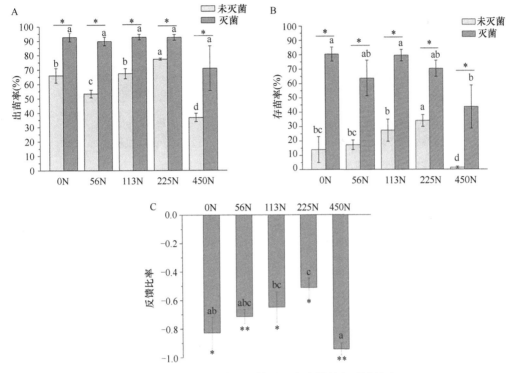

图 3-25　不同施氮水平土壤对三七生长的负反馈效应

A. 不同施氮水平灭菌与未灭菌土三七种子的出苗率；B. 不同施氮水平灭菌与未灭菌土三七种子的存苗率；C. 不同施氮水平土壤对三七的反馈比率。图中数据代表平均值±标准误，不同的字母代表不同施肥处理间具有显著差异（$P<0.05$），

*、**表示同一施肥量下不同处理间存在显著差异（*$P<0.05$，**$P<0.01$）

是否存在差异。PCoA 的结果表明，不同施氮水平使三七根际土壤微生物群落发生了显著的变化，三个氮浓度处理形成了三个有明显区分的组群。第一主成分分析结果显示，不施氮的对照 0N 聚为一组，施氮的 225N 和 450N 聚为一组。第二主成分分析结果显示，适氮（225N）和高氮（450N）被显著地分开了，形成两簇（图 3-26A，B）。这说明施氮对三七根际土壤微生物群落的结构和组成有显著的影响，并且施氮浓度会显著地影响微生物群落的结构和组成。

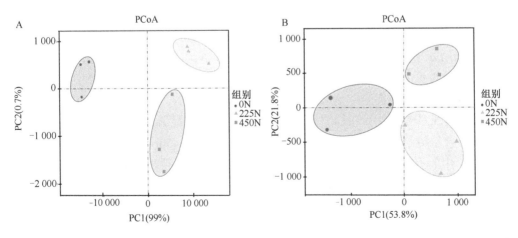

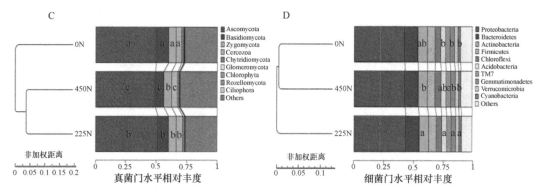

图 3-26　不同施氮水平三七根际土壤微生物群落 PCoA 和门水平聚类图

A. 不同施氮水平三七根际土壤真菌群落 PCoA 图；B. 不同施氮水平三七根际土壤细菌群落 PCoA 图；C. 不同施氮水平三七根际土壤真菌群落非加权 UniFrac 距离非加权组平均法（UPGMA）聚类图；D. 不同施氮水平三七根际土壤细菌群落非加权 UniFrac 距离 UPGMA 聚类图

对微生物群落从门水平进行组成分析。结果表明，真菌子囊菌门 Ascomycota（8.1%～21%）、接合菌门 Zygomycota（2.5%～12.1%）、担子菌门 Basidiomycota（0.4%～1.7%）、丝足虫门 Cercozoa（0.2%～1%）和壶菌门 Chytridiomycota（0.01%～0.07%）均随着施氮量的增加减少，而绿藻门 Chlorophyta（0.01%～0.04%）的含量随着氮的增加先增加后减少。基于非加权 UniFrac 距离分析发现 0N 聚为一簇，225N 和 450N 聚为一簇。施氮和不施氮处理、适氮和高氮处理均被显著地分开，这与 PCA 结果一致，说明是否施氮肥和施氮浓度都对三七根际土壤真菌群落有显著影响（图 3-26C）。细菌的优势菌群是变形菌门 Proteobacteria（61.2%～65.71%）、放线菌门 Actinobacteria（8.6%～10.01%）、拟杆菌门 Bacteroidetes（6.60%～8.21%）、蓝藻门 Cyanobacteria（2.82%～7.84%）、厚壁菌门 Firmicutes（3.25%～5.51%）、芽单胞菌门 Gemmatimonadetes（2.60%～3.23%）、酸杆菌门 Acidobacteria（1.69%～2.01%）、泉古菌门 Crenarchaeota（0.59%～1.47%）。基于非加权 UniFrac 距离的分析发现 225N 聚为一簇，0N 和 450N 聚为一簇，说明氮肥对三七根际土壤细菌群落也有显著影响（图 3-26D）。

第一，不同施氮水平对土壤真菌属水平的影响。进而用热图（heat map）分析了相对含量排前 35 的属，发现三个氮处理中三七根际土壤真菌群落主要由枝孢属 Cladosporium、被孢霉属 Mortierella、明梭孢属 Monographella、哈萨克斯坦酵母属 Kazachstania、毛壳菌属 Chaetomium、德巴利酵母属 Debaryomyces、根霉属 Rhizopus、粗边苔属 Dirina、柄孢壳属 Zopfiella、黑葱花霉属 Periconia 等构成。随着施氮量的增加，根据相对含量的变化趋势，真菌群落的属主要分为三大类：第一类属于含量随着施氮量的增加先增加后降低的真菌，且适氮（225N）显著高于 0N 和高氮（450N）；第二类属于含量随着施氮量的增加而降低的真菌，且高氮（450N）显著低于 0N 和适氮（225N）；第三类属于含量随着施氮量的增加而增加的真菌，且高氮（450N）显著高于 0N 和 225N。根据已测定出的不同施氮水平三七根际土壤真菌群落可以得出，0N 处理中链格孢属 Alternaria、Geosmithia、被孢霉属、Nannizziopsis、黑葱花霉属、Spizellomyces 的含量显著高于其他处理；适氮（225N）处理中 Cortinarius、Kazachstania、Chrysosporium、Colletotrichum、Terfezia 的含量显著高于其他处理；高氮（450N）处理中粗边苔属、

Ochrolechia 含量显著高于其他处理（图 3-27A）。深入分析发现，在低氮（0N）和高氮（450N）情况下，有益真菌 *Chrysosporium pseudomerdarum* 和 *Trichoderma tomentosum* 受到显著抑制；但三七根腐病菌尖孢镰刀菌 *Fusarium oxysporum* 的群体在高氮（450N）处理中明显被上调（图 3-27B）。

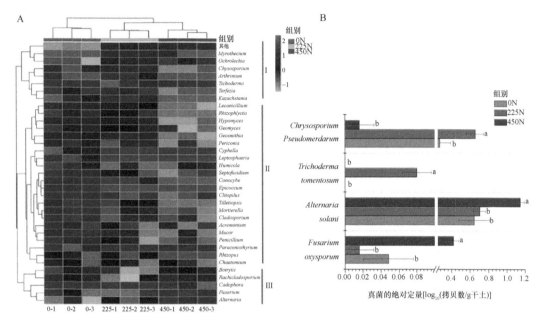

图 3-27 不同施氮水平三七根际土壤真菌属水平丰度热图

0-1、0-2、0-3 表示 0N 处理的 3 个重复；225-1、225-2、225-3 表示 225N 处理的 3 个重复；
450-1、450-2、450-3 表示 450N 处理的 3 个重复；下同

第二，不同施氮水平三七根际土壤中根腐病原菌含量的变化规律。用高通量测序结合定量 PCR（qPCR）的方法对不同施氮水平三七根际土壤中主要的根腐病病原菌进行了绝对定量，发现根际土壤中镰刀菌属若干种 *Fusarium* spp.和链格孢属若干种 *Alternaria* spp.的含量较高，且高氮（450N）处理中镰刀菌属若干种和链格孢属若干种的含量显著高于其他处理（图 3-28），这说明高氮使三七根际土壤微生物群落结构失衡，镰刀菌属若干种和链格孢属若干种能引起三七根腐病的病原菌在高氮处理中被显著富集，根际土壤已被诱导为易致病土。

第三，不同施氮水平对土壤细菌属水平的影响。根据已测定出的不同施氮水平三七根际土壤细菌群落可以得出，0N 处理中土壤杆菌属 *Agrobacterium*、根瘤菌属 *Rhizobium*、鞘氨醇盒菌属 *Sphingopyxis*、紫色杆菌属 *Janthinobacterium*、黄杆菌属 *Flavobacterium*、*Adhaeribacter*、鞘脂菌属 *Sphingobium*、假单胞菌属 *Pseudomonas*、类芽孢杆菌属 *Paenibacillus* 的含量显著高于其他处理；225N 处理中德沃斯氏菌属 *Devosia*、*Dokdonella*、*Demequina*、纤维弧菌属 *Cellvibrio*、*Salinibacterium*、*Aequorivita* 的含量显著高于其他处理；450N 处理中气单胞菌属 *Arenimonas*、慢生根瘤菌属 *Bradyrhizobium*、噬氢菌属 *Hydrogenophaga*、藤黄单胞菌属 *Luteimonas*、枝动杆菌属 *Mycoplana*、硝化螺菌属 *Nitrosopumilus*、苯基杆菌属 *Phenylobacterium*、罗丹杆菌属

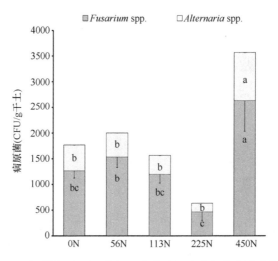

图 3-28 不同施氮水平三七根际土壤中根腐病相关病原菌的数量

Rhodanobacter 的含量显著高于其他处理（图 3-29A）。随着施氮量的增加，根据相对含量的变化趋势，细菌群落的属主要分为三大类：第一类属于含量随着施氮量的增加先增加后降低的细菌，如芽孢杆菌属 *Bacillus* 和乳酸杆菌属 *Lactobacillus*，且适氮（225N）显著高于 0N 和高氮（450N）；第二类属于含量随着施氮量的增加而降低的细菌，如假单胞菌属，且高氮（450N）显著低于 0N 和适氮（225N）；第三类属于含量随着施氮量的增加而增加的细菌，如藤黄单胞菌属，且高氮（450N）显著高于 0N 和225N（图 3-29A，B）。在高氮（450N）处理中许多对病原真菌具有拮抗作用的细菌的含量显著降低了（图 3-29A，B）。

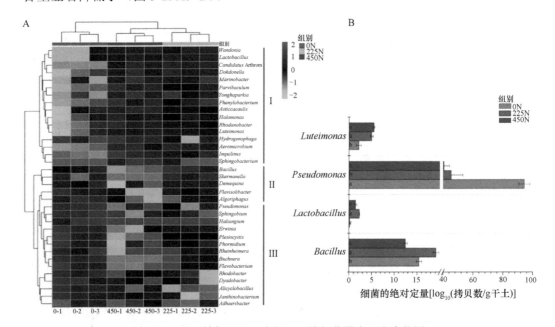

图 3-29 不同施氮水平三七根际土壤细菌属水平丰度热图

2）三七根际土壤中根腐病菌拮抗细菌的筛选和拮抗能力评价

（1）三七根际土壤中根腐病菌拮抗细菌的分离与筛选

将 89 株从三七根际土壤中分离出来的细菌活化后，与三七根腐病的病原真菌毁灭柱孢菌 Cylindrocarpon destructans 和尖孢镰刀菌 Fusarium oxysporum 进行对峙培养，筛选出对 Cylindrocarpon destructans 具有拮抗作用的细菌 18 株，其中 5 株有很好的拮抗作用；筛选出对 Fusarium oxysporum 具有拮抗作用的细菌 43 株，其中 16 株有很好的拮抗作用（表 3-10）。这些菌株中有 16 株菌是对尖孢镰刀菌和毁灭柱孢菌都有拮抗效果的，且有 8 株对两种病原菌都有很强的拮抗活性，其中 X15、F41、F5、X28、X33、X53 对两种病原菌的拮抗作用都很强。

表 3-10　三七根腐病原菌拮抗细菌的抑菌谱

菌株	尖孢镰刀菌 F. oxysporum	毁灭柱孢菌 C. destructans	菌株	尖孢镰刀菌 F. oxysporum	毁灭柱孢菌 C. destructans	菌株	尖孢镰刀菌 F. oxysporum	毁灭柱孢菌 C. destructans
F1	+++	–	X15	+++	+++	X45	+++	–
F11	+++	–	X16	++	–	X46	++	++
F12	+	+	X17	++	–	X48	++	–
F19	–	++	X19	+	–	X49	+	+
F2	++	–	X20	+++	–	X53	+++	++
F22	–	+	X21	++	+	X55	+	–
F26	+++	–	X22	++	–	X7	+	–
F4	+++	–	X24	+	–	X8	+	–
F41	+++	++	X28	++	+++	X9	+	–
F5	++	+++	X29	+	+	XP1	+	+
F7	+++	+	X33	++	+++	XP2	++	–
X1	+	–	X35	++	++	XP3	+	–
X10	++	–	X36	+++	–	XS2	+	+
X11	++	–	X37	+++	–	XS3	+++	+
X14	+++	–	X44	+++	–	XS41	+++	–

注：+++表示抑菌谱带宽度≥0.40cm；++表示抑菌谱带宽度为 0.39～0.20 cm；+表示抑菌谱带宽度为 0～0.19 cm；–表示无抑菌效果

（2）三七根际土壤中根腐病菌拮抗细菌的系统发育分析

将分离、筛选出的对根腐病病原真菌具有良好拮抗效果的 22 株拮抗细菌进行 16S rRNA 基因序列测定。然后，将所测序列在 NCBI 数据库（https://blast.ncbi.nlm.nih.gov/Blast.cgi）中进行相似性比对。采用 MEGA 5.0 软件包中的 Kimura2-Parameter Distance 模型进行多序列匹配，用邻接法（neighbor-joining method）构建系统发育树（图 3-30）。结果表明，所测代表拮抗菌株分属于 2 个属 5 个种，所有菌株与相关有效发表种的 16S rRNA 基因序列相似性皆在 97%～100%。其中，12 株属于假单胞菌属 Pseudomonas，占所有菌株的 63%，7 株属于芽孢杆菌属 Bacillus，占所有菌株的 37%（图 3-30）。

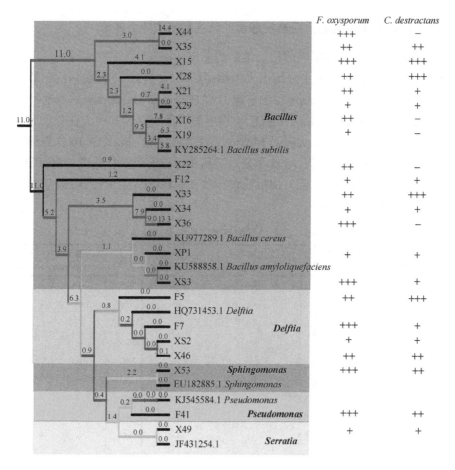

图 3-30 不同施氮水平三七根际土壤拮抗细菌 16S rRNA 基因系统发育树

+++表示抑菌谱带宽度≥0.40cm；++表示抑菌谱带宽度为 0.39~0.20cm；+表示抑菌谱带宽度为 0~0.19cm；
–表示无抑菌效果

3）不同施氮水平对三七根际土壤微生物功能的影响

（1）GeoChip 测序结果分析

利用 GeoChip5.0 基因芯片共检测到 650 134 个基因，通过对这些基因进行分析，发现其中来自细菌的基因有 587 620 个，来自真菌的基因有 35 967 个，来自古细菌的基因有 16 822 个，以及来自其他生物的基因 9725 个。

（2）GeoChip 测序差异表达基因筛选

对 GeoChip5.0 检测到的所有基因的相对丰度进行了不同处理之间的差异表达基因分析，根据统计分析结果，适氮（225N）和高氮（450N）处理差异表达基因为 FDR≤0.001 且倍数差异不低于 2 倍的基因共有 114 个，其中上调的有 110 个差异表达基因，下调的有 4 个差异表达基因；0N 和高氮（450N）处理差异表达基因为 FDR≤0.001 且倍数差异不低于 2 倍的基因共有 136 个，其中上调的有 132 个基因，下调的有 4 个基因；0N 和适氮（225N）处理差异表达基因为 FDR≤0.001 且倍数差异不低于 2 倍的基因共有 14 个，其中上调的有 11 个基因，下调的有 3 个基因。热图分析也表明，三个处理之间的三个重复很好地聚在了一起，施氮和不施氮三七根际土壤微生物功能基因的表达显著不同，适氮（250N）和高氮（450N）处理的功能基因表达也显著不同（图3-31）。

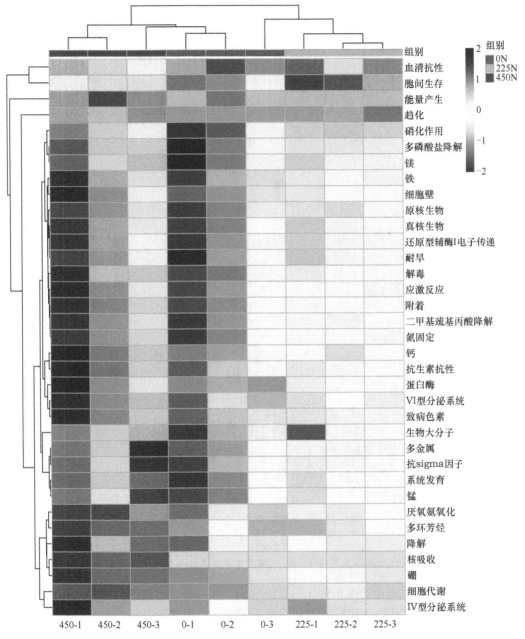

图 3-31　不同施氮水平三七根际土壤微生物功能基因丰度热图

通过对不同施氮水平三七根际土壤微生物碳循环相关基因丰度进行分析，发现与碳降解功能相关的基因丰度随着施氮量的增加而显著上调，如与淀粉、半纤维素、纤维素、几丁质和木质素这些有机物降解相关基因丰度在高氮450N处理中显著富集（$P < 0.05$）（图3-32A）。

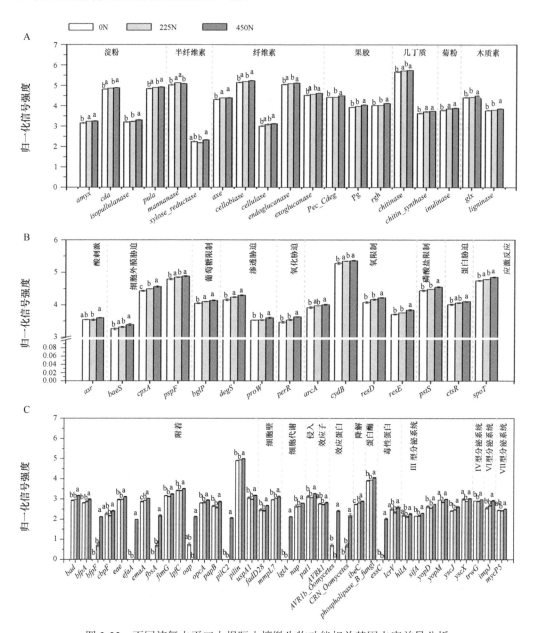

图 3-32　不同施氮水平三七根际土壤微生物功能相关基因丰度差异分析

　　通过对不同施氮水平三七根际土壤微生物逆境相关基因丰度进行分析，首先发现与 0N 和 225N 氮处理相比，450N 处理土壤中与酸胁迫、葡萄糖限制、磷酸盐限制、渗透胁迫、氧化胁迫和氧气限制等胁迫相关基因在高氮（450N）处理中被显著富集（$P<0.05$）（图 3-32B），表明在 450N 处理中微生物的生存环境很差，高氮不利于微生物的生存。

　　通过对不同施氮水平三七根际土壤微生物致病相关基因丰度进行分析，发现与 0N 和适氮（225N）处理相比，在高氮（450N）处理中，许多与真菌和细菌致病相关的基因被显著富集（图 3-32C）。与病原真菌致病病程相关的基因主要有附着、细胞壁降解、侵染、效应子、效应蛋白；与病原细菌致病病程相关的基因主要有与 type III、IV、VI

和 VII 型分泌系统相关的许多基因。这些结果都表明，高氮使三七根际土壤变成了致病型土壤。

（3）氮肥对三七根际土壤微生物群落共表达模式的 Network 分析

通过对不同施氮水平三七根际土壤可培养根腐病菌及其拮抗细菌的分离和鉴定，发现镰刀菌是最主要的致病菌，而筛选出的拮抗细菌主要属于芽孢杆菌和假单胞杆菌。高通量测序数据也表明，高氮处理显著促进了镰刀菌的积累，并且抑制了芽孢杆菌和假单胞杆菌这类植物根际促生菌（PGPR）的数量。进一步通过 GeoChip 基因芯片分析同样发现，在高氮处理中，有 6 个与镰刀菌致病相关的基因 *nirK*、*Trk*、*CAT*、*cutinase*、*exoglucanase* 和 *cyanide_hydratase* 被显著富集（$P < 0.05$）（表 3-11），而与芽孢杆菌和假单胞杆菌拮抗相关的 4 个基因 *lycopene β-cyclase*（CYC-B）、*nqrB*、*phytase* 和 *sod_FeMn* 被显著抑制（$P < 0.05$）（表 3-12）。众所周知，可培养的微生物只占整个微生物群体的 0.1%。为了探明不同施氮水平对整个三七根际土壤微生物群落变化的影响，将 6 个镰刀菌致病相关基因和 4 个细菌拮抗相关基因与整个微生物群落中的功能基因进行了相关性分析，发现与真菌群落中镰刀菌具有相同致病功能的所有真菌，以及与芽孢杆菌和假单胞杆菌具有相同拮抗病原菌功能的所有细菌，对其进行分析，并构建了 Network 共表达模式。

表 3-11　不同施氮水平三七根际土壤镰刀菌致病相关基因的差异分析

	基因号	基因名称	基因功能	基因丰度		
				0N	225N	450N
镰刀菌致病相关基因	1	*cyanide_hydratase*	氰化物水合酶	179.41±10.19b	152.38±17.08b	240.74±14.33a
	2	*exoglucanase*	纤维素降解酶	0±0b	0±0b	112.53±4.44a
	3	*cutinase*	角质酶	709.01±81.58b	699.92±22.04b	1045.08±57.74a
	4	*nirK*	反硝化	303.29±30.94b	284.56±4.34b	470.23±39.95a
	5	*Trk*	钾转运	0±0b	0±0b	130.29±10.68a
	6	*CAT*	抗氧化酶	147.91±22.82b	128.36±11.8b	222.16±18.6a

注：表中数值为平均值±标准误，不同小写字母表示处理间存在显著差异（$P < 0.05$）

表 3-12　不同施氮水平三七根际土壤芽孢杆菌和假单胞菌拮抗相关基因的差异分析

	基因号	基因名称	基因功能	基因丰度		
				0N	225N	450N
芽孢杆菌和假单胞菌拮抗相关基因	1	*lycopene β-cyclase*	类胡萝卜素环化酶	79 666.02±6 989.42ab	94 844.04±1 886.47a	74 445.57±2 565.87b
	2	*nqrB*	钠转运	4 242.69±227.59b	4 961.06±91.66a	4 373.77±154.13b
	3	*phytase*	植酸水解	159.09±18.87a	134.18±13.48a	31.36±31.36b
	4	*sod_FeMn*	抗氧化酶	1736.47±53.1b	2 029.79±60.04a	1 676.61±62.71b

注：表中数值为平均值±标准误，不同小写字母表示处理间存在显著差异（$P < 0.05$）

在 450N 高氮处理中被显著富集的 6 个镰刀菌致病相关基因有 *nirK*、*Trk*、*CAT*、*cutinase*、*exoglucanase* 和 *cyanide_hydratase*（表 3-11）。Network 分析结果表明，这些与致病相关的基因在其他细菌和真菌中同样共表达（图 3-33）。在这些微生物中，链格孢属、*Hyphomonas*、*Marinobacter*、*Pelotomaculum* 和罗丹杆菌属在不同施氮水平三七根际土壤中的丰度与镰刀菌的变化呈显著正相关关系（$P < 0.05$，$r > 0.7$）（图 3-33）。

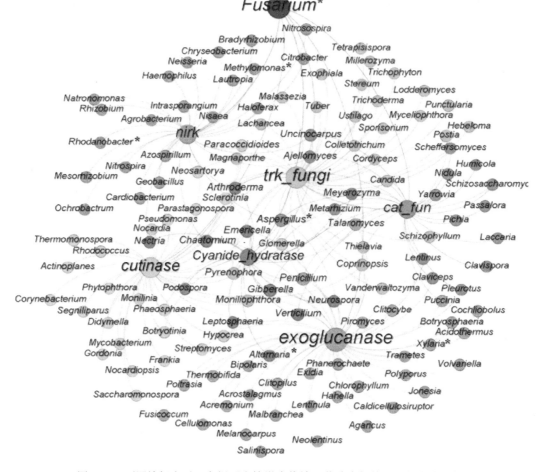

图 3-33　不同施氮水平三七根际土壤微生物镰刀菌致病相关基因共表达分析

连接点代表与镰刀菌致病性相关的基因或真菌，连接点大小与连接数成正比。连接线表示真菌与基因具有显著相关性。不同的颜色表示不同的基因。星号代表与镰刀菌共表达的真菌，且镰刀菌与这些真菌携带相同的基因（$P<0.05$，$r>0.70$）

　　拮抗细菌芽孢杆菌或假单胞菌的四种拮抗相关基因有 *lycopene β-cyclase*、*nqrB*、*phytase* 和 *sod_FeMn*，这些基因在 225N 土壤中被富集，却在 450N 土壤中被显著抑制（表 3-12）。Network 分析结果表明，这些与拮抗相关的基因在其他细菌和真菌中同样共表达（图 3-34）。土壤杆菌属 *Agrobacterium*、类芽孢杆菌属 *Paenibacillus*、*Plesiocystis* 和鞘脂菌属 *Sphingobium* 在不同施氮水平三七根际土壤中与芽孢杆菌和假单胞菌的丰度变化呈显著正相关关系（$P<0.05$，$r>0.7$）（图 3-34）。

4. 不同施氮水平对三七根际土壤理化性质的影响

　　不同施氮水平对三七根际土壤理化性质影响的测定结果表明（表 3-13），随着施氮量的增加，土壤的 pH 显著下降，电导率（EC）显著上升；土壤总氮和碱解氮（AN）的含量显著增加，有机质（OM）和总碳的含量未受显著影响；有效磷含量增加。值得注意的是，碳氮比（C/N）显著下降。与 225N 相比，高氮 450N 处理的 pH 下降了 0.5，电导率上升了 46.77%，土壤中总氮和碱解氮的含量分别增加了 9.05% 和 32.14%，碳氮比显

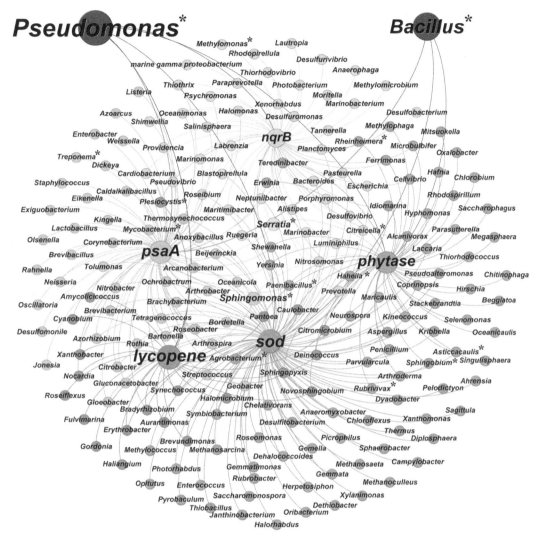

图 3-34　不同施氮水平三七根际土壤微生物芽孢杆菌和假单胞菌拮抗相关基因共表达分析

连接点代表与芽孢杆菌和假单胞菌拮抗相关的基因或细菌，连接点大小与连接数成正比。连接线表示细菌与基因具有显著相关性。不同的颜色表示不同的基因。星号代表与芽孢杆菌和假单胞菌共表达的细菌，且芽孢杆菌和假单胞菌与这些细菌携带相同的基因（$P<0.05$，$r>0.70$）

著下降。这些结果表明，过量施氮会使土壤酸化、电导率上升、碳氮比下降。利用 Pearson相关系数分析了施氮量和土壤理化性质变化的关系，结果表明，pH 和碳氮比与施氮量呈极显著负相关（$P<0.01$）；电导率、总氮和碱解氮与施氮量呈极显著正相关（$P<0.01$）；有效磷（AP）含量与施氮量呈显著正相关（$P<0.05$）。

施氮会改变土壤的理化性质，随着施氮量的增加，土壤电导率和碱解氮显著增加，而土壤碳氮比和 pH 逐渐降低。过量施氮会使土壤退化，土壤质量下降，土壤处于一种逆境状态。为了探明施氮引起的这种土壤性质的改变与微生物群落结构和功能的关系，用冗余分析（RDA）的方法进行了土壤环境因子与微生物群落结构和功能的相关性分析。

表 3-13 不同施氮水平对三七根际土壤理化性质的影响

土壤理化性质	0N	225N	450N	相关系数 r
pH	7.8±0.03a	7.48±0.03b	6.98±0.03c	−0.986**
电导率（μS/cm）	740.33±8.51c	887.33±30.33b	1302.33±4.91a	0.958**
有机质（g/kg）	51.15±0.74a	51.00±0.58a	53.12±1.69a	0.411
总碳（g/kg）	29.67±0.43a	30.07±0.34a	30.81±0.98a	0.450
总氮（g/kg）	1.75±0.02c	1.99±0.02b	2.17±0.01a	0.987**
碱解氮（mg/kg）	73.97±0.62c	162.63±0.62b	214.9±15.16a	0.967**
有效磷（mg/kg）	323.23±3.35b	441.6±11.99a	422.6±6.43a	0.763*
速效钾（mg/kg）	699.94±16.98a	693.14±35.95a	665.97±10.19a	−0.379
碳氮比	16.96±0.14a	15.11±0.12b	14.22±0.37c	−0.940**

注：表中数值为平均值±标准误，不同小写字母表示处理间存在显著差异（$P<0.05$）。*、**分别表示理化性质与施氮量之间显著相关、极显著相关（*$P<0.05$，**$P<0.01$）

  冗余分析表明，土壤中 7 个环境因子 pH、电导率、有机质、碱解氮、有效磷、速效钾（AK）和碳氮比对不同施氮水平三七根际土壤真菌、细菌群落结构变化及微生物功能的解释率分别超过了 69.6%、45.8% 和 84.3%。土壤中的碱解氮和电导率与不同施氮水平三七根际土壤真菌群落的结构变化呈显著的正相关关系，碳氮比和 pH 与真菌群落结构变化呈显著的负相关关系（图 3-35A）。土壤中的碱解氮、有效磷和电导率与不同施氮水平三七根际土壤细菌群落的结构变化呈显著的正相关关系，碳氮比、速效钾和 pH 与细菌群落结构变化呈显著的负相关关系（图 3-35B）。土壤中的碱解氮、有机质和有效钾与不同施氮水平三七根际土壤微生物群落的功能变化呈显著的正相关关系，碳氮比、电导率和 pH 与土壤微生物群落的功能变化呈显著的负相关关系。过量施氮与土壤中碱解氮、电导率和有机质含量的变化有显著的关系（图 3-35C）。

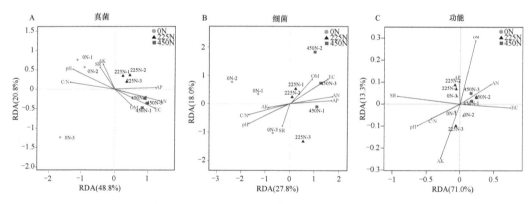

图 3-35 施氮引起的土壤理化性质变化与土壤微生物群落结构和功能变化的冗余分析

  综上所述，适宜的氮肥施用有利于三七的生长及品质的形成。但过量施用氮肥会加重三七连作障碍的发生，表现为三七生长受抑制、品质下降、养分吸收受阻、根腐病发病加重。深入研究发现（图 3-36），过量施氮使土 壤 pH 和碳氮比降低，电导率增加，导致土壤处于碳氮比失衡的逆境状态。这种逆境状态使土壤环境中寄居的微生物群落的多样性水平下降，微生物养分循环相关基因、逆境相关基因和致病相关基因被显著上调，而抗病和解毒能力相关基因被下调，最终导致微生物区系失衡。主要体现在过量施氮会使土壤中拮抗病原菌相关微生物含量降低，而根腐病菌含量增加。与此同时，过量施肥导致的土壤逆境会改变三七根系代谢和物质的分泌，进一步选择性地富集三七致病相关微生物，导致三七与土壤呈现一种负反馈状态，加重连作障碍的发生。该研究深入解析了氮肥过量施用导致三七-土壤-微生物间的负反馈机制，对深入认识过量施氮与三七连作障碍的形成和加重的关系具有重要意义，为氮肥的合理施用及克服三七连作障碍提供了科学依据。

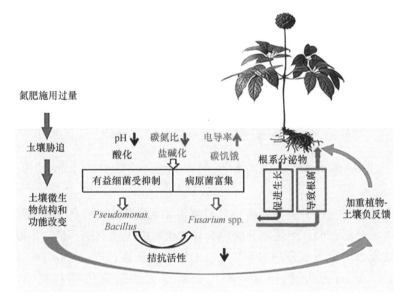

图 3-36　过量施用氮肥加重三七连作障碍发生的形成机制

3.7　三七生长过程中非生物胁迫与连作障碍的关系

三七是起源于森林植被下层的植物，喜欢在阴凉、潮湿的环境下生长，一旦三七遭受干旱、高温、强光照等非生物逆境胁迫，就会加剧与土壤的负反馈程度，加重连作障碍。这表明三七在不适宜的生境下连作障碍会进一步加剧，但这些非生物胁迫调节三七与土壤负反馈的机制还不清楚（图 3-37）。

3.7.1　土壤水分胁迫能加剧连作障碍的发生

研究表明，在田间试验中，土壤低水分条件下三七植株的死亡率显著上升，且植株死亡主要是由根部发病所导致，在水分胁迫下后茬的连作障碍明显加重。利用精确称重的方法控制土壤含水量，研究其对二年生三七病害的影响，结果表明，低水分和高水分胁迫均会加重三七根腐病害，且高水分胁迫条件下发病更为严重。目前正在通过土壤

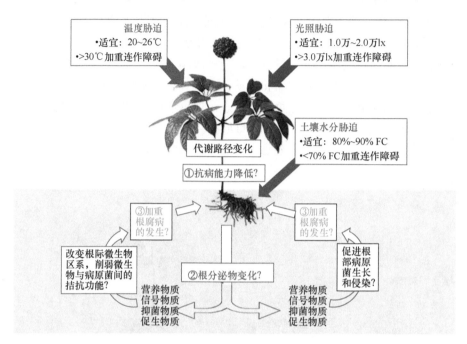

图 3-37　非生物胁迫（光照、温度、水分）加重三七和土壤微生物负反馈效应的可能机制
"？"代表尚未明确

微生物结构和功能的变化分析深入研究其机制。本课题组对土壤水分状态发生改变的土壤微生物结构的分析表明，土壤水分胁迫会导致根际微生物失衡，是加重根腐病的发生和危害的主要原因。土壤水分胁迫会加重三七根腐病真菌 *Cylindrocarpon destructans* 和 *Monographella cucumerina* 的积累。常见的病原菌拮抗微生物包括 *Lysobacter* 和 *Arthrobacter* 等有益细菌在水分逆境、病害发生重的土壤中被显著下调。之前的研究同样表明根腐病的发生主要是由于土壤中病原菌的积累（Santhanam et al.，2015；Wei et al.，2018），土壤干旱对微生物群落组成有遗留影响，进而影响后续作物的性能（Kaisermann et al.，2017）。许多研究表明，微生物群落的变化可以直接影响土传病害（Menno et al.，2016；Kwak et al.，2018）。因此，土壤水分胁迫可通过调控土壤微生物进而调控当茬三七病害和后茬三七的连作障碍效应。

此外，研究表明土壤水分改变了真菌和细菌群落结构及丰度的变化，且与根腐病的发生显著相关。在水分胁迫下，健康的土壤微生物平衡被打破，特别是致病核心微生物菌群丰度上调，抑病核心微生物菌群丰度下调。利用土壤的微生物培养分离和土壤回接试验，证明了致病的核心细菌菌群与致病真菌之间确实存在协同加重连作障碍效应。因此，对于土壤水分干旱、适宜和高水分三种典型状态，土壤微生物被调控为三种典型的土壤微生物菌型。低水分以与明梭孢属 *Monographella* 协同加重三七根腐病为主，高水分以与 *Ilyonectria* 属协同加重三七根腐病为主。而在适宜水分条件下的微生物菌型对 *Ilyonectria* 属和明梭孢属两类致病真菌均有拮抗功能，最终减少根腐病害和连作障碍的发生。

利用 KEGG、CAZy、CARD、P450、QS、PHI 和 VFDB 数据库，对土壤微生物宏基因组进行深入分析。结果表明，土壤水分胁迫使得土壤微生物群落的功能由抑菌状态向感病状态转变。在适宜三七生长且根腐病发生率低的水分处理条件下，土壤微生物的抗生素生物合成基因和合成通路显著上调，而在低水分和高水分的逆境条件下，与疾病相关的侵染或致病性相关基因、植物-病原互作通路、糖苷水解酶（GH）等被显著上调。这表明，土壤水分的变化会通过调控土壤里功能核心菌群的丰度变化进而调控根腐病的发展进程。

土壤微生物群落结构和功能的改变是加重连作障碍的重要原因。然而在田间生产实践中，土壤水分可以通过更多的途径影响微生物的长期进程。这些途径可能包括三七土壤水分对土壤微生物产生直接影响，不同微生物对水分需求差异会直接导致微生物中不同真菌和细菌对水分的耐性、偏好性产生差异。存在水分胁迫（干旱或高水分条件下）的土壤中氧含量、pH、电导率、C/N 等土壤理化性质改变也可能使土壤微生物群落产生改变，恶化的土壤理化性质使得微生物的改变更难以修复到健康状态。此外，土壤含水量对根系分泌物的影响是影响土壤微生物群落结构的重要因素。有研究发现，干旱或土壤水分变化对根际和根内圈的影响大于周围土壤（Santos-Medellín et al.，2017；Xu et al.，2018）。因此，水分胁迫引起的根系代谢产物的变化不仅可能影响了三七植株的抗性或者生长，对介导根际微生物群落的变化也至关重要。故在种植过三七的土壤中，由于土壤水分胁迫的产生，一系列的植株寄主变化以及土壤的变化最终可能导致三七病害和连作障碍的加重，有利于病原真菌、细菌的积累，最终形成长期的连作障碍。

植物根际土壤相关菌群中存在核心拮抗菌群，具有抑制土传病原菌的能力。土壤含水量可以介导抑菌菌群与感病菌群的平衡，来调控土壤微生物群与植物健康之间的关系。通过土壤水分管理来丰富本地拮抗微生物群落，将土壤保持在健康的抑菌土状态，这样的调控手段不仅有利于土壤的健康，而且可以减少农药的施用。当土壤受到病原菌攻击时，通过外源添加核心拮抗微生物群落来修复土壤，达到土壤的健康可持续。

近年来，由干旱及不合理施肥所致的土壤总盐量逐年升高，导致土壤酸化和盐渍化现象逐渐加重。土壤电导率（EC）是土壤盐渍化的指标之一，是农业生产中不可缺少的重要参数。土壤电导率在一定浓度范围内，土壤溶液含盐量与电导率呈正相关，溶解的盐类越多，溶液电导率就越大。有研究表明，土壤中的盐分、土壤含水率和土壤质地对土壤电导率都有影响，其中土壤盐分对土壤电导率的影响较土壤含水率要大得多（孙宇瑞，2000；林义成等，2005）。此外，栽培管理方式对电导率也是重要的影响因子之一，如施肥（Wei et al.，2018）和使用大棚等措施均会影响土壤电导率变化（杜春梅等，2014）。

前期研究表明，土壤电导率会影响植物的产量。对土壤电导率与冬小麦建立产量预测表明，土壤电导率可以用来评估作物产量、定义管理区和为精细农业提供变量处方管理（赵勇等，2009）。土壤盐分是影响芦苇种群特征的重要因素，且对土壤电导率与芦苇生长指标（覆盖度、平均株高、生物量干重、鲜重）显著相关（杨帆等，2006）。此外，土壤电导率对土壤微生物会产生影响。例如，旱田改水田后土壤电导率显著升高，反硝化细菌数量显著减少，氨化细菌与好氧自生固氮菌显著增加（顿圆圆等，2015）。对火山灰土研究表明，盐分对土壤微生物活性有显著影响，盐分含量与微生物活性呈负相关。当土壤电导率上升到 5mS/cm 以上时，葡萄糖分解的相关微生物活性则受到强烈抑制。当土壤电导率增加到 2mS/cm 时，硝化细菌的硝化反应即受到强烈抑制（王龙昌等，1998）。对西瓜根际土壤微生物群落结构分析表明，真菌的多样性与土壤的电导率呈极显著负相关（张晓晓等，2017），表明土壤电导率能够影响植物产量和土壤的微生物状态。

在生产实践过程中，有研究表明引起三七连作障碍的主要原因之一是土壤理化性质恶化（简在友等，2009），其中土壤电导率对三七生长具有重要影响。具体表现为土壤电导率过高时，三七的死苗率升高。前人研究表明，过量施氮导致土壤电导率显著增加，且电导率与土壤微生物群落的功能变化呈显著的负相关关系。过量施氮最终可能与土壤中拮抗相关微生物含量降低，而根腐病菌含量增加，加重连作障碍的发生有关（Wei et al., 2018）。此外，我们利用土壤水分调控产生不同电导率的土壤，并对后茬三七的生长进行评价。结果表明，随着土壤水分降低，土壤电导率升高且 pH 下降，会显著降低三七植株的地上部分鲜重和地下部分鲜重及茎长，影响三七产量。此外，电导率升高后，后茬三七种子的出苗率降低，死苗率加重。在高电导率、低 pH 土壤中，连作土壤微生物对三七植株的连作效应更明显。田间生产实践表明，对三七连作土壤的土壤理化性质进行改良，连作障碍得到明显缓解。其中改良土壤的一个重要的指标即土壤的电导率得到显著下降，表明电导率是影响三七生长和连作障碍的主要因子之一。

三七健康生长是植株与土壤中多种因素动态互作的结果，包括微生物群落的动态变化、病原微生物的增加、土壤的盐分累积，以及土壤酸化、营养失衡和植物化感作用等，在三七生产过程中，盲目的水分给予或者大水大肥而非有效的水分管理将会恶化三七土壤理化性质，尤其是引起电导率的升高和 pH 的下降，进而影响三七生长和土壤的微生物功能。因此，降低土壤的电导率对三七健康栽培和缓解连作障碍具有现实意义，有报道称，通过对土地灌水，可以有效降低土地的盐渍化程度（沈婧丽等，2016）。

3.7.2 光照对三七连作障碍发生的影响

光是通过不同光受体调节植物生长和发育的最重要因素之一。因此，提供合适的光照条件是确保植物更高产量和营养质量的关键因素。中药材人工栽培环境与野生自然生长环境存在差异，部分林下、林缘药材被置于露地集约栽培，导致药材成分不达标等问题。其中光照在影响药用植物生长发育、生理生化特性的同时，也会影响植物次生代谢产物的积累（蒋妮等，2012；巢牡香和叶波平，2013）。

柴胜丰等（2012）的研究表明，不同程度的强光胁迫下，金花茶幼苗的生长均受到抑制，随着胁迫程度的增强，金花茶叶片颜色由深绿渐渐变为黄绿，叶片灼伤程度增加，植株新叶长势差，幼苗死亡率高。幼苗根、茎、叶和总生物量均随着胁迫程度升高而显著降低，光合作用受到抑制，抑制了植株的正常生长。也有研究表明，弱光胁迫会对植物的营养生长造成影响；植物长期处于弱光条件下，生殖生长会受到一定程度的抑制，无机营养和同化产物的输入也会受到阻碍（何静雯等，2018）。

光照是影响三七生长的一个关键因素，一般而言，三七生长只需要自然光的10%～30%，随着地势、环境，以及三七生长的年龄、生长时期、生长季节的不同而有所差异。如果遮阴太多，透光少，三七显现嫩弱、茎秆纤细、叶片薄、开花推迟、结籽少、地下部分干物质积累少，病害易于侵染流行。遮阴少，透光大，三七显现生长缓慢、叶面皱缩、叶片发黄、早期脱落，甚至发生灼伤，影响三七的正常生长和产量。

研究表明，土壤中根腐病菌是引起连作障碍的重要因素，但也存在影响三七生长的非生物因素（Liu et al.，2019），王朝梁等（2000）的研究表明，三七根腐病随着光照强度的增加而加重，光照越强，发病越重。但到目前为止，对于光照失衡对加重三七连作障碍影响的机制还不完全清楚，需要进一步研究探索。

3.7.3　温度对三七连作障碍发生的影响

温度对植物生长至关重要，高温胁迫会造成植物灼伤、叶片衰老脱落、根尖或茎尖生长受到抑制或果实受损，最终影响植物的生长（Vollenweider and Günthardt-Goerg，2006）。三七是起源于森林植被下层的植物，喜阴凉的生长环境，温度20～25℃适宜三七的生长，夏季超过30℃会造成高温伤害，削弱植株抗性，影响三七的生长和品质（罗群等，2010；Liu et al.，2019）。田间和室内调查发现，在高温胁迫下，三七叶片会出现不同程度的萎蔫、卷曲、枯黄、脱落等症状，叶片的枯黄率、落叶率和植株的立枯率、死亡率会明显升高，而且温度越高损伤越重。高温处理后的三七植株也更易受到病原菌的侵染（全怡吉，2018；左应梅等，2018）。研究表明，受到高温（30℃、35℃）胁迫后的三七植株接种黑斑病菌细极链格孢（AP2-MS-4）和圆斑病原菌槭菌刺孢（LBD-8）7天后，两种病的发病率、病斑面积相对于正常植株（24℃）均提高了1倍以上（全怡吉，2018）。课题组研究还发现，不同温度处理后（20℃、24℃、28℃、32℃、36℃）三七根系分泌物有明显差异，但根系分泌物的差异是否会改变三七根际微生物，以及二者的变化对三七连作障碍的影响尚需进一步探究。

综合上述研究结果表明，三七和土壤间存在明显的负反馈调节。三七生长过程中通过根系分泌或降解释放到根际土壤中的代谢物在根际的异常积累，导致根际微生物失衡，根腐病菌积累，使三七与土壤间呈现负反馈调节状态，从而引起根腐病的严重发生（图3-38）。本课题组利用消解土壤有害代谢物和杀灭有害微生物的土壤处理措施结合微生物修复的方法，能有效克服连作土壤的再植障碍，实现三七的连作，这进一步证明了连作障碍是由代谢失衡导致根际微生物失衡，病原菌累积所致。

随着研究的深入，我们逐渐认识到，连作障碍是植物长期进化过程中形成的一种适应策略，是植物控制自身种群时空分布，从而避免种内竞争的一种特性。这是植物自身特性，无法消除，只能缓解。因此，探明加重三七和土壤间的负反馈机制是缓解三七连作障碍的关键。通过研究发现，现代大肥、大水的单一化高产栽培模式进一步加重了这种负反馈状态，导致更严重的连作障碍。具体原因如下。

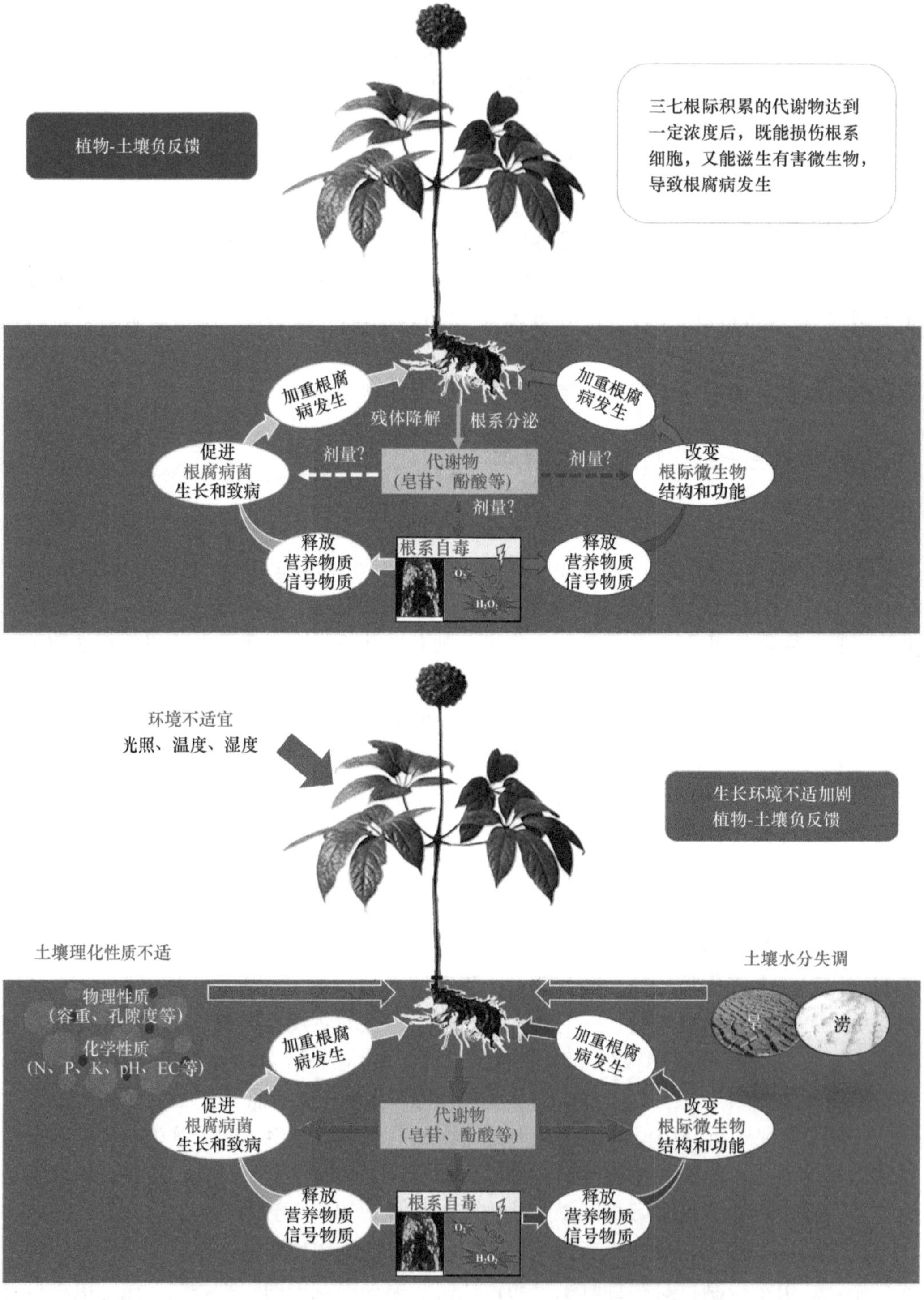

图 3-38 三七连作障碍形成机制模式图

第一，农田设施栽培环境不适宜三七健康生长。三七是起源于森林植被下层的植物，喜欢在阴凉、潮湿的环境下生长，不适宜的光照、温度及水分等均会阻碍三七的健康生长。生产实践及前期研究均表明，干旱、高温、强光照等生长环境逆境均会加重连作障碍的发生。通过一系列研究发现，三七在适宜的温度（20～26℃）、光照（1.0 万～2.0 万 lx）、水分（80%～90% FC）条件下生长健壮，当温度>30℃、光照>3.0 万 lx、土壤干旱或过湿时，三七连作障碍加重。当前农田三七种植采用的是人工搭建的荫棚，很难达到三七最适的生长条件，一旦碰到极端气候，很容易导致三七生长不正常，加重连作障碍的发生。

第二，农田土壤理化性质不适宜三七健康生长。三七起源于森林植被的最下层，林下土壤质地疏松、有机质含量高、微生物丰富。但农田土壤很难达到林下土壤的特性，尤其云南多数地区土壤为红土，黏性重、透水透气性差，尤其有机质含量低，加之农民为了追求产量而大量施用化学肥料，使土壤酸化、盐碱化严重，极不适宜三七的生长，加重三七的连作障碍。我们利用代谢组学和微生物组学的方法已经探明，大肥大水栽培模式中氮肥的过量施用是加重三七与土壤负反馈，导致更为严重连作障碍的重要因素。氮肥的过量施用一方面会诱导三七生长代谢发生变化，使其对病害的敏感性增强（NIS 现象），同时诱导三七分泌更多的有害代谢物，加剧自毒作用；另一方面，氮肥过量施用会改变土壤理化性质（使 pH 降低、C/N 降低、电导率升高），导致根际微生物结构失衡，尤其是有害微生物菌群的丰度增加，加重根腐病的发生（Wei et al.，2018）。

第三，三七单一化大面积栽培降低农田生物多样性，使病虫害发生严重。三七的高密度、单一化种植是当前规模化种植的典型特征，尤其是除草剂的使用使田间单一化程度达到了极致。农田生物多样性程度的急剧降低，使病虫害的发生越来越严重。另外，由于三七独特的生境需求，其很难实现间作。为了防治病虫害，农民不合理地大量使用农药进行防治，随着病虫害抗药性的产生，农药失效，病虫害发生越来越严重。

第四，农药的大量使用造成微生态失衡。三七种植过程中农药的施用非常普遍，严重干扰了土壤的微生态平衡。自然生态系统中，野生植物依靠其根际群落的活动和功能来抵御土壤病虫害。在进化过程中，植物与有益的土壤微生物建立了密切的关系，并利用其抑制植物病原体。农药及化肥的使用改变了有益和有害根际生物之间的平衡，从而影响植物的防御能力。为了防治病虫害，药农不断施用大量的农药，抗药性的快速产生进一步加剧了病虫害防治的难度。

综上所述，三七连作障碍是植物自身特性，无法消除，但人们为了追求高产而采用的大肥大水的现代农作物高产栽培模式应用于中药材的种植是加剧连作障碍危害的根源。寻找适合中药材自身生长特性的栽培方式是解决中药材种植业发展问题的必然选择。

参 考 文 献

白容霖. 2002. 人参 9 种病害的症状和病原物[J]. 吉林农业大学学报, 24(2): 78-81.

曹光球, 林思祖, 杜玲, 等. 2003. 阿魏酸与肉桂酸对杉木化感作用的生物评价[J]. 中国生态农业学报, 11(2): 8-10.

柴胜丰, 韦霄, 史艳财, 等. 2012. 强光胁迫对濒危植物金花茶幼苗生长和叶绿素荧光参数的影响[J]. 植物研究, 2: 159-164.

巢牡香, 叶波平. 2013. 环境非生物因子对植物次生代谢产物合成的影响[J]. 药物生物技术, 4: 365-368.

陈长宝, 王艳艳, 刘继永, 等. 2006. 人参根际土壤中化感物质鉴定[J]. 特产研究, 28(2): 12-14.

陈娟, 张雪松, 高微微, 等. 2012. 连作西洋参根际真菌群落差异及其在土壤药剂处理后的初步分析[J]. 中国中药杂志, 37(23): 3531-3535.

陈龙池, 廖利平, 汪思龙. 2003. 香草醛对杉木幼苗养分吸收的影响[J]. 植物生态学报, 27(1): 41-46.

杜春梅, 顿圆圆, 董锡文, 等. 2014. 蔬菜大棚使用年限对土壤电导率及功能微生物数量的影响[J]. 河南农业科学, 43(5): 69-71.

顿圆圆, 杜春梅, 姜中元, 等. 2015. 旱田改水田对土壤电导率及几种微生物的影响[J]. 湖北农业科学, 9: 49-51+63.

傅佳, 李先恩, 傅俊范. 2008. 西洋参生长过程中土壤微生物区系的动态变化[J]. 中国农学通报, 24(9): 371-374.

顾元, 常志州, 于建光, 等. 2013. 外源酚酸对水稻种子和幼苗的化感效应[J]. 江苏农业学报, 29(2): 240-246.

何静雯, 明萌, 卢丹, 等. 2018. 弱光胁迫对植物生理特性影响的研究进展[J]. 中国农学通报, 6: 123-130.

贾春虹, 王璞, 赵秀琴. 2004. 免耕覆盖麦秸土壤中酚酸浓度的变化及酚酸对夏玉米早期生长的影响[J]. 华北农学报, 19(4): 84-87.

简在友, 王文全, 游佩进. 2009. 三七连作土壤元素含量分析[J]. 中国现代中药, 11(4): 10-17.

蒋妮, 覃柳燕, 李力, 等. 2012. 环境胁迫对药用植物次生代谢产物的影响[J]. 湖北农业科学, 51(8): 1528-1532.

焦永吉, 程功, 马永健, 等. 2014. 烟草连作对土壤微生物多样性及酶活性的影响[J]. 土壤与作物, 3(2): 56-62.

孔垂华, 徐效华, 梁文举, 等. 2004. 水稻化感品种根分泌物中非酚酸类化感物质的鉴定与抑草活性[J]. 生态学报, 24(7): 1317-1322.

李瑞博, 寻路路, 赵宏光, 等. 2012. 三七化感作用研究进展[J]. 文山学院学报, 25(3): 4-7.

李勇, 刘时轮, 黄小芳, 等. 2009. 人参根际分泌物成分对人参致病菌的化感效应[J]. 生态学报, 29(1): 161-168.

李自博. 2018. 人参根系自毒物质在连作障碍中的化感作用及其缓解途径研究[D]. 沈阳: 沈阳农业大学博士学位论文.

梁春启, 甄文超, 张承胤, 等. 2009. 玉米秸秆腐解液中酚酸的检测及对小麦土传病原菌的化感作用[J]. 中国农学通报, 25(2): 210-213.

林义成, 丁能飞, 傅庆林, 等. 2005. 土壤溶液电导率的测定及其相关因素的分析[J]. 浙江农业学报, 17(2): 31-34.

刘峰, 温学森. 2006. 根系分泌物与根际微生物关系的研究进展[J]. 食品与药品, 8(10): 37-40.

刘苹, 赵海军, 李庆凯, 等. 2018. 三种酚酸类化感物质对花生根际土壤微生物及产量的影响[J]. 中国油料作物学报, 40(1): 101-109.

罗群, 游春梅, 官会林. 2010. 环境因素对三七生长影响的分析[J]. 中国西部科技, 9(9): 7-8+12.

罗文富, 喻盛甫, 黄琼, 等. 1999. 三七根腐病复合侵染中病原细菌的研究[J]. 云南农业大学学报, 14(2): 124-126.

骆平西, 许毅涛, 王拱辰, 等. 1991. 三七根腐病病原鉴定及药剂防治研究[J]. 西南农业学报, 4(2): 77-80.

马云华, 王秀峰, 魏珉, 等. 2005. 黄瓜连作土壤酚酸类物质积累对土壤微生物和酶活性的影响[J]. 应用生态学报, 16(11): 2149-2153.

缪作清, 李世东, 刘杏忠, 等. 2006. 三七根腐病病原研究[J]. 中国农业科学, 39(7): 1371-1378.

秦嗣军, 吕德国, 赵德英, 等. 2008. 本溪山樱桃根系酚酸类分泌物及其化感效应研究[J]. 沈阳农业大学学报, 39(2): 156-160.

全怡吉. 2018. 高温胁迫对三七生理生化特性及抗病性影响研究[D]. 昆明: 云南农业大学硕士学位论文.

沈婧丽, 王彬, 田小萍, 等. 2016. 不同改良模式对盐碱地土壤理化性质及苜蓿产量的影响[J]. 河南农业科学, 45(6): 45-50.

孙萌, 吴立洁, 刘海娇, 等. 2016. 酚酸对三七、小麦的化感作用及其差异[J]. 江苏农业科学, 44(4): 233-236.

孙雪婷, 李磊, 龙光强, 等. 2015. 三七连作障碍研究进展[J]. 生态学杂志, 34(3): 885-893.

孙宇瑞. 2000. 土壤含水率和盐分对土壤电导率的影响[J]. 中国农业大学学报, 4: 43-45.

孙玉琴, 陈中坚, 李国才, 等. 2008. 化感物对三七病原菌生长影响的初步研究[J]. 现代中药研究与实践, 22(6): 19-21.

唐敏. 1991. 国槐、刺槐幼苗根系固氮酶活性的研究[J]. 北京林业大学学报, 13(3): 15-20.

田苗, 房敏峰, 黄建新. 2011. 根际土壤微生物变化对西洋参种植的影响[J]. 生物学杂志, 28(5): 42-45.

王朝梁, 崔秀明. 2000. 光照与三七病害的关系[J]. 云南农业科技, 5: 16-17.

王朝梁, 崔秀明, 李忠义. 1999. 三七农药残留量分析[J]. 中药材, 22(4): 167-169.

王今堆, 傅学奇, 李铁津. 1994. 人参种子生长抑制物质的特性及其分离鉴定[J]. 吉林大学自然科学学报, 1: 94-96.

王龙昌, 玉井理, 永田雅辉, 等. 1998. 水分和盐分对土壤微生物活性的影响[J]. 北方水稻, 3: 40-42.

王勇, 马承铸, 陈昱君, 等. 2008. 土壤处理对三七根腐病控制作用研究[J]. 中国中药杂志, 33(10): 1213-1214.

王玉萍, 赵杨景, 邵迪, 等. 2005. 西洋参根际分泌物的初步研究[J]. 中国中药杂志, 30(3): 229-231.

王占武, 胡栋, 张翠绵, 等. 2011. 根系分泌物与根际微生物互作的研究进展[J]. 河北农业科学, 15(3): 69-73.

韦美丽, 孙玉琴, 黄天卫, 等. 2010. 化感物质对三七生长的影响[J]. 特产研究, 1: 32-34.

吴立洁. 2014. 三七根际土壤中酚酸类物质化感作用及其干预措施研究[D]. 北京: 北京中医药大学硕士学位论文.

吴林坤, 林向民, 林文雄. 2014. 根系分泌物介导下植物-土壤-微生物互作关系研究进展与展望[J]. 植物生态学报, 38: 298-310.

杨帆, 邓伟, 杨建锋, 等. 2006. 土壤含水量和电导率对芦苇生长和种群分布的影响[J]. 水土保持学报, 20(4): 199-201.

杨敏, 梅馨月, 郑建芬, 等. 2014. 三七主要病原菌对皂苷的敏感性分析[J]. 植物保护, 40(3): 76-81.

叶志毅, 屠振力. 2005. 桑树根的分泌物和根际微生物的研究[J]. 蚕业科学, 31(1): 18-21.

游佩进. 2009. 连作三七土壤中自毒物质的研究[D]. 北京: 北京中医药大学硕士学位论文.

湛方栋, 陆引罡, 关国经, 等. 2005. 烤烟根际微生物群落结构及其动态变化的研究[J]. 土壤学报, 42(3): 488-494.

张继光, 申国明, 张久权, 等. 2011. 烟草种植障碍研究进展[J]. 中国烟草科学, 32(3): 95-99.

张连学, 陈长宝, 王英平, 等. 2008. 人参忌连作研究及其解决途径[J]. 吉林农业大学学报, 30(4): 481-485.

张琴, 张磊. 2005. 豆科植物根瘤菌结瘤因子的感知与信号转导[J]. 中国农学通报, 21(7): 233-238.

张秋菊, 张爱华, 雷锋杰, 等. 2011. 人参皂苷粗提液对西洋参早期生长的化感效应[J]. 西北植物学报, 31(3): 576-582.

张晓玲, 潘振刚, 周晓锋, 等. 2007. 自毒作用与连作障碍[J]. 土壤通报, 38(4): 781-784.

张晓晓, 安美君, 吴凤芝. 2017. 不同生态条件对西瓜根际土壤微生物群落结构的影响[J]. 北方园艺, (3): 101-108.

张雪松, 张国珍, 张海旺, 等. 2009. 土壤处理对西洋参根际线虫数量动态的影响及对防治茎线虫根腐病的效果[J]. 植物病理学报, 39(5): 555-560.

张重义, 林文雄. 2009. 药用植物的化感自毒作用与连作障碍[J]. 中国生态农业学报, 17(1): 189-196.

张子龙, 王文全, 王勇, 等. 2010. 连作对三七种子萌发及种苗生长的影响[J]. 生态学杂志, 29(8): 1493-1497.

赵日丰, 陈伟群, 张天宇. 1993. 我国人参西洋参黑斑病的研究进展[J]. 植物保护, 19(1): 31-32.

赵勇, 李民赞, 张俊宁. 2009. 冬小麦土壤电导率与其产量的相关性[J]. 农业工程学报, 25(s2): 34-37.

甄文超, 王晓燕, 孔俊英, 等. 2004. 草莓根系分泌物和腐解物中的酚酸类物质及其化感作用[J]. 河北农业大学学报, 27(4): 74-78.

郑皓皓, 邢建军, 胡晓军, 等. 2001. 麦秸还田耕层酚酸变化及其对夏玉米生长的影响[J]. 中国生态农业学报, 9(4): 79-81.

郑世燕, 陈弟军, 丁伟, 等. 2014. 烟草青枯病发病烟株根际土壤营养状况分析[J]. 中国烟草学报, 20(4): 57-64.

周家明, 崔秀明, 曾鸿超, 等. 2009. 三七根系分泌物的化学成分研究[J]. 特产研究, 3: 37-39.

左应梅, 张金渝, 杨天梅, 等. 2017. 温度胁迫对三七光合特性及生理指标的影响[J]. 南方农业学报, 48(12): 2145-2151.

Atkinson N J, Urwin P E. 2012. The interaction of plant biotic and abiotic stresses: from genes to the field[J]. Journal of Experimental Botany, 63(10): 3523-3543.

Baise H P, Vepachedu R, Gilroy S, et al. 2003. Allelopathy and exotic plant invasion: from molecules and genes to species interactions[J]. Science, 301: 1377-1380.

Berendsen R L, Pieterse C M, Bakker P A. 2012. The rhizosphere microbiome and plant health[J]. Trends in Plant Science, 17: 478-486.

Bever J D. 1994. Feedback between plants and their soil communities in an old field community[J]. Ecology, 75(7): 1965-1977.

Bever J D, Westover K M, Antonovics J. 1997. Incorporating the soil community into plant population dynamics: the utility of the feedback approach[J]. Journal of Ecology, 85: 561-573.

Blum U, Gerig T M. 1991. Phenolic acid content of soils from wheat-no till, wheat-conventional till, and fallow-conventional till soybean cropping system[J]. Journal of Chemical Ecology, 17: 1045-1068.

Bonanomi G, Rietkerk M, Dekker S C, et al. 2005. Negative plant-soil feedbacks and positive species interaction in a herbaceous plant community[J]. Plant Ecology, 181: 269-278.

Cai T, Cai W, Zhang J, et al. 2010. Host legume-exuded antimetabolites optimize the symbiotic rhizosphere[J]. Molecular Microbiology, 73(3): 507-517.

de Kroon H, Hendriks M, van Ruijven J, et al. 2012. Root response to nutrients and soil biota: drivers of species coexistence and ecosystem productivity[J]. Journal of Ecology, 100: 6-15.

East R. 2013. Microbiome: soil science comes to life[J]. Nature, 501: S18-S19.

Eisenhauer N, Scheu S, Jousset A. 2012. Bacterial diversity stabilizes community productivity[J]. PLoS One, 7: e34517.

Francis I M, Jourdan S, Fanara S, et al. 2015. The cellobiose sensor CebR is the gatekeeper of *Streptomyces scabies* pathogenicity[J]. Mbio, 6(2): e02018-14.

Hasson S M, Rao A N. 1995. Weed management in rice using allelopathic rice varities in Egypt[J]. Nature, 377: 201-203.

He C N, Gao W W, Yang J X, et al. 2009. Identification of autotoxic compounds from fibrous roots of *Panax quinquefolium* L.[J]. Plant and Soil, 318: 63-72.

Jia Z H, Yi J H, Su Y R. 2011. Autotoxic substances in the root exudates from continuous tobacco cropping[J]. International Allelopathy Foundation, 27(1): 87-96.

Jones K H, Senet J A. 1985. An improved method to determine cell viability by simultaneous staining with fluorescein diacetate-propidium iodide[J]. The Journal of Histochemistry and Cytochemistry, 33(1): 77-79.

Kaisermann A, Vries F T D, Griffiths R I, et al. 2017. Legacy effects of drought on plant-soil feedbacks and plant-plant interactions[J]. New Phytologist, 215: 1413-1424.

Kato-Noguchi H, Macias F A. 2006. Possible mechanism of inhibition of 6-methoxy-benzoxazolin-2(3H)–one on germination of gress (*Lepidium sativum* L.). Journal of Chemical Ecology, 32: 1101-1109.

Kaur H, Inderjit, Kaushik S. 2005. Cellular evidence of allelopathic interference of benzoic acid to mustard (*Brassica juncea* L.) seedling growth. Plant Physiology and Biochemistry, 43(1): 77-81.

Klironomos J N. 2002. Feedback with soil biota contributes to plant rarity and invasiveness in communities[J]. Nature, 417: 67-70.

Kong C H, Chen L C, Xu X H, et al. 2008. Allelochemicals and activities in a replanted Chinese fir (*Cunninghamia lanceolata* (Lamb.) Hook) tree ecosystem[J]. Agricultural and Food Chemistry, 56: 11734-11739.

Kulmatiski A, Beard K H, Stevens J R, et al. 2008. Plant-soil feedbacks: a meta-analytical review[J]. Ecology Letters, 11: 980-992.

Kwak M J, Kong H G, Choi K, et al. 2018. Rhizosphere microbiome structure alters to enable wilt resistance in tomato[J]. Nature Biotechnology, 36: 1100-1109.

Lankau R A, Wheeler E, Bennett A E, et al. 2011. Plant-soil feedbacks contribute to an intransitive competitive network that promotes both genetic and species diversity[J]. Journal of Ecology, 99: 176-185.

Li X J, Xia Z C, Kong C H, et al. 2013. Mobility and microbial activity of allelochemicals in soil[J]. Journal of Agricultural and Food Chemistry, 61(21): 5072-5079.

Li Z F, Yang Y Q, Xie D F, et al. 2012. Identification of autotoxic compounds in fibrous roots of *Rehmannia* (*Rehmannia glutinosa* Libosch.)[J]. PLoS One, 7(1): e28806.

Liu H, Zhu S, Yang M. 2019. Strategies to solve the problem of soil sickness of *Panax notoginseng* (Family: Araliaceae)[J]. Allelopathy Journal, 47(1): 37-56.

Long Y J, Mao Z S, Chen Z J, et al. 2015. First report of Sanqi (*Panax notoginseng*) dieback caused by *Haematonectria ipomoeae* in China[J]. Plant Disease, 99(9): 1273.

Mangan S A, Schnitzer S A, Herre E A, et al. 2010. Negative plant-soil feedbacks predicts tree-species relative abundance in a tropical forest[J]. Nature, 466: 752-755.

Mao Z S, Long Y J, Zhu S S, et al. 2013. Research progress of *Panax notoginseng* root rot disease[J]. Journal of Chinese Medical Material, 36: 2051-2054.

Mao Z S, Long Y J, Zhu Y Y, et al. 2014. First report of *Cylindrocarpon destructans* var. *destructans* causing black root rot of Sanqi in China[J]. Plant Disease, 98(1): 162.

Menno V D V, Kempenaar M, Van D M, et al. 2016. Impact of soil heat on reassembly of bacterial communities in the rhizosphere microbiome and plant disease suppression[J]. Ecology Letters, 19(4): 375-382.

Nicol R W, Yousefa L, Traquairb J A, et al. 2003. Ginsenosides stimulate the growth of soilborne pathogens of American ginseng[J]. Phytochemistry, 64: 257-264.

Ogweno J O, Yu J Q. 2006. Autotoxic potential in soil sickness: a re-examination[J]. Allelopathy Journal, 18: 93-101.

Paterson E, Gebbing T, Abel C, et al. 2007. Rhizodeposition shapes rhizosphere microbial community structure in organic soil[J]. New Phytologist, 173(3): 600-610.

Qi J J, Yao H Y, Ma X J, et al. 2009. Soil microbial community composition and diversity in the rhizosphere of a Chinese medicinal plant[J]. Communications in Soil Science and Plant Analysis, 40: 1462-1482.

Reinhold-Hurek B, Bünger W, Burbano C S, et al. 2015. Roots shaping their microbiome: global hotspots for microbial activity[J]. Annual Review of Phytopathology, 53: 403-424.

Rice E L. 1984. Allelopathy[M]. New York: Academic.

Santhanam R, Luu V T, Weinhold A, et al. 2015. Native root-associated bacteria rescue a plant from a sudden-wilt disease that emerged during continuous cropping[J]. PNAS, 112: 5013-5020.

Santos-Medellín C, Edwards J, Liechty Z, et al. 2017. Drought stress results in a compartment-specific restructuring of the rice root-associated microbiomes[J]. mBio, 8: e00764-17.

Singh H P, Batish D R, Kohli R K. 1999. Autotoxicity: concept, organisms, and ecological significance[J]. Critical Reviews in Plant Sciences, 18: 757-772.

Talukder Z I, Mcdonald A J S, Price A H. 2005. Loci controlling partial resistance to rice blast do not show marked QTL×environment interaction when plant nitrogen status alters disease severity[J]. New Phytologist, 168(2): 455-464.

Ul-Islam M, Ha J H, Khan T, et al. 2013. Effects of glucuronic acid oligomers on the production, structure and properties of bacterial cellulose[J]. Carbohydrate Polymers, 92: 360-366.

van der Putten W H, Bardgett R D, Bever J D, et al. 2013. Plant-soil feedbacks: the past, the present and future challenges[J]. Journal of Ecology, 101: 265-276.

Vollenweider P, Günthardt-Goerg M. 2006. Diagnosis of abiotic and biotic stress factors using the visible symptoms in foliage[J]. Environmental Pollution, 140(3): 562-571.

Wei W, Yang M, Liu Y, et al. 2018. Fertilizer N application rate impacts plant-soil feedback in a sanqi production system[J]. Science of Total Environment, 633: 796-807.

Wu H S, Raza W, Liu D Y, et al. 2008. Allelopathic impact of artificially applied coumarin on *Fusarium oxysporum* f. sp. *niveum*[J]. World Journal of Microbiology and Biotechnology, 24: 1297-1304.

Xiao Z X, Le C, Xu Z H, et al. 2017. Vertical leaching of allelochemicals affecting their bioactivity and the microbial community of soil[J]. Journal of Agricultural and Food Chemistry, 65: 7847-7853.

Xu L, Naylor D, Dong Z, et al. 2018. Drought delays development of the sorghum root microbiome and enriches for monoderm bacteria[J]. PNAS, 115: 4284-4293.

Yang M, Zhang X, Xu Y, et al. 2015. Autotoxic ginsenosides in the rhizosphere contribute to the replant failure of *Panax notoginseng*[J]. PLoS One, 10(2): e0118555.

Ye S F, Yu J Q, Peng Y H, et al. 2004. Incidence of *Fusarium* wilt in *Cucumis sativa* L. is promoted by cinnamic acid, an autotoxin in root exudates[J]. Plant and Soil, 263: 143-150.

Ying Y X, Ding W L, Zhou Y Q, et al. 2012. Influence of *Panax ginseng* continuous cropping on metabolic function of soil microbial communities[J]. Chinese Herbal Medicines, 4: 329-334.

Yuan J, Zhao J, Wen T, et al. 2018. Root exudates drive the soil-borne legacy of aboveground pathogen infection[J]. Microbiome, 6(1): 156.

Zhalnina K, Louie K B, Hao Z, et al. 2018. Dynamic root exudate chemistry and microbial substrate preferences drive patterns in rhizosphere microbial community assembly[J]. Nature Microbiology, 3: 470-480.

Zhou X, Wu F. 2012. *p*-Coumaric acid influenced cucumber rhizosphere soil microbial communities and the growth of *Fusarium oxysporum* f. sp. *cucumerinum* Owen[J]. PLoS One, 7: e48288.

第4章 三七病害发生流行规律及生态防控关键技术原理和应用

三七是我国历史悠久的名贵中药材，千百年来多采挖于野外山林。近几十年，随着人民生活水平的日益提高，居民对健康生活的追求也不断提高，市场对包括三七在内的中药材的需求与日俱增，野生药材挖空殆尽，大部分的药材不得不进行人工栽培。然而，由于三七驯化种植历史较短，育种栽培等研发技术积累不足，加上其生长环境局限性大，生产周期长，导致在三七生产过程中病害发生种类多且危害大，严重制约三七产业的健康发展。因此，明确三七主要病害的种类及发生流行规律，阐明三七病害的生态防控原理并构建病害绿色生态防控技术，是保障三七产业健康生态可持续发展的关键措施。本章从病原学、生物学和基因组学等多个层次介绍了圆斑病、黑斑病、根腐病、立枯病和根结线虫病等三七主要病害的发生流行规律，从温度、湿度和光照等多个病害发生流行的重要环境生态因子入手，阐明三七主要病害的生态防控原理，并构建一套以物理阻隔、生态防控和生物防治为主的病害生态防控关键技术，为三七生产实践中病害的绿色防控提供理论支撑和科学指导。

4.1 三七主要病害发生流行规律

4.1.1 三七圆斑病病原特征及发生流行规律

1. 三七圆斑病症状

三七圆斑病菌可危害不同株龄三七植株的各个部位（包括根、茎、叶等），其中以侵染叶片的发病症状最为典型也最为常见。三七圆斑病在叶片上的典型症状为圆形褐色病斑，一般在连续降雨、低温高湿的气候条件下易发病，发病初期叶片病斑较小，呈圆形或近圆形水渍状，将病斑对光观察可发现，病斑处较其他叶片组织更为透明，病斑中心可见棕褐色侵染小点。发病中期病斑逐渐扩大，呈褐色或灰褐色，可在病斑表面观察到轮纹状白色、灰色或粉白色的分生孢子堆。发病后期病斑扩大合并，导致叶片腐烂脱落（图4-1）。

2. 三七圆斑病病原鉴定

分别从砚山、个旧、建水、石屏、寻甸采集三七圆斑病病叶或病茎，共分离到64个单孢菌株，形态学鉴定和活体致病性测定结果表明，这些菌株均为槭菌刺孢 *Mycocentrospora acerina*。

图 4-1　三七圆斑病田间发病症状

A，B. 分别为发病初期叶片正面和背面，病斑呈黄棕色小圆点；C，D. 分别为一年生和二年生植株叶片上形成的典型近圆形褐色病斑；E. 二年生发病植株茎上的棕褐色梭形病斑（红色箭头所指为病斑所在）；F. 发病后期三七植株死亡

3. 三七圆斑病生物学特性

圆斑病菌生长的最适温度为 18～20℃（图 4-2），光照有利于菌丝体色素分泌和分生孢子产生，黑暗条件则有利于厚垣孢子形成（图 4-3）；圆斑病菌分生孢子萌发的最适条件为 20℃、相对湿度 75%以上持续 24 h，病菌菌落形态多样，龙月娟（2016）根据菌落轮纹特征将 64 个三七圆斑病菌单孢菌株划分为 9 种菌落形态类型，各类型菌落在光照条件下所产生的色素颜色从橙红色、番茄色、浅番茄色到淡粉色不等（图 4-4）。

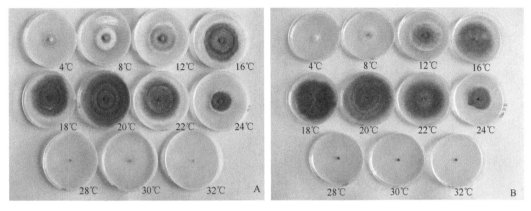

图 4-2　不同温度条件下三七圆斑病菌的菌落形态

A. 菌株 LBD-8 的菌落；B. 菌株 HS17-6 的菌落；马铃薯葡萄糖琼脂（PDA）平板上全光照培养 10 天的菌落

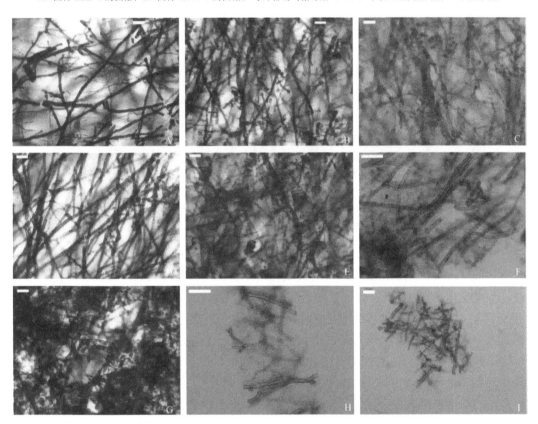

图 4-3　三七圆斑病菌不同菌落形态类型菌株厚垣孢子的产生情况

A. 由绒毛状同心轮纹型菌株菌落产生非常丰富的厚垣孢子；B. 由絮状同心轮纹型菌株菌落产生丰富的厚垣孢子；C. 毡状
规则同心轮纹型菌株菌落在 PDA 上不易产生厚垣孢子；D. 由毡状浅同心轮纹型菌株菌落产生丰富的厚垣孢子；E. 由具分
泌物毡状同心轮纹型菌株菌落产生的厚垣孢子较少；F. 由绒毛放射状同心轮纹型菌株菌落产生的厚垣孢子较为稀少；G. 由
絮状浅同心轮纹型菌株菌落产生丰富的厚垣孢子；H. 毡状无轮纹型菌株菌落在 PDA 上不易产生厚垣孢子；I. 绒毛状无轮
纹型菌株菌落在 PDA 上不易产生厚垣孢子；图中标尺为 50 μm

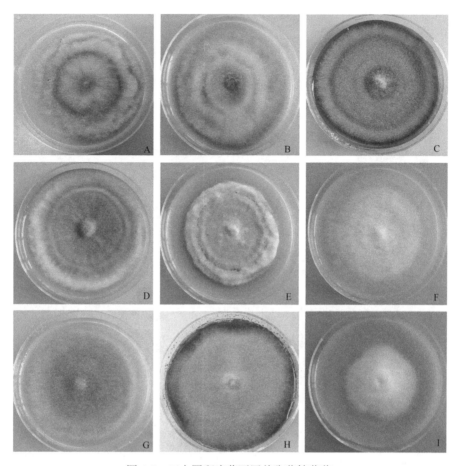

图 4-4　三七圆斑病菌不同单孢菌株菌落

A. 绒毛状同心轮纹型；B. 絮状同心轮纹型；C. 毡状规则同心轮纹型；D. 毡状浅同心轮纹型；E. 具分泌物毡状同心轮纹型；F. 绒毛放射状同心轮纹型；G. 絮状浅同心轮纹型；H. 毡状无轮纹型；I. 绒毛状无轮纹型

针对 9 种不同菌落特征菌株产生的分生孢子梗、分生孢子、厚垣孢子进行显微观察发现，槭菌刺孢可产生直立短柄状或粗大波线状两种形态的分生孢子梗，具隔膜、分枝或不分枝。不同菌落类型菌株所产生分生孢子具有共同的形态特征：透明状长弓形、浅褐色，具有多个隔膜，分生孢子基部细胞呈平截状，分生孢子尾部逐渐变尖呈丝状（图 4-5），但在某些特征细节方面有所差异，如分生孢子的带刺率（刺状附属丝）、分生孢子大小、分生孢子的隔膜数等。利用 ITS1F/ITS4R、Btub-T1/Btub-T2、Tact1/Tact2 和 CylH3F/CylH3R 共 4 对引物分别扩增 64 个菌株的 DNA，PCR 扩增产物的分子测序结果表明，64 个分离株虽然在形态学方面存在差异，但这些基因序列却没有变化，说明这些菌株在这些基因区域高度保守。

由于三七圆斑病菌产孢对环境条件需求特殊，国内学者往往认为该菌在人工培养基上不能产生分生孢子（傅俊范等，1995），而国外则有报道显示，槭菌刺孢可在 PDA 和 V8 平板上产生分生孢子（Neergaard and Newhall，1951）。本课题组研究发现三七圆斑病菌单孢菌株可在 20℃全光照条件下，在 PDA 和 V8 平板上培养 10～15 天后产生分生孢子，其中在 PDA 平板上可产生肉眼可见的粉色至淡橘色近球形颗粒状黏性聚集体，

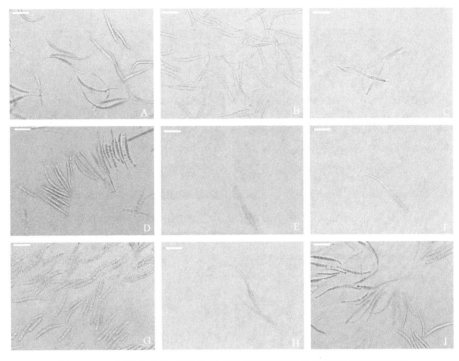

图 4-5　三七圆斑病菌不同菌落形态类型菌株分生孢子显微形态特征

A. 绒毛状同心轮纹型菌落的分生孢子；B. 絮状同心轮纹型菌落的分生孢子；C. 毡状规则同心轮纹型菌落的分生孢子；
D. 毡状浅同心轮纹型菌落的分生孢子；E. 具分泌物毡状同心轮纹型菌落的分生孢子；F. 绒毛放射状同心轮纹型菌落的分
生孢子；G. 絮状浅同心轮纹型菌落的分生孢子；H. 毡状无轮纹型菌落的分生孢子；I. 绒毛状无轮纹型菌落的分生孢子；
图中标尺为 50 μm

即分生孢子堆，但具有随机性，不稳定（图 4-6）（龙月娟，2016）。采用接种离体叶片
和活体叶片两种方法均可稳定诱导三七圆斑病菌分生孢子的产生，产孢周期与人工培养
基相比较长且稳定性高，但离体接种法诱导的分生孢子萌发率更高。三七圆斑病菌槭菌
刺孢的产孢方式具有极高的多样性，分生孢子梗可由厚垣孢子、菌丝体，甚至分生孢子
自身分化而来。目前明确了分生孢子具有 6 种不同的着生方式：①由厚垣孢子发育后期
形成的粗大波线状分生孢子梗产生（图 4-7A）；②由菌丝体生长发育形成的粗大波线状
分生孢子梗产生（图 4-7B）；③由菌丝体纠结在一起形成的直立短柄状分生孢子梗产生
（图 4-7C）；④由分生孢子上某个细胞直接形成的粗大波线状分生孢子梗产生（图 4-7D）；
⑤由分生孢子上某个细胞直接形成的直立短柄状分生孢子梗产生（图 4-7E）；⑥不产生
分生孢子梗，由分生孢子直接产生分生孢子（图 4-7F）。目前为止，仍未见有关槭菌刺
孢有性世代的研究报道，但三七圆斑病菌在长期的进化过程中已演变并特化出一套特殊
的无性繁殖机制以适应外界环境的变化。

4. 三七圆斑病菌的侵染过程和致病机制

利用 Calcoflour 荧光染色法分别于分生孢子接种后不同时间段对三七圆斑病菌侵染
过程进行显微观察。结果表明，单个分生孢子萌发后形成芽管，芽管伸长常产生数个分
枝，每个分枝的顶端细胞膨大形成附着胞，随后在附着胞上形成侵染钉或侵染菌丝侵入

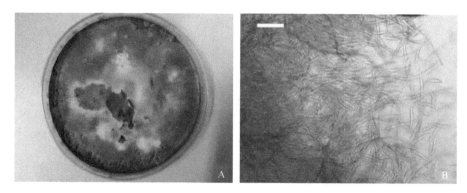

图 4-6　三七圆斑病菌菌株 LBD-8 分生孢子在 PDA 平板上的诱导

图中标尺为 50 μm

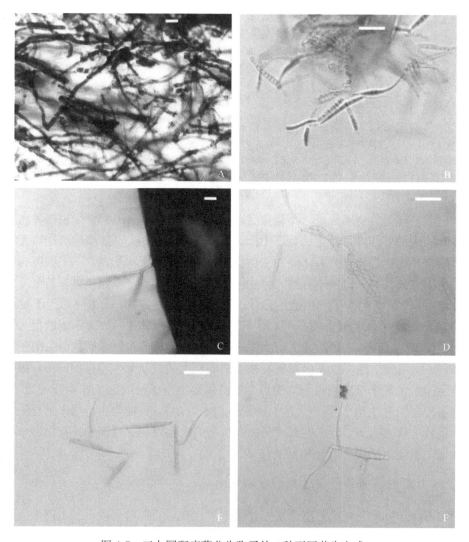

图 4-7　三七圆斑病菌分生孢子的 6 种不同着生方式

图中标尺为 50 μm

叶片组织细胞并在叶片上定殖。菌丝在细胞表面扩展繁殖，侵染细胞的内部菌丝可以穿透三七叶片上表皮细胞壁并分化形成直立短柄状分生孢子梗，接种 120 h 左右可在分生孢子梗上产生分生孢子，完成一个无性世代的侵染过程（图 4-8）。

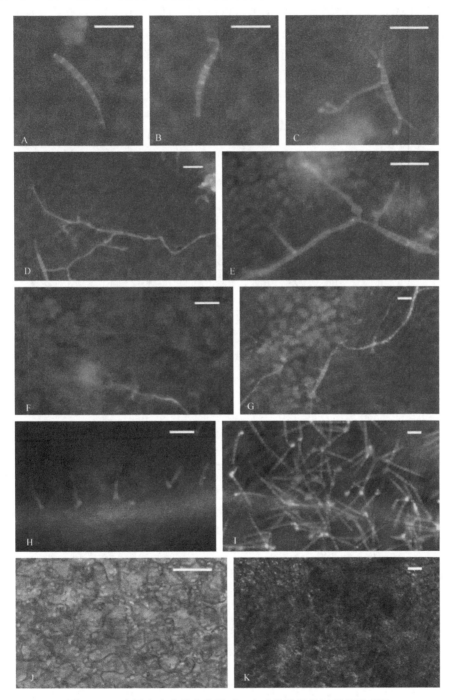

图 4-8　三七圆斑病菌分生孢子对三七叶片的侵染过程显微观察

A～I. 分别为接种后 0 h、2 h、6 h、18 h、24 h、48 h、72 h、96 h 和 120 h；J，K. 分别为接种前的健康叶肉细胞和接种后 72 h 的叶肉细胞；图中标尺为 50 μm

三七圆斑病菌分泌的胞外细胞壁降解酶和毒素是其重要的致病因子。研究发现，三七圆斑病菌分泌的胞外纤维素酶粗酶液、果胶酶粗酶液均能使三七叶片和茎部产生明显病斑，进一步分析发现，圆斑病菌胞外酶中含有羧甲基纤维素酶（Cx）、果胶甲基半乳糖醛酸酶（PMG）和多聚半乳糖醛酸酶（PG）（龙月娟，2016）。这些胞外酶对三七植株的致病作用受浓度的影响，在离体条件下以不同胞外酶浓度对三七叶片及茎部进行致病性测定，结果表明其致病作用随处理浓度的增加及培养时间的延长而逐渐增强，接种叶片11d后以浓度为0.100μg/μL和0.200μg/μL的发病严重度显著高于其他的浓度处理（图4-9），这些胞外酶的酶活性受体外培养时间及培养温度的影响，且强致病力菌株产生的胞外酶活性显著高于弱致病力菌株（图4-10）。透射电镜观察结果表明，纤维素酶

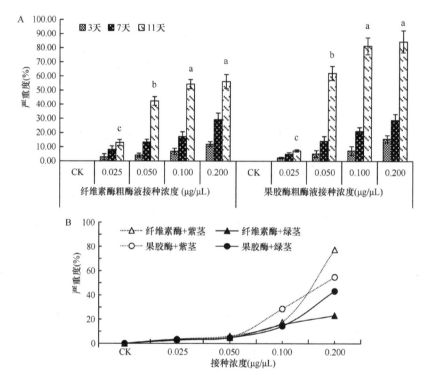

图4-9 三七圆斑病菌纤维素酶及果胶酶粗酶液对三七叶片（A）及茎部（B）的致病作用
不同小写字母表示差异达显著水平（$P<0.05$，$N=5$）

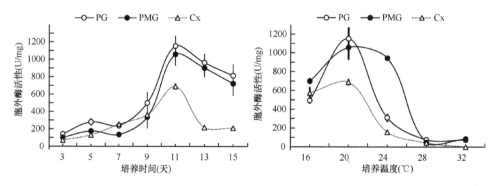

图4-10 不同培养时间及温度三七圆斑病菌胞外酶活性变化

和果胶酶均能破坏三七叶片细胞叶绿体基质片层结构并导致其有机物合成受阻，导致胞内薄层细胞质流失或使细胞质团聚化。二者区别在于纤维素酶导致细胞壁变薄，而果胶酶导致胞内明显的质壁分离和细胞空泡化。圆斑病菌分泌的粗毒素也可使三七叶片和茎部产生病斑。透射电镜观察表明，毒素对三七叶片细胞的破坏作用强于胞外酶，粗毒素处理 12 h 即可使叶片细胞内叶绿体完全分解，也能使薄层细胞质分解，导致细胞空泡化（图 4-11）。

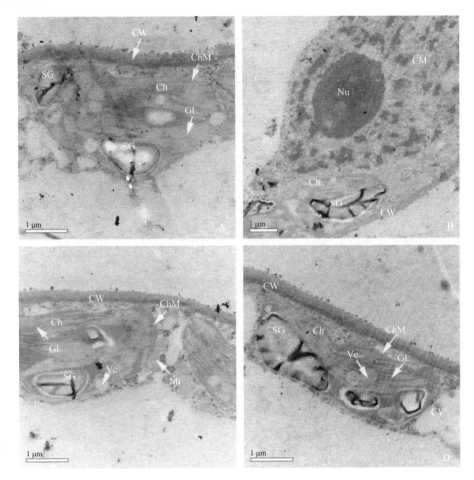

图 4-11　对照处理 12 h 后叶片细胞超微结构电镜观察

CW. 细胞壁；Nu. 细胞核；CM. 细胞基质；Mi. 线粒体；CV. 液泡；Ch. 叶绿体；ChM. 叶绿体膜；GL. 基粒片层；
SG. 淀粉粒；Ve. 囊泡

5. 三七圆斑病发生流行规律

三七圆斑病是一种毁灭性的病害，其发病期主要在春夏两季，5 月是圆斑病的初发期，8 月和 9 月是圆斑病的发病高峰期。圆斑病主要是由降雨量增多，温湿度不平衡时田间的病残体及土壤中的一些病菌分生孢子引起；在海拔 1700 m 以上的三七产区发病造成的损失占整个三七生长过程中各种病害造成损失的 70% 以上，而在 1700 m 以下的中低海拔地区发病较少（刘云龙等，2002；王勇等，2003）。

6. 三七圆斑病的基因组特征

1）基因组测序及组装结果

利用 Illumina 公司的 HiSeq 2500 对槭菌刺孢的全基因组进行测序。测序后产生了两组 101 bp 的末端配对短序列数据，槭菌刺孢总共产生了 20.502 Gb 的原始序列（表 4-1）。通过质量控制过滤之后，去除掉含有连接子序列、低质量碱基序列及低序列复杂度序列。k-mer 参数为 75，使用 SOAP denovo 软件（BGI，深圳，中国）进行自动组装和缺口填补之后得到了最终的组装结果。

表 4-1 槭菌刺孢原始数据统计结果

菌株	数据类型	读长	插入片段大小（bp）	原始数据（Gb）	清洁数据（Gb）
槭菌刺孢	HiSeq	101	498	7.748	7.22
HS17-4	HiSeq	101	669	10.73	9.602
	MiSeq	251	669	2.024	1.54

槭菌刺孢的组装大小总共为 39 Mb。N50 指标是基因组组装连续性评价指标，计算该值是通过重叠群序列长度从大到小排序，当某个重叠群序列之前的总长度大于等于所有组装序列的碱基总和的 50% 时，这个重叠群序列的长度就是 N50 值。在组装产生的重叠群数据集中，长度大于 N50 值的所有重叠群数量就是 n：N50 值，N50 值越大和 n：N50 值越小代表组装产生的重叠群连续性越好。在本研究中槭菌刺孢基因组组装 Contig N50 为 151 kb，Scaffold N50 为 567 kb，组装质量较好（表 4-2）。

表 4-2 槭菌刺孢基因组组装结果

指标	重叠群（Contig）		支架（Scaffold）	
	大小（bp）	数量	大小（bp）	数量
N90	40 706	227	64 614	94
N80	83 359	168	170 598	59
N70	109 797	130	270 310	42
N60	128 110	99	380 990	30
N50	151 255	73	566 913	21
最长	620 514	—	1 368 643	—
总大小	36 575 215	997	38 705 400	10 633
总数量（≥500 bp）		662		354
总数量（≥1 kb）		560		305
总数量（≥2 kb）		492		263
总数量（≥5 kb）		414		209

2）重复序列的注释

结合从头预测和同源比对的方法在槭菌刺孢基因组中鉴定了 10.9% 的重复序列

（表 4-3）。大多数重复序列是通过从头预测的方法得到的（10.3%的槭菌刺孢基因组重复
序列），通过同源比对的方法得到的重复序列相对较少。槭菌刺孢基因组中基本上所有
的重复都是转座因子。

表 4-3 组装基因组中重复序列的统计（%）

重复序列注释类型	Trf	Repeatmasker 程序	Proteinmask 程序	从头测序	总长
槭菌刺孢	0	0.981 514	2.326 085	10.315 39	10.872 8

槭菌刺孢基因组中 10.9%的转座因子包含 2.18%的 DNA 转座因子、1.1%的长散在
核元件（long interspersed nuclear element，LINE）、4.31%的长末端重复（long terminal
repeat，LTR）和极少的短散在核元件（short interspersed nuclear element，SINE）（表 4-4）。
高转座因子（transposable element，TE）含量是有条件性可有可无染色体（conditionally
dispensable chromosome，CDC）的标志，这预示槭菌刺孢基因组可能含有 CDC。参与
寄主选择性毒素（host-selected toxin，HST）生物合成的基因常常位于 CDC 中，预示槭
菌刺孢基因组可能产生寄主专化性毒素。由从头预测和同源比对方法得到的不同类型转
座因子的比例分布如图 4-12 所示。由从头预测方法得到的槭菌刺孢基因组中，转座因
子同样主要为 LTR 和 DNA，LINE 和 SINE 较少。

表 4-4 组装基因组中转座因子的含量（%）

转座子类型	DNA	LINE	SINE	LTR	其他	未知	总长
槭菌刺孢	2.175 674	1.095 608	0.002 939	4.312 013	0.000 675	3.893 019	10.623 06

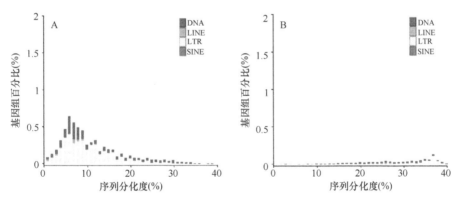

图 4-12 槭菌刺孢基因组转座因子的分布

A. 从头测序方法的槭菌刺孢基因组中不同转座因子的分布；B. 同源序列预测方法得到的槭菌刺孢基因组中不同转座因子
的分布

3）基因预测及功能注释

对菌株进行组装之后，利用已报道的经典基因组注释程序 MAKER2 对其进行基因
组注释，发现在槭菌刺孢的基因组中总共预测了 9647 个蛋白编码基因，每个基因序列
的平均长度为 1725.1 bp，外显子平均数量为 2.8（表 4-5）。

表 4-5　槭菌刺孢的基因组特征

类型	槭菌刺孢	类型	槭菌刺孢
基因数量	9 647	外显子平均长度（bp）	554
基因平均长度（bp）	1 725.1	CDS 平均长度（bp）	1 534
外显子数量	26 712	外显子平均数量	2.8
总内含子长度（bp）	1 837 881		

4）碳水化合物活性酶分析

细胞壁是植物抵御病原菌的天然屏障，主要成分是纤维素、半纤维素和果胶。几乎所有植物病原真菌都能分泌细胞壁降解酶，破坏细胞壁结构，降解糖复合物和各种多聚糖。为了成功侵染，植物病原真菌通常通过碳水化合物活性酶（carbohydrate-active enzymes，CAZymes）来破坏植物细胞壁，这些碳水化合物活性酶包括糖苷水解酶、糖基转移酶、多聚糖裂解酶、角质酶等。CAZymes 参与糖苷聚合物、寡多糖和多糖的降解、生物合成及修饰。病原真菌的 CAZymes 在降解植物细胞壁、侵入宿主细胞组织以及宿主-病原菌相互作用过程中都起着至关重要的作用。通过扫描 Pfam 结构域鉴定各种碳水化合物活性酶，包括糖苷水解酶（GH）、糖基转移酶（GT）、多聚糖裂解酶（PL）、碳水化合物酯酶（CE）、辅酶（AA）和碳水化合物结合结构域（CBM）。结果显示，槭菌刺孢基因组中含有 618 个碳水化合物活性酶[包括 232 个糖苷水解酶（GH）、100 个糖基转移酶（GT）、32 个多聚糖裂解酶（PL）、89 个辅酶（AA）、45 个碳水化合物结合结构域（CBM）和 120 个碳水化合物酯酶（CE）]（图 4-13）。

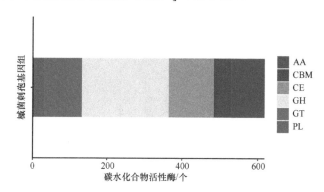

图 4-13　槭菌刺孢基因组中的碳水化合物活性酶统计

5）转录因子

病原菌响应外部环境的刺激，通过复杂的信号转导途径调控相应的基因表达，并做出一系列的生理生化反应，不同的刺激可能导致分泌至胞外的物质组成发生较大变化。转录因子注释结果显示，槭菌刺孢基因组中有 302 个转录因子（TF），被分为 23 个 TF 家族（表 4-6）。比较转录因子的统计结果，发现最丰富的 TF 家族是 Zn2Cys6（139），Zn2Cys6 是一种真菌特异性转录调控蛋白，其含有 N 端富含半胱氨酸基序，在初级和次级代谢、耐药性及减数分裂中起重要作用。

表 4-6　械菌刺孢的转录因子

家族	转录因子/个	家族	转录因子/个
ASM-1，Phd1，StuA，EFG1 和 Sok2 类转录因子（APSES）	5	同源异型框（homeobox）	9
富含 AT 区（AT-rich interaction region）	3	光周期诱导蛋白（MADS-box）	2
碱性区亮氨酸拉链（bZIP）	21	植物转录因子（Myb）	1
C2H2 型锌指（C2H2 zinc finger）	67	调节因子 X 的 DNA 结合结构域（RFX DNA-binding domain）	2
着丝粒蛋白 B 的 DNA 结合结构域（centromere protein B, DNA-binding region）	1	转录延伸因子（transcription factor TFIIS）	4
叉头基因（forkhead）	4	BED 型预测锌指（zinc finger, BED-type predicted）	1
GATA 型锌指（GATA type zinc finger）	7	CCHC 型锌指（zinc finger, CCHC-type）	9
螺旋转螺旋 3 型（helix-turn-helix type 3）	1	DHHC 型锌指（zinc finger, DHHC-type）	6
异构 CCAAT 因子（heteromeric CCAAT factors）	2	MIZ 型锌指（zinc finger, MIZ-type）	3
SART1 鳞状细胞癌抗原（SART1）	1	PARP 型锌指（zinc finger, PARP-type）	1
茄啶半乳糖基转移酶（SGT1）	1	Zn2Cys6 家族转录因子（Zn2Cys6）	139
羟甲基戊二酸（HMG）	12		

7. 三七圆斑病群体遗传学特征

基于简单重复序列（simple sequence repeat，SSR）分子标记方法对云南省不同三七产区（红河、文山、普洱、丽江、曲靖、昆明）采集的 190 个菌株进行遗传多样性研究，经聚类分析发现（图 4-14），采集自云南省 6 个州（市）12 个县的 187 个械菌刺孢菌株间的最大相似系数为 0.97，最小为 0.83。在相似系数为 0.83 时可分为 2 个类群，即类群 A 和类群 B。

类群 A 共包含 156 个菌株，其中红河的菌株 45 个，占类群 A 的 29%，昆明的菌株 26 个，占 17%，文山的菌株 35 个，占 22%。同时，曲靖师宗和红河蒙自的菌株均分布在类群 A。类群 A 以相似系数 0.86 为界限又可分为 2 个亚类 AI 和 AII，分别包括 133 和 23 个菌株。其中类群 AII 的菌株分别为昆明的 2 个、普洱的 5 个、曲靖的 9 个、文山的 5 个、红河的 2 个，曲靖的菌株相对较多。亚类 AI 又可分为 2 个类群 AI1 和 AI2，分别包括 44 个和 89 个菌。类群 AI1 包括来自昆明的菌株 10 个、文山的菌株 6 个、曲靖的菌株 4 个、红河的菌株 21 个、普洱的菌株 3 个。类群 AI2 包括文山的菌株 24 个、丽江的 7 个、红河的 22 个、曲靖的 15 个、昆明的 14 个和普洱的 7 个，以文山、红河的占比较高。

类群 B 共 31 个菌株，其中红河的菌株 13 个，占类群 B 的 41.94%，昆明的菌株 5 株，占 16.13%，文山的菌株 7 个，占 22.58%。类群 B 在 0.85 处又可分为两个亚类 BI 和 BII，亚类 BI 共有菌株 11 个，红河、文山、昆明菌株共 10 个，另有 1 个丽江菌株。亚类 BII 共有菌株 20 个，为普洱（3 个）、红河（7 个）、文山（5 个）、昆明（4 个）、曲靖（1 个）菌株。

从以上类群分析结果来看，来自不同地域的菌株之间相互交叉，不同来源的菌株并没有表现出很强的同源性，种内寄主来源相同的菌株间具有高度的相似性。不同地区来

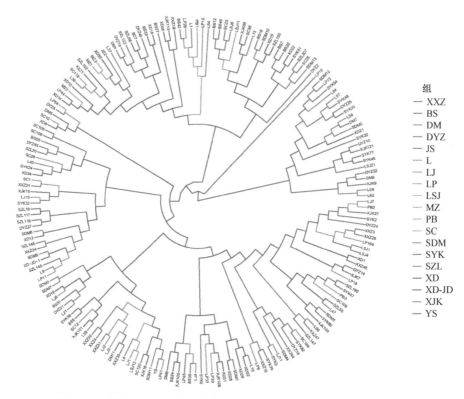

图 4-14 利用 UPGMA 基于相似系数分析云南省槭菌刺孢聚类情况图

XXZ. 小新寨（文山）；SZL. 石渣龙（红河）；BS. 白水镇（红河）；DM. 杜孟（文山）；DYZ. 大以泽（曲靖）；JS. 建水（红河）；L. 澜沧；LJ. 丽江；LP. 龙朋（红河）；LSJ. 龙树脚（红河）；MZ. 蒙自（红河）；PB. 平坝（文山）；SC. 邵冲（红河）；SDM. 石洞门（文山）；SYK. 三丫口（曲靖）；XD. 寻甸；XD-JD. 寻甸基地；XJK. 西街口（石林）；YS. 砚山（文山）

源菌株间的变异存在着平行关系，同一地区来源的菌株间存在着较大的变异，不同分组中存在着同一地理来源的菌株。各地理来源菌株之间的遗传相似性程度较高，其中以丽江菌株单独为一个类群。

6 个群体中，以昆明种群和红河种群间遗传相似性最大（0.9988），遗传距离最小（0.0012）；以丽江和澜沧两种群间的遗传相似性最小（0.9931），遗传距离最大（0.007）（表 4-7）。遗传距离越小，遗传相似性越大，亲缘关系越近，遗传差异越小。以上群体遗传距离小，其遗传相似性都接近于 1，说明各群体菌株之间的亲缘关系极近，各群体间存在较低的遗传分化。

表 4-7 槭菌刺孢地理种群间的遗传相似性（分隔线以上）和遗传距离（分隔线以下）

popID	红河	丽江	澜沧	昆明	文山	曲靖
红河	****	0.9938	0.9976	0.9988	0.9982	0.9977
丽江	0.0062	****	0.9931	0.9937	0.9959	0.9946
澜沧	0.0024	0.0070	****	0.9975	0.998	0.9978
昆明	0.0012	0.0064	0.0025	****	0.9979	0.9975
文山	0.0018	0.0041	0.0020	0.0021	****	0.9983
曲靖	0.0024	0.0054	0.0022	0.0025	0.0017	****

8. 三七圆斑病原菌对杀菌剂的敏感性

采用菌丝生长速率法测定了 34 株三七圆斑病原菌对常用药剂嘧菌酯、咪鲜胺和苯醚甲环唑的敏感性，并对不同敏感性菌株进行了生存适合度测定。结果表明：3 种杀菌剂对槭菌刺孢病原菌的菌丝生长有明显的抑制作用，对咪鲜胺的敏感性高于嘧菌酯及苯醚甲环唑；低敏感性菌株的致病力和菌丝生长速率与高敏感性菌株无显著差异，说明所测三七圆斑病原菌菌株在当地均具有较高的生存适合度（图 4-15～图 4-17）。

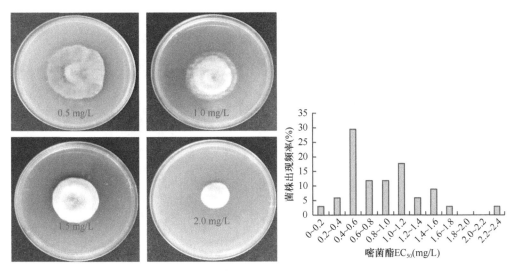

图 4-15　槭菌刺孢对嘧菌酯的敏感性频率分布

边缘值下含上不含，本章下同

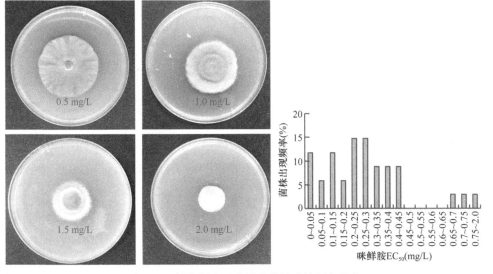

图 4-16　槭菌刺孢对咪鲜胺的敏感性频率分布

菌株生长速率与其对嘧菌酯、咪鲜胺和苯醚甲环唑的敏感性之间无显著相关性（$P > 0.05$）。供试菌株的致病力与其对嘧菌酯、咪鲜胺和苯醚甲环唑的敏感性之间无显著相关性（$P > 0.05$）（图 4-18，图 4-19）。

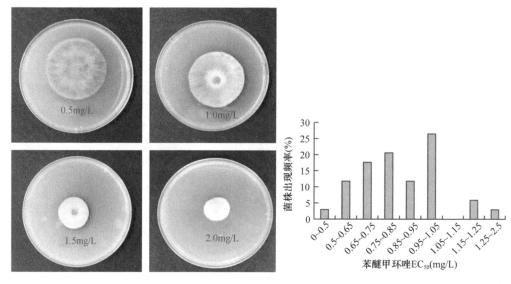

图 4-17 槭菌刺孢对苯醚甲环唑的敏感性频率分布

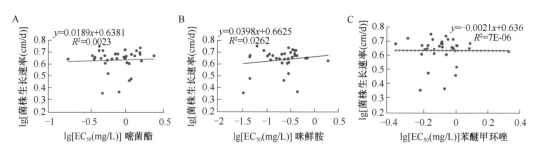

图 4-18 槭菌刺孢对嘧菌酯（A）、咪鲜胺（B）、苯醚甲环唑（C）的敏感性与菌株生长速率相关性分析

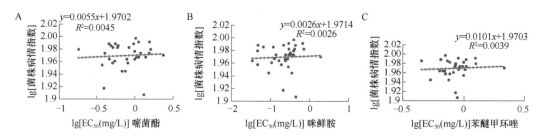

图 4-19 槭菌刺孢对嘧菌酯（A）、咪鲜胺（B）、苯醚甲环唑（C）的敏感性与菌株致病力相关性分析

4.1.2 三七黑斑病病原特征及发生流行规律

1. 三七黑斑病症状

三七植株的各部位都可能受害发病，但以地上部分幼嫩组织的发病较为严重。叶部受害时，初期呈水浸状近圆形、椭圆形褐色病斑，进而发展为呈不规则形，后期肉眼可看到病斑上有黑褐色霉层，严重时往往造成叶片脱落。茎秆、叶柄和花轴受害时，往往造成发病部位缢缩，凹陷而扭折，俗称"扭脖子"（图 4-20），严重影响三七的产量和品质。

图 4-20　三七黑斑病的症状

2. 三七黑斑病菌鉴定

通常认为三七黑斑病由链格孢属的人参链格孢 *Alternaria panax* 引起。该菌分生孢子萌发最适温度 20℃，相对湿度 100%，光暗交替 12 h，土壤 pH 为 6；菌丝生长最适温度为 25℃，土壤 pH 为 6，全光照有利于菌丝的生长；病菌最佳碳源为马铃薯淀粉、蔗糖，氮源以有机氮更适宜。该菌产孢最适温度为 18℃，pH 为 8，全光照，以甘油、木糖为碳源，蛋白胨为氮源的产孢量高于其他碳氮源（陈昱君等，2005a）。

链格孢属真菌形态特征明显，容易辨认到属。但是一些小孢子种的形态特征相似，导致链格孢属真菌在种级水平分类鉴定较为困难。链格孢（特别是小孢子种）rDNA 的转录间隔序列（ITS）未达到判定种间差异的程度，不能作为链格孢种间分类的有效手段。采用基于葡聚糖前体基因（*MLG1*）对病原菌进行鉴定的方法，能较为准确地将链格孢属真菌鉴定到种。

本课题组从云南农业大学寻甸大河桥农场三七种植基地采集的三七黑斑病病样上共分离到 14 个黑斑病菌株，通过形态学和分子鉴定的方法对采集的三七黑斑病原菌进行鉴定，确定本研究分离得到的三七黑斑病原菌为链格孢菌 *Alternaria alternata*，经科赫法则确定链格孢菌为引起三七黑斑病的病原菌。因此，除人参链格孢以外，链格孢菌也能引起三七黑斑病。

3. 三七黑斑病菌生物学特性

对分离得到的链格孢菌菌株的生物学特性研究结果显示：三七黑斑病的病原菌菌丝生长的温度为 8～32℃，pH 为 2～11，在燕麦培养基、有机氮作为氮源、12 h 光暗交替等条件下生长得最好，生长最适温度为 25℃，最适 pH 为 11，最适碳源为马铃薯淀粉。菌株产孢最适碳、氮源分别为可溶性淀粉和硝酸铵，产孢最适培养基为燕麦培养基，最适温度为 28℃，最适 pH 为 11，12 h 光暗交替更有利于孢子产生。1%葡萄糖溶液可促进菌株分生孢子的萌发生长，孢子在 25℃、相对湿度（RH）达 93%、pH 为 4、光暗交替等条件下萌发率最高，采用燕麦培养基，25～28℃，12 h 光暗交替下培养有利于病菌生长、产孢及其萌发，在灭菌滤纸上放平板计数琼脂（PCA）培养基小块，结合日光+近紫外光间歇光照的方法进行培养能够显著缩短产孢周期，4～5 天即可产生大量的分生孢子。

4. 三七黑斑病菌侵染及致病特征

康子腾等（2013）对链格孢属真菌的致病机制进行过研究，链格孢属真菌主要通过机械穿透和分泌降解酶破坏寄主细胞的细胞壁，产生真菌毒素和一些代谢相关的酶类，以及利用信号转导途径介导致病，营兼性寄生生活。

提取人参链格孢 *Alternaria panax* 菌株 AP2-MS-4 和链格孢菌 *Alternaria alternata* 菌株 A2 的黑色素，并与菌株的致病力进行相关性分析，并没有发现黑色素代谢与链格孢菌的致病性有相关性。

5. 三七黑斑病发生流行规律

黑斑病的发生一般有 3 个高峰期，分别在 5 月、7 月中旬～8 月下旬、9 月下旬，每个高峰期随气候变化、初次降雨时间不同提前或延后 10 天左右。三七园因黑斑病导致产量损失常在 10%以上，严重的可超过 80%。该病主要以菌丝和孢子在感病种子、种苗及病残体中越冬，第二年，当气温达 18℃、相对湿度在 65%以上，即持续 2～3 天小雨天气或日降雨量达 15 mm 以上时，黑斑病即可发生，并且发病率随降雨量和降雨次数的增加而增加（陈昱君等，2005b；王勇等，2000）。高温、高湿时发病严重，若遇连续降雨则暴发流行，荫棚透光率不适宜、施肥不当及其他不合理的栽培措施也直接影响病害的发生和消长。该病主要由带病种子、种苗、病残体、雨水、气流、土壤和病原菌孢子等传播，带菌的种子、种苗通常是新种植园的初侵染源；种植园内残留的病残体、带菌土壤通常是老种植园黑斑病发生流行的主要来源（王朝梁，2000；陈昱君等，2003）。

6. 三七黑斑病的基因组特征

运用第二代测序技术对保存于云南农业大学农业生物多样性与病害控制实验室的两株三七黑斑病原菌人参链格孢菌株 AP2-MS-4 和链格孢菌菌株 A2 的全基因组进行测序，对测序数据进行拼接组装，筛选致病相关基因并进行比较基因组分析。

结果显示，通过测序获得了两个三七黑斑病的病原真菌人参链格孢（Contig N50=112 kb，Scaffold N50=214 kb）和链格孢菌（Contig N50=311 kb，Scaffold N50=1.6 Mb）的高质量组装基因组。人参链格孢基因组大小为 39 Mb，编码 10 515 个蛋白，平均基因长度 1631.3 bp，序列重复率为 12.18%；链格孢菌基因组大小为 34.5 Mb，编码 10 307 个蛋白，平均基因长度 1740.6 bp，序列重复率为 2.15%。通过比较基因组学分析，人参链格孢和链格孢菌基因组中的非核糖体肽合成酶（nonribosomal peptide synthetase，NRPS）基因及聚酮合酶（polyketide synthase，PKS）基因被鉴定出来。在链格孢菌中发现了 10 个 NRPS 和 10 个 PKS 编码基因，而在人参链格孢中发现了 9 个 NRPS 编码基因和 10 个 PKS 编码基因。同时相对于链格孢菌，人参链格孢拥有较多的病原-寄主相互作用基因和蛋白质编码基因及转录因子，并且人参链格孢可能含有一条或数条有条件性可有可无染色体（conditionally dispensable chromosome，CDC），这种染色体的不稳定性不会影响真菌的菌丝生长或孢子萌发，但会影响其对寄主植物的致病力，而且，链格孢菌致病菌株具有含 HST 基因簇的 CDC，非致病性菌株则没有 CDC 染色体（王洪秀等，2015），表明人参链格孢对三七可能具有更强的致病力。

4.1.3　三七根腐病病原特征及发生流行规律

三七根腐病菌多为一些腐生能力强、寄主范围广、能产生抗逆性强的休眠体的土壤习居菌，能在土壤中长期存活，通过常规的方法难以消除。这些菌能在逆境条件下产生抗逆能力很强的厚垣孢子，抵抗高温、低温、干旱等不利条件。因此，即使在不种植三七的情况下，这类菌在土壤中也能长期存活，一旦种植三七就易萌发侵染，导致根腐病的发生。

1. 三七根腐病症状

三七根腐病的症状有多种，如黑腐、褐腐、锈腐、茎腐等。罹病三七地上部初期叶色不正，叶片萎蔫，叶片发黄、脱落（图 4-21A，B），地下部局部根系受害，叶片向一边下垂，萎蔫，严重时受害块根部全部腐烂（图 4-21C，D），严重影响三七的商品价值。

图 4-21　三七根腐病症状
A，B. 地上部分症状；C，D. 地下部分症状

2. 三七根腐病菌鉴定

1）三七根腐病菌的分离及形态鉴定

三七根腐病的病原菌为毁灭柱孢菌 *Cylindrocarpon destructans* f. sp. *panacis*，其有性型为 *Ilyonectria mors-panacis*。在 PDA 平板上，菌落绒状，呈棕色，背面棕褐色。菌丝浅黄色，半透明，分生孢子梗帚状，大型分生孢子 1～5 个隔膜，1 个隔膜居多，有纹饰，棍棒状，（9.2～47.8）μm×（2.2～6.0）μm，平均 13.6 μm×3.5 μm；小型分生孢子多，半透明，橄榄形，无隔膜，（3.7～11.9）μm×（2.0～4.6）μm，平均 8.2 μm×3.1 μm（图 4-22）。厚垣孢子近圆形，单生、双生或串生，有突疣，直径 9.1～19.6 μm，平均 12.8 μm（图 4-22）。

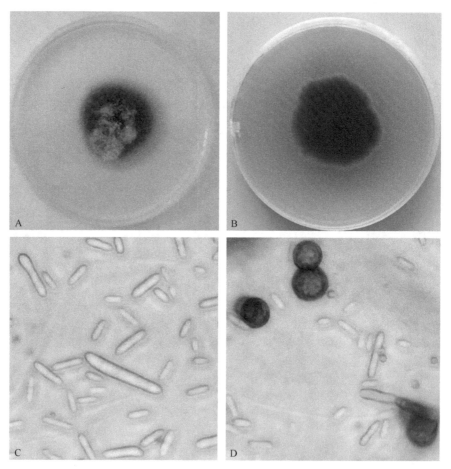

图 4-22 三七根腐病菌菌落形态及分生孢子、厚垣孢子
A. 菌落正面；B. 菌落背面；C. 分生孢子；D. 厚垣孢子

2）三七根腐病菌的分子生物学研究

龙月娟（2016）于云南省文山州采集分离了 48 个三七根腐病菌菌株，如表 4-8 所示，用于根腐病菌的遗传进化研究。提取病原菌的 DNA 后，扩增了菌株的 ITS 区和组

蛋白（histone）H3 基因，PCR 产物经检测，片段大小为 500～750 bp，与预期片段大小一致，送深圳华大基因科技服务有限公司测序。

表 4-8　三七根腐病菌菌株信息表

菌株号	寄主及分离部位	采集地点	致病性	形态鉴定结果
gF002-1	根部	文山州砚山县盘龙彝族乡探科村	+	*Cylindrocarpon destructans* f. sp. *panacis*
gF004-2	根部	文山州砚山县盘龙彝族乡探科村	+	*Cylindrocarpon destructans* f. sp. *panacis*
gF004-4	根部	文山州砚山县盘龙彝族乡探科村	+	*Cylindrocarpon destructans* f. sp. *panacis*
GF005-6	根部	文山州砚山县盘龙彝族乡探科村	+	*Cylindrocarpon destructans* f. sp. *panacis*
GF006	根部	文山州砚山县盘龙彝族乡探科村	+	*Cylindrocarpon destructans* f. sp. *panacis*
gF008-3	根部	文山州砚山县盘龙彝族乡探科村	+	*Cylindrocarpon destructans* f. sp. *panacis*
gF020-13	根部	文山州砚山县盘龙彝族乡探科村	+	*Cylindrocarpon destructans* f. sp. *panacis*
gF020-13-2	根部	文山州砚山县盘龙彝族乡探科村	+	*Cylindrocarpon* sp.
gF020-13-3	根部	文山州砚山县盘龙彝族乡探科村	+	*Cylindrocarpon destructans* f. sp. *panacis*
gF020-13-4	根部	文山州砚山县盘龙彝族乡探科村	+	*Cylindrocarpon destructans* f. sp. *panacis*
gF020-13-5	根部	文山州砚山县盘龙彝族乡探科村	+	*Cylindrocarpon destructans* f. sp. *panacis*
gF020-13-6	根部	文山州砚山县盘龙彝族乡探科村	+	*Cylindrocarpon destructans* f. sp. *panacis*
gf020-13-7	根部	文山州砚山县盘龙彝族乡探科村	+	*Cylindrocarpon destructans* f. sp. *panacis*
gF020-13-8	根部	文山州砚山县盘龙彝族乡探科村	+	*Cylindrocarpon destructans* f. sp. *panacis*
gF020-15	根部	文山州砚山县盘龙彝族乡探科村	+	*Cylindrocarpon destructans* f. sp. *panacis*
GF021	根部	文山州砚山县盘龙彝族乡探科村	+	*Cylindrocarpon destructans* f. sp. *panacis*
gF023-2-1	根部	文山州砚山县盘龙彝族乡探科村	+	*Cylindrocarpon destructans* f. sp. *panacis*
gF023-6	根部	文山州砚山县盘龙彝族乡探科村	+	*Cylindrocarpon destructans* f. sp. *panacis*
GF026-1-4	根部	文山州砚山县盘龙彝族乡探科村	+	*Cylindrocarpon destructans* f. sp. *panacis*
GF027	根部	文山州砚山县盘龙彝族乡探科村	+	*Cylindrocarpon destructans* f. sp. *panacis*
GF028	根部	文山州砚山县盘龙彝族乡探科村	+	*Cylindrocarpon destructans* f. sp. *panacis*
JinF01-1-8	根部	文山州砚山县盘龙彝族乡探科村	+	*Cylindrocarpon destructans* f. sp. *panacis*
JinF01-1	根部	文山州砚山县盘龙彝族乡探科村	+	*Cylindrocarpon destructans* f. sp. *panacis*
JinF01-1-2	根部	文山州砚山县盘龙彝族乡探科村	+	*Cylindrocarpon destructans* f. sp. *panacis*
JinF01-1-3	根部	文山州砚山县盘龙彝族乡探科村	+	*Cylindrocarpon destructans* f. sp. *panacis*
jinf01-1-4	根部	文山州砚山县盘龙彝族乡探科村	+	*Cylindrocarpon destructans* f. sp. *panacis*
Jin01-1-5	根部	文山州砚山县盘龙彝族乡探科村	+	*Cylindrocarpon destructans* f. sp. *panacis*
JinF01-1-6	根部	文山州砚山县盘龙彝族乡探科村	+	*Cylindrocarpon destructans* f. sp. *panacis*
JinF01-1-7	根部	文山州砚山县盘龙彝族乡探科村	+	*Cylindrocarpon destructans* f. sp. *panacis*
WM19-2HF10-2	根部	文山州砚山县盘龙彝族乡探科村	+	*Cylindrocarpon destructans* f. sp. *panacis*
WM19-2HF10-3	根部	文山州砚山县盘龙彝族乡探科村	+	*Cylindrocarpon destructans* f. sp. *panacis*
WM19-2HF10-4	根部	文山州砚山县盘龙彝族乡探科村	+	*Cylindrocarpon destructans* f. sp. *panacis*
WM19-2HF10-5	根部	文山州砚山县盘龙彝族乡探科村	+	*Cylindrocarpon destructans* f. sp. *panacis*
WM19-2HF10-6	根部	文山州砚山县盘龙彝族乡探科村	+	*Cylindrocarpon destructans* f. sp. *panacis*
WM19-2HF10-7	根部	文山州砚山县盘龙彝族乡探科村	+	*Cylindrocarpon destructans* f. sp. *panacis*
WM19-2HF10-8	根部	文山州砚山县盘龙彝族乡探科村	+	*Cylindrocarpon destructans* f. sp. *panacis*
GF005-1	根部	文山苗乡三七科技园	+	*Cylindrocarpon destructans* f. sp. *panacis*

续表

菌株号	寄主及 分离部位	采集地点	致病性	形态鉴定结果
GF005-4	根部	文山苗乡三七科技园	+	*Cylindrocarpon destructans* f. sp. *panacis*
GF008-1（XF）-1	根部	文山苗乡三七科技园	+	*Cylindrocarpon destructans* f. sp. *panacis*
GF008-1（XF）-2	根部	文山苗乡三七科技园	+	*Cylindrocarpon destructans* f. sp. *panacis*
JF002-1	根部	文山苗乡三七科技园	+	*Cylindrocarpon destructans* f. sp. *panacis*
JF002-2	根部	文山苗乡三七科技园	+	*Cylindrocarpon destructans* f. sp. *panacis*
HF01-3-1	根部	文山苗乡三七科技园	+	*Cylindrocarpon destructans* f. sp. *panacis*
HF01-3-2	根部	文山苗乡三七科技园	+	*Cylindrocarpon destructans* f. sp. *panacis*
HF01-3-3	根部	文山苗乡三七科技园	+	*Cylindrocarpon destructans* f. sp. *panacis*
HF02-3-1	根部	文山苗乡三七科技园	+	*Cylindrocarpon destructans* f. sp. *panacis*
GF004-1	根部	文山苗乡三七科技园	+	*Cylindrocarpon destructans* f. sp. *panacis*
JF004-3-1	根部	文山苗乡三七科技园	+	*Cylindrocarpon destructans* f. sp. *panacis*

通过分析、校对、剪辑，发现 48 个菌株的 ITS 区，组蛋白 H3 基因均一致。利用 MEGA 7 采用最大简约法（maximum parsimony，MP）构建系统发育树（bootstrap，1000 次重复）。以 *Fusarium solani* 为外群，以 *Ilyonectria radicicola*、*I. destructans*、*I. mors-panacis*、*I. sp.* 和 *I. rufa* 为参照进行系统发育分析。在 100%的支持率下，所有 *Ilyonectria* 属真菌与目标菌株聚为一类，说明 rDNA ITS 基因不能将目标菌株与其他土赤壳属真菌区分开来（图 4-23）。

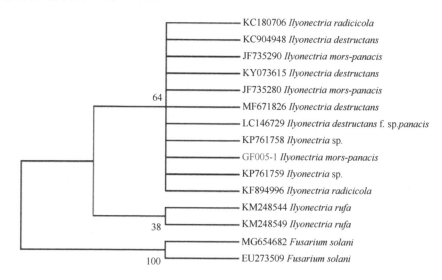

图 4-23 基于 ITS rDNA 序列采用 MEGA 7 构建的 MP 系统发育树

按照组蛋白 H3 系列构建的系统发育树，在 99%的支持率水平，目标菌株 GF005-1 与 *I. mors-panacis* 聚在一起（图 4-24）。这一结果从分子生物学上证明，目的菌株为 *I. mors-panacis*。同时，组蛋白 H3 基因能够区分 *I. mors-panacis* 与其他 *Ilyonectria* 属菌株。

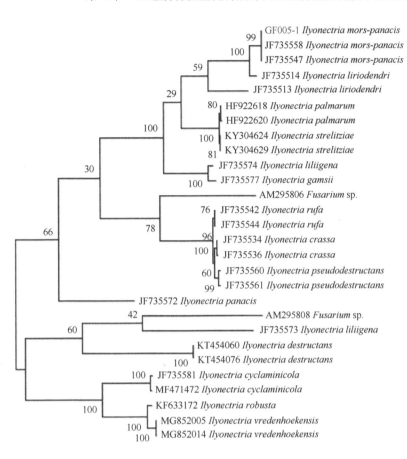

图 4-24　基于组蛋白 H3 系列采用 MEGA 5.5 构建的 MP 系统发育树

树长（tree length）=1910，一致性指数（consistency index）=0.5677，保留指数（retention index）=0.7944，
综合指数（composite index）=0.4529

3. 三七根腐病菌生物学特性

1）光照对三七根腐病菌菌落生长及产孢量的影响

以引起三七根腐病的毁灭柱孢菌为例，不同光照条件对三七根腐病菌的菌落形态、菌丝生长速度、产孢量都有不同的影响。在全光照条件下（24 h 光照），三七根腐病菌的菌落为白色，菌丝稀薄；在全黑暗条件下（0 h 光照），菌落中间褐色，边缘白色，菌丝厚实；在光暗交替条件下（12 h 光照），菌丝淡褐色，菌丝量介于前两者之间（图 4-25）。

光照对三七锈腐病菌的菌落生长速度影响明显，24 h 光照条件下，菌丝生长速度最慢，0 h 光照条件下，菌丝生长速度最快，12 h 光照条件菌落生长速率介于两者之间，差异具有显著性（图 4-26）。

在产孢量方面，0 h 光照条件下是最高的，24 h 光照条件下最少，12 h 光照条件下居于二者之间（图 4-27）。综上所述，光照条件对三七锈腐病菌的影响较大，随着光照时间增加，菌落颜色由褐转白，生长速度转慢，产孢量减少。

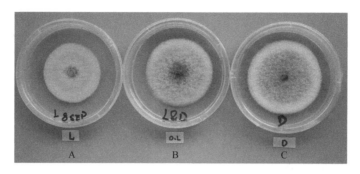

图 4-25　不同光照条件下的三七锈腐病菌菌落

A. 24 h 光照，菌落白色，生长缓慢；B. 12 h 光照，菌落淡褐色，生长速度介于全光照和全黑暗之间；C. 0 h 光照，菌落中间褐色，边缘白色，生长速度最快

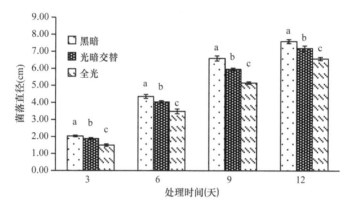

图 4-26　不同光照条件对三七锈腐病菌菌落生长的影响

不同小写字母表示在 95% 的置信区间差异达显著水平

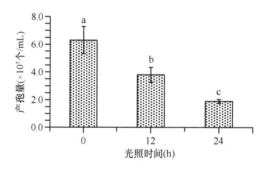

图 4-27　不同光照条件下三七锈腐病菌的产孢量

不同小写字母表示在 95% 的置信区间差异达显著水平

2）不同 pH 对三七锈腐病菌菌丝生长的影响

分别于 6 天、12 天后测定了三七锈腐病菌在不同 pH PDA 上菌落直径，结果表明，在生长到第 6 天时，不同 pH 下的菌落直径在 5 cm 左右，差异不显著。在第 12 天时，不同 pH 的菌落直径在 6 cm 以上，以 pH 为 7.5 的最大，与 pH 为 6.5、8.5、9.5 的菌落直径比较时差异显著。pH 为 8.5、9.5 的菌落直径最小，pH 为 5.5、6.5 的菌落直径处于中间水平（图 4-28）。

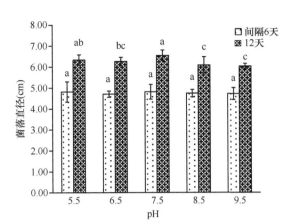

图 4-28　三七锈腐病菌在不同 pH 下的生长量

不同小写字母表示在 95% 的置信区间差异达显著水平

3）不同培养基对三七锈腐病菌产孢量的影响

由表 4-9 和表 4-10 可以看出，马铃薯是使三七锈腐病菌产孢的关键成分，且不同成分的培养基中，随着马铃薯用量的减少，产孢量逐渐减少，且差异显著，200 g/L 马铃薯的培养基产孢量最高，说明该用量最适合三七锈腐病菌产孢。在 Czapek's 培养基各配方中，即使没有蔗糖，三七锈腐病菌也仍能够产孢；当蔗糖用量为 30 g/L 和 20 g/L 时，对三七锈腐病菌的产孢量没有显著影响（$P > 0.05$），其余各配方的产孢量随着蔗糖用量的减少而降低。

表 4-9　不同马铃薯蔗糖琼脂培养基（PSA）与马铃薯葡萄糖琼脂培养基（PDA）对锈腐病菌产孢量影响

培养基	lg（产孢量）	培养基	lg（产孢量）
PSA1	9.64±0.18a	PDA1	9.27±0.152a
PSA2	9.40±0.14b	PDA2	9.21±0.131a
PSA3	9.24±0.09c	PDA3	9.02±0.16b
PSA4	8.21±0.14d	PDA4	8.28±0.20c
PSA5	0.00e	PDA5	0.00d

注：不同小写字母表示在 95% 的置信区间差异达显著水平；PSA1～PSA5 分别表示在马铃薯蔗糖琼脂培养基（PSA）中，其他组分用量不变的情况下，将马铃薯的用量设置为 200 g/L、150 g/L、100 g/L、50 g/L、0 g/L；PDA1～PDA5 分别表示在马铃薯葡萄糖琼脂培养基（PDA）中，其他组分用量不变的情况下，将马铃薯的用量设置为 200 g/L、150 g/L、100 g/L、50 g/L、0 g/L

表 4-10　不同 Czapek's 培养基（Cz）与胡萝卜琼脂培养基（CA）对锈腐病菌产孢量影响

培养基	lg（产孢量）	培养基	lg（产孢量）
Cz1	8.03±0.07a	CA3	8.45±0.11a
Cz2	7.98±0.03ab	CA5	8.20±0.09ab
Cz3	7.96±0.08ab	CA4	8.01±0.01bc
Cz4	7.83±0.07bc	CA2	7.95±0.00c
Cz5	7.10±0.06d	CA1	7.82±0.11c

注：不同小写字母表示在 95% 的置信区间差异达显著水平；Cz1～Cz5 分别表示在 Czapek's 培养基中，其他组分用量不变的情况下，将蔗糖的用量设置为 30 g/L、20 g/L、10 g/L、5 g/L、0 g/L；CA1～CA5 分别表示在胡萝卜琼脂培养基（CA）中琼脂用量不变的情况下，将胡萝卜的用量设置为 100 g/L、200 g/L、400 g/L、600 g/L、800 g/L

上述研究表明，在 Czapek's 培养基中，蔗糖用量为 30 g/L 对于三七锈腐病菌产孢最为适宜。在胡萝卜琼脂培养基的不同配方中，CA3 与 CA5，即胡萝卜用量分别为 400 g/L、800 g/L 时，三七锈腐病菌的产孢量最大，CA3 配方的产孢量在各配方中为最大，但是与 CA5 的差异不显著（$P > 0.05$）。其中，以 CA1 配方的产孢量最低，说明在 CA 培养基的不同配方中，各配方随着胡萝卜用量的增加，产孢量先增大后减小，在胡萝卜用量增加到 400 g/L 时，三七锈腐病菌的产孢量达到最大。由表 4-11 可以看出，三七锈腐病菌在 PSA、PDA、Czapek's 和 CA 培养基上，以 PSA 的产孢量最多，达到 10^9 个/皿以上，与其他培养基相比差异显著（$P < 0.05$）。三七锈腐病菌在其余三个培养基的产孢量顺序依次为：PDA>Czapek's>CA。

表 4-11　不同培养基中三七锈腐病菌产孢能力

培养基	lg（产孢量）
PSA	9.64±0.18a
PDA	9.27±0.15b
Czapek's	8.03±0.07c
CA	7.82±0.11c

注：不同小写字母表示在 95% 的置信区间差异达显著水平

4. 三七锈腐病菌侵染及致病特征

胞外细胞壁降解酶和毒素是三七锈腐病菌毁灭柱孢菌的致病物质，以酶为主。三七锈腐病菌的胞外细胞壁降解酶中，果胶甲基半乳糖醛酸酶（PMG）、多聚半乳糖醛酸反式消除酶（PGTE）和果胶甲基反式消除酶（PMTE）的活性较强，多聚半乳糖醛酸酶（PG）的活性和羧甲基纤维素酶（Cx）的活性较低。

从图 4-29 可以看出：第一，三七锈腐病菌胞外细胞壁降解酶粗提液和三七锈腐病菌一样能使三七块根发生锈状病斑，说明胞外酶是三七锈腐病的致病物质之一；第二，随着胞外细胞壁降解酶粗提液用量的增加，无论有伤口还是无伤口的三七块根，病情指

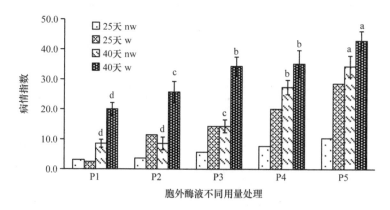

图 4-29　三七锈腐病菌酶粗提液与三七锈腐病病情指数的关系

w 代表伤口处理，nw 代表无伤口处理；不同小写字母表示在 95% 的置信区间差异达显著水平；统计分析采用标准差；P1～P5 表示毁灭柱孢菌胞外细胞壁降解酶粗酶液用量分别为 5 μL、10 μL、25 μL、50 μL、100 μL

数都不断增加；第三，随着调查时间的延长，病原菌和粗酶液引起的三七块根的病情指数不断增加。

涂抹标准酶液 4 天后，A 处理的三七块根出现了开裂和锈状腐烂，α-纤维素酶处理 F，以及 α-淀粉酶、α-纤维素酶和木质素过氧化酶组合处理 C3 均出现部分腐烂，其余处理和对照均无症状。到第 8 天时，A、B、C1、C2、C3 处理的严重度显著增加，木质素过氧化酶处理 E 的严重度有所增加，处理 C 和处理 D 仍无病斑，清水对照仍无任何病斑（图 4-30）。

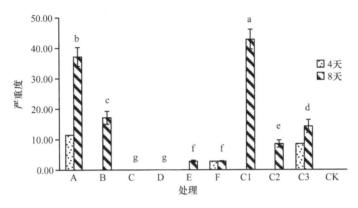

图 4-30　标准酶对三七块根的作用

A. 1 U 果胶酶；B. 1 U 果胶裂解酶；C. 1 U 果胶甲基酯酶；D. 1 U α-淀粉酶；E. 1 U 木质素过氧化酶；F. 1 U α-纤维素酶；C1. 果胶甲基酯酶、果胶裂解酶、木质素过氧化酶、α-淀粉酶和 α-纤维素酶混合液；C2.1 U 的果胶酶、果胶甲基酯酶和果胶裂解酶混合液；C3.1 U 木质素过氧化酶、α-淀粉酶和 α-纤维素酶混合液；不同小写字母表示在 95%的置信区间差异达显著水平；统计分析采用标准差

涂抹毒素与接种三七锈腐病菌孢子悬浮液引起三七的症状相似。从图 4-31 可以看出，三七锈腐病菌粗毒素对三七有一定的致病作用；随着涂抹后时间的延长，粗毒素引致的三七锈腐病病情指数逐渐增加；粗毒素对有伤口的三七块根的病情指数高于无伤口的三七块根的病情指数；无论是在有伤口组，还是在无伤口组，随着粗毒素用量的增加，病情指数有所上升。

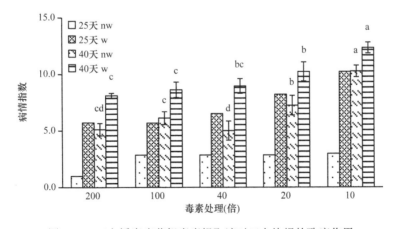

图 4-31　三七锈腐病菌粗毒素提取液对三七块根的致病作用

w 表示伤口处理，nw 表示无伤口处理；不同小写字母表示在 95%的置信区间差异达显著水平；统计分析采用标准差

5. 三七根腐病发生流行规律

三七根腐病中，由柱孢属真菌引起的病害占 80% 以上。土壤沙化或酸化、养分失衡可促进该病的发生。三七根腐病在整个生长期均可发生，病原可在土壤中越冬并长期存活，并随农事操作或灌溉水扩展传播到邻近植株，可随病土、带菌流水近距离传播，也可随带菌种子及种苗远距离传播。发病特点是连作地重于新地、高龄七重于低龄七；施肥不当的三七园也易引起该病的发生，全年均可发生，发病高峰期主要集中在每年 4～9 月。

4.1.4 其他三七主要病害及病原菌

1. 恶疫霉菌

恶疫霉 *Phytophthora cactorum* 是引起三七根腐病的重要病原菌之一，其发生流行快，致病力强，一旦发生很难控制。恶疫霉是卵菌中典型的同宗配合菌，其寄主范围广，对寄主体内的防御物质和杀菌剂具有较强的适应解毒能力。

本课题组利用第三代单分子实时测序（single molecule real time，SMRT）技术对恶疫霉菌全基因组进行了测序，共获得 121.5 Mb 大小的全基因序列，在疫霉属中基因组大小仅次于致病疫霉菌（240 Mb），包括了 27 981 个蛋白质编码基因。与其他疫霉菌基因组的比较发现，恶疫霉菌与寄生疫霉菌 *P. parasitica*、致病疫霉菌 *P. infestans* 和辣椒疫霉菌 *P. capsici* 亲缘关系较近。利用从头（*de novo*）预测与同源比对结合，在恶疫霉菌基因组中找到了 56.7 Mb 的重复序列，占组装基因组大小的 46.7%。恶疫霉菌基因组中 45.3% 的重复序列是转座因子（TE），20.3% 的重复序列是长末端重复序列（LTR），就重复序列的比对而言，恶疫霉菌基因组中重复序列所占比例大于辣椒疫霉菌（19%）、大豆疫霉菌（39%）和橡树疫霉菌（28%），但是少于致病疫霉菌（74%）（表 4-12）。

表 4-12　恶疫霉菌的基因组组装和注释信息

基因组组装信息	数据值
Assembled genome size（bp）	121 526 021
Genome-sequencing depth（×）	42.8
No. of contigs	5 449
N50 of contigs（bp）	30 670
Longest contig（bp）	1 025 155
GC content of the genome（%）	52.15
完整性评价	数据值
CEGMA（%）	95.16
BUSCO（%）	79.1
基因组注释信息	数据值
Percentage of repeat sequences（%）	46.69
Repeat sequence length（bp）	56 743 788
No. of predicted protein-coding genes	27 981
Percentage of average gene length（bp）	1 692.53

续表

基因组注释信息	数据值
Average exon length（bp）	363.33
Average exon per gene	3.45
Total intron length（bp）	12 218 887
tRNAs	6 731
rRNAs	376
snRNAs	376
miRNAs	2
Family number	11 674
Genes in families	19 783

对 8 个疫霉属物种进行基因家族聚类分析,确定了恶疫霉中共有 11 674 个基因家族,包含 19 783 个基因（表 4-12；图 4-32A）。在 8 个疫霉属中，单拷贝直系同源物的数量是可比较的。恶疫霉有 8198 个非聚簇基因和 893 个独特的基因家族（2310 个独特的旁系同源物）。恶疫霉所特有的基因主要富集在防御反应、细胞周期、生物互作、氨基酸修饰、细胞周期的调节和雷帕霉素靶蛋白（TOR）信号转导途径等生物过程。维恩图显

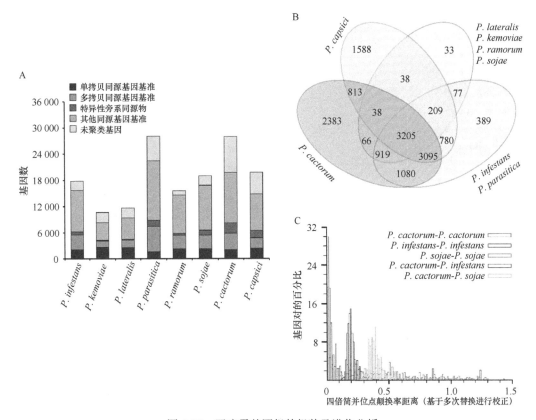

图 4-32　恶疫霉基因组的组装及进化分析

A. 8 个测序疫霉属物种中的直系同源基因的分布；B. 8 个疫霉属物种中独特和共有的基因家族的数量；C. P. cactorum、P. infestans 和 P. sojae 同源基因在全基因组水平的重复性

示，3205 个基因家族共同存在于 8 个疫霉属中（图 4-32B）。恶疫霉特异性基因家族的数目为 2383（图 4-32B）。比较基因组研究发现，恶疫霉菌与其他疫霉菌基因组在次生代谢和病原相关效应蛋白方面具有相似的基因家族，但解毒代谢酶和碳水化合物水解酶（CAZy）相关基因家族发生了大量的基因扩张，使得恶疫霉菌能利用和解毒三七体内存在的具有抗菌活性的天然化合物皂苷类物质，这是寄主范围较小的大豆疫霉菌 *P. sojae* 所不具备的（表 4-13，图 4-33）。基因表达的数据也证实了这一结果，当用皂苷处理恶疫霉菌后，恶疫霉菌基因组中与解毒和水解活性相关基因的表达量都显著高于大豆疫霉菌相应基因的表达量（图 4-34）。这表明恶疫霉菌对皂苷的解毒和利用能力在其快速适应天然防御物质及杀菌剂的过程中起了至关重要的作用（Yang et al.，2018）。这些基因的扩增使疫霉菌不但能利用解毒酶抵御皂苷类次生代谢产物的毒害，还能通过大量糖苷水解酶水解皂苷结构上的糖基并加以利用，最终导致根腐病菌能利用三七根际分泌的皂苷类代谢物在根际快速生长繁殖。

表 4-13　不同疫霉菌中可能与侵染相关的基因预测分析

基因产物	*P. cactorum*	*P. capsici*	*P. parasitica*	*P. sojae*
所有蛋白酶	**87**	**40**	**64**	**186**
丝氨酸蛋白酶	47	18	40	119
半胱氨酸蛋白酶	40	22	24	67
碳水化合物水解酶（CAZys）	**901**	**628**	**839**	**786**
糖基水解酶（GH）	374	261	312	125（314）
糖基转移酶（GT）	190	130	220	（155）
多糖裂解酶（PL）	73	54	44	（58）
辅助活性（AA）	50	43	50	48
碳水化合物结合模块（CBM）	103	54	102	92
碳水化合物酯酶（CE）	111	86	111	119
果胶酶	**68**	**55**	**54**	**62**
果胶酯酶	24	7	16	19
果胶裂解酶	44	48	38	43
角质酶	**7**	**6**	**6**	**16**
几丁质酶	**3**	**2**	**4**	**5**
脂肪酶	**10**	**12**	**15**	**171**
磷脂酶	**55**	**29**	**44**	**>50**
蛋白酶抑制剂	**17**	**25**	**30**	**19**
丝氨酸蛋白酶抑制剂	14	23	28	15
胱抑素	3	2	2	4
蛋白质毒素	**41**	**45**	**51**	**48**
NPP 家族效应蛋白家族	37	39	49	29
PcF 家族坏死基因家族	4	6	2	19
次级代谢物生物合成酶	**4**	**3**	**13**	**4**
非核糖体肽合成酶	3	2	9	4
聚酮合酶	1	1	4	0

续表

基因产物	P. cactorum	P. capsici	P. parasitica	P. sojae
效应器	**174**	**156**	**294**	**218**
诱导素	39	48	54	57
RXLR 效应蛋白	135	108	240	350（120）
Crn 家族皱缩坏死蛋白	16	25	13	40（41）
解毒代谢物	**896**	**695**	**794**	**585**
ABC 转运蛋白（ABC）	60	40	48	134（42）
主要易化子超家族（MFS）	239	217	242	228
细胞色素 P450（CYP）	46	36	40	30（33）
酒精脱氢酶（ADH）	101	58	71	52
短链脱氢酶/还原酶（SDR）	84	68	79	67
过氧化物酶（POD）	56	31	35	34
谷胱甘肽 S-转移酶（GST）	45	32	37	41
甲基转移酶（MTR）	265	213	242	163

注：黑体为基因家族的总基因数，未加粗为子集；（）表示用作者实验方法得到的数据

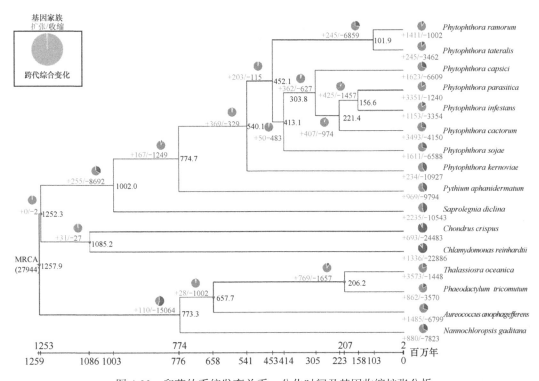

图 4-33　卵菌的系统发育关系、分化时间及基因收缩扩张分析

P. parasitica、*P. infestans* 和 *P. cactorum* 之间的分化时间大约在 2.214 亿年前。饼图中显示了 16 个物种中收缩和扩张的基因家族的数量，每个节点上的数值为计算估计的分化时间。树上的红点表示分化时间已根据化石证据进行了调整

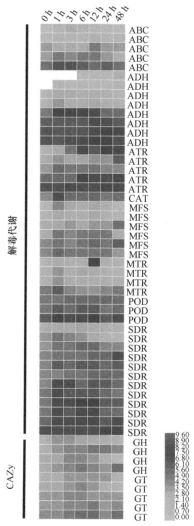

图 4-34 皂苷处理后恶疫霉解毒代谢及 CAZy 相关基因表达变化热图

ABC. ABC 转运蛋白；MFS. 主要易化子超家族；ADH. 乙醇脱氢酶；SDR. 短链脱氢酶/还原酶；MTR. 甲基转移酶；ATR. 酰基转移酶；CAT. 过氧化氢酶；POD. 过氧化物酶；GH. 糖苷水解酶；GT. 糖基转移酶

2. 三七立枯病

1）三七立枯病的症状

三七立枯病又名"烂脚瘟"，于每年 3～4 月开始发病，4～5 月病害加剧，7 月以后病害逐渐减轻。三七立枯病对于一年生三七苗是一种毁灭性病害，常年发病率在 3%～5%，可造成三七苗整株死亡。立枯病的发生主要有两个阶段，第一阶段为三七播种后，种子被侵染，组织腐烂成乳白色浆汁，导致不能出苗；第二阶段为已经出苗的三七，幼苗的茎秆基部被病原菌侵染，茎表皮出现凹陷，失水缢缩，随后地上部分逐渐萎缩，幼苗枯死（图 4-35）。不同阶段三七立枯病严重时都可以造成大片三七不出苗或三七整片死亡。猝倒病则发生在三七出苗后，以一、二年生三七苗发病较为严重，病原侵染茎基部近地面处，病斑呈暗色水浸状，茎部收缩变软倒伏死亡，地上部分仍呈绿色；湿度大时，在被害部表面常出现一层灰白色霉状物（凌春耀等，2017）。

图 4-35　三七立枯病症状

2）三七立枯病病原鉴定

三七立枯病的病原菌为丝核菌属的立枯丝核菌 *Rhizoctonia solani*，属担子菌门。病原菌在 PDA 培养基上 25℃恒温条件培养，菌丝体无色，呈放射状平铺于培养基表面，2 天即长满板，培养 3 天后开始形成白色菌丝团并变为褐色菌核，菌丝近直角分枝，分枝处明显缢缩，不远处有一隔膜（凌春耀等，2017）。

3）三七立枯病的发病流行规律

病原菌以菌丝和菌核在土壤或寄主病残体上越冬，腐生性较强，可在土壤中存活 2～3 年。也可以在其他寄主植物上越冬，其菌丝体和菌核均可成为病菌的初侵染源。病原菌通过雨水、流水和带菌土壤从幼苗茎基部或根部伤口侵入，也可穿透寄主表皮直接侵入（宁晓雪等，2019）。

病原菌发育适温为 20～24℃，12℃以下或 30℃以上病原菌生长受到抑制。当苗床温度较高、幼苗徒长时发病重。土壤湿度偏高、土质黏重以及排水不良的低洼地发病重。光照不足，光合作用差，植株抗病能力弱，也易发病。通过雨水、流水、带菌的堆肥及农具等传播（天天，2015）。

3. 镰刀菌

可以侵染三七引起根腐病的镰刀菌有茄腐镰刀菌 *Fusarium solani*、尖孢镰刀菌 *Fusarium oxysporum* 和茄腐镰刀菌根生专化型 *Fusarium solani* f. sp. *radicicola*。这些菌腐生能力强，具有广泛的寄主，在没有寄主时能在土壤中以厚垣孢子长期存活。在 PSA 培养基上的培养性状为气生菌丝较发达，菌丛具条纹，密厚；灰白色，后期培养皿反面变为蓝绿色。小孢子产生早而多；单生于小型瓶梗上，形状多样，以卵圆形居多。大孢子产生于多分枝的分生孢子梗上，产孢细胞瓶梗状；大孢子呈不等边纺锤形，微弯，较宽短；2～4 个分隔。以种子、种苗、病土及病残体带菌越冬，田间遇有土壤黏重、排水不良、地下害虫多，易诱发此病。尤其是二年生三七移栽后，若浇水不匀或不及时，根部干瘪发软,土壤水分饱和,根毛易窒息死亡,病菌侵入易发病。3 月出苗期就有发生,4~5 月气温升高、干燥,病害停滞,6~9 月高温多雨,进入发病高峰期。该病发生还与运输苗木过程中失水过多或受热有关。田间土质过黏,植株生长不良,造成根组织抗病力不强、易发病,生产上偏施氮肥时发病重。

4. 三七根结线虫

根结线虫 *Meloidogyne* spp. 是一种危害植物根系,以侧根和须根发病严重,并诱发植物根系畸变形成根结的一类专性固着内寄生线虫(董莹,2018),具有寄主广、致病性强、繁殖快、易传播扩散等特性,加之由线虫的侵染造成的伤口有利于病菌的侵染,加重了对作物的危害(杨佩文等,2008)。由于三七的种植年限较长,再加上根结线虫病属于积年流行性病害,该病呈现逐年蔓延加重的趋势。在根结线虫侵染三七根系的同时,三七根腐病的病原 *Cylindrocarpon didynum*、毁灭柱孢菌 *C. destructans*、恶疫霉 *Phytophthora cactorum*、茎点霉 *Phoma herbarum* 和茄腐镰刀菌(缪作清等,2006)等病原菌可以侵染三七根系并引起根腐。

1)根结线虫的种类、分布及危害

根结线虫的分类地位:动物界 Animalia 线虫动物门 Nematoda 侧尾腺纲 Secernentea 垫刃目 Tylenchida 垫刃亚目 Tylenchata 异皮总科 Heteroderoidea 异皮科 Heteroderidae 根结亚科 Meloidogyninae 根结线虫属 *Meloidogyne*。

根结线虫是危害农作物的重要病原物之一,目前国际上报道的根结线虫有 100 多种,其寄主植物多达 3000 余种,遍及花卉、蔬菜、经济、药材、果树、粮食等作物(Hunt and Handoo,2009),分布在热带、亚热带和温带地区,每年在全世界造成的经济损失高达 1570 亿美元(金娜等,2015)。当下大田中较为普遍的根结线虫种类有南方根结线虫 *Meloidogyne incognita*、北方根结线虫 *M. hapla*、花生根结线虫 *M. arenaria* 以及爪哇根结线虫 *M. javanica*,这 4 种线虫也是国内最常见、最具有危害性的根结线虫种类(Ali et al.,2016)。近年来,根结线虫病发生呈上升趋势,一旦发生,产量损失在 30%~50%,严重的可以达到 70%以上(焦自高和齐军山,2012),甚至引起作物绝产。

2)三七根结线虫的危害及研究现状

三七根结线虫病主要发生在三七的须根上,特别严重时也能危害三七块根,造成根部组织损伤,形成根结或根瘤(图 4-36A),对三七的产量品质造成巨大影响。根结线虫侵染初期三七的地上部分无症状表现(图 4-36B),受害较重时,表现为矮化、黄化或萎蔫、长势衰弱(图 4-36C),类似于缺水缺肥(Vovlas et al.,2005)。根结线虫对三七造成的损害一方面是通过侵入三七根组织吸取营养,同时会分泌一些酶或者毒素,诱导三七组织发生多种病理变化;另一方面是线虫侵入三七根组织造成的伤口又为其他病原物的侵入打开了通道,可以与细菌、病毒、真菌等共同作用,引发复合病害(Caswellchen et al.,1998),尤其是易引起土传病害三七根腐病,三七的地下部分病害既不能被人们预先发现,也难以控制,只有发现叶片变色时才能得以发现(毛忠顺等,2013),因此线虫侵染引起的根腐病危害更加严重,防治难度大,造成的损失要比线虫直接取食所造成的损失大得多。

图 4-36　三七根结线虫病症状图

三七根结线虫病由胡先奇等（1997，1998）在云南省晋宁县（现为晋宁区）昆阳农场的三七植株上首次发现，之后陈昱君等（2000，2002）相继在文山、马关县发现三七根结线虫病，并用形态学、鉴别寄主试验、同工酶电泳等方法鉴定病原线虫均为北方根结线虫。杨佩文等（2008）、冯光泉等（2008）报道了云南文山、砚山、马关、蒙自等三七种植主产区根结线虫病发生情况和危害状况，采用形态学、特异性引物分子方法鉴定 4 个地区的三七病原根结线虫种群均为北方根结线虫 *M. hapla*。目前对三七根结线虫病的研究仅停留在对其病原线虫种类的鉴定及其分布，并未深入研究根结线虫与三七的互作机制，也缺少安全、有效、绿色的三七根结线虫病防控技术。

3）三七根结线虫病发生流行规律及致病机制

三七根结线虫病的发生及流行与三七生存环境的温湿度、土壤类型等密切相关。研究表明，根结线虫生存的最适温度在 25℃左右，高温（高于 36℃）和低温（低于 10℃）均会影响根结线虫的正常发育和侵染，当温度低于 10℃时，根结线虫失去侵染能力，温度达到 14℃时，恢复侵染力，而当温度达到 22℃时，侵染活性最强，且当温度低于 8℃或高于 32℃时，雌虫发育受到影响（陈立杰等，2009；耿亚玲等，2011；杨艳梅，2017）。

资料记载，北方根结线虫的最适温度范围是 15～25℃，主要分布于北纬 34°～43°的区域内，在亚热带、热带海拔 1500 m 以上的高地上有发生（胡先奇等，1997）。三七种植地块有着土壤相对湿度低、土质疏松、气候温凉等天然的环境条件，这些环境适宜根结线虫活动，为根结线虫病的发生流行创造了良好条件。三七的种植年限较长，根结线虫病一旦发生，会有积年流行的趋势，将会造成连续不断的侵染与再侵染，进而加重危害。此病应引起高度重视，以避免造成大面积发生为害和严重的经济损失。

4.2　调控环境因子控制三七主要病害的效果及机制

4.2.1　光照调控对三七主要病害的影响

三七为五加科多年生草本阴生植物，性喜温暖阴湿，对光敏感，有研究表明，三七荫棚透光率对三七产量和质量有影响（崔秀明等，1993），且光照对三七的一些主要病害的发生也会产生影响（王朝梁等，2000；陈昱君等，2001，2003）。合理调控三七各生长阶段的光照条件，对控制三七主要病害的发生有一定的效果。

1）光照对三七病理性病害的影响

三七黑斑病、根腐病及圆斑病作为三七主要病害，对三七生长及产量有很大影响，严重时可达到80%以上的损失，对三七产业造成毁灭性的危害（王朝梁等，2000；陈昱君等，2001；王勇等，2003；毛忠顺等，2013）。

研究表明，一般二年七透光率为10%～15%，三年七透光率为15%～20%，即可满足三七植株生长所需光照。若荫棚透光超过植株生长所需，黑斑病的发生也随之加重（陈昱君等，2003）。三七黑斑病发病后，病叶脱落，茎秆枯死后，茎秆上的病斑可向下延伸至根部，形成伤口，使植株发生根腐而死，因此，三七根腐病发生与光照强度成正比（王朝梁等，2000；陈昱君等，2001；王勇等，2003；张连娟等，2017）。

2）光照对三七生理性病害的影响

三七日灼病是一种生理性病害，不具传染性。研究表明，若荫棚透光超过植株生长所需，除导致叶片发黄，也出现日灼症等生理性病害（陈昱君等，2001），日灼病主要为强光直接照射后表现出病症，受害叶片常出现黄褐色枯斑，严重时会造成叶片脱落，三七无法正常生长，而受害叶片上的灼斑在雨季又会被其他病原物寄生或腐生，导致其他病害的发生（王朝梁等，2000）。

综上，由光照引起的三七病害主要是因为不合理的光照条件。因此，通过对三七荫棚光照进行合理的调控，可以减轻由光照引起的病害发生。

4.2.2　光照调控对三七主要病害的控制机制

不适宜的光照对三七的生长会造成不利影响。光照过弱，透光过少，三七茎秆细高、叶片薄，植株抗性差、易被病原菌侵染，造成种苗腐烂等情况，且三七规格偏小（罗群等，2010）；透光过强时，地上部表现为植株矮小、叶片发黄皱缩、易脱落、灼伤等，地上植株枯萎死亡，室内试验研究表明，光照可以刺激黑斑病分生孢子的萌发，且萌发的快慢及多少与光照强度成正比（王朝梁等，2000）。目前光照与三七病害发生的相关研究还较少，具体的调控机制还有待进一步探索。

4.2.3　温度调控对三七主要病害的影响

温度是植物及与之相关的病原菌生命活动的必需因子之一，植物和病原菌的一切生理、生化活动及变化，都必须在适宜的温度条件下进行。温度变化对三七种子霉烂、根腐病、黑斑病等病害的发生及严重程度均有影响（全怡吉等，2018）。

三七种子贮藏时，在10～30℃霉烂率呈先下降后上升的趋势，20℃为最低值，仅为2.67%，30℃为最高值，霉烂率达到了50.67%。在一定温度范围内，低温和高温均会影响三七的霉烂情况，高温影响明显大于低温影响。除此之外，20℃储存的种子，其萌发率也最高，为 94.67%，当温度升高至 30℃时，三七种子的萌发率仅为 38.67%（崔秀明等，1993）。因此，在种子贮藏及初期发芽阶段，控制贮藏环境和苗床温度在 20℃左右，尽量避免低温，严格控制高温，对防止种子霉烂及提高萌发率效果显著。

三七性喜温暖阴湿环境，这种独特的生态环境也易诱发各种病害，其中以根腐病最为严重。根腐病的发生流行往往与温度和湿度两个因素密切相关。温度决定病害出现的早晚和扩展速度，湿度决定病害严重程度（王朝梁等，1998）。根腐病的多数病原菌生长的最适温度为 20~30℃，故在三七的主产区，发病关键在于温度。当温度为 15~20℃或更高，相对湿度达 95%及以上时，就会导致根腐病大发生。三七产区基本上每年有两次根腐病发病高峰期，第一次为播种至出苗期（3~4 月），第二次高峰出现于 7~8 月（王朝梁等，1998）。因此，冬春气温回升及夏季雨季到来时，在三七棚内控温控湿对防控根腐病的发生和蔓延有一定的效果。

三七黑斑病是三七的主要病害，可危害三七植株各个部位。温度也会影响三七黑斑病的发生和发展。室内试验发现，在 24℃、26℃、28℃、30℃、32℃和 34℃条件下分别接种三七黑斑病菌，发病率随温度的升高逐渐升高，在 32℃和 34℃条件下，病斑面积也显著高于低温处理，即受到高温影响后，三七植株更易被黑斑病菌侵染。在三七产区降雨频繁的时期，将七园下围或顶部荫棚适当打开，加强园内空气流动，尤其是雨后天晴时，可有效降低园内温度和湿度，从而防止三七黑斑病适宜的环境条件形成，降低园内黑斑病发生率（王勇等，2005）。

4.2.4　温度调控对三七主要病害的控制机制

对三七病原菌进行生物学特性研究发现，根腐病原菌 *Cylindrocarpon destructans* 和 *C. didynum* 适宜菌落扩展的温度均为 20℃，适合产孢的温度均为 20~25℃，*C. destructans* 在 25℃时萌发率较高，*C. didynum* 在 20℃时萌发率较高（李世东等，2006）；恶疫霉 *Phytophthora cactorum* 适宜生长温度为 20~28℃（赵日丰等，1994），王勇等（2008）进一步研究将恶疫霉最适生长温度范围缩小为 24~26℃。黑斑病原菌人参链格孢 *Alternaria panax* 的适宜生长温度为 22℃，适宜产孢温度为 18℃，分生孢子可萌发温度为 8~36℃，适宜温度为 18~25℃，最适温度为 22℃。总体而言，当气温在 20℃以上时，有利于三七病害病原菌的生长及繁殖（王勇等，2005）。目前，关于温度调控三七主要病害的机制研究很少，基本停留在现象描述。控温的主要手段即在高温季节保证七园通风或通过外部降温设施降低园内温度，主要的调控原理即创造不适宜病原菌生长、繁殖的温度条件。

4.2.5　水分调控对三七主要病害的影响

1. 避雨生态调控控制三七病害的效果

为了验证避雨生态调控控制三七病害的效果，分别在 2014 年及 2015 年在砚山和寻旬对避雨荫棚生态控制三七圆斑病的效果进行了验证。田间试验结果表明，在不施用任何农药的情况下，避雨荫棚栽培的一年生三七种苗全年无三七圆斑病的发生，平均相对防效均为100%（表4-14，表4-15）；2015年寻甸的田间试验结果表明，在不施用任何农药的情况下，采用避雨栽培的一年生三七种苗仅在8月中旬出现三七圆斑病的发生，且平均发病率仅为0.18%，平均病情指数也较低，仅为0.10，平均相对防效为99%以上（表4-16）。而在不施用任何农药的情况下，对于露天荫棚栽培的一年生三七种苗：在2014年砚山的田间试验中，三七圆斑病始发期为5月中旬，6月中旬发病率仅为6.4%，此时发病较为缓慢，7月为其发病高峰期，病情迅速加重，7月上旬病情指数与6月中旬相比急剧增加了2720.71%，平均病情指数达到了47.67，7月下旬，平均发病率高达80%以上，平均病情指数高达72.01，而到8月上旬99%以上的三七种苗有三七圆斑病的发生且出现植株死亡（表4-14）。在2015年砚山露天栽培中，同样出现了三七圆斑病的发生，始发期为6月上旬，7月病害持续发生，8月中旬为其发病高峰期，平均病情指数与7月中旬相比增加了599.10%，平均病情指数为46.63，9月中旬平均病情指数高达76.36（表4-15），10月上旬90%以上的三七种苗受到三七圆斑病菌的侵染，导致植株死亡。同样，在2015年寻甸的露天栽培试验中，三七圆斑病为导致一年生三七植株死亡的主要叶部病害，6月中旬为其始发期，7月为其病害暴发高峰期，7月中旬平均病情指数与6月中旬相比增加了2163.78%，平均病情指数达到了44.37，8月中旬平均病情指数高达68.84，到了9月中旬以后，91%以上的一年生三七种苗受到三七圆斑病菌的侵染，从而导致植株死亡（表4-16）。

表4-14   2014年砚山田间试验避雨栽培对三七圆斑病的控制效果

调查月份	平均发病率（%）		平均病情指数		平均相对防效（%）
	避雨栽培	露天栽培	避雨栽培	露天栽培	
5月中旬	0.00±0.00	0.78±1.75c	0.00±0.00	0.20±0.44d	
6月中旬	0.00±0.00	6.40±8.29c	0.00±0.00	1.69±2.28d	
7月上旬	0.00±0.00	67.50±36.34b	0.00±0.00	47.67±31.00c	100.00
7月下旬	0.00±0.00	81.45±21.00ab	0.00±0.00	72.01±24.10b	
8月上旬	0.00±0.00	99.53±0.31a	0.00±0.00	96.36±1.05a	

注：不同小写字母表示差异显著（$P<0.05$，$N=5$）

表4-15   2015年砚山田间试验避雨栽培对三七圆斑病的控制效果

调查月份	平均发病率（%）		平均病情指数		平均相对防效（%）
	避雨栽培	露天栽培	避雨栽培	露天栽培	
6月中旬	0.00±0.00	2.47±3.40c	0.00±0.00	1.40±1.96c	
7月中旬	0.00±0.00	12.67±5.59c	0.00±0.00	6.67±2.93c	
8月中旬	0.00±0.00	53.46±37.96b	0.00±0.00	46.63±39.06b	100.00
9月中旬	0.00±0.00	77.88±34.04ab	0.00±0.00	76.36±35.78ab	
10月上旬	0.00±0.00	90.91±20.33a	0.00±0.00	90.45±21.35a	

注：不同小写字母表示差异显著（$P<0.05$，$N=5$）

表 4-16 2015 年寻甸田间试验避雨栽培对三七圆斑病的控制效果

调查月份	平均发病率（%）		平均病情指数		平均相对防效（%）
	避雨栽培	露天栽培	避雨栽培	露天栽培	
6 月中旬	0.00±0.00b	3.05±5.33c	0.00±0.00b	1.96±3.64c	
7 月中旬	0.00±0.00b	52.10±26.63b	0.00±0.00b	44.37±25.95b	99.94
8 月中旬	0.18±0.39a	73.35±30.90ab	0.10±0.21a	68.84±33.68ab	
9 月中旬	0.00±0.00b	91.94±12.13a	0.00±0.00b	87.92±17.58a	

注：不同小写字母表示差异显著（$P<0.05$，$N=5$）

2014～2015 年连续两年在砚山及寻甸三七种植基地比较了避雨荫棚和不避雨荫棚处理对三七圆斑病的防治效果。结果表明，避雨调控能够在不施用任何化学农药的情况下有效控制三七圆斑病的发生，其防控效果可达 99%以上。避雨处理提高了植株冠层的温度，但对圆斑病菌发生流行的影响不明显；避雨降低了植株冠层的相对湿度，创造了不适宜圆斑病菌侵染的条件。避雨调控可显著降低雨天植株冠层相对湿度（relative humidity，RH），降低晴天夜间植株冠层空气相对湿度。圆斑病菌孢子萌发对空气湿度的变化极为敏感，环境温度在 4～30℃萌发率随 RH 值的降低而急剧下降，当 RH≤50%时孢子不能正常萌发。避雨调控阻隔雨水，明显减少叶面水膜持续时间，从而可以形成不利于孢子萌发和侵染的环境条件。在有水膜的条件下，圆斑病菌孢子萌发率显著高于无水膜相同温度和相对湿度条件下的萌发率。当水膜持续时间为 12 h 时，24～28℃条件下孢子平均萌发率最高可达 39.33%；但在无水膜存在条件下 RH=95%时，24～28℃处理 12 h 孢子平均萌发率仅为 0.33%～2.33%，这表明水膜对孢子的萌发具有关键的作用。避雨处理下叶面水分持续时数<2 h，孢子不能萌发。三七圆斑病的再侵染源主要依赖分生孢子的产生。圆斑病菌在 18～20℃叶面水膜持续时间为 18～24 h 的条件下可在离体三七叶片上产生大量分生孢子，但避雨调控后虽然植株冠层温度多分布于 16～20℃，但叶面湿润时数均小于 2 h，不具备产生分生孢子、进行再侵染的条件。因此，避雨调控可以有效调控植株冠层的气象条件，使其不利于圆斑病菌孢子的萌发、侵染及再侵染，有效地控制圆斑病的危害。

2. 土壤水分管理调控三七病害的效果

众多研究表明，土壤水分胁迫显著影响作物病害的发生，尤其是地下病害。土壤含水量在 15%～40%变化时，大豆疫霉菌引起的根腐病的发病率逐渐升高，当土壤含水量达 40%时发病率达到最高（张俊华等，2008）。水分胁迫加剧了连作大豆的苗期病害，病株率与土壤含水量呈显著负相关（邹永久等，1997）。另外，土壤水分与品种等因素互作影响植物病害。病原菌和水分均显著影响首蓿品种的 POD、SOD 和苯丙氨酸解氨酶（PAL）活性，且多因素之间存在显著的互作效应（郭玉霞，2015a）。根腐病菌和水分均对病情指数有显著影响，品种和水分间存在显著的互作关系（郭玉霞，2015b）；土壤水分是很多病原菌侵染流行的必要因素。土壤温度和水分状况是决定辣椒疫病菌侵入的重要因子（刘学敏等，2007）。蔬菜生产栽培中也发现水分和蔬菜病害存在重要的相关性（魏荣彬，2005）。因此，土壤水分的调控是目前调控作物病害的重要途径之一。

土壤水分的变化同样影响根腐病的发生程度。

三七根腐病的发生发展与环境条件密切相关,气温 20℃,相对湿度大于 95%,有利于病害的发生蔓延(王朝梁等,1998)。利用精确称重法和 TDR 水分测定仪精确控制土壤水分含量分别进行盆栽和田间水分实验,研究土壤水分含量变化对一年生三七和二年生三七的根腐病发生的影响。对于一年生三七而言,当土壤水分含量低于 70%田间持水量(FC),三七植株根部病害的发病率显著增加。在 90% FC 以上水分条件下,三七根部发病显著降低。表明利用合理调控土壤水分,可以提高三七种苗的存活率并降低根部病害的发生。同样,对二年生三七的研究表明,土壤水分管理失调(在干旱和高水分胁迫下),根腐病病害有加重的趋势。当水分管理低于 65% FC,植物死亡率随之升高。同样,当土壤水分长期保持在 95% FC 以上反而会加重根腐病的发生。三年生三七随着土壤含水量的升高,三七根腐病的发病率出现显著升高的趋势(赵宏光,2014)。因此在生产实践中,土壤水分调控是减轻根腐病的重要措施之一。对不同龄期的三七,更应当采取不同的水分调控方案,对土壤黏重、含水量容易饱和的区域应注意排水。

4.2.6　水分调控对三七主要病害的控制机制

1. 避雨生态调控控制三七病害的机制

1)传统露天栽培模式下田间三七圆斑病发生和流行规律

对露天栽培模式下三七圆斑病的发病规律进行了比较分析,该模式下三七圆斑病病情的加重与降雨量和植株间主要微气象因子相对湿度及温度有一定关系。在一定温度范围内,当月降雨量达到 100 mm 左右时,开始出现三七圆斑病发生,随着降雨量的不断增加,三七圆斑病病情逐渐加重,当月降雨量达到 150 mm 以上并连续持续 1.5~2 个月,三七圆斑病病情迅速加重。根据降雨量统计数据,从每年的 7 月开始,月降雨量均超过 150 mm,这与病害指数的调查数据及其增长速度相一致(图 4-37)。在露天栽培模式下,

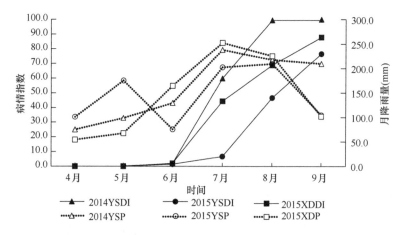

图 4-37　露天栽培模式下三七圆斑病发病与降雨量的关系

2014YSDI、2015YSDI 和 2015XDDI,分别为 2014 年砚山、2015 年砚山及 2015 年寻甸三七圆斑病病情指数;2014YSP、2015YSP 和 2015XDP,分别为 2014 年砚山、2015 年砚山及 2015 年寻甸 4~9 月降雨量

降雨的发生必然导致三七植株间空气相对湿度的增加，4～6 月降雨量较少，因此植株间空气相对湿度较低，通常在 80% 以下，此时极少有三七圆斑病的发生，而进入 7 月以后降雨持续增加，势必提高了植株间的空气相对湿度，7 月以后月平均空气相对湿度高达 85% 以上，甚至超过 90%，而每当降雨发生时，叶面相对湿度则高达 100%。

2）水膜持续时间对三七圆斑病菌分生孢子萌发的影响

通过不同温度条件下水膜持续时间对三七圆斑病菌分生孢子萌发影响的试验结果分析，分生孢子在有水膜存在情况下的萌发率（特别是在水分持续 18 h 及温度为 12～28℃时）明显比无水膜处理的要高，且萌发更快，在无水膜 18℃空气湿度较高（RH=100%）的条件下，孢子平均萌发率在 36 h 后才能达到 86% 左右，甚至有少量孢子不能正常萌发；而在有水膜持续存在的情况下，20℃培养 18 h 孢子平均萌发率可高达 98% 以上甚至达到 100%，平均萌发率比无水膜 RH=100% 处理下培养相同时间的要高 73.67%。孢子萌发率随水分持续时间的延长而增大，相反，随水膜持续时间的减少而降低，水膜持续 18 h 处理的孢子萌发率与 12 h、6 h 和 2 h 处理相比为最高，其中以水膜持续 2 h 处理的萌发率最低。由图 4-38 中可看出，在水膜持续 18 h、12 h、6 h 和 2 h 处理下的孢子萌发最适温度均为 20℃，而在有水膜存在的条件下 24～28℃孢子萌发率要比无水膜同等温度及相同培养时间条件下不同相对湿度处理的萌发率明显要高，在 24℃水膜持续 18 h 条件下的孢子平均萌发率比无水膜 RH=100% 同一温度条件下的萌发率要高 66.00%。但当水膜持续 2 h 时，分生孢子萌发率较低，且在后续的培养中萌发较慢。由此

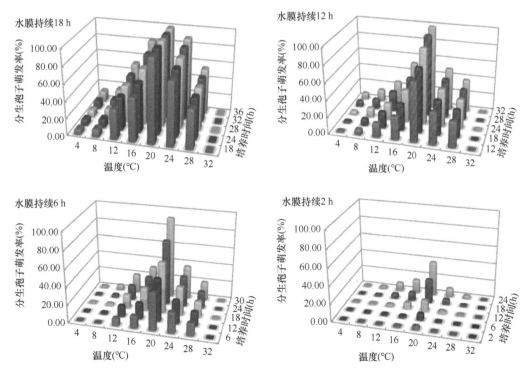

图 4-38　水膜持续时间及温度对三七圆斑病菌分生孢子萌发的影响

可知，三七圆斑病菌分生孢子的萌发需要水分的存在以及一定持续时间，在水膜持续12 h 以上时在 24～28℃下孢子亦可较为正常萌发，而在水膜持续时间较短的条件下，分生孢子对温度极为敏感，低于或高于 20℃则萌发率急剧降低，甚至不萌发。

3）叶面水膜持续时间对三七圆斑病菌侵染三七植株的影响

通过对同一温度下不同叶面水膜持续时间对三七圆斑病菌侵染三七植株影响的分析结果表明：三七圆斑病菌对三七植株的侵染受叶面水膜持续时间的影响较大，在同一温度下其侵染后的发病程度随叶面水膜持续时间的延长而加重，在 20℃温度处理每日叶面水膜持续 24 h 处理下接种 10 天后发病达到高峰，最为严重，相反，亦随叶面水膜持续时间的减少而减轻。当每日叶面水膜持续 24 h 后，相同培养时间下，三七圆斑病菌侵染三七植株的平均病情指数在 16℃、20℃和 24℃温度处理下均较高；但在 28℃和 32℃温度处理下的任何一个叶面水膜持续时间处理下均不能侵染三七植株。因此，在一定温度范围内当每日叶面水膜持续时间达到 18～24 h 时适宜三七圆斑病菌的侵染，其中以水膜持续 24 h 为最佳，当每日叶面水膜持续时间＜8 h 时则对三七圆斑病菌的侵染起到抑制作用（图 4-39）。

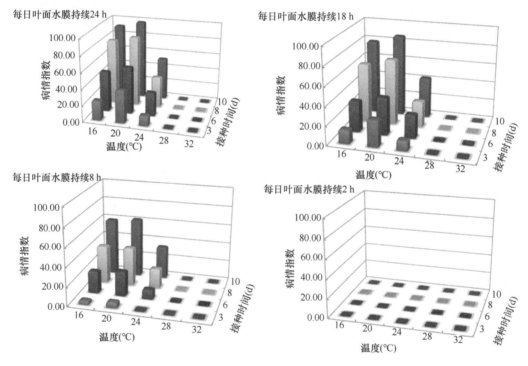

图 4-39　不同温度条件下叶面水膜持续时间对三七圆斑病菌侵染三七植株的影响

4）避雨栽培对叶面水膜持续时间的影响

通过对 2014 年 7 月、2015 年 8 月砚山和 2015 年 7 月寻甸的三七圆斑病发病高峰期，避雨荫棚栽培模式下，喷灌后每日叶面水膜持续时间，以及露天栽培模式下，雨后每日叶面水膜持续时间分布频率进行分析，可以直观地看出：避雨栽培模式下采用喷灌系统进行喷灌后叶面水膜持续时间均少于 2 h，叶面水膜持续时间分布频率均为 0～2 h，由本研究中的试验研究结果可知，此环境条件不利于三七圆斑病菌孢子萌发及圆斑病菌侵染三七植株，且避雨栽培模式下不利于孢子萌发及侵染的叶面水膜持续时间（0～2 h）分布频率均显著高于露天栽培模式，有利于孢子萌发及侵染的叶面水膜持续时间（8～12 h、12～16 h、16～20 h、20～24 h）分布频率均显著低于露天栽培模式；而在露天栽培模式下，有利于圆斑病菌孢子萌发及侵染的叶面水膜持续时间（8～12 h、12～16 h、16～20 h、20～24 h）分布频率（最高可达 24 h）显著高于避雨栽培模式下的分布频率。由本研究中的试验研究结果可知，此环境条件有利于三七圆斑病菌孢子萌发及圆斑病菌侵染三七植株。由此可知，避雨栽培阻隔雨水，直接减少了雨后叶面水膜持续时间，在三七圆斑病发病高峰期，采用避雨栽培模式起到了避雨避病的作用（图 4-40）。

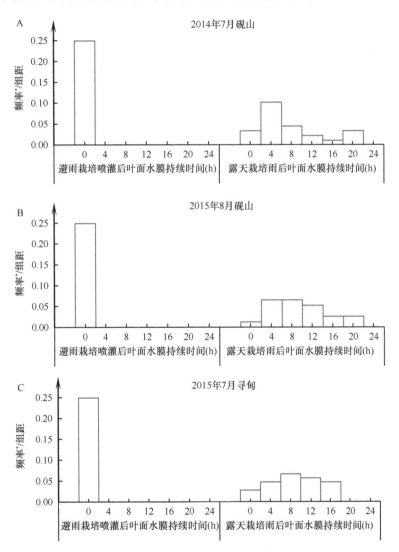

图 4-40　三七圆斑病发病高峰期避雨栽培喷灌后及露天栽培雨后叶面水膜累计持续时间分布频率直方图

A. 2014 年砚山 7 月三七圆斑病发病高峰期；B. 2015 年 8 月砚山三七圆斑病发病高峰期；C. 2015 年 7 月寻甸三七圆斑病发病高峰期；*表示发病高峰期避雨栽培喷灌后及露天栽培雨后叶面水膜累计持续时间分布频率

因此，避雨栽培可以通过阻隔雨水减少叶面水膜持续时间，从而形成不利于孢子萌发和侵染的环境条件。采用喷灌系统进行喷灌后叶面水膜持续时间均小于 2 h，不会形成适宜分生孢子再侵染的环境条件。因此，避雨栽培可有效减少叶面水膜持续时间，使其不利于槭菌刺孢分生孢子的萌发、侵染，达到有效控制圆斑病危害的目的。

2. 土壤水分管理调控三七病害的机制

三七作为我国重要的中药材产品，找到合理的土壤水分管理参数，以及探明土壤水分变化对三七病害的影响的关键因素，对三七健康生产尤为重要。田间生产和温室试验表明，土壤水分变化对三七根部病害具有显著的调控效果，其作用机制较为复杂。目前，水分胁迫对作物病害的研究并不完善，其调控机制可能有以下几个方面。

首先，土壤水分变化影响土壤中致病和拮抗微生物的丰度，进而调控病害发生。土壤水分可能对土壤微生物产生直接影响。不同微生物对水分的需求程度不一致，会导致微生物在土壤中的丰度差异。三七极易受到土传病原菌的侵染（Mao et al.，2014；Liu et al.，2019）。越来越多的研究表明，根腐病的发生主要是由于土壤中病原菌的积累（Santhanam et al.，2015；Wei et al.，2018）。土壤水分胁迫是引起土壤微生物群落变化的主要因素（Naylor et al.，2017；Santos-Medellín et al.，2017；Xu et al.，2018）。土壤水分含量的变化显著影响土壤细菌真菌比。目前研究表明，土壤由细菌型土壤向真菌型土壤的转变是三七连作障碍的主要特征之一。根腐病的发生与细菌 α 多样性调控直接相关。土壤微生物多样性对土壤养分循环、结构保持、作物产量、土壤健康等方面具有重要作用（Bardgett and Putten，2014；Delgado-Baquerizo et al.，2016；Dai et al.，2018）。因此，土壤水分调控土壤的真菌和细菌的变化，进而影响土壤的微生物平衡状态，调控土壤功能。土壤水分胁迫状态下的土壤，真菌子囊菌门 Ascomycota 的丰度上调，如最常见的致病真菌 *Ilynectria* 属和 *Monographella* 属，而土壤水分的变化会调控三七根际核心拮抗微生物菌群的丰度来影响根腐病的发生。多数常见的拮抗病原菌包括 *Lysobacter* 属和 *Arthrobacter* 属等有益细菌在水分逆境土壤中被显著下调，进而调控病害发生。

其次，土壤水分变化引起寄主分泌物和土壤理化性质的改变，进而调控土壤微生物。已有大量研究表明，三七土传病害的发生受到寄主生长（Luo et al.，2019）和土壤特性（Dong et al.，2016；Wu et al.，2016；Tan et al.，2017；Wei et al.，2018；Li et al.，2019）变化引起土壤微生物群落变化的影响。有研究表明，植物代谢产生的长链氨基酸也能抑制病害发生（Yuan et al.，2018）。因此，水分也可能影响植株代谢，进而影响微生物的变化。干旱对根际土壤微生物的影响最强（Santos-Medellín et al.，2017；Xu et al.，2018），干旱会通过影响植物代谢来进一步调控根际土壤微生物群落和结构。众多研究也表明，三七能通过根系分泌一系列化合物（如酚酸、皂苷等）促进根腐病菌生长，加重根腐病的危害（Yang et al.，2018）。此外，土壤水分引起的土壤理化性质的变化也可能是造成微生物变化的主要原因。有研究表明，过量施氮使土壤 pH 和 C/N 降低，电导率增加，导致土壤处于一个碳氮比失衡的逆境状态。这种逆境状态使土壤环境中寄居的微生物群落多样性水平下降，导致土壤中相关拮抗微生物含量降低，而根腐病菌含量增加，加重连作障碍的发生。干旱或高水分条件下土壤中氧含量、pH、电导率、C/N 等土壤理化性质可以间接改变。土壤理化性质的改变势必会对微生物产生影响。

最后，土壤水分胁迫调控植株抗性下降，加重病害。抛开土壤微生物因素的影响，三七植株受到水涝胁迫后，植株抗性逐渐下降，发病率逐渐加重。干旱胁迫条件下，三七植株叶片发黄，甚至萎蔫死亡。而在高水分条件下，植株叶片脱落增加。表明三七植株的生理生化途径发生了明显的改变，这些途径可能降低了植株的抗性，为病原菌的侵入提供了有利的机会。

综上所述，通过调控土壤水分调控三七根腐病的发生是一个复杂的过程，土壤水分会调控土壤理化性质和三七的植株状态，同时影响三七植株抗性、三七代谢物质和根系向土壤分泌的物质，最终调控三七根际土壤微生物微环境，造成真菌细菌状态失衡，加速有害病菌积累，下调有益菌群，进而加重三七病害的发生。

4.3　三七病害生态控制关键技术及应用

4.3.1　环境调控（避雨、控湿、控温）病害防治关键技术

1. 避雨调控控病关键技术

避雨调控是控制三七圆斑病的关键措施之一。本课题组于 2014～2015 年连续两年在砚山及寻甸三七种植基地对比避雨栽培和露天栽培模式对三七圆斑病的防控效果。结果表明，避雨栽培能够在不施用任何化学农药的情况下有效控制三七圆斑病的发生，其防治效果达到 99% 以上。避雨措施可显著降低植株冠层的相对湿度，创造不适宜圆斑病菌侵染的环境条件。圆斑病菌的孢子萌发对空气湿度变化极为敏感，环境温度在 4～30℃ 萌发率随 RH 值的降低而急剧下降，当 RH≤50% 时孢子不能正常萌发。避雨栽培通过阻隔雨水，减少叶面水膜持续时间，从而形成不利于孢子萌发和侵染的环境条件。研究表明，在有水膜的条件下，圆斑病菌孢子萌发率显著高于无水膜条件下的萌发率。当水膜持续 12 h 时，24～28℃ 条件下孢子平均萌发率最高可达 39.33%；但在无水膜存在下 RH 为 95% 时，24～28℃ 处理 12 h 孢子平均萌发率仅为 0.33%～2.33%，这表明在无水膜的环境中孢子萌发对温度的升高极为敏感。避雨栽培模式下叶面水膜持续时数<2 h，孢子不能正常萌发。三七圆斑病的再侵染源主要依赖分生孢子的产生。在 18～20℃ 叶面水膜持续时间为 18～24 h 的条件下可使槭菌刺孢在离体三七叶片上产生大量分生孢子，在露天栽培模式下雨季来临时，每日叶面水膜持续时间最高可达 18 h 以上，在此环境条件下有利于孢子萌发、侵染及再侵染；但采用避雨荫棚栽培模式后，植株冠层温度多分布于 16～20℃，采用喷灌系统进行喷灌后叶面水膜持续时间均小于 2 h，不具备产生分生孢子、进行再侵染的条件。因此，避雨栽培可有效改变植株冠层空气湿度和叶面水膜持续时间，减少地面积水，使其不利于槭菌刺孢分生孢子的萌发、侵染及再侵染，从而有效地控制圆斑病的危害。

具体实施技术，在三七的墒面上用 4 m 长竹棍两边插到墒的两边做成一个拱形，拱形最高处离墒面约 70 cm，然后在拱形上搭盖一层避雨膜，避雨膜覆盖面积以正好掩盖到墒面为准，避雨膜的最低点离墒面 30～50 cm。搭建避雨膜可以有效控制棚内的空气

温度、湿度，以及土壤的温度和含水量等病害发生的重要因素。以云南省气候为例：每年 6～9 月为云南省雨季，在 5 月搭建好简易的林下三七避雨棚架，但先不覆盖避雨薄膜。6 月正式进入雨季，待雨水充分浇透土壤，用土壤水分检测仪检测土壤含水量，达到 30%后，覆盖避雨薄膜。6～9 月雨季时期，使用土壤水分检测仪检测土壤含水量，当土壤含水量低于 15%时，揭开避雨薄膜进行透水操作，待降雨后土壤含水量达到 30%时，覆盖避雨薄膜。

2. 土壤水分调控控病关键技术

在三七种植生产实践中，有效调控土壤水分含量是增加三七存活率和减轻病害发生的重要措施之一。对不同龄期的三七，更应当采取不同的水分管理措施。对于一年生三七而言，土壤水分含量应当保持在 90%田间持水量（FC）以上。二年生三七最佳的土壤水分含量为 75%～95% FC，田间土壤不易干旱的情况下，保持在 65% FC 以上。三年生三七应当把土壤水分含量调控在 55%～60% FC。对于沙土而言，保水是关键，应避免干旱。对土壤黏重、含水量容易饱和的区域应注意排水，避免雨季造成水涝。一年生种子出苗和种苗移栽初期，干旱会推迟种子和种苗的出苗时间，此时应给予充足水分。后期保证土壤水分适宜，干旱和水涝均会加重三七死苗和根腐病的发生。此外，应当因地制宜，对于传统生产中以红壤为主的田块，避雨栽培是雨季降低土壤水分含量的有效措施，需用坡地为善，但也应注意补水。

3. 温度调控病害关键技术

每一种植物在生长区都需要有适宜的温度条件，三七生长期既畏严寒又畏酷暑，低温和高温都会导致三七植株的死亡，此外，适宜生长的气温条件也是防控三七病害的重要保证。三七健康生长对温度要求的研究主要是在气温和土壤温度两个方面，对于适宜气温的阈值基本达成共识，但在临界值方面则还没有达成一致，关注土壤温度的学者也并不多。

罗群等（2010）、明凤恩（2013）等研究认为，20～25℃是三七出苗期最适宜气温，最适土壤温度为 10～15℃，最适生育期土壤温度为 15～20℃。三七出苗前冬季气温过低（低于-5℃）、出苗后零度以下持续低温会对三七苗产生冻害，造成三七生理性病害的发生。因此，三七出苗前后（冬春季节），应防范冬季强寒潮、重霜冻及春季"倒春寒"的发生，保证七园温度。

三七在夏季气温不超过 35℃时均可生长（赵荣贤，2010），年温差 11℃左右是优质三七产出的适宜气温条件（崔秀明，2005）。日气温大于 33℃的天数多是影响广西三七质量和产量的关键因素（金航等，2005），气温长时间超过 33℃，会对三七苗造成危害。当日高温超过 33℃时，需采取一定的手段降低温度。除此之外，7 月雨季到来后，三七根腐病进入第 2 次发病高峰期，黑斑病也进入全年发病最严重时期，温度达 20℃，相对湿度为 80%～90%时病害发生蔓延迅速。因此这个阶段还应特别注意温湿度变化，尤其是持续降雨天晴后，园内要注意通风除湿降温。

4.3.2　环境消毒关键技术

1. 蒸汽处理

对三七连作土壤进行高温蒸汽消毒，可促进土壤有机质熟化，还原理化性质，消除土传病原优势菌落，防除地下害虫和杂草种子，以及消解自毒物质。处理方法：三七种苗收获后将土壤中的根叶等残体去除。利用蒸汽锅炉产生 180℃的高温蒸汽，通过主管道接入三七棚内，主管道口连接耐高温软管，将软管埋进待处理三七育苗槽土壤底部，土壤上部覆盖耐高温保温被。通入蒸汽后使土壤温度加热至＞90℃后持续 10～20 min，消灭土壤内残存的病虫及化感自毒物质。只要以后注意做到净苗入室，严格温室封闭和隔离，室内就会没有或极少有病虫源。

2. 臭氧气体处理

三七种苗收获后将土壤中的根叶等残体去除，利用臭氧发生器产生臭氧气体，然后向连作土壤中连续通入臭氧气体，臭氧发生速率为 32 g/h，使介质均匀接触臭氧时间大于 5 min，处理后光照通风晾晒 2 h 以上以便使残余臭氧气体见光分解。将处理后土壤晾干后即可种植种子或种苗。该方法可利用臭氧气体的强氧化能力，有效消除连作土壤中的皂苷类自毒物质和有害生物，缓解三七连作障碍，且环保无残留。

3. 过氧化氢处理

三七种苗收获后将土壤中的根叶等残体去除，然后利用 1%含量的过氧化氢处理土壤。处理过程中需要将连作土壤用过氧化氢基本润湿。处理完将土壤晾干后即可种植种子或种苗。该方法可利用过氧化氢的强氧化能力有效消除连作土壤中的皂苷类自毒物质和有害生物，缓解三七连作障碍，且环保无残留。

4.3.3　化学防控

1. 黑斑病的化学防治

可用 64%杀毒矾可湿性粉剂（1∶500 倍液）、40%菌粉净可湿性粉剂（1∶400 倍液）、40%大生可湿性粉剂（1∶500 倍液）、40%菌核净（1∶500 倍液）、45%菌绝王（1∶500 倍液）、58%腐霉利（1∶1000 倍液）等，上述药剂可任选其中 1 种或者 2～3 种混配后兑水喷雾防治，7 天左右喷药 1 次，接连喷施 2～3 次，可见药效。代森铵、代森锌（1∶300 倍液）混合液+新高脂膜对三七黑斑病有较好的防治效果。25%丙环唑水剂 2000 倍液、30%爱苗乳油 3000 倍液、25%腈菌唑水剂 2000 倍液对三七黑斑病的防效均达 80%以上。

2. 圆斑病的化学防治

在病害发生初期，采用代森锰锌、喷克等药剂喷雾，可及时控制病害蔓延。用 50%

腐霉利（1∶600 倍液）和佳爽（1∶500 倍液）或科露净（1∶800 倍液）和代森锰锌兑水喷雾防治，每两次施药间隔期一般为 7～10 天，接连喷施 2～3 次，可有效预防和控制三七圆斑病害。用药时，根据七龄、植株大小及当地气候变化严格控制药剂浓度的使用，不要随意增加浓度或用量，防止三七药害的发生。每种农药在 1 年内使用次数最好不要超过 5 次，最后 1 次施药距离三七采挖期要间隔 20 天以上。

3. 根腐病的化学防治

根腐病是三七生产过程中危害最严重的病害，也是制约三七产业发展的重要难题。作为一种地下病害，三七根腐病发生和侵染机制复杂，存在线虫、细菌和真菌等复合侵染的情况，因此预测和防治都较为困难，也一直是三七病害研究中的热点。几十年来，国内外学者围绕三七根腐病开展了大量的研究，在化学防治方面，代森铵、代森锌、退菌特、敌克松、粉锈灵、甲基硫菌灵、甲基托布津、百菌清、多菌灵等均被报道对三七根腐病有不同程度的防治作用（王淑琴等，1989；骆平西等，1991；李忠义等，1998）。此外，还有报道利用溴甲烷、氯化苦等进行土壤熏蒸能有效控制连作地的三七根腐病（李忠义等，1998；冯光泉等，2001；欧小宏等，2018）。但由于土壤熏蒸剂多为毒性较大的挥发性化合物，在实际生产中的使用具有较大的限制。

4. 三七根结线虫的防治

迄今为止对根结线虫病依然缺乏有效的防治手段，传统的防治理念是在土壤中施加不利于线虫的化学、物理和生物因子，使其作用于暴露在土壤中的根结线虫卵及二龄幼虫，减少线虫成功入侵寄主的概率，从而达到控病的目的。目前主要的防治方法有化学防治、选育抗性品种、农业防治、物理防治和生物防治。化学防治是病害综合防治中的主体，其见效快、针对性强，但毒性大、副作用多、高残留、污染环境。传统农田种植主要采用化学药剂防治根结线虫病害暴发，常导致三七农残超标，品质降低。为了减轻三七根结线虫病的危害，首先要保证种苗的健康，尽量不使用化学药剂，如果要使用化学药剂，尽量喷施高效、低毒、低残留的杀线剂，如用阿维菌素 B2、路富达等药剂进行防治。三七对根结线虫的抗性未明，抗病品种策略也无法实施。因此，如何经济、高效、生态地控制三七根结线虫病的发生和蔓延是亟待解决的问题。

4.3.4 生物防治

近年来，随着人民对健康生活的追求日益提高，市场对于中药材的需求量激增，包括三七在内的许多中药材种植产业发展迅猛，为了满足市场需求，三七种植面积不断扩大，种植农户为了追求单位面积产量，大量投入化学肥料，导致病虫害发生加剧，生产者只能随之加大化学农药使用来保证产量，而农药过量使用又进一步加剧了病虫害抗药性、农药残留、环境污染和药材质量下滑等多种问题。利用生物防治的手段来控制三七的病虫害是突破三七传统种植困境的重要手段之一。国内已有许多学者围绕三七病害的生物防治开展了研究，丁万隆等（1997）研究发现，纯化后的木霉菌制剂对三七灰霉病有显著的防治效果，且对人畜无毒，无农残；刘立志等（2004）在三七根系土壤菌株的分离过程中，发现 3 株芽孢杆菌菌株对三七根腐病原菌具有拮抗能力，尤其对毁灭柱孢菌拮抗效果较好；马莉等（2013）从三七健康植株的不同组织内分离出一系列对三七病原菌 *Fusarium oxysporum* 和北方根结线虫 *Meloidogyne hapla* 有拮抗活性的内生细菌；叶云峰等（2015）从三七根际土壤里分离筛选到一株对三七多个病原菌具有抑菌作用的棘孢木霉 F_2，发现其可造成三七黑斑病菌、炭疽病菌和根腐病菌的菌丝膨大、畸形和断裂，进而抑制三七病原菌的生长；凡责艳（2016）从土壤中分离得到厚壁菌门 Firmicutes 和变形菌门 Proteobacteria 等 4 门 23 属 53 种共 146 株细菌，对能导致三七根腐病的病原菌 *Fusarium solani*、*F. oxysporum*、*Alternaria tenuissima* 和茎点霉 *Phoma herbarum* 均具有不同程度的抑制作用；蒋妮等（2017）从健康三七植株根际土壤中分离得到的棘孢木霉 F_2 菌株能够显著抑制三七灰霉病菌菌丝的生长和孢子萌发，且通过盆栽试验证明了棘孢木霉 F_2 菌株发酵液对三七灰霉病具有一定的防治效果，具有开发为生物农药的潜力；沈永昶等（2019）从三七植株中分离到 1 株解淀粉芽孢杆菌和 1 株枯草芽孢杆菌，能显著抑制柱孢菌菌丝的生长并显著抑制三七离体块茎和植株根腐病的发生。然而，虽然围绕三七病虫害的生物防治已开展了一定的研究工作，但总体仍处于试验研究阶段，生产上实际推广应用或商业化的案例还鲜有报道，继续深入推动生物防治在三七病虫害防治中的应用具有很大的生产实践意义和市场空间。

参 考 文 献

陈立杰, 魏峰, 段玉蜜, 等. 2009. 温湿度对南方根结线虫卵孵化和二龄幼虫的影响[J]. 植物保护, 35(2): 48-52.

陈昱君, 王勇, 冯光泉, 等. 2001. 三七根腐病发生与生态因子的关系[J]. 云南农业科技, (6): 33-35.

陈昱君, 王勇, 冯光泉, 等. 2003. 三七黑斑病发生与生态因子关系调查初报[J]. 云南农业科技, (1): 33-34.

陈昱君, 王勇, 冯光泉, 等. 2005a. 三七黑斑病病原生物学特性研究[J]. 植物病理学报, (3): 267-269.

陈昱君, 王勇, 柯金虎, 等. 2002. 三七根结线虫病调查初报[J]. 中国中药杂志, (5): 63-64.

陈昱君, 王勇, 刘芸芝, 等. 2005b. 三七黑斑病发生规律调查研究[J]. 中国中药杂志, (7): 557-558.

陈昱君, 喻盛甫, 余敏, 等. 2000. 在文山地区发现三七根结线虫病[J]. 云南农业大学学报, (3): 298.

崔秀明, 王朝梁, 贺承福, 等. 1993. 三七荫棚透光度初步研究[J]. 中药材, (3): 3-6.

丁万隆, 程惠珍, 张国珍. 1997. 木霉在药用植物病害防治上的应用[J]. 中草药, (8): 505-507.

董莹. 2018. 象耳豆根结线虫诱导的根结特异启动子的克隆与功能验证[D]. 昆明: 云南农业大学博士学位论文.

凡责艳. 2016. 三七根腐病原菌拮抗细菌的分离鉴定及生防效应研究[D]. 昆明: 云南师范大学硕士学位论文.

冯光泉, 董丽英, 陈昱君, 等. 2008. 三七病原根结线虫的分子鉴定[J]. 西南农业学报, (1): 100-102.

冯光泉, 李忠义, 王朝梁, 等. 2001. 溴甲烷处理老三七地防治根腐病和杂草[J]. 云南农业科技, (2): 20-21.

傅俊范, 王崇仁, 吴友三. 1995. 细辛叶枯病病原菌及其生物学研究[J]. 植物病理学报, 25(2): 175-178.

耿亚玲, 李秀花, 陈书龙. 2011. 南方根结线虫产卵温度对其孵化的影响[C]. 植保科技创新与病虫防控专业化——中国植物保护学会 2011 年学术年会论文集: 77-84.

郭玉霞, 管永卓, 张金锋, 等. 2015b. 根腐病原镰刀菌-苜蓿品种-土壤水分互作对种苗生长的影响[J]. 草地学报, 23(3): 623-631.

郭玉霞, 张红瑞, 管永卓, 等. 2015a. 根腐病原镰刀菌-品种-土壤水分互作对苜蓿保护酶活性的影响[J]. 草地学报, 23(6): 1336-1342.

胡先奇, 杨艳丽, 喻盛甫. 1997. 三七根结线虫病在云南发现[J]. 植物病理学报, (4): 360.

胡先奇, 喻盛甫, 杨艳丽. 1998. 三七根结线虫病病原研究[J]. 云南农业大学学报, (4): 36-40.

贾双双. 2012. 番茄砧木对南方根结线虫抗性鉴定及抗性机制研究[D]. 济南: 山东农业大学博士学位论文.

蒋妮, 白丹宇, 宋利沙, 等. 2018. 棘孢木霉 F_2 菌株对三七灰霉病的生物防治作用[J]. 江苏农业科学, 46(20): 94-97.

焦自高, 齐军山. 2012. 设施蔬菜根结线虫病的发生与防治[J]. 中国瓜菜, 25(5): 62-63.

金航, 崔秀明, 朱艳, 等. 2005. 气象条件对三七药材道地性的影响[J]. 西南农业学报, 18(6): 825-828.

金娜, 刘倩, 简恒. 2015. 植物寄生线虫生物防治研究新进展[J]. 中国生物防治学报, 31(5): 789-800.

康子腾, 姜黎明, 罗义勇, 等. 2013. 植物病原链格孢属真菌的致病机制研究进展[J]. 生命科学, 25(9): 908-914.

李世东, 张克勤, 缪作清, 等. 2006. 三七根腐病原菌(Cylindrocarpon spp.)生物学特性研究[J]. 云南大学学报(自然科学版), 28(S1): 342-346.

李忠义, 贺承福, 王朝梁, 等. 1998. 三七根腐病防治研究[J]. 中药材, (4): 163-166.

凌春耀, 林伟国, 余生, 等. 2017. 三七侵染性病害防治工作的研究进展[J]. 绿色科技, (7): 144-146, 149.

刘立志, 王启方, 张克勤, 等. 2004. 三七根腐病拮抗菌的筛选及活性产物的初步分离[J]. 云南大学学报(自然科学版), (4): 357-359+363.

刘学敏, 周艳玲, 李立军. 2007. 辣椒疫霉菌侵染模型和侵染条件定量研究[J]. 应用生态学报, 18(5): 1061-1065.

刘云龙, 陈昱君, 何永宏. 2002. 三七圆斑病的初步研究[J]. 云南农业大学学报, 17(3): 297-298.

龙月娟. 2016. 三七圆斑病的病原菌致病机制及避雨栽培对其控制效果与原理[D]. 昆明: 云南农业大学博士学位论文.

罗群, 游春梅, 官会林. 2010. 环境因素对三七生长影响的分析[J]. 中国西部科技, 9(9): 7-8+12.

骆平西, 许毅涛, 王拱辰, 等. 1991. 三七根腐病病原鉴定及药剂防治研究[J]. 西南农业学报, (2): 77-80.

毛忠顺, 龙月娟, 朱书生, 等. 2013. 三七根腐病研究进展[J]. 中药材, 36(12): 2051-2054.

明凤恩, 张淞倨. 2013. 田七的植物学特征、环境条件及优质高产栽培技术[J]. 产业与科技论坛, 12(10): 108-110.

缪作清, 李世东, 刘杏忠, 等. 2006. 三七根腐病病原研究[J]. 中国农业科学, 39(7): 1371-1378.

宁晓雪, 苏跃, 马玥, 等. 2019. 立枯丝核菌研究进展[J]. 黑龙江农业科学, (2): 140-143.

欧小宏, 刘迪秋, 王麟猛, 等. 2018. 土壤熏蒸处理对连作三七生长发育及土壤理化性状的影响[J]. 中国现代中药, 20(7): 842-849.

全怡吉, 郭存武, 张义杰, 等. 2018. 不同温度处理对三七生理生化特性的影响及黑斑病敏感性测定[J]. 分子植物育种, 16(1): 262-267.

沈永昶, 曹贝贝, 胡淼, 等. 2019. 三七根腐病原菌拮抗菌的筛选与活性分析[J]. 浙江理工大学学报(自然科学版), 41(6): 806-811.

天天. 2015. 三七立枯病及猝倒病防治[J]. 农家之友, (12): 57.

王朝梁, 崔秀明, 李忠义, 等. 1998. 三七根腐病发生与环境条件关系的研究[J]. 中国中药杂志, 23(12): 714-716.

王朝梁, 崔秀明, 罗文富, 等. 2000. 三七黑斑病初侵染来源及传播途径研究[J]. 中国中药杂志, (10): 21-23.

王洪秀, 张倩, 王玲杰, 等. 2015. 链格孢菌毒素合成相关基因研究进展[J]. 中国生物工程杂志, 35(11):

92-98.

王淑琴, 于洪军. 1989. 三七根腐病的初步研究[J]. 特产研究, (2): 7-10.

王勇, 陈昱君, 范昌, 等. 2003. 三七圆斑病发生与环境关系[J]. 中药材, 26 (8): 541-542.

王勇, 陈昱君, 周家明. 2000. 三七黑斑病田间发生规律调查初报[J]. 中药材, (11): 671-672.

王勇, 刘云芝, 陈昱君, 等. 2005. 三七黑斑病的研究[J]. 人参研究, (3): 42-45.

王勇, 刘云芝, 杨建忠, 等. 2008. 三七疫病病菌 *Phytophthora cactorum* 生物学特性初步研究[J]. 西南农业学报, 21(3): 671-674.

魏荣彬. 2005. 水分管理不当引起蔬菜的生理病害[J]. 吉林蔬菜, (3): 43.

杨佩文, 崔秀明, 董丽英, 等. 2008. 云南三七主产区根结线虫病病原线虫种类鉴定及分布[J]. 云南农业大学学报(自然科学版), 23(4): 479-482.

杨艳梅. 2017. 云南烟草主产区根结线虫种类动态及新药剂防治试验[D]. 昆明: 云南农业大学硕士学位论文.

叶云峰, 付岗, 胡凤云, 等. 2015. 三七主要病害生防真菌 F_2 的抑菌作用测定及其鉴定[J]. 西南农业学报, 28(5): 2112-2115.

张俊华, 刘学敏, 张艳菊, 等. 2008. 接种体密度、土壤含水量和土壤温度对大豆疫霉根腐病发生的影响[J]. 中国油料作物学报, 30(3): 342-345.

张连娟, 高月, 董林林, 等. 2017. 三七主要病害及其防治策略[J]. 世界科学技术-中医药现代化, 19(10): 1635-1640.

赵宏光, 夏鹏国, 韦美膛, 等. 2014. 土壤水分含量对三七根生长, 有效成分积累及根腐病发病率的影响[J]. 西北农林科技大学学报(自然科学版), 42(2): 173-178.

赵日丰, 杨依军, 吴连举, 等. 1994. 人参疫病发生规律的研究[J]. 特产研究, 3: 1-5.

邹永久, 韩丽梅, 付慧兰, 等. 1997. 土壤水分胁迫对大豆连作植株生长及病害影响[J]. 大豆科学, (2): 40-44.

Ali N, Tavoillot J, Chapuis E, et al. 2016. Trend to explain the distribution of root-knot nematodes *Meloidogyne* spp. associated with olive trees in Morocco[J]. Agriculture Ecosystems & Environment, 225: 22-32.

Bardgett R D, van der Putten W H. 2014. Belowground biodiversity and ecosystem functioning[J]. Nature, 515(7528): 505-511.

Caswellchen E P, Westerdahl B B, Bugg R L. 1998. Nematodes[M]//Horst R K. Westcott's Plant Disease Handbook. Netherlands: Springer: 113-125.

Dai Z, Su W, Chen H, et al. 2018. Long-term nitrogen fertilization decreases bacterial diversity and favors the growth of Actinobacteria and Proteobacteria in agro-ecosystems across the globe[J]. Global Change Biology, 24(8): 3452-3461.

Delgado-Baquerizo M, Maestre F T, Reich P B, et al. 2016. Microbial diversity drives multifunctionality in terrestrial ecosystems[J]. Nature Communications, 7: 10541.

Dong L, Xu J, Feng G, et al. 2016. Soil bacterial and fungal community dynamics in relation to *Panax notoginseng* death rate in a continuous cropping system[J]. Scientific Reports, 6(1): 1-11.

Hunt D J, Handoo Z A. 2009. Taxonomy, identification and principal species[J]. Root-knot nematodes, 1: 55-88.

Li Y, Wang B, Chang Y, et al. 2019. Reductive soil disinfestation effectively alleviates the replant failure of sanqi ginseng through allelochemical degradation and pathogen suppression[J]. Applied Microbiology and Biotechnology, 103(8): 3581-3595.

Liu H J, Yang M, Zhu S S. 2019. Strategies to solve the problem of soil sickness of *Panax notoginseng* (Family: Araliaceae)[J]. Allelopathy Journal, 47(1): 37-56.

Luo L, Guo C, Wang L, et al. 2019. Negative plant-soil feedback driven by re-assemblage of the rhizosphere microbiome with the growth of *Panax notoginseng*[J]. Frontiers in microbiology, 10: 1597.

Mao Z S, Long Y J, Zhu Y Y, et al. 2014. First report of *Cylindrocarpon destructans* var. *destructans* causing black root rot of sanqi (*Panax notoginseng*) in China[J]. Plant disease, 98(1): 162.

Naylor D, Degraaf S, Purdom E, et al. 2017. Drought and host selection influence bacterial community dynamics in the grass root microbiome[J]. The ISME Journal, 11(12): 2691-2704.

Neergaard P, Newhall A G. 1951. On the physiology and pathogencity of *Mycentrospora acerirta* (Hartig) Newhall[J]. Phytopathology, 41(11): 1021.

Santhanam R, Weinhold A, Goldberg J, et al. 2015. Native root-associated bacteria rescue a plant from a sudden-wilt disease that emerged during continuous cropping[J]. Proceedings of the National Academy of Sciences, 112(36): E5013-E5020.

Santos-Medellín C, Edwards J, Liechty Z, et al. 2017. Drought stress results in a compartment-specific restructuring of the rice root-associated microbiomes[J]. mBio, 8(4): e00764-17.

Tan Y, Cui Y S, Li H, et al. 2017. Diversity and composition of rhizospheric soil and root endogenous bacteria in *Panax notoginseng* during continuous cropping practices[J]. Journal Basic Microbiology, 57: 337-344.

Vovlas N, Rapoport H F, Rafael M, et al. 2005. Differences in feeding sites induced by root-knot nematodes, *Meloidogyne* spp., in chickpea[J]. Phytopathology, 95(4): 368-375.

Wei W, Yang M, Liu Y, et al. 2018. Fertilizer N application rate impacts plant-soil feedback in a sanqi production system[J]. Science of the Total Environment, 633: 796-807.

Xu L, Naylor D, Dong Z, et al. 2018. Drought delays development of the sorghum root microbiome and enriches for monoderm bacteria[J]. Proceedings of the National Academy of Sciences, 115(18): E4284-E4293.

Yang M, Chuan Y, Guo C, et al. 2018. *Panax notoginseng* root cell death caused by the autotoxic ginsenoside Rg_1 is due to over-accumulation of ROS, as revealed by transcriptomic and cellular approaches[J]. Frontiers in Plant Science, 9: 264.

Yuan J, Zhao J, Wen T, et al. 2018. Root exudates drive the soil-borne legacy of aboveground pathogen infection[J]. Microbiome, 6(1): 1-12.

第 5 章　三七害虫生态防控原理及关键技术应用

三七生长年限长、生长环境特殊，生长过程中易受害虫的侵害。三七地上茎叶会受蚜虫、蓟马等吸汁性害虫及蛞蝓、斜纹夜蛾等食叶类害虫的危害，地下根茎会遭受小地老虎、蛴螬和金针虫等地下害虫的危害。因此，害虫防治是三七生态栽培过程中的关键环节。三七既是中药材，又是保健品，对原料质量的要求高，而害虫防治中化学农药的过量施用带来的农药残留超标则是影响三七品质的重要因素之一。三七的生产过程中，应坚持"预防为主、综合防治"的植保工作方针，准确诊断危害三七的害虫、掌握害虫的发生危害规律，采取以生态防控措施为主的害虫综合治理策略，有效控制害虫危害和农药残留，保障三七产量和品质。本章在介绍三七害虫种类及发生危害规律的基础上，重点介绍立足于"三七-害虫-天敌"之间的相互关系，协调利用生态因素的调控作用，构建以农业措施、物理阻隔、植物载体、生物措施为主要内容的三七害虫生态防控的原理及技术。最后，根据三七生长与害虫发生危害特点，编制了三七害虫防治历，为科学指导害虫防治提供基础理论依据。

5.1　三七主要害虫种类及主要种类的发生危害规律

5.1.1　三七害虫种类

三七的害虫主要为节肢动物门昆虫纲，实际上除去昆虫纲外，还有甲壳纲、腹足纲和蛛形纲类动物。生产中通常笼统地把这些危害三七的小型动物称为害虫，将这些动物取食造成的危害称为虫害。因此，本书中所讲的害虫包括昆虫、蛞蝓等所有危害三七的小型有害动物（线虫属于三七病害范畴）。

根据已有文献报道，同时结合近年来的调查，发现取食危害三七的有害动物有昆虫纲、蛛形纲、甲壳纲和腹足纲动物共计 20 多种。从取食部位与危害方式来看，可分为食根茎类害虫、食叶类害虫和吸食汁液类害虫（表 5-1）。

表 5-1　大棚种植三七害虫主要类群

危害部位与方式	种类	有害动物类群
食根、茎、幼苗	华北大黑鳃金龟 *Holotrichia oblita*	昆虫纲鞘翅目
	匀脊鳃金龟 *Holotrichia sinensis*	昆虫纲鞘翅目
	铜绿丽金龟 *Anomala corpulenta*	昆虫纲鞘翅目
	鲜黄鳃金龟 *Metabolus impressifrons*	昆虫纲鞘翅目
	小地老虎 *Agrotis ypsilon*	昆虫纲鳞翅目
	东方蝼蛄 *Gryllotalpa orientalis*	昆虫纲直翅目
	韭菜迟眼蕈蚊 *Bradysia odoriphaga*	昆虫纲双翅目
	灰地种蝇 *Delia platura*	昆虫纲双翅目

危害部位与方式	种类	有害动物类群
食茎、叶	黄曲条跳甲 *Phyllotreta vittata*	昆虫纲鞘翅目
	斜纹夜蛾 *Spodoptera litura*	昆虫纲鳞翅目
	大造桥虫 *Ascotis selenaria*	昆虫纲鳞翅目
	尺蠖 *Buasra suppressaria*	昆虫纲鳞翅目
	双斑蟋 *Gryllus binaculatus*	昆虫纲直翅目
	北京油葫芦 *Teleogryllus mitratus*	昆虫纲直翅目
	灶马 *Diestrammena japonica*	昆虫纲直翅目
	鼠妇 *Armadillidium vulgare*	甲壳纲等足目
	野蛞蝓 *Agriolimax agrestis*	腹足纲柄眼目
吸食汁液类	温室白粉虱 *Trialeurodes vaporariorum*	昆虫纲半翅目
	烟粉虱 *Bemisia tabaci*	昆虫纲半翅目
	桃蚜 *Myzus persicae*	昆虫纲半翅目
	叶蝉类	昆虫纲半翅目
	豌豆蚜 *Acyrthosiphon pisum*	昆虫纲半翅目
	康氏粉蚧 *Pseudococcus comstocki*	昆虫纲同翅目
	烟蓟马 *Thrips tabaci*	昆虫纲缨翅目
	西花蓟马 *Frankliniella occidentalis*	昆虫纲缨翅目
	棕榈蓟马 *Thripsp palmi*	昆虫纲缨翅目
	朱砂叶螨 *Tetranychus cinnabarinus*	蛛形纲蜱螨目
	短须螨 *Brevipalpus* sp.	蛛形纲蜱螨目

取食三七根茎类害虫主要有蛴螬类（金龟子幼虫，包括华北大黑鳃金龟 *Holotrichia oblita*、匀脊鳃金龟 *Holotrichia sinensis*、铜绿丽金龟 *Anomala corpulenta*、鲜黄鳃金龟 *Metabolus impressifrons* 等）、小地老虎 *Agrotis ypsilon*、蝼蛄类（如东方蝼蛄 *Gryllotalpa orientalis*）、蕈蚊类（如韭菜迟眼蕈蚊 *Bradysia odoriphaga*）、灰地种蝇 *Delia platura* 等。

取食三七叶片和幼嫩组织的害虫主要有黄曲条跳甲 *Phyllotreta vittata*、斜纹夜蛾 *Spodoptera litura*、大造桥虫 *Ascotis selenaria*、尺蠖 *Buasra suppressaria*、双斑蟋 *Gryllus binaculatus*、北京油葫芦 *Teleogryllus mitratus*、灶马 *Diestrammena japonica*。此外，还有野蛞蝓 *Agriolimax agrestis* 和鼠妇 *Armadillidium vulgare* 等软体动物。

吸取三七汁液的害虫主要有叶蝉类、蚜虫类（包括桃蚜 *Myzus persicae*、豌豆蚜 *Acyrthosiphon pisum*）、蓟马类（包括烟蓟马 *Thrips tabaci*、西花蓟马 *Frankliniella occidentalis*、棕榈蓟马 *Thripsp palmi*）、粉虱类（如温室白粉虱 *Trialeurodes vaporariorum*、烟粉虱 *Bemisia tabaci*）、红蜘蛛类（如朱砂叶螨 *Tetranychus cinnabarinus*、短须螨 *Brevipalpus* sp.）、介壳虫类（主要为康氏粉蚧 *Pseudococcus comstocki*）。该类害虫危害较为严重。其中，蚜虫从三七幼苗出土开始危害三七叶片，直到三七剪叶前停止；蛞蝓以成虫危害三七，危害时间持续较长，在三七出苗前危害幼芽，三七出苗后危害幼茎和叶片，花期危害花薹和小花，结籽期危害种子；蓟马主要危害一年七、二年七叶片和三年七的果实，其危害时期为3月下旬至12月下旬，而在4月中旬至5月上旬及8月上旬至9月下旬为危害高峰期。短须螨在三七幼苗出土后开始危害，6～10 月危害严重；介壳虫一般在每年 6 月开始发生，7 月以后危害花轴和小叶柄，8～10 月危害严重。

根据害虫危害三七的部位，可将害虫分为叶部害虫和根部害虫两类。

1. 叶部害虫

叶部害虫是指咬食三七叶片或幼茎、刺吸三七叶片或茎秆汁液的害虫，其中咬食危害三七叶片或幼茎的害虫主要为鳞翅目蝶蛾类的幼虫，以及鞘翅目和直翅目（如金龟子、蝗虫、螽斯和灶马等）害虫，刺吸三七茎叶汁液的害虫主要有蚜虫、粉虱、蓟马和介壳虫等类。此外，一些刺吸三七茎叶汁液的刺吸式口器害虫，除吸食三七茎叶汁液外，还能传播一些植物病毒，从而引起病毒病的发生。三七叶部害虫主要有食叶类害虫和刺吸茎叶、花的汁液类害虫两类。

1）食叶类害虫

食叶类害虫主要是咬食三七叶片和细茎的害虫，主要包括以下物种。

（1）蛞蝓

蛞蝓，又名鼻涕虫，为腹足纲柄眼目蛞蝓科软体动物的总称。蛞蝓的外表看起来像无壳的蜗牛，体表湿润有黏液。因此，蛞蝓爬行过的地方往往会留下一条白色的痕迹。

蛞蝓为雌雄同体，异体受精，亦可同体受精繁殖。蛞蝓一般在 5～7 月产卵，卵期约 16 天，从孵化至成贝性成熟约需 55 天。蛞蝓多选择湿度大且隐蔽的土缝中产卵，每隔 1～2 天产卵一次，一次产卵 1～32 粒，平均每头蛞蝓产卵 400 粒左右。蛞蝓怕光，强光不利于其生存，因此蛞蝓多于夜间活动，傍晚开始出来，22:00～23:00 达活动高峰，清晨之前又陆续潜入土中或隐蔽处。阴暗潮湿的环境适合其生活，温度 11.5～18.5℃、土壤含水量为 20%～30%的环境有利于蛞蝓的生长发育。

危害三七的蛞蝓主要为野蛞蝓 *Agriolimax agrestis*（图 5-1）。蛞蝓主要危害三七地上茎叶、花和果。一般在夜间或清晨爬出咬食三七新芽、新叶，雨天危害较重（李忠义等，

图 5-1　野蛞蝓 *Agriolimax agrestis*

2000）。蛞蝓爬行过后留下的黏液带黏附于植物表面，使植物透气和透水性减弱，影响植物正常生长。三七未出苗前，蛞蝓主要危害休眠芽，影响三七芽的正常生长和出苗；出苗后，食害三七细嫩茎叶，取食严重时三七幼苗被咬断取食殆尽，危害轻的三七茎秆被食留下疤痕，使叶片留下孔洞或缺刻；在三七抽薹开花期，从茎秆爬到植株上部危害花薹、花梗和小花，造成种子减产或无收；在三七结果期，取食危害三七果，影响种子产量和质量；当三七下棵以后，即危害休眠芽。

（2）鼠妇

鼠妇 *Porcellio vulgare* 又名潮虫、西瓜虫、鼠姑、鼠黏、鼠负、负蟠、地虱等，是甲壳纲 Crustacea 等足目 Isopoda 潮虫亚目 Oniscoidea 潮虫科 Oniscidae 鼠妇属 *Porcellio* 动物，种类多，分布广泛。身体椭圆形或长椭圆形，较平扁，背部稍隆，体躯能卷曲成球形（图 5-2）。鼠妇通常生活于潮湿、腐殖质丰富的地方，如腐烂的木料下、潮湿处的石块下、潮湿的草丛、树洞中和苔藓丛中、庭院花盆下、水缸下以及室内的阴湿处。鼠妇具负趋光性，昼伏夜出，白天潜伏在大棚内及周围的石缝、土缝、杂草下等隐蔽处，傍晚鼠妇从隐蔽处爬出觅食，整夜危害三七幼苗，次日清晨爬回隐蔽场所，白天当天阴或光照弱时也可取食为害。鼠妇具有假死性，受惊后躯体会迅速蜷缩成球状。鼠妇主要在秋季繁殖。在 21℃条件下，约经 26 天孵化成幼体。

图 5-2　鼠妇 *Porcellio vulgare*

鼠妇为杂食性，食枯叶、枯草、绿色植物等。主要取食三七叶片，危害轻的三七叶片被啃食成孔洞或缺刻，导致植株黄化，受害严重的三七叶片叶肉被食殆尽，仅剩叶脉和幼茎，甚至直接将幼嫩的植株咬断，造成缺苗断垄。此外，取食造成的伤口容易引起病菌感染而诱发病害。

（3）斜纹夜蛾

斜纹夜蛾 *Spodoptera litura*，属鳞翅目夜蛾科，别名莲纹夜蛾、莲纹夜盗蛾。斜纹夜蛾是一种间歇性暴发的暴食性害虫，食性极杂，寄主范围极广，可取食 90 多科的 290 多种植物。

成虫具有趋光性，昼伏夜出，飞翔能力强。成虫寿命 5～15 天。产卵前需取食花蜜等作为补充营养，每头雌蛾平均产卵 3～5 块，共 400～700 粒卵。卵多产于植株下部叶片背面叶脉分叉处，有时也会在大棚遮阳网及遮阳网的支架下产卵（王俊等，2004），多数成层排列，卵块上覆盖棕黄色绒毛。初孵幼虫常群集在卵块附近取食寄主叶片的表皮，使其呈筛网状，仅留下叶片表皮，形成不规则的透明白斑。2～3 龄幼虫开始分散转移危害，也仅取食叶肉。幼虫到 4 龄后昼伏夜出，晴天在植株周围的阴暗处或土缝里潜伏，多数在傍晚后出来为害，黎明前又躲回阴暗处，有假死性及自相残杀现象；取食叶片的危害状为小孔或缺刻，严重时可将叶片吃光，并危害幼嫩茎秆或取食植株生长点，还可钻食花和果实。幼虫老熟后，在 1～3 cm 土层中作土室化蛹。

（4）其他食叶类害虫

包括蟋蟀、灶马类等直翅目昆虫，该类害虫主要在晚上出来取食危害三七叶片，在三七叶片上造成一些不规则形的孔洞。

蟋蟀，隶属于昆虫纲直翅目蟋蟀总科，亦称"促织""素针儿""趋织""吟蛩"和"蛐蛐儿"。体色多为黑褐色，体形多呈圆桶状，后足粗壮，为跳跃足，因而活动性较强。触角细丝状，触角比其身体还长。雌性蟋蟀产卵管裸出，产卵瓣发达，呈刀状、矛状或长板状；雄性蟋蟀善鸣、好斗。雌虫腹部末端除有两根长尾丝外，还有一根比尾丝还长的产卵管，而雄虫仅有两根长尾丝，其次雄虫的翅膀有明显凹凸花纹，而雌虫翅纹平直。蟋蟀为穴居习性，常栖息于地表、砖石下、土穴中、草丛间。夜出活动。杂食性。蟋蟀种类很多，为害三七的蟋蟀主要有中华蟋蟀 *Gryllus chinensis* 和油葫芦 *G. testaceus*。北京油葫芦，体长 22～25 mm，身体暗黑色，有光泽，头顶黑色复眼周围及面部橙黄色，从头背观两复眼内方的橙黄纹八字形。前翅淡褐色，也有光泽，后翅较发达，具备短暂飞行能力。雌性的产卵器长达 2 cm。夜间觅食，为害三七根、茎、叶、种子和果实等。

灶马 *Diestrammena japonica*，又称突灶螽，俗称"灶鸡子"，为昆虫纲直翅目穴螽科。如图 5-3 所示，体长 36～38 mm，体色红褐色至黑褐色，体形较宽大，体背隆突或驼背状，故称"驼螽"。傍晚开始活动。杂食性。常出没于灶台与杂物堆的缝隙中，以剩菜、植物及小型昆虫为食。交配后 3～14 天雌性就会产卵，产卵时雌虫把产卵管插入土中 3 cm 并排出卵粒。一头雌虫一次可产卵 100 粒左右。卵形似米粒，呈褐色。

图 5-3　灶马 *Diestrammena japonica*

2）刺吸三七茎叶和花的汁液类害虫

刺吸三七茎叶和花的汁液类害虫主要为锉吸式口器的蓟马类害虫，以及刺吸式口器的蚜虫和粉虱类害虫。主要包括以下物种。

（1）蓟马

蓟马隶属于昆虫纲缨翅目，个体较小。危害三七的蓟马主要有烟蓟马 *Thrips tabaci*、西花蓟马 *Frankliniella occidentalis* 和棕榈蓟马 *Thripsp palmi*（杨建忠等，2008；张葵等，2009，2010）。其中烟蓟马、西花蓟马主要危害三七叶、芽和花，棕榈蓟马主要危害三七果实。在三七植株上，蓟马主要危害幼嫩的三七叶、芽、花，主要通过其锉吸式口器刺吸汁液。受蓟马危害后，叶片受害部位出现分布比较均匀的麻点状黄斑；有的叶片受害后病斑稍向上隆起，形成疱斑；危害严重时，叶片变小、皱缩，甚至黄化、干枯、凋萎。棕榈蓟马危害三七果实后，果实褪色干瘪，严重影响三七的结果率（杨建忠等，2008）。

（2）蚜虫

蚜虫，俗称腻虫或蜜虫等，隶属于昆虫纲半翅目。主要危害三七茎叶，以口针刺吸三七叶片、幼茎的汁液，造成三七叶片皱缩，同时三七叶片上呈现褪绿斑点，影响光合作用，从而影响三七的正常生长。同时，蚜虫还是多种植物病毒的传播媒介，能传播植物病毒病，造成间接危害，而且这种间接危害远远大于蚜虫取食造成的直接危害。危害三七的蚜虫主要有桃蚜 *Myzus persicae*（图 5-4）。此外，三七上还发现有豌豆蚜 *Acyrthosiphon pisum* 为害。

图 5-4 桃蚜 *Myzus persicae*

（3）粉虱

危害三七的粉虱主要为温室白粉虱 *Trialeurodes vaporariorum*，属于半翅目，俗称小白蛾子。成虫体长 1～1.5 mm，淡黄色，翅面覆盖白蜡粉，卵多散产于叶片背面，卵长约 0.2 mm，长椭圆形（侧面观），基部有卵柄。初产卵呈淡绿色，覆有蜡粉，而后渐变褐色，孵化前呈黑色。1 龄若虫长椭圆形，2 龄若虫淡绿色或黄绿色，足和触角退化，紧贴在叶片上营固着生活，4 龄若虫又称为伪蛹，椭圆形，初期体扁平，逐渐加厚呈蛋糕状（侧面观），中央略高，黄褐色，体背有长短不齐的蜡丝，体侧有刺。

在自然条件下不同地区的越冬虫态不同，一般以卵或成虫在杂草上越冬。繁殖适温 18～25℃，成虫有群集性，对黄色有趋向性。寄主植物达 600 多种，包括多种蔬菜、花卉等植物，尤偏好黄瓜、番茄、烟草、茄子和豆类等。以成虫和若虫聚集在寄主植物叶背刺吸植物叶片汁液，使叶片褪绿变黄、萎蔫甚至枯死。成虫有趋嫩性。成虫和若虫均能排泄蜜露，影响植物光合作用，还可导致煤污病的发生。此外，温室白粉虱还能传播多种植物病毒病。

（4）红蜘蛛类

红蜘蛛类害虫主要为一些螨类，其中主要为短须螨。短须螨隶属于蜘蛛纲蜱螨目叶螨科，又名火蜘蛛。短须螨通常在 3～4 月发生，8～9 月对植物为害较重，以成虫和若虫群集于叶背吸食汁液。多在一年生三七及移栽的二年生三七上发生，主要为害三七叶片和花序，成螨和幼螨常群集在叶背及花序中吸食三七的汁液。叶片受害后，正面会出现一些黄斑，危害严重时，三七叶片整片变成浅黄至黄褐色；花序受害后，会出现小花萎缩、不能结籽；三七果受害后，籽粒干瘪，不能做种。成螨在高温、干燥的环境条件下繁殖较快，还会拉丝结网。短须螨可借助刮风、下雨、浇水等进行传播，也可随附着于三七种植棚的草秆以及人的衣裤和农具等传播。此外，短须螨依靠其自身的爬行也可进行短距离的传播。

（5）介壳虫

介壳虫是同翅目蚧类昆虫的总称。大多数虫体上有蜡质分泌物，即介壳。在三七上，介壳虫常群集于茎、叶上吮吸汁液，严重时会造成三七凋萎或全株死亡。介壳虫还能分泌一些蜜露，这些蜜露不仅影响叶片的光合作用，还能诱发煤污病，影响三七的正常生长发育。常见的危害三七的介壳虫有康氏粉蚧、蜡蚧和绵蚧等种类。

蜡蚧：若虫初孵时扁平椭圆形，淡褐色或暗红色，后期加深，变为棕黑色或紫黑色。为害三七各部，严重时整个植株上都布满虫体。蜡蚧常于 6 月上旬发生，8～11 月为害较重。初发生时，其幼虫在三七近地面处茎秆上吮吸汁液，使植株生长不良；之后，随着蜡蚧的生长发育及三七的生长，蜡蚧沿着三七茎秆向上爬行蔓延，并吮吸为害花梗和花序，影响开花、结果，严重时造成"干花"，导致三七植株提早衰老死亡。

粉蚧：粉蚧虫体椭圆形，淡红色，背上有蜡粉，体侧有蜡丝，末端有一对与身体等半长的蜡丝（图 5-5）。一龄幼虫身体上无蜡粉，爬行迅速。卵椭圆形，淡黄色。一般于 4 月上旬发生，5～6 月主要聚集在三七叶片背面叶脉两侧吮吸汁液为害。叶片受害处皱缩，虫体附着处显现黄色斑块，严重时使植株叶片脱落。7～9 月，从叶片向植株上部爬行扩散，直至花序，吮吸危害三七花梗和小花；当虫量大、受害严重时，花序呈淡褐色，停止生长和结实。

2. 根茎部害虫

根茎部害虫指为害三七茎秆或地下块茎的害虫，主要有地老虎、蛴螬、金针虫、蝼蛄、蟋蟀和蚂蚁等。

图 5-5 康氏粉蚧 *Pseudococcus comstocki*

1）地老虎类

地老虎隶属于鳞翅目夜蛾科，又名土蚕、切根虫等，是作物苗期重要的地下害虫。地老虎种类很多，为害农作物的约有 20 种，为害三七的地老虎主要为小地老虎。

小地老虎 *Agrotis ypsilon*，又名黑土蚕、地蚕、夜盗虫。以幼虫取食为害三七幼苗，造成缺苗断垄。小地老虎一生经历卵、幼虫、蛹和成虫 4 个阶段，其中以幼虫为害三七，以老熟幼虫和蛹在土壤中越冬。成虫一般于 4 月中下旬羽化，白天潜伏在土缝或枯叶下，晚上出来活动，雌雄成虫均具有较强的趋光性和趋化性，嗜酸甜气味。卵散产于杂草、幼苗叶背。初孵幼虫即在三七叶背取食，将叶片吃成小孔、缺刻，或取食叶肉而留下网状表皮，该期是防治的最佳时期。幼虫进入 3 龄以后（图 5-6），白天潜入土中，晚上才出土取食为害三七幼苗，将幼苗齐地表咬断，咬断一株三七后又转移咬食另一株，因而对三七幼苗危害很大，造成缺苗断垄。一般在 4 月中下旬到 6 月上中旬为害较重，后期为害较轻。

2）蛴螬类

蛴螬是金龟子（金龟甲）幼虫的总称，体肥大，较一般昆虫的体形稍大，体形弯曲呈 "C" 形，多为白色，少数为黄白色，因此蛴螬又被称为白土蚕、核桃虫。常年在土壤中生活，因而主要取食为害植物地下根茎。多数金龟子昼伏夜出，白天躲在地下土壤中，傍晚出来活动、取食、交配。蛴螬有假死性和负趋光性，对未腐熟的粪肥有较强的趋性，因此施用未腐熟的农家肥将加剧蛴螬的发生为害。

根据食性，将蛴螬分为植食性、粪食性和腐食性三类。其中植食性蛴螬食性广泛，危害多种农作物和花卉苗木，喜食刚播种的种子、根、块茎以及幼苗，是世界性的地下害虫，危害大。危害三七的蛴螬有华北大黑鳃金龟、铜绿丽金龟等。

华北大黑鳃金龟 *Holotrichia oblita*，属鞘翅目鳃金龟科。一般 5～7 月华北大黑鳃金龟成虫大量出现，成虫有假死性和趋光性，并对未腐熟的厩肥有强烈趋性，白天藏于土中，20:00～21:00 为取食、交配活动盛期。一般在交配后 10～15 天即开始产卵，卵多产于松

图 5-6　小地老虎 *Agrotis ypsilon*

软湿润的土壤中，每头雌虫可产卵 100 粒左右。卵期 15～22 天，幼虫期 340～400 天，冬季以幼虫或蛹在 55～150 cm 土中越冬，蛹期约 20 天。

铜绿丽金龟 *Anomala corpulenta*，属鞘翅目丽金龟科，成虫体背铜绿具金属光泽，故名铜绿丽金龟。成虫取食三七叶片，常造成三七叶片残缺不全，甚至全株叶片被吃光。一年发生 1 代，以 3 龄幼虫（蛴螬）（图 5-7）在土中越冬，翌年 4 月上旬上升到表土为害，5 月开始化蛹，6 月中下旬至 7 月上旬为成虫羽化盛期，7 月产卵，幼虫孵化，为害三七根茎部，造成缺苗，11 月入土越冬。成虫昼伏夜出，有假死性和强烈的趋光性。气温在 25℃以上，相对湿度 75%～80% 适宜害虫活动，低温多雨天气成虫很少活动。黄昏出土，21:00～22:00 为害最严重。

3）蚂蚁类

黄蚂蚁 *Monomorium pharaonis*，是最常见、最具危害性的蚁种，身体小，体长 3～3.5 mm，黄或淡红色，头部稍扁、呈方形，口器发达。分布范围广泛。黄蚂蚁是一种杂食性害虫，为害三七幼苗根部表皮和须根，造成三七苗或植株萎蔫死亡。

图 5-7　铜绿丽金龟 *Anomala corpulenta*

黄蚂蚁杂食性，喜吃甜食，嗜食动物性血腥物质，用蛋糕、蜂蜜、麦芽糖、西瓜皮、红糖、枣核、桃核、苹果核、臭鸡蛋、骨头以及死昆虫（土鳖、苍蝇、蟋蟀、甲虫等）都能诱来蚁群，有效的防治方法是用毒饵诱杀工蚁。由于黄蚂蚁喜欢新鲜的诱饵，可将慢性毒物混于诱饵中，工蚁取食后搬回洞中，从而将整个种群杀灭。

4）蕈蚊

蕈蚊为双翅目 Diptera 眼蕈蚊科 Mycetophilidae 和尖眼蕈蚊科 Sciaridae 昆虫的统称，体形较小、似蚊。蕈蚊成虫不善飞翔，善爬行，畏强光，卵多成堆产于三七根茎周围的土壤内。以幼虫为害三七幼苗的地下嫩茎、幼嫩主根，受害三七轻者叶片失绿、枯黄萎蔫，植株变软、倒伏，重者断茎，造成缺苗断垄。幼虫喜欢在湿润的嫩茎及鳞茎内生活，一般在潮湿的土壤为害严重。

5.1.2　三七主要害虫的发生危害规律

1. 蓟马

蓟马的发生与危害受环境的影响较大，尤其是高温和干旱有利于蓟马的发生。不同三七种植区，蓟马的发生危害不尽一致。杨建忠等（2008）对砚山县盘龙乡土锅寨村种植的一年生三七上蓟马的发生及危害的调查发现，蓟马在三七的生长期均可发生危害，其中以三七幼苗期虫口密度最高且危害最重，5 月中下旬蓟马虫口数量迅速下降，到 8 月下旬种群数量又开始逐渐上升，到 11 月上中旬蓟马种群数量又达到第二次高峰期。杨建忠等（2008）的调查还发现，4 月初一年生三七即表现出受害，但受害率较低；5 月下旬至 6 月中旬和 8 月下旬至 10 月中旬三七的受害率达到高峰期；10 月下旬以后，三七的受害率呈逐渐降低趋势。

2018 年在位于寻甸的云南农业大学现代农业教育科研基地三七生态种植大棚内利用蓝

色黏虫板调查发现（图 5-8），4 月下旬至 6 月下旬是蓟马成虫大量发生的时期，从 6 月
下旬数量逐渐减少，10~12 月三年七的红籽未割，三年七上蓟马成虫又达到第二次高峰
期，二年七和一年七上只有少量蓟马发生。三年七上蓟马成虫的发生高峰期为 4 月下旬
（平均诱虫量为 730 头/板）和 10 月下旬（平均诱虫量为 49.7 头/板），二年七上蓟马成
虫的发生高峰期为 4 月下旬（平均诱虫量为 566.7 头/板）和 5 月下旬（平均诱虫量为 315.3
头/板），一年七上蓟马成虫的发生高峰期为 4 月下旬（平均诱虫量为 385.0 头/板）和 6
月上旬（平均诱虫量为 662.0 头/板）。

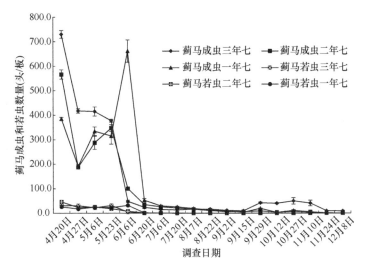

图 5-8　蓝色黏虫板诱捕的蓟马种群动态

不同七龄的三七上的蓟马若虫发生数量间无明显差异。三年七上蓟马若虫的发生高
峰期为 4 月下旬（平均诱虫量为 31.7 头/板），二年七上蓟马若虫的发生高峰期为 4 月下
旬（平均诱虫量为 46 头/板），一年七上蓟马若虫的发生高峰期为 6 月上旬（平均诱虫量
为 32.0 头/板）。因此，4 月底或 6 月初是防治蓟马的最佳时期，以减少蓟马若虫发育为
成虫的数量。

2. 蚜虫

一般在 3~4 月，三七出苗时，越冬寄主或周围其他植物上的有翅蚜即可迁飞进入
三七棚内三七苗上取食为害、繁殖，到 8 月下旬后，随着气温的下降及三七的生长发育，
三七叶片渐渐衰老，不适宜蚜虫取食，此期又能产生大量有翅蚜，继而迁飞到三七园周
围其他寄主植物上越冬。

例如，在云南省石林彝族自治县三七仿生种植基地大棚对三七进行调查发现，2016
年 4 月 24 日~8 月 14 日，大棚三七蚜虫种群呈现三峰型变化（图 5-9），其中种群数量
分别于 5 月 29 日、7 月 3 日和 8 月 14 日出现高峰，百株蚜虫分别为 437.22 头、911.80
头和 856.8 头。其中 7 月初达到最高峰，即三七现蕾期。此后 7 月中下旬蚜虫减少，到
8 月中旬又增加，达到新的高峰，此时是三七开花期。消长动态曲线表明，三七在整个
生长期均有蚜虫危害，田间发生世代重叠。

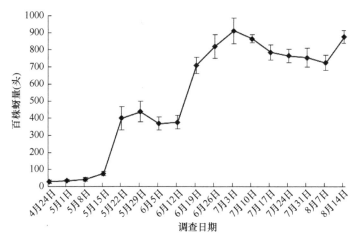

图 5-9 蚜虫种群动态

不同种植槽三七蚜虫的分布格局表现为聚集分布，在连续调查的 65 个三七种植槽中，三七蚜虫的平均拥挤度为 3.22～4.19，均满足昆虫空间分布中的聚集分布格局的特征值。根据昆虫种群聚集分布格局评价的指标值，I 指标值为 2.7534～3.8468，均大于 0；m^*/m 指标为 4.4122～10.0033，均大于 1，Ca 指标为 3.4122～11.0598，均大于 0，扩散系数 C 为 3.7534～4.8468，均大于 1。由此表明，不同种植槽中三七蚜虫的空间分布的格局指标值均满足 $I>0$，$m^*/m>1$，Ca>0，$C>1$ 的指标要求，各聚集指标值均符合昆虫聚集分布特征的参数值。

不同时期三七蚜虫的空间分布特征结果表明（表 5-2），从 4 月 24 日到 6 月 19 日，根据 Iwao 提出的 m^*/m 方程，三七蚜虫在不同种植槽中聚集原因随着季节的变化存在差异，而 6 月下旬以前，三七蚜虫的平均拥挤度均大于 1，因此在此期之前，三七蚜虫在三七植株上呈聚集分布，而在 6 月中旬之后呈现随机分布。即在三七生长前期，三七植株上蚜虫均呈聚集分布，而到了生长中后期，蚜虫在三七植株上又呈均匀分布。根据 Taylor 幂指数公式，从 4 月 24 日到 6 月 19 日，三七蚜虫的平均拥挤度均大于 1，因此在此期之前，三七蚜虫在三七植株上呈聚集分布，而在 6 月中旬之后呈现随机分布。即在三七生长前期，三七植株上蚜虫均呈聚集分布，而到了生长中后期，蚜虫在三七植株上又呈均匀分布。

表 5-2 三七蚜虫的空间分布型

调查日期	m^*/m 回归分析法（Iwao）	Taylor 幂法则
4 月 24 日	m^*=2.93+1.59m，R=0.79	lg（v）=0.61+1.39lg（m），R=0.97
5 月 1 日	m^*=11.90+11.04m，R=0.31	lg（v）=0.59+1.45lg（m），R=0.87
5 月 8 日	m^*=20.96+47.15m，R=0.37	lg（v）=0.20+1.44lg（m），R=0.67
5 月 15 日	m^*=27.11+24.32m，R=0.48	lg（v）=0.51+1.46lg（m），R=0.87
5 月 22 日	m^*=5.13+1.37m，R=0.33	lg（v）=0.65+1.88lg（m），R=0.99
5 月 29 日	m^*=5.45+2.07m，R=0.57	lg（v）=0.65+1.87lg（m），R=0.99
6 月 5 日	m^*=7.37+4.40m，R=0.21	lg（v）=0.51+1.72lg（m），R=0.87
6 月 12 日	m^*=4.75+1.45m，R=0.40	lg（v）=0.60+1.88lg（m），R=0.99

续表

调查日期	m^*/m 回归分析法（Iwao）	Taylor 幂法则
6 月 19 日	m^*=6.06+3.50m, R=0.32	lg（v）=0.54+1.79lg（m）, R=0.96
7 月 2 日	m^*=3.03+0.74m, R=0.42	lg（v）=0.57+0.44lg（m）, R=0.96
8 月 7 日	m^*=2.51+0.67m, R=0.41	lg（v）=0.49+0.91lg（m）, R=0.90
8 月 13 日	m^*=2.97+0.09m, R=0.03	lg（v）=0.38+0.69lg（m）, R=0.612
8 月 20 日	m^*=7.75+1.01m, R=0.24	lg（v）=0.52+1.67lg（m）, R=0.83

注：m^*表示平均拥挤度；m表示平均密度；v表示样本方差

3. 粉虱类

危害三七的粉虱主要为温室白粉虱，一般于 4 月上中旬始见，6 月种群数量较高。不同地区及不同年龄三七上温室白粉虱的种群数量不同。据 2018 年在寻甸大河桥三七生态种植大棚中对温室白粉虱发生危害的调查，发现在 4～12 月不同龄期的三七上温室白粉虱的种群密度表现为二年七＞一年七＞三年七，三年七、二年七、一年七温室白粉虱的平均种群密度分别为（33.84±14.12）头/板、（74.41±27.04）头/板和（65.84±22.36）头/板，三者间差异显著（P＜0.05）（图 5-10）；4 月下旬至 6 月下旬是温室白粉虱种群密度较高的时期（最大平均诱虫量为 364.3 头/板），从 7 月上旬数量逐渐减少，直到 10 月中旬之后再未发现温室白粉虱。三年七上温室白粉虱的发生高峰期为 4 月下旬（平均诱虫量为 242 头/板）和 6 月上旬（平均诱虫量为 84.7 头/板）；二年七上温室白粉虱的发生高峰期为 4 月下旬（平均诱虫量为 364.3 头/板）和 5 月下旬（平均诱虫量为 265 头/板）；一年七上温室白粉虱的发生高峰期为 4 月下旬（平均诱虫量为 293.3 头/板）和 5 月下旬（平均诱虫量为 268 头/板）。

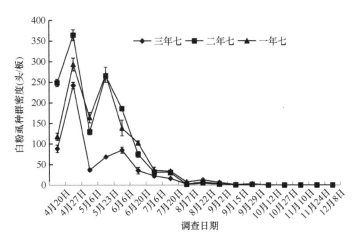

图 5-10 温室白粉虱的种群动态

4. 红蜘蛛类

2018 年在寻甸大河桥三七生态种植大棚中利用黄板诱捕调查红蜘蛛，发现黄板诱捕的红蜘蛛量较少（图 5-11），在 2018 年 4～12 月，三年七、二年七和一年七种植区，黄板上红蜘蛛的种群密度分别为 0.63 头/板、0.89 头/板、（0.54±0.29）头/板，三者间无明显差异

（F=0.85，P＞0.05）。平均最高诱集量仅为 5.3 头/板，数量高峰期集中在 5～9 月。红蜘蛛发生数量较少，为害三年七的红蜘蛛发生高峰期为 6 月上旬（平均诱虫量为 4.3 头/板）；为害二年七的红蜘蛛发生数量变动较小，高峰期为 5 月上旬（平均诱虫量为 4.3 头/板）、7 月上旬（平均诱虫量为 2.3 头/板）和 9 月上旬（平均诱虫量为 2.0 头/板）；为害一年七的红蜘蛛发生数量变动也很小，发生高峰期为 5 月上旬（平均诱虫量为 5.3 头/板）。

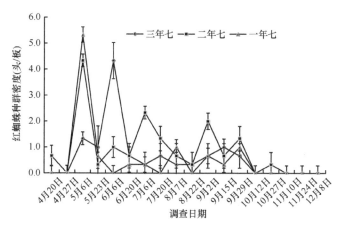

图 5-11　红蜘蛛种群动态

5. 鼠妇

鼠妇是危害三七的重要害虫，对三七幼苗危害较重，发生危害严重年份，虫口密度较大，据董晨晖等（2015）调查发现，鼠妇也是危害大棚三七的重要害虫，试验大棚三七幼苗受鼠妇危害平均株率高达(86.5±0.03)%，受害三七苗床鼠妇密度为 12～53 头/m^2。经过对大棚三七上鼠妇种群空间分布格局的研究，三七大棚中种植槽中鼠妇呈均匀分布。因此，在田间对鼠妇进行防治时，应加强面上的防治。

6. 蛞蝓

三七在出苗期、抽薹开花期、结籽期，均可受到蛞蝓的危害，其主要以成虫危害。据李忠义等（2000）报道，在云南省文山州，受蛞蝓危害严重地块被害株率达 72%以上。蛞蝓在三七上的发生和危害时间较长，每年 4 月上旬即出土取食危害、繁殖，直到 9 月下旬，温度较高的地区到 11 月仍有发生为害。在云南省文山州三七种植区，蛞蝓全年均可发生，4 月后虫口数量逐渐上升，5 月、6 月数量增加最快，6～8 月为虫口高峰期，之后开始下降。而在云南省寻甸县大河桥，蛞蝓通常于 5 月上旬始见，6 月、7 月数量较多，之后数量降低，8 月后少见发生危害。

5.2　三七害虫生态防控原理及技术

5.2.1　三七害虫生态防控原理

三七害虫的生态防控不是单一的防控措施，而是以"预防为主、综合防治"为指导思想，立足"三七-害虫-天敌"之间的关系，在充分了解三七种植田生态系统结构与功能的基础上，发挥自然因素的作用，构建以农业防治措施、物理阻隔、植物载体、生物防治措施为主要内容的生态防治技术体系。以达到摆脱或减少对化学农药的依赖，将有害生物控制在经济损害允许水平之下的目的。

1. 农业防治

选择和使用无害虫卵、幼虫或蛹的健壮种苗，减少人为带入虫源。加强田间管理，降低田间虫口基数。合理施肥，可利用碳酸氢铵、腐殖酸铵、氨水、氨化过磷酸钙等含氮化学肥料散发出的氨气，驱避蛴螬、地老虎等地下害虫。

2. 物理防治

物理防治措施主要有通过设置防护设施、人工捕杀和诱杀措施防治害虫。

1）设置防护设施

覆盖遮阳网，具有遮阳、降温、防雨、防虫、增产、提高品质等多种作用。此外，三七种植区四周用 1.5 m 高遮阳网，能有效阻止害虫迁入三七种植区，达到有效防治害虫的效果。

2）人工捕杀

当遇到三七植株上个体较大、群体较小、发生面积不大的害虫时，可进行人工捕杀。如对高龄斜纹夜蛾、尺蠖、小地老虎幼虫可进行人工捕杀。

3）诱杀害虫

利用昆虫对外界刺激（如光线、颜色、气味、温度、射线、超声波等）会表现出一定的趋性或避性反应的特性，进行害虫诱杀，减少虫源或驱避害虫。诱杀主要包括灯光诱杀（图 5-12）、性诱剂诱杀（图 5-13）、潜所诱杀、食饵诱杀和黄色或蓝色黏虫板诱杀等。基于害虫偏好食源或其挥发物研制的食诱剂（也称"植物源引诱剂"）是一类重要

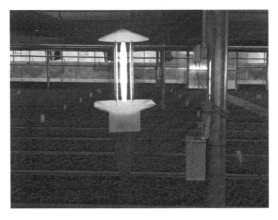

图 5-12　灯光诱杀

图 5-13　性诱剂诱杀

的害虫绿色防控产品,已在实蝇、夜蛾、甲虫、蓟马等多类重大害虫的防治中发挥了重要作用,成为这些害虫综合防治技术体系中的重要组成(陆宴辉,2016)。

3. 生态防治

1)植物诱集与驱避害虫

一些害虫对个别植物具有明显的嗜好性,合理种植这些植物可以吸引害虫来保护主栽作物免受危害,这类植物被称为诱集植物(Hokkanen,1991;Shelton and Badenes-Perez,2006;Rasmann and Turlings,2007)。诱集植物主要通过影响植食性昆虫的产卵和取食,使主栽作物得以保护,特别是植食性昆虫的产卵选择行为明显影响其幼虫的种群分布及取食为害情况(Foster and Harris,1997;Asman,2002;Shelton and Badenes-Perez,2006)。利用植食性昆虫对诱集植物的偏好习性,筛选、利用和协调不同植物或作物,将害虫从作物上诱集过来,再集中处理害虫(Tillman and Mullinix,2004;Michaud et al.,2007)。例如,在三七种植大棚四周或种植带通道上散布盆栽牛膝菊等诱集植物,能诱集温室白粉虱,对降低三七上温室白粉虱种群数量及其危害具有良好效果。此外,有些害虫有选择特定条件潜伏的习性,利用这一习性,可以进行有针对性的诱杀。例如,棉铃虫、黏虫成虫,具有在杨树枝上潜伏的习性,因此可以在三七种植区放置一些杨树枝把,诱集棉铃虫、黏虫等害虫成虫潜伏,再进行集中捕杀,或通过集中销毁杨树枝把,从而消灭杨树枝把中的成虫。

趋避植物是指有些植物能释放害虫讨厌的浓香或毒性物质,从而阻碍周围有害虫的接近。趋避植物主要包括一些农作物、花卉、香草和野草等。具有趋避作用的农作物如大蒜、韭菜、洋葱、菠菜、芝麻等;花卉类包括万寿菊等菊科植物;香草类有薄荷、薰衣草、除虫菊等;野草类如艾蒿、鱼腥草等。例如,在三七种植大棚四周或种植带通道上散布盆栽种植的大蒜、万寿菊、薰衣草、除虫菊等,能趋避白粉虱、蚜虫和蓟马等害虫进入三七种植带。

2）蜜源植物储蓄天敌昆虫

有些植物还可用来饲养天敌，尤其是有些开花植物能为天敌昆虫提供花粉和蜜露，从而为天敌昆虫的繁殖提供良好的食物和生存场所，进而提高了天敌的种群数量及其对害虫的控制作用。研究发现，显花植物蓝花鼠尾草、黄冠菊、香石竹、马鞭草、醉蝶花、石竹梅、舞春花、南非万寿菊、黄花孔雀草对蜜蜂类传粉昆虫和食蚜蝇、瓢虫等天敌昆虫具有良好的引诱作用。因此，在三七种植大棚四围设计种植这些显花植物，以引诱蜂类传粉昆虫和天敌昆虫，对利用自然天敌防治害虫具有很好的作用。

3）推拉效应生态控制害虫

植物对害虫的诱集驱避现象实际上是一种推拉（push-pull）效应，是利用引诱和驱避作用调控昆虫行为来防治害虫的一种方法（图 5-14），其基本原理是综合利用昆虫的行为调控物质来调控害虫及其天敌的分布和密度，从而降低害虫对靶标作物的危害（Cook et al.，2007）。推拉效应不但包括对害虫的推拉，也包括对天敌的推拉，即在农田中，利用行为调控物质将害虫驱离，同时将害虫天敌招引来；在作物田外或田边，则利用引诱物质将害虫吸引过来，然后利用化学物质或生物防治将诱集来的害虫进行集中消灭。

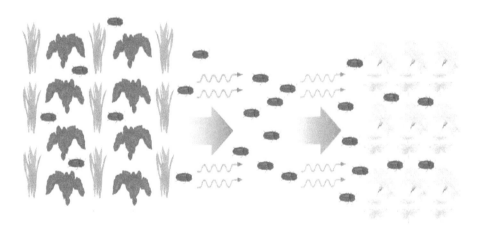

图 5-14　推拉效应的推拉模式（仿 Cook et al.，2007）

调控昆虫行为的物质主要是植物的次生代谢产物，如植物挥发性有机化合物（volatile organic compound，VOC）。许多植物能释放 VOC，有些植物的挥发物对害虫具有驱避作用，有些植物的挥发物对害虫或天敌具有引诱作用。因此，可通过种植对害虫具有驱避作用的植物或使用驱避剂来驱避害虫，而通过种植对害虫或天敌具有引诱作用的植物或施用引诱剂来吸引害虫或天敌，从而实现对害虫的生态控制作用。例如，不同显花植物中含有的 α-蒎烯、D-柠檬烯、桉树醇、石竹烯、反式-α-香柠檬、α-金合欢烯等化合物，对天敌昆虫具有良好的引诱作用，而酚类、酮类和三萜类等化合物对害虫具有良好的驱避作用。薰衣草、迷迭香、黄冠菊对夜蛾类害虫具有良好的驱避效应，在三七棚四周种植薰衣草、迷迭香、黄冠菊，能使夜蛾类害虫的成虫（蛾）远离三七种植区，因而减少了夜蛾类害虫进入三七种植棚产卵繁殖。

4）植物拒食或触杀害虫

在与昆虫长期协同进化过程中，许多植物产生了一系列对害虫具有触杀、胃毒、忌避、拒食和抑制生长发育等多种生物活性的次生代谢产物，如胜红蓟（乐海洋，1992）、骆驼蓬（马安勤等，2003）和广藿香（曾庆钱等，2006）等植物精油对斜纹夜蛾幼虫具有拒食作用，黄杜鹃（程东美等，2002，2007）、万寿菊（郭章碧，2010）和广藿香精油（张嘉慧，2016）对斜纹夜蛾幼虫具有触杀活性。薰衣草（*Lavandula angustifolia*）精油对斜纹夜蛾幼虫的非选择性拒食活性、生长发育抑制作用和胃毒作用随其浓度的变化而呈现不同的变化（张艳等，2019）。

实例1：薰衣草精油对斜纹夜蛾的生态作用

薰衣草精油由30余种芳香族化合物混合组成，常见薰衣草主要有效成分为乙酸芳樟酯和芳樟醇（廖享，2015），但在不同地理环境中，其成分及含量还存在一定差异。采用GC-MS分析方法对寻甸大河桥三七种植基地薰衣草挥发油进行测定分析，发现薰衣草挥发油主要化学成分约26种，其名称、分子式、相对含量等见表5-3。结果表明，寻甸薰衣草精油的主要成分为桉叶油醇（26.904%）、α-松油醇（14.380%）、桃金娘烯醛（13.770%）、芳樟醇（10.188%）、樟脑（8.557%）、β-蒎烯（6.695%）、δ-榄香烯（5.530%）、α-红没药醇（4.661%）、4-（1-甲基乙基）-2-环乙烯-1-酮（3.960%）、环氧石竹烯（3.540%）、（−）-反式-松香芹醇（3.042%）、α-蒎烯（2.296%）等，其余多为烯烃、醇和酯类化合物。

表5-3　薰衣草精油成分

序号	化合物名称	保留时间	分子式	相对含量（%）
1	α-蒎烯 α-pinene	9.108	$C_{10}H_{16}$	2.296
2	桧烯 sabinene	10.361	$C_{10}H_{16}$	0.502
3	β-蒎烯 β-pinene	10.458	$C_{10}H_{16}$	6.695
4	桉叶油醇 eucalyptol	12.221	$C_{10}H_{18}O$	26.904
5	顺-α,α-5-三甲基-5-乙烯基四氢化呋喃-2-甲醇 2-[(2R,5S)-5-methyl-5-vinyltetrahydro-2-furanyl]-2-propanol	13.932	$C_{10}H_{18}O_2$	1.248
6	芳樟醇 linalool	14.372	$C_{10}H_{18}O$	10.188
7	脱氢芳樟醇 hotrienol	14.469	$C_{10}H_{16}O$	0.580
8	(1R)-(+)-诺蒎酮 (1R)-(+)-norinone	15.442	$C_9H_{14}O$	0.708
9	(−)-反式-松香芹醇 L-pinocarveol	15.545	$C_{10}H_{16}O$	3.042
10	樟脑 campher	15.683	$C_{10}H_{16}O$	8.557
11	松香芹酮 pinocarvone	16.192	$C_{10}H_{14}O$	1.110
12	α-松油醇 α-terpineol	16.358	$C_{10}H_{18}O$	14.380
13	4-萜烯醇 4-terpenol	16.638	$C_{10}H_{18}O$	1.111
14	4-（1-甲基乙基）-2-环己烯-1-酮 4-(1-methylethyl)-2-cyclohexen-1-one	16.907	$C_9H_{14}O$	3.960
15	桃金娘烯醛 6,6-dimethyl-Bicyclo[3.1.1]hept-2-ene-2-carboxaldehyde	17.199	$C_{10}H_{14}O$	13.770
16	马苄烯酮 verbenone	17.576	$C_{10}H_{14}O$	2.250
17	香柑油烯 α-bergamotene	23.636	$C_{15}H_{24}$	0.448
18	β-瑟林烯 β-selinene	24.975	$C_{15}H_{24}$	1.022

序号	化合物名称	保留时间	分子式	相对含量（%）
19	β-红没药烯 β-bisabolene	25.438	$C_{15}H_{24}$	0.620
20	δ-榄香烯 δ-elemene	25.593	$C_{15}H_{24}$	5.530
21	去氢白菖烯 calamenene	25.833	$C_{15}H_{22}$	0.794
22	α-石竹烯 α-caryophyllene	26.245	$C_{15}H_{24}$	0.856
23	环氧石竹烯 caryophyllene epoxide	27.321	$C_{15}H_{24}O$	3.540
24	β-桉叶醇 β-eudesmol	28.872	$C_{15}H_{26}O$	1.327
25	α-红没药醇 α-bisabolol	29.564	$C_{15}H_{26}O$	4.661
26	2-甲基-6-(4-甲基-3-环己烯-1-基)-2,6-庚二烯-1-醇 2-methyl-6-((S)-4-methyl-cyclohex-3-enyl)-hepta-2t, 6-dien-1-ol	30.972	$C_{15}H_{24}O$	8.392

（1）薰衣草精油对斜纹夜蛾的非选择性拒食活性

低浓度（2.5 mg/mL、5.0 mg/mL）的薰衣草精油对斜纹夜蛾 3 龄幼虫具有引诱作用，可促进斜纹夜蛾幼虫取食（表 5-4）。高浓度（10.0 mg/mL、20.0 mg/mL、40.0 mg/mL）则具有较强的拒食活性。随薰衣草精油浓度的升高，斜纹夜蛾幼虫对处理叶碟的取食面积逐渐减小。用 40.0 mg/mL 的薰衣草精油处理过的叶碟对斜纹夜蛾进行饲养，72 h 后试虫的非选择性拒食率高达 84.33%。

表 5-4　薰衣草精油对斜纹夜蛾 3 龄幼虫的非选择性拒食活性

浓度 （mg/mL）	取食面积（mm²）			非选择性拒食率（%）		
	处理后 24 h	处理后 48 h	处理后 72 h	处理后 24 h	处理后 48 h	处理后 72 h
2.5	15.75±0.15Bb	21.00±3.29ABab	29.89±4.69ABab	−32.31±2.74Dd	−39.64±1.35Dd	−49.07±4.99Dd
5.0	17.12±0.29Aa	23.68±3.33Aa	33.66±5.82Aa	−43.72±1.52Ee	−58.16±1.23Ee	−66.41±2.79Ee
10.0	11.02±0.40Cc	12.55±1.85BCDcd	15.62±2.74BCDc	7.56±0.82Cc	16.34±0.26Cc	22.86±0.68Cc
20.0	6.62±0.19Dd	7.17±0.92CDde	9.22±1.66CDcd	44.47±0.66Bb	51.97±1.02Bb	54.53±0.32Bb
40.0	4.19±0.35Ee	2.70±1.50De	3.05±0.51Dd	64.62±3.92Aa	83.22±8.44Aa	84.33±2.54Aa
CK	11.92±0.32Cc	15.00±2.21ABCbc	20.27±3.63ABCbc	—	—	—

注：表中数值均为平均值±标准误，同一列中不同小写字母表示差异显著（$P<0.05$），不同大写字母表示差异极显著（$P<0.01$），本章下同

（2）薰衣草精油对斜纹夜蛾生长发育的抑制作用

研究发现，薰衣草精油在低浓度（2.5 mg/mL 和 5.0 mg/mL）条件下能促进斜纹夜蛾 3 龄幼虫的生长发育，而在高浓度（10.0 mg/mL、20.0 mg/mL 和 40.0 mg/mL）条件下对斜纹夜蛾幼虫的生长发育具有抑制作用，且该抑制作用随着薰衣草精油浓度的升高和处理时间的延长而增强（表 5-5）。

表 5-5　薰衣草精油对斜纹夜蛾 3 龄幼虫生长发育的抑制作用

浓度（mg/mL）	初始体重（mg）	处理后 24 h 体重（mg）	处理后 48 h 体重（mg）	处理后 72 h 体重（mg）	处理后 96 h 体重（mg）
2.5	16.80±0.12Aa	31.92±0.14Aa	42.37±0.31Aa	52.53±0.15Aa	62.86±0.27Aa
5.0	16.73±0.35Aa	29.25±0.34Bb	39.32±0.22Bb	48.00±0.43Bb	57.72±0.43Bb
10.0	16.80±0.23Aa	27.70±0.15Cc	36.33±0.22Cd	42.86±0.27Dd	51.33±0.19Dd

续表

浓度（mg/mL）	初始体重（mg）	处理后24 h体重(mg)	处理后48 h体重(mg)	处理后72 h体重(mg)	处理后96 h体重(mg)
20.0	16.80±0.12Aa	24.78±0.12Dd	32.56±0.06De	37.72±0.15Ee	45.06±0.24Ee
40.0	16.87±0.29Aa	23.40±0.18Ee	31.34±0.27Ef	35.95±0.36Ff	41.33±0.38Ff
CK	16.80±0.23Aa	28.80±0.31Bb	38.40±0.35Bc	46.45±0.33Cc	55.93±0.29Cc

实例 2：不同种植年限和生育期三七叶片对桃蚜体内蛋白质含量及主要酶活性的影响

采用试剂盒测定种植 1 年、2 年和 3 年的三七（分别简称为一年七、二年七、三年七）营养生长期、平缓生长期及生殖生长期内桃蚜体内蛋白含量，主要有解毒酶乙酰胆碱酯酶（AChE）、羧酸酯酶（CarE）和谷胱甘肽 S-转移酶（GST），以及保护酶过氧化物酶（POD）、超氧化物歧化酶（SOD）和过氧化氢酶（CAT）的活性，并与甘蓝上桃蚜体内蛋白含量及解毒酶和保护酶活性进行比较。发现相同种植年限不同生育期的三七，在其上取食的桃蚜体内蛋白含量为：生殖生长期＞平缓生长期＞营养生长期；在三七营养生长期及平缓生长期，不同种植年限三七上取食的桃蚜体内蛋白含量为：甘蓝＞三年七＞二年七＞一年七，而在三七生殖生长期，种植年限对桃蚜体内蛋白含量的影响不显著。

从不同种植年限三七上桃蚜体内 CarE、AChE 和 GST 活性来看（图 5-15），随着三七种植年限的增加，其上桃蚜体内 CarE、AChE 和 GST 活性随着种植年限的增加而表现出明显差异，其中 AChE、CarE 和 GSTs 活性在三七营养生长期和平缓生长期随种植年限的增加而明显降低。但在生殖生长期，二年七上桃蚜体内 AChE、CarE 和 GSTs 活性较一年七上桃蚜酶活显著降低，三年七上桃蚜体内 AChE、CarE 和 GSTs 活性较二年七上桃蚜酶活略有增加，但增加不显著。如生殖生长期的一年七、二年七和三年七叶片上桃蚜体内的 AChE 活性分别为（0.843±0.251）U/mg、（0.158±0.049）U/mg、（0.333±0.104）U/mg，三者间无显著差异（$F=0.11$，$P>0.05$）；CarE 活性分别为（0.986±0.482）U/mg、（1.263±0.286）U/mg、（1.509±0.659）U/mg，三者间无显著差异（$F=0.14$，$P>0.05$）；生殖生长期的一年七、二年七和三年七叶片上桃蚜体内的 GST 活性分别为（172.600±20.526）U/mg、（91.834±18.177）U/mg 和（142.558±12.563）U/mg，三者间无显著差异（$F=0.14$，$P>0.05$）。总体来看，三七营养生长期和平缓生长期，三七上桃蚜体内羧酸酯酶、乙酰胆碱酯酶和谷胱甘肽 S-转移酶活性随着三七种植年限的增加而降低，而在生殖生长期，羧酸酯酶和谷胱甘肽 S-转移酶活性不会随着种植年限的增加而发生明显变化。

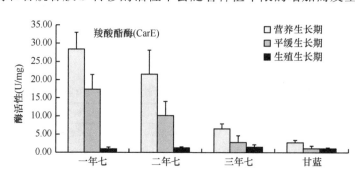

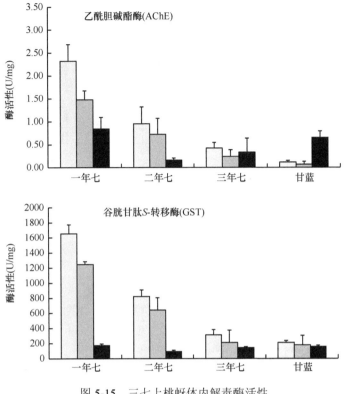

图 5-15 三七上桃蚜体内解毒酶活性

在不同种植年限三七的营养生长期及平缓生长期取食的桃蚜，其体内主要保护酶 POD 的活性表现为一年七＞三年七＞二年七，SOD 的活性表现为一年七＞二年七＞三年七（图 5-16），而 CAT 活性与三七生长年限无显著相关性；在不同种植年限三七上取食的桃蚜，其体内 CAT 活性为一年七＞二年七＞三年七，而 POD 和 SOD 活性与种植年限无明显相关性。这表明三七种植年限影响取食三七叶片的桃蚜体内蛋白含量及主要解毒酶的活性，不同生育期三七叶片对取食三七的桃蚜体内主要保护酶活性有一定影响；不同种植年限三七营养生长期和平缓生长期的三七叶片适合桃蚜取食，而生殖生长期的三七叶片则对桃蚜取食具有一定的抑制作用（张帅，2020）。因此，在生产中应加强一年七、二年七在营养生长期和平缓生长期对桃蚜的防治。

4. 生物防治

1）生物杀虫剂

苦参碱 1%乳油、鱼藤酮 2.5%乳油、0.1%斑蝥素水溶剂、苏云金杆菌（Bt）、球孢白僵菌悬乳剂和绿僵菌悬乳剂，对蚜虫、粉虱、蓟马和夜蛾等多种害虫都有良好的控制作用（吴孔明等，2009；陆宴辉等，2017）。同时，生物杀虫剂还可保护天敌昆虫，从而达到绿色防控的作用。

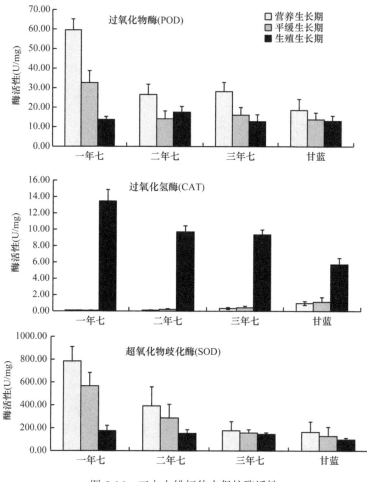

图 5-16　三七上桃蚜体内保护酶活性

2）天敌昆虫

蚜茧蜂、丽蚜小蜂、捕食性瓢虫和小花蝽等是重要的天敌昆虫。蚜茧蜂能寄生蚜虫，丽蚜小蜂能寄生温室白粉虱，捕食性瓢虫和小花蝽能捕食蚜虫和蓟马等多种害虫。因此，在三七大棚内人工释放蚜茧蜂、丽蚜小蜂、小花蝽等天敌昆虫，可控制三七上蚜虫、粉虱和蓟马类害虫。

为了提高天敌对害虫的控制效果，必要时需构建基于植物载体的天敌助增体系。根据主要害虫及其天敌昆虫的特性和营养生理，筛选和利用诱集植物、库源植物、蜜源植物等，蓄积害虫的天敌。种植蜜源植物、栖息植物，为多食性或广谱性天敌提供替代食物或猎物，如花粉、蜜露等营养条件，为天敌提供休息或避难场所、产卵场所，从而助增天敌种群的繁殖，为控制害虫提供有利条件（Cook et al.，2007；陆宴辉等，2008）。例如，在三七种植园四周或种植区种植鼠尾草、木春菊，对引诱食蚜蝇、蚜茧蜂和小花蝽等天敌昆虫具有良好作用。

5.2.2　三七主要害虫的生态防控技术

1. 种植诱集植物（作物）或趋避植物（作物）

在三七种植大棚四周种植或种植带间散布盆栽的诱集或趋避植物，如种植牛膝菊诱集温室白粉虱，种植大蒜、薰衣草等具有特殊气味的草本植物以趋避害虫。

2. 物理阻隔防治

利用生石灰封锁带阻隔蛞蝓进入三七种植区。在三七幼苗期，于三七种植带或大棚外围，撒施 10～15 cm 宽度生石灰粉带或麦糠带，当蛞蝓等软体动物从棚外进入大棚前经过生石灰带，因生石灰遇水放热对蛞蝓产生良好的杀灭作用。或使蛞蝓受麦糠的阻隔而不能顺利进入三七种植带或种植大棚。但在生石灰和麦糠的应用过程中，应尽量避免生石灰和麦糠被雨水浸淋，当生石灰和麦糠被雨水浸淋后，应在太阳下暴晒干燥，保持生石灰和麦糠的干燥有助于提高杀灭和阻隔效果。

3. 诱杀防控

第一，黏虫板诱杀。诱虫色板主要有黄板和蓝板两种。在三七种植区用黄板诱杀蚜虫，用蓝板诱杀蓟马，放置时黏虫板下沿与三七植株生长点平齐，随植株的生长调整悬挂高度，每公顷悬挂 25 cm×25 cm 规格的黏虫板 350～400 张，或 20 cm×30 cm 规格的 500～600 张。

第二，杀虫灯诱杀。常用的杀虫灯有黑光灯、白炽灯、频振式杀虫灯。频振式杀虫灯利用昆虫对不同波长、波段光的趋性，不仅杀虫谱广，诱虫量大，而且操作简便，对多种害虫诱集性强。一般每 2～3 hm² 设置一盏杀虫灯，每个灯间相距 180～200 m，灯高于三七植株 1.5～2.0 m。针对不同种类害虫，开灯时间也有所不同。挂灯时间为 4 月底至 10 月底，开灯时间为每日 19:00～24:00，或在趋光害虫的活动高峰时间 20:00～23:00 开灯，可有效诱杀地老虎类、夜蛾类、潜叶蛾类、卷叶蛾类、尺蠖、金龟子类等趋光性害虫。

第三，食诱剂诱杀。食诱剂是模拟植物茎叶、果实等害虫食物的气味，人工合成、组配的一种生物诱捕剂，通常对害虫雌雄个体均具引诱作用（蔡晓明等，2018），食诱剂已在实蝇、夜蛾、甲虫、蓟马等多类重大害虫的防治中发挥了重要作用，成为这些害虫综合防治技术体系中的重要组成（陆宴辉，2016）。利用害虫喜食的食物制成诱饵，诱杀蛞蝓、鼠妇、蝼蛄、种蝇、蕈蚊、小地老虎等害虫。主要方法如下。

利用食饵诱杀蛞蝓。可通过在三七种植带边放置带药白菜叶，每处放置 3～5 片白菜叶，每隔 10 m 放置一堆，白菜叶上喷洒 2.5%溴氰菊酯乳油 3000 倍液或 10%吡虫啉可湿性粉剂 2500 倍液等药剂，于傍晚诱集蛞蝓，第二天早上再集中清理菜叶中被诱杀的蛞蝓，或集中处理菜叶中仍然存活的蛞蝓。

利用食饵诱杀鼠妇。可采用麦麸与啤酒配制形成的食物诱饵诱捕鼠妇，集中销毁诱捕的鼠妇。一个诱饵可连续诱捕使用 5～10 天。将诱集杯放置于大棚或温室内四周近棚壁基部 10 cm 处。此外,利用鼠妇对新鲜菜叶有趋性的特点,傍晚将新鲜白菜叶(3~4 片/堆)放置在三七苗床埂边,每隔 10 m 放置一堆,白菜叶上可喷洒 2.5%溴氰菊酯乳油 3000 倍液或 10%吡虫啉可湿性粉剂 2500 倍液等药剂,次日清晨,集中杀死白菜叶下诱集的鼠妇,并清理白菜叶下诱杀致死的鼠妇。

诱杀蓟马类害虫。苯甲醛、茴香醛、水杨醛、肉桂醛等苯类化合物对多种蓟马具有引诱活性(蔡晓明等,2018),β-茴香醛对烟蓟马、西花蓟马和黄胸蓟马等蓟马类害虫具有明显的引诱活性(Kirk,1985;Teulon et al.,1999;Murai et al.,2000;Imai et al.,2001)。结合黏虫色板,该食诱剂对三七上西花蓟马、烟蓟马等的防治具有良好作用。

利用食饵诱杀小地老虎幼虫。采用新鲜泡桐叶、莴苣或烟叶,用水浸泡后,于幼虫盛发期的傍晚放置于三七种植区(约 750 片/hm²),次日清晨在叶片上查找,并人工捕捉叶下的小地老虎幼虫。也可采用鲜草或菜叶,将鲜嫩青草或菜叶切碎,再用 50%辛硫磷 0.1 kg 兑水 2.0~2.5 kg,喷洒在切好的 100 kg 左右的青草或菜叶上,充分拌匀后,呈小堆式撒放(400~450 kg/hm²)。另外,还可通过糖醋液或毒饵诱杀小地老虎成虫:根据小地老虎的趋化性特点,在其成虫的盛发期,配制糖醋液(配方为:糖 6 份、醋 3 份、白酒 1 份、水 10 份、90%敌百虫晶体 1 份,混合调匀,即成糖醋液),再将装有糖醋液的诱集盆放入三七种植区,诱杀小地老虎成虫。

第四,性诱剂诱杀或扰乱交配行为。在小地老虎、斜纹夜蛾和尺蠖的发生时期,在三七种植棚或种植区悬挂小地老虎、斜纹夜蛾、尺蠖性诱剂,诱杀小地老虎、斜纹夜蛾、尺蠖雄蛾,或扰乱雌雄蛾的交配行为,从而降低卵量。但由于性诱剂具有专一性,每种昆虫的性诱剂都是特定的。因此,要准确鉴定害虫种类,再购置其性诱剂诱芯。一般 1 亩地放置 1 个性诱器,每月更换 1 次。

4. 生物防治

应保护和释放天敌昆虫,可通过种植蜜源植物,为天敌昆虫繁殖和生存提供营养条件,从而提高自然天敌数量。在三七种植区四周种植显花植物作为蜜源植物,蓄积食蚜蝇、瓢虫和寄生蜂等天敌昆虫,增加环境中天敌数量,从而实现控制害虫种群数量。例如,在三七种植园或种植大棚四周种植鼠尾草、万寿菊、木春菊、向日葵等蜜源植物,为食蚜蝇类、蚜茧蜂类、小花蝽类等天敌昆虫的繁殖和生存提供花粉、蜜露等营养,以及休息或避难场所、产卵场所等。

释放蚜茧蜂防治桃蚜等蚜虫。释放丽蚜小蜂防治粉虱,释放小花蝽防治蓟马类害虫。蚜茧蜂的释放,可通过在三七棚中悬挂僵蚜卡进行,每亩投放 10 000 粒僵蚜。丽蚜小蜂的释放,可通过在三七大棚中悬挂丽蚜小蜂卵卡或蜂蛹卡,每亩 10 000 头。小花蝽的释放,可通过直接释放小花蝽若虫或成虫,一般 2~3 头/m²。

也可通过施用生物农药来进行生物防治。苏云金杆菌、印楝素、绿僵菌、白僵菌等可用于防治斜纹夜蛾、尺蠖、蝗虫和螽斯等害虫,如施用绿僵菌悬乳剂可防治鳞翅目害虫幼虫、蛴螬和金针虫等地下害虫。棒束孢虫生真菌制剂可用于防治小地老虎幼虫,于小地老虎成虫产卵期,在三七种植带中撒施棒束孢虫生真菌孢子粉或兑水浇施,棒束孢虫生真菌孢子可感染小地老虎幼虫和蛹,使幼虫和蛹被感染而死亡。具体用量根据棒束孢虫生真菌孢子粉制剂中分生孢子含量来定，一般每亩施用浓度为 10^{10} 个/g 的孢子粉 0.5～1.0 kg。

5. 物理防治

利用物理方法防治害虫，主要方法是人工直接抓取一些活动性不强、危害集中或有假死性的害虫，人工摘取一些害虫的卵块、幼虫或蛹等。利用一些害虫具有趋光性，可用诱蛾灯或黑光灯诱杀，如蛾类、金龟子和蝼蛄等；利用害虫的趋化性诱杀害虫，如用炒香的麦麸拌药诱杀蝼蛄，用糖醋酒液诱杀小地老虎等。

6. 药剂应急防治

药剂防治是三七病虫害防治的重要手段之一，其特点是适用范围广，方法简便，收效快而显著，尤其是当害虫大面积发生时施用化学农药是快速压低害虫种群数量的重要途径。但在选择采用的药剂时，要科学用药。首先，对症下药。根据防治对象、药剂的性能和使用方法，选择合适的农药。其次，适时用药。在三七生产和栽培中，要加强监测，根据害虫的发生规律，在害虫低龄期用药，方能取得理想的防治效果。对种苗和土壤中存在虫卵或蛹、幼虫等的，在播种或移栽前进行药剂拌种或浸种、土壤消毒。再次，交替用药。为避免害虫产生抗药性，在采用药剂防治害虫时，尽量交替使用不同类型和种类的药剂，以防止害虫对某一类农药产生抗药性。最后，安全用药。三七在不同的生长发育阶段对药剂的敏感程度不同，其中在苗期对药剂较为敏感，此时期用药不当容易产生药害。因此，在用药时，应根据不同时期科学选择用药浓度，控制药剂用量，以防三七产生药害。

5.3　三七全生育期主要害虫的防治历

结合三七的生长发育、主要害虫种类及其发生危害情况，科学预测和监测，制定防治方案，采取科学的防治措施，控制害虫的危害。根据三七生长发育不同阶段的害虫发生危害情况，制定三七害虫的防治历（表 5-6）。

表 5-6　三七害虫防治历

三七生育期	月份	防治对象	防治方案
播种期	当年 12 月～翌年 1 月	蛴螬、蝼蛄、蚂蚁	土壤消毒、绿僵菌等生防制剂防治蛴螬，食诱剂诱杀防治蝼蛄、蚂蚁
发芽出苗期	3～4 月	地老虎、蛞蝓、鼠妇、蕈蚊	地老虎性诱剂防治成虫；食诱剂诱杀防治蛞蝓、鼠妇、蕈蚊；生石灰阻隔防控蛞蝓
苗期	4～6 月	蚜虫、蓟马、粉虱、地老虎、斜纹夜蛾等食叶夜蛾、尺蠖、蟊斯、金龟子、蛴螬、金针虫、种蝇、蕈蚊	性诱剂诱集防治地老虎、斜纹夜蛾、尺蠖成虫；食诱剂诱杀小地老虎和蟊斯、种蝇、蕈蚊等幼虫；黄色黏虫板诱杀蚜虫、粉虱，蓝色黏虫板诱杀蓟马；杀虫灯诱杀金龟子、地老虎及尺蠖成虫；绿僵菌等生防制剂防治蛴螬、金针虫；牛膝菊等诱集植物诱集粉虱；三七种植棚四周种植黄冠菊等天敌蓄积植物，保护和利用自然天敌
成长期	7～10 月	蓟马、蚜虫、粉虱、斜纹夜蛾、蛴螬	黄色黏虫板诱杀蚜虫、粉虱，蓝色黏虫板诱杀蓟马；性诱剂诱杀斜纹夜蛾成虫；绿僵菌制剂防治蛴螬；牛膝菊等诱集植物诱集粉虱；三七种植棚四周种植黄冠菊等天敌蓄积植物，保护和利用自然天敌
休眠期	11 月～翌年 2 月	蚂蚁	食诱剂诱杀蚂蚁

参 考 文 献

蔡晓明, 李兆群, 潘洪生, 等. 2018. 植食性害虫食诱剂的研究与应用[J]. 中国生物防治学报, 34(1): 8-35.

程东美, 胡美英, 张志祥, 等. 2002. 闹羊花素-III对斜纹夜蛾和小菜蛾的杀虫活性研究[J]. 天然产物研究与开发, (1): 25-28.

程东美, 张志祥, 胡美英. 2007. 闹羊花素-III对斜纹夜蛾幼虫的作用方式及血糖含量的影响[J]. 华中农业大学学报, (3): 306-309.

董晨晖, 戚洪伟, 陈国华, 等. 2015. 三七苗床鼠妇的危害特点与防治[J]. 云南农业科技, (6): 50-52.

郭章碧. 2010. 两种菊科植物的生物活性研究[D]. 长沙: 湖南农业大学硕士学位论文.

乐海洋. 1992. 胜红蓟、万寿菊和柔毛水蓼提取物对农业害虫生物活性初试[J]. 广东农业科学, (6): 34-36.

李忠义, 陈中坚, 王勇, 等. 2000. 三七园蛞蝓发生危害及防治[J]. 植物保护, 26(3): 45.

廖享. 2015. 基于近红外光谱的新疆薰衣草精油分析研究[D]. 乌鲁木齐: 新疆大学硕士学位论文.

陆宴辉. 2016. 农业害虫植物源引诱剂防治技术发展战略//吴孔明. 中国农业害虫绿色防控发展战略[M]. 北京: 科学出版社: 120-132.

陆宴辉, 张永军, 吴孔明. 2008. 植食性昆虫的寄主选择机理及行为调控策略[J]. 生态学报, 28(10): 5113-5122.

陆宴辉, 赵紫华, 蔡晓明, 等. 2017. 我国农业害虫综合防治研究进展[J]. 应用昆虫学报, 54(3): 349-363.

马安勤, 钟国华, 胡美英, 等. 2003. 骆驼蓬等植物提取物杀虫活性研究[J]. 华南农业大学学报, (1): 38-41.

王俊, 曹月琴, 王一松. 2004. 斜纹夜蛾在蔬菜大棚支架上产卵情况调查[J]. 安徽农业科学, 32(3): 476+478.

吴孔明, 陆宴辉, 王振营. 2009. 我国农业害虫综合防治研究现状与展望[J]. 昆虫知识, (6): 11-16.

杨建忠, 王勇, 张葵, 等. 2008. 蓟马危害三七调查初报[J]. 中药材, 31(5): 636-638.

曾庆钱, 严振, 莫小路, 等. 2006. 广藿香精油对斜纹夜蛾拒食活性[J]. 农药, (6): 420-421.

张嘉慧. 2016. 广藿香酮对斜纹夜蛾的生物活性及对解毒酶的影响[D]. 广州: 华南农业大学硕士学位论文.

张葵, 张宏瑞, 李正跃, 等. 2009. 三七果实棕榈蓟马的危害和药剂防治试验[J]. 中药材, 32(4): 483-485.

张葵, 张宏瑞, 李正跃, 等. 2010. 三七叶片烟蓟马的危害和药剂防治试验[J]. 特产研究, (3): 43-45.

张艳, 李正跃, 陈斌. 2019. 薰衣草提取物对斜纹夜蛾的生物活性[J]. 南方农业学报, 50 (11): 2481-2488.

Asman K. 2002. Trap cropping effect on oviposition behavior of the leek moth *Acrololepsis assectella* and the diamondback moth *Plutella xylostella*[J]. Entomologia Experimentalis et Applicata, 105(2): 153-164.

Cook S M, Khan Z R, Pickett J A. 2007. The use of push-pull strategies in integrated pest management[J]. Annual Review of Entomology, 52(1): 375-400.

Foster S P, Harris M O. 1997. Behavioral manipulation methods for insect pest management[J]. Annual Review of Entomology, 42(1): 123-146.

Hokkanen H M T. 1991. Trap cropping in pest management[J]. Annual Review of Entomology, 36(1): 119-138.

Imai T, Maekawa M, Murai T. 2001. Attractiveness of methyl anthranilate and its related compounds to the flower thrips, *Thrips hawaiensis* (Morgan), *T. coloratus* Schmutz, *T. flavus* Schrank and *Megalurothrips distalis* (Karny) (Thysanoptera: Thripidae)[J]. Applied Entomology and Zoology, 36(4): 475-478.

Kirk W D J. 1985. Effect of some floral scents on host finding by thrips (Insecta: Thysanoptera)[J]. Journal of Chemical Ecology, 11(1): 35-43.

Michaud J P, Qureshi J A, Grant A K. 2007. Sunflowers as a trap crop for reducing soybean losses to the stalk borer *Dectes texanus* (Coleoptera: Cerambycidae)[J]. Pest Management Science, 63(9): 903-909.

Murai T, Imai T, Maekawa M. 2000. Methyl anthranilate as an attractant for two thrips species and the thrips parasitoid *Ceranisus menes*[J]. Journal of Chemical Ecology, 26(11): 2557-2563.

Rasmann S, Turlings T C J. 2007. Simultaneous feeding by aboveground and belowground herbivores attenuates plant-mediated attraction of their respective natural enemies[J]. Ecology Letters, 10(10): 926-936.

Shelton A M, Badenes-Perez F R. 2006. Concepts and applications of trap cropping in pest management[J]. Annual Review of Entomology, 51(1): 285-308.

Teulon D A J, Hollister B, Butler R C, et al. 1999. Color and odour responses of flying western flower thrips: wind tunnel and greenhouse experiments[J]. Entomologia Experimentalis et Applicata, 93(1): 9-19.

Tillman P G, Mullinix B G. 2004. Grain sorghum as a trap crop for corn earworm (Lepidoptera: *Noctuidae*) in cotton[J]. Environmental Entomology, 33(5): 1371-1380.

第6章 三七品质形成机制及调控

"顺境出产量，逆境促品质"，中药材药效成分多为次生代谢产物，因此，研究三七主要药效成分的合成调控机制，并形成种植调控技术，有利于三七品质的提升。

6.1 三七品质调控的基本理论基础

6.1.1 植物次生代谢产物的功能

在生物体内，化合物通过一系列化学反应被降解或合成的过程称为代谢作用。植物代谢可以分为初生代谢（primary metabolism）和次生代谢（secondary metabolism）。初生代谢是指植物合成其生存必需的化合物，如糖类、脂肪酸类、核酸类物质。而植物利用初生代谢物为原料，在一系列酶的催化作用下，形成一些特殊的化学物质，这些产物称为次生代谢产物。植物次生代谢是植物通过渐变或突变获得的一种适应生存的方式，是长期进化过程中对生态环境适应的结果，包括生物碱、酚类衍生物、类黄酮类化合物、有机酸、萜类代谢等途径。这些代谢途径的产物繁多，具有多方面的功能，包括防御病虫害、适应灾害性天气、抑制杂草、修复损伤等功能。中药材的使用是充分利用植物次生代谢功能的过程。中草药在长期进化过程中与各种逆境抗争，体内积累的一些次生代谢物质对植物和人类都有益处。黄璐琦和郭兰萍（2007）发表的文章《环境胁迫下次生代谢产物的积累及道地药材的形成》中也阐明次生代谢产物通常是中草药的主要药效成分。"顺境出产量，逆境促品质"。因此，逆境效应是道地药材形成的重要原因。

6.1.2 植物次生代谢途径的激发

1. 逆境激发植物次生代谢

植物通常通过启动次生代谢来应对逆境的胁迫。植物遭受的逆境包括生物和非生物逆境。生物逆境包括病、虫、草等有害生物危害及种间和种内竞争等；非生物逆境包括温度、水分、光照、辐射等物理因素，营养失衡、重金属胁迫、酸化、盐碱化、农药、空气污染物等化学因素，以及作物耕作过程中的损伤等人为因素。逆境胁迫会引起植物的多重信号反应，产生多种信号分子，包括乙烯、水杨酸（SA）、茉莉酸（JA）、过氧化氢（H_2O_2）等。逆境胁迫会使细胞产生多种次生代谢防御途径，激活新的防御性酶和防御基因，从而使代谢物质的积累产生变化。

2. 促进中药材次生代谢的条件和方法

道地药材的形成涉及三个关键要素：①优良的品种，是中药材初生和次生代谢物质形成的遗传基础；②适宜的生长环境，生长过程中需要特殊的环境胁迫或人为胁迫才有利于特殊代谢物的形成；③生长过程中满足营养元素的平衡供应，确保正常代谢。因此，优质中药材的形成除了品种外，适宜的生长环境和充足的土壤养分供应也是关键。

1）土壤提供的营养元素必须全面充足

植物启动次生代谢涉及众多的代谢调节、信号转导和防御物质的合成。这些过程需要多种营养元素的参与。植物必需的大量元素碳、氢、氧、氮、磷、钾等参与植物各种各样的生命活动，而微量元素在次生代谢的开启和转运中参与植物体酶的合成和代谢过程。从植物生理角度来看，植物在逆境环境中次生代谢途径很容易被启动，但如果没有适当的营养供应，也就是说没有给予植物参与复杂生化反应过程中必要的养分，次生代谢会受到影响，表现为异常状态，植物自身免疫能力也无法提高。总之，适当的生物或非生物胁迫是开启植物次生代谢的必要条件，而全面的营养是次生代谢转运的充分条件。全面的营养就是指土壤有机质要充足，作物所必需的大、中、微量元素都不能缺。

（1）碳的作用

碳在作物体内约占 45%，作物通过光合作用从空气中获取的碳仅能满足作物大约五分之一的需求。更多的碳可以通过从土壤中吸收碳酸盐和有机碳，以及叶面增施腐殖酸、氨基酸等方式补充。腐殖酸、氨基酸中除植物需要的有机碳，还含有多种小分子有机物，可以起到保护膜系统免受自由基攻击的作用。因此，在作物生长过程中有必要定期在叶面补充植物源的氨基酸液肥。

（2）矿物质的作用

均衡的营养是植物抵抗病虫害的前提。众多的研究表明，处于最佳营养状态的植物抗病性最强，越偏离最佳营养状态，植物越容易遭受病害。多数矿物质元素是植物必需的微量元素，也是植物次生代谢关键酶的组成成分。土壤中矿质元素不足导致农产品只收获形态物质，影响着色和风味等。农业生产中可以通过补充土壤调理剂平衡土壤中的矿物质，满足作物生长需求。

（3）有益微生物的作用

土壤中具有充足的碳和矿物质，有些物质只有在微生物的帮助下才能活化并被作物利用。土壤有益微生物具有提高土壤酶的活性、固碳并活化养分、抗病抗虫、促进生长、促进植物次生代谢、促进土壤结构形成等功能。

2）次生代谢途径的激发

作物产生抗逆性的过程就是启动和转运次生代谢的过程，该过程有着一个共同的机制。作物在逆境中用共同的受体、共同的信号传递途径传递不同的逆境信号，诱导共同的基因，调控共同的酶和功能蛋白，产生共同的代谢物质，在不同的环境中抵御不同的逆境，这就是植物最经济高效的抗逆防御体系。激发次生代谢途径的方法有很多，包括：①三七生长过程中的环境胁迫，通过光、温、水的管理产生适宜强度的胁迫；②生产管理过程中的胁迫，通过农事管理过程中中耕除草等方式产生适当强度的胁迫；③植物诱导剂的诱导，很多诱抗剂含有植物次生代谢产物，其中赤霉素、脱落酸、生长素、细胞分裂素、乙烯、油菜素类固醇、多胺、茉莉酮酸和水杨酸等内源激素的合理施用可以诱导植物的次生代谢。

植物生长过程中的生物和非生物胁迫都需要在确保细胞膜不受伤害的前提下开展。植物的新陈代谢离不开细胞的膜系统。作物受到任何一种胁迫后都会激发次生代谢，从而产生更多防御物质、品质物质和风味物质。细胞的膜系统和细胞骨架系统一起为生命活动提供了次生代谢物质，细胞内各种反应的高效进行都有赖于细胞膜结构的完整性。科学研究表明，各种逆境因子对植物的伤害都是最先发生在细胞的膜系统中。逆境因子引起代谢紊乱与自由基增加，并且加速了膜的生物化学和物理结构的破坏，从而破坏了膜的生理功能，因此保护膜就是保护生命。

6.1.3 三七次生代谢产物的研究进展

三七的药理作用主要体现在对血液系统、心血管系统、脑血管系统、神经系统、代谢、免疫调节系统等的影响（冯陆冰等，2008）。三七通过其丰富的次生代谢产物产生有效活性，其次生代谢产物包括皂苷类、黄酮类、挥发油、生物碱以及止血成分三七素等。

1）皂苷类

三七中主要有效成分为皂苷类化合物。迄今为止，已从三七中发现了 80 多种皂苷类化合物，而且不断有新的化合物被发现。三七皂苷主要是原人参二醇型（PPD 型）和原人参三醇型（PPT 型）。其中 PPD 和 PPT 是苷元的缩写，以苷元为基础再和不同的单糖、双糖等结合变为 PPD 型和 PPT 型皂苷。C20 上的—OH 基团可以是 R 构型或 S 构型，皂苷 PDS 和 PTS 是分别以 PPD 和 PPT 为苷元形成的 C20 位—OH 为 S 构型的皂苷，所以 PDS 还可以表示为 20（S）-原人参二醇型皂苷[20（S）-protopanaxadiol，缩写为 PDS 或 20（S）-PPD]，PTS 还可以表示为 20（S）-原人参三醇型皂苷[20（S）-protopanaxatriol，缩写为 PTS 或 20（S）-PPT]（夏鹏国等，2014）。三七的主要单体皂苷为人参皂苷 Rb_1、人参皂苷 Rg_1、三七皂苷 R_1、人参皂苷 Rd 及人参皂苷 Re。三七中皂苷含量以人参皂苷 Rg_1 和 Rb_1 最高，《中华人民共和国药典》中也是根据人参皂苷 Rg_1、Rb_1 和三七皂苷 R_1 的量总和不少于 5.0%作为衡量三七质量的标准。

三七不同部位的皂苷种类和含量不同。三七的根中主要含有 PDS 和 PTS，如人参皂苷 Rb_1、Rb_2、Rd、Re、Rg_1、Rg_2、Rh_1 和三七皂苷 R_1、R_2、R_3、R_4、R_6，以及七叶胆皂苷 XVII 等（魏均娴等，1980，1985）；三七叶和三七花中则主要含有 PDS。花蕾是三七全株的精华，总皂苷量高达 13%以上（主要为 PDS），是皂苷量最高的部位，含有三七皂苷 Fe、R_1，绞股蓝皂苷 IX 和人参皂苷 F_2、Rg_1、Rc、Rb_3、Rd、Rb_1、Rb_2、Rg_2、Rh_1 等（Taniyasu et al.，1982；左国营等，1991），其中人参皂苷 Rc 和 Rb_3 含量最高（张媛等，2009）。三七的果实中也含有皂苷 Rh_1、Rh_2、Rg_1、Rg_2、Rg_3、Re、Rd、Rb_1、Rb_3、Rc、Fe、Fa、Fc 和绞股蓝皂苷 IX、XV、XVII 等。

2）三七素

三七素是三七中另一种重要的有效成分，同时也是三七的特征性成分。三七素是一种非蛋白的氨基酸成分，是三七的主要止血活性成分。不同规格三七中三七素的量平均为 0.87%。

3）黄酮类

三七黄酮能明显增加心肌冠脉流量，而且三七黄酮与皂苷合用生理活性加强。迄今为止，从三七中鉴定出的黄酮类化合物包括槲皮素、槲皮素苷、黄酮苷槲皮素-3-*O*-槐糖苷、山奈酸、山奈酚、山奈酚-7-*O*-α-*L*-鼠李糖苷、山奈酚-3-*O*-β-*D*-半乳糖苷、山奈酚-3-*O*-β-*D*-半乳糖（2→1）葡萄糖苷、槲皮素-3-*O*-β-*D*-半乳糖（2→1）葡萄糖苷等（魏均娴和王菊芬，1987；Hua et al.，1996；崔秀明等，2002；郑莹等，2006；张冰等，2009；黄建等，2012）。

4）挥发油

三七具有气味特殊、味苦回甜的特性，这与其挥发油成分是分不开的。目前已从三七的根和花中分离出包括倍半萜类、脂肪酸、苯取代物、萘取代物、烷烃、环烷烃、烯烃、酮等挥发物。这些挥发物中萜烯类化合物所占的比例较大，其中 α-愈创木烯含量较高。三七的特殊气味与三七中的挥发油成分是密切相关的，三七中挥发油成分的研究有助于建立一套从气味上快速辨别三七药材真伪的新方法。

6.1.4　三七次生代谢产物调控的理念和方法

品质是三七优质生产控制的关键指标。当前，三七基因组已被成功解析，明确了三七皂苷合成关键基因。通过研究发现，三七次生代谢与植株的营养状况、生物和非生物胁迫有密切关系。为了提升三七品质，保障药材道地性，基于众多研究提出三七品质调控的技术路线：一方面在确保植物养分充足和均衡的基础上，利用有益微生物接种、非生物逆境胁迫等方式调控次生代谢产物合成，提升三七品质；另一方面，建立优质三七代谢产物指纹图谱，实时监测三七品质指标。

6.2　三七品质形成的分子基础

6.2.1　三七基因组分析及皂苷合成关键路径研究

三七的染色体数目为 $2n=2x=24$，是一种生长速度缓慢的多年生植物（Wang et al.，2016）。为了鉴定三七中的生物活性化合物并描绘其生物合成途径，三七基因组信息被成功解析（Chen et al.，2017）。植物产生的萜烯类物质是用于药物筛选和设计的一类重要的天然产物（Tholl，2006），尽管它们具有多种化学结构，但这些化合物都衍生自两个五碳异构基本结构单元：异戊烯二磷酸酯（IPP）和二甲基烯丙基二磷酸酯（DMAPP）（Trapp and Croteau，2001）。在植物中，IPP 和 DMAPP 的从头合成分别涉及细胞质中经典的乙酸盐/甲羟戊酸途径和质体中的丙酮酸/甘油醛-3-磷酸途径（Tholl，2006）。随着 IPP 和 DMAPP 以各种组合的缩合，产生了用于植物萜烯生物合成的不同中间体前体

（如香叶二磷酸）（Tholl，2006）。在三七基因组中，鉴定了几乎所有参与 IPP、DMAPP以及各种中间前体生物合成的酶的同源基因。根据用于萜烯合成的 IPP 和 DMAPP（C5）数量，这些次生代谢物可分为单萜（C10）、倍半萜（C15）、二萜（C20）、三萜（C30）等（Chen et al.，2017）。合成这些化合物的构建块和中间体前体的关键酶统称为萜烯合酶（TPS）。通过应用基于隐马尔可夫模型的同源基因搜索方法（Chen et al.，2017），在三七基因组中鉴定了 30 个推定的 TPS 基因，为研究三七中已知萜类化合物的生物合成奠定了基础，同时为鉴定其他人参属中的新型候选药物提供了充足的遗传资源。详细信息见第 2 章。

6.2.2 三七品质形成的分子基础

三七的主要药用成分是三七皂苷（*Panax notoginseng* saponins，PNS）。迄今已从三七的根、茎、叶、花、果等各部位分离和鉴定出 70 余种皂苷，均属于达玛烷型四环三萜皂苷。2015 版《中华人民共和国药典》规定了三七的品质要求，三七中按干燥品计算，所含人参皂苷 Rg$_1$（C$_{42}$H$_{72}$O$_{14}$）、人参皂苷 Rb$_1$（C$_{54}$H$_{92}$O$_{23}$）及三七皂苷 R$_1$（C$_{47}$H$_{80}$O$_{18}$）的总量不得少于 5.0%（通过高效液相色谱法测定）。

三七皂苷按皂苷元类型又可细分为两种：20（*S*）-原人参二醇型[20（*S*）-protopan-oxadiol]和 20（*S*）-原人参三醇型[20（*S*）-protopanoxatriol]。三七皂苷是以 2,3-氧化鲨烯为前体，经过环化、羟基化、糖基化形成。大概的生物合成途径如下：两分子的法尼基焦磷酸（farnesyl pyrophosphate，FPP）在鲨烯合酶（squalene synthase，SS）作用下还原偶联生成鲨烯（squalene），即三萜的前体。随后，鲨烯在鲨烯环氧酶（squalene epoxidase，SE）催化作用下形成 2,3-环氧角鲨烯，2,3-环氧角鲨烯在达玛烯二醇-II 合酶（dammarenediol-II synthase，DS）的催化下合成达玛烯二醇-II，并在相应的细胞色素 P450单加氧酶催化下在达玛烯二醇-II 的 C12 位上羟基化生成原人参二醇（protopan-oxadiol），原人参二醇在相应的细胞色素 P450 单加氧酶催化下在其 C6 位上羟基化合成原人参三醇（protopanoxatriol），进而以原人参二醇和原人参三醇为前体在相应的细胞色素 P450 单加氧酶和糖基化酶（GT）的催化下经羟基化、糖基化修饰，最终形成各种达玛烷型四环三萜皂苷。因为目前还没有合成途径中各个酶性质的鉴定和分子遗传的证据，三七合成的途径，特别是最后几步的合成还处于推测阶段。因此，课题组分析了不同年份三七根样品的转录组，同时对获得的达玛烯二醇-II 合酶基因 *DS* 和可能的催化形成原人参二醇细胞色素单加氧酶基因 *CYP450A47* 进行了功能验证（Li et al.，2019）。

试验采集了一年生、二年生及三年生的三七根部样品，优化了三七根中 RNA 的提取方法，构建了达玛烯二醇-II 合酶基因及 *CYP450A47* 基因的超表达的载体，对组培烟草 K326 进行了转化，同时进行转录组数据分析。结果表明，皂苷代谢途径中的各合成酶基因 *HMGR*（3-羟基-3-甲基戊二酰 CoA 还原酶基因）、*DS*（达玛烯二醇-II 合酶候选基因）、*CYP716A53V1*（原人参二醇 C6 羟基化酶候选基因，产物为原人参三醇）的表达丰度随着生长年限的增加，发生显著变化。其中 *HMGR* 与 *CYP716A53V1* 的表达丰度在一年生与二年生间的差异较小，到三年生时开始显著增加；而 *DS* 的表达丰度是所有合成酶基因中最高的，一年生三七表达量很低，二年生和三年生三七表达量迅速提升。详细信息见表 6-1。这些结果表明，三七皂苷的大量合成主要在其生长至两年和三年后。

表 6-1　不同生长年限三七根中皂苷合成相关基因转录结果（FPKM）

名称	EC	简写	一年生	二年生	三年生
乙酰辅酶 A 乙酰基转移酶 acetyl-CoA acetyltransferase	2.3.1.9	AACT	239.46	2.55	0.89
3-羟基-3-甲基戊二酰辅酶 A 还原酶 3-hydroxy-3-methylglutaryl-coenzyme A reductase	1.1.1.34	HMGR	0.56	0.63	199.00
甲羟戊酸激酶 mevalonate kinase	2.7.1.36	MVK	49.53	97.27	92.98
焦糖酸甲羟戊酸脱羧酶 mevalonate diphosphate decarboxylase	4.1.1.33	MVD	21.49	62.51	91.83
异戊烯基焦磷酸异构酶 isopentenylpyrophosphate isomerase	5.3.3.2	IDI	143.65	122.74	95.24
法尼基焦磷酸合酶 farnesyl pyrophosphate synthase	2.5.1.10	FPPS	100.50	74.20	71.87
鲨烯合酶 squalene synthase	2.5.1.21	SS	85.67	175.23	95.23
鲨烯环氧酶 squalene epoxidase	1.14.13.132	SE	99.09	110.24	104.46
鲨烯环氧酶 2 squalene epoxidase2	1.14.13.132	SE2	4.51	14.98	12.69
达玛烯二醇-II 合酶 dammarenediol-II synthase	4.2.1.125	DS	0.44	620.53	656.95
—	—	CYP450A47	95.45	204.34	123.76
—	—	CYP716A53V1	1.89	1.82	263.70

注：FPKM，fragments per kilobase million，即每千个碱基的转录每百万映射读取的碎片

6.3　三七品质的影响因素

6.3.1　土壤养分对三七品质形成的影响

1. 大量元素对三七品质形成的影响

1）氮素

氮素是作物营养三要素之一，对三七生长的影响较大，稍过量或不足都会对植株产生很大的影响。同时，氮还对其他元素的吸收有促进或抑制作用，合理施用氮肥有利于三七对各种养分的吸收。有资料记载，过量施用氮肥会导致三七品质下降（董弗兆等，1998）。

不同的氮肥梯度对三七生长和品质的影响试验结果表明，不同施氮量对三七植株性状有较大的影响，总体表现为对地下部性状的影响大于对地上部性状的影响。株高、茎粗、叶面积等地上部性状随施氮水平的变化趋势不明显，当施氮量在 225 kg N/hm² 时，

最有利于植株增高、叶片和块根的生长（图 6-1，表 6-2）。单株鲜重是衡量作物群体产量的主要指标之一，是三七产量形成的基础（崔秀明和王朝梁，1991）。不同施氮处理三七单株鲜重存在明显差异，随着氮肥施用量的增大，三七单株鲜重和地下部性状根长呈先增加后减少的趋势，以施氮量 225 kg N/hm² 处理最高（图 6-1，表 6-2）。适氮（225 kg N/hm²）促进了三七种苗的生长以及地上部和地下部生物量的累积；高氮（450 kg N/hm²）抑制了三七种苗的生长和生物量的累积（图 6-2），这说明适量的氮肥供应对提高三七产量有一定帮助（Wei et al.，2018）。

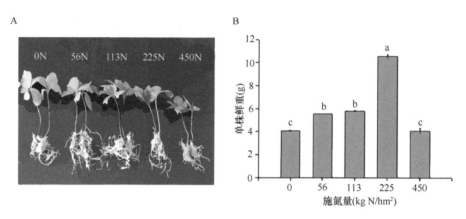

图 6-1　不同施氮水平对三七生长的影响

A. 不同施氮水平三七的种苗；B. 不同施氮水平三七种苗的鲜重

表 6-2　不同施氮水平对三七种苗生长的影响

氮肥施用量（kg N/hm²）	根长（cm）	叶面积（cm²）	茎粗（mm）	株高（cm）
0	11.78±0.55ab	12.37±0.22c	0.22±0.01a	8.43±0.25c
56	10.21±1.08bc	13.39±0.13b	0.21±0.01ab	9.63±0.40bc
113	11.67±0.46ab	13.32±0.09b	0.21±0.00ab	10.91±0.43b
225	12.47±0.23a	14.79±0.10a	0.23±0.00a	12.42±0.12a
450	9.03±0.41c	13.38±0.59b	0.19±0.00b	9.7±0.62bc

注：表中数据为平均值±标准误，同一列不同小写字母表示差异显著（$P<0.05$），本章下同

皂苷是三七重要的药用成分，也是衡量三七品质的重要指标。适宜的土壤氮水平能够促进三七主根、须根和块根的总皂苷合成及累积，且更有利于皂苷在主根中的分配（图 6-3），同时主根和须根中大多数单体皂苷（R_1、Rg_1、Rf、Rb_1、Rg_3）的合成和累积也在适氮水平表现最高（图 6-4）。这些结果说明三七皂苷含量在适宜的氮素水平内具有相对稳定性，氮肥不足及施氮过量均不利于三七品质的形成（Wei et al.，2019）。

2）磷素

磷是植物营养的主要来源之一，在土壤中容易被固定，难以移动，三七作为浅根系植物须根较小，难于充分吸收土壤磷。三七产区速效磷含量偏低，因此适量增施磷肥有利于改善三七植株的性状。崔秀明等（1994）和王朝梁等（2008）的研究结果都表明，

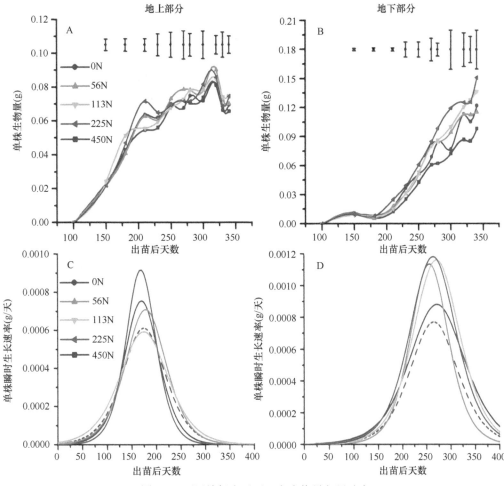

图 6-2　不同施氮水平下三七生物量积累动态

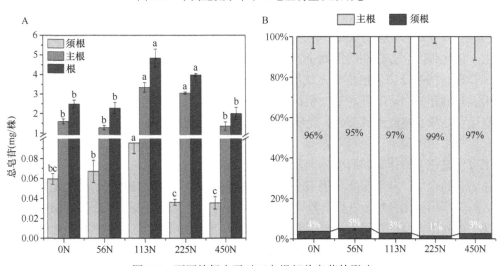

图 6-3　不同施氮水平对三七根部总皂苷的影响

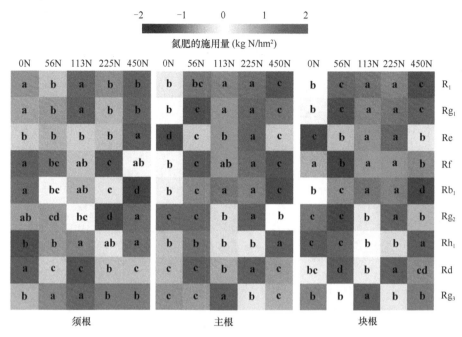

图 6-4 不同施氮水平对三七根部单体皂苷含量的影响

磷素营养对三七植株性状的影响较为明显，其中以株高、叶面积等植株性状影响最大；施用磷肥能有效提高三七的单株根重。在一定范围内，单株根重随着磷肥施用量的增加而增加，但过量施磷反而会影响三七块根的生长，其施用量的增加对产量影响并不明显，这种情况与生产相一致，说明在三七生产中对磷肥的需要量各个生育时期是相对平稳的，过低和过高的磷肥均不利于三七生产，适宜的磷肥施用量为 338 kg P_2O_5/hm²。

3）钾素

研究发现，三七属喜钾植物，其体内氮、磷、钾的比例通常在 1∶0.5∶（1.5～2）（崔秀明等，1994）。但有些植物对氯离子非常敏感，为"忌氯植物"。在钾肥品种的选择上，氯化钾因含有较高的氯离子，常会导致忌氯植物氯中毒，影响植物生长和品质，不推荐在一些高经济价值植物上使用（陆景陵，1994）。研究发现，在等钾量条件下，施用氯化钾和施用硫酸钾对三七植株生长、产量和品质具有等效作用，甚至施用氯化钾的产量和品质要略优于硫酸钾，说明三七植株对氯离子并不敏感。施用钾肥能显著促进三七植株生长和提高三七药材产量（张良彪等，2008；欧小宏等，2012）。同时，施用钾肥可促进三七植株氮和磷养分向药用部位（根部）转移，促进三七药材各种单体皂苷和总皂苷的合成，从而显著提高其含量和累积量（郑冬梅等，2014）。三七皂苷成分属于达玛烷型萜类化合物，以碳、氢、氧三种元素为主，主要通过甲羟戊酸（MVA）途径经过一系列酶促反应进行合成（吴琼等，2009）。因此，植物体内碳水化合物含量与皂苷含量有重要的联系。施用钾肥促进三七各类单体皂苷及总皂苷的合成与累积，可能同钾肥促进三七植物光合作用、提高相关酶活性或促进同化产物合成与运输等有关。但具体作用机制有待进一步研究。

2. 其他元素对三七品质形成的影响

叶面喷施植物氨基酸液肥、诱导抗性物质等可以起到保护细胞膜免受自由基攻击的作用，在作物生长过程中进行适当的叶面肥补充可以有效修复土壤、增加土壤有益微生物和土壤酶的活性、实现对作物生理性病害和土传病害的有效控制，提高农产品的品质。

1）植物氨基酸液肥

氨基酸液肥中含有大量有益植物生长的氨基酸，其活性成分可以归纳为三大功能因子：光合因子、水平衡因子、养分螯合因子。光合因子富含甘氨酸等叶绿素合成前体，通过促进叶绿素合成，提高光合速率与光合作用强度，进而提升植物生命活力。水平衡因子富含脯氨酸、羟基脯氨酸等渗透调节物质，能有效调节植物细胞质内水分，稳定生物蛋白结构，防止细胞因脱水而死亡，提高植物对高温、干旱、盐碱地等环境的抵抗力。养分螯合因子为甘氨酸、小分子活性肽等活性成分，其牢牢地"包裹"与"携带"营养离子，轻松通过蛋白通道，穿越植物细胞质膜进入植物体。从而帮助植物更好地吸收养分，强化植物吸收能力。这些物质相互协作，通过强化植物的生命活力、吸收活力和抗逆能力，激活植物潜能，从而使植物机体高效运转。例如，在三七地上部从快速生长期开始（5 月）直至三七地下部分快速生长期（7 月），每月用谷聚多（8% 聚谷氨酸）1000 倍稀释液灌根，共施用 3 次。施用谷聚多后，三七地上部分生长和生物量积累得以提高。

2）植物诱抗剂

植物免疫诱抗技术是通过植物免疫诱抗剂提高作物自身免疫力。植物诱抗剂有诱导农作物抗逆、抗病、促生长、促增产、改善品质、提高农产品耐贮藏性等作用。大量研究试验表明，当植物受到外界刺激或处于逆境条件时，能够通过调节自身的防卫和代谢系统产生免疫反应，植物的这种防御反应或免疫抗性反应，可以使植物病害的发生和发展延迟或减轻。常用的植物诱抗剂有碧护、壳聚糖、氨基寡糖素（海岛素）等。

3）稀有元素

一些稀有元素（如钛、硒等）是植物生长调节剂，也是有益微量元素，它们既能增强植物的光合作用，提高叶片叶绿素含量及植物体内有机酶活性，又能促进植物对氮、磷、钾的吸收、分解和运转，从而起到使作物增产及改善果实品质的作用。生产上使用的稀有元素有纳米硒、钛微肥等。例如，从三七地上部快速生长期开始（5 月）直至三七成熟期（10 月），每月用纳米硒 300 倍稀释液喷施叶面，共喷施 6 次。施用纳米硒后，三七地上部分生长和生物量积累得以提高，其中株高、地上部鲜重、地下部鲜重分别比对照提高了 7.23%、10.35%、14.71%，须根表面积、截面直径和总体积分别增加了 1.73%、5.75% 和 3.99%，但须根长度略下降，减少了 2.45%。可见，纳米硒能促进三七地上部生长，主根生物量积累显著提高，并且通过抑制须根长度、增加须根表面积和总体积来促进须根生物量积累。

6.3.2 水分对三七品质形成的影响

为了探明土壤水分变化对三七植株皂苷合成的影响，课题组测定了在不同土壤水分含量条件下种植收获的植株的根茎叶各部分的皂苷含量。结果发现，土壤水分含量的变化对三七植株的总皂苷含量（根茎叶皂苷之和）存在显著的影响（图 6-5）。总皂苷含量（单位面积）随着供试土壤水分增加呈现出先下降后增加的趋势，水分含量为 90%～95% FC 时达到最高，显著高于 80%～85% FC 条件下的皂苷含量，是 70%～75% FC 条件下的 1.8 倍。此外，土壤水分含量为 85%～100% FC 条件下的叶片和茎单位面积总皂苷含量高于 55%～75% FC 条件下。因此，土壤水分的变化也是影响皂苷合成的重要因素，三七在适宜其健康生长的土壤水分范围内皂苷合成能力更强。

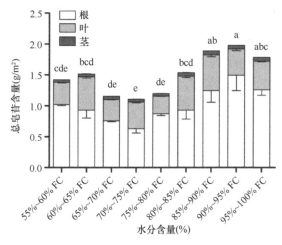

图 6-5 不同土壤水分处理对三七品质形成的影响
边缘值下含上不含

6.3.3 光照对三七品质形成的影响

光照影响三七的生长和代谢。前人对喜阴药用作物进行研究发现，适当的光照强度能促进药用作物虎杖 *Polygonum cuspidatum* 愈伤组织中白藜芦醇的合成（文涛等，2007）；与三七同属的药用作物人参 *Panax ginseng* 在 30%透光率条件下人参多糖含量最高，在 10%～30%透光率范围内随着透光率的升高，人参多糖含量呈现增加的趋势。人参总皂苷含量在 30%透光率条件下同样最高，10%～30%透光率条件下，随着透光率的升高总皂苷含量呈现增加的趋势（许嘉，2018）。不同光照条件也会影响三七的生长及品质的形成。研究表明，三七在 4～6 月 5.2%的透光率最适宜主根及须根总皂苷含量的积累，15.8%透光率次之，30%的透光率最低；而 6～8 月，15.8%透光率条件下主根及须根总皂苷含量显著高于 5.2%的透光率，说明 6～8 月适度增加光强有助于提高三七品质。8～10 月，不同透光率处理中主根总皂苷含量无显著差异，但 31.5%透光率的须根总皂苷含量最高。这些试验表明，三七生长过程中，应该结合三七生长时期对光照进行适当调整，一年生三七 4～8 月生长期适宜选用较低的透光率，而 8～10 月可以适当增加透光率，更有利于地下部分生物量和皂苷的积累。

6.3.4　微生物对三七品质形成的影响

1. 内生真菌枝顶孢霉对三七生长和品质的影响

内生真菌是植物生长发育的重要组成部分。本课题组从三七的芽中发现并分离到一株新的内生枝顶孢霉菌株 *Acremonium* sp. D212。枝顶孢霉 D212 能定殖在三七根中，增强三七对根腐病的抗性并促进三七根系生长和皂苷合成（Han et al.，2020）。枝顶孢霉 D212 能分泌吲哚-3-乙酸（IAA）和茉莉酸（JA），用枝顶孢霉 D212 接种三七时增加了三七内源的 IAA 和 JA 含量。D212 在水稻品种日本晴中的定殖依赖茉莉酸甲酯（MeJA）（2～15 μmol/L）和萘乙酸（NAA）（10～20 μmol/L）的浓度。此外，D212 在茉莉酸信号缺失的水稻突变体 *coi1-18* 中的定殖量少于野生型的日本晴水稻及 *miR393* 过表达的株系，而 MeJA 的处理可以提高 D212 在 *coi1-18* 突变体中的定殖量。这些结果暗示茉莉酸信号途径和生长素合成途径的相互作用在枝顶孢霉 D212 定殖于宿主植物中扮演了一个关键的角色（Han et al.，2020）。

激素在内生真菌定殖于宿主植物中也起到了重要作用。内生真菌分泌的吲哚-3-乙酸可以使宿主植物适应非生物逆境胁迫（Ikram et al.，2018）。外源施加茉莉酸甲酯可以激活茉莉酸信号并且减少小麦根系内生细菌的含量（Liu et al.，2017）。包括水杨酸和茉莉酸相互作用在内的植物激素可以影响内生真菌在根系中的定殖（Martínez-Medina et al.，2017）。更重要的是植物受益于内生真菌定殖，并且内生关系可以调控植物免疫系统（Yan et al.，2019）。生长素（Vanneste and Friml，2009）和茉莉酸（Yan and Xie，2015）分别作用于植物发育和免疫响应。皂苷的生物合成主要在三七根中进行（Li et al.，2019），并且可以被生长素（Washida et al.，2004）和茉莉酸（Li et al.，2017）诱导。此外，皂苷的自毒性会导致三七连作障碍（Yang et al.，2015）。许多占优势地位的 *Acremonium* 属内生真菌被分离，这些真菌可以促进宿主植物的抗真菌活性（Anisha and Radhakrishnan，2015）并提供潜在的生物防治方法（Yao et al.，2015）。从三七中分离的内生真菌 *A. implicatum* 已被检测其抗病原真菌活性（Zheng et al.，2017），但是，在 NCBI 数据库中这个真菌被分类为 *Sarocladium implicatum*。目前，植物激素和 *Acremonium* 属真菌在三七发育中的作用还不清楚。

本课题组研究了生长素和茉莉酸的相互作用对 *Acremonium* 属内生真菌在寄主植物中定殖的影响。找到了一株新的 *Acremonium* 属真菌 *Acremonium* sp. D212，其是从三七芽中分离的，并且可以定殖于三七和水稻根中。研究发现生长素生物合成和茉莉酸信号共同调控 D212 在宿主植物中的定殖。这些结果为揭示内生真菌在宿主植物中的定殖机制提供了新的可能性。

1）新的 *Acremonium* 属菌株的分离和鉴定

三七的根、茎、叶、胚、胚乳、芽培养于 MS 培养基上，从中分离到 13 株内生真菌。一株从三七芽中分离的真菌表现出对三七幼苗生长具有促进作用。与未接种真菌的对照组相比（图 6-6A），尽管白色菌丝已经覆盖满整个培养基表面，但幼苗的生长没有受到

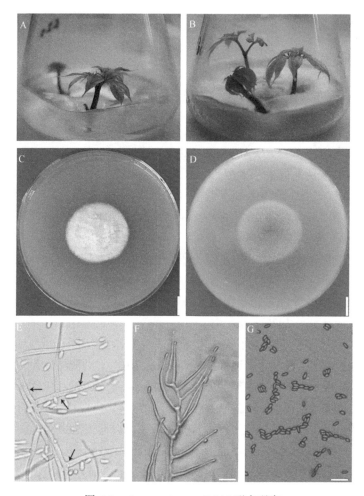

图 6-6　*Acremonium* sp. D212 形态观察

A，B. 培养于 MS 培养基上的三七组培苗：A. 未接菌，B. 接种 *Acremonium* sp. D212；C～G. 菌落（C，D）、菌丝（E，F）和孢子（G）形态观察（培养 7 天的 D212）。箭头表示菌丝分隔。标尺 ＝1 cm（C，D），标尺＝10 μm（E～G）

损害（图 6-6B），这暗示这个菌株不是三七病原菌。该菌株的菌落直径 3～5 cm，菌丝白色，表面浅黄色（图 6-6C，D）。棉质、白色的营养菌丝丰富（图 6-6C）。菌丝有分枝且有隔（图 6-6E）。孢子生长在菌丝顶端，呈透明椭圆形[（2.60～4.82）μm ×（1.33～2.58）μm（$n=286$），长宽比：1.73～2.14]。根据菌丝和孢子形态特征初步鉴定为 *Acremonium* 属。进一步利用菌株内转录间隔区序列（ITS，GenBank 登录号 MH800331）和 29 个 *Acremonium* 属真菌及外群真菌链格孢菌 *Alternaria alternata* 进行进化分析。系统发育树分析证明，新分离的内生真菌属于 *Acremonium* 属（图 6-7）。此菌 ITS 序列与 2 个 *Acremonium alternatum* 真菌相比分别有 98.1%（菌株 KX958032）和 97.8%（菌株 KX958064）的相似性，并且聚集成一个独特的亚群，与 *Acremonium alternatum* 真菌的关系比其他真菌更密切。此菌与 *Acremonium implicatum* 菌株 PH30454（Zheng et al.，2017）的 ITS 序列相似性为 68.7%。为了进一步鉴定新的 *Acremonium* 属菌株，将核糖体大亚基序列（LSU，GenBank 登录号 MK348236）在 NCBI 数据库中进行比对分析，

发现分别与 *Acremonium alternatum*（MH871347）和 *Acremonium sclerotigenum*（MH871515）
有 99.8%和 100%的相似性。然而，*Acremonium alternatum* 的孢子会在菌丝顶端和底端
连成短链，形状是椭圆形、长倒卵形，有透明光滑的壁，略具尖状的基部和圆形顶端
[（4.2～5.0）μm ×（1.5～2.0）μm]（Wang et al.，2002）。*Acremonium sclerotigenum* 的
分生孢子聚集在头部，形状是圆柱形、锥形的尖端和轻微的梭形，具有光滑的壁，是透
明的单细胞[（3.0～5.0）μm ×（0.7～1.8）μm]（Park et al.，2017）。新分离菌株的分生
孢子形态和 *Acremonium alternatum* 及 *Acremonium sclerotigenum* 均不同（图 6-6E～G）。
结合形态鉴定、分子序列以及 *Acremonium* 属真菌的系统发育树分析，认为这个菌株是
一个新的 *Acremonium* 属真菌，命名为 *Acremonium* sp. D212（简称 D212）。菌株 D212
保藏于中国普通微生物菌种保藏管理中心（编号 CGMCC12374）。为了进一步检测 D212
的分布，试验分离了三七根际土壤真菌。三个优势属 *Trichurus*、*Penicillium* 和 *Fusarium*
从根际土壤中分离出，但未分离到 *Acremonium* 属。这些真菌与 D212 的拮抗作用表明
D212 不能抑制 *Trichurus spiralis*、*Penicillium janthinellum* 和 *Fusarium oxysporum* 生长。这
些数据表明 *Acremonium* sp. D212 不是三七根际土壤中的优势真菌。

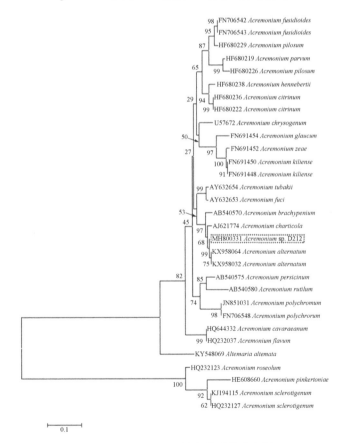

图 6-7 *Acremonium* 属真菌系统发育树

系统发育树根据 ITS 序列以邻接法分析；数字表示分支点的自举值；标尺表示相对分支长度；红色框是真菌 *Acremonium* sp.
D212；真菌链格孢菌 *Alternaria alternata*（KY548069）是作为外群菌株

2）*Acremonium* sp. D212 能定殖在三七和水稻的根中

为了进一步验证 D212 可以定殖在根中，并且防止其他杂菌污染，试验将 D212 接种至三七组培苗根部。与对照组相比（图 6-8A），处理组真菌生长到根表面（图 6-8B），并且在表皮细胞中观察到大量的菌丝（图 6-8C）。进一步用 3D 图像验证 D212 可以定殖到根细胞内部，结果显示根表皮细胞内部存在菌丝（图 6-8D）。因此，D212 是三七内生真菌。因为许多 *Acremonium* 属的真菌在单子叶植物玉米和水稻中被分离出（Potshangbam et al.，2017），所以试验进一步验证了 D212 在水稻根中的定殖。根部接种了 D212 的水稻发育没有受到抑制，同时也没有促进根系生长的作用。与未接种 D212 的对照组水稻根（图 6-8E）相比，接种了 D212 的水稻根表皮细胞中观察到了菌丝（图 6-8F）。

3）*Acremonium* sp. D212 能增加三七对根腐病的抵抗性并且促进根系生长

为了验证 D212 定殖对三七的影响，将 D212 接种至一年生、二年生和三年生三七苗。三七根腐病通常于每年 7 月暴发。在自然条件下生长的三年生三七出现根腐病症状，叶片枯萎（图 6-9A），并且伴随少许须根的根部腐烂（图 6-9D）。然而，接种了 D212 的三七增强了对根腐病的抗性（图 6-9B，C），也增加了幼苗成活率（图 6-9E）。此外，与清水处理的对照组相比（图 6-9F，I），D212 处理也增加了一年生和二年生三七的成活率（图 6-9G～K）和根鲜重（图 6-9M）。用清水处理的三七种子发芽率为 17.3%，而 D212 处理增加了发芽率，处理后发芽率为 29.3%（图 6-9L）。与对照相比，处理组侧根数量更多，主根更长（图 6-9N，O）。更重要的是 D212 处理增加了三七皂苷 Re、Rd、Rb$_1$、R$_1$ 和 Rg$_1$ 的含量（图 6-10A～E），这与高水平的皂苷生物合成基因有关，这些基因编码法尼基焦磷酸合酶、鲨烯合酶、鲨烯环氧酶和 UDP-糖基转移酶。细胞色素 P450 参与皂苷生物合成（Tamura et al.，2017），在 D212 处理后的三七中细胞色素 P450 基因表达水平上升。与 DMSO 处理的对照组相比，用萘乙酸（20 μmol/L）处理的三七根中皂苷含量显著增加（图 6-10F～J）。

4）*Acremonium* sp. D212 可以分泌茉莉酸（JA）和吲哚-3-乙酸（IAA），并且通过诱导 JA 和 IAA 生物合成来促进三七生长

植物内源激素 JA（Li et al.，2017）和生长素参与调控皂苷生物合成。试验进一步检测了接种 D212 的三七体内 JA 和 IAA 的含量。结果显示接种了 D212 的三七体内 JA（图 6-11A）和 IAA（图 6-11B，C）的含量增加。此外，接种三七后 D212 内的 JA 含量也增加了。试验进而收集了接种 D212 的 MS 液体培养基，并检测其中的 IAA 含量。结果显示 IAA 明显增加，揭示了 D212 可以分泌 IAA（图 6-11D）。有趣的是，这个 IAA 分泌机制受到生长素运输抑制剂 1-萘氨甲酰苯甲酸（NPA）的抑制，因为 NPA 处理后 IAA 水平显著降低（图 6-11D）。此外，为了验证 D212 分泌 IAA 的影响，将 D212 接种至表达生长响应元件 *DR5∷GUS* 的水稻根周围（图 6-11E）。在未接种菌株的水稻幼苗根尖表现出明显的 GUS 活性（图 6-11G），但在根分生区没有表现出明显的 GUS 活性（图 6-11F）。然而，在培养于 MS 培养基上的水稻根旁接种 D212 时（图 6-11E），根分

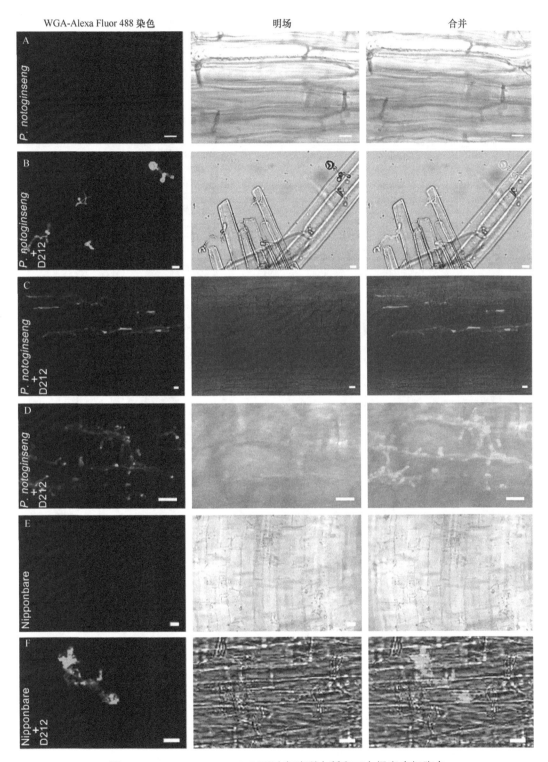

图 6-8　*Acremonium* sp. D212 可以定殖到水稻和三七根表皮细胞中

A～D. 三七根；E，F. 水稻根；未接种 D212（A，E）；接种 D212（B～D，F）；水稻根表皮细胞中的 D212 菌丝（F）；绿
色荧光是用 WGA-Alexa Fluor 488 染色后的 D212 菌丝（B～D，F）。明场图片显示水稻和三七的根表皮细胞；合并后的图
片显示菌丝和根表皮细胞的共同定位；标尺 = 10 μm

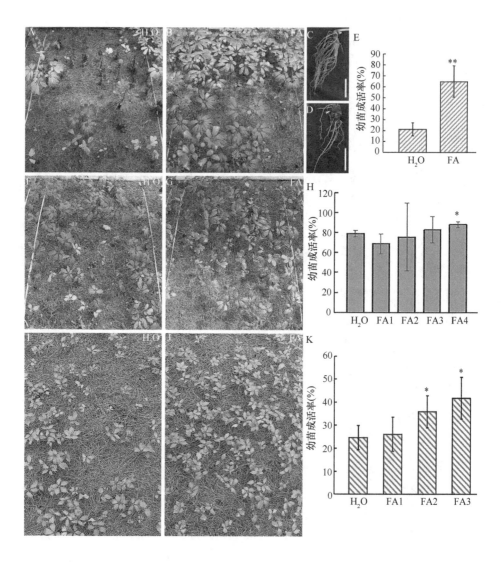

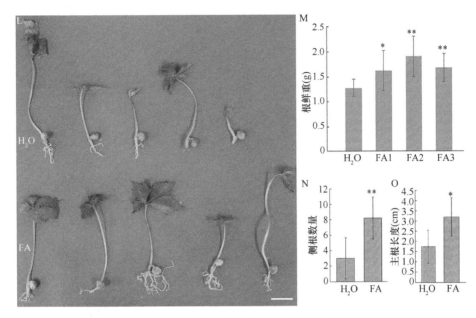

图 6-9　*Acremonium* sp. D212 处理增强了三七对根腐病的抗性并促进根系生长

A～D，F，G，I，J. 三年生（A～D）、二年生（F，G）和一年生（I，J）三七用清水处理（A，D，F，I）或者 D212 处理（B，C，G，J）；三年生三七苗的健康根表型（C）和发生根腐病的根表型（D）。E，H，K. 三年生三七苗成活率（E）[H₂O：$n=61$，*Acremonium* sp. D212（FA）：$n=55$，$3.5×10^5$ 个孢子/mL]；二年生三七苗成活率（H）（H₂O：$n=38$，FA1：$n=29$，FA2：$n=35$，FA3：$n=42$，FA4：$n=45$。$1.5×10^5$ 个孢子/mL、$2×10^5$ 个孢子/mL、$3×10^5$ 个孢子/mL 和 $3.5×10^5$ 个孢子/mL 分别对应 FA1、FA2、FA3 和 FA4）；一年生三七苗成活率（K）（H₂O：$n=510$，FA1：$n=465$，FA2：$n=571$，FA3：$n=538$。$2.25×10^5$ 个孢子/mL、$3.75×10^5$ 个孢子/mL 和 $4.5×10^5$ 个孢子/mL 分别对应 FA1、FA2 和 FA3）。L. 一年生三七种子分别用水和 D212 处理后的发芽率；M. D212 处理一年生三七后根的鲜重（H₂O：$n=14$，FA1：$n=14$，FA2：$n=14$，FA3：$n=14$）；N，O. 一年生三七的侧根数量（N）（H₂O：$n=10$，FA：$n=20$）和主根长度（O）（H₂O：$n=10$，FA：$n=20$）；箭头表示腐烂的根；数据用平均值±标准差表示；* $P<0.05$，** $P<0.01$（t 检验）。标尺=5 cm（图 C，D），标尺=1 cm（图 L）

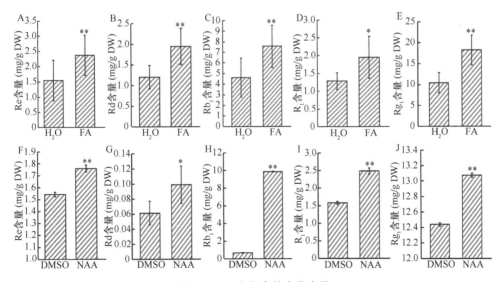

图 6-10　三七根中的皂苷含量

A～E. 一年生三七用 $1×10^6$ 个孢子/mL D212 处理（$n=10$）或者清水（$n=10$）处理 3 个月；F～J. 一年生三七苗用 DMSO 或 20 μmol/L NAA 处理 9 天；用 HPLC 检测根中的单体皂苷 Re、Rd、Rb₁、R₁ 和 Rg₁ 含量；数据用平均值±标准差表示；* $P<0.05$，** $P<0.01$（t 检验）。DW 表示干重

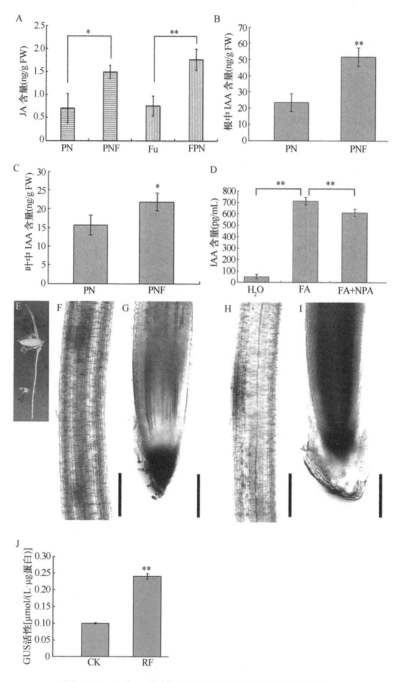

图 6-11 三七、水稻和 D212 中 IAA 及 JA 含量检测

A. 二年生三七苗用 D212（$n=3$）或清水（$n=3$）处理 14 天后的 JA 含量；B，C. 二年生三七苗用 D212（$n=7$）或清水（$n=6$）处理 14 天后根（B）和叶（C）中的 IAA 含量；D. 培养于 MS 培养基的 D212 用 12.5 pmol/L NPA 处理或者无任何处理的 IAA 含量；E～I. 培养于 MS 培养基上的表达生长素响应基因 *DR5∶∶GUS* 的水稻株系 Nipponbare（E），无处理（F，G）或用 D212 处理 7 天（H，I）；水稻苗接种 D212 的位置示意图（E）；图 F、H 和图 G、I 分别是水稻根细胞分生区和细胞分裂区；J. 根尖 GUS 活性检测；PN：三七苗；PNF：接种 D212 的三七苗；CK：水稻；RF：接种 D212 的水稻；Fu：*Acremonium* sp. D212；FPN：接种至三七上的 *Acremonium* sp. D212；FA：培养于 MS 培养基的 *Acremonium* sp. D212；FA+NPA：培养于 MS 培养基的 *Acremonium* sp. D212 并添加 NPA（12.5 pmol/L）；FW：鲜重；红色箭头表示 *Acremonium* sp. D212；数据用平均值±标准差表示 * $P<0.05$，** $P<0.01$（t 检验）。标尺=200 μm

生区由于对 IAA 有响应而使 GUS 活性增加（图 6-11H）。通过进一步检测水稻根尖 GUS 活性（图 6-11G～I），得出 D212 处理后的水稻幼苗中 GUS 活性水平上调。为了验证 JA 与生长素在三七发育中的作用，三年生三七分别用 D212、20 μmol/L MeJA、20 μmol/L NAA 处理。与清水处理的对照组相比，D212、MeJA 和 NAA 处理的三七苗成活率增加。

5）*Acremonium* sp. D212 接种三七后的转录组分析

为了验证接种 D212 后基因表达变化，对 D212 处理的三七进行了 RNA 测序。接种 D212 后，三七中分别有 7091 个基因表达上调，831 个基因表达下调（图 6-12A）。在三七基因组中检测了与生长素生物合成有关的 5 个 unigene 的表达，包括同源基因 *PnYUCCA2*、*PnYUCCA3*、*PnYUCCA4a*、*PnYUCCA4b* 和 *PnYUCCA6*（图 6-12B）。其中 *PnYUCCA3*、*PnYUCCA4a* 和 *PnYUCCA4b* 表达水平明显上调（图 6-12B）。*PnYUCCA4* 基因产物调控拟南芥侧根形成。因此，进一步通过 real-time PCR 检测三七中 *PnYUCCA4a* 的表达。在三七的根和叶中，D212 处理后生长素生物合成基因 *PnYUCCA4a* 表达显著增加（图 6-12C），这也与转录组数据相匹配（图 6-12B）。同时，转录组数据显示，D212 处理后 JA 生物合成（图 6-12D）和信号通路基因（图 6-12E）表达上调。

6）*Acremonium* sp. D212 在水稻中的定殖依赖生长素，但 JA 信号介导该过程

为了研究 D212 的定殖机制，对生长素受体 OsTIR1 表达下调突变体水稻株系 *35S∷miR393b* 和 JA 受体突变体株系 *coi1-18*（图 6-13D，F）分别接种 D212。D212 的定殖不能促进野生型水稻 Nipponbare 的根系生长，但 *35S∷miR393b* 和 *coi1-18* 的主根长度显著变短。为了检测 D212 的定殖情况，我们使用基因特异性引物 Ac 2-1-2 rFP 和 Ac 2-1-2 rRP 对真菌 ITS 序列进行扩增。结果显示，*35S∷miR393b* 水稻根中 D212 的定殖量高于野生型水稻，但是 *coi1-18* 中定殖量低于野生型（图 6-13G）。生长素和 JA 在 D212 定殖中的影响进一步通过用 D212 和 NAA（10 μmol/L 或 20 μmol/L）（图 6-14A）或 MeJA（2 μmol/L，5 μmol/L 或 15 μmol/L）（图 6-14B）处理水稻来验证。结果显示，D212 在水稻中的定殖受到 NAA 和 JA 浓度依赖性调节（图 6-14A，B）。进一步检测接种 D212 后的水稻株系 Nipponbare，*35S∷miR393b* 和 *coi1-18* 的 JA 及 IAA 含量。结果显示接种后 *coi1-18* 突变体的 JA 含量增加（图 6-14C），Nipponbare 水稻 IAA 含量增加（图 6-14D）。此外，接种了 D212 的 *35S∷miR393b* 水稻株系 IAA 含量显著高于 Nipponbare 水稻（图 6-14D），这与 *35S∷miR393b* 水稻株系 D212 定殖量增加是一致的（图 6-13G）。接种 D212 可以诱导 *coi1-18* 突变体体内 JA 的含量增加（图 6-14C），但 D212 的定殖量低（图 6-14G）。用 D212 和 20 μmol/L MeJA 或 2 μmol/L NAA 共同处理水稻株系 Nipponbare、*35S∷miR393b* 和 *coi1-18*，MeJA 处理显著增加了 Nipponbare（图 6-14E）、*35S∷miR393b*（图 6-14F）和 *coi1-18*（图 6-14G）中 D212 定殖量，但是 NAA 处理只显著增加了 Nipponbare（图 6-14E）和 *35S∷miR393b*（图 6-14F）中的定殖量，对 *coi1-18* 突变体（图 6-14G）无明显影响。

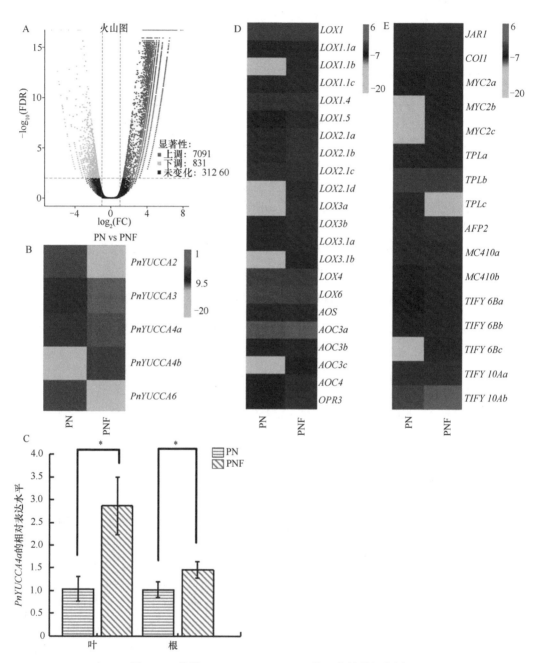

图 6-12　接种 *Acremonium* sp. D212 的三七转录组分析

A. 接种 D212 14 天后的三七基因表达火山图；B，D，E. 三七生长素生物合成（B）和 JA 生物合成（D）及信号通路 unigene
热图（E）；C. 三七根和叶中的 *PnYUCCA4a* 基因表达水平；*18S rRNA* 基因是用于检测 *PnYUCCA4a* 基因表达水平的内参基因；
红色、黑色和绿色的点分别表示基因表达量上调、无差异和下调。数据用平均值±标准差表示；* *P*<0.05（SPSS 分析）

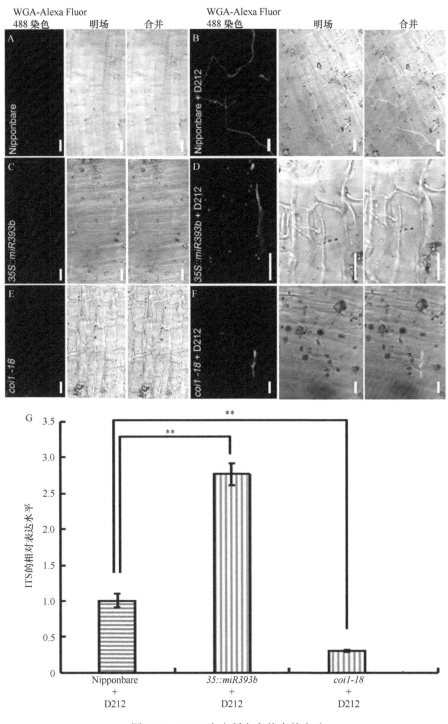

图 6-13　D212 在水稻突变体中的定殖

B，D，F. 以 Nipponbare 为背景的水稻株系 *35S∷miR393b* 和 *coi1-18* 接种 D212 7 天；A～F. 绿色荧光为 *Acremonium* sp. D212 菌丝用 WGA-Alexa Fluor 488 染色，D212 处理（B，D，F），未经 D212 处理（A，C，E）；G. D212 的 ITS 相对表达水平；水稻 *OsActin7* 基因作为检测 ITS 序列的内参基因；所有数据用平均值±标准差表示；** $P<0.01$（SPSS 分析）。明场图片显示水稻和三七的根表皮细胞；合并后的图片显示菌丝和根表皮细胞的共同定位；标尺 ＝ 10 μm

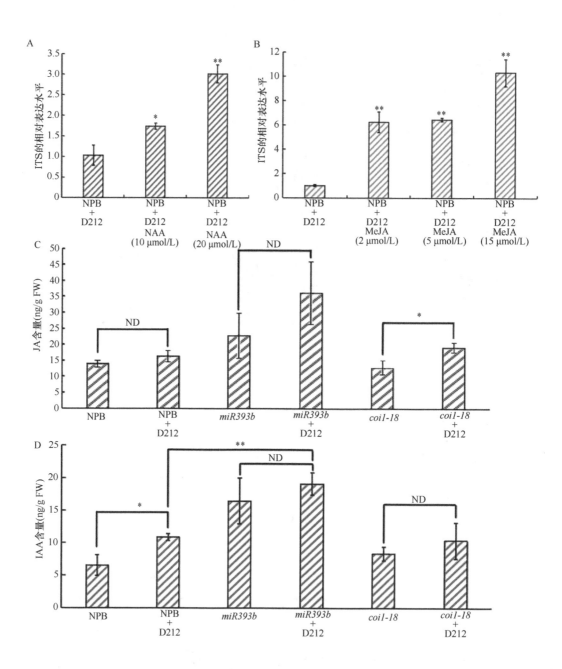

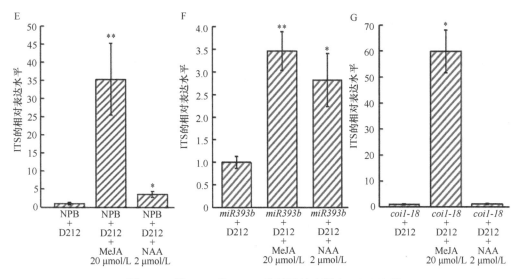

图 6-14　用 NAA 和 MeJA 处理后的水稻中 D212 定殖

A，B，E，F，G 水稻株系 Nipponbare（A，B，E），*35S∷miR393b*（F）和 *coi1-18*（G）接种 *Acremonium* sp. D212 并同时用 NAA（10 μmol/L 或 20 μmol/L）（A），MeJA（2 μmol/L，5 μmol/L，15 μmol/L）（B），20 μmol/L MeJA（E，F，G）和 2 μmol/L NAA（E，F，G）处理 7 天；qRT-PCR 检测 D212 的 ITS 序列表达水平（A，B，E，F，G）；C，D. 接种 D212 7 天后，JA（C）和 IAA（D）在水稻株系 Nipponbare、*35S∷miR393b* 和 *coi1-18* 中的含量；所有数据用平均值±标准差表示 * $P<0.05$，** $P<0.01$（SPSS 分析基因表达水平；t 检验分析植物激素含量）D212 = *Acremonium* sp. D212；NPB = Nipponbare；*miR393b = 35S∷miR393b*；ND = 无差异

上述研究表明，植物激素在内生真菌和宿主植物互作中起重要作用。植物激素水杨酸、JA（Martínez-Medina et al.，2017）、IAA 和赤霉素（Waqas et al.，2012）在内生真菌定殖及植物发育中有重要影响。在本研究中，D212 在宿主植物中的定殖受到生长素生物合成和 JA 信号共同介导。结果显示，生长素和 JA 介导的通路互作对内生真菌的定殖是十分重要的。再者，内生真菌 D212 促进宿主植物 IAA 生物合成受到 JA 和生长素信号通路的正调控，JA 的生物合成受到 JA 信号通路负调控。本研究显示 IAA 和 JA 生物合成不同于乙烯响应因子 109（ERF109）（Cai et al.，2014）介导的及色氨酸依赖性的IAA 生物合成（Yamamoto et al.，2007）和冠菌素-不敏感型蛋白-1（coi1）介导的 JA 生物合成（Paschold et al.，2008）。这表明内生真菌可以通过不同的途径调节宿主植物体内的 IAA 和 JA 生物合成，这使得内生真菌和宿主植物都受益于这种不同物种之间的相互作用。这种现象极大地促进了植物对不同环境条件的适应性。

内生真菌可以通过调节宿主植物体内内源激素含量，包括脱落酸、JA、SA 和乙烯，来调节植物对生物和非生物胁迫的抗性（Waqas et al.，2012；Lahlali et al.，2014）。接种 D212 可以增强三七对根腐病的抗性，促进根系生长和三七皂苷合成，同时也能产生 IAA 和 JA。这些结果表明，两种植物激素 IAA 和 JA 在受到生物胁迫的宿主植物与内生真菌互作之间起到重要作用，这与先前研究结果一致（Liu et al.，2019）。并且，D212 的定殖有益于宿主植物三七。然而，接种 D212 不能促进水稻根系生长，同时会增加 IAA 含量。三七和水稻分别为陆生和水生植物。这表明内生真菌 D212 的定殖增强了宿主植物在各种环境条件下的适应性。

本研究发现 *Acremonium* sp. D212 可以定殖在不同宿主植物中，促进宿主发育，并且可以通过 JA 和生长素共同作用介导植物适应生物胁迫。这表明生长素和 JA 在内生真菌与宿主植物相互作用中的重要性。在将来的工作中,开展植物激素生长素和 JA 对内生真菌定殖的影响研究有助于揭示植物-真菌相互作用的复杂的分子机制。

2. 芽孢杆菌对三七生长和品质的影响

课题组开展了芽孢杆菌对三七生长和品质影响的研究,以三七连作土壤为供试土壤,以未种植过三七的林下土作为对照,用蒸汽(98℃)对连作土壤进行加热灭菌,然后进行芽孢杆菌灌根添加,按 4.6 mL/m² 的用量,用 5 L 水稀释后均匀浇入土壤中,三七出苗后每 2 周施用一次。通过存苗率、发病率、病情指数、皂苷含量 4 个方面来评价芽孢杆菌对三七生长和品质的影响。

连作土壤蒸汽处理能显著增加出苗率和存苗率,添加芽孢杆菌存苗率达到 68.81%,与未种植三七的松树林下土对照 76.31%的存苗率相比无显著差异(表 6-3)。蒸汽处理并添加芽孢杆菌后,三七的株高、叶面积、茎叶鲜重显著高于林下土对照和蒸汽处理;三七叶绿素含量显著提高,有利于三七的光合作用;病情指数和发病率显著低于连作土蒸汽灭菌处理,与未种植过三七的林下土无显著差异(表 6-3,表 6-4)。不同的处理中皂苷 R_1 无显著差异。与连作土蒸汽灭菌处理相比,皂苷 Rd、Rg_1 和皂苷总量在蒸汽处理并添加芽孢杆菌后显著增加;未种植过三七的林下土壤中皂苷总量最高,连作土壤蒸汽处理后添加芽孢杆菌能有效提高皂苷含量(表 6-5)。芽孢杆菌的添加可以促进三七生长,提高三七品质,对进一步缓解三七连作障碍有着重要的意义。

表 6-3 土壤处理对三七出苗及根腐病的影响

处理	出苗率(%)	存苗率(%)	发病率(%)	病情指数
连作土	30.43b	0.42c		
林下土	58.25a	76.31a	20.00b	5.50b
连作土蒸汽灭菌	45.33b	20.70b	71.67a	23.33a
连作土蒸汽灭菌+芽孢杆菌	60.67a	68.81a	25.00b	5.50b

表 6-4 土壤处理对三七农艺性状的影响

处理	株高(cm)	主根长(cm)	叶面积(cm²)	茎叶鲜重(g/株)	茎叶干重(g/株)	根鲜重(g/株)	根干重(g/株)	叶绿素(SPAD)
对照	11.7bc	8.5a	6.90bc	0.72bc	0.13ab	0.44ab	0.08ab	32.1b
连作土蒸汽灭菌	10.1d	6.5a	6.30c	0.61c	0.12b	0.36ab	0.06b	31.4b
连作土蒸汽灭菌+芽孢杆菌	13.7a	8.5a	9.58a	0.98a	0.16a	0.61a	0.10a	38.5a

表 6-5 不同处理对三七根皂苷含量的影响

处理	R_1(mg/g)	Rb_1(mg/g)	Rd(mg/g)	Re(mg/g)	Rg_1(mg/g)	皂苷总量(mg/g)
对照	3.618a	5.869a	3.943a	1.074a	13.612a	28.116a
连作土蒸汽灭菌	1.921a	2.742b	1.294b	0.808b	9.240b	16.005b
连作土蒸汽灭菌+芽孢杆菌	1.748a	4.497ab	3.730a	0.707b	14.518a	25.200a

　　综上所述，三七药效品质的形成除了受到自身遗传因素的影响外，还受到其生长的土壤、环境及人为的水肥管理等措施的影响。因此，生产上可以通过多种措施来提高三七的品质。首先，确保三七生长具备合理的养分供应。生产上常规的措施通过基肥和底肥提供充足的碳（有机肥）、矿物质养分、微生物、腐殖酸等；生长过程中补充大量和中微量元素，确保养分充足。微量元素通过施加叶面调理剂、氨基酸叶面肥、诱抗剂等方式调节。其次，在确保植物养分充足和均衡的基础上，利用有益微生物接种、非生物逆境胁迫（光、温、水、肥等）等方式调控次生代谢产物合成，提升三七品质。

参 考 文 献

崔秀明, 董婷霞, 黄文哲, 等. 2002. 三七中黄酮成分的含量测定[J]. 中草药, 33(7): 611-612.

崔秀明, 王朝梁. 1991. 三七生长及其干物质积累动态的研究[J]. 中药材, 14(9): 9-11.

崔秀明, 王朝梁, 李伟, 等. 1994. 三七吸收氮、磷、钾动态的分析[J]. 云南农业科技, (2): 9-10.

董弗兆, 刘祖武, 乐丽涛. 1998. 云南三七[M]. 昆明: 云南科技出版社: 57-58.

冯陆冰, 潘西芬, 孙泽玲. 2008. 三七的药理作用研究进展[J]. 中国药师, 11(10): 1185-1187.

国家药典委员会. 2015. 中华人民共和国药典[M]. 北京: 化学工业出版社: 12.

黄建, 王红, 杨晓帆, 等. 2012. 三七花蕾中黄酮类成分的分离与结构鉴定[J]. 天然产物研究与开发, 24: 1060-1062.

黄璐琦, 郭兰萍. 2007. 环境胁迫下次生代谢产物的积累及道地药材的形成[J]. 中国中药杂志, 32(4): 277-280.

陆景陵. 1994. 植物营养学. 上册[M]. 北京: 北京农业大学出版社: 78.

欧小宏, 金航, 郭兰萍, 等. 2012. 平衡施肥及土壤改良剂对连作条件下三七生长与产量的影响[J]. 中国中药杂志, 37(13): 1905-1911.

王朝梁, 韦美丽, 孙玉琴, 等. 2008. 三七施用磷肥效应研究[J]. 人参研究, 1(2): 29-30.

魏均娴, 王菊芬. 1987. 三七叶黄酮类成分的研究[J]. 中药通报, 12(11): 31-33.

魏均娴, 王菊芬, 张良玉, 等. 1980. 三七绒根的成分研究[J]. 中国药学杂志, 15(8): 43-44.

魏均娴, 王良安, 杜华, 等. 1985. 三七绒根中皂苷 B₁ 及 B₂ 的分离和鉴定[J]. 药学学报, 20(4): 288-293.

文涛, 梁莉, 曾杨, 等. 2007. 不同光照强度对虎杖愈伤组织的影响[J]. 中国中药杂志, 32(13): 1277-1280.

吴琼, 周应群, 孙超, 等. 2009. 人参皂苷生物合成和次生代谢工程[J]. 中国生物工程杂志, 29(10): 102-108.

夏鹏国, 张顺仓, 梁宗锁, 等. 2014. 三七化学成分的研究历程和概况[J]. 中草药, 45(17): 2564-2570.

熊艺花, 李婧, 黄松, 等. 2011. DNS 法对三七总多糖含量测定[J]. 亚太传统医药, 7(7): 7-9.

许嘉. 2018. 不同针数透光率对农田栽培人参生长及质量的影响[D]. 长春: 吉林农业大学硕士学位论文.

张冰, 陈晓辉, 毕开顺. 2009. 三七花蕾化学成分的分离与鉴定[J]. 沈阳药科大学学报, 26(10): 775-777.

张良彪, 孙玉琴, 韦美丽, 等. 2008. 钾素供应水平对三七生长发育及产量的影响[J]. 特产研究, 30(4): 46-48.

张媛, 崔蓉, 杜洪建, 等. 2009. HPLC 测定三七花蕾中的皂苷含量研究[J]. 中国现代药学, 26(1): 68-71.

郑冬梅, 欧小宏, 米艳华, 等. 2014. 不同钾肥品种及配施对三七产量和品质的影响[J]. 中国中药杂志, 39(4): 588-593.

郑莹, 李绪文, 桂明玉, 等. 2006. 三七茎叶黄酮类成分的研究[J]. 中国药学杂志, 41(3): 176-178.

左国营, 魏均娴, 杜元冲, 等. 1991. 三七花蕾皂苷成分的研究[J]. 天然产物研究与开发, 3(4): 24-29.

Anisha C, Radhakrishnan E K. 2015. Gliotoxin-producing endophytic *Acremonium* sp. from *Zingiber officinale* found antagonistic to soft rot pathogen *Pythium myriotylum*[J]. Applied Biochemistry Biotechnology, 175(7): 3458-3467.

Cai X T, Xu P, Zhao P X, et al. 2014. *Arabidopsis* ERF109 mediates cross-talk between jasmonic acid and auxin biosynthesis during lateral root formation[J]. Nature Communication, 5: 5833.

Chen X, Kui L, Zhang G H, et al. 2017. Whole-genome sequencing and analysis of the Chinese herbal plant *Panax notoginseng*[J]. Molecular Plant, 10: 899-902.

Han L, Zhou X, Zhao Y, et al. 2020. Colonization of endophyte *Acremonium* sp. D212 in *Panax notoginseng* and rice mediated by auxin and jasmonic acid[J]. Journal of Integrative Plant Biology, 62(9), doi: 10.1111/jipb.12905.

Hua G, Feng Z W, Eirc J L, et al. 1996. Immunostimulating polysaccharides form *Panax notoginseng*[J]. Pharmacological Research, 13(8): 1196-1200.

Ikram M, Ali N, Jan G, et al. 2018. IAA producing fungal endophyte *Penicillium roqueforti* Thom., enhances stress tolerance and nutrients uptake in wheat plants grown on heavy metal contaminated soils[J]. PLoS One, 13(11): e0208150.

Lahlali R, McGregor L, Song T, et al. 2014. *Heteroconium chaetospira* induces resistance to clubroot via upregulation of host genes involved in jasmonic acid, ethylene, and auxin biosynthesis[J]. PLoS One, 9(4): e94144.

Lam S K, Ng T B. 2001. Isolation of a small chitinase-like antifungal protein from *Panax notoginseng* (sanqi ginseng) root[J]. International Journal of Biochemistry & Cell Biology, 33: 287-292.

Li J, Ma L, Zhang S T, et al. 2019. Transcriptome analysis of 1- and 3-year-old *Panax notoginseng* roots and functional characterization of saponin biosynthetic genes *DS* and *CYP716A47-like*[J]. Planta, 249(4): 1229-1237.

Li J X, Wang J, Wu X L, et al. 2017. Jasmonic acid and methyl dihydrojasmonate enhance saponin biosynthesis as well as expression of functional genes in adventitious roots of *Panax notoginseng* F. H. Chen[J]. Biotechnology and Applied Biochemistry, 64(2): 225-238.

Liu D Q, Zhao Q, Cui X M, et al. 2019. A transcriptome analysis uncovers *Panax notoginseng* resistance to *Fusarium solani* induced by methyl jasmonate[J]. Genes Genomics, 41(12): 1383-1396.

Liu H W, Carvalhais L C, Schenk P M, et al. 2017. Effects of jasmonic acid signalling on the wheat microbiome differ between body sites[J]. Scientific Reports, 7: 41766.

Martínez-Medina A, Appels F V W, van Wees S C M. 2017. Impact of salicylic acid- and jasmonic acid-regulated defences on root colonization by *Trichoderma harzianum* T-78[J]. Plant Signaling & Behavior, 12(8): e1345404.

Park S, Ten L, Lee S Y, et al. 2017. New recorded species in three genera of the *Sordariomycetes* in Korea[J]. Mycobiology, 45(2): 64-72.

Paschold A, Bonaventure G, Kant M R, et al. 2008. Jasmonate perception regulates jasmonate biosynthesis and JA-Ile metabolism: the case of COI1 in *Nicotiana attenuata*[J]. Plant and Cell Physiology, 49(8): 1165-1175.

Potshangbam M, Devi S I, Sahoo D, et al. 2017. Functional characterization of endophytic fungal community associated with *Oryza sativa* L. and *Zea mays* L.[J]. Frontiers in Microbiology, 8: 325.

Tamura K, Teranishi Y, Ueda S, et al. 2017. Cytochrome P450 monooxygenase CYP716A141 is a unique b-amyrin C-16b oxidase involved in triterpenoid saponin biosynthesis in platycodon grandiflorus[J]. Plant & Cell Physiology, 58(6): 1119.

Taniyasu S, Tanaka O, Yang T R, et al. 1982. Dammarane saponins flower buds of *Panax notoginseng* (Sanchi Ginseng)[J]. Planta Medica, 44 (2): 124-125.

Tholl D. 2006. Terpene synthases and the regulation, diversity and biological roles of terpene metabolism[J]. Current Opinion in Plant Biology, 9(3): 297-304.

Trapp S C, Croteau R B. 2001. Genomic organization of plant terpene synthases and molecular evolutionary imply-cations[J]. Genetics, 158(2): 811-832.

Vanneste S, Friml J. 2009. Auxin: a trigger for change in plant development[J]. Cell, 136(6): 1005-1016.

Wang T, Guo R X, Zhou G H, et al. 2016. Traditionary uses, botany, phytochemistry, pharmacology and toxicology of *Panax notoginseng* (Burk.) F. H. Chen: a review[J]. Journal of Ethnopharmacology, 188: 234-258.

Wang Y Z, Guo F, Zhou Y G. 2002. Survey of *Acremonium* species from China with three new records[J]. Mycosystema, 21(2): 192-195.

Waqas M, Khan A L, Kamran M, et al. 2012. Endophytic fungi produce gibberellins and indoleacetic acid and promotes host-plant growth during stress[J]. Molecules, 17(9): 10754-10773.

Washida D, Shimomura K, Takido M, et al. 2004. Auxins affected ginsenoside production and growth of hairy roots in *Panax* hybrid[J]. Biological & Pharmaceutical Bulletin, 27(5): 657-600.

Wei W, Yang M, Liu Y X, et al. 2018. Fertilizer N application rate impacts plant-soil feedback in a sanqi production system[J]. Science of the Total Environment, 633: 796-807.

Wei W, Ye C, Huang H C, et al. 2019. Appropriate nitrogen application enhances saponin synthesis and growth mediated by optimizing root nutrient uptake ability[J]. Journal of Ginseng Research, doi.org/ 10.1016/j.jgr.2019.04.003.

Yamamoto Y, Kamiya N, Morinaka Y, et al. 2007. Auxin biosynthesis by the YUCCA genes in rice[J]. Plant Physiology, 143(3): 1362-1371.

Yan C, Xie D. 2015. Jasmonate in plant defence: sentinel or double agent?[J]. Plant Biotechnology Journal, 13(9): 1233-1240.

Yan L, Zhu J, Zhao X X, et al. 2019. Beneficial effects of endophytic fungi colonization on plants[J]. Applied Microbiology and Biotechnology, 103(8): 3327-3340.

Yang M, Zhang X D, Xu Y G, et al. 2015. Autotoxic ginsenosides in the rhizosphere contribute to the replant failure of *Panax notoginseng*[J]. PLoS One, 10: e0118555.

Yao Y R, Tian X L, Shen B M, et al. 2015. Transformation of the endophytic fungus *Acremonium implicatum* with GFP and evaluation of its biocontrol effect against *Meloidogyne incognita*[J]. World Journal of Microbiology and Biotechnology, 31(4): 549-556.

Zheng Y K, Miao C P, Chen H H, et al. 2017. Endophytic fungi harbored in *Panax notoginseng*: diversity and potential as biological control agents against host plant pathogens of root-rot disease[J]. Journal of Ginseng Research, 41: 353-360.

第7章　三七生态种植关键技术参数的确定及验证

随着研究的不断深入，我们发现造成三七连作障碍的原因非常复杂，它是作物、土壤、微生物、环境等系统内部多种因素相互作用的直观反映，至今也没有一种非常明晰的界定。三七连作障碍的产生除了土壤理化性质恶化、养分失衡、自毒物质和根腐病菌的积累等因素外，还受人为高产栽培措施及外部气象环境因子等影响。因此，采用单一方法不能完全克服连作障碍，必须协同利用多种方法，既消除土壤中不利的生物和非生物因素，又能补充土壤中失衡的营养元素、恢复土壤理化性质和微生物群落，同时还要创造适宜三七生长的环境，才能有效解决连作障碍问题。经过多年的研究，我们从三七生长环境调控、土壤理化性质评价、栽培管理技术优化、肥水控制、有害生物防控及土壤修复等方面深入地研究了三七连作障碍的形成原因，构建了克服三七连作障碍关键技术参数并进行了验证，可以为三七的生态种植提供参考。

7.1　三七生长环境参数的优化及验证

三七起源于森林植被的最下层，性喜阴凉潮湿的环境。三七人工栽培也是采用设施种植，但只能遮光，不能控制其他环境因子。三七种植过程中还面临病虫害及极端自然条件的威胁。针对这些情况，项目组首先通过大数据采集，探明了最适宜三七生长的光照、温度、水分等环境关键因子范围，为三七栽培过程中环境因子的调控提供了指导。

7.1.1　光照参数的优化及应用

1. 光照对三七生长和品质的影响

1）光照对一年生三七种苗生长和品质的影响

光照对三七幼苗形态、不同器官干质量及分配和叶片性状均有明显影响。当透光率在适宜区间内，植株生物量的积累随着透光率增大而逐渐提高（匡双便等，2014），地上部分株高随光照强度的增加而减小（陈黎明等，2016）。但当透光率过低时，一年生三七根冠比和根质比显著减小，茎质比和叶质比显著增大（匡双便等，2015）。这可能与弱光下，植株生长环境温度较低，水分散失较少，更多的生物量分配于茎叶以利于植株利用较少的光照进行光合作用有关。低光照下三七单株总生物量较小，可能主要是由于光照强度过低造成三七光合有机物积累过少（左端阳等，2014）。研究表明，一年生三七根总皂苷含量在透光率为22.3%的条件下最高，但这并不是根系生长的最佳透光率，根系健康生长最有利的透光率为11.8%，由于一年生三七块根一般不作药材使用，因此一年生三七种苗应适当调整在有利于根系生长的光照条件下生长（匡双便等，2015；左端阳等，2014）。

2）光照对二年生和三年生三七种苗生长及品质的影响

二年生三七株高随着光照强度增加而降低，冠幅和复叶柄长则在一定光照区间内，随着光照强度增加呈先增高后降低的趋势，当光照强度达到 16% 时，其冠幅最大，基茎粗随着光照强度增加而逐渐增大（陈黎明等，2016；王静等，2018）。因此，在低光照环境下二年生三七通过增加比叶面积（specific leaf area，SLA），提高叶片光能捕获能力；在高光照下利用更多的生物量构建保卫细胞或者是增加叶肉细胞的密度，使叶片增厚，进而增加叶片的光合能力和碳固定（王静等，2018）。地上部分生物量随着光照强度增加表现为先增高后降低的趋势。三七净光合速率随着光照强度增加而逐渐增加，在光照强度达到 8%～16% 时最大，叶片蒸腾速率、气孔导度在光照强度为 16% 时达到最大，但随着光照强度持续增加，蒸腾速率降低（陈黎明等，2016）。有研究表明，二年生三七单株皂苷含量在透光率为 17.8% 时最高（匡双便等，2015；王静等，2018）。

3）光照不适对三七生长的影响

弱光照症状：光照过低条件下，植株的株高和叶面积增加，三七植株光合作用减弱，光合速率减小，暗呼吸速率相应增大，营养生长受到抑制，有机物积累过少，导致三七单株总生物量较小，干物质重量减少（左端阳等，2014；王静等，2018）。此外，无论是一年生还是二年生三七的根长、根数、块根直径及体积都在光照强度过低时显著减小（匡双便等，2015）。

强光伤害症状：随着连续强光光照时间的延长，三七植株受到的伤害加重，三七叶片受到灼伤，叶片出现皱缩，严重失水，气孔关闭，蒸腾速率下降，气孔导度和净光合速率下降，使得植株生长速度降低甚至停滞，叶片失绿变黄，凋萎枯黄，最终死亡（李章田等，2009）。

2. 三七生长过程中光照调节参数

三七性喜阴凉，光强对三七生长和品质都会产生影响，且季节性光照变化也会对三七生长和品质形成产生影响。经过多年的研究，形成了针对一年生三七苗和二年生及三年生三七光照调节的参数。

1）三七种苗光照参数及调节

三七种苗光照强度在 80～100 mol/（m²·s）较合适。生产上需要根据三七的生长状况及光照强度的季节变化对光照进行适时的调节。①肥水条件良好、长势健壮的种苗，光照强度可以调整到高强度部分[接近 100 mol/（m²·s）]，反之，则调整到低强度部分[接近 80 mol/（m²·s）]，光强的高低与种苗的健壮与否有关。②在 11:00 以前，光照强度可以调整到高强度部分，11:00～15:30 时段可以调整到低强度部分，15:30 以后可以调整到高强度部分。③旱季调整到低强度部分，雨季调整到高强度部分。④晴天调整到低强度部分，阴天调整到高强度部分。

2）二年生三七光照参数及调节

二年生三七光照 100～120 mol/（m²·s）较合适。生产上需要根据三七的生长状况及光照强度的季节变化对光照进行适时的调节。①肥水条件良好、长势健壮的植株，光照强度可以调整到高强度部分[接近 120 mol/（m²·s）]，反之，则调整到低强度部分[100 mol/（m²·s）]，光强的高低与植株的健壮与否有关。②在 11:00 以前，光照强度可以调整到高强度部分，11:00～15:30 时段可以调整到低强度部分，15:30 以后可以根据天气情况做出相应调整。③旱季调整到低强度部分，雨季调整到高强度部分。④晴天调整到低强度部分，阴天调整到高强度部分。

3）三年生三七光照参数及调节

三年生三七光照在 100～150 mol/（m²·s）较合适。生产上需要根据三七的生长状况及光照强度的季节变化对光照进行适时的调节。①肥水条件良好、长势健壮的植株，光照强度可以调整到高强度部分[接近 150 mol/（m²·s）]，反之，则调整到低强度部分[100 mol/（m²·s）]，光强的高低与植株的健壮与否有关。②在上午 11:00 以前，光照强度可以调整到高强度部分，11:00～15:30 时段可以调整到低强度部分，15:30 以后可以调整到低强度部分。③旱季调整到低强度部分，雨季调整到高强度部分。④晴天调整到低强度部分，阴天调整到高强度部分。

7.1.2 温度参数的优化及应用

1. 温度对三七生长和品质形成的影响

三七属喜阴作物，研究表明温度 20～25℃适宜三七的生长，高温和低温胁迫均会影响三七植株的正常生长，低温会影响三七的生长速率，零度以下持续低温会对三七产生冻害；夏季超过 30℃会造成高温伤害，三七叶片会出现萎蔫、卷曲、枯黄、脱落等症状，叶片的枯黄率、落叶率和植株的立枯率、死亡率会明显升高，而且温度越高损伤越重（全怡吉等，2018）。

温度胁迫会改变三七与抗病防御相关酶的活性和生理生化指标。在高温胁迫下，三七叶片相对电导率和丙二醛（MDA）含量是衡量植物细胞膜受害程度的标志性生理指标，在 35℃高温处理时，三七叶片的相对电导率和 MDA 含量增加，三七细胞膜受到了高温损害；植株体内与抗病防御相关的抗氧化酶——超氧化物歧化酶（SOD）和过氧化物酶（POD）活性以及渗透调节物质脯氨酸（Pro）、可溶性蛋白（soluble protein，SP）和可溶性糖含量在高温处理后也会增加，过氧化氢酶（CAT）活性、叶绿素含量、最大净光合速率（maximum net photosynthetic rate，P_{max}）、光饱和点（light saturation point，LSP）、净光合速率（net photosynthetic rate，Pn）、气孔导度（stomatal conductance，Gs）和蒸腾速率（transpiration rate，Tr）均显著下降，表观量子效率（apparent quantum efficiency，AQE）则呈上升趋势。随着高温胁迫时间的延长，三七受到的伤害逐渐加深。不同程度的低温胁迫对三七叶片叶绿素含量影响不同，同适温相比，5℃低温会明显降低叶绿素含量，10℃低温会明显提高叶绿素含量；低温胁迫下，三七叶片的 P_{max}、LSP、

Pn、Gs、Tr 和 AQE 均呈明显下降趋势；低温胁迫条件下抗氧化酶活性表现与高温胁迫具有一致性，即 POD 和 SOD 活性升高而 CAT 活性下降；C 反应蛋白（C-reactive protein，CRP）含量明显增高，但 MDA 含量变化不明显。

高温胁迫会削弱植株抗性，使三七植株对病菌更敏感，更易受到病原菌的侵染。研究表明，受到高温（30℃、35℃）胁迫后的三七植株接种黑斑病菌细极链格孢 *Alternaria tenuissima* 和圆斑菌槭菌刺孢 *Mycocentrospora acerina* LBD-8 7 天后，两种病的发病率、病斑面积相对于正常植株（24℃）均提高了 1 倍以上，相对电导率，MDA 含量，抗氧化酶 SOD、CAT、POD 活性，以及 Pro、CPR、可溶性糖含量也有不同程度的增加。三七产区在 7 月、8 月经常出现高温高湿天气，田间调查发现，当气温超过 20℃并且相对湿度达到 80%～90%，三七根腐病暴发并迅速蔓延。

2. 温度调节关键指标

1）一年生三七种苗温度控制在 15～30℃较合适

三七种苗对温度的耐受性与种苗的生长状况有关。①肥水条件良好、长势健壮的种苗，温度可以控制在<30℃的环境下，反之，则控制在<28℃，三七对温度的耐受能力与种苗的健壮与否有关。②11:00～15:00，严格监控温度情况，一旦超过 28℃则需及时通风降温。③冬季避免低温。−4℃以下霜冻会导致三七冻害。严密监测气象变化，遇低温天气要实时扣棚保温，且控制土壤含水量，避免结冰。

2）二年生和三年生种苗三七温度 15～28℃较合适

①肥水条件良好、长势健壮的种苗，温度可以控制在<28℃的环境下，反之，则控制在<26℃，三七对温度的耐受能力与种苗的健壮与否有关。②11:00～15:00，严格监控温度情况，一旦超过 28℃便要及时通风降温。③冬季避免低温。−4℃以下的霜冻会导致三七冻害。严密监测气象变化，遇低温天气要实时扣棚保温，且控制土壤含水量，避免结冰。

7.1.3 土壤水分参数的优化及应用

三七属于喜阴作物，喜湿怕涝。本节内容系统地比较了一年生三七和二年生三七不同土壤含水量对三七生物量、根系形态、皂苷合成的影响差异，确定适合一年生三七和二年生三七生长的合理水分管理范围。

1. 水分对三七生长和品质形成的影响

利用盆栽试验和田间试验同时评价土壤水分含量变化对一年七及二年七生长与病害的影响。通过人工配制具有不同田间最大持水能力的土壤，用于一年生三七和二年生三七的栽培。利用威尔科克斯法（俗称环刀法）对以上土壤进行田间持水量测定。盆栽试验利用称重的方法准确称取土壤，挑选健康生长三七的种子和籽条进行种植，利用称重法补水，控制土壤水分在设定范围内。田间试验水分控制以田间持水量的百分比设置梯度来进行控制。采用随机区组设计，其间除了水分管理差异外，其他指标均一致。盆栽和田间试验连续多月的土壤水分控制完成后，每个小区植株收获后测定主根干重、须根干重、茎（叶）干重、须根根系形态及皂苷含量，以评价土壤水分变化对三七种子出苗、生长和病害的影响。试验期间玻璃温室和塑料温室采用聚乙烯网遮光，透光率为 10%～15%，温度控制在 28℃以下。利用 WinRHIZO 软件分析了须根的形态，结果表明，土壤水分的变化对三七不同部位的影响排序为须根＞主根＞地上部分。

三七整个生育期都对土壤水分敏感，土壤水分含量会显著影响三七出苗、生长、根系形态建成及代谢，尤其对三七主要药效成分皂苷的合成具有显著影响。研究表明，土壤持水量为田间最大持水量的 80%～90%最适宜三七种苗和商品七的生长。水分失衡会影响植株代谢，导致根际微生物失衡，加重连作障碍。

一年生三七生长期土壤水分含量对三七的生物量、须根根系形态、三七的存苗和发病以及皂苷药用成分累积都具有显著的调控作用。具体表现为：随着土壤含水量从 55% FC 到 100% FC 逐渐升高，一年生三七的单株干重逐渐增加，三七植株的存苗率和根部发病率出现轻度上升后逐渐降低。土壤水分含量的增加对须根根系总根长、根系表面积、根体积具有增加正向调控的作用。研究发现，土壤水分含量控制在 90% FC 以上，三七生长较好，根部病害较轻，须根发育较好，且单位面积皂苷含量均达到最高值，为最适宜的一年生三七栽培土壤水分。

二年生三七在水分过低条件下植株出现萎蔫、黄化，在水分过多条件下造成三七叶片脱落。三七在水分过低和过高条件下死亡率增高，根部病害（锈裂和根腐病害）加重。75%～85% FC 土壤水分条件下，三七死苗率和发病率最低，叶片 MDA 含量最小，单株生物量最高，皂苷含量最高。因此，综合生物量和皂苷含量，二年七土壤水分含量控制在 70%～95% FC 是比较理想的水分管理方式。

三七种子储藏期、播种后出苗前及种苗移栽后出苗前对水分非常敏感。种子储藏期宜用 5%含水量沙埋层积处理，在这个水分条件下，三七种子能够保持 60%左右的含水量，有利于三七种子的萌发。由于三七种子具有脱水不耐受的特性，水分过少会导致三七种子脱水，降低三七种子的生物活性，大大降低发芽率；水分过多会导致三七种子霉烂。种子在播种之后不需要特别多的水分，对墒面土壤进行保湿即可，墒面边缘土壤有轻微缺水时应立即进行补水。三七种苗移栽后需要注意水分管理。在移栽之前需要对三七种苗进行适当的晾晒，除去表面多余水分，这样做能够有效减少三七根腐病的发生。三七种苗移栽后至出苗前不需要特别多的水分，水分过多会造成三七种苗的根部腐烂，水分过少则会造成三七出苗时间延后，出苗不齐，缩短了生长周期，长期水分不足则会导致三七缺水死亡。正确做法是移栽之后浇足定根水，直至三七墒边上种苗有轻度失水（墒边三七种苗摸起来有点失水变软）后进行补水，并且要避免少量多次的浇水方式，每次浇水应直至浇透，能够长时间保持墒面湿润并且不会有较高的土壤含水量。

2. 三七水分调节关键技术指标

1）一年生三七出苗前后水分管理关键技术指标

第一，种子出苗前：种子体积小，忌脱水。因此，三七种子出苗前要保持充足的水分。一般要求土壤水分含量＞80% FC 以上。

第二，种子出苗后：为促进根系迅速生长，地上部分叶片展叶，土壤水分含量＞80% FC 以上，水分含量低于 70% FC 应马上补水。

2）二年生三七出苗前后水分管理关键技术指标

第一，出苗前：根和芽萌动前，避免土壤水分含量过高，导致烂根，土壤含水量保持在 70%～80% FC；根和芽萌动，为促进根系生长，土壤含水量保持在 75%～85% FC。

第二，出苗后：为了促进三七根系快速生长，叶片展叶，土壤湿度保持在 75%～90% FC。

第三，休眠期：土壤干燥会导致根系脱水腐烂，休眠期应该保持土壤湿度 70% FC 以上，避免根系脱水。

7.2　土壤理化性质关键参数优化及验证

土壤的理化性质与三七品质及连作障碍形成密切相关，根据适宜三七生长土壤理化性质进行土壤改良是克服连作障碍、保障三七品质的关键。目前，课题组以适宜三七生长的红土为基础，首先严格控制土壤重金属、农药等污染物不超标；然后，添加多孔性材料（生物炭、沸石等）、有机质、矿物质土壤调理剂等改善土壤理化性质，通过改良营造适宜三七生长和品质形成的土壤环境，同时增强土壤的排毒能力，减轻自毒危害。经过大量的配方筛选和比较，基本摸清了适宜三七生长的土壤理化性质。

7.2.1　土壤质量控制关键参数

1. 重金属

根据土壤应用功能、保护目标和土壤主要性质，《土壤环境质量标准》（GB 15618—2018）规定了农用地土壤污染风险筛选值（表 7-1）和农用地土壤污染风险管制值（表 7-2），其中土壤重金属含量为其基本项目即必测项目。农用地土壤污染风险筛选值是指农用地土壤中污染物含量等于或低于该值的，对农产品质量安全、农作物生长或土壤生态环境的风险低，一般情况可忽略；超过该值的，对农产品质量安全、农作物生长或土壤生态环境可能存在风险，应当加强土壤环境监测和农产品协同监测，原则上应当采取安全利用措施。农用地土壤污染风险管制值是指农用地土壤中污染物含量超过该值的，食用农产品不符合质量安全标准，农用地土壤污染风险高，原则上应当采取严格管控措施。

表 7-1　农用地土壤污染风险筛选值（基本项目）　　（单位：mg/kg）

序号	污染物项目	风险筛选值				
		适用范围	pH≤5.5	5.5＜pH≤6.5	6.5＜pH≤7.5	pH＞7.5
1	镉 Cd	水田	0.3	0.4	0.6	0.8
		其他	0.3	0.3	0.3	0.6
2	汞 Hg	水田	0.5	0.5	0.6	1.0
		其他	1.3	1.8	2.4	3.4
3	砷 As	水田	30	30	25	20
		其他	40	40	30	25
4	铅 Pb	水田	80	100	140	240
		其他	70	90	120	170
5	铬 Cr	水田	250	250	300	350
		其他	150	150	200	250
6	铜 Cu	果园	150	150	200	200
		其他	50	50	100	100
7	镍 Ni		60	70	100	190
8	锌 Zn		200	200	250	300

注：重金属和类金属砷均按元素总量计。对于水旱轮作地，采用其中较严格的风险筛选值

表 7-2　农用地土壤污染风险管制值　　（单位：mg/kg）

序号	污染物项目	风险管制值			
		pH≤5.5	5.5＜pH≤6.5	6.5＜pH≤7.5	pH＞7.5
1	镉 Cd	1.5	2.0	3.0	4.0
2	汞 Hg	2.0	2.5	4.0	6.0
3	砷 As	200	150	120	100
4	铅 Pb	400	500	700	1000
5	铬 Cr	800	850	1000	1300

当三七种植土壤中重金属含量低于或等于表 7-1 中的风险筛选值时，说明土壤污染风险低，一般可忽略不计；若高于表 7-1 中的风险筛选值，低于或等于表 7-2 中的风险管制值，可能存在食用农产品不符合质量安全标准等农用地土壤污染风险，应加强土壤环境监测和农产品协同监测，原则上应采取农艺调控、替代种植等安全利用措施；若高于表 7-2 中的风险管制值，则食用农产品不符合质量安全标准等，农用地土壤污染风险高，难以通过安全利用措施降低土壤污染风险，原则上应当采取禁止种植食用农产品、退耕还林等严格管控措施。

各国家和地区对中药材中铅、镉、砷、汞、铜 5 种主要重金属含量制定出了标准（表 7-3），三七中这 5 种重金属含量按《中华人民共和国药典》（2015 版）标准执行。铬（Cr）、镍（Ni）两种重金属含量按《食品安全国家标准　食品中污染物限量》（GB 2762—2017）标准执行，两者含量均要求≤1.0 mg/kg。

表 7-3　各国家/地区中草药重金属限量标准表（引自郭兰萍等，2017）（单位：mg/kg）

国内/国外	标准制订/实施者	适用范围	Pb	Cd	As	Hg	Cu
国内	《中华人民共和国药典》（2020 年版）	中药材	5.0	1.0	2.0	0.2	20.0
	中国绿色行业标准	草药	5.0	0.3	2.0	0.2	20.0
	香港	中草药	5.0	1.0	2.0	0.2	—
	澳门	生药及中草药外用制剂	20.0	—	5.0	0.5	150.0
国外	ISO 国际标准	中药材	10.0	2.0	4.0	3.0	—
	世界卫生组织	草药	10.0	0.3	—	—	—
	欧盟	草药	5.0	1.0	—	0.1	—
	美国	草药	5.0	0.3	2.0	0.2	—
	澳大利亚	草药	5.0	1.0	—	—	—
	日本	生药	20.0	—	5.0	—	—
	韩国	生药	5.0	0.3	3.0	0.2	—
	马来西亚	传统药物制剂	10.0	0.3	5.0	0.5	10.0
	新加坡	中草药	20.0	5.0	5.0	0.5	150.0
	泰国	草药	10.0	0.3	4.0	—	—
	印度	草药	10.0	0.3	3.0	1.0	—

2. 土壤农药残留

土壤农药残留是农用地土壤污染风险筛选值的选测项目（表 7-4），包括六六六总量、滴滴涕总量和苯并[a]芘。由地方环境保护主管部门根据本地区土壤污染特点和环境管理需求进行选择。

表 7-4　农用地土壤农药残留污染风险筛选值　　（单位：mg/kg）

序号	污染物项目	风险筛选值
1	六六六总量	0.10
2	滴滴涕总量	0.10
3	苯并[a]芘	0.55

注：六六六总量为 α-六六六、β-六六六、γ-六六六、δ-六六六 4 种异构体的含量总和。滴滴涕总量为 *p,p'*-滴滴伊、*p,p'*-滴滴滴、*o,p'*-滴滴涕、*p,p'*-滴滴涕 4 种衍生物的含量总和

资料来源：《土壤环境质量农用地土壤污染风险管控标准》（GB 15618—2018）

7.2.2　土壤理化性质参数及应用

土壤质量定义：特定类型土壤在自然或农业生态系统边界内保持动植物生产力，保持或改善大气和水的质量，以及支持人类健康和居住的能力。虽然每个人或是每种作物对"好的土壤"的理解是不同的，但应通过测定土壤中的物理、化学和生物学性质等分析性指标，适当地进行调整，以达到适应作物健康生长的需求（表 7-5）。

表 7-5 常用土壤质量分析性指标

物理指标	化学指标	生物指标
通气性	盐基饱和度（BS%）	有机碳
团聚稳定性	阳离子交换量（CEC）	生物量
容重	污染物有效性	C 和 N
黏土矿物学性质	污染物浓度	总生物量
颜色	污染物活性	细菌
湿度（干、润、湿）	污染物存在状态	真菌
障碍层深度	交换性钠百分率（ESP）	潜在可矿化 N
导水率	养分循环速率	土壤呼吸
氧扩散率	pH	酶
粒径分布	植物养分有效性	脱氢酶
渗透阻力	植物养分含量	磷酸酶
孔隙连通性	钠交换比（SAR）	硫酸酯酶
孔径分布		生物碳/总有机碳
土壤强度		呼吸/生物量
土壤耕性		微生物群落指纹
结构体类型		培养基利用率
温度		脂肪酸分析
总孔隙度		氨基酸分析
持水性		

资料来源：张华和张甘霖，2001，《土壤质量指标和评价方法》

1. 物理指标

土壤物理状况对作物生长和环境质量有直接或间接的影响。土壤团聚性会影响土壤侵蚀、水分运动和植物根系生长；土壤孔隙提供了空气交换、水分运动和养分传输的通道，也直接影响着植物根系的生长。围绕着土壤中固、液、气三相的分配，各种土壤物理属性是相互联系和制约的。团聚性好的土壤一般具有较好的土壤孔隙分布，土壤团聚体间的大孔隙和团聚体内部的小孔隙相互补充，使土壤具有较好的持水性、导水性和通气性。土壤结构差、团聚性差、容重大，则容易带来固结、结皮、滞水等问题，进而导致根系发育不良，养分传输受限，污染物质难以降解，使土壤环境质量变差，不利于植物生长。

2. 化学指标

各种土壤养分和土壤污染物在土壤中的存在形式及浓度，直接影响作物生长。土壤的一些基本化学性质如阳离子交换量（cation exchange capacit，CEC）、pH 和电导率（electrical conductivity，EC）影响着这些养分及污染物在土壤中的转化、存在状态和有效性。CEC 指土壤胶体所能吸附各种阳离子的总量，是限制土壤化学物质存在状态的阈值。pH 指土壤酸碱度，是限制土壤生物和化学活性的阈值。土壤的 pH 也能直接影响土壤中植物所需的元素活性。当 pH 在 6.5～7.5 时，土壤中营养元素的有效性最强。当土壤的 pH 降到 6～6.5，土壤中的磷、镁、铁、钼等元素的有效性就显著降低。适宜三七生长的 pH 为 5.5～7.0。EC 用来衡量可溶性离子浓度，是限制植物和微生物活性的阈值。作物最适宜的土壤化学指标参考范围见表 7-6～表 7-10。

表 7-6　CEC 保肥能力参数与其他指标的关系

CEC（mol/100g）	与土壤的关系		与施肥的关系		与 EC 的相关性
	黏土含量	土壤类型	施肥界限	注意事项	
5	12.5%	砂土	窄	肥料利用率低；肥料浓度危害容易发生	高
5～10	12.5%～25%	砂壤土			
10～15	25%～37.5%	壤土	适中	肥料利用率适中；肥料浓度危害不易发生	中
15～20	37.5%～50%	植壤土			
20～25	50%	黏质土	宽	肥料利用率高；肥料浓度危害难以发生	低
25	—	—			

资料来源：张华和张甘霖，2001，《土壤质量指标和评价方法》，表 7-7～表 7-10 同
注：表中数据如果等于边缘值，计入下一个分级，表 7-10 同

表 7-7　适宜作物生长的 EC 范围　　　　（单位：dS/m）

作物	适宜土壤 EC	发生盐害的临界值	作物	适宜土壤 EC	发生盐害的临界值
苹果	0.20～0.60	1.0	洋葱	0.22～0.58	0.85
杏	0.26～0.56	0.96	橙	0.27～0.63	0.95
鳄梨	0.20～0.57	0.97	桃	0.27～0.59	1.05
梨	0.20～0.60	1.10	菜豆	0.20～0.53	0.83
黑莓	0.25～0.56	0.96	辣椒	0.25～0.63	1.12
蔓生黑莓	0.25～0.56	0.96	黄瓜	0.25～0.54	0.85
胡萝卜	0.20～0.58	1.18	李子	0.20～0.53	1.05
葡萄	0.28～0.64	0.94	玫瑰	0.20～0.50	0.85
草莓	0.20～0.58	0.88	莴苣	0.23～0.62	0.82
三七	0.20～0.40	0.6			

表 7-8　适宜作物生长的 pH 范围

作物	适宜土壤 pH	作物	适宜土壤 pH	作物	适宜土壤 pH
黄瓜	6.0～7.0	芋头	4.5～8.5	油菜	5.8～6.5
西瓜	5.0～7.0	土豆	4.5～7.0	芥菜	5.5～6.8
哈密瓜	6.0～8.8	甘薯	6.0～6.5	莴苣	5.5～6.8
南瓜	5.5～6.5	姜	5.0～6.3	芹菜	5.5～6.8
番茄	5.5～6.5	葱	5.5～6.5	菠菜	>6.0
茄子	6.8～7.3	韭菜	6.0～7.0	茼蒿	5.5～6.8
辣椒	6.0～6.5	蒜	6.0～6.5	桃	5.0～6.0
草莓	5.5～6.0	萝卜	5.5～6.8	梨	5.8～6.5
玉米	5.5～7.0	芜菁	5.2～6.8	苹果	6.0～6.7
秋葵	6.0～6.8	胡萝卜	5.8～6.2	葡萄	6.5～7.2
豌豆	5.0～6.5	牛蒡	6.5～7.0	樱桃	6.0～6.7
菜豆	6.0～6.5	卷心菜	5.0～6.5	柿	5.8～6.5
蚕豆	6.0～6.5	菜花	5.5～6.5	板栗	5.0～6.0
毛豆	6.0～6.5	小卷心菜	6.0～7.0	无花果	6.5～7.2
花生	6.2～7.0	大白菜	5.8～6.5	三七	5.5～7.0

表 7-9　不同土壤最佳的田间持水量

土壤类型	容重（g/cm³）	重量含水量（%）		体积含水量（%）	
		田间持水量	凋萎含水量	田间持水量	凋萎含水量
砂土	1.60	5.0	2.0	8.0	3.2
壤砂土	1.55	8.0	4.0	12.4	6.2
砂壤土	1.50	14.0	5.0	21.0	7.5
壤土	1.40	18.0	8.0	25.2	11.2
黏壤土	1.30	30.0	22.0	39.0	28.6
黏土	1.20	40.0	30.0	45.0	36.0

表 7-10　土壤有机质含量分级

分级	有机质（%）	全氮（g/kg）	有效磷（mg/kg）	速效钾（mg/kg）
一级	≥4	≥2	≥40	≥200
二级	3～4	1.5～2	20～40	150～200
三级	2～3	1.0～1.5	10～20	100～150
四级	1～2	0.75～1.5	5～10	50～100
五级	0.6～1	0.5～0.75	3～5	30～50
六级	<0.6	<0.5	<3	<50

3. 生物指标

土壤是各种生物寄居的场所，从病毒到大型哺乳动物，这些生物能与土壤系统组成成分相互作用。许多土壤生物可以改善土壤质量状况，但是也有一些土壤生物如线虫、病原细菌或真菌会降低作物生产力。

4. 适宜三七种苗生长的主要土壤理化性质范围测定

1）适宜三七种苗生长的 pH 范围

土壤 pH 可直接影响基质内养分的有效性，影响植物根的生长发育。从不同土壤 pH 可以看出，三七生长较好土壤的 pH 主要是中偏微酸性，具体范围是 5.5～7.0。该 pH 范围有利于三七对土壤养分的吸收，也有利于减少根部锈、裂口的发生。

2）适宜三七种苗生长的电导率（EC）范围

适宜三七生长的 EC 值在 0.20～0.40 dS/m，土壤电导率超过 0.6 dS/m 会导致烧苗现象。

3）适宜三七种苗生长的土壤毛管孔隙度范围

毛管孔隙是植物根系吸收水分的主要场所，毛管孔隙度的大小关系到植物对水分的吸收是否能够满足植物的生长。不同毛管孔隙度测定结果表明，毛管孔隙度为 2.5%～3.2% 时适宜三七根系对水分的吸收。随着土壤毛管孔隙度的增大，三七锈、裂口指数随之降低。当毛管孔隙度在 2.8%以上，锈、裂口指数均较低。所以具有较大的毛管孔隙度有利于减少锈、裂口的发生。

4）适宜三七种苗生长的通气孔隙度范围

通气孔隙度的大小直接关系到作物根系的生长和发育。不同土壤通气孔隙度测定结果显示，土壤通气孔隙度为 30%～50%时适宜三七的生长。随着通气孔隙度的增加，锈、裂口指数随之降低。在实际的生产中，我们要适当考虑增大基质的通气孔隙度，这样有利于减少锈、裂口的发生，但也不是通气孔隙度越大越好，通气孔隙度过大可能造成土壤保水性能的降低。

5）适宜三七种苗生长的土壤容重范围

不同配比基质容重测定结果表明，适宜三七生长的土壤容重范围在 0.9～1.4 g/cm^3。土壤容重为 0.4～0.9 g/cm^3 时，随着容重的降低，裂口指数也随之降低，但趋势不明显；土壤容重为 0.9～1.4 g/cm^3 时，随着容重的升高，裂口指数也随之升高。因此，容重与三七种苗锈、裂口的关系是：容重小于 0.9 g/cm^3，锈、裂口均很少，容重大于 0.9 g/cm^3，容重和锈、裂口的发生呈正相关。

6）适宜三七种苗生长的基质田间持水量范围

田间持水量是土壤所能稳定保持的最高含水量，常用来作为灌溉上限和计算灌水定额的指标。不同土壤田间持水量测定结果表明，适宜三七生长的田间持水量范围为 30%～45% FC。随着基质田间持水量的增大，锈、裂口的发生程度降低。实际生产中，田间持水量适当大于 35%可以减少锈、裂口的发生。

7）适宜三七种苗生长基质的营养元素含量范围

碱解氮（N）：氮素营养是植物生长三大必需元素之一，氮素能够显著影响植物的生长。碱解氮含量能够很好地反映植物能够利用的氮的情况。适宜三七生长的碱解氮范围应该为 90～260 mg/kg，当土壤碱解氮含量为 150 mg/kg 左右时最适宜三七生长。

有效磷（P）：不同基质有效磷含量测定结果表明，适宜范围是 100～150 mg/kg。

速效钾（K）：三七为喜钾作物，对钾素有较大吸收，基质含钾量的多少对三七生长有显著影响。适宜范围是 150～300 mg/kg。

综合适宜三七生长的改良土壤理化性质和有利于减少锈、裂口的基质理化性质范围，结果表明，三七适宜生长于中偏酸性、有机质含量丰富、保水、保肥能力强的黏土中（表 7-11）。

表 7-11　适宜三七生长的理化性质范围

理化性质指标	适宜三七生长理化性质范围		林下土壤理化性质范围
	适宜范围	发生危害的临界值	
pH	5.5～7.0	<5.0 或>7.5	5.2～6.8
CEC（me/100 g）	—	—	20～75
有机质含量（%）	≥2	—	3～10

理化性质指标	适宜三七生长理化性质范围		林下土壤理化性质范围
	适宜范围	发生危害的临界值	
电导率（dS/m）	0.2～0.4	0.6	0.05～0.2
碱解氮（mg/kg）	90～260	—	100～450
有效磷（mg/kg）	100～150	—	5～50
速效钾（g/kg）	150～300	—	100～400
毛管孔隙度（%）	25～32	—	35～50
通气孔隙度（%）	30～50	—	12～30
容重（g/cm³）	0.9～1.4	≥1.5	1.00～1.40
田间持水量（%）	30～45	≤20	30～40

注："—"代表数值尚不明确

7.3 三七栽培管理技术关键参数构建及应用

7.3.1 种子和种苗健康处理

1. 三七种子带菌情况研究

三七生产中最严重的病害为根腐病，多年的研究已经明确了引起三七根腐病的真菌、卵菌、细菌和线虫等病原种类及其发生流行规律，如引起三七根腐病的病原主要包括毁灭柱孢菌 *Cylindrocarpon destructans*、茄腐镰刀菌 *Fusarium solani*、尖孢镰刀菌 *Fusarium oxysporum*、恶疫霉 *Phytophthora cactorum*、立枯丝核菌 *Rhizoctonia solani* 等（缪作清等，2006；王勇等，2008；Mao et al.，2014；Long et al.，2015）。三七主要通过种子繁育，通常在苗圃集中育苗一年后移栽，但三七种子在成熟过程中常受到病原菌的侵染致使种子带菌，在种子贮藏期间也会被一些腐生真菌污染，引起种子霉变腐烂。因此，及时进行种子处理是切断病害初侵染源、防治三七种苗期病害的关键。然而，目前还未见三七种子带菌的种类及相关情况的报道，限制了三七种子健康处理药剂和方法的选择，亟须明确三七种子传带病原菌的情况及种类。为此，本课题组从三七主产区文山州和红河州两个地区不同地点采集了 15 份三七种子样品进行带菌检测，旨在明确三七种传优势真菌的种类，从而可以有针对性地筛选高效低毒杀菌剂，提高苗期病害防治效果，为三七专用种衣剂的研发提供科学依据，对三七生产具有重要的实际意义。

1）三七种子表面携带真菌检测

三七种子表面带菌的种类较多，采自不同地点的三七种子带菌率有明显的差异（表 7-12）。从整体情况来看，拟盘多毛孢属 *Pestalotiopsis*、核盘菌 *Sclerotinia sclerotiorum*、镰刀菌属 *Fusarium*、青霉属 *Penicillium*、葡萄孢属 *Botrytis* 和根霉属 *Rhizopus* 真菌在各种子样品中出现频率较高。

表 7-12　三七种子表面携带真菌的种类及分离频率

样品	分离频率（%）								
	拟盘多毛孢属 *Pestalotiopsis*	核盘菌 *Sclerotinia sclerotiorum*	镰刀菌属 *Fusarium*	毛霉属 *Mucor*	青霉属 *Penicillium*	链格孢属 *Alternaria*	曲霉属 *Aspergillus*	葡萄孢属 *Botrytis*	根霉属 *Rhizopus*
1	3.1f	1.5fg	13.8d	13.8b	0.0a	0.0e	0.0g	16.9d	1.5d
2	6.8cd	42.4a	0.0i	0.0c	5.1b	0.0e	0.0g	55.9a	0.0e
3	3.8ef	30.8c	3.8gh	0.0c	0.0b	0.0e	0.0g	36.5c	0.0e
4	0.0g	0.0g	22.1c	0.0c	7.4c	0.0e	0.0g	1.5g	1.5d
5	8.0c	15.5d	5.6fg	0.0c	0.0c	0.0e	0.0g	9.9e	0.0e
6	0.0g	5.4e	8.9e	21.4a	1.8d	0.0e	0.0g	35.7c	0.0e
7	0.0g	0.0g	0.0i	0.0c	0.0d	0.0e	0.0g	0.0h	20.4a
8	2.0f	2.0f	23.8c	0.0c	2.0e	7.9b	3.0f	3.0f	3.0c
9	0.0g	0.0g	53.5a	0.0c	0.0e	2.3d	0.0g	0.0h	0.0e
10	0.0g	17.1d	7.3ef	0.0c	2.4e	2.4d	14.6d	0.0h	0.0e
11	5.3de	36.6b	1.9hi	0.0c	2.5e	0.0e	0.0g	46.2b	0.0e
12	6.1d	0.0g	0.0i	0.0c	0.0e	0.0e	45.5a	0.0h	0.0e
13	2.1f	0.0g	0.0i	0.0c	0.0e	4.3c	6.4e	0.0h	4.3b
14	13.0b	2.2f	37.0b	0.0c	0.0e	23.9a	30.4b	0.0h	0.0e
15	15.8a	5.3e	2.6h	0.0c	5.3e	0.0e	23.7c		
CK	0.0g	0.0g	0.0i	0.0c	0.0e	0.0e	0.0g	0.0h	0.0e

注：同列数据后不同小写字母表示样品间有显著差异（$P<0.05$，本章下同）

2）三七种子内部寄藏真菌检测

三七种子内部带菌率较高，不同地点采集的三七种子带菌率有明显的差异（表 7-13）。分离频率较高的真菌类群主要为拟盘多毛孢属、镰刀菌和核盘菌，而毛霉和曲霉仅在极少数样品中检出。样品 2、3 所携带优势菌是葡萄孢菌和核盘菌，分离频率分别为 29.7%～48.7% 和 26.3%～31.3%；镰刀菌带菌率最高的为样品 9，分离频率高达 48.7%；其次为样品 1、4、10 和 11，分离频率均高于 20%；拟盘多毛孢属带菌率最高的为样品 5 和 6，分离频率分别高达 43.2% 和 30.2%，其次为样品 1、7、14，分离频率均高于 10%；根霉菌带菌率最高的为样品 12，分离频率高达 17.0%。链格孢菌的带菌率最高的是样品 11，分离频率为 27.9%；青霉分离频率均低于 10%，毛霉菌仅在样品 4 和 6 中检出，且样品 6 中分离频率达到 22.2%。

表 7-13　三七种子内部寄藏真菌的种类及分离频率

样品	分离频率（%）									
	拟盘多毛孢属 *Pestalotiopsis*	核盘菌 *Sclerotinia sclerotiorum*	镰刀菌属 *Fusarium*	毛霉属 *Mucor*	青霉属 *Penicillium*	链格孢属 *Alternaria*	曲霉属 *Aspergillus*	葡萄孢菌 *Botrytis*	根霉属 *Rhizopus*	未知菌类
1	10.5d	6.6e	28.9b	0.0c	5.3b	0.0f	0.0b	0.0d	2.6c	0.0b
2	4.7g	31.3a	4.7f	0.0c	0.0f	0.0f	0.0b	29.7b	0.0d	0.0b

续表

样品	拟盘多毛孢属 *Pestalotiopsis*	核盘菌 *Sclerotinia sclerotiorum*	镰刀菌属 *Fusarium*	毛霉属 *Mucor*	青霉属 *Penicillium*	链格孢属 *Alternaria*	曲霉属 *Aspergillus*	葡萄孢菌 *Botrytis*	根霉属 *Rhizopus*	未知菌类
				分离频率（%）						
3	6.6ef	26.3b	2.6fg	0.0c	0.0f	0.0f	0.0b	48.7a	0.0d	0.0b
4	1.1h	0.0h	22.5c	1.1b	0.0f	0.0f	0.0b	0.0d	0.0d	4.5a
5	43.2a	6.2e	3.7f	0.0c	0.0f	0.0f	0.0b	6.2c	2.5c	0.0b
6	30.2b	9.5d	11.1e	22.2a	0.0f	0.0f	0.0b	0.0d	0.0d	0.0b
7	14.8c	2.3g	3.4f	0.0c	1.1e	0.0f	0.0b	0.0d	6.8b	0.0b
8	5.7fg	5.7e	15.7d	0.0c	2.9c	2.9e	0.0b	0.0d	0.0d	0.0b
9	0.0i	0.0h	48.7a	0.0c	0.0f	0.0f	0.0b	0.0d	0.0d	0.0b
10	7.0e	9.3d	20.9c	0.0c	9.3a	7.0c	0.0b	0.0d	0.0d	0.0b
11	4.7g	0.0h	20.9c	0.0c	2.3d	27.9a	0.0b	0.0d	0.0d	0.0b
12	2.1h	0.0h	0.0g	0.0c	0.0f	0.0f	6.4a	0.0d	17.0a	0.0b
13	0.0i	2.6g	5.1f	0.0c	0.0f	5.1d	0.0b	0.0d	0.0d	0.0b
14	14.6c	22.9c	4.2f	0.0c	0.0f	10.4b	0.0b	0.0d	0.0d	0.0b
15	6.8e	4.5f	4.5f	0.0c	0.0f	0.0f	0.0b	0.0d	0.0d	4.5a
CK	0.0i	0.0h	0.0g	0.0c	0.0f	0.0f	0.0b	0.0d	0.0d	0.0b

3）三七种子上分离真菌的致病性测定

试验对从三七种子上分离到的菌株在离体三七叶片、茎秆和块根伤口及非伤口条件下进行致病性测定。结果表明：试验从三七种子携带的真菌中筛选到 24 个致病菌株，并且大多数致病菌株能通过伤口侵染三七叶片、茎秆和块根，但仅有 4、12、20、21 和 22 号菌株能同时通过伤口和非伤口侵染三七的叶片、茎秆及块根。

4）病原菌鉴定

根据菌落形态、菌丝和孢子形态特征可以将分离到的致病菌分成三类：菌株 1～22 为镰刀菌，菌株 23 为链格孢菌，菌株 24 为生赤壳菌。其中，镰刀菌又可以分为尖孢镰刀菌 *Fusarium oxysporum*（菌株 1、2、4）、茄腐镰刀菌 *Fusarium solani*（菌株 6 和 7）、木贼镰刀菌 *Fusarium equiseti*（菌株 21 和 22）、串珠镰刀菌 *Gibberella moniliformis*（菌株 20）、三线镰刀菌 *Fusarium tricinctum*（菌株 8、9、10、11、12、13）和滕仓赤霉复合种 *Gibberella intermedia*（菌株 3、5、14、15、16、17、18、19）。

采用真菌核糖体 rDNA 区通用引物 ITS1 和 ITS4 对筛选出的致病菌株基因组 DNA 进行 PCR 扩增，获得 500～750 bp 的特异性片段。将扩增得到的片段测序后在 GenBank 中比对发现（表 7-14）：菌株 14、16、18 的序列与滕仓赤霉复合种（登录号为：JQ690083）的序列相似度最高，为 100%，其他菌株与其对应的对比菌株的相似度也均在 95% 以上。

表 7-14　筛选菌株与 GenBank 中参考菌株的同源性比较

菌株编号	比对菌株名称	比对菌株 GenBank 登录号	同源性（%）
1	*Fusarium oxysporum*	JN400690	96.64
2	*Fusarium oxysporum*	JN400690	96.99
3	*Gibberella intermedia*	JQ690083	99.64
4	*Fusarium oxysporum*	EF495230	99.82
5	*Gibberella intermedia*	JQ690083	99.47
6	*Fusarium solani*	HQ248197	95.99
7	*Fusarium solani*	HQ248197	96.86
8	*Fusarium tricinctum*	AB470855	99.47
9	*Fusarium tricinctum*	AB470855	99.47
10	*Fusarium tricinctum*	AB470855	99.29
11	*Fusarium tricinctum*	AB470855	98.59
12	*Fusarium tricinctum*	AB470855	99.64
13	*Fusarium tricinctum*	AB470855	98.76
14	*Gibberella intermedia*	JQ690083	100
15	*Gibberella intermedia*	JQ690083	99.64
16	*Gibberella intermedia*	JQ690083	100
17	*Gibberella intermedia*	JQ690083	99.64
18	*Gibberella intermedia*	JQ690083	100
19	*Gibberella intermedia*	JQ690083	98.93
20	*Gibberella moniliformis*	JF499676	99.82
21	*Fusarium equiseti*	JQ412109	99.45
22	*Fusarium equiseti*	JQ412109	99.09
23	*Alternaria brassicae*	JN108907	97.06
24	*Bionectria ochroleuca*	HQ607832	95.45

　　结合致病性鉴定的结果可以看出：尖孢镰刀菌、茄腐镰刀菌、三线镰刀菌、滕仓赤霉复合种、串珠镰刀菌、木贼镰刀菌和芸薹链格孢 *Alternaria brassicae* 均对三七表现出较强的致病性；而生赤壳菌只有在三七存在伤口时才具有致病性。

　　通过对 15 份三七种子表皮和内部寄藏真菌进行检测，发现分离频率较高的真菌为拟盘多毛孢菌、菌核菌、毛霉菌、镰刀菌、青霉菌、曲霉、灰霉菌、根霉、链格孢菌和生赤壳菌。其中，对三七具有致病性的菌株包括镰刀菌、链格孢菌和生赤壳菌，但生赤壳菌只能通过伤口侵入，因此，三七种子传带的主要病原菌为镰刀菌和链格孢菌。试验结果表明：三七种子能携带多种微生物。三七种子面携带的优势真菌为菌核菌和镰刀菌，其次为拟盘多毛孢菌和灰霉菌。三七种子内部寄藏的优势真菌为菌核菌、镰刀菌和拟盘多毛孢菌。由此可以看出：在三七种子表面和内部携带的真菌种类虽有差异，但多以镰刀菌、菌核菌、拟盘多毛孢菌和链格孢菌等常见真菌为主。张国珍等（2002）对西洋参种子进行带菌检测，检测到镰刀菌属、链格孢属、青霉属、头孢霉属、根霉属，以及少量的毛霉属、曲霉属、木霉属和矛菌属等，共十余个属的真菌。关一鸣等（2010）对人参种子进行检测，检测到的真菌类群主要有青霉属、镰刀菌属、链格孢属、丝核菌属

Rhizoctonia spp.，以及少量的头孢霉属、根霉属、曲霉属、木霉属等劣势真菌。已有文献也表明，种子上携带的主要真菌类群多为链格孢属、曲霉属、镰刀菌属、根霉属和青霉属等（李健强等，2001；刘西莉等，2003；徐秀兰等，2006）。三七与西洋参、人参同属于五加科人参属，在真菌侵染上有相似的致病菌。同时，与大多数种子相同，都可以携带镰刀菌属、链格孢属、青霉属、根霉属和曲霉属等真菌。另外，本试验三七种子样品所携带的病原菌种类略有差别，这可能与样品的采集地点有关，不同的种植园区，由于环境的影响，三七生长期的主要病害也存在差异。

试验对分离获得的真菌进行致病性测定，并进一步利用形态和分子生物学鉴定表明：三七种子传带的主要病原菌为镰刀菌和链格孢菌。这与王淑琴等（1980）、骆平西等（1991）所报道的三七根腐病主要由镰刀菌引起的结论一致。但本试验在分离真菌过程中未发现柱孢属真菌 *Cylindrocarpon destructans* 和 *C. didynum*、茎点霉 *Phoma herbarum*、立枯丝核菌、恶疫霉等引起三七根腐病的病原菌。罗文富等（1999）研究表明：细菌（如 *Pseudomonas* spp.）和线虫（如 *Meloidogyne* spp.）也能引起三七根腐病，但这些病原能否通过种子传带还需要进一步研究。

综上所述，三七种子易携带镰刀菌和链格孢菌等致病真菌。三七种子储藏和播种时需要进行合理的处理，消除种子上传带的病原菌，避免病原菌随种子的运输而蔓延传播，也有利于三七苗期的病害防治。

2. 三七种子健康处理

在种子净度及健康度检测的基础上完成了种传病原菌的鉴定工作，针对这些病原菌筛选获得了恶霉灵、甲霜灵、氟啶胺、嘧菌酯（或烯肟菌胺）、萎锈灵、苯酰菌胺和苯醚甲环唑等一系列高效、低毒、低残留的杀菌剂用于种子消毒处理。田间实践也表明，市场上常用的种子包衣剂"适乐时"等用于三七种子的包衣效果也非常优异。

3. 三七种子处理关键技术规程

三七种子处理关键技术如下。①种子选择：每年 10～11 月，选 3～4 年生植株所结的饱满成熟变红果实，摘下，放入机械搓皮机，搓去果皮，洗净；②种子晾干：晾干表面水分（以种子表面泛白、无明显水迹为准）；③种子浸种处理：利用内吸性强的杀菌剂浸种 10 min，杀灭种子内部寄藏病原菌；④种子包衣处理：利用种衣剂包衣处理可以驱避地下病虫，隔离病菌感染，不影响萌发吸胀功能，增大呼吸强度，提高种子发芽率；⑤种子层积处理：三七种子干燥后易丧失生命力，应随采随播或采用层积处理保存。三七种子宜采用钙镁磷肥层积处理。经常观察种子表面钙镁磷颜色变化，青灰色表明水分充足，钙镁磷变为灰白色则表明水分不足，可以用喷雾器雾状补水。

4. 三七种苗处理关键技术规程

①移栽时间：三七育苗一年后需要移栽，一般在 12 月至翌年 1 月进行。②挖苗：要求边起苗、边选苗、边移栽。起根时，严防损伤根条和芽苞。③选苗：选苗时要剔除病、伤、弱苗，并分级栽培。三七苗根据根的大小和重量可以分为三级：千条

根重 2 kg 以上的为一级种苗；千条根重 1.5～2 kg 的为二级种苗；1.5 kg 以下的为三级种苗。④种苗处理：种苗移栽前，晾干种苗表面水分，用高效、低毒、低残留的杀菌剂粉剂拌种处理后移栽。由于种苗移栽后在土壤中休眠 2～3 个月，由活菌制作的生防菌剂拌种容易造成烂苗现象，需谨慎施用。⑤种苗移栽：移栽行株距（12～15）cm ×（12～15）cm。

7.3.2　三七种子播种密度参数的优化和验证

合理种植密度对促进三七生长、提高三七品质具有重要的意义，课题组前期研究发现，种植密度会影响二年七的出苗和生长，但关于不同密度对三七种子生长和品质形成的影响，尤其是三七种子挥发物在此过程中的化感功能尚无研究报道。因此，探明合理的三七播种密度，以及在此过程中种子挥发物中关键化合物的功能，可为进一步指导生产合理密植、合理直播种植，实现三七高质量生态化生产提供科学依据。众多研究表明，播种或种植密度对植株的生长发育有着重要的影响，合理的栽培密度不仅能促进植株的生长发育，还能节约种植成本、提高土地利用率，进而增加单位面积的经济效益（王健，2016）。张春梅和闫芳（2014）研究发现，合理的播种密度能够提高百里香种子的萌发率，且能显著提高种子的发芽势；安霞等（2019）研究发现，相比 3 万株/667 m² 和 8 万株/667 m² 的种植密度，5 万株/667 m² 的种植密度能够显著提高苎麻的出苗率，并能有效增加植株茎粗和地上部分的鲜重；李丽淑等（2011）经研究也发现，适宜的种植密度能够显著提高姜状三七产量；Braz 和 Rossetto（2009）发现，合理的种植密度能够显著促进向日葵的干物质积累并提高植株的叶面积指数，进而促进植株后期的生长发育。植物挥发物被认为是潜在影响种子萌发和生长的关键因子。Fischer 等（1994）发现，植物挥发物中萜烯类化合物能够在低浓度时促进植物种子萌发和生长，而在高浓度时表现出抑制作用，如紫茎泽兰的气态挥发物对云南松种子的萌发就有显著的抑制作用，且随浓度的降低而逐渐减弱（曹子林等，2012）；此外，还有大量研究报道表明，多种烯烃、烷烃、脂类及芳香族化合物能够促进拟南芥、番茄和紫花苜蓿等植物的生长（Lee et al.，2016a；Fincheira et al.，2016；Tahir et al.，2017）。

生产实践中发现，三七高密度种植会提高种子的发芽率及发芽势，这可能与种子释放了促进萌发的化学物质有关。试验表明，不同密度处理对三七出苗及存苗的影响不同。由图 7-1A 可知，种植密度为 144 粒/m² 的三七出苗率为 91.75%，种植密度为 100 粒/m² 的三七出苗率为 93.73%，种植密度为 36 粒/m² 的三七出苗率为 90.95%，种植密度为 25 粒/m² 的三七出苗率为 91%。种植密度为 400 粒/m² 的三七出苗率仅为 79.08%，显著低于其他 4 个密度处理（$P < 0.05$），前 4 个种植密度处理之间，三七种子出苗率没有显著差异（$P > 0.05$）。由图 7-1B 可知，种植密度为 144 粒/m² 的三七存苗率为 90.00%，显著高于其他 4 个密度处理的三七种子，而种植密度为 25 粒/m²、36 粒/m²、100 粒/m² 和 400 粒/m² 的三七存苗率分别为 77.33%、74.33%、75.33% 和 77.33%，这 4 个密度之间无显著差异（$P > 0.05$）。

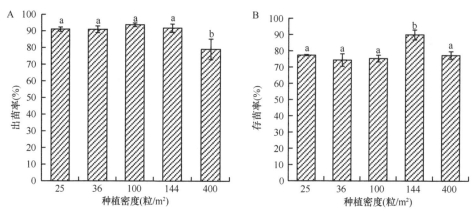

图 7-1　不同密度处理三七出苗率和存苗率比较

1）不同密度处理对三七农艺性状的影响

由表 7-15 可知，种植密度为 400 粒/m² 的三七株高高于其他密度下种植的三七。株高整体上随着种植密度的增加而增加，而地上部鲜重和干重、地下部鲜重和干重均无显著差异。但值得注意的是，种植密度为 144 粒/m² 和 100 粒/m² 的三七地下部鲜重及干重均高于其他密度处理。

表 7-15　不同密度处理对三七农艺性状的影响

种植密度（粒/m²）	株高（cm）	地上部鲜重（g）	地上部干重（g）	地下部鲜重（g）	地下部干重（g）
400	11.7±0.20a	0.63±0.07a	0.12±0.01a	1.42±0.20a	0.42±0.03a
144	11.0±0.25ab	0.49±0.02a	0.12±0.01a	1.71±0.22a	0.48±0.05a
100	10.2±0.30c	0.53±0.05a	0.12±0.01a	1.69±0.19a	0.48±0.06a
36	10.4±0.18bc	0.49±0.02a	0.11±0.01a	1.53±0.26a	0.42±0.03a
25	10.3±0.30bc	0.53±0.041a	0.11±0.01a	1.53±0.09a	0.41±0.01a

注：表中数据为平均值±标准误，本章下同

2）不同密度处理对三七产量的影响

由表 7-16 可以看出，种植密度为 400 粒/m² 的三七单位面积产量是 129.710 g/m²；144 粒/m² 的三七单位面积产量是 61.828 g/m²；100 粒/m² 的三七单位面积产量是 36.090 g/m²；36 粒/m² 三七单位面积产量是 11.181 g/m²；25 粒/m² 的三七单位面积产量是 7.977 g/m²；从单位面积产量比较来看，三七产量随着密度的增加而增加，但通过比较可以看出，100 粒/m²、144 粒/m² 种植密度的单株地下干重高于 400 粒/m²、36 粒/m² 和 25 粒/m² 种植密度的单株地下干重。

表 7-16　不同密度条件处理下三七单位面积产量

种植密度（粒/m²）	存苗率（%）	单株地下干重（g）	三七产量（g/m²）
400	77.33±0.003a	0.419±0.034a	129.710±10.642a
144	74.33±0.038a	0.477±0.046a	61.828±5.947b
100	75.33±0.020a	0.479±0.029a	36.090±2.150c
36	90.00±0.03b	0.418±0.032a	11.181±0.863d
25	77.33±0.02a	0.413±0.009a	7.977±0.171d

3）三七种子挥发物化学成分检测及其对三七种子萌发的影响

利用 GC-MS 从三七种子挥发物中共检测到烯烃类、烷烃类、酮类、苯类、醇类、酸类、酯类、醛类、酰胺类及硫化物总计 10 类物质，共计 49 种（筛选相似度在 80%以上）。其中，烯烃类物质 15 种，相对含量为 37.17%；烷烃类物质 18 种，相对含量为 22.44%；酮类物质 3 种，相对含量为 10.25%；苯类物质 5 种，相对含量为 11.27%；醇类物质 1 种，相对含量为 0.56%；酸类物质 1 种，相对含量为 0.62%；酯类物质 3 种，相对含量为 3.48%；醛类物质 1 种，相对含量为 0.86%；酰胺类物质 1 种，相对含量为 0.68%；硫化物 1 种，相对含量为 0.35%。三七种子挥发物组成成分复杂，不同种类的化合物相对含量差异明显，以烯烃和烷烃类化合物为主。通过收集三七种子挥发物共检测到 16 种烯烃类化合物，相对含量最高的 3 种分别为柠檬烯、β-可巴烯和 D 大牛儿烯，其中柠檬烯的相对含量最高，占总量的 7.74%（表 7-17）。

表 7-17　三七种子挥发物的化学成分及相对含量

类别	化合物名称	相似度	保留时间（min）	相对含量（%）
烯烃类	柠檬烯	95	14.1	7.74
	β-可巴烯	92	28.735	5.04
	D 大牛儿烯	93	28.735	5.04
	1-十一碳烯	97	16.725	5.03
	α-蒎烯	96	9.976	4.47
	缬草-4,7(11)-二烯	0.94	28.114	3.06
	α-可巴烯	94	25.931	1.18
	可巴烯	94	25.931	1.18
	α-荜澄茄油烯	93	25.931	1.18
	1-甲基-4-(1-甲基乙基)-1,4-环己二烯	81	22.062	0.86
	石竹烯	95	27.135	0.68
	苯乙烯	95	8.3	0.47
	1,3,5,7-环辛四烯	95	8.3	0.47
	双环[4.2.0]辛-1,3,5-三烯	94	8.3	0.47
	香橙烯	83	27.383	0.30
烷烃类	(1S)-6,6-二甲基-2-亚甲基二环[3.1.1]庚烷	96	11.777	8.71
	十六烷	97	31.435	1.71
	十九烷	97	31.435	1.67
	十四烷	94	29.028	1.30
	正二十一碳烷	94	36.061	1.29
	十五烷	95	29.028	1.11

续表

类别	化合物名称	相似度	保留时间（min）	相对含量（%）
烷烃类	二十烷	93	28.954	0.96
	4,6-二甲基-十二烷	94	23.098	0.91
	十三烷	96	13.705	0.80
	十二烷	97	20.585	0.65
	六甲基-环三硅氧烷	85	6.048	0.64
	3,7-二甲基-癸烷	91	15.372	0.60
	2,6,10-三甲基十五烷	80	30.051	0.50
	十甲基-环戊硅氧烷	94	19.186	0.45
	1-碘-三十烷	94	48.452	0.42
	1-碘-三十二(碳)烷	87	38.422	0.37
	2-甲基二十六烷	88	41.039	0.23
	1,1-二乙氧基-乙烷	91	3.973	0.12
酮类	4-羟基-4-甲基-2-戊酮	98	6.646	8.42
	1-(4-乙基苯基)-乙酮	95	23.169	0.96
	1-(2,4-二甲基苯基)-乙酮	82	22.604	0.87
苯类	丁基羟基甲苯	94	29.451	5.31
	邻二甲苯	98	7.547	4.09
	乙苯	98	7.282	1.16
	甲苯	97	4.673	0.36
	1,2-二乙基-苯	94	15.007	0.35
醇类	2-(1,4,4-三甲基环己-2-烯基)乙醇	87	31.517	0.56
酸类	双(2-甲基丙基)酯-1,2-苯二甲酸	93	39.219	0.62
酯类	乙二醇二乙酸酯	96	43.686	1.43
	乙酸四十二烷基酯	95	43.686	1.43
	邻苯二甲酸二丁酯	94	39.219	0.62
醛类	α-侧柏醛	82	22.062	0.86
酰胺类	N,N-二甲基十二酰胺	92	44.493	0.68
硫化物	二甲基二硫化物	97	4.228	0.35

　　为了研究挥发物柠檬烯对三七种子萌发的影响，设置 2～200 mg/L 不同浓度梯度柠檬烯处理三七种子，以无柠檬烯处理为对照。由图 7-2 可以看出，对照中三七种子萌发率为 16.5%，20 mg/L 浓度柠檬烯处理条件下的三七种子萌发率为 13.8%，200 mg/L 浓度柠檬烯处理条件下的三七种子萌发率为 15.4%。2 mg/L 浓度柠檬烯处理条件下的三七种子萌发率为 28.6%，显著高于 20 mg/L、200 mg/L 的处理和对照，说明 2 mg/L 柠檬烯能显著促进三七出苗。

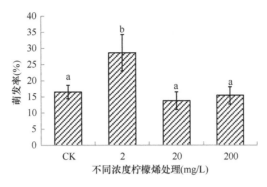

图 7-2　不同浓度柠檬烯对种子萌发的影响

　　播种密度与作物的生长发育有着密切的联系，合理密植能够提高作物的产量和品质，从而提高土地的经济产出。李漫（2012）研究发现，在一定范围内提高种植密度，能够显著增加春玉米的株高、茎粗和产量；周永萍等（2019）研究发现，提高种植密度可以显著增加棉花的茎粗和单株结铃数，并显著降低烂铃数，单位面积的总成铃数也随着种植密度的增加呈上升趋势；武晓攀等（2019）研究发现，随着种植密度的增加，玉米品种'北青 340'的穗长和千粒重先略微增加后下降，穗粗和穗粒数减少。本课题组通过研究发现，播种密度对三七种子的存苗率、皂苷含量和株高等农艺性状均有不同程度的影响。播种密度为 144 粒/m² 时三七种子的出苗率和存苗率均显著高于现在生产上广泛使用的 400 粒/m² 的播种密度。高密度播种条件下，一方面三七种子可能受过高浓度气态挥发物的影响，抑制了种子的萌发从而降低了出苗率，另一方面，过高的播种密度导致植株生长后期的竞争效应加剧，长势较弱的植株逐渐在竞争中被淘汰，进而导致存苗率的下降。然而，虽然 400 粒/m² 播种密度下三七的出苗率、存苗率都显著低于 144 粒/m² 处理，但由于高密度种植其单位面积总产量仍处于较高水平，因此，目前生产上仍采用高密度播种的方式进行三七的生产，这也与前人的研究结果一致（崔秀明和王朝梁，1989）。然而，随着近年来中药材的生产逐渐从产量导向向品质导向转变，较低播种密度下更高的存苗率和单株干重对于新的生产模式将具有重要的理论和实践价值。

　　课题组进一步深入研究了柠檬烯对三七种子萌发的影响。研究结果表明，适宜浓度的柠檬烯能够促进三七种子的萌发，而过低和过高浓度的柠檬烯则会抑制三七种子的萌发，在生菜种子上重复这一实验也得到了相似的结果，而且生菜种子对于柠檬烯的浓度表现出更高的敏感性，这一现象与 Fischer 等（1994）提出的萜烯类化合物对植物的生长存在"低促高抑"的现象相一致，这也可能是导致适宜播种密度下三七种子萌发率较高的原因之一。然而，由于三七种子在实际种植环境中面临的环境因子较为复杂，三七种子释放柠檬烯是否受其他信号物质的诱导调控、不同播种密度下三七种子释放柠檬烯的量是否存在差异等仍不清楚，因此，进一步深入探明不同播种密度下柠檬烯刺激种子萌发的机制，一方面有助于在生产上利用柠檬烯作为种子萌发的处理制剂，另一方面有助于三七产业以品质为导向的科学合理、高质高量的生产。

7.3.3 三七种苗移栽密度参数的优化和验证

目前对三七的研究主要集中在化学成分及药理作用方面，而关于三七优质高产栽培技术的研究较少，课题组设置了 8 cm×8 cm、10 cm×10 cm、15 cm×15 cm、20 cm×20 cm、30 cm×30 cm 共 5 个不同株行距的种植密度，研究不同种植密度对三七的生长、品质、病害、根际土壤微生物及下茬三七生长的影响，并确定三七的最佳种植密度。

1. 不同种植密度对三七的生长具有影响

三七株高、单株鲜重、单株鲜重随着种植密度的增大呈下降的趋势。可能是种植密度升高加剧了植株间的竞争，进而影响三七的生长发育；三七地下部分干重在最适密度（15 cm）下呈最大值，说明株行距 15 cm 下三七植株拥有一个合理的种群结构，可充分利用土壤养分和水分，实现了地下部分的积累。

2. 不同种植密度对三七皂苷含量的影响

三七不同的种植密度除了影响三七的生长外，还会显著影响三七不同部位主要皂苷（R_1、Rg_1、Re、Rb_1、Rd）的合成。三七主根中皂苷的浓度随着种植密度的降低而减少，高密度种植（8 cm）可以显著增加三七主根中皂苷的浓度；须根和叶片中皂苷浓度和密度的关系比较类似，在株行距为 8～20 cm，以 15 cm 的种植株行距皂苷浓度最高，不同密度间无显著差异，但是株行距增加到 30 cm 时，皂苷浓度明显降低。适当提高种植密度皂苷浓度增高可能与植株在逆境下合成更多的次生代谢产物有关。

不同种植密度对三七不同部位皂苷含量具有较明显的影响，因此试验进一步比较了不同种植密度对三七根部皂苷含量的影响。由公式：根部皂苷含量=主根皂苷浓度×地下部分干重得出，如图 7-3 所示，种植密度对三七的根部皂苷含量具有影响，株行距 15 cm 时可以提高三七根部的皂苷含量，但各种植密度间不存在显著差异。

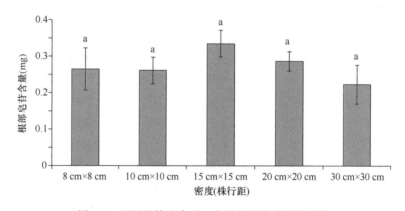

图 7-3　不同种植密度对三七根部皂苷含量的影响

综上所述，综合考虑生物量积累、品质及病害，三七移栽密度以株行距 15 cm×15 cm 最佳，生产上推荐使用株行距（10～15）cm ×（10～15）cm。

7.3.4　三七肥料施用参数的优化和验证

氮素是作物营养三要素之一，对三七生长的影响较大，稍过量或不足都会对植株产生很大的影响。同时，氮还对其他元素的吸收有促进或抑制作用，合理施用氮肥有利于三七对各种养分的吸收。有资料记载过量施用氮肥或化学肥料会导致三七品质下降，重金属元素污染严重，从而影响三七质量（董弗兆等，1998）。不同施氮量对三七植株性状有较大的影响，总体表现为对地下部性状的影响大于对地上部性状的影响。株高、茎粗、叶面积等地上部性状随施氮水平的变化趋势不明显，当施氮量在 225 kg N/hm^2 时，最有利于植株长高，以及叶片和块根的生长。单株根重是衡量作物群体产量的主要指标之一，是三七产量形成的基础（崔秀明和王朝梁，1991）。不同施氮处理三七单株根重存在明显差异，随着氮肥施用量的增大，三七单株根重和地下部性状根长呈逐步增加趋势，以施氮量 225 kg N/hm^2 处理最高。适氮（225 kg N/hm^2）促进了三七种苗的生长和地上部及地下部生物量的累积；高氮（450 kg N/hm^2）抑制了三七种苗的生长和生物量的累积，这说明适量的氮肥供应对提高三七产量有一定帮助（Wei et al.，2018）。皂苷是三七最为重要的药用成分，也是衡量三七品质的重要指标。适氮促进三七主根、须根的总皂苷的合成和累积，且更有利于皂苷合成向着主根累积，同时会促进主根和须根中大多数单体皂苷（R$_1$、Rg$_1$、Rf、Rb$_1$、Rg$_3$）的合成及累积。说明三七皂苷含量在适宜的氮素水平内具有相对稳定性，氮肥不足及施氮过量均不利于三七品质的形成（Wei et al.，2018）。

磷是植物营养的主要来源之一，在土壤中容易被固定，三七一般难于吸收利用。三七产区大部分土壤中的磷能满足三七生长发育的需要，但速效磷含量低，因此适量增施磷肥有利于改善三七植株的性状。崔秀明等（1994）和王朝梁等（2007）的研究结果都表明，磷素营养对三七植株性状的影响较为明显，其中以对株高、叶面积等植株性状影响最大；施用磷肥能有效提高三七的单株根重。单株根重随着磷肥施用量的增加而增加，但过量施磷反而会影响三七主根的生长，其施用量的增加对产量影响并不明显，这种情况正好与生产相一致，说明在三七生产中对磷肥的需要量在各个生育时期是相对平稳的，过低和过高的磷肥均不利于三七生产，适宜的磷肥施用量为 338 kg P$_2$O$_5$/hm^2。

三七属喜钾植物，其体内氮、磷、钾比通常在 1∶0.5∶（1.5～2）（崔秀明等，1994）。施用钾肥能显著促进三七植株生长和提高三七药材产量（张良彪等，2008；欧小宏等，2012）。同时，施用钾肥可促进三七植株氮和磷养分向药用部位（根部）转移，促进三七药材各种单体皂苷和总皂苷的合成，从而显著提高其含量和累积量（郑冬梅等，2014）。三七皂苷成分属于达玛烷型皂苷，以碳、氢、氧三种元素为主，主要通过甲羟戊酸（mevalonate，MVA）途径经过一系列酶促反应进行合成（吴琼等，2009）。因此，植物体内碳水化合物含量与皂苷含量有重要的联系。施用钾肥促进三七各种单体皂苷及总皂苷的合成与累积，可能同钾肥促进三七植物光合作用、提高相关酶活性和促进同化产物合成与运输等有关。但具体作用机制有待进一步研究。

1. 三七种苗施肥参数的优化和验证

氮磷是三七种苗生长所需的重要营养元素，适宜的氮磷施用有利于三七种苗的生长和皂苷含量的积累，同时能降低三七根部锈、裂口的形成，减少病原菌侵染的概率。本课题研究表明，氮磷肥在 15 kg/667 m^2 时存苗率最高，但磷肥用量增加到 25 kg/667 m^2 时能提高产量，而降低氮肥用量则有利于锈裂指数降低和皂苷含量的积累，综合氮磷肥对其他农艺性状指标的影响，三七种苗最佳的施肥用量为纯氮 10～15 kg/667 m^2，纯磷 15～25 kg/667 m^2。在三七的养分配比及吸收规律等方面，许多学者也进行过研究，然而结论却不尽相同。崔秀明等（2000）采用四元二次回归正交旋转组合方法研究了密度与施肥对二年生三七产量的影响，并分析得出二年生三七最佳施肥配比为 1∶0.75∶3.13（氮∶磷∶钾），氮磷钾的施肥量分别为 4 kg/667 m^2、3 kg/667 m^2、12.5 kg/667 m^2。王朝梁等（2007）对二年生三七生长和产量与氮肥用量的关系研究认为：三七产区的石灰岩山原红壤的地块上三七施肥以纯氮 11～18 kg/667 m^2，纯磷 11～25 kg/667 m^2、纯钾 0～36 kg/667 m^2 较为适宜，氮磷钾配比为 1∶1∶2（氮∶磷∶钾）。韦美丽等（2008）研究了不同施氮水平对三年生三七生长的影响，认为株高、茎粗、主根长等性状随施氮水平的变化趋势不明显，氮肥用量在 7.5～15 kg/667 m^2 有利于植株株高的生长，在 22.5 kg/667 m^2 浓度条件下氮有利于叶片和主根的生长，在 15～30 kg/667 m^2 氮能有效增强植株抗病能力，并建议生产上适宜的肥料用量为纯氮磷钾分别为 22.5～30 kg/667 m^2、22.5 kg/667 m^2 和 60 kg/667 m^2。

本课题组发现氮肥过量施用将严重影响三七的生长和品质，在以往的研究中也有过一些结论类似的报道。赵宏光等（2014）通过研究土壤水分含量对三七根生长的影响表明，钾肥、磷肥对三七产量的提高有正效应，而氮肥对产量的提高呈负效应。本试验中氮肥增加到磷肥的 3 倍时，存苗率从 37.2% 下降到 3.2%，主根生物量则从 277.2 g 下降到 49.5 g。种苗裂口是三七种苗生产中面临的一个较为严重的问题，锈裂口的产生是诱发根腐病的重要因素，是影响三七种苗健康生长的主要问题之一（毛忠顺等，2013）。试验中用锈裂指数评价种苗裂口的情况，随着氮用量的增加，锈裂指数先降低后增加，氮用量为 15 kg/667 m^2、磷用量增加至氮用量的 3 倍时锈裂指数达到最低，为 8.2%；磷用量 ≥25 kg/667 m^2，锈裂指数先降低后升高，即要保证较低的锈裂指数，氮用量不宜超过 15 kg/667 m^2，磷用量不宜超过 25 kg/667 m^2。皂苷成分是三七主要的药效成分，其每年的积累量对最后采挖的三七品质的评价具有重要影响，施肥不科学会影响其含量及积累。欧小宏等（2014）研究了氮肥运筹对二年生三七品质及产量的影响发现，氮肥运筹对皂苷含量和积累产生重要影响，增施氮肥减少 Rg$_1$ 皂苷含量，总皂苷含量能减少 0.45%～0.98%，本书试验中，氮肥对三七皂苷含量的影响大于磷肥，随着氮肥用量的增加，皂苷含量先增加后显著降低，在 10 kg/667 m^2 纯氮用量时，皂苷含量最高，达 2.37%。因此，过量的氮肥施用反而会抑制三七的生长，降低皂苷的含量，增加根部裂口的形成。科学合理地施用肥料是三七种苗健康、优质生产的关键措施。

综合比较，建议生产中三七氮、磷、钾肥的施肥比例为 1：（0.75~1.0）：（2.0~3.13），钾肥推荐用量为 450~675 kg K_2O/hm^2（崔秀明等，2000；王朝梁等，2007；张良彪等，2008；郑建芬等，2017；Wei et al., 2018）。

2. 二年生和三年生三七施肥参数的优化和验证

课题组通过研究氮磷钾肥对二年七和三年七产量及主要有效成分含量的影响，为三七种植生产推荐合理的施肥量。试验采用"3414"随机区组设计，进行连续两年的田间小区试验，测定三七植株农艺性状、产量、总皂苷含量等指标，通过肥料效应函数方程拟合氮磷钾施肥量。

结果表明，施肥会不同程度促进三七株高、茎粗、叶片大小等农艺性状生长，且以适当施氮和磷的效果最佳；二年七对钾的依赖性较氮磷肥强，而三年七对氮的依赖性最强；施氮能显著提高三七单位面积总皂苷含量，在低氮水平即可获得最高总皂苷含量，而磷、钾肥对单皂苷含量及总皂苷含量的影响不明显；氮磷钾对三七产量的影响有互作效应，低磷、中钾利于氮肥肥效发挥，低氮、中钾利于磷肥肥效发挥，而低氮、中磷利于钾肥肥效发挥。根据三年七总皂苷含量的三元二次回归方程，本研究最大化三七皂苷含量的施肥量在二年七为 N 157~164 kg/hm²、P_2O_5 179~187 kg/hm²、K_2O 337~356 kg/hm²，三年七为 N 192~200 kg/hm²、P_2O_5 179~187 kg/hm²、K_2O 412~435 kg/hm²。因此，分别针对二年七和三年七，适当控制施氮量和施钾量，增加施磷量，将三者进行合理配比，对提高单位面积三七皂苷含量有重要意义。

3. 有机肥与中微肥施用对三七产量和品质的影响

设置对照组（CK）、有机肥（OM）、锌肥（ZF）、硼肥（BF）、石灰（LF）5 个施肥处理，探究有机肥与中微肥（钙、锌、硼）施用对三七产量及品质的影响。结果表明，有机肥施用对三七生物学性状无显著影响；微肥显著提升三七花茎长，其中 ZF 显著提升单花重但降低花序直径，BF 作用与 ZF 相反；LF 显著提升茎粗并降低株高。各处理均极显著提高三年七存苗率，提升幅度以 LF（20.49%）最高，ZF（16.8%）和 OM（16.40%）次之，BF（13.08%）较小。虽然 OM、ZF、BF 会造成三七单株重下降，但各处理最终产量均优于对照组，其中 BF 与 LF 增产超过 17%，达极显著水平。除 OM 造成总皂苷产出量下降外，其余处理总皂苷产出量均显著高于对照组。因此，在常规施肥基础上增施有机肥与中微肥有助于三七产量提高，但有机肥造成的三七皂苷产出量降低不可忽视。

4. 稀有元素及其他叶面肥对三七生长的影响

1）谷聚多对三七生长的促进作用

从一年生三七苗地上部分快速生长期开始（5 月）直至三七地下部分快速生长期（7 月），每月用谷聚多（8%聚谷氨酸）1000 倍稀释液灌根，共施 3 次。对一年生三七苗进行株高、叶绿素含量、单株鲜重、单株地上和地下部分鲜重测定后发现，施用谷聚多后，三七地上部分生长和生物量积累得以提高，其中株高、单株鲜重及地上鲜重分别比对照提高了 1.33%、5.35% 和 10.30%。单株地下鲜重提高了 15.34%，须根截面直径增加了 6.94%，但须根长度和表面积均显著下降（$P < 0.5$），分别减少了 34.89% 和 31.37%。可见，谷聚多能促进三七地上部生长，使主根生物量积累显著提高（$P < 0.5$），而使须根的生长和生物量积累均下降（图 7-4）。

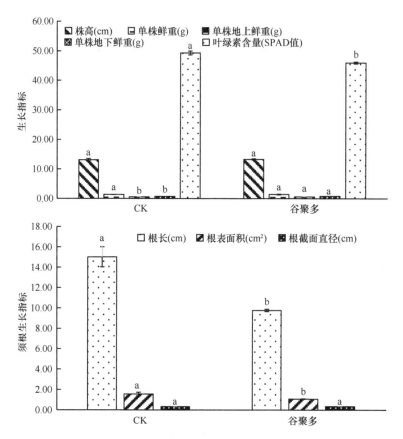

图 7-4　谷聚多对三七地上部和根部的影响

图中不同小写字母代表施用谷聚多后与对照相比有显著差异（$P < 0.05$）

2）纳米硒促进三七植株生长和产量提高

从一年生三七苗地上部快速生长期开始（5 月）直至三七成熟期（10 月），每月用纳米硒 300 倍稀释液喷施叶面，共喷施 6 次。对一年生三七苗进行株高、叶绿素含量、单株鲜重、地上和地下部分鲜重测定后发现，施用纳米硒后，三七地上部分生长和生物量积累得以提高，其中株高、单株鲜重及地上部分鲜重分别比对照提高了 7.23%、13.03% 和 10.35%。地下部分鲜重提高了 14.71%，须根表面积和截面直径分别增加了 1.73% 和 5.75%，但须根长度略下降（$P > 0.05$），减少了 2.45%。可见，纳米硒能促进三七地上部生长，使主根生物量积累显著提高（$P < 0.05$），并且通过抑制须根长度、增加须根表面积和截面直径来促进须根生物量积累（$P > 0.05$）（图 7-5）。

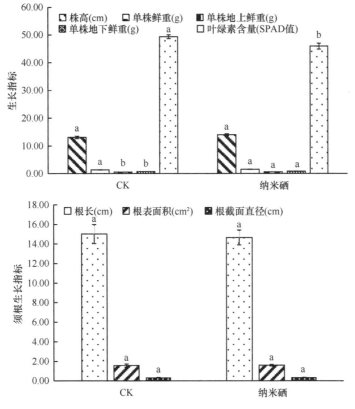

图 7-5　纳米硒对三七地上部和根部影响

图中不同小写字母代表施用纳米硒后与对照相比有显著差异（$P<0.05$）

7.4　土壤处理和修复关键参数的优化及验证

三七收获后的土地再植会表现严重的连作障碍。研究表明，连作土壤中有害生物和代谢物的积累、土壤养分失衡是导致三七连作障碍的主要因子。目前生产上常用的缓解连作障碍的技术以化学农药熏蒸为主，这些处理方法只能杀灭土壤中的有害生物，还会造成土壤污染。因此，探索连作土壤生态处理技术，利用物理和生态的方法既消灭土壤中的有害生物，又消解土壤中的有害代谢物，同时进行养分补充和微生物修复，是未来土壤处理的方向。

7.4.1　克服连作障碍方法的启示

1. 土壤连作障碍形成的原因

关于作物连作障碍的成因，最早由 Plenk、De. Candolle、Danbeny、Uslar 等提出了"毒素学说"，后经 Schrelner、Pioekering 等研究，于 1937 年 Molicsh 提出了作物间的"相生相克"（allelopathy）现象，直到 1939 年 Klvus 提出了连作障碍的"五大因子学说"，随后 Guenzi 及 Nsihi 等对"毒素"进行进一步研究（Guenzi and Mccalla，1966）。

随着研究的不断深入，发现造成连作障碍的原因非常复杂，它是作物、土壤、微生物三个系统内部多种因素相互作用的直观反映，至今也没有一种非常明晰的界定。综合多年来学者对作物连作障碍的研究，造成连作障碍的主要原因可概括为以下五个方面。

1）土壤理化性状改变

研究表明，作物的长期连作会破坏土壤的团粒结构，使土壤板结，透气性降低，物理性状恶化（郭兰萍等，2006）。人参土壤随着栽培年限的延长，大于 0.01 mm 的物理性砂粒减少，而小于 0.01 mm 的物理性黏粒则随着栽参年限延长而增加。故老参地的土壤板结，通气、透水性能变差，三相比失调，水、热、气条件处于矛盾状态（王韵秋，1979）。另外，作物栽培常利用覆盖等方法来改变自然状态下的水热平衡，土壤缺水致使土壤水分向上运动的程度明显强烈，因而引起养分在表土层积累，再加上使用较多的自然腐熟厩肥和氮素化肥等，导致养分在土壤中有较明显的表聚现象，使土壤次生盐渍化加剧（王平和刘淑英，1998）。例如，作物吸收硫酸铵的过程中，铵离子被吸收，而硫酸根离子残留在土壤中，长期硫酸根离子积累造成土壤高盐毒害，从而影响作物生长。三七虽是喜酸植物，但随着生长年限的增加，生长过程后期根系分泌产生大量的酸性物质，使得土壤酸性增强。

2）土壤肥力亏缺

大量研究表明，单一作物对营养元素的种类和比例结构的需求具有特异性，尤其对某些微量元素的需求较高，连作易造成土壤中某些元素的亏缺或富集，导致土壤养分失去平衡，直接影响下茬作物的正常生长，造成植物的抗逆性下降（喻敏等，2004）。韩春丽（2010）对不同连作年限棉田土壤微量元素的研究表明，长期连作会造成土壤钼、锌和铜元素含量的降低。太子参 *Pseudostellaria heterophylla* 连作 12 年后，土壤中的总磷、总氮含量增加，速效氮、钾、磷含量降低，微量元素钼含量很少甚至缺失（夏品华和刘燕，2010），而钼是亚硝酸还原酶的必要成分，钼缺失使亚硝酸还原酶失活，进而影响作物氮代谢，最终导致太子参减产。

3）土传病虫害加剧

连作为根系病虫害提供了赖以生存的场所，单一作物长期种植使得土壤中的病原菌数量不断增加，特别是近年来过多施用化肥使土壤中病原拮抗菌减少，更加重了土传病虫害的发生（邢宇俊等，2004）。同时，作物分泌的根系分泌物可以抵消土壤的抑菌作用，从而诱变病原体繁殖体萌发，直接或间接地影响植物病原菌生长，即通过选择性地吸引植物病原微生物，使其在作物根面和根际定殖及扩繁，致使植物发病，最终导致作物减产和品质下降等连作障碍现象（张重义和林文雄，2009）。根腐病是三七的一种主要侵染性病害，前期的研究表明，三七根腐病的病原极为复杂，目前已报道的病原包括多种真菌（如柱孢属真菌 *Cylindrocarpon destructans* 和 *C. didynum*、茄腐镰刀菌 *Fusarium solani*、腐皮镰孢菌的根生专化型 *Fusarium solani* f. sp. *radicicola*、茎点霉 *Phoma herbarum*、立枯丝核菌 *Rhizoctonia solani*，以及恶疫霉 *Phytophthora cactorum*、细菌（如 *Pseudomonas* spp.）和线虫（如 *Meloidogyne* spp.）等。目前，已经基本明确了引起三七根腐病的主要病害种类及其发生流行规律，并探索了一系列以化学农药为主的防治措施（骆平西等，1991；罗文富等，1999；缪作清等，2006；王勇等，2008）。然而，多年的生产实践证实，即使采用大量化学农药灌根或土壤熏蒸处理也不能有效地缓解连作障碍的发生。只有综合农业技术措施，以预防为主，才能更科学有效地防治三七根腐病（缪作清等，2006）。

4）根际土壤的化感自毒作用

植物的化感自毒物质主要来源于植物的次生代谢产物，其产生严重影响了作物的产量和质量。药用植物种植年限长，其中的药用活性成分又大多属于植物的次生代谢产物，因此自毒物质更易产生，自毒作用成为许多药用植物产生连作障碍的重要原因（李瑞博等，2012）。杜家方等（2009）发现，地黄土壤中的阿魏酸可以显著抑制地黄叶片和块根的生长，连作后土壤中阿魏酸的含量升高。刘红彦等（2006）通过对土壤灭菌和添加块根、残叶灭菌的盆栽试验研究发现，地黄属 *Rehmannia* 化感自毒物质的积累是造成地黄发生连作障碍的主导因素。喻景权和松井佳久（1999）报道，从豌豆和黄瓜根系分泌物中分离出来的 4-羟基苯甲酸、苯乙酸、香草酸等具有自毒作用。水稻根系分泌的黄酮、激动素、香豆酸、长链烯基间苯二烯等能抑制水稻的生长（孔垂华等，2004）。在春小麦的化感作用研究中也发现，根系分泌物中的对羟基苯甲酸、香草酸、香豆素等显著抑制春小麦胚根和胚芽的生长（Pérez，1991）。近年来，三七的同属植物人参、西洋参中相继报道了自毒作用的存在（王今堆等，1994；陈长宝，2006；李勇等，2008）。

5）改变土壤微生物区系

土壤微生物是土壤的重要组分，是土壤有机质及养分转化和循环的内在动力，它参与土壤有机质的分解和腐殖质的形成等生物化学过程（杨海君等，2005）。周崇莲和齐玉臣（1993）认为，作物连作后土壤微生物活性降低，数量减少，尤其是细菌减少最为显著。众多研究表明，连作使根际土壤微生物区系由高肥力的"细菌型"土壤逐渐转化为低肥力的"真菌型"土壤（王震宇等，1991；于广武和鲁振明，1993）。例如，黄瓜根部土壤可培养微生物数量随着连作茬次增加显著减少，其中细菌数量降低最为明显，放线菌至第三茬时也开始呈现降低趋势（胡元森等，2006）。

药用植物连作可使土壤酶活性和土壤微生物区系等根际土壤的生物学环境发生改变（表 7-18）。若同一作物长期连作，会改变土壤中微生物种群分布，打破原有作物根际微生物生态平衡，使得土壤中病原菌的种类和数量增加，有益菌的种类和数量减少。微生物活性降低必然影响土壤中养分的转化和分解，同时真菌数量升高可能是导致土传病害加重的主要原因之一。

表 7-18　土壤连作障碍的成因

序号	形成原因	涉及学科	解决办法
1	土壤大、中、微量元素失衡	农学、植物生理学、植物营养学、土壤科学	添加不同类型的养分
2	土壤结构和理化性质变化（如 EC、pH 等）	土壤科学	轮作、施肥、施用石灰等
3	土壤中病原菌的累积	植物病理学	种子消毒、抗病品种栽培、植物检疫等

序号	形成原因	涉及学科	解决办法
4	土壤中微生物失衡	土壤微生物	微生物接种修复、拮抗菌、固氮菌、光合细菌等
5	害虫的繁殖	昆虫学	生物和化学防控
6	外来入侵杂草危害	植物学、农学	除草剂使用
7	自毒物质积累	化学、植物生理学	活性炭吸附、物理和化学降解、微生物利用和降解等
…	…	…	…

2. 缓解土壤连作障碍的方法

目前尚未找到完全克服连作障碍的方法，但可以通过农业防治、物理防治及生物防治等一系列措施缓解连作障碍（表7-18）。

1）深耕土壤，合理间作、轮作、套种

深耕可以改良土壤的通透性和团粒结构，便于土壤养分的释放。良好的土壤及水、肥、热、气条件，使作物生长健壮，抗逆性增强。施肥应根据作物生理特性，在因地制宜、测土施肥的前提下，合理施用氮、磷、钾等肥料。同时，有机肥富含各种养分和生理活性物质，施入后对土壤理化、生物性状有很大影响，土壤结构得以改善，增强保肥、保水、透气、调温的能力，进而影响植物根系活力和有关养分吸收的酶活性。

不同作物间进行间作、轮作、套种是恢复土壤肥力、减少病虫害、克服连作障碍的重要措施，目前也是生产中常用办法。研究表明，将蔬菜和一些粮食作物如玉米、麦类轮作，效果十分显著（薛继澄等，1994）。蔬菜与水田作物轮作也是改善连作障碍最经济有效的途径，很多证据显示，菜田与水田轮作能够改善长年连作造成的土壤酸化、盐化、养分失衡和土传病虫严重等问题（严秀琴等，2003）。花生与茅苍术、半夏、阔叶麦冬、京大戟、盾叶薯蓣等具有抑菌作用的药用植物间作，可以调节土壤微生物区系并有效地抑制病原菌生长。同时天南星、马齿苋、玉竹、天门冬、车前草被认为是天然的野生杀菌植物。

对于人参属植物通过轮作实现连作也有相关报道，日本采用人参与牧草、蔬菜、水田、豆类、小麦、玉米、花卉及果树等轮作，使人参的轮作年限从30～60年缩短为13～19年（田义新等，2002）；朝鲜采用粮食作物与人参轮作，使人参地3～7年后即可再利用（曹志强等，2004）。

2）改良土壤理化性质

土壤的性质包括物理性质和化学性质。物理性质包括土壤比重、容重、孔隙度、田间持水量等；化学性质主要包括养分含量、pH、电导率等。土壤中无机肥料的大量添加使土壤酸化、盐渍化，加重了植物生理病害。土壤积聚的硝酸盐是作物所需的养分，但积累量过多会引起植物根部吸收障碍，造成盐害。例如，板栗枝干病的感病指数与土壤容重呈正相关，即土壤容重越大则感病指数越大，病害发生越严重；土壤容重越小则感

病指数越小，病害发生越轻（管斌，2007）；人工红松林疱锈病随着土壤田间持水量的降低而发病加重（贾云等，2000）；田间大白菜根肿病的发生与土壤 pH 有关，当土壤 pH 为 4.9～6.5 时，病株率为 70%～100%，pH 为 6.2～7.1 时，病株率为 10%～60%，pH 为 7.0～7.3 时，病株率为 0（严位中等，2004）。

3）防治土传病害

土传病害与地上部病虫害不同，根系病虫害一旦发生，一般很难控制。土壤中生活着大量微生物，作物连作导致专一性病原微生物积聚于土壤中，而具备拮抗能力的有益微生物丰度下降，所以最重要的是对土传病害尽早防治。目前，利用农药托布津、多菌灵、百菌清、代森锌、代森锰锌等对真菌性病原菌的防治作用较好，使用方法以灌根、拌种、叶面喷施为主。但必须做到预防为主，一旦病害蔓延，各种措施的防治效果就会大减，甚至失去作用。但农药残留问题给人们的健康生活造成严重隐患，而且农药防治存在着有效期较短、成本较高等问题，这就对农药防治病虫害产生了不利影响。

4）连作土壤的微生态修复

对连作土壤进行消毒灭菌是目前减轻连作障碍的重要途径之一。化学药剂熏蒸法是一种常用的土壤灭菌方法。研究表明，三七连作地用 98%大扫灭粉粒剂（20～40 g/m^2）和 35%威百亩液剂（30～50 mL/m^2）进行土壤熏蒸处理，线虫和杂草发生量均比对照减少 90%以上（马承铸等，2006）。马承铸等（2006）用土壤熏蒸剂处理三七连作土壤，改善三七连作土中原有的微生态群落结构，然后施入有益于三七生长并能抑制三七根腐病的微生态制剂，在三七根际建立新的微生态平衡体系，显著减轻三七连作地的根腐病。高微微等（2006）用灭生性土壤熏蒸剂氯化苦处理连作地西洋参基质后，显著提高了西洋参的存苗率，减少根部病害的发生和危害。

5）"刀耕火种"和"水耕火薅"等传统农业解决连作障碍的启示

（1）刀耕火种

刀耕火种起源于新石器时代的农业经营方式。经过火烧的土地变得松软，不翻地，利用地表草木灰作肥料，播种后不再施肥。黄河中游仰韶文化区早在公元前 5000～前 3000 年就采用刀耕火种的方式种植粟、黍。云南也早在公元前 1260～前 1100 年的商朝后期新石器时代就用此法种稻。目前，云南的佤族、拉祜族、怒族、独龙族等山区少数民族还保留着刀耕火种的生产方式。这种农业生产方式虽然落后，但它是长期生活在该环境中的人对环境适应的结果，也是长期实践经验的总结。很多宝贵的经验对解决现代农业生产中的问题提供了很好的启迪。烧荒有很多好处。云南的红土多为酸性，烧荒形成的草木灰为碱性，可以改良土壤；草木灰中含有大量的植物所需的营养元素，如钾、磷、钙、镁等，可以补充土壤养分；烧荒把草籽和虫卵烧熟，把土壤中的病原菌杀死，几乎不需要除草治虫；烧荒产生的高温还能降解土壤中残留的植物有害代谢物等。烧荒后土壤中物理、化学、生物的改变有利于作物的可持续种植，为解决连作障碍问题提供了宝贵的经验借鉴。

（2）轮作或休耕

轮作是指在同一块田地上，有顺序地轮换种植不同的作物或不同复种组合的种植方式。中国早在西汉时就实行休闲轮作。北魏《齐民要术》中有"谷田必须岁易""麻欲得良田，不用故墟"等记载，已经指出了作物轮作的必要性。轮作是用地养地相结合的一种生物学措施，可以改变农田生态条件，改善土壤理化特性，增加生物多样性，尤其非寄主植物的轮作可以消除和减少某些连作所特有的病虫草的危害；轮作还可以协调不同作物之间养分吸收的局限性，增加土壤中养分的有效性；还可以通过根系分泌物的变化，减少自毒作用，改善根围微生物群落结构，增加根际有益微生物的种类和数量（Kennedy and Smith，1995；Janvier et al.，2007）。因此，科学合理的轮作有利于减轻连作障碍。

（3）水耕火耨

水耕火耨是农民几千年的劳动传统，其中烧火土是农民积肥的一种生产习俗。农民将塘泥、淤泥等挑到火土场子上，或就地取一层生土晒干，再将柴草、秸秆等与之混合后点火堆烧。周围的明火烧完后，就转为内部燃烧至熄灭。火土一般用来垫猪栏、牛栏等，不仅可为猪、牛防潮，更重要的是它们的屎尿浸入火土中，使火土的肥性更好，也可以给火土灌人粪尿，再渗水，把火土堆沤发酵后，用作底肥。冬天，用火土追肥果树，可以防冻；夏季火土灌粪后抛到田里具有凉性，可以防暑。火土吸水性强，粪被吸进火土里放到田里不易流失。因而，这种积肥方式至今仍受农民的喜爱。优点：杂草、秸秆等植物组织的焚烧提供养分、高温杀灭土壤中的有害生物、降解土壤中的有害代谢物、活化土壤中的养分。三七主产区文山等地传统的三七种植方式中就有利用火土种植三七的习惯。

7.4.2 土壤处理关键技术参数的优化及验证

根据研究可知，土壤中有害生物和代谢物的积累、土壤养分失衡是导致三七连作障碍的主要因子。目前生产上常用的缓解连作障碍的技术多以化学农药熏蒸为主，这些处理方法只能杀灭土壤中的有害生物，还会造成土壤污染。探索连作土壤生态处理技术，利用物理和生态的方法既消灭土壤中的有害生物，又消解土壤中的有害代谢物，同时进行养分补充和微生物修复，是未来土壤处理的方向。近年来，课题组探索了不同的方法来缓解连作障碍，总结如下。

1. 作物轮作克服三七连作障碍的效果及弊端

许多研究证明，连作土壤轮作后可以改善土壤的理化性质，减少病虫害的发生，促进作物生长。例如，草田轮作后，土壤的生物及理化性状明显改善，豆科饲草轮作显著增加春小麦产量（鲁鸿佩和孙爱华，2003）；豆科植物轮作能够有效提高退化红壤上的作物生物量（李忠佩等，2002）；玉米、小麦、豆类与甜菜轮作和连作 3 年甜菜相比甜菜块根增产 87%，含糖量提高 1.83%，糖产量增加 114%，病虫害较轻（王长魁等，1998）；大蒜与瓜类轮作可以将连作地瓜类枯萎病的发病率由 50%降低到 10%（金扬秀等，2003）；国外有人报道，苹果连作地轮作小麦，可以改变连作土壤中的微生物群落，减少有害微生物，有助于缓解苹果连作障碍（Mazzola and Gu，2000）；老苹果园砍伐后，轮作多年生牧草、马铃薯、黑麦-高粱和黑麦-向日葵，轮作黑麦-高粱的土壤苹果平均产量最高（Shalimov，1991）。

作物合理轮作能有效地缓解连作障碍，但轮作效果受轮作作物、年限和方式等的影响。①作物种类的选择。同种作物有同样的病虫害发生，不同科作物轮作，可使病菌失去寄主或改变其生活环境，达到减轻或消灭病虫害的目的。一种作物需要与其他科的作物至少轮作两年。例如，轮作的科可以包括十字花科 Brassicaceae、菊科 Asteraceae、茄科 Solanaceae、葫芦科 Cucurbitaceae 等。②作物化感特性的选择。部分作物品种的根际分泌物可以抑制土壤病原物的生长，生产上可以考虑利用前茬作物根系分泌的抑菌物质抑制后茬作物病害的发生。生产实践表明，葱属作物（蒜、葱、韭菜等）与其他作物轮作对土传病害的防治效果好（Nazir et al.，2002；金扬秀等，2003；Kassa and Sommartya，2006；Zewde et al.，2007）。例如，栽培葱蒜类植物后，种植大白菜可以减轻白菜软腐病的发生；前茬种植洋葱、大蒜、葱等作物，后茬作物马铃薯晚疫病和辣椒疫病的发生减轻。③轮作对土传病害的防治效果与轮作时间长短有关系。通常，一种作物与其他非寄主作物轮作 4 年可以有效降低土传病害。但对于腐生性较强，或能产生强抗逆性休眠体的病原物，只有长期轮作才能表现防治效果，如十字花科根肿病、莴苣菌核病和镰刀菌引起的枯萎病等，四年或更长年限的轮作才能降低这些病害的危害。④可以根据病原菌的特点选择合理的轮作植物，创造不利于病原存活的环境条件，从而缩短轮作周期。水旱轮作就是一种能够有效缩短轮作周期的方式。例如，防治茄子黄萎病需实行 5~6 年旱旱轮作，但改种水稻后只需 1 年。核盘菌 Sclerotinia sclerotiorum 是具有广泛寄主的病原菌，除了危害十字花科植物外，还能侵染豆科、茄科、葫芦科等 19 科的 71 种植物。该菌可以形成菌核，菌核在温度较高的土壤中能存活 1 年，在干燥的土壤中可以存活 3 年以上，但土壤水分含量高的情况下，菌核一个月便腐烂死亡。与禾本科作物旱旱轮作时，防治该菌需 3 年以上，有条件的地区实行水旱轮作一年便可以有效降低病害的发生。

轮作可以改善三七种植后土壤的理化性质，具体表现为 N、P、K 等主要养分含量有所降低，pH 降低，而有机质含量显著增加（张子龙等，2015）。轮作还能在一定程度上调控微生物群落结构和功能，例如，轮作不同玉米品种后，土壤细菌数量均显著高于对照，且真菌/细菌值降低，土壤微生物状况得到改善。同时，在轮作玉米后的土壤中还鉴定出了 30 株可拮抗三七根腐病菌恶疫霉、茄腐镰刀菌和毁灭柱孢菌 Cylindrocarpon destructans 生长的细菌（刘海娇等，未发表）。其他轮作植物在单一轮作模式和复合轮作模式下，对三七土壤微生物群落也能产生一定影响。例如，种植一茬葱、一茬小麦或两茬茴香，土壤真菌/细菌值显著降低。但是由于三七根腐病菌多为一些腐生能力强、寄主范围广的土著微生物，只通过轮作还是难以彻底控制病害发生。目前，生产中农户将三七收获后的土地轮作种植玉米、烟草、马铃薯、麦类等作物，但轮作周期一般需要 20 年以上，短时间内无法再次进行三七种植。随着市场对三七需求量的不断增加和新垦地的减少，三七种植逐渐从道地产区向非道地产区转移，严重影响三七药材的道地性和原产地保护。

轮作的效果与轮作作物种类的选择有关。调查研究显示，前茬是玉米、花生或豆类等植物时后茬三七长势较好；同时三七水浸提物对玉米、小麦等作物种子萌发及生长总体表现化感抑制作用，其中玉米受到的化感抑制相对较弱，比较适合与三七轮作（张子龙等，2014；王庆玲等，2015）。除此之外，短期种植玉米还可显著减少种植三七后土壤中皂苷类自毒物质的残留（Zhao et al.，2017）。另外，葱属植物（大蒜、洋葱及韭菜）和油菜组织的挥发物及浸提液对三七根腐病菌恶疫霉和腐皮镰刀菌均有抑制效果（张伟等，2013；刘海娇等，2018）。

水旱轮作作为一种在克服三七连作障碍上具备很高潜力的轮作模式，具备以下功能：首先，水旱轮作可以改善三七连作土壤的理化性状。在水旱季切换时，对耕层土壤进行松碎处理，可以降低土壤容重，同时增大孔隙度和通气透水性，从而改善土壤结构。水旱轮作会使土壤矿物元素在不同外界条件下呈现出不同活性状态，导致其含量与比例的差异，从而对作物的吸收产生正面影响。种植三七还会使土壤有机质含量下降，而淹水时土壤中还原细菌占优势，对有机质进行嫌气分解，增加了有效有机质的积累。三七长时间栽种会导致土壤次生盐渍化和酸化，而水作可调节土壤 pH，使酸化的土壤恢复到中性，从而减轻对作物的伤害。相对于单一种植，水旱轮作还可以提高土壤中脲酶、蔗糖酶、过氧化氢酶等酶的活性，避免连作造成的土壤相关酶活性降低。其次，水旱轮作对土壤菌群的结构有明显改善作用。大部分研究认为细菌型土壤是高肥力的象征，而真菌型土壤是地力衰竭的标志。与水（稻）旱（小麦、油菜）轮作土壤相比，露地连作蔬菜和设施大棚蔬菜土壤的细菌比例分别降低 50%～70%和 60%～90%，而且水旱轮作还可以使真菌比例下降，因此认为水旱轮作使不良土壤向健康土壤转变。再次，水旱轮作理论上还可以消减三七的自毒物质。三七根系分泌自毒物多为酚类或酚酸类物质，易溶于水。因此，在理论上，在对三七进行水旱轮作后的旱季土壤中，这些自毒物质应全部消失或大量减少。对残根、残叶和残枝等有机质，水旱轮作可通过水季嫌氧分解和旱季矿化等方式来进行快速分解。最后，水旱轮作对病虫害和杂草具有一定的防控作用。很少有生物既能适应旱地土壤环境，又能在水田环境下很好地生活，因此水旱轮作中土壤干湿交替变化能显著减轻作物土传病虫害发生。水旱轮作对连作障碍土壤杂草也有较好的抑制作用，这是因为长时间淹水使旱田中喜旱性杂草不能正常生长发育、产生繁殖体，从而降低了翌年其种群数量及覆盖度。从上述水旱轮作改善连作障碍的潜势分析可看出：水旱轮作具有改良连作土壤诸多性能的功效。但三七忌连作性极强，在中药材种植中未见水旱轮作先例，即使是目前在一些地区已成熟的水旱轮作模式，也不能直接搬到三七水旱轮作中。在水旱轮作实践中，尚需考虑不同茬口安排、不同施肥方式和水生作物的选择及种植要求等对后续旱作的影响。

2. 土壤养分修复克服连作障碍的效果

土壤养分失衡可能也是造成三七连作障碍的因素之一。课题组针对这一情况在连作土壤中添加不同的大、中、微量元素及微生物，确定其对连作障碍的缓解效果。养分修复方案 1：钙镁磷肥 150 g/m²，土壤调理剂 150 g/m²，营养调理剂 4.6 mL/m²。养分修复方案 2：益生元生根菌肥 0.4 kg/m²，益生元重茬剂 0.8 kg/m²。微生物修复方案 1：灌根，一型复合菌 4.6 mL/m²，用 5 L 水稀释后均匀浇入土壤中，三七出苗后每 2 周施用一次；二型复合菌用水稀释 30 倍后喷施在种子上，以种子湿润为宜，并用塑料膜覆盖 3～5 h，晾干后可播种。微生物修复方案 2：使用益微增产菌（枯草芽孢杆菌）拌种，每公斤种子用量为 8 g；灌根，益微增产菌按 4.6 mL/m² 的用量，用 5 L 水稀释后均匀浇入土壤中，三七出苗后每 2 周施用一次。

如图 7-6 所示的结果表明，F1-M1 处理和 F2-M2 处理的出苗率均与连作土对照无显著差异，且均显著低于未种植过三七的林下土对照。因此，仅仅对连作土壤进行肥料和微生物修复不能有效缓解三七连作障碍。

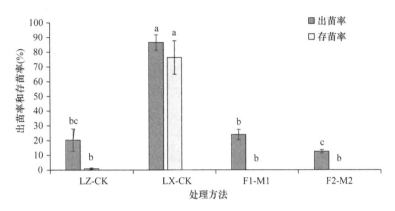

图 7-6　肥料和微生物修复处理连作土壤对三七出苗率及存苗率的影响

LZ-CK 表示连作土；LX-CK 表示未种植三七的林下土；F1-M1 表示用养分修复方案 1+微生物修复方案 1 处理连作土；F2-M2 表示用养分修复方案 2+微生物修复方案 2 处理连作土

3. 连作土壤微生物修复克服连作障碍的效果

研究表明，黄瓜根部土壤主要微生物类群随着连作茬次增加，可培养微生物数量减少。其中细菌数量降低最为明显，放线菌至第三茬时开始呈现降低趋势。药用作物连作可使土壤酶活性和土壤微生物区系等根际土壤的生物学环境发生改变。若同一作物长期连作，会改变土壤中微生物种群分布，打破原有作物根际微生物生态平衡，使得土壤中病原菌的种类和数量增加，有益菌的种类和数量减少。微生物活性降低必然影响土壤中养分的转化和分解，同时真菌数量升高可能是导致土传病害加重的主要原因之一。

1）单菌剂外源添加对连作障碍的缓解作用

课题组比较了生防菌外源添加对连作障碍的缓解作用。生防菌（有效活菌≥1500 亿个/g，主要成分：地衣芽孢杆菌、多粘芽孢杆菌、枯草芽孢杆菌）。按照 120 g/m³、200 g/m³、400 g/m³ 的浓度称量生防菌，均匀浇于试验土壤上，将育苗槽中土壤充分混匀后摊平备用。供试土壤：连作 1 年土、连作 3 年土、连作 1 年改良土。研究结果表明，用不同浓度的生防菌处理连作 1 年和 3 年土、连作 1 年改良土，三七出苗率与连作土对照相比无显著差异。未种植过三七的土壤出苗率可达 90%以上，而连作土壤无论对照还是生防菌处理的出苗率最高也仅达到 70%，且随着种植时间的延长存苗率逐渐降低。9 月 18 日最后一次调查时生防菌处理连作 1 年和 3 年土中存苗率均为 0，连作 1 年改良土存苗率为 22%，均与连作土对照无显著差异。因此，试验所用生防菌处理对三七连作障碍没有明显的改善作用。另外，单菌剂的外源添加可能面临微生物定殖难的问题，导致防效差。

2）三七内源微生物菌群对连作障碍的效果评价

为了克服生防菌单剂外源添加面临的定殖难的问题，试验尝试从三七根际寻找微生物菌群来调控失衡的微生物，缓解连作障碍的效果。

（1）三七根系土壤微生物动态变化分析——健康和感病三七根际微生物差异分析

通过微孔板检测三七根际土壤微生物代谢情况和对三七根际可培养微生物进行多样性分析，结果表明健康与感病植株的根际优势菌群明显不同，健康植株组土壤以芽孢杆菌、假单胞菌、节杆菌等为优势菌群；感病植株组土壤以黄杆菌、毛霉菌和镰刀菌等为优势菌群；而三七感病植株组土壤微生物对碳源的利用能力、丰富度和均匀度均低于三七健康组土壤微生物。从微生态角度基本明确了三七根际可培养微生物种类、健康与感病三七根际土壤微生物代谢多样性差异，以及与根腐病发生相关的主要病原物。

（2）三七根际有益微生物筛选和构建

课题组筛选和构建了适用于三七根际的有益细菌菌群，并分析有益细菌菌群对三七根际微生物多样性和三七生长的影响。结果表明，有益细菌菌群施入三七植株根际后，提高了三七根际土壤中微生物的物种数量和多样性，提高了土壤中伯克氏菌属、芽单胞菌属和不可培养 γ-变形菌属等微生物丰度，降低了土壤中肠杆菌属、梭菌属、产黄菌属和镰刀菌属的丰度；此外，有益细菌菌群可促进三七植株的根鲜重和干重，降低三七根腐病发生率和三七植株死亡率（表 7-19），可使死亡率降低 9.98%～33.09%（表 7-20）。这一结果对于进一步开发利用有益细菌菌群，研制生防菌剂产品和优化集成应用，以及改善三七连作障碍和三七生态种植具有重要实际意义。

表 7-19 4 种有益细菌菌群处理 1 年生三七苗后的生理指标测定（6 个月后）

处理	株高（cm）	根长（cm）	根鲜重（g）	干重（g）	存活率（%）
有益细菌菌群 A	12.87±0.19	9.92±0.34	1.34±0.06	0.41±0.03	71.74
有益细菌菌群 B	12.33±0.59	10.32±0.73	1.51±0.12	0.42±0.02	68.55
有益细菌菌群 C	13.24±0.62	11.78±0.34[*]	1.60±0.13	0.49±0.06	71.65
有益细菌菌群 D	13.07±0.31	10.14±0.77	1.39±0.04	0.38±0.05	59.84
对照（CK）	14.00±0.28	10.09±0.45	1.34±0.10	0.39±0.04	34.77

注：采用 Tukey 检验，*表示具有显著差异（$P<0.05$）

表 7-20 有益细菌菌群对三年生三七植株的影响

处理	死亡率（%）	降低死亡率（%）
有益细菌菌群 A	42.47±2.71[*]	22.11
有益细菌菌群 B	40.46±5.72[*]	24.12
有益细菌菌群 C	54.60±4.37	9.98
有益细菌菌群 D	31.49±4.32[*]	33.09
对照（CK）	64.58±8.96	—

注：采用 Tukey 检验，*表示具有显著差异（$P<0.05$）

4. 自毒物质吸附剂克服连作障碍的效果

植物的化感自毒物质主要来源于植物的次生代谢产物,其产生严重影响了作物的产量和质量。药用植物种植年限长,其中的药用活性成分又大多属于植物的次生代谢产物,能够通过根系代谢进入土壤转化为自毒物质,自毒作用也成为导致许多药用植物产生连作障碍的重要原因(李瑞博等,2012)。

针对引起作物连作障碍的原因,课题组设置了连作土壤的不同处理方法:①添加不同浓度的生防菌,以期能够防治三七根腐病,促进植株生长;②添加不同浓度的生物炭,以期能够吸附连作土壤中的自毒物质;③添加不同浓度的炭肥,以期能够改善土壤板结,调节土壤容重,提高土壤固氮量;④添加不同浓度有益微生物,以期有益微生物通过自身的活动,改善土壤的通透性,加强土壤生物活性,促进土壤营养元素有效转化;⑤水淋溶处理,以期使土层中的可溶性自毒物质遭到淋洗,并通过耕作、施肥等改善淋溶层的不良土壤性状。试验表明,这些方法的单一使用对缓解三七连作障碍效果不明显。

以单独添加生物炭缓解三七连作障碍为例,在不同连作土壤中分别添加浓度为 $4\ g/m^3$、$8\ g/m^3$、$12\ g/m^3$ 的生物炭处理后发现,连作 1 年和 3 年土、连作 1 年改良土各处理中三七出苗率与连作土对照相比无显著增加。最后一次调查时(9 月 18 日)未种植三七的土壤的存苗率为 81%,连作 1 年土和连作 3 年土的存苗率为 0,连作 1 年改良土的存苗率为 20% 左右,与连作土对照相比无显著差异。因此,连作土壤中仅添加生物炭处理对三七连作障碍没有显著的改善作用。

5. 利用氧化剂对土壤进行杀菌和有害物质氧化处理

1)过氧化氢等低毒、无残留化学试剂减缓连作障碍的效果、机制及弊端

课题组于 2015 年、2016 年和 2017 年分别在寻甸及石林两地进行了缓解三七连作障碍扩大推广试验。结果表明,在所选用的几种化学试剂过氧化氢、过氧化钙、过氧化钠、胆矾中,适当浓度的过氧化氢是解决三七连作障碍效果最佳的试剂。试验测定了不同浓度过氧化氢处理连作土壤中重金属离子、pH、有机质和速效 N、P、K 等含量,结果显示:过氧化氢不会改变土壤中重金属离子和 pH;有机质和速效 N 含量降低;速效 P 和速效 K 含量无显著差异。三七生长势及发病情况统计结果显示:过氧化氢首年使用时效果明显,三七种苗存苗率可达 95% 以上;翌年使用三七存苗率可达 90% 以上;三七发病情况逐年有加重趋势。

(1)过氧化氢处理后的连作土壤理化性质发生改变

过氧化氢和土壤混合在一起后,由于土壤中微量的 Mn^{2+} 起到催化剂作用,过氧化氢和土壤中的还原性物质迅速发生反应,产生大量气泡,处理后的土壤不仅变得疏松(土壤的相对密度、容重、总孔隙度等发生变化),而且土壤中速效 N、P、K 含量,总 N、P、K 含量,土壤的有机质、有效钾、有效镍、有效铜、有效锌含量也会发生变化。

(2)过氧化氢处理后连作土中微生物发生变化

过氧化氢和土壤混合后,土壤中的微生物、土壤酶等同样也会受到过氧化氢的影响,

绝大多数微生物被杀死。

（3）过氧化氢使氧化土壤中的有机成分发生改变

过氧化氢的强氧化性在酸性土壤中变得更强，土壤中残留的有机物易被氧化还原成小分子物质，由于小分子物质沸点低，易挥发；过氧化氢的这种性质既降低了土壤中有机物的含量，也降低了土壤中的有机连作障碍物质含量。

2）臭氧处理缓解连作障碍的效果、机制及弊端

臭氧作为一种强氧化剂，具有很强的杀灭病原菌和降解化合物的能力，在植物病虫害防治和土壤有机污染物降解方面具有广泛的应用（徐燕等，2004；宋卫堂等，2007；吕微等，2009；王晓青等，2011；Lozowicka et al.，2016）。已有研究表明，臭氧水对土传病原菌黄瓜枯萎病菌、番茄枯萎病菌和十字花科软腐病菌，以及大肠杆菌、金黄色葡萄球菌、串珠镰孢菌和烟曲菌的抑制率均在99%以上（喻景权和驹田旦，1998；魏兰芬等，2000；徐燕等，2004；宋卫堂等，2007；周真真等，2009）。在田间及温室试验中，用臭氧水浇灌可显著降低西瓜和番茄等作物根结线虫病的发生，并明显减小黄瓜猝倒病、黄瓜立枯病、辣椒疫病和番茄青枯病的发病率（Spotts，1992；Matsuo and Takahasi，1994；Bourbos and Barbopoulou，2005；Lee et al.，2016b；Guo et al.，2017）。臭氧气体熏蒸温室棚室，对黄瓜霜霉病、白粉病、细菌性角斑病及灰霉病也有较好的防治效果（Pryor et al.，2002；陈志杰等，2003）。因此，臭氧可替代甲基溴化物熏蒸土壤，控制病原菌繁殖，减轻作物病害，提高作物产量（Pryor et al.，2002）。

（1）臭氧处理对连作土壤中三七种子出苗和生长的影响

利用0.3～0.6 mg/L臭氧水处理连作土可以显著提高三七种子的出苗率（表7-21，表7-22）。未处理的连作土中，连作一年土和连作三年土中三七种子的出苗率分别为36.6%和6.5%，随着连作时间增加，出苗率降低。0.3～0.6 mg/L臭氧水处理后，连作土壤中三七种子的出苗率显著提高，连作一年土的出苗率可达70.5%～85.7%，连作三年土的出苗率可达62.5%～77.9%，随着臭氧水量增加，出苗率随之提高。农艺性状方面，对三七连作障碍有显著缓解效果的臭氧处理中，三七的株高、叶面积、整株鲜重等指标在不同浓度及水量的处理之间不存在显著差异，但均显著高于未处理的连作土对照（表7-22）。

表7-21 臭氧处理对连作一年土中三七出苗和生长的影响

臭氧浓度（mg/L）	水土比	出苗率（%）	存苗率（%）	株高（cm）	叶面积(cm²)	整株鲜重(g)	地下部干重(g)
0	0	36.6±6.2c	10.7±2.5c	—	—	—	—
0.1	1:4	29.4±6.3cd	3.7±2.4c	—	—	—	—
	1:1	21.2±1.0d	8.3±4.5c	—	—	—	—
0.3	1:4	70.5±2.1b	55.2±8.3b	7.00±0.39ab	10.23±0.69b	1.83±0.26a	0.25±0.03a
	1:1	78.0±14.2ab	62.0±7.6ab	6.65±0.77b	11.76±0.22a	1.64±0.47a	0.27±0.02a
0.6	1:4	85.7±3.4a	62.4±7.6ab	7.03±0.22ab	10.95±0.36ab	1.76±0.23a	0.25±0.03a
	1:1	80.1±7.5ab	73.2±9.1a	7.63±0.20a	10.16±0.33b	1.89±0.44a	0.29±0.01a

注：—表示存苗率太低，不具有统计学意义，表7-22同

表 7-22　臭氧处理对连作三年土中三七出苗和生长的影响

臭氧浓度（mg/L）	水土比	出苗率（%）	存苗率（%）	株高（cm）	叶面积（cm²）	整株鲜重（g）	地下部干重（g）
0	0	6.5±6.0c	2.4±2.2c	—	—	—	—
0.1	1：4	7.7±4.6c	0.0±0.0c	—	—	—	—
	1：1	8.2±0.9c	2.7±1.2c	—	—	—	—
0.3	1：4	62.5±8.2b	55.9±5.3b	7.19±0.29a	10.46±0.75a	1.90±0.30a	0.22±0.02a
	1：1	68.7±4.5ab	60.9±6.2ab	6.70±0.97a	11.47±0.88a	1.51±0.16a	0.24±0.04a
0.6	1：4	71.1±3.9ab	59.4±7.8ab	6.97±0.34a	11.85±0.78a	1.81±0.12a	0.28±0.06a
	1：1	77.9±5.2a	68.8±10.5a	7.42±0.58a	10.86±1.00a	1.86±0.21a	0.28±0.04a

（2）臭氧处理对三七皂苷类自毒物质的降解作用

向 50 mL 浓度为 1000 mg/L 的皂苷单体 R_1、Rg_1、Re、Rd、Rg_2 溶液中分别持续通入速率为 32 g/h 臭氧气体 5 min，HPLC 检测结果表明，经过臭氧处理的皂苷单体溶液均未出现色谱峰，而通入空气的对照组在不同单体皂苷的对应保留时间处均出现色谱峰。这表明臭氧可以降解上述皂苷类自毒物质。

（3）臭氧处理对三七主要病原菌的杀灭作用

试验利用臭氧处理三七主要根腐病菌茄腐镰刀菌和毁灭柱孢菌的孢子悬浮液，试验结果表明，在 20 mL 浓度为 $10^4 \sim 10^5$ 个孢子/mL 的病原孢子无菌水悬浮液中通入臭氧 30 s 后，两种病原菌的浓度下降了 3～4 个数量级，对病原菌的杀菌效率达到 99% 以上。臭氧处理 1 min 后，可完全抑制毁灭柱孢菌孢子的生长，处理时间达到 5 min 时，茄腐镰刀菌在平板上可检测到的菌落数也降为 0，这表明臭氧对三七根腐病主要病原菌具有较强的杀菌作用。

综上所述，土壤是一个复杂的集合体，三七连作障碍的产生可能源于不同因素，如自毒物质、病原微生物和土壤理化性质等的相互作用，最终导致三七出苗和生长受阻。臭氧可以降解三七连作土壤中主要的皂苷类自毒物质，抑制引起三七根腐病的主要病原菌茄腐镰刀菌和锈腐病菌的生长，从而促进三七的出苗和生长。在日益追求环保高效土壤处理技术的今天，臭氧作为一种高效、广谱、无残留、无污染的气体在农业生产上有着广阔的应用前景。但目前还应进一步深入研究臭氧处理后有机肥和有益微生物的配套添加技术，以及进一步探索臭氧处理对三七植株生长的影响。

6. 利用微生物降解自毒物质并拮抗病原菌

根际微生物被称为植物的第二基因组，能帮助植物吸收养分、抵御生物和非生物的逆境等。三七根系分泌的皂苷类化合物是造成三七连作障碍的重要诱因。目前，生产中主要通过施用化学农药、轮作倒茬等措施缓解连作障碍，但农药的大量使用不但未明显减轻连作障碍，反而导致严重的农药残留和重金属超标等环境安全问题；同时，三七轮作期限一般需要 10 年以上（郭宏波等，2017），所以以绿色健康的防治手段缓解三七连作障碍对于三七产业的健康发展具有重要意义。化感自毒是造成连作障碍的主要原因之一（Singh et al.，1999）。张金燕等（2017）研究发现，三七土壤水提液对三七种子的萌发和幼苗的生长有抑制作用；游佩进（2009）在三七土壤水提液和根部化合物中，利用 HPLC-MS 分离鉴定出相同化合物人参皂苷 Rh_1，发现 Rh_1 在较低浓度对三七幼苗生长表现显著的抑制效果。另有研究发现，三七皂苷类化合物人参皂苷 Rg_1、Rb_1 和三七皂苷 R_1 能对植物幼苗萌发和生长产生不同程度的抑制（拱健婷等，2015），进一步研究发现，三七根系分泌的皂苷类自毒物质（皂苷 R_1、Rg_1、Re、Rg_2 和 Rd）一方面对三七根部细胞产生明显的损害（Yang et al.，2015，2018），另一方面能明显促进三七根腐病菌茄腐镰刀菌、毁灭柱孢菌和恶疫霉的生长（杨敏等，2014）。根际微生物与植物生长有着密不可分的关系，而植物对根际微生物的影响主要是通过根系分泌物来实现的（Etalo et al.，2018）。根系分泌的小分子化合物（如糖、氨基酸、有机酸、酚类及其他次生代谢产物）和大分子的蛋白质和黏液等既能提供微生物生长所需的养分，又能作为信号来激活或募集微生物（Zhalnina et al.，2018）。植物能通过募集有益微生物帮助自己抵御外界的生物胁迫（病原菌的侵染、植食昆虫的取食）和非生物胁迫（温度、水分、盐胁迫等）（Chaparro et al.，2014）。

植物根际土壤作为植物的一个有益微生物库，一直是国内外研究植物-微生物互作的热点，王志春和孙星星（2018）从番茄根际土壤中分离到一株对番茄枯萎病菌具有较强拮抗效果的拮抗细菌，通过菌液浇灌的方式验证了其对番茄枯萎病和根腐病具有良好的防治效果。导致植物化感自毒的次生代谢产物主要有酚类化合物、萜类化合物、含氮有机物等，采用常规的物理化学方式处理很难起到明显的减弱效果，且容易产生二次污染，因此微生物作为绿色高效的处理方式受到越来越多学者的关注（张晓玲等，2007）。赵东岳等（2013）从人参根际分离到 5 株可高效降解人参自毒物质苯甲酸、邻苯二甲酸二异丁酯、丁二酸二异丁酯、棕榈酸和 2,2-（4-羟基苯基）丙烷的细菌。何志刚等（2017）从番茄根部分离到 3 株降解番茄自毒物质苯甲酸的细菌，并通过菌剂添加的方式验证了微生物菌剂缓解自毒物质对番茄幼苗的抑制。祁国振等（2016）通过分离苹果根际土壤，得到 5 株可降解苹果自毒物质根皮苷、邻苯二甲酸、对羟基苯甲酸以及焦性没食子酸的高效降解细菌，为缓解苹果化感自毒作用提供了新的思路。

已有研究表明，根际微生物能降解植物分泌的自毒物质，从而缓解植物化感作用。但是三七在生长过程中是否会募集有益微生物来降解代谢其分泌到根际的皂苷类自毒物质，目前未见相关报道。课题组尝试利用培养基平板稀释法从健康三七根际土壤中分离可培养细菌菌株；对分离到的细菌菌株测定其在以粗皂苷为唯一碳源的培养基上的生长情况，并利用对峙培养法测定细菌菌株对三七锈腐病菌毁灭柱孢菌 *Cylindrocarpon destructans* 的拮抗活性；在此基础上进一步对活性菌株进行 16S rDNA 分类鉴定，并借助 HPLC 评价活性菌株接种后不同时间对主要皂苷类自毒物质的降解能力。经过努力，从三七根际土壤中分离获得 91 株细菌分离物，其中 17 株分离物能在以粗皂苷为唯一碳源的培养基上生长，14 株分离物对毁灭柱孢菌具有较强的拮抗活性。活性菌株 PM-41 能在三七粗皂苷培养基中生长且对毁灭柱孢菌有较强活性，初步鉴定为蒙氏假单胞菌 *Pseudomonas monteilii*。菌株 PM-41 对三七主要的皂苷类自毒物质（R_1、Rg_1、Re、Rb_1 和 Rd）均存在较明显的降解活性，尤其是对皂苷 Rg_1 和 Rb_1 具有显著的降解活性；接种 PM-41 后 192 h 对 5 种皂苷（R_1、Rg_1、Re、Rb_1 和 Rd）的降解率分别为 11.32%、15.54%、

16.37%、15.41%和 21.14%。蒙氏假单胞菌 PM-41 既能拮抗毁灭柱孢菌,又能有效降解根际皂苷类自毒物质,具有克服三七连作障碍及防治三七锈腐病的生防潜力。详细结果如下。

1）三七根际土壤中细菌的分离结果

从营养琼脂（NA）培养基平板上,挑选颜色或者形态特征具有差异的微生物,经划线纯化后获得细菌分离物 91 株。将这些细菌分离物保存于 LB-甘油中（甘油终浓度为 40%）,置于–20℃保存备用。

2）降解三七粗皂苷的根际细菌菌株的筛选

91 株细菌分离物中有 17 株细菌能以三七粗皂苷作为唯一碳源生长,分别是菌株 1、3、21、41、42、43、50、51、52、53、54、57、58、63、64、70 和 71;而剩余的 74 株细菌则不能利用三七粗皂苷生长。由此可见,三七根际细菌中的大多数并不能利用三七粗皂苷为唯一碳源生长,仅有少数可能具有降解三七皂苷类自毒物质的能力。

3）对三七锈腐病菌具有拮抗活性的根际细菌菌株的筛选

平板对峙培养试验结果表明（表 7-23）,对毁灭柱孢菌 RS006 具有抑菌作用的菌株有 14 株,其中抑制率大于 50%的有 4 株细菌,分别为菌株 46、17、36 和 24;大多数菌株的抑制率在 30%～50%,包括菌株 42、32、53、49、65、41、91 和 81;菌株 18 和 70 的抑制率在 20%～30%。

表 7-23 供试细菌菌株对毁灭柱孢菌的抑制活性

菌株	抑制率（%）	菌株	抑制率（%）
17	52.64±0.00	46	50.53±1.05
18	24.22±6.57	49	45.27±3.79
24	70.53±3.79	53	37.90±6.90
32	33.69±14.24	65	45.27±1.05
36	52.64±1.82	70	28.43±11.72
41	46.32±3.65	81	49.48±3.16
42	31.59±3.79	91	47.37±4.21

4）菌株鉴定结果

从以上试验结果可以看出,菌株 41 既能以三七粗皂苷作为唯一碳源生长,又对毁灭柱孢菌具有较强的抑制活性,因此试验进一步对菌株 41 进行形态观察和 16S rDNA 分子鉴定。

菌落形态观察结果显示,菌株在 NA 培养基上生长 48 h 后形成白色圆形小菌落,菌落表面光滑隆起,边缘不规则,不透明（图 7-7A）。由革兰氏染色结果可知,菌株革兰氏染色呈紫红色,为阴性菌,菌体呈短杆状,无芽孢（图 7-7B）。

将菌株 41 得到的序列输入 NCBI 数据库进行 BLAST 比对,结果显示,菌株 41 与蒙氏假单胞菌（*Pseudomonas monteilii*）相似度最高,为 98.35%,GenBank 登录号为

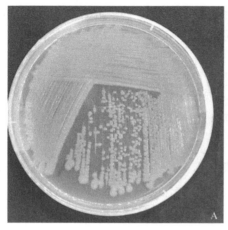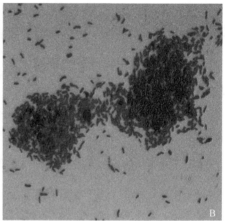

图 7-7　菌株菌落形态和显微照片

A. 菌株在 NA 培养基上的菌落形态；B. 菌体的显微照片（×1000）

G0V375SV014。综合菌株 41 形态特征和 16S rDNA 分子鉴定的结果，该菌株与蒙氏假单胞菌的分类特征相符，因此将该菌株初步鉴定为蒙氏假单胞菌，将其编号为 PM-41。

5）HPLC 检测蒙氏假单胞菌 PM-41 对皂苷类自毒物质的降解能力

结果表明（表 7-24），菌株 PM-41 对三七粗皂苷中主要的 5 种皂苷类自毒物质 R_1、Rg_1、Re、Rb_1 和 Rd 均具有较强的降解活性。随着接种时间的延长，皂苷 R_1 在 4 个时期的浓度均存在显著差异，皂苷 Rg_1、Re、Rb_1 和 Rd 在未接种对照和接种 96 h 间未表现显著差异，但浓度有所降低，而在接种 144 h 和 192 h 后，4 种皂苷的浓度明显降低。结合降解率分析可知，5 种皂苷在菌株接种 96～144 h 均出现明显降解，可推断这 5 种皂苷的主要降解时间为 96～144 h。在 144～192 h 时间段，皂苷 Rb_1 和皂苷 Rg_1 趋于平缓；皂苷 Re 和皂苷 Rd 仍表现持续下降的趋势，可能还存在降解；而皂苷 R_1 则出现明显的上升，可能与皂苷之间的转化有关。

表 7-24　PM-41 接种不同时间对皂苷类自毒物质的降解作用

人参皂苷	0 h		96 h		144 h		192 h	
	浓度（mg/L）	降解率（%）	浓度（mg/L）	降解率（%）	浓度（mg/L）	降解率（%）	浓度（mg/L）	降解率（%）
R_1	39.17a	–	37.08b	5.34	32.27d	17.63	34.74c	11.32
Rg_1	191.35a	–	185.68a	2.97	160.60b	16.07	161.62b	15.54
Re	22.06a	–	21.80a	1.17	18.89b	14.36	18.45b	16.37
Rb_1	173.20a	–	168.28a	2.85	144.81b	16.40	146.51b	15.41
Rd	23.69a	–	22.04ab	6.93	19.37b	18.21	18.68b	21.14

课题组从健康三七根际土壤中分离到 91 株细菌，并从中筛选获得 1 株蒙氏假单胞菌，既能在以三七皂苷为唯一碳源的培养基上生长，又对毁灭柱孢菌具有明显的拮抗活性。HPLC 测定蒙氏假单胞菌 PM-41 菌株对 5 种主要的三七自毒皂苷类化合物 R_1、Rg_1、Re、Rb_1 和 Rd 均具有较好的降解效果，尤其是对自毒皂苷 Rg_1 和 Rb_1 降解效果明显；为

缓解三七连作障碍提供了新的思路。

通过微生物降解环境中的有毒物质，已经成为当前热门的研究课题，环境科学中，通过微生物降解土壤中的苯酚、DDT 和多环芳烃类化合物已经得到广泛应用（贺强礼等，2016；冯玉雪等，2018）。以生物降解的方式进行有害物质降解，一方面可以避免物理化学处理过程中可能存在的二次污染问题，另一方面，微生物降解效率比常规方法高，而且更环保（周开胜，2017）。农业生产方面，微生物能有效降解植物通过根系分泌到根际土壤中的自毒物质，如苯甲酸、根皮苷、邻苯二甲酸二异丁酯、丁二酸二异丁酯、棕榈酸和 2,2-（4-羟基苯基）丙烷等（黄园勇等，2013；赵东岳等，2013；刘紫英等，2018；聂园军等，2018）。

假单胞菌属 *Pseudomonas* 作为土壤及植株中广泛存在的生防菌，在帮助植物抗病、促生，联合固氮，解钾，降解植株内的农药残留和抵御重金属胁迫方面都具有显著的效果（张晖等，2015；刘丹丹等，2016；张春花等，2017；代志和高俊明，2018）。袁莲莲等（2017）研究发现，利用蒙氏假单胞菌对受烟草花叶病毒（TMV）污染的烟草幼苗进行生物钝化，表现出明显的效果；此外，蒙氏假单胞菌对烟草产生的烟碱也具有明显的降解效果（李阳等，2015）。蒙氏假单胞菌作为五味子中的内生细菌，对人参锈腐菌表现出较强的拮抗效果（徐丽等，2009）。

但是，土壤环境复杂多变，土壤微生物多样性丰富，再加上土壤微生物之间复杂的相互作用，组成了土壤环境复杂的生态网络，已有的研究表明，单一的微生物添加难以在复杂的土壤环境中定殖生存（Xu et al.，2019），微生物的相互作用关系复杂多样，微生物之间存在代谢物相互利用的情况（Berendsen et al.，2018）。因此，尝试以多种微生物组合的形式添加到土壤中（Duran et al.，2018），形成稳定的微生物菌群，更能有效地发挥有益微生物的作用。本研究后续也将从菌群构建的角度出发，以分离到的降解细菌为出发点，筛选出更多的高效降解微生物，并通过菌群组合的方式，提高微生物菌群的降解能力，进一步缓解三七的连作障碍。

7. 土壤高温蒸汽处理结合微生物修复对连作障碍的缓解效果及机制

1）蒸汽处理的效果评价及机制研究

为探索有效缓解三七连作障碍的方法，课题组比较了连作土壤高温处理、微生物和养分修复处理对连作障碍的缓解效果，并从土壤理化性质变化、自毒物质降解、土壤微生物种群动态变化方面探索了缓解连作障碍的机制。高温处理能有效消解连作障碍，50℃、80℃和121℃处理连作土后存苗率分别为48%、70%、36%，显著高于连作土对照（0%）；同时80℃处理存苗率与未种植过三七的林下土无显著差异；50℃和121℃处理土壤中三七出苗率、存苗率均显著低于 80℃处理。深入分析表明，80℃处理效果优于 50℃和121℃处理的原因有：①随处理温度的升高，细菌和真菌的物种多样性及各物种的丰富度显著降低，且121℃处理中真菌和细菌的物种多样性及各物种的丰富度显著低于80℃处理。②80℃处理中有益微生物芽孢杆菌属 *Bacillus*、土地杆菌属 *Pedobacter*、类芽孢杆菌属 *Paenibacillus* 的相对丰度显著高于 50℃处理和连作土对照。③不同温度处理后皂苷含量显著降低，其中 80℃处理对皂苷的降解率大于 50℃处理。④再植三七后可培养的微生物数量和比例也有很大差异，其中80℃处理的真菌数量最少，细菌数量最多，真菌、细菌的比值最小。80℃处理再植三七后，土壤微生物物种多样性和丰富度增加，有益菌芽孢杆菌属、土地杆菌属、类芽孢杆菌属的相对丰度显著降低。因此连作土壤高温处理后能有效缓解连作障碍，但再植三七后有益微生物的生长还是会受到抑制，从而影响三七的健康生长。

2）蒸汽处理后的微生物制剂修复

连作土壤蒸汽处理后能显著增加出苗率和存苗率，添加枯草芽孢杆菌后存苗率达到69%，与未种植过三七的松树林下土对照76%的存苗率相比无显著差异（图7-8）。三七的株高、叶面积、茎叶鲜重显著高于林下土对照和蒸汽处理；三七叶绿素含量显著提高，有利于三七的光合作用；病情指数和发病率显著降低，与未种植过三七的林下土无显著差异。蒸汽处理后添加枯草芽孢杆菌后相比蒸汽处理：①枯草芽孢杆菌对茄腐镰刀菌F3和F5及毁灭柱孢菌RS006均有抑制作用，抑制率分别为40.3%、48.0%、71.2%。②细菌、真菌物种多样性和丰富度显著降低。③芽孢杆菌属、土地杆菌属、类芽孢杆菌属相对丰度显著增加。镰刀菌属 *Fusarium* 相对丰度显著降低。④再植三七后可培养细菌数量变化不显著，真菌数量显著降低，真菌、细菌比值降低（表7-25）。因此，添加枯草芽孢杆菌后可以提高蒸汽处理的效果。

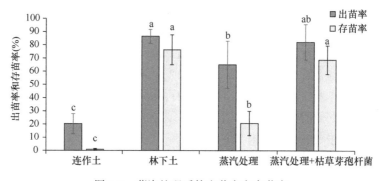

图7-8　蒸汽处理后的出苗率和存苗率

表7-25　不同处理种植三七后土壤微生物的变化

处理	真菌（CFU/g）	细菌（CFU/g）	放线菌（CFU/g）	真菌∶细菌∶放线菌
林下土	4.12E+03a	3.49E+05b	7.16E+04b	1∶85∶17
连作土	2.79E+03b	1.47E+06a	3.51E+05a	1∶527∶126
蒸汽处理	1.70E+03b	1.42E+06a	6.78E+04b	1∶835∶40
蒸汽处理+枯草芽孢杆菌	3.80E+02c	1.36E+06a	2.95E+04c	1∶3579∶78

7.5　克服三七连作障碍的综合处理措施

上述研究表明，采用单一的方法不能完全克服连作障碍，且只有能抑制土壤中病原菌的方法才有显著效果。研究表明，消除土壤连作障碍必须通过杀灭土传病原菌、消除自毒物质、释放土壤养分等措施才有效（Egli et al.，2006；McSorley et al.，2006；Fennimore et al.，2014）。杀灭土传病原菌的方法有很多，其中化学农药或化学熏蒸是被广泛应用的方法（骆平西等，1991；Duniway，2002；Mao et al.，2014）。然而，化学熏蒸剂或农药的广泛使用会导致抗药性及环境污染等问题。目前，众多的土壤熏蒸剂（如溴甲烷）已被限制使用（Ma and Michailides，2005；Xie et al.，2015）。另外，由于自毒物质的存在，仅靠化学农药或熏蒸剂并不能有效地清除这些植物的有害代谢物（Yang et al.，2015）。另外，也有其他土壤杀菌技术如微波、射线等被报道具备效果，但由于其使用的要求高，在生产上暂时也难以被广泛使用（Alphei and Scheu，1993）。因此，开发环境友好型的土壤处理措施是未来克服连作障碍的重要方向。本课题组探索了不同措施综合应用缓解连作障碍的效果，并进行了大面积的推广应用。

7.5.1　蒸汽处理+养分修复+生物炭添加+有益微生物修复

土壤蒸汽消毒法（soil steaming pasteurization）最早发现于 19 世纪 80 年代，从此蒸汽消毒法广泛应用于温室和苗床消毒中。蒸汽消毒法处理土壤较土壤熏蒸剂有消毒速度快、无药害残留、高效、清洁、无抗药问题等优势，并在欧美国家广泛应用（Dawson et al.，1965；Richardson et al.，2002；Fennimore et al.，2014）。许多研究表明，连作土灭菌处理后可以促进作物生长，提高作物产量（季尚宁等，1996）。高温高压灭菌对大豆连作障碍研究的结果表明，重茬土壤灭菌后大豆幼苗健康无病，连作障碍现象消失，与新土中生长的大豆一致，同时孢囊线虫病和根腐病发病情况也减轻，籽实产量增加；而未灭菌大豆出现明显的连作障碍现象（许艳丽等，2000）。另外，有研究表明，土壤蒸汽处理也能移除土壤中的一些挥发性和半挥发性的有害化合物（Udell and Stewart，1989；Mino and Moriyama，2001；Sleep and McClure，2001）。然而，蒸汽处理能否消除三七连作土壤中的有害代谢物还不清楚。

生物炭（biochar）跟一般的木炭一样是生物质能原料经热裂解之后的产物，其主要的成分是碳分子。在日本，农业上使用生物炭已经有长久的历史。生物炭作为土壤改良剂，能优化土壤质量、帮助植物生长，可应用于农业用途以及碳收集和储存使用（Elad et al.，2011）。一些研究表明，土壤中适当地添加生物炭能直接提供养分或间接地改善土壤理化性质、促进菌根真菌生长、改变土壤微生物结构和功能，进而增加作物的产量（Elad et al.，2011）。生物炭还能吸附植物代谢到土壤中的有害物质（Yang and Sheng，2003；Kookana，2010；Yu et al.，2010；Asaduzzaman and Asao，2012）。因此，生物炭可能在缓解连作障碍过程中能起到一定作用，针对这一假设，课题组系统地研究了连作土壤蒸汽处理并添加适当生物炭对连作障碍的缓解效果（Yang et al.，2019）。

1. 蒸汽处理能增加连作土壤中三七的存苗率

研究结果表明，连作土壤经过 70℃、90℃和 121℃处理后，三七的出苗率显著高于连作土壤对照处理，其存苗率也分别达到 53%、69% 和 75%，显著高于连作土对照13% 的存苗率。蒸汽处理后三七的株高、主根干重和单株鲜重也得到提高（图 7-9）。然而，三七的存苗率仍然低于未种植过三七的土壤。这表明蒸汽处理不能完全消除连作障碍。

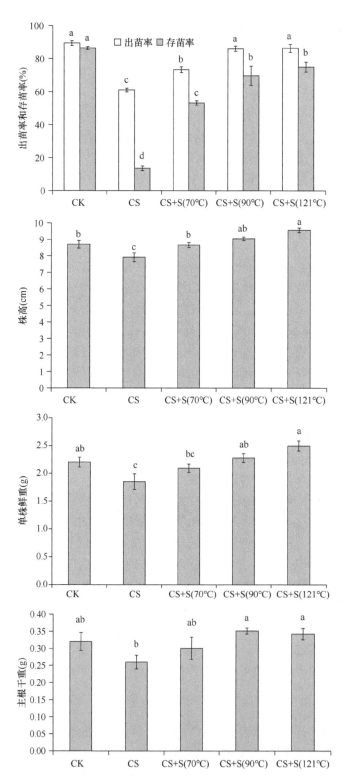

图 7-9　三七连作土壤蒸汽处理对种子出苗率、存苗率及生长的影响

CK 代表未种植过三七的土壤；CS 代表连作土壤；CS+S（70℃）、CS+S（90℃）和 CS+S（121℃）分别代表连作土壤经过

70℃、90℃和 121℃处理 15 min

2. 连作土壤蒸汽处理后添加生物炭对连作障碍的缓解效果

连作土壤中仅添加不同浓度的生物炭不能明显地缓解连作障碍（图 7-10）。但连作土壤经 121℃蒸汽消毒 20 min 后再添加 4～12 g/L 生物炭能有效缓解连作障碍。其中，与不添加生物炭的对照相比，连作土中蒸汽灭菌处理后添加 12 g/L 的生物炭，可显著增加三七的存苗率，并且能够提高植株的株高、茎粗、鲜重、根干重等生长指标（表 7-26）。

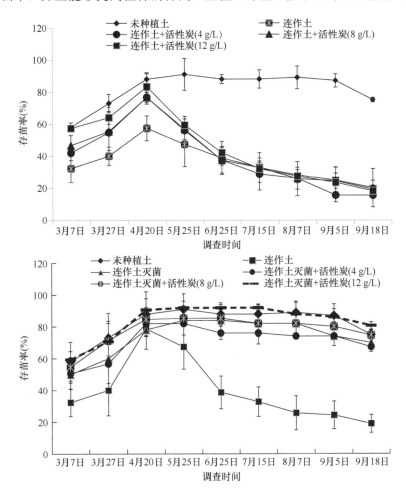

图 7-10　连作土壤中单独添加生物炭及灭菌土中添加生物炭对三七存苗率的影响

表 7-26　连作土壤蒸汽和生物炭协同处理对三七存苗率及生长的影响

处理	存苗率（%）	株高（cm）	茎粗（mm）	植株鲜重（g）	根鲜重（g）	根干重（g）
S	70.00bc	8.51c	1.95c	1.65b	0.84c	0.26b
S+B4	67.33c	8.88bc	1.92bc	1.66b	0.90c	0.21b
S+B8	74.67ab	8.86bc	2.04b	2.04a	1.14b	0.35a
S+B12	80.67a	10.05a	2.14a	2.23a	1.32a	0.34a

注：S 代表连作土壤经过 90℃灭菌 15 min；S+B4、S+B8 和 S+B12 分别代表灭菌连作土分别加入 4 g/L、8 g/L 和 12 g/L 的生物炭

3. 蒸汽处理能有效抑制土壤微生物和土传病原菌

土壤经 121℃灭菌 15 min 后所有的真菌、细菌和放线菌都被杀灭，而 70℃灭菌 15 min 仅仅能够杀灭真菌，细菌和放线菌还有存留。土壤经 90℃灭菌 15 min 后则仅有部分细菌存活（表 7-27）。

表 7-27　不同温度的蒸汽处理对土壤中微生物的影响

处理	真菌（×10²CFU/g）	细菌（×10⁵CFU/g）	放线菌（×10⁴CFU/g）
CK	1.33±0.33b	7.67±0.88b	5.67±2.73b
CS	10.67±2.33a	34.33±1.20a	68.33±10.04a
CS+S（70℃）	0.00±0.00b	2.33±1.86b	4.67±1.33b
CS+S（90℃）	0.00±0.00b	0.33±0.33c	0.00±0.00c
CS+S（121℃）	0.00±0.00b	0.00±0.00c	0.00±0.00c

注：CK 代表未种植过三七的土壤；CS 代表连作土壤；S 代表连作土壤经过不同温度灭菌 15 min

这些经不同处理的土壤种植三七后，三七根腐病均会发生，但 3 个不同温度处理三七根腐病发病率都显著低于连作土对照（图 7-11A、C）。因此，土壤蒸汽灭菌处理能有效杀灭土壤病原菌。试验从发病的植株上分离获得多种根腐病菌，包括锈腐病菌 *Ilyonectria destructans* 和尖孢镰刀菌 *Fusarium oxysporum*（图 7-11B）。其中，从连作土壤生长的病株中分离获得病原菌的频率最高，随着土壤处理温度的增加，病原菌分离频率显著降低（图 7-11D）。

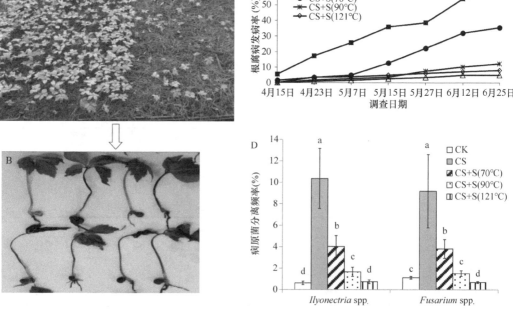

图 7-11　土壤蒸汽处理对三七根腐病的发生及病原菌的影响
A. 不同温度处理和连作土中三七生长情况；B. 连作土中发病萎蔫死亡的三七植株；C. 不同温度处理对三七植株萎蔫的影响；D. 不同温度处理对土壤中根腐病菌分离频率的影响

4. 蒸汽和生物炭联合处理能有效降低土壤中自毒皂苷的浓度

许多学者从三七根际土壤中分离鉴定出酚类、酯类、有机酸类和烷类等物质，并且发现其中一些有机酸对三七具有化感自毒活性（孙玉琴等，2008；游佩进，2009；韦美丽等，2010）。但这类物质属于多数作物中常见的化感物质，并不是导致三七几十年不能复种的关键因素。而课题组前期的试验中发现人参皂苷 R_1、Rg_1、Re、Rb_1、Rd 和 Rg_2 对三七种子萌发及根系细胞具有明显的自毒活性。

研究发现不同温度处理对水中的皂苷浓度无显著影响（图 7-12A），这表明测定的温度范围内不会导致皂苷降解。但不同温度处理的土壤中，皂苷的含量受高温影响出现明显降低（图 7-12B），这可能是温度改变了土壤对皂苷的吸附能力。土壤 90℃灭菌 15 min 再加入不同浓度的生物炭后，土壤中皂苷的浓度下降更显著（图 7-12C）。同样，根系分泌物中加入生物炭后皂苷的浓度也显著降低（图 7-12D）。这些数据表明，土壤经蒸汽和生物炭协同处理后能有效降低自毒皂苷的浓度。

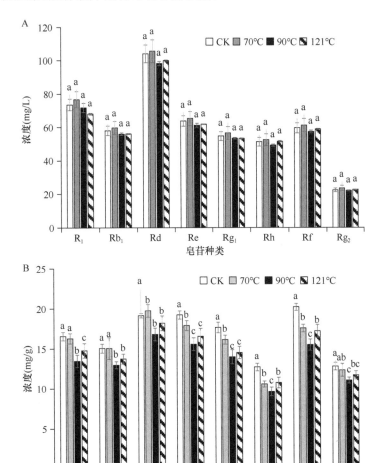

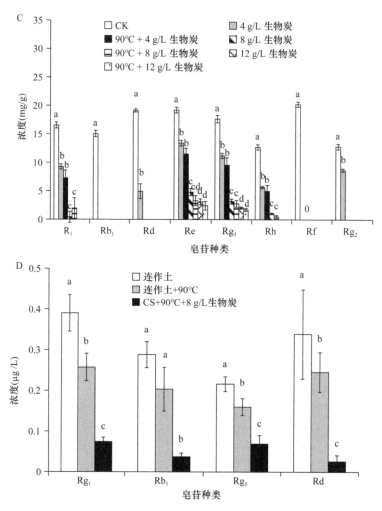

图 7-12　蒸汽和生物炭协同处理对土壤及根系分泌物中自毒皂苷含量的影响

A. 不同温度处理对水中皂苷的降解效果；B. 不同温度处理对土壤中皂苷的浓度影响；C. 蒸汽和生物炭协同处理对土壤中皂苷含量的影响；D. 蒸汽和生物炭协同处理对根系分泌物中皂苷含量的影响；不同小写字母表示不同处理对同一个自毒皂苷含量的影响具有显著差异（$P<0.05$）

5. 蒸汽和生物炭协同处理能改变土壤养分的状态

蒸汽处理后土壤的 pH、电导率、可溶性钾和氮的含量均增加，但有机质的含量降低（表 7-28）。当添加生物炭后，所有理化指标的数值均增加（表 7-28）。

表 7-28　土壤蒸汽处理后添加和不添加生物炭处理对理化性质的影响

	pH	电导率（μS/cm）	可溶性钾（mg/kg）	可溶性磷（mg/kg）	可溶性氮（mg/kg）	有机质（g/kg）
CK	6.61c	337.67c	254.33e	126.00a	107.33d	30.77b
S70	6.80b	409.67b	306.00cd	121.67ab	120.00bc	25.70c
S90	6.84ab	428.67ab	310.33cd	120.67ab	130.33a	26.07c
S121	6.89ab	426.00ab	311.67cd	108.67c	106.00d	24.40c
CK+B	6.79b	403.67b	286.67d	125.00a	109.67d	37.57a

续表

	pH	电导率（µS/cm）	可溶性钾（mg/kg）	可溶性磷（mg/kg）	可溶性氮（mg/kg）	有机质（g/kg）
S70+B	6.94ab	430.67ab	326.67bc	128.67a	121.33b	36.50a
S90+B	6.95a	444.67a	345.33ab	123.33ab	134.00a	35.23a
S121+B	6.99a	436.33ab	357.33a	114.33bc	113.00cd	31.50b

注：CK 代表未种植过三七的土壤；S 代表连作土壤经过不同温度灭菌 15 min；B 代表生物炭添加

6. 蒸汽和生物炭协同处理克服连作障碍的大面积示范验证

为了验证蒸汽和生物炭协同处理对克服连作障碍的效果，课题组于 2013～2016 年分别在云南省昆明市寻甸县和石林县分别开展了田间试验（图 7-13）。连续四年的结果均表明，连作土壤中三七的出苗率、存苗率和主根干重均逐渐降低，而生物炭和蒸汽处理的土壤中三七的出苗率、存苗率和主根干重与未种植过三七的新土无显著差异（图 7-13）。因此，90℃，20 min 以上的蒸汽灭菌处理后添加 4～12 g/L 的生物炭可以有效消除土壤中病原菌，并降解和吸附土壤中的自毒物质，从而有效消除土壤的连作障碍，提高三七生物量，有利于三七生长。

7.5.2　蒸汽处理+养分修复+自然土壤微生物植入法

研究表明，土壤杀菌处理能有效地缓解连作障碍，但随着三七的生长，根际的微生物仍然朝着不利于三七健康生长的方法发展。外源添加生防菌剂及生防菌群仍然面临定殖困难的问题。因此，课题组参照人体医学上微生物移植的方法，采用林下土壤微生物移植的方法来克服连作障碍。经过研究和示范，取得了很好的效果。

1. 林下土壤微生物拮抗根腐病能力评价

植物与土壤微生物之间的相互作用很早就为人们所关注，土壤微生物是陆地生态系统的主要活性组分，在土壤有机质分解、养分循环和生态系统稳定中起着关键作用。土壤中细菌群落是土壤微生物中数量最多、分布最广且多样性最丰富的类群之一。但是森林土壤中是否存在对三七生长具有促进作用且能抑制三七主要病害的细菌类群，目前还未见相关报道。课题组以云南省不同森林类型入手，评价不同森林类型土壤对三七生长的影响，并在此基础上，分离筛选适宜三七种植的森林土壤中可能存在的促进三七生长且能抑制主要病害的微生物菌株资源，根据研究结果有望明确云南适宜种植三七的森林资源类型，并进一步扩大生防种资源库，为防治三七病害生防菌剂的开发提供理论依据。

1）林下土壤浸提液加入石英砂种植三七评价

由表 7-29 可以看出，用云南松和杂木林土壤浸提未过滤液处理三七种子后，其萌发率均高于过滤处理；思茅松处理中除 S3 处理外，其他处理也均高于过滤处理；桉树林处理中未过滤处理的种子萌发率略低于过滤处理。单株鲜重方面，大多数区域的云南松和思茅松土壤浸提未过滤液处理有利于增加三七幼苗的鲜重，但是杂木林和桉树林的未

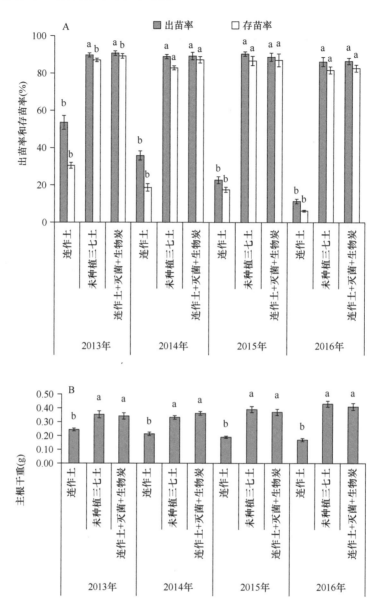

图 7-13　连作土壤蒸汽灭菌与生物炭协同处理对三七种子萌发和生长的影响（2013～2016 年）

A. 连作土壤蒸汽灭菌与生物炭协同处理对三七出苗率和存苗率的影响；B. 连作土壤蒸汽灭菌与生物炭协同处理对三七主根干重的影响

表 7-29　10 种不同类型土壤浸提液对三七种子萌发和生长的影响

森林类型	编号	萌发率（%）		单株鲜重（g）	
		未过滤	过滤	未过滤	过滤
	Y1	50.6±0.04	37.8±0.06	0.268±0.02	0.279±0.02
	Y2	38.3±0.04	38.0±0.01	0.326±0.03[*]	0.235±0.02
云南松	Y3	37.8±0.03	28.3±0.05	0.275±0.01	0.247±0.01
	Y4	44.7±0.04	36.7±0.03	0.335±0.04	0.282±0.01
	Y5	40.0±0.02	32.8±0.02	0.265±0.01	0.276±0.02

森林类型	编号	萌发率（%）		单株鲜重（g）	
		未过滤	过滤	未过滤	过滤
思茅松	S1	52.8±0.03	38.0±0.06	0.251±0.02	0.258±0.02
	S2	41.7±0.03	33.3±0.00	0.282±0.02	0.251±0.01
	S3	35.6±0.05	44.7±0.03	0.274±0.02	0.241±0.01
杂木林	ZM	47.8±0.05	35.3±0.02	0.282±0.02	0.307±0.03
桉树林	AN	34.0±0.02	35.6±0.06	0.217±0.01	0.232±0.02

*代表过滤与未过滤在 0.05 水平上差异显著

过滤处理对三七幼苗的生长有一定的抑制作用。由此可以看出，云南松和思茅松土壤中含有促进三七种子萌发及幼苗生长的微生物，桉树林土壤中的微生物可能不适宜三七的生长。杂木林由于取样点较少，其土壤微生物是否适宜三七生长还有待进一步研究。

2）连作土掺入林下土壤种植三七评价

由表 7-30 可以看出，在三七连作土中掺入 10%林下土后，思茅松林的土壤微生物可以明显促进连作土中三七种子的萌发和幼苗的生长，尤其是采自 S1 取样点的森林土壤对三七种子萌发和单株鲜重具有显著的促进作用。云南松林的森林土壤对三七连作障碍具有一定的缓解效应，2 个采样点的土壤可以促进三七种子萌发，4 个采样点的土壤可以明显促进三七幼苗生长，只有来自 Y5 取样点的云南松林土对三七连作障碍无缓解作用，甚至还抑制了三七种子萌发和生长。杂木林和桉树林土壤的掺入具有类似的效果，即对三七种子萌发有抑制，但是可以一定程度上促进三七幼苗生长。由此可以看出，思茅松和部分区域的云南松土壤中含有可以缓解三七连作障碍的微生物。桉树林和杂木林由于取样点较少，其土壤微生物是否具有缓解三七连作障碍的效应还有待进一步研究。

表 7-30　林下土掺入对连作土中三七种子萌发和幼苗单株鲜重的影响

森林类型	处理	萌发率（%）	单株鲜重（g）
	连作土（L）	13.3±3.27	0.194±0.007
云南松	连作土+Y1	21.1±1.11	0.304±0.019*
	连作土+Y2	12.6±0.74	0.234±0.013*
	连作土+Y3	10.0±1.43	0.211±0.004
	连作土+Y4	17.8±2.40	0.245±0.029
	连作土+Y5	11.1±1.28	0.164±0.017
思茅松	连作土+S1	25.0±1.67*	0.254±0.019*
	连作土+S2	20.0±1.28	0.273±0.007*
	连作土+S3	18.3±2.46	0.203±0.005
杂木林	连作土+ZM	10.4±0.74	0.236±0.011*
桉树林	连作土+AN	11.1±1.28	0.231±0.016

*代表添加林下土后与连作土在 0.05 水平上差异显著

3）拮抗细菌的分离及其对三七主要病原菌的抑制作用

利用平板分离的方法从供试森林土壤中共分离获得 465 株细菌分离物。平板对峙结果显示，52 株分离物对三七病原菌具有拮抗作用，其中 16 株分离物分离自云南松林土壤，36 株细菌分离物分离自思茅松林土壤，供试杂木林和桉树林土壤中均未分离到拮抗菌株。分离获得的 52 株细菌拮抗菌株中，40 株分离物对恶疫霉（D-1）具有明显的拮抗活性，15 株分离物对茄腐镰刀菌（F3）具有明显的拮抗活性；19 株分离物对毁灭柱孢菌（RS006）具有明显的拮抗活性；38 株分离物对人参链格孢（AP2）具有拮抗活性，其中对供试三七病原菌均表现抑制活性的有 14 株细菌分离物（表 7-31）。这 14 株拮抗菌中有 3 株分离自云南松土壤，11 株拮抗菌分离自思茅松土壤。各分离物的抑菌活性差异较大，拮抗细菌 S291 和 NE171 对恶疫霉抑制率最高，达 98.61%；拮抗细菌 9042 对茄腐镰刀菌抑制率最高，为 79.63%；拮抗细菌 9042 对毁灭柱孢菌抑制率最高，达 87.35%；拮抗细菌 NE151 和 10111 对人参链格孢抑制率最高，达 95.52%。

表 7-31　细菌分离物对三七主要病原菌的抑制活性

菌株来源	菌株编号	抑制率（%）			
		D-1	F3	RS006	AP2
Y1	R14	89.92±0.73	58.02±0.24	70.06±0.44	91.98±0.24
Y1	R10	72.63±0.19	0	0	0
Y2	S291	98.61±0.78	61.73±2.25	71.91±1.20	94.44±0.24
Y2	S3	0	0	0	93.98±0.44
Y2	S29	0	0	0	77.31±0.37
Y2	S31	89.30±0.84	0	0	0
Y2	S37	93.62±0.39	0	0	0
Y3	U12	0	0	0	63.27±0.50
Y3	U121	88.73±0.66	60.03±1.37	0	92.75±0.82
Y3	U15	90.12±0.34	0	0	0
Y3	U28	93.42±0.51	0	0	0
Y3	U51	84.41±0.64	0	0	89.51±0.53
Y4	E101	91.82±0.99	0	65.43±0.88	95.22±0.37
Y4	E4	89.92±0.19	0	0	0
Y4	E8	90.74±0.34	0	70.52±0.60	78.70±0.50
Y5	H23	83.49±1.90	72.07±0.73	84.88±1.53	88.58±0.15
S1	NE171	98.61±0.78	64.04±0.24	79.17±1.20	94.60±0.44
S1	NE41	93.42±0.19	70.37±0.73	76.08±0.93	78.40±0.24
S1	NE50	94.29±0.51	62.04±1.13	78.40±2.61	94.60±0.14
S1	NE3	95.47±0.78	0	0	0
S1	N4	93.00±2.23	0	0	0
S1	N7	94.15±0.51	0	0	66.20±0.15
S1	NE8	87.04±0.84	0	0	81.48±1.13
S1	N10	86.01±1.27	0	0	69.14±1.32

续表

菌株来源	菌株编号	抑制率（%）			
		D-1	F3	RS006	AP2
S1	N11	82.51±0.39	0	0	0
S1	NE151	0	0	0	95.52±0.24
S1	NE17	0	0	0	78.55±0.44
S1	NE25	92.39±0.70	0	0	0
S1	NE35	93.62±0.19	0	0	0
S1	NE42	90.95±1.40	0	0	0
S2	10111	94.60±0.37	62.50±1.13	73.92±1.17	95.52±0.37
S2	101	83.18±1.07	0	0	69.60±0.60
S2	102	0	0	61.11±0.89	0
S2	LC6	87.35±1.36	0	0	89.81±0.44
S2	LC10	60.34±0.93	0	0	70.99±0.53
S2	1034	87.50±1.27	0	0	95.06±0.44
S2	10341	90.33±1.31	0	0	91.82±0.32
S2	LC22	0	0	0	83.02±0.78
S2	LC221	0	0	0	93.83±0.24
S2	10291	0	0	0	93.98±0.44
S3	904	93.21±0.09	73.61±0.34	84.57±1.53	82.87±0.28
S3	9011	78.86±1.90	72.99±0.64	84.26±1.53	86.88±0.37
S3	9022	84.41±1.46	69.29±1.08	79.78±0.44	79.01±0.34
S3	9037	73.66±1.46	70.06±1.07	79.78±1.10	86.88±0.28
S3	90372	65.84±2.23	66.05±0.17	67.75±2.61	84.98±0.24
S3	9042	83.02±1.46	79.63±0.28	87.35±2.61	87.81±0.15
S3	90421	81.48±1.27	61.42±0.17	60.96±1.10	87.65±0.09
S3	902	0	0	0	88.89±0.62
S3	9023	0	0	85.80±1.01	0
S3	9031	83.18±0.99	0	77.31±1.46	89.81±0.17
S3	90311	90.28±0.37	0	0	93.83±0.77
S3	9038	0	0	0	94.14±0.24

4）拮抗细菌分离物的分子鉴定

将测序得到的 14 株拮抗细菌的 16S rDNA 序列与 GenBank 数据库进行 Blast 比对分析，其中有 6 株为芽孢杆菌属，5 株为链霉菌属，2 株为假单胞菌属，1 株为 *Lelliottia* sp.（表 7-32）。云南松林土壤中分离鉴定的 3 株拮抗菌分属于暹罗芽孢杆菌、铜绿假单胞菌和 *Lelliottia* sp.；思茅松林土壤中分离获得了 11 株拮抗菌，包括 1 株玫瑰色链霉菌、2 株龟裂链霉菌、1 株生靛链霉菌、1 株津岛链霉菌；1 株铜绿假单胞菌；1 株蜡样芽孢杆菌、3 株枯草芽孢杆菌和 1 株解淀粉芽孢杆菌。由此可以看出，思茅松林土壤中拮抗菌的比例更高，尤其是澜沧地区的思茅松林土壤中含有的拮抗微生物资源更加丰富。

表 7-32   14 株拮抗菌株 NCBI 比对结果

菌株来源	细菌编号	鉴定结果	与其遗传距离最近的登录号
Y1	R14	*Bacillus siamensis*	JX065212.1
Y2	S291	*Pseudomonas aeruginosa*	MG786774.1
Y5	H23	*Lelliottia* sp.	MG916974.1
S1	NE171	*Streptomyces roseus*	AB184879.1
S1	NE41	*Streptomyces rimosus*	FJ799165.1
S1	NE50	*Bacillus cereus*	KX023368.1
S2	10111	*Pseudomonas aeruginosa*	KP862609.2
S3	904	*Bacillus subtilis*	MG937690.1
S3	9011	*Bacillus subtilis*	KJ538550.1
S3	9022	*Bacillus subtilis*	KJ607888.1
S3	9037	*Streptomyces indigoferus*	KY407747.1
S3	90372	*Streptomyces tsukiyonensis*	KP825185.1
S3	9042	*Bacillus amyloliquefaciens*	KR047105.1
S3	90421	*Streptomyces rimosus*	KY000096.1

研究表明,将森林土的土壤微生物群落引入三七连作土可以明显缓解三七连作障碍。不同森林土壤微生物比较分析表明:相对于桉树林及杂木林,松林土中含有更多促进三七种子萌发和幼苗生长的有益微生物。因此,松树林更加适宜开展林下三七种植。但是,林下环境十分复杂,森林中温度、光照等自然条件对三七的影响还需进一步研究,才能构建完善的林下三七种植体系。在根际界面上,植物根系、土壤和微生物是一个不可分割的整体,三者之间具有很强的依赖性,所涉及的生物化学过程也非常复杂;然而,已有的大部分研究只针对单一对象进行分析,所得到的结论不能反映该对象在整个根际过程中的作用和地位(艾超等,2015)。土传病害和连作障碍出现的主要原因就在于土壤微生物群落结构失衡而导致的微生态环境恶化(龚明福等,2007),目前国际上通过构建土壤微生物群落多样性来防治植物病害和提高土壤抑病性的研究已经成为植物病害生物防治领域的研究热点(段永照等,2010)。供试的 10 种森林土壤浸提液试验结果表明,添加有益微生物有利于促进三七种子萌发和幼苗生长。未过滤处理下,添加思茅松 S1 样点土壤浸提液后三七种子萌发率明显高于云南松土壤浸提液处理,而云南松土壤浸提液的处理更有利于三七幼苗生长,其鲜重明显高于思茅松 S1 样点土壤浸提液处理。在石英砂中加入桉树林土壤浸提液处理后,三七单株鲜重及萌发率明显低于其他森林土壤浸提液处理,可能是由于桉树土壤中的化感物质会抑制三七生长(郝建等,2011)。将林下土壤引入三七连作土后,桉树林和杂木林土壤对三七连作障碍无明显缓解作用,添加思茅松林土后三七的萌发率及鲜重均高于云南松林土处理,可能是由于思茅松林土中拮抗微生物更加丰富,因此引入到连作土后可有效抑制三七主要病原菌,从而促进三七生长,有效缓解三七连作障碍。

对森林土中土壤拮抗细菌进行分离测试,共获得 52 株拮抗细菌,其中 36 株分离自思茅松林土,16 株分离自云南松林土,桉树林和杂木林中未分离到拮抗微生物,这一结果也与掺入森林土壤缓解三七连作障碍的结果一致。同时，通过添加 0.1%～10% 的林下土壤，可以在不改变原有土壤理化性质的前提下将防病微生物转移到本底土壤中（Mendes et al.，2011），因此课题组尝试将林下土壤中具有抑菌功能的不同微生物群落定殖到连作土中，普遍可以提高三七鲜重和萌发率，使连作土壤微生物区系得到改善，这一研究为缓解三七连作障碍提供了新的思路。

从松林土壤中分离获得的拮抗微生物可有效抑制三七主要病原菌的生长，抑制率在 58.02%～98.61%。其主要种类为链霉菌属和芽孢杆菌属，占到总数的 78.57%，分离到的拮抗细菌均来源于云南省不同区域的松林土壤中，这为后续在松林下进行三七种植提供了重要的理论依据。链霉菌属和芽孢杆菌属是广泛存在于自然界中重要的生物防治微生物资源。芽孢杆菌可以通过产生低分子抗生素及蛋白质或多肽类化合物对许多病原真菌表现出较强的抑制活性（赵新林和赵思峰，2011；陈哲等，2015；赵昱榕，2019）。链霉菌主要通过拮抗作用、竞争作用、重寄生作用、诱导抗性作用等抗病机制来防治植物土传病害，且链霉菌可以通过多种方式联合发挥生防作用（毛良居和毛赫，2017）。但是，拮抗细菌的田间防治效果评价以及不同生防菌之间的菌群组合增效技术还需要进一步研究。

松林土壤中的微生物一方面可以促进三七种子萌发和幼苗生长，另一方面还可以有效缓解三七连作障碍。从松林土壤中筛选获得了 14 株对供试三七病原菌均具有拮抗活性的菌株，包括 6 株芽孢杆菌、5 株链霉菌、2 株假单胞菌和 1 株 *Lelliottia* sp.。这一结果为利用林下土壤进行连作土的改良提供了科学依据。

2. 蒸汽处理+养分修复+林下土壤微生物植入法能有效缓解连作障碍

课题组进一步比较了连作土壤 95℃ 蒸汽处理 15 min 后进行养分修复，包括施入钙镁磷肥（$P_2O_5 \geq 12\%$）50 kg/667 m²，土壤调理剂（粉末）100 kg/667 m²，然后加入松树林下土壤 5%，用旋耕机充分旋耕拌匀。通过处理后再种植三七。经过 2017～2019 年三年的大面积示范验证，表明这种方法处理后能缓解连作障碍，且三七生长后期根腐病的发病率也更低。这可能与林下土壤微生物外源植入后定殖能力更强有关。具体机制还需深入研究。

7.5.3　土壤化学处理+养分平衡+微生物修复综合处理及示范

经过连续三年多的试验，课题组探索出了一套化学处理+养分平衡+微生物修复的综合处理方法：①土壤化学杀菌。利用 25% 的 1,3-二氯丙烯•氰胺化钙油悬浮剂（撒拜可）处理土壤（80 kg/667 m²），可杀灭大部分微生物，持效期达 6 个月以上。②微生物群落建构再造和养分平衡。在土壤消毒后 2 周之内将复合微生物菌剂（EM）、枯草芽孢杆菌和木霉菌等生防菌分批分次浇入消毒后的土壤，定期补充氨基酸肥、多糖类物质，补充微生物生长所需的营养，从而平衡土壤中的有益微生物群落结构，为三七健康生长提供有利的土壤微生物环境。③三七抗性增强技术。三七种子或移栽苗用复合种衣剂处理，为三七早期生长提供健康的生长环境，生根后定期补充多糖类物质、腐殖酸、海藻酸、微生物发酵液。同时使用牡蛎粉维持三七根际酸碱平衡，处理之后三七根系发达、生长苗壮，为三七丰产打下基础。通过以上技术，可以显著提高三七种苗成活率。

7.5.4 辣根素处理结合微生物修复缓解连作障碍的效果

异硫氰酸烯丙酯（allyl isothiocyanate，AITC），俗称"辣根素"。团队前期已对辣根素的制备、农用活性及残留、安全性及作用机制研究等方面进行了综述，为辣根素在农业领域中的开发应用提供了理论参考和技术支撑。

辣根素，因其来源于植物且具有很高的安全性，美国环境保护署（US EPA）也许可将其登记为风险较低的生物农药之一。其对常见植物病原真菌菌丝生长的 EC_{50} 分布在 $0.94\sim24.64$ μg/mL，对土传病原菌（如镰刀菌属 *Fusarium* spp.）的 EC_{50} 普遍低于 10 μg/mL；对病原真菌孢子萌发的 EC_{50} 分布在 $0.30\sim0.69$ μg/mL。进一步通过扫描电镜观察菌丝表面形态发现，辣根素熏蒸处理后的真菌菌丝出现皱缩、畸形、瘤状突起及内容物外渗；透射电镜观察到受熏蒸菌丝的外壁及膜结构破裂，细胞壁不规则增厚或消解。除此之外，辣根素处理增加了真菌菌丝的膜通透性，同时降低了菌丝体中 ATP 的合成。

1）辣根素单独使用的效果及弊端

2016～2017 年，将辣根素用于三七根腐病害防控应用当中。在为期两年的田间试验中，发现采用 20%辣根素水乳剂按照 1 L/667 m²、3 L/667 m²、5 L/667 m² 浓度处理，三七出苗率分别提高 1.22 倍、1.45 倍、2.57 倍；对二年生三七根腐病的防控效果最高可达 73%。采用 20%辣根素水乳剂进行土壤熏蒸处理，在红壤土中按照传统起垄模式栽培三七，同样表现出对三七生长明显的保护和促生作用。

尽管如此，辣根素的使用亦存在一定弊端。主要表现在：①辣根素分子量小，化学性质活泼，常温下具有很强的挥发性和刺激性，给使用带来不便；②施药时根据土传病害发生严重程度，在三七播种或移栽前需采用起垄覆膜密封后进行土壤熏蒸，同时，为了防止高浓度辣根素在土壤中的残留对种子或种苗的影响，覆膜密封处理约 7 天后，需要将土壤暴露约 7 天；③对施药器械具有一定的要求，同时施药人员应进行必要的安全防护，如佩戴护目镜、防毒面具等；④为使辣根素充分渗透至耕作层，用水量一般在 3～5 L/m²；⑤辣根素作为土壤处理剂可有效杀灭多种土壤微生物，防控多种土传病害，但是其选择性差，在杀死土传病原菌的同时，对土壤中的有益微生物也具有一定的杀灭活性，辣根素土壤熏蒸结合有益微生物土壤修复联合防控三七根腐病的发生，具有重要意义。

2）辣根素处理后的微生物修复

（1）三七根腐病生防因子筛选和效果评价

前期从三七根组织中，成功发掘到一株微生物资源拟康氏木霉菌 T5-1（CGMCC：12779），并申请获得发明专利（授权公告号：CN106566777B）。室内研究表明，T5-1可以有效地抑制三七根腐病菌 *Fusarium solani*、*Ilyonectria destructans* 和 *Phytophthora cactorum* 的生长，具有潜在的生防效果。2016～2017 年，以该菌株（以及从天津市农业科学院获得的两株生防木霉菌,哈茨木霉 *Trichoderma harzianum* 与深绿木霉 *T. atroviride* 1126)为材料进行了为期两年的田间防控效果评价。结果表明,生防木霉菌除对三七根腐病害具有一定的防控效果外,还可提高三七产量。其中,对一年生三七地下部鲜重增产幅度可达到17%,对二年生三七株高提高幅度达到15%~17%。

（2）三七根腐病生物-化学协同防控技术

2017年,实验室采用生防木霉菌与辣根素协同防控技术,对其防控三七根腐病田间效果进行了评价。结果表明,采用 3 L/667 m^2 辣根素进行土壤熏蒸处理后,播种前按照 60 kg/667 m^2 向土壤中添加木霉菌制剂,可以显著减少三七根腐病的发生,防控效果达到53%,接近蒸汽处理后向土壤中添加木霉菌剂水平（表 7-33）。

表 7-33 不同土壤处理方式对一年生三七根腐病害防控效果

处理组	病情指数
连作土	7.63±1.59aA
双氧水处理后向土壤中添加木霉菌剂	7.57±2.64aAB
蒸汽处理后向土壤中添加木霉菌剂	4.07±1.39bAB
辣根素处理后向土壤中添加木霉菌剂	3.56±1.53bB

注：不同小写字母表示 $P<0.05$ 水平差异显著,不同大写字母表示 $P<0.01$ 水平差异显著

综上所述,连作障碍的形成原因非常复杂,它是作物、土壤、微生物三个系统内部多种因素相互作用的直观反映,至今也没有一种非常明确的界定。除了土壤理化性质恶化、养分失衡、自毒物质积累、根腐病菌积累等因素外,还有人为高产栽培措施及外部气象环境因子等影响,共同导致连作障碍的发生。因此,单一的方法不能完全克服连作障碍。经过试验、示范等多年的实践充分证明,克服三七连作障碍首先要采用物理（蒸汽、火焰）、化学（化学熏蒸、氧化还原）、农艺措施（水旱轮作等）等方法减少连作土壤中的病原菌及有害代谢物,然后采用土壤中养分平衡、土壤理化性质修复及微生物群落修复等辅助方法,才能有效解决连作障碍。

参 考 文 献

艾超, 孙静文, 王秀斌, 等. 2015. 植物根际沉积与土壤微生物关系研究进展[J]. 植物营养与肥料学报, 21(5): 1343-1351.

安霞, 陈常理, 骆霞虹, 等. 2019. 密度与覆盖对苎麻生长及产量的影响[J]. 浙江农业科学, 60(7): 1080-1081.

曹志强, 金慧, 许永华, 等. 2004. 老参地连续种参试验报告[J]. 中药材, 27(8): 554-555.

曹子林, 王晓丽, 杨桂英. 2012. 紫茎泽兰气态挥发物对云南松种子萌发及幼苗生长的化感作用[J]. 江西农业大学学报, 34(1): 77-81.

陈长宝. 2006. 人参化感作用及其忌连作机制研究[D]. 吉林: 吉林农业大学博士学位论文.

陈黎明, 罗美佳, 夏鹏国, 等. 2016. 光强对三七生长、光合特性及有效成分积累的影响[J]. 时珍国医国药, 27(12): 3004-3006.

陈哲, 黄静, 赵佳, 等. 2015. 解淀粉芽孢杆菌抑菌机制的研究进展[J]. 生物技术通报, 31(6): 37-41.

陈志杰, 张淑莲, 梁银丽, 等. 2003. O$_3$ 对日光温室黄瓜病虫害的防治效果[J]. 植物保护学报, 30(4): 371-376.

崔秀明, 陈中坚, 皮立原. 2000. 密度及施肥对二年生三七产量的影响[J]. 中药材, 10: 596-598.

崔秀明, 王朝梁. 1989. 播种密度对三七种苗产量和质量关系的研究[J]. 中药材, 8: 9-10.

崔秀明, 王朝梁. 1991. 三七生长及干物质积累动态的研究[J]. 中药材, 9: 9-11.

崔秀明, 王朝梁, 李伟, 等. 1994. 三七吸收氮、磷、钾动态的分析[J]. 云南农业科技, 2: 9-10.

代志, 高俊明. 2018. 兼具解磷解钾功能生防菌分离鉴定及效果评价[J]. 山西农业科学, 386(4): 145-151.

董弗兆, 刘祖武, 乐丽涛. 1998. 云南三七[M]. 昆明: 云南科技出版社.

杜家方, 尹文佳, 张重义, 等. 2009. 不同间隔年限地黄土壤的自毒作用和酚酸类物质含量[J]. 生态学杂志, 28(3): 445-450.

段永照, 刘歆, 潘竟军. 2010. 拮抗生防细菌对土传性病害的抑菌机理及应用现状[J]. 新疆农业科技, 3: 50-56.

冯玉雪, 毛缜, 吕蒙蒙. 2018. 一株 DDT 降解菌的筛选及其降解特性[J]. 中国环境科学, 38(5): 1935-1942.

高微微, 陈震, 张丽萍, 等. 2006. 药剂消毒对西洋参根际微生物及根病的作用研究[J]. 中国中药杂志, 31(8): 684.

龚明福, 贺江舟, 孙晓棠, 等. 2007. 土壤微生物与土壤抑病性形成关系研究进展[J]. 新疆农业科学, 44(6): 814-819.

拱健婷, 程新宇, 孙萌, 等. 2015. 3 种皂苷单体对三七种子萌发及幼苗生长的影响[J]. 江西农业大学学报, 37(6): 988-993.

关一鸣, 闫梅霞, 王英平, 等. 2010. 人参种子带菌检测及杀菌剂消毒处理效果[J]. 种子, 11(29): 32-34.

管斌. 2007. 板栗枝干病害的发生与树势和立地条件关系的研究[J]. 安徽科技学院学报, 6: 19-22.

郭宏波, 张跃进, 梁宗锁, 等. 2017. 水旱轮作减轻三七连作障碍的潜势分析[J]. 云南农业大学学报(自然科学版), 32(1): 161-169.

郭兰萍, 黄璐琦, 蒋有绪, 等. 2006. 药用植物栽培种植中的土壤环境恶化及防治策略[J]. 中国中药杂志, 31(9): 714-717.

韩春丽. 2010. 新疆棉花长期连作土壤养分时空变化及可持续利用研究[D]. 石河子: 石河子大学博士学位论文.

郝建, 陈厚荣, 王凌晖, 等. 2011. 尾巨桉纯林土壤浸提液对 4 种作物的生理影响[J]. 浙江农林大学学报, 28(5): 823-828.

何志刚, 娄春荣, 王秀娟, 等. 2017. 番茄自毒物质降解菌的筛选及其降解效果[J]. 江苏农业科学, 45(5): 114-116.

贺强礼, 刘文斌, 杨海君, 等. 2016. 一株苯酚降解菌的筛选鉴定及响应面法优化其降解[J]. 环境科学学报, 36(1): 112-123.

胡元森, 刘亚峰, 吴坤, 等. 2006. 黄瓜连作土壤微生物区系变化研究[J]. 土壤通报, 37(1): 126-129.

黄园勇, 周光明, 尹国通, 等. 2013. 植物根际放线菌分离方法初探及根皮苷降解活性分析[J]. 南方农业学报, 44(1): 54-58.

季尚宁, 肖玉珍, 田慧梅, 等. 1996. 土壤灭菌对连作大豆生长发育的影响[J]. 东北农业大学学报, 27(4): 326-329.

贾云, 陈忠东, 张利民, 等. 2000. 人工红松林疱锈病的调查研究[J]. 东北林业大学学报, 28(3): 43-47.

金扬秀, 谢关林, 孙祥良, 等. 2003. 大蒜轮作与瓜类枯萎病发病的关系[J]. 上海交通大学学报(农业科学), 21(1): 9-12.

孔垂华, 胡飞, 张朝贤, 等. 2004. 茉莉酮酸甲酯对水稻化感物质的诱导效应[J]. 生态学报, 24(2): 177-180.

匡双便, 徐祥增, 孟珍贵, 等. 2015. 不同透光率对三七生长特征及根皂苷含量的影响[J]. 应用与环境生物学报, 21(2): 279-286.

匡双便, 张广辉, 陈中坚, 等. 2014. 不同光照条件下三七幼苗形态及生长指标的变化[J]. 植物资源与环境学报, 23(2): 54-59.

李健强, 刘西莉, 朱春雨, 等. 2001. 云南省玉米种子带菌检测及种衣剂处理的生物学效应[J]. 云南农业大学学报, 16(1): 5-8.

李丽淑, 何海旺, 谭冠宁, 等. 2011. 主要栽培技术对"姜三七"产量与药效成分的影响[J]. 北方园艺, 14: 168-170.

李漫. 2012. 不同密度及灌溉方式对春玉米生长发育及产量的影响[D]. 乌鲁木齐: 新疆农业大学硕士学位论文.

李瑞博, 寻路路, 赵宏光, 等. 2012. 三七化感作用研究进展[J]. 文山学院学报, 25(3): 4-7.

李阳, 杨振飞, 马婷婷, 等. 2015. 烟碱降解菌 SCUEC2 菌株的分离及其降解特性[J]. 湖北农业科学, 54(7): 1586-1589.

李章田, 段承俐, 萧凤回. 2009 人工光照对一年生三七形态和光合特性的影响[J]. 云南农业大学学报 (自然科学版), 24(5): 677-683.

李忠佩, 程励励, 林心雄. 2002. 红壤腐殖质组成变化特点及其与肥力演变的关系[J]. 土壤, 34(1): 9-15.

李勇, 朱殿龙, 黄小芳, 等. 2008. 不同土壤浸提物对人参种子生长抑制作用的研究[J]. 中草药, 39(7): 1070-1074.

刘丹丹, 李敏, 刘润进. 2016. 我国植物根围促生细菌研究进展[J]. 生态学杂志, 35(3): 815-824.

刘海娇, 杨小玉, 顾红蕊, 等. 2018. 油菜挥发物对三七根腐病菌的抑菌活性及其化学成分 GC-MS 分析 [J]. 南方农业学报, 49(4): 695-702.

刘红彦, 王飞, 王永平, 等. 2006. 地黄连作障碍因素及解除措施研究[J]. 华北农学报, 21(4): 131-132.

刘西莉, 牡丽丹, 王红梅, 等. 2003. 红花种子带菌检测及药剂消毒处理[J]. 植物保护, 29(6): 49-51.

刘紫英, 黄磊, 袁斌, 等. 2018. 一株草莓连作自毒障碍主要物质苯甲酸降解细菌的筛选及其降解效果研究[J]. 浙江农业学报, 30(10): 88-93.

鲁鸿佩, 孙爱华. 2003. 草田轮作对粮食作物的增产效应[J]. 草业科学, 20(4): 10-13.

罗文富, 喻盛甫, 黄琼, 等. 1999. 三七根腐病复合侵染中病原细菌的研究[J]. 云南农业大学学报, 14(2): 124.

骆平西, 许毅涛, 王拱辰, 等. 1991. 三七根腐病病原鉴定及药剂防治研究[J]. 西南农业学报, 4(2): 77-80.

吕微, 纵伟, 刘鹏涛. 2009. 臭氧降解蔬菜残留有机磷农药的效果研究[J]. 食品科技, 34(12): 130-133.

马承铸, 顾真荣, 李世东, 等. 2006. 两种有机硫熏蒸剂处理连作土壤对三七根腐病复合症的防治效果[J]. 上海农业学报, 22(1): 1-5.

毛良居, 毛赫. 2017. 链霉菌生物防治研究进展[J]. 安徽农业科学, 45(1): 145-147.

毛忠顺, 龙月娟, 朱书生, 等. 2013. 三七根腐病研究进展[J]. 中药材, 36(12): 2051-2054.

缪作清, 李世东, 刘杏忠, 等. 2006. 三七根腐病病原研究[J]. 中国农业科学, 39(7): 1371-1378.

聂园军, 杨三维, 赵佳, 等. 2018. 不同土壤处理方式对连作黄瓜生长的影响[J]. 山西农业科学, 46(12): 2018-2022.

欧小宏, 金航, 郭兰萍, 等. 2012. 平衡施肥及土壤改良剂对连作条件下三七生长与产量的影响[J]. 中国中药杂志, 37(13): 1905-1911.

欧小宏, 张智慧, 郑冬梅, 等. 2014. 氮肥运筹对二年生三七产量、品质及养分吸收与分配的影响. 中国现代中药, 16(12): 1000-1005.

祁国振, 毛志泉, 胡秀娜, 等. 2016. 苹果根际自毒物质降解菌的筛选鉴定及降解特性研究[J]. 微生物学通报, 43(2): 330-342.

全怡吉, 郭存武, 张义杰, 等. 2018. 不同温度处理对三七生理生化特性的影响及黑斑病敏感性测定[J]. 分子植物育种, 16(1): 262-267.

宋卫堂, 孙广明, 刘芬, 等. 2007. 臭氧杀灭循环营养液中三种土传病原菌的试验[J]. 农业工程学报, 23(6): 189-193.

孙玉琴, 韦美丽, 陈中坚, 等. 2008. 化感物质对三七种子发芽影响的初步研究[J]. 特产研究, 3: 44-46.

田义新, 尹春梅, 韩东, 等. 2002. 老参地再利用研究——参参轮作[J]. 人参研究, 14(3): 5-10.

王长魁, 陈晓军, 贾瑞存. 1998. 甜菜不同轮作方式效应及对后茬作物的影响[J]. 甘肃农业科技, 9: 11-13.

王朝梁, 陈中坚, 孙玉琴, 等. 2007. 不同氮磷钾配比施肥对三七生长及产量的影响[J]. 现代中药研究与实践, 21(1): 5-7.

王健. 2016. 农作物栽培技术及高产影响因素探究[J]. 农业科技与信息, 2: 77-78.

王今堆, 傅学奇, 李铁津. 1994. 人参种子生长抑制物质的特性及其分离鉴定[J]. 吉林大学自然科学学报, 1: 94-96.

王静, 匡双便, 周平, 等. 2018. 二年生三七农艺和质量性状对环境光强的响应特征[J]. 热带亚热带植物学报, 26(4): 375-382.

王平, 刘淑英. 1998. 兰州市安宁区蔬菜保护地土壤盐分的含量及其剖面分布规律[J]. 甘肃农业大学学报, 33(2): 90-93.

王庆玲, 董涛, 张子龙. 2015. 三七对小麦的化感作用[J]. 生态学杂志, 34(2): 431-437.

王淑琴, 于洪军, 陈仙华. 1980. 三七黑斑病的防治研究[J]. 特产科学实验, 4: 8-14.

王晓青, 曹金娟, 郑建秋, 等. 2011. 臭氧防治植物病害的研究进展[J]. 中国植保导刊, 31(4): 17-19.

王勇, 马承铸, 陈昱君, 等. 2008. 土壤处理对三七根腐病控制作用研究[J]. 中国中药杂志, 33(10): 1213-1214.

王韵秋. 1979. 老参地栽参的初步调查[J]. 特产研究, 1: 13-15.

王震宇, 王英祥, 陈祖仁. 1991. 重茬大豆生长发育障碍机制初探[J]. 大豆科学, 10(1): 31-36.

王志春, 孙星星. 2018. 防治番茄土传病害拮抗微生物的筛选与应用效果[J]. 江苏农业科学, 46(3): 86-88.

韦美丽, 孙玉琴, 黄天卫, 等. 2008. 不同施氮水平对三七生长及皂苷含量的影响[J]. 现代中药研究与实践, 22 (1): 17-20.

韦美丽, 孙玉琴, 黄天卫, 等. 2010. 化感物质对三七生长的影响[J]. 特产研究, 32(1): 32-34.

魏兰芬, 林军明, 张峰, 等. 2000. 臭氧水溶液杀菌效果实验室观察[J]. 中国公共卫生, 16(1): 67.

吴琼, 周应群, 孙超, 等. 2009. 人参皂苷生物合成和次生代谢工程[J]. 中国生物工程杂志, 29(10): 102-108.

武晓攀, 孙佩, 许东旭, 等. 2019. 玉米新品种北青340不同密度对产量及机收相关性状的影响[J]. 农业科技通讯, 8: 166-170.

夏品华, 刘燕. 2010. 太子参连作障碍效应研究[J]. 西北植物学报, 30(11): 2240-2246.

邢宇俊, 程智慧, 周艳丽, 等. 2004. 保护地蔬菜连作障碍原因及其调控[J]. 西北农业学报, 13(1): 120-123.

徐丽, 严雪瑞, 傅俊范, 等. 2009. 五味子内生拮抗细菌的筛选与鉴定[J]. 植物保护, 35(3): 47-50.

徐秀兰, 吴学宏, 张国珍, 等. 2006. 甜玉米种子携带真菌与种子活力关系分析[J]. 中国农业科学, 39(8): 1565-1570.

徐燕, 赵春燕, 孙军德. 2004. 臭氧对无土栽培营养液的消毒作用研究[J]. 微生物学杂志, 24(6): 60-61.

许艳丽, 李兆林, 韩晓增, 等. 2000. 大豆重迎茬障碍研究进展Ⅲ.克服重迎茬障碍对策[J]. 大豆通报, 6: 9.

薛继澄, 毕德义, 李家金, 等. 1994. 保护地栽培蔬菜生理障碍的土壤因子与对策[J]. 土壤肥料, 1: 4-9.

严位中, 杨家鸾, 孙道旺, 等. 2004. 云南十字花科蔬菜根肿病发生规律及防治技术研究[J]. 石河子大学学报(自然科学版), 22(S1): 118-122.

严秀琴, 徐东生, 龚宗浩. 2003. 园艺作物有机型基质栽培[J]. 上海农业科技, 1: 45-46.

杨海君, 肖启明, 刘安元. 2005. 土壤微生物多样性及其作用研究进展[J]. 南华大学学报(自然科学版), 19(4): 21-27.

杨敏, 梅馨月, 郑建芬, 等. 2014. 三七主要病原菌对皂苷的敏感性分析[J]. 植物保护, 40(3): 76-81.

游佩进. 2009. 连作三七土壤中自毒物质的研究[D]. 北京: 北京中医药大学硕士学位论文.

喻景权, 驹田旦. 1998. 臭氧对培养液中两种植物病原菌的杀菌效果[J]. 园艺学报, 25(1): 97-99.

喻景权, 松井佳久. 1999. 豌豆根系分泌物自毒作用的研究[J]. 园艺学报, 26(3): 175-179.

喻敏, 余均沃, 曹培根, 等. 2004. 百合连作土壤养分及物理性状分析[J]. 土壤通报, 35(3): 377-379.

于广武, 鲁振明. 1993. 大豆连作障碍机制研究初报[J]. 大豆科学, 12 (3): 237-243.

袁莲莲, 王耀锋, 刘相甫, 等. 2017. 蒙氏假单胞菌 3A 菌株对烟草漂浮育苗中 TMV 的钝化效果[J]. 植物保护, 43(2): 37-42.

张春花, 单治国, 蒋智林, 等. 2017. 4 种微生物对烤烟中代森锰锌农药残留及降解动态的影响[J]. 贵州农业科学, 45(4): 79-84.

张春梅, 闫芳. 2014. 不同温度、播种密度和覆土厚度对银斑百里香种子萌发的影响[J]. 北京联合大学学报(自然科学版), 28(3): 25-28.

张国珍, 张树梅. 2002. 北京和东北地区西洋参种子的带菌检测[J]. 中国中药杂志, 27(9): 21-24.

张华, 张甘霖. 2001. 土壤质量指标和评价方法[J]. 土壤, 6: 326-330.

张晖, 宋圆圆, 吕顺, 等. 2015. 香蕉根际促生菌的抑菌活性及对作物生长的促进作用[J]. 华南农业大学学报, 36(3): 65-70.

张金燕, 孙雪婷, 陈军文, 等. 2017. 连作三七根际土壤化感物质检测及其提取液对三种作物种子萌发的影响[J]. 南方农业学报, 48(7): 1178-1184.

张良彪, 孙玉琴, 韦美丽, 等. 2008. 钾素供应水平对三七生长发育及产量的影响[J]. 特产研究, 30(4): 46-48.

张伟, 廖静静, 朱贵李, 等. 2013. 8 种植物挥发物和浸提液对三七根腐病菌的抑制活性研究[J]. 中国农学通报, 29(30): 197-201.

张晓玲, 潘振刚, 周晓锋, 等. 2007. 自毒作用与连作障碍[J]. 土壤通报, 38(4): 781-784.

张重义, 林文雄. 2009. 药用植物的化感自毒作用与连作障碍[J]. 中国生态农业学报, 17(1): 189-196.

张子龙, 侯俊玲, 王文全, 等. 2014. 三七水浸液对不同玉米品种的化感作用[J]. 中国中药杂志, 39(4): 594-600.

张子龙, 李凯明, 杨建忠, 等. 2015. 轮作对三七连作障碍的消减效应研究[J]. 西南大学学报(自然科学版), 37(8): 39-46.

赵东岳, 李勇, 丁万隆. 2013. 人参自毒物质降解细菌的筛选及其降解特性研究[J]. 中国中药杂志, 38(11): 1703-1706.

赵宏光, 夏鹏国, 韦美腆, 等. 2014. 土壤水分含量对三七根生长、有效成分积累及根腐病发病率的影响[J]. 西北农林科技大学学报(自然科学), 42(2): 173-178.

赵新林, 赵思峰. 2011. 枯草芽孢杆菌对植物病害生物防治的作用机理[J]. 湖北农业科学, 50(15): 3025-3028.

赵昱榕, 李磊, 谢学文, 等. 2019. 贝莱斯芽胞杆菌 ZF2 对多主棒孢病菌防治效果[J]. 中国生物防治学报, 35(2): 217-225.

郑冬梅, 欧小宏, 米艳华, 等. 2014. 不同钾肥品种及配施对三七产量和品质的影响[J]. 中国中药杂志, 39(4): 588-593.

郑建芬, 尹兆波, 赵芝, 等. 2017. 氮、磷肥施用对三七种苗生长的影响[J]. 云南农业大学学报(自然科学版), 32(1): 113-119.

周崇莲, 齐玉臣. 1993. 外生菌根与植物营养[J]. 生态学杂志, 12(1): 37-44.

周开胜. 2017. 强还原处理改良西瓜连作土壤[J]. 浙江农业学报, 29(6): 982-987.

周永萍, 田海燕, 崔瑞敏. 2019. 不同种植密度对三个棉花品种生长发育和产量品质的影响[J]. 农学学报, 9(12): 5-8.

周真真, 郑建秋, 李健强. 2009. 臭氧对蔬菜土传病原真菌的抑制作用[J]. 中国农业大学学报, 14(6):

62-66.

左端阳, 匡双便, 张广辉, 等. 2014. 三七(*Panax notoginseng*)对不同光照强度的生理生态适应性研究[J]. 云南农业大学学报(自然科学版), 29(4): 521-527.

Alphei J, Scheu S. 1993. Effects of biocidal treatments on biological and nutritional properties of a mull-structured woodland soil[J]. Geoderma, 56 (1-4): 435-448.

Asaduzzaman M, Asao T. 2012. Autotoxicity in beans and their allelochemicals[J]. Scientia Horticulturae, 134(none): 26-31.

Berendsen R L, Vismans G, Yu K, et al. 2018. Disease-induced assemblage of a plant-beneficial bacterial consortium[J]. The ISME Journal, 12(6): 1496-1507.

Bourbos V A, Barbopoulou E A. 2005. Control of soilborne diseases in greenhouse cultivation of tomato with ozone and *Trichoderma* spp.[J]. Acta Horticulturae, 698(698): 147-152.

Braz M R S, Rossetto C A V. 2009. Sunflower plants growth in accordance to the achenes vigour and sowing density[J]. Ciencia Rural, 39(7): 1989-1997.

Chaparro J M, Badri D V, Vivanco J M. 2014. Rhizosphere microbiome assemblage is affected by plant development[J]. ISME Journal, 8(4): 790-803.

Dawson J R, Johnson R A H, Adams P, et al. 1965. Influence of steam/air mixtures, when used for heating soil, on biological and chemical properties that affect seedling growth[J]. Annals of Applied Biology, 56(2): 243-251.

Duniway J M. 2002. Status of chemical alternatives to methyl bromide for pre-plant fumigation of soil[J]. Phytopathology, 92(12): 1337-1343.

Duran P, Thiergart T, Garrido-Oter R, et al. 2018. Microbial interkingdom interactions in roots promote *Arabidopsis* survival[J]. Cell, 175(4): 973-983.

Egli M, Mirabella A, Kagi B, et al. 2006. Influence of steam sterilization on soil chemical characteristics, trace metals and clay mineralogy[J]. Geoderma, 131(1-2): 123-142.

Elad Y, Cytryn E, Harel Y M, et al. 2011. The biochar effect: plant resistance to biotic stresses[J]. Phytopathologia Mediterranea, 50(3): 335-349.

Etalo D W, Jeon J S, Raaijmakers J M. 2018. Modulation of plant chemistry by beneficial root microbiota[J]. Nature Product Report, 35(5): 398-409.

Fennimore S A, Martin F N, Miller T C, et al. 2014. Evaluation of a mobile steam applicator for soil disinfestation in California strawberry[J]. HortScience, 49(12): 1542-1549.

Fincheira P, Venthur H, Mutis A, et al. 2016. Growth promotion of *Lactuca sativa* in response to volatile organic compounds emitted from diverse bacterial species[J]. Microbiological Research, 193: 39-47.

Fischer N H, Williamson G B, Weidenhamer J D, et al. 1994. In search of allelopathy in the florida scrub: the role of terpenoids[J]. Journal of Chemical Ecology, 20(6): 1355-1380.

Guenzi W D, Mccalla T M. 1966. Phytotoxic substances extracted from soil[J]. Soil Science Society of America Journal, 30(2): 214.

Guo Z H, Wang Q X. 2017. Efficacy of ozonated water against *Erwinia carotovora* subsp. *carotovora* in *Brassica campestris* ssp. *chinensis*[J]. Ozone Science & Engineering, 39(2): 127-136.

Janvier C, Villeneuve F, Alabouvette C, et al. 2007. Soil health through soil disease suppression: which strategy from descriptors to indicators?[J] Soil Biology and Biochemistry, 39(1): 1-23.

Kassa B, Sommartya T. 2006. Effect of intercropping on potato late blight, *Phytophthora infestans* (Mont.) de Bary developmentand potato tuber yield in Ethiopia[J]. Kasetsart Journal, 40(4): 914-924.

Kennedy A C, Smith K L. 1995. Soil microbial diversity and the sustainability of agricultural soils[J]. Plant and soil, 170(1): 75-86.

Kookana R S. 2010. The role of biochar in modifying the environmental fate, bioavailability, and efficacy of pesticides in soils: a review[J]. Australian Journal of Soil Research, 48(7): 627-637.

Lee S, Yap M, Behringer G, et al. 2016a. Volatile organic compounds emitted by *Trichoderma* species mediate plant growth[J]. Fungal Biology and Biotechnology, 3(1): 7.

Lee U, Joo S, Klopfenstein N B, et al. 2016b. Efficacy of washing treatments in the reduction of post-harvest decay of chestnuts (*Castanea crenata* 'Tsukuba') during storage[J]. Canadian Journal of Plant Science, 96(1): 1-5.

Long Y J, Mao Z S, Chen Z J, et al. 2015. First report of Sanqi (*Panax notoginseng*) dieback caused by *Haematonectria ipomoeae* in China[J]. Plant Disease, 99(9): 1273.

Lozowicka B, Jankowska M, Hrynko I, et al. 2016. Removal of 16 pesticide residues from strawberries by washing with tap and ozone water, ultrasonic cleaning and boiling[J]. Environmental Monitoring & Assessment, 188(1): 51.

Ma Z, Michailides T J. 2005. Advances in understanding molecular mechanisms of fungicide resistance and molecular detection of resistant genotypes in phytopathogenic fungi[J]. Crop Protection, 24(10): 853-863.

Mao Z S, Long Y J, Zhu Y Y, et al. 2014. First report of *Cylindrocarpon destructans* var. *destructans* causing black root rot of Sanqi (*Panax notoginseng*) in China[J]. Plant disease, 98(1): 162.

Matsuo M, Takahasi M. 2010. Control of tomato *Cladosporium* fungus by ozone water spraying[J]. Journal of Jsam, 56: 95-99.

Mazzola M, Gu Y H. 2000. Impact of wheat cultivation on microbial communities from replant soils and apple growth in greenhouse trials[J]. Phytopathology, 90(2): 114-119.

McSorley R, Wang K H, Kokalis-Burelle N, et al. 2006. Effects of soil type and steam on nematode biological control potential of the rhizosphere community[J]. Nematropica, 36(2): 197-214.

Mendes R, Kruijt M, Bruijn I, et al. 2011. Deciphering the rhizosphere microbiome for disease-suppressive bacteria[J]. Science, 332(6033): 1097-1100.

Mino Y, Moriyama Y. 2001. Possible remediation of dioxin-polluted soil by steam distillation[J]. Chemical & Pharmaceutical Bulletin, 49(8): 1050-1051.

Nazir M S, Jabbar A, Ahmad I. 2002. Production protential and economic of intercropping in Autumn-planted sugarcane[J]. International Journal of Agriculture & Biology, 4: 139-142.

Pérez F J, Ormeno-Nunez J. 1991. Root exudates of wild oats: allelopathic effect on spring wheat[J]. Phytochemistry, 30(7): 2199-2202.

Pryor A. 2002. Ozone gas as a soil fumigant consultant report[J]. http://www.energy.ca.gov/reports/ 2002-11-12_500-02-051F. PDF.[2017-09-01]

Richardson R E, James C A, Bhupathiraju V K, et al. 2002. Microbial activity in soils following steam treatment[J]. Biodegradation, 13(4): 285-295.

Shalimov S I. 1991. Soil preparation after grubbing of old orchards[J]. Sadovodstvo-I-Vinogradarstvo, 2: 11-13.

Singh H P, Batish D R, Kohli R K. 1999. Autotoxicity: concept, organisms, and ecological significance[J]. Critical Reviews in Plant Science, 18(6): 757-772.

Sleep B E, McClure P D. 2001. Removal of volatile and semivolatile organic contamination from soil by air and steam flushing[J]. Journal of Contaminant Hydrology, 50 (1-2): 21-40.

Spotts R A. 1992. Effect of ozonated water on postharvest pathogens of pear in laboratory and packinghouse tests[J]. Plant Disease, 76(3): 256.

Tahir H A S, Gu Q, Wu H, et al. 2017. Effect of volatile compounds produced by ralstonia solanacearum on plant growth promoting and systemic resistance inducing potential of *Bacillus* volatiles[J]. BMC Plant Biology, 17(1): 133.

Udell K S, Stewart L D. 1989. Mechanisms of *in situ* remediation of soil and groundwater contamination by combined steam injection and vacuum extraction[C]. AIChE Meeting, San Francisco, CA.

Wei W, Yang M, Liu Y, et al. 2018. Fertilizer N application rate impacts plant-soil feedback in a sanqi production system[J]. The Science of the total environment, 633: 796-807.

Xie H, Yan D, Mao L, et al. 2015. Evaluation of methyl bromide alternatives efficacy against soil-borne pathogens, nematodes and soil microbial community[J]. PLoS One, 10(2): e0117980.

Xu X, Zarecki R, Medina S, et al. 2019. Modeling microbial communities from atrazine contaminated soils promotes the development of biostimulation solutions[J]. ISME Journal, 13(2): 494-508.

Yang M, Chuan Y C, Guo C W, et al. 2018. *Panax notoginseng* root cell death caused by the autotoxic ginsenoside Rg$_1$ is due to over-accumulation of ROS, as revealed by transcriptomic and cellular approaches[J]. Front In Plant Science, 9: 264.

Yang M, Zhang X, Xu Y, et al. 2015. Autotoxic ginsenosides in the rhizosphere contribute to the replant failure of *Panax notoginseng*[J]. PLoS One, 10(2): e0118555.

Yang Y N, Sheng G Y. 2003. Enhanced pesticide sorption by soils containing particulate matter from crop residue burns[J]. Environmental Science & Technology, 37(16): 3635-3639.

Yu X Y, Pan L G, Ying G G, et al. 2010. Enhanced and irreversible sorption of pesticide pyrimethanil by soil amended with biochars[J]. Journal of Environmental Sciences-China, 22(4): 615-620.

Zewde T, Fininsa C, Sakhuja P K, et al. 2007. Association of whiterot (*Sclerotium cepivorum*) of garlic with environmental factors and cultural practices in the North Shewa highlands of Ethiopia[J]. Crop Protection, 26(10): 1566-1573.

Zhalnina K, Louie K B, Hao Z, et al. 2018. Dynamic root exudate chemistry and microbial substrate preferences drive patterns in rhizosphere microbial community assembly[J]. Nature Microbiology, 3(4): 470-480.

Zhao J, Li Y, Wang B, et al. 2017. Comparative soil microbial communities and activities in adjacent sanqi ginseng monoculture and maize-sanqi ginseng systems[J]. Applied Soil Ecology, 120: 89-96.

第8章 三七农田生态种植关键技术体系及应用

本章系统地介绍了三七生态种植过程中区域、环境、土壤的选择，种苗健康繁育、大田生态栽培、水分及肥料管理等技术，为三七生态种植提供参考。

8.1 三七生态种植区域选择

根据三七生长特性及其对生长环境的特殊要求，适宜三七生长的生态区域位于北纬20°~27°、东经97°~107°，年均温14~18℃，最冷月均温6~12℃，最热月均温17~23℃，≥10℃年积温4200~5900℃。但云南省不同区域环境条件随着海拔的变化也发生相应的变化。总体来说，适宜三七生长的海拔为1200~2200 m，最适宜的区域海拔为1400~1800 m。海拔过低会导致温度高，不利于三七的生长；海拔过高温度偏低，三七生长缓慢，生长期过长。当气温在10℃左右，土壤温度在11~15℃，土壤湿度适合的时候，种子就会萌发，种子出苗后，随着温度的升高，出苗也就加快。根据海拔可以将三七生长区域分为以下三种类型。

1. 最适宜区

该区内海拔为1400~1800 m，年均温15~17℃，最冷月均温8~10℃，最热月均温20~22℃，≥10℃年积温4500~5500℃，无霜期300天以上。此类型气候条件及土壤类型条件适宜三七的生长发育，在科学管理条件下易获取高产。

2. 适宜区

该区内海拔为1200~1400 m和1800~2200 m，年均温16~18℃和14~16℃，最冷月均温10~12℃和6~8℃，最热月均温22~23℃和17~20℃，≥10℃年积温5000~5900℃和4200~4800℃，无霜期300天以上和280~300天。海拔1800~2200 m地区，在春季不时会出现"倒春寒"影响三七幼苗生长，在7~8月不时会出现低温影响三七的开花受精，在春季应及时采取防冻措施，此区内昼夜温差大，有利于块根生长。

3. 次适宜区和不适宜区

海拔1200 m以下多为次适宜区，最热月均温>23℃，≥10℃年均温在6000℃以上的区域多为低热河谷或凹地，高温会影响三七生长和品质。海拔2200 m以上的区域为不适宜区，≥10℃年均温在4000℃以下，三七生长易受"倒春寒"和8月低温影响，只能根据局部小环境作零星种植，且产量不稳定。

8.2 三七种植基地环境选择

三七播种和移栽后土壤必须保持湿润。一旦种子和种苗干燥后便无生长能力。因此,冬春和干旱季节需要浇水保湿,必须有足够的水源保障。另外,土壤中的水分在一定条件下也会受到污染,如江河污染水会渗透到土壤中造成土壤污染。无论是土壤中水污染还是灌溉用水污染,都会影响三七的药材质量。因此,选地后对灌溉水源进行检测化验,符合标准后方可使用。三七灌溉水质按 GB 5084—2005 的二级标准执行(表 8-1 和表 8-2)。三七种植区域选择大气无污染的地区,空气环境质量达 GB 3059—1996 的二级以上标准。

表 8-1　农田灌溉用水水质基本控制项目标准值

序号	项目类别	三七灌溉用水水质标准值
1	五日生化需氧量(mg/L)	≤40
2	化学需氧量(mg/L)	≤100
3	悬浮物(mg/L)	≤80
4	阴离子表面活性剂(mg/L)	≤5
5	水温(℃)	≤25
6	pH	5.5～8.5
7	全盐量(mg/L)	≤1000
8	氯化物(mg/L)	≤350
9	硫化物(mg/L)	≤1.0
10	总汞(mg/L)	≤0.001
11	镉(mg/L)	≤0.01
12	铬(六价)(mg/L)	≤0.1
13	铅(mg/L)	≤0.2
14	总砷(mg/L)	≤0.05
15	粪大肠菌群数(个/100 mL)	≤2000
16	蛔虫卵数(个/L)	≤2.0

注:表中的相关项目指标,根据本地区土壤污染特点和环境管理需求进行选择性测定

表 8-2　农田灌溉用水水质选择性控制项目标准值

序号	项目类别	三七灌溉用水水质标准值
1	铜(mg/L)	≤1.0
2	锌(mg/L)	≤2.0
3	硒(mg/L)	≤0.02
4	氟化物(mg/L)	≤2.0
5	氰化物(mg/L)	≤0.5
6	石油类(mg/L)	≤1.0
7	挥发酚(mg/L)	≤1.0
8	苯(mg/L)	≤2.5
9	三氯乙醛(mg/L)	≤0.5
10	丙烯醛(mg/L)	≤0.5

8.3　三七种植土壤选择

8.3.1　物理指标

土壤物理状况对三七生长和品质有直接或间接的影响。适宜三七生长的土壤为砂壤和壤土。适宜三七生长的土壤物理性质：容重 $1.3\sim1.5$ g/cm^3，重量含水量 14%～20%（凋萎含水量 5%～10%），体积含水量 20%～40%（凋萎含水量 7%～25%）。

8.3.2　化学指标

适宜三七生长的土壤化学指标范围如下。阳离子交换量（CEC）：10～20 me/100 g。土壤电导率（EC）：0.2～0.4 dS/m。土壤 pH：中偏酸性（pH 5.5～7.0）。土壤有机质含量：>2%。土壤养分含量：全氮约 150 mg/kg；有效磷约 50 mg/kg；速效钾 150～300 mg/kg。

8.3.3　三七种植土壤环境质量控制标准

1. 土壤重金属含量控制标准

适宜三七种植的土壤重金属含量控制标准根据《土壤环境质量标准》（GB 15618—2018）的规定执行。按照农田土壤污染风险筛选值（表 8-3）和农田土壤污染风险管制值（表 8-4）来筛选适宜三七生态种植的土壤类型。当农田土壤污染物含量等于或低于风险筛选值时，一般种植三七后产品质量安全、生长或土壤生态环境的风险低；当重金

表 8-3　农田土壤污染风险筛选值（基本项目）　　　　　　（单位：mg/kg）

序号	污染物	田块类型	风险筛选值			
			pH≤5.5	5.5<pH≤6.5	6.5<pH≤7.5	pH>7.5
1	镉 Cd	水田	0.3	0.4	0.6	0.8
		其他	0.3	0.3	0.3	0.6
2	汞 Hg	水田	0.5	0.5	0.6	1.0
		其他	1.3	1.8	2.4	3.4
3	砷 As	水田	30	30	25	20
		其他	40	40	30	25
4	铅 Pb	水田	80	100	140	240
		其他	70	90	120	170
5	铬 Cr	水田	250	250	300	350
		其他	150	150	200	250
6	铜 Cu	果园	150	150	200	200
		其他	50	50	100	100
7	镍 Ni		60	70	100	190
8	锌 Zn		200	200	250	300

注：重金属和类金属砷均按元素总量计

表 8-4　农田土壤污染风险管制值　　　　　　（单位：mg/kg）

序号	污染物项目	风险管制值			
		pH≤5.5	5.5＜pH≤6.5	6.5＜pH≤7.5	pH＞7.5
1	镉 Cd	1.5	2.0	3.0	4.0
2	汞 Hg	2.0	2.5	4.0	6.0
3	砷 As	200	150	120	100
4	铅 Pb	400	500	700	1000
5	铬 Cr	800	850	1000	1300

属含量超过土壤污染风险筛选值但低于土壤污染风险管制值时，对三七产品质量安全、生长或土壤生态环境可能存在风险，应当加强土壤环境监测和农产品协同监测，原则上应当采取安全利用措施。当林下土壤污染物含量超过风险管制值时，种植三七后重金属含量具有超标风险，原则上禁止种植三七。

2. 土壤农药残留控制标准

三七生态种植一般不施用化学农药，控制农残的关键在于严控土壤中不易降解农药的含量。土壤农药残留筛选的指标包括六六六总量、滴滴涕总量和苯并[a]芘等（表 8-5）。

表 8-5　农用地土壤污染风险筛选值　　　　　　（单位：mg/kg）

序号	污染物项目	风险筛选值
1	六六六总量	0.10
2	滴滴涕总量	0.10
3	苯并[a]芘	0.55

注：六六六总量为 α-六六六、β-六六六、γ-六六六、δ-六六六这 4 种异构体的含量总和。滴滴涕总量为 *p,p'*-滴滴伊、*p,p'*-滴滴滴、*o,p'*-滴滴涕、*p,p'*-滴滴涕这 4 种衍生物的含量总和

8.3.4　土壤前茬作物选择

三七连作障碍发生严重。应选择未种植过五加科人参属植物的土地种植三七，避免由连作障碍导致的根腐病发生危害。人参属植物包括三七、人参、西洋参、珠子参、越南人参、姜状三七等。

8.3.5　土壤化感物质含量控制

作物生长过程中会通过根系分泌、淋溶和残体降解等途径在土壤中累积大量化学物质，这些化学物质对植物本身或其他植物产生直接或间接的有害作用。酚类物质是一类重要的次生代谢产物，也是研究最多、被证实化感活性较强的一类物质。土壤中的酚类物质，如阿魏酸、对香豆酸、丁香酸、对羟基苯甲酸和香草酸等的浓度分别达到或高于 20 mg/L、50 mg/L、50 mg/L、50 mg/L 和 50 mg/L 时，就会对三七幼苗生长产生不利影响。应该采用撒生石灰等方式调节土壤 pH，缓解化感物质的危害。当酚酸类物质含量

太高，土壤 pH 过低时，应重新选地栽种。

8.3.6　土壤有害生物种类控制标准

三七的生长发育过程中，常常遭受到多种病虫害和鼠害的威胁。为了有效控制有害生物的危害，避免影响三七的产量和品质，在三七种植前要了解有害生物的种类及其分布情况，并在此基础上调查了解其发生规律，做好预测预报工作，建立完善的综合防治体系。土壤中害虫密度调查，包括地老虎、蛴螬等；土壤中植物寄生线虫密度控制在每 100 g 土壤 20 头以下的密度，超过该阈值需要进行线虫处理。

8.4　三七种苗健康繁育

8.4.1　三七种苗繁育区域选择

三七种苗繁育应选择在适宜区域进行。在云南该区域位于北纬 20°8′～24°28′，东经 97°31′～106°11′，海拔 1000～1600 m，年均温 14～18℃，最冷月均温 6～12℃，最热月均温 17～23℃，≥10℃年积温 4200～5900℃，年降水量 900～1500 mm，无霜期 280 天以上，土壤地质背景为红壤或黄红壤。按集中连片、规模生产的基地化原则，建立种苗生产基地。

8.4.2　选地、整地和土壤处理

1）育苗地选择

选择中性偏酸性砂壤土、排灌方便、具有一定坡度（坡度不得大于 15°）、未种过三七的地块。

2）土地清理

选好农地后，首先清除作物秸秆和杂草。然后规划土地，按自然地形确定种植区域。

3）土地翻耕

11 月初根据地势利用小型旋耕机或大型农机对土地进行翻耕，充分旋耕。一般旋耕 2～3 次。耕作深度为 30 cm，旋耕过程中要避免翻到非耕作层土壤，旋耕过后要把土壤里面过大的树根或杂木、杂草根清除。

4）有害生物处理

农田中会残留虫卵、线虫等有害生物，为了避免后期危害，一般在土地翻耕过程中进行处理。当土壤 pH 在 5.5～7.0 时，在播种前，结合土壤翻犁过程，每公顷施用 750～1000 kg 熟石灰或高效、低毒、低残留药剂进行土壤处理。

5）有机肥添加

土壤有机质含量低的土壤，根据土壤情况适当添加经有机认证后的合格有机肥。

8.4.3 三七育苗设施建设——遮阴避雨棚

为实现三七健康种苗的繁育，减少农药的施用，三七育苗棚需要建成既能遮阴，又能调控雨水，雨季实现避雨功能，通过调控环境实现病害的生态控制。具体的建设方法如下。

1）栽桩规格

棚桩采用 3 m 长，小头直径不小于 3 cm 的杆，可选用杉树、桉树、竹子或其他材料。按照 3.8 m×3.8 m 打孔栽权。沿地块的坡向用 10 号线拉大线，并用地锚桩固定。用 16 号线将大线固定于每棵七权距地面 1.8 m 处；再沿大线方向与距大线 3～5 cm 处拉抬膜线，并用 16 号线固定。然后，先拉顶层网，再拉二层、三层遮阴网，拉平固定。荫棚顶层遮阴网拉好后，用专用普通围边网或使用过的顶网进行围边。

2）遮阴网规格

遮阴网采用三层网结构，头层为 75%遮阳率三七专用格子网，第二层为 65%遮阳率平织网，第三层为 60%遮阳率调光网；第一层和第二层网间距 5 cm 并且十字交叉，第二层和第三层网贴合。

3）通风口设置

为改善三七遮阴棚的通风性，应适当增加园门和通风口。每间隔 4～5 个排水沟留出 1 m 作为园门，园门设置为对开。通风口用 4 根 4 m 的长桩顶部加三层遮阴网与荫棚的遮阴网错开，达到通风的目的；每亩地通风口不少于 1 个，凹地根据地势适当加密或者调整位置。

4）理墒规格

墒子整理为横墒，墒面长度 20 m 左右为宜，2 桩之间整理 2 墒，墒与桩、墒与墒间距 40 cm，墒宽度 130 cm，墒面高度 35～40 cm。墒面做成馒头形，墒土做到下松上实，以提高土壤通透性。

5）避雨棚规格

避雨棚在遮阴网下搭半圆拱，单个棚长度 20 m 左右；拱最高点离地不小于 1.8 m，避雨棚两侧离地高度＞50 cm，两端不封闭。

6）水肥一体化

灌溉为喷灌，每个避雨棚 1 条喷灌带，喷头喷洒半径 2.5 m 以上，喷灌主管安装水肥进肥器。

8.4.4 三七种子生态繁育和处理

三七种苗的健康生产需要严格选择良种。生产上将千粒重达到 100 g 以上（含 100 g）的三七成熟种子定义为良种。

1）果实采收和分级

三七果实于 11 月上旬开始陆续成熟，应对色泽鲜红有光泽的成熟果实分批及时采收，并分批贮藏供生产使用；要选择达到一、二级种子质量标准要求的种子来播种（表 8-6）。

表 8-6　三七种子分级标准表

等级指标	一级种子	二级种子	三级种子
成熟度（%）	≥90	≥85	≥80
净度（%）	≥98	≥97	≥90
生活力（%）	≥85	≥80	≥75
含水量（%）	≥60	≥60	≥60
千粒重	105 g 以上	100～105 g	95～100 g
外观形状	三七种子为黄白色，圆形或近圆形，种皮有皱纹，种子长 5～7 mm，直径 4～6 mm		

资料来源：《中医药——三七种子种苗》（ISO 20408：2017）

2）种子清洗

利用人工或机械搓去果皮，洗净，晾干表面水分，晾至种子表皮泛白。

3）种子健康处理

利用三七种子专用包衣剂处理种子，可以驱避地下病虫，防止病菌感染，不影响萌发吸胀功能，加强呼吸强度，提高种子发芽率。

4）良种贮藏

三七种子干燥后易丧失生命力，应随采随播或采用层积保湿处理保存。三七种子宜采用湿砂或钙镁磷肥层积处理。层积处理温度为 10～20℃，处理 30～60 天。每间隔 15 天检查一次，一方面清除腐烂、霉变的三七种子，另一方面观察湿度，及时补水保湿并控制种子发芽。种子经过后熟作用后，视种子萌芽情况适时播种。

8.4.5 三七播种

1）播种时间

11 月中旬至翌年 1 月。宜早不宜迟，尽量在 12 月完成播种。

2）播种方式

可采用自制压孔板在墒面压出浅穴后人工点播，或用三七专用播种机机播。

3）播种规格

播种株行距 5 cm×5 cm；播种深度 1.0～2.0 cm；播种后播种机自动覆盖。每亩用种 18 万～20 万粒，折合果实 30～35 kg。

4）施肥或覆土

每公顷用充分腐熟的农家肥 3.75 t 或细土将三七种子覆盖，以刚好见不到种子为宜。

5）覆盖

利用松针覆盖土壤表面，至看不见土层为准，保持畦面湿润和抑制杂草生长。

6）浇水

覆盖后浇透水，根据水分挥发情况及时补充水分。土壤水分需一直保持在 25%～35%，直至雨季来临。

8.4.6 三七育苗基地光照管理

1）光照需求

1200～1600 m 中低海拔地区需自然光照的 8%～10%，1600～2000 m 地区需自然光照的 10%～12%。

2）光照调节原则

三七是阴生植物，其对光照需求有别于常规植物。根据三七生长需求和季节性光照变化规律进行动态调光，一般遵循"前疏、中密、后疏"的原则。

3）调节透光率

三七种子出苗期（2～3 月）透光率为 5%～8%，苗齐展叶后（3～4 月）透光率增加至 8%～10%，夏季（5～8 月）光照强，透光率调节为 8%左右，秋季（9～11 月）天气转凉，透光率逐渐扩大为 10%。

4）具体的调光参数

三七性喜阴凉，光强对三七生长和品质都会产生影响，且季节性光照变化也会影响三七生长和品质形成。经过多年的研究，形成了针对一年生、二年生及三年生三七光照调节的参数。三七种苗光照强度在 80～100 mol／（m²·s）较合适。生产上需要根据三七的生长状况及光照强度的季节变化对光照进行适时的调节。

第一，肥水条件良好、长势健壮的种苗，光照强度可以调整到高强度部分[接近 100 mol／（m²·s）]，反之，则调整到低强度部分[接近 80 mol／（m²·s）]，光强的大小与种苗的健壮与否有关。

第二，在 11:00 以前，光照强度可以调整到较高水平，11:00～15:30 时段可以调整到较低水平，15:30 以后可以调整到较高水平。

第三，旱季调整到较低水平，雨季调整到较高水平。

第四，晴天调整到较低水平，阴天调整到较高水平。

8.4.7 三七育苗基地温度控制

1）三七对温度的需求

三七属喜阴作物，适宜在 20～25℃的温度环境中生长，超过 30℃会造成高温伤害，削弱植株抗性。出苗期最适宜气温 20～25℃，土壤温度 10～15℃。生育期适宜气温 20～25℃，土壤温度 15～20℃。

2）温度的调节

三七对温度的耐受能力与种苗的健壮与否有关。一年生三七种苗对温度的耐受能力比二年生和三年生三七强。三七生长在 8～10 月后对温度的耐受能力比 3～5 月强。三七种苗温度控制在 15～30℃较合适，具体的温度调控方法如下。

第一，肥水条件良好、长势健壮的种苗，环境温度可以控制在<30℃，反之，则控制在<28℃，三七对温度的耐受能力与种苗的健壮与否有关。

第二，11:00～15:00，严格监控温度情况，一旦超过 28℃便要及时通风降温。

第三，冬季避免低温。低于−4℃的霜冻会导致三七冻害。严密监测气象变化，遇低温天气要实时扣棚保温，且控制土壤含水量，避免结冰。

8.4.8 三七种苗水分管理

1）三七对土壤水分的需求

土壤水分要求保持在 25%～30%。三七育苗基地利用喷灌给水。根据天气情况确定给水时间和频率。

2）土壤水分调节

三七出苗前，种子体积小，忌脱水。因此，三七种子出苗前要保持充足的水分，但土壤不能积水，以免沤种。种子出苗后，为促进根系迅速生长及地上部分叶片展叶，土壤水分含量＞80% FC。防止土壤积水导致根部病害的发生。每次喷灌的时间应少于 15 min，使叶面上水膜的持续时间≤30 min，避免叶部病害的发生。具体的水分管理措施如下。

第一，种子出苗前：种子体积小，忌脱水。因此，三七种子出苗前要保持充足的水分。一般要求土壤水分含量＞80% FC。

第二，种子出苗后：为促进根系迅速生长及地上部分叶片展叶，土壤水分含量＞80% FC，水分含量低于 70% FC 应马上补水。

8.4.9 三七种苗肥料管理

三七育苗基地建议利用水肥一体化设施进行施肥。全年施肥总量：纯氮约 10 kg/667 m²、纯磷 15～20 kg/667 m²、纯钾 20～30 kg/667 m²。通常追施 4～5 次，第一次在 3 月苗出齐后进行，随后分别在 5 月、7 月、8 月、10 月根据三七的长势情况进行施肥。推荐采用含有腐殖酸的水溶肥，通过叶面喷施的方式补充叶面肥或微量元素。三七种苗生长期氮肥不宜过多施用，否则会导致移栽后根腐病发生严重。

1）基肥

于三七种子播种或种苗移栽前，按每公顷 1.5 t 钙镁磷肥均匀撒于墒面再打穴，再进行播种或移栽。

2）展叶肥

4～5 月为一年生三七的展叶期，按每公顷 600 kg 有机肥+磷酸二铵 90 kg+硫酸钾 45 kg+适量细土，充分混合后施撒。4 月、5 月各施撒 1 次，施撒后必须将叶片上的肥料清扫干净，防止烧苗。

3）生长肥

6～9 月的施肥，按每公顷 600 kg 有机肥+N∶P∶K 为 1∶1∶1 型复合肥（以纯氮量 30～35 kg 计算，根据施肥前的苗生长情况适当增量或减量），每 40～45 天施用一次。9 月下旬建议停止施肥。

8.4.10 三七种苗采挖

1）三七种苗采挖时间

三七种苗采挖时间根据移栽时间而定，一般为 12 月上旬至翌年 1 月中下旬。

2）三七种苗采挖方法

三七种苗采挖时要求边起苗、边选苗、边移栽。起根时，严防损伤根条和芽苞。注意：不要在雨后挖苗。取苗时墒面不宜过干或过湿。过干容易损伤根系，过湿籽条水分含量过高，不便于存放，容易造成烂根。

8.4.11 三七种苗分级

1）三七种苗分级原则

三七种苗分级以种苗健康、壮实为原则，通过人工筛选出健康、无裂口和无人为损伤的种苗进行移栽，有效控制种传病原的传播，同时提高三七移栽后的成苗率。

2）三七种苗分级技术

选苗：选用好的种苗，才能有好的产量。好种苗个体的标准大致为：芽（休眠芽）壮、头（主根）大、根（毛根）多、体重、鲜活、无病。芽壮，是指休眠芽粗肥、完整无损和色泽较深者。细小瘦长、白嫩，即为瘦弱。头大，是指主根在 1.0 g 以上，形状较圆。根多,即俗称的毛根多。体重,即籽条单重大于 1.5 g。鲜活,即采挖后及时作种用,毛根不黄萎变色,主根皮色正常饱满,芽苞硬朗,无脱水表现。无病,即肉眼检视无任何病斑病变,包括芽、主根和毛根上。

3)种苗分级

根据主根大小和重量分四级。一级种苗:单根重大于 2.5 g 以上。休眠芽肥壮,根系生长良好,无病虫感染和机械损伤;二级种苗:单根重 1.5~2.5 g。休眠芽肥壮,根系生长良好,无病虫感染和机械损伤;三级种苗:单根重 1.0~1.5 g。休眠芽生长一般,根系生长一般,无病虫感染和机械损伤;四级种苗:单根重<1.0 g。

4)优先选择原则

三七种植优先选用一级和二级种苗。三、四级种苗不建议移栽。

8.4.12 三七种苗伤口处理

三七采挖和分级过程中会造成伤口,需要在移栽前进行伤口的愈合处理,避免移栽后伤口感染造成的腐烂。伤口愈合处理的方法:首先,将种苗表面的水分晾干,然后用草木灰拌种处理,或者用生物源杀菌剂的粉剂进行拌种处理。避免使用液体浸根处理,根系湿度大会加重根部腐烂的程度。

8.4.13 三七种苗运输

三七种苗不耐储运,且运输过程中忌高温,一般建议白天取苗,晚上运输。运输过程中利用透气的容器装种苗。种苗需顺序摆放,避免搬运过程中造成二次伤害。

8.5 三七大田生态栽培

8.5.1 商品三七种植区域选择

参照 8.4.1 建立商品化生产基地。

8.5.2 选地、整地和土壤处理

参照 8.4.2 进行商品三七种植过程中的选地、整地和土壤处理。

8.5.3 三七棚建设——遮阴避雨棚

参照 8.4.3 进行遮阴避雨棚搭建。

8.5.4 移栽定植

1）移栽时间

12 月至翌年 1 月。

2）种苗选择

选择达到一、二级质量标准要求的种苗。

3）种植密度

按 10 cm×12.5 cm、10 cm×15 cm、12 cm×15 cm 等规格，每公顷种植密度为 39 万~48 万株。根据种苗大小、气候条件、土壤质地等不同情况可做相应调整。

4）种苗处理

移栽时，按每百公斤三七种苗用拌种剂进行处理（拌种剂主要包含杀菌剂、生根剂等成分）。

5）种植方法

放置种苗时要求全园方向一致，以便于管理。坡地、缓坡地由低处向高处放苗，第一排种苗的根部向坡上方，第二排开始根部向坡下方，芽向坡上方，墒面两侧的根部朝内，芽朝外方放置。

6）施肥和覆土

用细土将三七种苗覆盖，以将整个种苗盖完，根、芽不外露为宜。

7）盖铺墒草

用松针均匀铺盖于墒面，以墒土或基肥不外露为原则。干旱地区或冷凉地区可采用地膜覆盖。栽种结束后，应视土壤墒情立即浇一次透水。

8.5.5 光照管理

1）光照需求

1200~1600 m 中低海拔地区需自然光照的 12%~15%，1600~2000 m 地区需自然光照的 15%~20%。

2）光照调节原则

三七是阴生植物，其对光照需求有别于常规植物。根据三七生长需求和季节性光照变化规律进行动态调光，一般遵循"前疏、中密、后疏"的原则。

3）调节透光率

根据三七生长的季节不同应做适时调整。三七出苗期（2～3 月）透光率为 10%，苗齐展叶后（3～4 月）透光率增加至 10%～15%，夏季（5～8 月）光照强，透光率调节为 15%左右，秋季（9～11 月）天气转凉，透光率逐渐扩大为 15%～20%。三年生三七在采挖前 2～3 个月可适当加大荫棚透光率，一般中海拔地区不宜超过 15%，高海拔地区不宜超过 20%，对提高三七产量有一定的作用。

4）修补荫棚

荫棚出现破损时应及时修补，保证三七荫棚透光适宜和均匀。

5）具体的光照管理措施

（1）二年生三七光照参数及调节

二年生三七光照 100～120 mol/（m^2·s）较合适。生产上需要根据三七的生长状况及光照强度的季节变化对光照进行适时的调节。

第一，肥水条件良好、长势健壮的植株，光照强度可以调整到高强度部分[接近 120 mol/（m^2·s）]，反之，则调整到低强度部分[100 mol/（m^2·s）]，光强的大小与植株的健壮与否有关。

第二，在 11:00 以前，光照强度可以调整到高强度部分，11:00～15:30 时段可以调整到低强度部分，15:30 以后可以调整到高强度部分。

第三，旱季调整到低强度部分，雨季调整到高强度部分。

第四，晴天调整到低强度部分，阴天调整到高强度部分。

（2）三年生三七光照参数及调节

三年生三七光照在 100～150 mol/（m^2·s）较合适。生产上需要根据三七的生长状况及光照强度的季节变化对光照进行适时的调节。

第一，肥水条件良好、长势健壮的植株，光照强度可以调整到高强度部分[接近 150 mol/（m^2·s）]，反之，则调整到低强度部分[100 mol/（m^2·s）]，光强的高低与植株的健壮与否有关。

第二，在 11:00 以前，光照强度可以调整到高强度部分，11:00～15:30 时段可以调整到低强度部分，15:30 以后可以调整到高强度部分。

第三，旱季调整到低强度部分，雨季调整到高强度部分。

第四，晴天调整到低强度部分，阴天调整到高强度部分。

8.5.6 温度管理

1）三七对温度的需求

三七属喜阴作物，适宜在 20～25℃的温度环境中生长，超过 30℃会造成高温伤害，削弱植株抗性。出苗期最适宜气温 20～25℃，土壤温度 10～15℃。生育期适宜气温 20～25℃，土壤温度 15～20℃。

2）温度的调节

三七对温度的耐受能力与三七的健壮与否有关。二年生和三年生三七温度在 15～28℃较合适。具体的调节参数如下。

第一，肥水条件良好、长势健壮的种苗，环境温度可以控制在＜28℃，反之，则控制在＜26℃，三七对温度的耐受能力与种苗的健壮与否有关。

第二，11:00～15:00，严格监控温度情况，一旦超过 28℃便要及时通风降温。

第三，冬季避免低温。低于−4℃的霜冻会导致三七冻害。严密监测气象变化，遇低温天气要实时扣棚保温，且控制土壤含水量，避免结冰。

8.6　三七水分管理

8.6.1　三七播种/移栽后至出苗前水分管理（12 月～翌年 3 月）

三七播种或移栽后要经常观察墒面情况，确保墒面湿润，不能出现土壤过干的现象。如果墒面过干要及时浇水，浇透为止，但墒面不能出现积水现象，雨水过多要注意排水防涝。

8.6.2　三七出苗后至雨季来临前水分管理（4～6 月）

三七出苗后对水分的需求比较高，林下土壤疏松，保水能力差，浇水要做到少量多次。三七从播种到出苗这段时间云南省大多数地区处于旱季，土壤处于比较干旱的状态，因此必须经常通过灌水来保持墒面湿润。三七种植土壤是否缺水的基本判定方法：抓一把三七种植墒的表层土，用手轻捏，松开后土壤成团，而轻轻一碰即松散则证明土壤水分处于适宜状态。

8.6.3　雨季水分管理（6～10 月）

云南省多数地区雨季持续时间较长，长时间降雨会导致土壤水分含量过高，容易导致病害暴发流行。因此，进入雨季后要在三七的种植带上搭建简易的避雨棚进行避雨，降低土壤水分含量，避免病害的发生。避雨棚有多种模式，要根据三七种植地的实际情况进行搭建，原则是简单有效，能达到避雨效果，避雨棚成本越低越好，同时也要注意不妨碍田间操作。具体的方法如下。

1. 雨后覆膜防病

雨季连续阴雨会导致三七病害加重且迅速蔓延扩散，所以雨季来临土壤被雨水淋透后就应立即采取避雨措施，避免连续降雨形成水膜进而导致病害发生。

2. 排水防涝

雨季来临后常形成积水，因此一定要注意排水防涝，通常通过三七地坡度和起垄可以有效避免涝水的情况。

3. 雨季土壤保湿

虽然雨季雨水较多，但三七根系主要处于 0～10 cm 土层，较高的起垄高度和长时间的避雨有可能导致墒面土壤过干。因此，当土壤水分含量不足时，要掀开三七种植行的避雨膜，让其淋雨后增加土壤含水量，直到土壤淋透水分适宜为止，再把膜覆盖起来，往后以此为例循环补充水分，直到雨季结束。条件允许的地区也可以通过人工喷灌补水，避免反复揭膜，减少劳动力投入。

8.7　三七肥料管理

三七育苗基地建议利用水肥一体化设施进行施肥。全年施肥总量：纯氮约 10 kg/667 m^2、纯磷 15～20 kg/667 m^2、纯钾 20～30 kg/667 m^2。通常追施 4～5 次，第一次在 3 月苗出齐后进行，随后分别在 5 月、7 月、8 月、10 月根据三七的长势情况进行施肥。推荐采用含有腐殖酸的水溶肥，通过叶面喷施的方式补充叶面肥或微量元素。三七种苗生长期氮肥不宜过多施用，否则会导致移栽后根腐病发生严重。

1）基肥

于三七种子播种或种苗移栽前，按每公顷 1.5 t 钙镁磷肥均匀撒于墒面再打穴，然后进行播种或移栽。

2）二年生三七的追肥

（1）展叶肥

4～5 月为二年生三七的展叶期，按每公顷 600 kg 有机肥+磷酸二铵 90 kg+硫酸钾 45 kg+适量细土，充分混合后施撒。4 月、5 月各施撒 1 次，施撒后必须将叶片上的肥料清扫干净，防止烧苗。

（2）生长肥

大量元素（N、P、K）和有机肥的施用量与种苗展叶期施肥相同。进入 7 月后每次每公顷需添加 5～7.5 kg 硫酸钾，施用频率为每 40 天左右一次。

（3）冬芽肥

按每公顷 600 kg 有机肥+磷酸二铵 90 kg，施用时间为 1 月到 2 月上旬。

3）三年生三七追肥

（1）展叶肥

4～5 月为三年生三七的展叶期，按每公顷 600 kg 有机肥+磷酸二铵 90 kg+硫酸钾 45 kg+适量细土，充分混合后施撒。4 月、5 月各施撒 1 次，施撒后必须将叶片上的肥料清扫干净，防止烧苗。

（2）生长肥

非留种田大量元素（N、P、K）和有机肥的施用量与种苗展叶期施肥相同。进入 7 月后每次每公顷需添加 5～7.5 kg 硫酸钾,施用频率为每 40 天左右一次。

（3）促花肥

在 7 月现蕾期增施一次中微量肥,按每公顷增施 20～30 kg 硼酸(硼肥)和 40～45 kg 硫酸锌（锌肥）,其他营养元素及肥料种类、用量与二年生三七的生长肥相同。

（4）冬芽肥

按每公顷 600 kg 有机肥+磷酸二铵 90 kg,施用时间为 1 月到 2 月上旬。

8.8　三七花果管理

8.8.1　摘蕾

商品七生产田块应在 7 月中下旬三七花蕾生长到 3～5 cm 时人工将其摘除。

8.8.2　果实管理

从长势良好、健康的三年生三七园中挑选植株高大、茎秆粗壮、叶片厚实宽大的三年七为留种株,并做好标记,精心管理,至 11 月上旬左右待种子成熟时分批采收。制种田要求在相对隔离的区域,与其他三七园间隔距离至少 500 m。三七现蕾时期摘除花蕾。制种田三七对透光率的要求较低,应将荫棚透光率调整为 10%～13%。6 月以后三七进入现蕾期,需将弱、病植株花蕾摘除。8～9 月是三七的开花期,此时应保持田间空气湿度在 75%～85%,以利于开花。若空气湿度不够,应在田间进行人工喷水;湿度过大则打开园门通风排湿。当三七进入盛花期可以喷施 1～2 次 0.1%～0.5%的食糖或蜂蜜溶液于三七花蕾上,吸引昆虫前来授粉。三七花序对农药较敏感,易产生药害,在制种田三年生三七花期使用农药必须谨慎,使用浓度应为常规用量的 2/3。在三七展叶期、现蕾期分别选择螯合态多元复合肥、云大-120 等叶面肥其中之一喷施 2～3 次。

8.9　三七病害生态防控技术

8.9.1　主要防治对象和发生流行规律

三七性喜温暖阴湿,其独特的生长环境易诱发多种病害,且随着三七在各地种植年限增加,病害种类、发病面积及严重程度都逐年增加,严重影响三七的产量和质量。三七的病害一般以叶部病害为主,包括圆斑病、黑斑病、白粉病、炭疽病等。地下部分病害包括根腐病、线虫病、立枯病、猝倒病。尤其以线虫病害发生最为普遍。

8.9.2　防治原则

三七病害防治坚持"预防为主,综合防治"的原则,通过物理防治措施,改变病害发生条件,有效控制病害的发生和危害,避免使用农药或减少农药的使用量。

8.9.3　主要防治方法

1. 基础措施

三七病害预防首要是种植地的选择，土壤需要无病原菌、重金属及其他有害化学物质污染；透光率适宜、温湿度合适的地块是确保三七健康生长的前提。除此之外，种植基地的合理设计、良好的排水措施、适宜的坡度等基础条件都有利于植物生长及减少病害发生。

2. 常规措施

常规措施是指三七生产过程中以消除、预防病虫等有害生物为目标的方法和措施。首先，加强植物检疫，选择纯净不携带病原菌和虫卵的种子种苗是预防病害最直接的方法；其次，及时清除种植区三七病株残体和杂草，也是预防和减轻病虫害发生的有效手段。

3. 物理调控

雨季利用避雨棚调控雨水，创造不适宜病害发生和传播的小气候条件，是控制绝大多数三七病害发生流行的最佳方法。云南省多数适宜发展三七种植的地区雨水主要集中在夏季，雨季空气湿度过大，降雨较多，三七的各种病害频发。所以在雨季来临之前，要清理三七地的排水沟，采取适当的避雨措施以确保三七不发病。

4. 生物防治

三七病害发生前可以采用生防菌、生物源杀菌剂、植物诱抗剂等产品进行病害的预防。可以使用的生物防治产品[参照《有机产品》（GB/T 19630.1—2011）]有植物和动物来源，如小檗碱、甲壳素、蜂胶等；有微生物来源，如真菌及真菌提取物剂（如白僵菌、轮枝菌、木霉菌等）、细菌及细菌提取物（如苏云金杆菌、枯草芽孢杆菌、蜡质芽孢杆菌、地衣芽孢杆菌、荧光假单胞杆菌等）、病毒及病毒提取物（如核型多角体病毒、颗粒体病毒等）。

5. 三七线虫生态防控

三七种植前进行土壤中植物寄生线虫的检测，土壤中寄生性线虫密度<20 头/100 g 时为安全土壤。当土壤中植物寄生线虫的数量超过安全阈值，可以选用一些符合有机标准的生物源杀线虫制剂及微生物制剂进行线虫的防治。

6. 化学防控

三七生态种植中应尽量减少农药使用。如没有足够有效的农业、物理和生物措施，在确保人员、产品和环境安全的前提下，可合理使用低风险的农药。所选用的农药应符合相关的法律法规，并获得国家农药登记许可，是农药登记规范的农药产品。应选择对主要防治对象有效、对三七生长低风险的农药品种，提倡多种病害兼治以及具有不同作用机制的农药交替轮换使用。农药宜选用悬浮剂、微装悬浮剂、水剂、水乳剂、微乳剂、颗粒剂、水分散粒剂和可溶性粒剂等环境友好剂型。

8.10 三七虫害生态防控技术

8.10.1 三七害虫发生及种类

三七生长发育过程中，常常受到多种害虫的危害，不仅会降低三七的产量，还会影响三七的品质。害虫可以通过取食、在作物组织内产卵、引起病菌感染危害三七，以及直接传播作物病害。它们危害三七的种子、种苗、块根，甚至啃食叶片或吸食叶片、茎秆、花蕾等上的汁液，造成植株发黄、皱缩或畸形等症状。三七的主要害虫有蚧斯、蝗虫、灶马、斜纹夜蛾、小地老虎（俗称黑土蚕）、蓟马、蛴螬（俗称白土蚕）等。

8.10.2 三七害虫防治原则

三七虫害防治以生态防治为主，通过利用生物间相生相克、物理调控等手段控制害虫的发生和危害，避免农药的使用。

8.10.3 三七害虫的控制措施

1. 生态防控害虫

松树等针叶类植物能释放出引诱天敌昆虫或驱避害虫的化学物质，如 α-蒎烯、β-蒎烯、3-蒈烯、水芹烯等。因此，可以选择一些趋避剂生态防控害虫。

2. 害虫危害转移防治

三七叶片中由于含有生物碱等成分，因而并不是害虫取食的最佳选择，但由于三七地植被种类较少，迫使害虫取食危害三七。三七种植过程中，在不影响三七生长的前提下保留一些杂草及其他植物，或人工种植害虫喜食的植物如小白菜等来转移害虫取食，降低害虫对三七的危害。

3. 物理措施防治害虫

1）食饵诱杀。许多害虫对具有某些气味的食物有明显的趋向性，因此可通过配制适当的食饵来诱杀害虫。例如，配制糖醋液可以诱杀小地老虎和斜纹夜蛾等夜蛾类成虫，降低成虫数量，减少其交配和产卵量，从而减少下一代的数量。糖醋液还对金龟子具有良好的诱杀作用。

2）潜伏场所诱杀。许多害虫具有选择特殊环境潜伏的习性，因此可以在三七种植带周围成堆放置白菜叶或莴苣叶（一般 5 片菜叶放为一堆），诱集一些害虫在白菜叶中潜伏，再集中捕杀。

4. 利用害虫的天敌防治害虫

天敌是一类寄生或捕食害虫的一些昆虫或其他小动物，它们长期在农田、林区和牧场中控制着害虫的发展和蔓延。三七害虫的天敌种类很多，包括瓢虫、螳螂、食虫虻、步甲、草蛉、寄生蜂、蜘蛛、青蛙和蟾蜍等，可以通过保护和利用这些天敌，或人工投放这些天敌，来生物防治危害三七的害虫。

5. 利用性诱剂防治害虫

放置性诱剂，能诱捕害虫，或迷向干扰害虫的交配，从而减少害虫下一代的虫口数量。但由于害虫的性诱剂具有诱集种类的专一性，因此在放置性诱剂时要根据害虫的种类，有针对性地放置某一害虫的性诱剂。

6. 利用生物农药防治害虫

在害虫数量较大时，可喷施苏云金杆菌、白僵菌、绿僵菌等生物制剂防治斜纹夜蛾、小老虎等鳞翅目害虫的幼虫。还可通过在土壤中施用绿僵菌分生孢子粉剂或颗粒剂，防治土壤中的蛴螬等害虫（表 8-7）。

表 8-7　三七生态种植中优先使用的药剂

种类	组分名称	防治对象	每公顷用量（有效成分）
植物和动物来源	楝素（苦楝、印楝素）	半翅目、鳞翅目、鞘翅目	98～118 g
	苦参碱	黏虫、菜青虫、蚜虫、红蜘蛛	7～10 g
	乙蒜素	半知菌引起的植物病害	300～360 g
	芝麻素	抗病毒、杀菌剂、杀虫增效剂	350～400 g
	氨基寡糖素	病毒病	60～80 g
	天然除虫菊素	用于防治卫生害虫，如蚊、蝇、臭虫、蚜虫、蓟马等	23～38 g
	毛鱼藤	蚜虫、飞虱、黄条跳甲、蓟马、黄守瓜、猿叶虫、菜青虫、斜纹夜蛾、甜菜夜蛾、小菜蛾等	800～1 600 mL
微生物来源	球孢白僵菌	夜蛾科、蛴螬、棉铃虫	15 亿～21 亿个孢子/m²
	哈茨木霉、木霉菌	立枯病、灰霉病、猝倒病	喷雾 0.03 亿～0.04 亿个孢子/m²，灌根 12 亿～18 亿个孢子/m²
	灭瘟素（2%）	灰霉病、圆斑病、黑斑病	500～1 000 g
	淡紫拟青霉	线虫	38～45 g
	苏云金杆菌（16 000 IU/mg）	直翅目、鞘翅目、双翅目、膜翅目和鳞翅目	1 500～2 250 g
	枯草芽孢杆菌（1 000 亿芽孢/g）	白粉病、灰霉病	300～600 g
	蜡质芽孢杆菌（20 亿芽孢/g）	细菌性病害	400～600 g
	甘蓝核型多角体病毒（10 亿 PIB/g）	夜蛾科幼虫	1 200～1 500 g
	斜纹夜蛾核型多角体病毒（200 亿 PIB/g）	斜纹夜蛾	45～60 g
	小菜蛾颗粒体病毒（300 亿 OB/mL）	蛾类	375～450 mL
	多杀霉素（10%）	蝶、蛾类幼虫	18～26 g

续表

种类	组分名称	防治对象	每公顷用量（有效成分）
微生物来源	乙基多杀菌素（60 g/L）	蝶、蛾类幼虫，蓟马	9～18 g
	春雷霉素（2%）	半知菌、细菌	24～30 g
	多抗霉素（1.5%～10%）	链格孢、葡萄孢和圆斑病	80～100 g
	多抗霉素 B（10%）	链格孢	128～150 g
	宁南霉素（2%～10%）	白粉病	75～113 g
	中生菌素（3%～5%）	细菌	38～53 g
	绿僵菌	真菌杀虫剂	23 亿～28 亿个孢子/g 或 50 亿个孢子/g 以上
	井冈霉素（5%）	真菌	100～150 g
	硫酸链霉素（72%）	细菌	80～100 g
生物化学产物	香菇多糖（0.5%～2%）	病毒病	12～18 g
	几丁聚糖（0.5%～2%）	叶斑病	10～13 g
矿物来源	石硫合剂（29%）	杀菌、杀虫、杀螨	0.5～1°Bé
	波尔多液（80%）	杀菌	75～100 g
	氢氧化钙	杀真菌、杀虫	700～1 400 g
	硫酸铁	杀软体动物	400～1 000 g
	硅酸盐	趋避剂	20 g
	氯化钙	用于治疗缺钙症	1 000～2 000 mL
有机合成农药	定虫隆（拟太保）（5%）	鳞翅目幼虫	40～140 g
	克螨多	螨	2 000～3 000 g
	百菌清	霜霉病	500～600 g
其他	明矾	杀菌	75～100 g
	石英砂	杀真菌、杀螨、驱避	1 000～1 500 g

注：表中 PIB 指多角体病毒；OB 指颗粒体病毒

8.11　三七杂草生态控制

杂草是作物最主要的有害生物之一，是农业中最早的有害生物，其存在伴随着农业的产生与发展。我国的生产方式长期是种植和畜养结合，农田杂草可作为牲畜的食物而进入家庭生产生态系统，所以杂草和草害问题长期得不到重视。在发达国家，几百年前农业已经进入产业化、规模化、专业化阶段，除草成本高、周期长等草害问题长期位列农业有害生物问题的首位。当前，我国社会主义建设进入新阶段，农村劳动力人口加速向城市转移，农村劳动力数量和水平均直线下降，劳动力成本逐年上升，除草成本随之快速上升，防治杂草的成本逐渐上升为农业有害生物的主要支出。据最新统计，农民用于支付草害的成本占植物保护成本的 60% 以上，远高于病害和虫害的支出，而用于防治杂草的农药支出长期占到农药市场的 50%。在我国欠发达的山区，中草药种植过程中限制除草剂的使用，杂草主要依赖于人工防除，其经济成本、劳动力成本和时间成本更是占据有害生物防治成本的 70%～80% 其至更多，成为特种农业经营中需高度重视的问题。三七是云南重要的经济作物，近年来由于其市场潜力不断被发掘，种植面积逐年扩大，同时劳动力成本和草害防治成本也逐年上涨。因此，搞好三七的草害防治是三七生产的重要内容。

8.11.1 三七草害的发生特点

三七原为林下草本植物，其对环境的需求与阴生或喜阴植物相似。针对这个特点，现在人工种植三七也是基本模拟自然环境的特点采用遮阴种植或林下种植。

遮阴栽培目前是三七的主要种植方式，所采用的主要技术环节是在耕地上搭建支架并盖好遮阴网，仅保留少量光线以保障三七对弱光照的需求。土壤种子库是杂草的主要来源，三七种植以前，原有的耕地里面贮藏着大量的杂草种子，当土地改全光照栽培为少光照栽培以后，土壤种子库中的杂草种子还是与全光照作物栽培地一样，萌发危害三七的生长。但通过遮阴网处理以后，到达土壤表面的光线强度已经大大下降，这样对于一些需光性强的杂草，其种子萌发和生长多少受到一些影响。因此需光性强的阳生性杂草在三七地的发生和危害就会降低。光照强度降低，一方面减缓了需光性强的杂草的生长，但另一方面却促进了需光性弱的杂草的生长，以及一些低等的苔类和藓类杂草的生长。三七生长不仅需低光照强度，同时还需要高湿度，三七种植棚中空气和土壤湿度相对露地栽培大大增加。因此，耐旱性杂草由于不适应湿生环境或竞争力不强难以大量生长，如藜、苋和禾本科的马唐等逐渐被喜湿的植物如空心莲子草、双穗雀稗、打碗花所取代。三七栽培不同于农田作物，三七对土地肥料特别是速效肥料的需求较少，因此耕地改种三七以后，土壤中胜红蓟和粗毛牛膝菊等喜肥杂草数量在不断减少。另外，三七是多年生植物，种植后 2～3 年里土地基本很少翻动，其杂草种类也逐渐由一年生向多年生杂草过渡。

三七林下栽培是近年来新发展起来的中药材种植模式，此种植方式让三七栽培回归自然。所以林下三七杂草种类基本来源于森林本身，种类不会发生大的变化。当然不同的种植区域，林木种植如杂木林和松树林，林下草本植被分布有一些差异，但总体而言杂草发生种类和数量均不同于耕地中的杂草。但在三七种苗移栽过程中，一些杂草也可能随泥土进入林地。但林地环境特殊，光照弱，湿度大，土壤的结构和理化性质不同于耕地（如土壤腐殖质含量远高于耕地）。因此，耕地杂草在林下环境中难以长期存活或生存。

8.11.2 三七草害的防治

植物保护多年来形成了"预防为主，综合防治"的基本策略。预防为主是基础，就是为了防止有害生物的传入。做好预防性防治可以起到事半功倍的作用。而杂草一旦传入，就要在杂草发生早期，也就是杂草危害出现之前将杂草控制住，这样杂草防治的效益才显著。

1. 预防性措施

三七是区域性特种作物，其适生区有限，不涉及跨区域性的种植调动，所以一般不需要通过检疫措施来控制杂草的危害。但对由种苗、有机肥等携带的杂草种质也要采取预防性措施。

1）防止种苗携带

近年来，由于三七连作障碍的问题，三七的种植已逐渐向云南的中部和东北部扩展。三七在培育种苗的过程中，主要以种子传播、扩散。由于我国尚未建立严格的种子调动国内法规，特别是三七这种小众药材就更缺乏相关法规了。三七的种质调动基本是市场行为，缺乏政府有效监管，种子在调动过程中并没有严格的检疫环节，所以三七在收获过程中携带的杂草就可能随着种质调运而传播开来。另外，种苗的栽培过程也基本是带土移栽，土壤中的种子很容易随着种苗的调运传播到其他地方，由于种苗较大，须根较多，携带土壤也较多，种苗携带杂草种质的可能性远高于种子。因此三七生产者在种子和种苗调动过程中需注意杂草的携带问题，尽量选用干净、无杂草种子污染的种子或种苗。同时地方上要出台相应的法规，以遏制这种无序的市场行为。

2）施用腐熟有机肥

施用有机肥是一种提高作物抗性和提高农产品品质的重要措施。三七原产于林下，对土壤有机质的需求较高。三七栽培过程中有机质主要来源于作为底肥施入田间的动物粪便、农作物秸秆等形成的厩肥或堆肥，有机肥中有活力的种子是田间杂草的重要来源。一般情况下由于农田杂草防治不彻底，田间作物收获后，杂草随农作物秸秆收获。在作物秸秆收获期会带来大量成熟的杂草种子，有机肥堆放过程中，这些杂草种子并不会腐烂死亡，这些有机质肥料直接施入田间后反而会增加田间土壤种子库，加重对下茬作物的危害。所以，在施用有机肥时一定要充分腐熟，有机质形成的高温高湿环境会加速杂草种子的腐败，最终影响杂草活力种子的数量，将这样的有机肥施入田间后，就减少了田间杂草的危害。

3）客土措施

现在的人工栽培三七选用的土地是农用耕地，这类田地在长期耕作栽培过程中积累了大量的杂草种子。在三七种苗或种子萌发过程中，杂草萌发会给三七生产带来巨大的危害，产生了较高的防治成本。客土栽培是生产上一种重要的栽培措施，其目标主要是减轻土壤中已经存在的有害生物问题，在很多作物的生产中起到过重要作用。三七的耕作层不厚，选用消毒过的不含杂草种子的新鲜土壤，在现在的土壤上面覆盖 5～10 cm 干净无污染的新土，既可减少土壤种子库的数量，也可起到预防土壤中病原菌危害的作用。

4）提前诱杀

杂草起源于土壤中萌发的种子，土壤耕作层的活力种子库大小决定着杂草发生危害的水平。杂草防治中的一项重要技术就是减少土壤中种子萌发数量，在化学防治领域也称为土壤处理或者苗前处理。作物栽培过程中，土壤含有大量杂草子实体，如果不进行化学处理，杂草种子萌发和生长将对作物生产造成严重的影响。三七的栽培环境中土壤湿度较高，有利于多年生杂草的生长。多年生杂草往往很难通过人工防治的方式来控制，因此，在开展三七种植之前 1～2 个月内对三七种植地进行杂草种子诱杀是比较有效的田间杂草控制措施。诱杀主要采用灭生性内吸性除草剂，根据情况不同采用茎叶处理或者土壤处理的方式进行。苗前杂草防治在杂草的治理方面具有重要的意义和价值。从目前来看，由于大家对除草剂认识的偏差，苗前不重视杂草的防治，导致三七生长季田间杂草防治形势严峻。特别是一些多年生杂草，反复拔掉三五次依然无法根除。

5）深翻

土壤种子库中 90% 以上的杂草种子集中在 30 cm 以内的耕作层，而深层土壤中的杂草种子比较少。通过机械化的深翻，将表层携带大量杂草种子的土壤压到土壤深处，在土壤深处的杂草种子缺乏光照、通透性不足或者湿度不足，从而难以萌发。

"智慧在民间"，农民在长期的生产实践中积累了许多行之有效的措施，在实际过程中可灵活使用。但同时我们也应该看到，我国农业生产水平还比较落后，人们对预防为主的综合防治体系还认识不到位，这种情况不仅出现杂草防治上，在病虫害的防治上也是一样；人们习惯于见到杂草才进行防治，殊不知这个时候进行防治为时已晚，不仅资金、技术、人员投入量大，而且效果差、费用高。三七的病虫草害标准化防治体系的建立对于七农有非常重大的意义。

2. 物理措施

物理防治措施是农业有害生物防治中的重要措施，由于高效、无污染，在植物保护领域和植物检疫领域有广泛的应用。但物理防治能源消耗和防治成本较高，成为限制其使用的一个重要问题。不过对于经济价值较高的三七来讲，有些措施还是值得尝试的。

1）蒸汽消毒处理

蒸汽消毒是指将水加热成高温水蒸气，通过管道运输到需要处理的地方，对土壤进行蒸汽加热，经过短时间的处理，杀死土壤中有害生物的防治方式。蒸汽处理广泛应用于植物保护领域和植物检疫领域，在园艺栽培上使用尤为普遍。一般是在苗床的基质下面铺设蒸汽管，蒸汽管直径以 10～15 cm 为宜。两排蒸汽管的间隔为 20～30 cm，每根蒸汽管上间隔 20～30 cm 打一个小孔，然后在上面依次铺一层孔径较小的尼龙网和基质。蒸汽管最好是铁质的，塑料的蒸汽管在高温作用下，老化的速度较快。三七的苗床有机质含量高，有机质含量高的土壤中往往杂草种子较多。在三七播种之前，利用高压锅炉产生的高温水蒸气处理基质 30～40 min，可有效杀死土壤中的病原菌、虫卵和杂草种子，达到一次处理解决全生育期的病、虫、草害问题（杨雅婷等，2015；王凤花等，2019）。蒸汽热处理设备，虽然投入成本高，但设备使用周期长，病、虫、草通杀，如果育苗规模足够大，其生产成本还是可以接受的。大田三七土壤蒸汽处理也可以采用移动式高湿蒸汽机处理，但这种方法人工费太高，效率较低。

2）火焰消毒

火焰消毒处理土壤，杀灭土壤中有害生物繁殖体的原理与蒸汽消毒处理相同。近年来国内外一些农业机械公司均在开发土壤火焰消毒设备，其原理是在土壤旋耕机的后面增加一排火焰喷射装置，其燃料主要是液化石油气或天然气。旋耕时，土壤在上升的过程中，火焰喷射管喷出的火焰对土壤进行瞬间加温，土壤在下落的过程中，又有一排火焰喷射管喷出火焰进行二次加温，这样保障在土壤消毒过程中 1000℃瞬间温度维持 2～3 s。通过这个高温处理，可杀死土壤中的病虫草害繁殖体（刘天英等，2017）。通过火焰旋耕机处理过的土壤病虫草害的发生率极低，特别是对杂草而言，在生育期内基本不会发生草害，防治效率较高、安全性高。

3）土壤覆盖

土壤覆盖是一种比较常见的农业措施，通过土壤覆盖可以起到保水除草的目的。覆盖除草的原理包括两个方面，第一，通过覆盖处理减少了土壤表层的光照强度，降低了杂草的出苗率和生长势。第二，杂草即使可以萌发，也被限制在覆盖物以下，减少了杂草与作物竞争光照的作用。因此，通过覆盖处理，农作物田基本不用除草。由于三七一般 12 月种植，翌年 2～3 月才出苗，因此三七覆盖治草可以像其他作物一样，在三七种植以后在土壤表面喷上土壤处理剂，降低可萌发的种子数量，这样再结合覆盖处理，防草效果又会得到大幅度的提高（付小猛等，2016）。

（1）塑料膜覆盖

塑料膜覆盖是最常见的土壤覆盖技术。由于塑料膜的成本较低，应用较为普遍，特别是在缺水的地区。在云南，三七种植和出苗的时期均属于气象干旱季节，自然降水少。通过塑料膜特别是黑塑料膜处理可大大降低田间杂草的出苗率，提高水分利用率，降低出苗杂草与三七的竞争能力（谭继清，1983；郑跃泉等，1987）。

（2）松针覆盖

松针覆盖是目前三七种植使用最普遍的覆盖技术。由于三七一般种植在山区，三七生长季水分缺乏，山间松树较多，农民便想出了利用松针覆盖的方法来解决三七缺水的问题。并且松针资源丰富，以前只需花少量人工就可以获得大量松针，成本较低，因此普遍使用。而且松针本身有一些挥发性物质可以起到防病防虫的作用。松针覆盖一般需覆盖 5 cm 以上，三七种植棚内光线本来就弱，再通过松针覆盖层到达土壤表面的光线就极少，这种方式可以大大减少土壤中的杂草种子萌发。但是，松针覆盖是一把双刃剑，松针本身也会带来大量杂草种子，从而可能会增加危害。因此，松针覆盖是否一定会降低杂草的危害取决于松针携带杂草种子的数量。另外随着三七种植面积的不断扩大，林下松针也面临短缺的问题；而且这种掠夺式收集松针的做法是否会对森林生态造成影响还有待进一步研究（杨迪等，2013；张舒娜等，2015；侯召云和扬帮喜，2016；王文俊等，2016）。

（3）秸秆覆盖

利用农作物秸秆覆盖来减少杂草危害是农业上广泛采用的一种杂草防治措施。现代的作物高产栽培技术，种植密度高，秸秆生产量高，农民有时为如何处理这些秸秆而发愁。当下在云南玉米种植的面积较大，玉米收获后即将种植三七，将玉米秆或稻秆用于覆盖三七地是一项不错的选择。当然也可以选择其他农作物秸秆。但是，采用秸秆覆盖也是有风险的。第一，秸秆中可能携带许多杂草种子，增加杂草的危害。第二，秸秆中携带的病原菌、虫卵可能会加重三七病虫害的发生。如果有足够的人力，可以用石灰水将秸秆浸泡一天，捞出晾干后再用来覆盖，就可减少秸秆中所含病虫草的影响。所以农作物秸秆覆盖要注意有选择地执行，不能因此而导致其他有害生物发生更严重。

3. 栽培防治措施

栽培防治杂草是最古老的杂草防治措施，在某些情况下，也是唯一的防治措施。栽培防治杂草的内容丰富，技术种类比较多，下面就此一一讲述之。

1）人工拔除

人工拔除是最直接的杂草防治措施，也是目前三七杂草防治的主要方法。三七栽培一般采用起垄高墙栽培，同时结合松针覆盖，由于三七种植的冬春季比较干旱，很多时候需要人工浇水。春季杂草萌发量较少，在浇水的过程中工人可以顺便将杂草拔除。进入雨季后，气温高、杂草萌发量大，但松针覆盖较厚且限制了其他除草措施，在目前的生产水平条件下，夏季人工拔草也几乎是唯一的除草措施。人工拔草效果与除草时机密切相关，不能过早也不能过晚。过早杂草太嫩太小，容易拔断，难以彻底去除；杂草过大，拔草时容易将三七一起带出土壤，导致缺水死亡。第一年种植季杂草的发生量较大，进入 7～8 月三七封行后，杂草发生危害的程度较低，人工除草需 5～7 次。进入第二年生长季土壤萌发层的杂草种子数量有限，杂草的发生量较低，一般 3～5 次人工除草基本可以解决问题。

2）合理密植

合理密植是一种重要的生态和农业控草措施，是通过降低行间光照强度，降低土壤表层土壤种子的萌发数量而达到控制杂草的一种方式。三七种植一般采用 20～30 cm 的株行距，这种种植密度是有利于杂草防治的。但由于三七种植过程中会有部分死棵，造成土壤表面裸露较多，为杂草的萌发危害创造了条件。因此三七苗出现死棵以后，要及时补种，避免土壤表面的裸露，这样可以减少杂草的危害。

3）筛选抗草品种

三七是一种野生药用资源，人类开始种植的历史不过百年，现在生产上基本还没有形成规模化的三七品种。杂草可能成为三七种植过程中非常重要的有害生物，在三七品种选育过程中，将抗草特征作为一种筛选方向也是可行的。三七生长环境特殊，草害发生的种类多，针对人工三七栽培环境下主要杂草种类开展定向抗杂草的三七种类筛选是可行的（萧凤回等，2003）。

4）间作高秆中草药

云南是中草药资源大省，人工种植的药用植物种类很多。一些种植大户或公司实际上开展的是多种中药材的种植。间套种是一种重要的控制杂草的措施，其原理主要包括两方面。第一是通过间套种提高光能利用率，减少杂草接触光照的机会，从而减少杂草的发生；第二是间作植物通过释放的化感化合物抑制了某些杂草的生长，达到控制杂草的目的。大多数中草药为野生植物资源，人类通过遗传育种定向改造的程度较低，植物体内存在许多天然抗草活性成分。通过间套种的方式不仅可以控制杂草的发生，还提高了单位面积的产值。如可采用间作三七和重楼的方式实现控草的目标。

5）间作于园林、花卉之下

云南是花卉产业大省，是我国乃至亚洲最大的花卉种植基地。丰富的花卉资源为药、花多样化种植提供了可能。花卉和中药材均属于经济价值比较高的经济类作物。中药材种植企业可以向花卉企业多学习栽培技术。从目前来看，云南花卉种植业的种植技能、设施设置的投入水平均是行业中领先的。而大多数中草药种植水平则比较低。花卉资源丰富，木本、草本植物均可和三七混合种植，利用二者的资源互补，达到控制杂草的目的。此外，林木育苗基地中，大量苗木生长在一起，种植密度和林下环境特别适合三七种植。这样，这些高秆的花卉和木本植物下面均可种植一些三七，提高资源利用率，降低三七生产成本，降低杂草防除成本（潘启龙等，2011；萧小，2015；苏民，2017）。

6）林下种植

三七林下种植在最近几年发展得比较火热，原因是云南有许多林地为人工种植林，特别是松树林，土层深厚，有机质丰富。三七本身就是林下植物，林下环境是三七的天然生长场所，人工开垦林下种植扩大了三七的生长空间和范围。林下由于光照强度较弱，湿度相对较高，而农田的恶性杂草往往不适应这种阴生环境，所以杂草发生量较低（潘启龙等，2011；萧小，2015；苏民，2017）。林下三七种植基本不用防治杂草。当然三七在林下可能也具备天然的抗草能力。

7）利用化感作用

利用化感作用控制杂草是近年来比较热门的研究方向。化感作用在生产上主要有两种利用方式，第一种是在行间覆盖具备化感活性的植物秸秆，这些秸秆释放的化感物质可能会抑制某些杂草的生长。像利用松针覆盖、青蒿覆盖等均可起到控制杂草的目标。第二种是特意地间作一些化感植物，如荞麦就具备较强的抗草能力。三七生态种植可结合实际情况，在当地寻找一些抗草能力强的草本植物，将其覆盖于三七行间或与三七进行混合种植，降低杂草的天然发生率。

8）土壤调理

杂草的发生与土壤条件是分不开的，如土壤的肥力状况、土壤的酸碱度、土壤的有机质含量等。对于一些发生量比较大的杂草，研究其适生环境的特征，结合三七种植所需的土壤条件，在土壤中特意增加或控制某些条件而达到限制杂草生长的目标。

三七杂草控制，甚至整个中药材杂草控制，是植物保护领域的新课题，杂草控制技术在许多人看来貌似没有技术含量，通过人工拔除即可完成。但当下人工成本逐年提升，光是通过人工拔除进行杂草控制成本高、周期长、效率低。当然三七地杂草的防治需要综合措施，不能偏向于一种措施。杂草的防控既要坚持"安全、有效、经济、简单"的植保方针，又要防止片面追求效益而忽视相应的社会问题。

8.12　三七鼠害生态控制

鼠类是鼠形动物的泛称，狭义的鼠类是指对人类有害的啮齿动物或其他鼠形动物类群，俗称"老鼠"或"耗子"。广义的鼠类是陆生生物中一个大类群的总称，包括所有的啮齿类动物和食虫目动物。而植物保护上常说的害鼠泛指啮齿目和兔形目（啮齿类动物）中的所有有害动物。它们均全身被毛，四肢发育正常，脚趾末端具爪，嘴吻部略前突，但不呈狭长的尖锥形，其最突出的特征为头骨上下颌均具有两颗终生生长的大型凿状门齿。仅门齿的面部具珐琅质，无犬齿，在门齿和颊齿之间有很大的齿隙。鼠类是哺乳动物中的一大类群，全世界目前已知哺乳动物有 4321 种，其中啮齿目 1738 种，兔形目 70 多种，食虫目 350 种。我国目前已知啮齿动物有 180～200 种，食虫目 9 种。

鼠害是鼠类动物对生产造成的危害，是相对人的生活和生态活动评估的一种经济概念，只有在生态系统遭到破坏而人类又在继续利用这个系统改造或恢复这个系统，且鼠类干扰了人类活动时才有鼠害发生。因此，鼠害是指鼠类对人类的生产生活以及生态环境或生存条件造成直接或间接的经济损失或负面的影响，只有害鼠的密度超过了一定限度或者危害阈值时，才对人类有害。根据受害对象不同，可将损害分为农业鼠害、牧业鼠害、林业鼠害、农户鼠害、城市鼠害、卫生鼠害、工业鼠害和交通鼠害等。

农业鼠害是指许多鼠类栖于各类农田或农田周围危害农作物的根、茎、叶、花、果实、种子等，这些鼠类大多数分布广，数量大，繁殖力强，数量变化大，给农业带来严重的危害。鼠害是一个世界性问题，仅在亚洲每年鼠害造成的损失就约为水稻总产量的 6%，总计 3600 万 t，可供 2.15 亿人食用 12 个月。我国也是一个农业鼠害十分严重的发展中国家，全国农技推广中心 1987 年至 2012 年的统计表明，每年农田鼠害发生面积 0.2 亿～0.4 亿 hm^2，由鼠害造成的粮食及蔬菜作物损失达 1500 万 t，占总产量的 5%～10%（郭永旺等，2013）。鼠害对农业的危害几乎涉及所有的农作物及其整个生育期。水稻、小麦、玉米、豆类、甘蔗以及瓜类和蔬菜等主要作物均是害鼠摄食的对象。根据全国农技推广中心的统计数据，我国 31 个省（自治区、直辖市）农区均有鼠害发生。较严重的黑龙江、吉林、云南、贵州等省份均出现局部大发生。

8.12.1　三七地鼠害发生的特点

三七为云南特有的经济作物，种植区域为热带或亚热带海拔较高区域，一年四季温差较小。目前发现，老鼠危害三七主要发生期是在三七种子或种苗播后至出苗初期，也就是12月至翌年4月，5月以后鼠害发生危害较少。由于在这个季节为云南的冬季，农田中的作物比较少，是一年中温度最低、干旱较为严重的时间。老鼠田间可取食的适口性食物较少，三七人工集中种植也为老鼠提供了丰富的食物，解决了食物问题，所以发生量较大。而进入5月以后，田间已经有大量农作物出现，老鼠可选择的食物种类比较多，而三七也已经扎根土壤，挖掘比较费劲。最关键的是三七根作为一种中药材，气味大、偏苦，适口性差，不易成为老鼠的主要选择，因此，鼠害的发生就轻多了。因此，三七种植后至萌发初期为三七鼠害发生最严重的时期。

8.12.2　三七地鼠害防治的原则

三七地灭鼠工作总的原则是坚持"预防为主、综合防治"的植保方针。灭鼠过程要安全、经济、有效。三七地灭鼠涉及的范围广，应保证灭鼠过程中人、畜、禽都不受到伤害，这是三七地灭鼠工作的前提。而且，开展三七地灭鼠工作在保证安全的条件下，还要力求经济有效。三七地灭鼠的策略是：用生态学的观点，综合考虑各项措施的有机结合与协调，注重整体效益，这是解决当前各种场所鼠害的主要对策。要正确使用杀鼠剂，保护、利用天敌资源，同时要结合基本建设因地因时控制鼠害以达到综合防治的效果。

8.12.3　三七地鼠害防治的决策

（1）把握防治时机

老鼠的危害众所周知，但在什么时间、什么密度下进行防治是鼠害防治的关键问题。根据农田害鼠发生繁殖危害规律，结合耕作制度和气候特点等因素进行综合分析。关于三七地鼠害防治尚未进行过科学系统的研究，但可以参考农田鼠害的防治方法，三七地鼠害的防治重点时机就是播种后出苗前。

（2）正确防治决策

鼠害防治应采取突击灭鼠与定期灭鼠相结合的方法。鼠害比较高发的地区需要突击灭鼠，就是利用化学药剂，大范围或全方位地统一行动，农田和农舍同步，加快压低密度，以减少损失。单家独户或小范围开展只能取得短期效应。在统一灭鼠中按照"五统一""五不漏"的原则开展灭鼠工作。做到"统一组织领导、统一筹集资金、统一宣传培训、统一鼠药供应、统一投饵"，投放毒饵时，要做到"县不漏乡、乡不漏村、村不漏户、户不漏田"。老鼠的繁殖力强，即使防治效果达到90%，其残余在一年左右也可基本恢复到防治前的密度。鼠害密度低的地区，需要经常性灭鼠。应改变适宜鼠类繁殖的条件，如采取耕翻土地、破坏鼠巢、灌水、清洁田园、合理安排作物布局、调整播种期、保护利用天敌、设置毒鼠盒等一系列措施，持之以恒将鼠害控制在低密度水平下。

（3）普及技术要领

不同的鼠种和不同的农业生态环境，鼠害的发生规律有所差异。因此，必须因地制宜、因鼠制宜采取综合防治措施。例如，通过农业措施破坏鼠类栖息环境、减少食源；在发生严重地区，采用化学防治迅速压低鼠密度，在鼠药上应优先选用抗凝血杀鼠剂；对鼹鼠等地下害鼠，采用灭鼠雷和毒饵相结合；对洞系结构简单、易于发现的有效鼠洞，可采取烟雾剂防治；对鼠害轻发生地区，可采取生物防治等持续治理措施减小害鼠密度增长速度，减少化学鼠药的使用次数；在毒饵投放方法上，可选用一次性饱和投饵、全方位投饵等。

8.12.4　三七地鼠害防治技术

鼠害防治的方法很多，归纳起来可分为生态控制、生物防治、物理防治、化学防治四大类。生态控制以"防"为主，生物防治、物理防治和化学防治则是直接将鼠类杀死，以"灭"为主。要采取各种措施来控制鼠害，"防""灭"并重，综合治理，以达到经济效益、社会效益和生态效益共赢的目的。

1. 生态控制

生态控制就是通过一系列农业措施或其他非化学及物理手段来改造鼠类滋生环境，恶化鼠类取食、栖息条件，进而达到抑制或防止鼠害发生的目的。主要包括断绝鼠粮、建筑防鼠、农田环境改造等措施，破坏鼠类隐蔽场所。控制、改造、破坏有利于鼠类生存的环境条件。

1）断绝鼠粮

断绝鼠粮是综合防治中见效最快而无任何副作用的一项重要措施。主要是在收获时要快运、快打、快藏，尽量做到颗粒归仓和妥善保管，不在田间堆放谷物或秸秆，尽量减少丢失籽粒；把家具等物和粮食存储好，可统一用水泥制的箱子贮存；畜禽饲料、粪便、垃圾、池塘小鱼也是鼠类食物，要处理好，彻底不让鼠害得到食物。

2）建筑防鼠

建筑防鼠就是建筑房屋时门窗、地面、墙基、屋顶等部位要考虑防鼠，使鼠不能进入、通过或栖息。鼓励农民修建防虫、防潮、防鼠三防新粮仓，农田尽量少留田埂，减少高田埂，使鼠类失去隐蔽条件。

3）农田环境改造

农田环境改造主要是收获后及时翻耕，破坏鼠类取食和栖息场所；调整作物布局、精耕细作、水旱轮作、清除杂草、清洁田园以及搞好农舍周围的环境卫生等。采取药剂拌种、包衣等技术，在作物播种期可趋避害鼠。改变环境条件虽然不能直接立即杀死鼠类，但改变对于鼠类生活有利的环境，可减少鼠类的繁殖或增加其死亡率，从而降低其密度。

2. 生物防治

利用鼠类天敌捕食控制鼠害；或利用对鼠类有致病力的微生物，造成鼠体感染，在鼠种群内传染流行，导致鼠类大批死亡；或利用微生物产生的毒素，制成毒饵灭鼠。生物防治一方面可以保持生态平衡，另一方面可以减少投入，降低环境污染。当鼠害密度在3%以下时，一般不采用化学防治，利用生物防治效果较好。

1）保护利用天敌

在自然界，如黄鼬、貂、野猫、蛇类以及鹰、猫头鹰等都是捕食鼠类的能手，因此，严禁滥捕滥杀，充分保护好这些天敌，对抑制鼠害发生、促进生态平衡具有重要意义。此外，养猫也是控制农舍及其周围农田鼠害的主要措施。需要注意的是，由于猫可以传播多种人畜共患疾病，应注意猫的清洁，有条件的地方应定期注射预防疫苗。在有猫的地区，化学防治鼠害应选择安全的抗凝血杀鼠剂，不宜使用高毒急性杀鼠剂，减少二次中毒。

2）肉毒梭菌毒素

肉毒梭菌毒素是由微生物产生的最强的神经麻痹毒素之一，分别有 A、B、Cα、Cβ、D、E、F、G 8 个类型，分别由相应型肉毒梭菌产生。只有 Cα、Cβ 型和 D 型肉毒梭菌毒素符合杀鼠剂的条件，对多种野鼠有防治效果，对人畜也比较安全。

3）诱变

采用引入不同遗传基因或用物理化学的诱变因素改变鼠类种群的基因库，使之因不适应环境或丧失种群调节作用而达到防治目的。

3. 物理防治

物理防治是利用依据物理学原理或利用电、放射能、声波等各种物理因素制成的器械灭鼠。灭鼠器械种类很多，按其捕鼠方式不同，大致可以分为夹类（如板夹、钢丝夹、弓形夹等）、笼类（如捕鼠笼）、刺杀类（如地剑）、压板类、套扣类以及水淹类、粘鼠板等，现在又增加了电捕鼠器、超声波驱鼠器等新器材。这类方法可以在局部地方、室内或特殊环境防治少量鼠害时采用，在害鼠流行地区不宜使用。

1）捕鼠夹

作为常用的捕鼠器械，鼠夹的种类和型号很多，在农村中最常用的是木（铁）夹和铁丝夹两种。鼠夹的应用效果，除本身的灵敏度外，还主要取决于鼠夹放置、诱饵的引诱力、鼠夹的数量以及使用人员的技术。为了提高器械灭鼠的效果要注意以下方面。

首先，鼠夹要放到鼠道旁、鼠洞口和鼠类经常觅食饮水的地方。一般都是在沿墙、阴暗隐蔽的地方。鼠夹要放在墙基与鼠道呈直角处，这样可以捕捉来自两个方向的老鼠。

其次，鼠夹上要放置有引诱力的诱饵，常用的有鲜红薯、油炸饼、花生米、向日葵籽、水果等。另外在鼠夹周围撒些谷物，引诱鼠类上钩，也可在鼠夹上抹些面粉、酒、香油等，可以提高捕鼠率。

最后，鼠夹的数量要足，即鼠越多，放置的鼠夹也就越多，可增加捕鼠机会。

2）捕鼠笼

捕鼠笼也是最常用的捕鼠工具，形式多样，用铁丝编织而成，一般常见的有矩形捕鼠笼和倒须捕鼠笼。鼠笼在室内或野外均可使用，一般需用饵料，要放在鼠类经常活动的地方。

3）灭鼠雷

灭鼠雷又称为鼢鼠雷，是防治北方农田鼢鼠的有效手段。其原理是利用鼢鼠的堵洞习性，使其自己将灭鼠雷引爆而被炸死。

4）电捕鼠器

电捕鼠器也称为"电子捕鼠器""电猫"等，其原理就是利用日常 220 V 的交流电经升压至 1000～2000 V 时，将鼠打晕或击毙。可用于仓库或没有人畜活动的室内等鼠类经常出现的环境灭鼠。

4. 化学防治

鼠害的化学防治是指通过有毒药物来杀灭老鼠。人类使用化学药物灭鼠的历史悠久，我国战国时期就有利用砒霜毒鼠的记载。

1）化学防治的特点

化学防治是当前灭鼠方法中使用最广、见效最快，同时也是最为有效的方法。其突出优点如下：①见效快、效果好。化学灭鼠能在投毒后很短的时间内（急性杀鼠剂 3 天，慢性杀鼠剂 7 天）大量杀死害鼠，只要使用得当，杀鼠剂的灭鼠率一般都在90%左右。②适用范围广，方法简便。化学灭鼠适用于不同环境、不同条件下鼠害的防治，不受地区和生态环境限制。常用的毒饵配制和投毒方法易为群众掌握。③省工省时，经济高效。与其他灭鼠方法比，化学灭鼠功效较高。在林区和草原采用飞机撒毒饵，功效更高。一般每个农户灭鼠一次的费用只需要 0.5～1 元，农田灭鼠每公顷只需要 10～15 元防治成本，成本较低，经济效益明显。

2）化学防治的时期

根据鼠害发生特点，一般 3 月气温开始回升，鼠类活动日趋频繁，并开始繁殖，此时灭鼠既能减少春季繁殖量，对控制全年的害鼠数量将起很大作用，又可保证春播作物全苗、正常生长，减轻播种期鼠害程度；同时 3 月农田鼠粮少，此时处于冬后复苏期的鼠类大量出巢，饥不择食，容易选食毒饵，灭鼠效果好。8～9 月秋收作物日渐成熟，害鼠进入秋冬繁殖高峰期，密度上升，此时灭鼠剂可以保证秋收作物顺利成熟收获，颗粒归仓，减少鼠害损失，还可以起到压低越冬基数、减轻翌年鼠害的作用。

3）化学防治的指标

根据不同鼠种、时间、作物、地区生态环境等因素，制定不同的防治指标。一般百夹捕获率在 1%以下，对作物不造成危害；捕获率在 1%～5%时可造成轻度危害，如在秋季收获季节，这种密度对一些仓鼠来说，可以不防治，因为进入冬季鼠密度将会自然下降。通常早春捕获率达到 3%或平均每公顷有效鼠洞在 15 个以上、秋季达到 5%或平均每公顷有效鼠洞在 20 个以上，即要开展灭鼠。对于高经济价值作物的种植区，防治指标要降低 1～2 个百分点。对鼢鼠等危害地下根茎的鼠类，其鼠密度平均每公顷在 7.5 只以上就要进行防治。

4）化学防治的方法

（1）科学使用杀鼠剂

杀鼠剂品种较多，按其作用方式可分为胃毒剂和熏蒸剂；按来源可分为无机杀鼠剂、有机杀鼠剂和天然植物杀鼠剂；按杀鼠作用特点可分为速效性杀鼠剂和缓效性杀鼠剂。杀鼠剂选择要把握：一是毒力适中。对老鼠毒性强，对人畜的毒性弱，老鼠不拒食，鼠食后不易产生耐药性。二是配制毒饵操作要方便、简单、安全。目前我国普遍推广使用浓度很低的抗凝血杀鼠剂，所以最好选择操作方便的母液、母粉。三是二次中毒危险性小。四是对植物没有内吸毒性。五是中毒后有特效解毒剂或治疗方法。六是采用药源广、价格低廉、登记合格的产品。目前使用的缓效性杀鼠剂多为抗凝血杀鼠剂。抗凝血杀鼠剂的中毒作用是抑制动物肝脏产生凝血酶原，破坏正常的凝血功能，使其连续流血不止而致动物死亡。生产中建议选择对于鼠害高效、对人畜安全、适口性好、不易产生耐药性的慢性杀鼠剂。

（2）配制毒饵

专用杀鼠剂均属胃毒剂，只有让老鼠吃药才能毒杀老鼠。最好方法是将杀鼠剂配制成毒饵，引诱老鼠取食。饵料选择是配制毒饵的关键。好的饵料应是老鼠所喜食的，不影响杀鼠剂的稳定性，非靶标动物不取食或不能取食。一般是害鼠为害什么，就选用什么作饵料。不同的害鼠口味不同，要根据各种害鼠的口味来选用。家栖鼠的食性杂，各种食物均可作为饵料；仓鼠吃植物种子和粮食，饵料应以谷物为主；褐鼠喜欢含水多的食物，在仓库、养鸡场等地要加水分含量为 30%的玉米粉，灭鼠效果好；小家鼠喜欢比较干的种子，用各种谷物作饵料的效果好。选择各种植物油作引诱剂，可以提高饵料的适口性，也起着黏着剂的作用，在杀鼠剂的饵料上黏着牢固而不脱落。一般选用豆油、花生油、菜籽油等适口性好的植物油作引诱剂。同时在毒饵中加少量的食盐和糖以增强对鼠的引诱性。毒饵中引诱剂的加入量，一般植物油为 3%～8%，食糖为 3%～7%，食盐为 0.5%

配制毒饵的具体方法有以下四种。

第一，黏附法：用不溶于水的杀鼠剂配制毒饵时，先用植物油或黏米汤作黏着剂，与食物或其他颗状、块状食物饵料拌匀后，再加入杀鼠剂母粉拌匀即可。

第二，浸泡吸收法：此法配制含水较多的毒饵，选用可溶于水的杀鼠剂如敌鼠钠。

在药水中加入糖和植物油，再将饵料浸泡于药水中，每隔一段时间搅拌 1 次，在药水全部被饵料吸收后，晾干即成。

第三，湿拌法：将可溶于水的杀鼠剂用少量水溶解后，喷洒在饵料上拌匀，使药液全部浸透即可。此法简便，但药液只能侵入饵料表层，不如浸泡吸收法效果好。

第四，混合法：用面粉或其他粉末状饵料与杀鼠剂混合制成毒丸或饵块。先用水溶解杀鼠剂，加入适量食盐，再与饵料拌匀，制成面丸或面块，每个重 1～2 g，即可使用。这种现配使用的湿毒饵适口性好。

（3）投放毒饵

推广间歇性饱和投饵技术，饱和投饵应根据农田鼠密度，确保田间投饵量。毒饵的投放应抓准有鼠道和鼠洞的地方，确保灭鼠效果。稻田、旱地耕作区等农田灭鼠，可采用一次性饱和投饵法。沿田埂、地边向内 10 m 范围，每隔 5～10 m 投饵 1 堆，每堆 3～5 g，绕地 1 周，形成保护圈。

（4）毒饵站灭鼠技术

毒饵站是指老鼠能够自由进入取食而其他动物如鸭、鸡、猪、狗、猫等不能进入或取食的能盛放毒饵用于灭鼠的一种容器。

毒饵站的投放位置及方法：毒饵站投放位置与普通投饵一样，要根据不同鼠种的活动习性选择毒饵站的投入地点，应重点投放于鼠类活动频繁的地方。如鼠类取食有"新物反应"和"多疑性"，在洞口放置毒饵站应离洞口 10 cm 左右。根据农田鼠害集中为害和就近为害的特点，尽量将毒饵放置在鼠道上，对褐家鼠应放在农舍沿墙根、墙角、下水道，猪、牛、羊圈等夹道处。农田中则应沿田埂内侧、沟渠底部放置。总之，应循着鼠迹、爪印、鼠道、鼠洞、啃咬为害等痕迹安放毒饵站，取食率高，灭鼠效果好。害鼠有观望性，安放 3 天不能移动毒饵站。如果 4～5 天还未取食，则说明安放位置远离鼠道，应重新调整。如果有鼠道而未被取食，则应更换毒饵站内的饵料。农田放置毒饵站要把毒饵站脚架上的铁丝深深插入地下土中固定，使风吹不动。农户放置毒饵站要用石块等重物压住，防止其他家禽、牲畜取食。毒饵站的数量：根据多年的试验，农田灭鼠，在鼠害密度低于 10% 的区域，每公顷放置 15～20 个毒饵站；在鼠害密度高于 10% 的区域，每公顷放置 20～30 个毒饵站。农户灭鼠，每户放置 1～2 个毒饵站即可。根据鼠害发生情况，可长期放置毒饵站，这样能稳定地把鼠密度控制在一个较低水平。毒饵站的投放技术：毒饵站中第 1 次投放 25～30 g 毒饵，毒饵站放置 3 天后观察 1 次，观察毒饵消耗情况，按"多吃多补""少吃少补""不吃不补"的原则，视取食情况补充毒饵，直到没有毒饵消耗为止。

8.13 三七的采收和加工

8.13.1 三七花的采收和加工

1. 采收

通常二年生三七不选择留花结籽，留种一般都选择三年及三年以上的三七植株留种。所以对于二年七就要摘蕾（花蕾），来保证三七的质量和产量。掌握摘蕾时间非常重要，过早摘除，根茎生长较好，同时休眠芽提早出现，主根增产不明显，即影响三七正常的生物节律且效益又不显著；过晚摘除，不能起到营养集中、促进地下部生长的作用，增产效果差。所以不留种的七园，花薹长达 7～10 cm、花盘周围的花蕾开始松开时予以摘除。摘下的花薹趁新鲜时剪去过长的花梗，一般留 1～2 cm 即可。

2. 清洗和干燥

用流动的清水反复清洗三七花，并拣出病、残的花及杂质。清洗用水应符合 GB 5749—2006 的要求，清洗三七花的水不能循环使用。将清洗后的三七花晒干或沥干后在 30～60℃ 条件下烘干。三七花干燥的方法有自然干燥、烘烤干燥、微波干燥等方式。干燥的三七花含水量应低于 10%。

3. 贮藏

三七花干燥后应采取密封后避光保存，保存环境干燥通风，应保持干燥的三七花含水量低于 10%。

8.13.2　三七种子的采收和加工

1. 采收时间

三七种子一般于 10 月中旬到 12 月中旬成熟。根据种子成熟度情况，大致可分三期：第一期在 10 月中旬至 11 月上旬；第二期在 11 月中、下旬；第三期为 12 月上、中旬。

2. 采收要求

红籽完熟后及时采收，以防脱落。种子成熟时呈鲜红色，种子饱满，抗逆性强。当花序上的果实充分成熟时，用剪刀从花梗 1/3 处剪断，采回脱粒。如花序的果实未完全成熟，则应分二次进行采收，对落地果，应及时收捡起来。采种时注意区分健康果和病果，做到分别采收、分别处理，以免种子带菌互相感染。采收的种子切勿堆放在一起，以免发热发霉，应薄薄地铺开，置于通风阴凉处。

3. 种子的加工

采下的果实要及时脱粒，然后用搓籽机或手搓法揉搓去皮，脱完后需挑出病果、果柄或杂物。清洗干净的种子晾干或阴干。不得在强光下暴晒，以免失去水分，影响其发芽，甚至使其丧失发芽能力。

4. 种子贮藏

如果要保存一段时间再播种，需将种子稍晾晒一下，种子表面水分干燥后包上种衣剂再用钙镁磷拌种后保存。种子贮藏必须保存在阴暗的地方，不能让阳光或强光长时间照射。贮藏期间每天观察水分保持情况。必须保持覆盖种子的麻布湿润，种子表面钙镁磷不干燥，以防种子过干脱水。种子每 3～5 天翻一次堆，把最下层或边上的翻到上面或中间，让不同部位种子湿度保持一致。种子表面钙镁磷呈灰白色说明水分不够，表面呈暗灰色说明水分适宜，种子贮藏一般不要超过 40 天。

8.13.3　三七茎叶的采收和加工

1. 采收时间

二年生三七茎叶的采收时间为 12 月至翌年 2 月，三年生以上三七茎叶的采收与根部的采收同时进行，应在天气晴朗的时间进行。

2. 采收要求

采收健康的三七茎叶，避免采收生病、腐烂等不健康的三七茎叶。尽可能采收到最大量的三七茎叶。采收时尽量避免杂质混入。采收用的剪刀、盛装容器等应干净卫生并保证专用。

3. 采收方法

确定拟采收的三七对象后，首先清理三七周围的杂草及覆盖物，同时不能破坏周围的环境和伤及邻近的三七，杂物清理干净后，选择健康的三七茎叶，用剪刀从距地面 4～8 cm 处剪断茎秆，采收得到的三七茎叶应整齐码放于干净卫生的专用盛装容器中，应避免直接堆放在地上。

4. 加工

加工场地及人员设备应符合 GB 14881—2013 要求。清洗用水应满足 GB 5749—2006 要求。用流动的清水反复清洗三七茎叶，并拣出病、残叶及杂质。清洗三七茎叶的水不能循环使用。

将清洗后的三七茎叶挂起晒干或沥干后在 30～60℃ 条件下烘干。干燥的三七茎叶含水量应低于 10%。

5. 运输和贮藏

三七茎叶批量运输时，不得与农药、化肥等有害物质混装。运载容器应具有较好的通气性以保持干燥，遇阴雨天气应严密地防雨防潮。加工好的三七茎叶应在专门的仓库进行贮藏，仓库应具备专门透风除湿设备及专用货架。水分含量超过 15% 的三七茎叶不得入库，入库三七茎叶应有专人管理，每 15 天检查 1 次，必要时应定期进行翻晒。

8.13.4　三七地下部分的采收

1. 采收时间

三七地下部分的采收年限为三年生以上，其中不留种三七地下部分采收时间为 11～

12 月，留种三七地下部分采收时间为摘除果实后 1 个月左右。采收应选择天气晴朗的时间进行。

2. 采收要求

应采收健康的三七地下部分，避免采收生病、腐烂等不健康的三七地下部分。采收尽可能完整的三七地下部分。采收时尽量避免杂质混入。采收用的剪子、锄头、铲子、镐等工具应干净卫生并保证专用。

3. 采收方法

确定拟采收对象后，首先清理三七植株周围的杂草及覆盖物，且不能破坏周围环境或伤及邻近三七。杂物清理干净后，目测三七根系覆盖范围（直径约 30 cm），用小镐刨一个月牙形的深沟（深度约 30 cm），之后剪断所有杂草根，清除石块和泥土，逐渐剥离三七周围泥土，将三七完整取出，采收得到的三七地下部分应整齐码放于干净的专用盛装容器中，避免直接堆放在地上。

4. 三七地下部分的加工

加工场地及人员设备按 GB 14881—2013 执行。

洗刷及拣选：清洗用水应满足 GB 5749—2006 的要求。洗刷前用 20～30℃清水浸泡 10 min 左右，随泡随洗，浸泡时间不宜过长。洗刷三七用的毛刷不宜过硬，较难刷的部位可用线弓或竹针将泥土除净，刷洗时要轻用力，不能将表皮刷破，恰到好处为准。此外，也可使用超声波等现代化手段进行清洗，通常不超过 30 min，以具体设备功率及清洗效率为参考。拣选清除病七、三七叶及泥沙等杂质后，用流动的清水漂洗若干次后备用。

干燥：三七地下部分清洗后可置阳光棚下晾晒，或在 40～50℃条件下烘烤干燥至含水量 10%以下，或使用冻干设备冻干至含水量 10%以下。

5. 运输和贮藏

三七地下部分进行批量运输时，不得与农药、化肥等有害物质混装。运载容器应具有较好的通气性以保持干燥，遇阴雨天气应注意防雨防潮。加工好的三七地下部分应在专门的仓库进行贮藏，仓库应具备专门透风除湿设备及专用货架。水分含量超过 15%的三七不得入库，入库三七地下部分应有专人管理，每 15 天检查 1 次，必要时应定期进行翻晒。

参 考 文 献

陈中坚, 马小涵, 董林林, 等. 2017. 药用植物 DNA 标记辅助育种(三): 三七新品种——'苗乡抗七 1 号'的抗病性评价[J]. 中国中药杂志, 42(11): 2046-2051.

董林林, 陈中坚, 王勇, 等. 2017. 药用植物 DNA 标记辅助育种(一): 三七抗病品种选育研究[J]. 中国中药杂志, 42(1): 56-62.

付小猛, 毛加梅, 刘红明, 等. 2016. 国内外有机果园杂草管理技术研究综述[J]. 杂草学报, 34(4): 7-11.

郭永旺, 王登, 施大钊. 2013. 我国农业鼠害发生状况及防控技术进展[J]. 植物保护, 39(5): 62-69.

国家药典委员会. 2015. 中华人民共和国药典[M]. 北京: 化学工业出版社.

侯召云, 扬帮喜. 2016. 松针覆盖育苗技术的探讨[J]. 林业勘查设计, 177(1): 49-50.

刘天英, 朱慧, 李晓玲, 等. 2017. 绿色环保高效的土壤消毒技术——火焰高温消毒[J]. 长江蔬菜, 23: 58-59.

潘启龙, 戴海军, 王凌晖, 等. 2011. 林下套种中草药的栽培方法与技术[J]. 广东农业科学, 38(21): 50-53.

苏民. 2017. 林下套种中草药的栽培方法与技术[J]. 农技服务, 34(6): 109.

谭继清. 1983. 薄膜覆盖除草[J]. 植物杂志, (6): 11.

王凤花, 宋彦, 赖庆辉, 等. 2019. 三七土壤蒸汽消毒针结构设计与试验[J]. 农业机械学报, 8: 1-10.

王文俊, 张薇, 李莲芳, 等. 2016. 松针和腐殖土覆盖对云南松种子发芽和幼苗保存的影响[J]. 种子, 35(3): 77-80.

萧凤回, 段承俐, 文国松, 等. 2003. 三七栽培群体遗传改良研究及策略[J]. 现代中药研究与实践, (S1): 10-13.

萧小. 2015. 林下中草药种植有门道[J]. 中国林业产业, 7: 62-63.

杨迪, 朴锦, 金花, 等. 2013. 不同覆盖物对茅苍术出苗率及幼苗生长状况的影响[J]. 安徽农业科学, 41(17): 7475-7476.

杨雅婷, 胡桧, 赵奇龙, 等. 2015. 土壤物理消毒装备研究进展[J]. 农业工程, 5(S1): 43-48.

张舒娜, 潘晓曦, 马琳, 等. 2015. 不同覆盖物对北苍术出苗及生长的影响[J]. 特产研究, 37(4): 26-28.

郑跃泉, 随红建. 1987. 塑料薄膜覆盖、杂草控制与滴灌[J]. 喷灌技术, 2: 49.

第9章 三七连作障碍研究方法

本章系统地介绍了三七连作障碍研究过程中涉及的相关方法，包括植物-土壤反馈效应评价、三七生物学的测定、三七基因组/转录组/代谢组/蛋白质组研究、土壤生物酶相关指标、土壤物理化学相关指标、植物根系与微生物互作研究、三七相关微生物结构与功能分析和验证等。从土壤、微生物、寄主三维交叉互作角度研究引起三七连作障碍的因素，为三七种植合理布局、缓解甚至克服三七连作障碍提供科学理论依据。

9.1 植物-土壤反馈效应评价

9.1.1 研究背景

植物个体/种群能特异性地改变其地下部土壤生物群落和非生物环境，从而影响后续植物的生长表现，这种植物与土壤之间的相互作用被定义为植物-土壤反馈（Bever et al., 1997）。植物-土壤的反馈调节是大多数生态系统中维系物种多样性和相对丰度的一个普遍机制（Bever et al., 1997；Mangan et al., 2010）。该机制包括两方面的含义：首先，一株植物或者一个植物种群改变了土壤生物群落的构成或非生物条件状况；其次，土壤微生物群落的变化影响了地上该物种或种群的生长。根据反馈对植物本身或其子代的影响，可将反馈分为正反馈、负反馈或中性反馈（van de Voorde et al., 2012a）。

植物-土壤反馈可以从负反馈到正反馈，植物-土壤负反馈可能因为资源耗竭、自毒物质释放或者自然天敌的增加而出现；相反，如果可利用资源增加、化感促进物质增加或者互惠共生体丰度提高，正反馈就可能出现了。然而，这些调控机制往往不是单独存在而是互相影响的。因此，了解这些植物-土壤反馈机制的互作对于理解 PSF 及其对于植物群体和群落的影响至关重要（Bennett and Klironomos, 2018）。

9.1.2 研究目的

个体水平的植物-土壤反馈，可通过对比分析同一植物在同源土壤（即自身影响的土壤）以及异源土壤（即其他植物影响的土壤）中的生长表现的差异得到（Jiang et al., 2010）。其中，植物-土壤正反馈预示着群落种间更替慢，向植物单一化发展（Bever, 2003；Bonanomi et al., 2005），而植物-土壤负反馈则预示着目标植物竞争能力弱，植物种间更替快（van der Putten and Peters, 1997；van de Voorde et al., 2012b）。群落水平的植物-土壤反馈，可通过分析两两植物间的净配对反馈值来推测物种间的竞争排除或共存（Brandt et al., 2013）。由此可见，植物-土壤反馈通过特异性影响植物的生长，改变物种在群落中的竞争能力及多度，从而在构建植物群落组成中发挥作用（Packer and Clay，2000；Mangan et al.，2010；Reinhart，2012）。因此，全面了解群落主要物种的植物-土壤反馈对解释群落组成变化和预测群落动态具有重要意义（van der Putten et al.，2013；Bergmann et al.，2016；Teste et al.，2017）。

9.1.3　仪器设备

试验用到的实验仪器有培养皿、电子天平、超净工作台、光照培养箱、全自动湿热灭菌锅、酶标仪、移液器（1 mL、200 μL、100 μL、20 μL；Eppendorf，德国）；干热灭菌箱（Serial No.09-16434，Binder，德国），全自动温室。

9.1.4　常用试剂

次氯酸钠等。

9.1.5　研究方法

个体水平的植物-土壤反馈采用两阶段法评价（Bever et al.，2010）。

1）阶段Ⅰ

阶段Ⅰ为影响阶段，即研究不同种植物净种对同质土壤的影响。

（1）将 n 种个体植物播种或移栽到相同的灭菌土中，加入 1%质量的未灭菌土壤以提供活体生物。

（2）种植一段时间后，收集 n 份土壤。

（3）每份土壤分成两部分，一部分用于测定土壤理化性质，另一部分作为阶段Ⅱ植物生长的土壤来源。

2）阶段Ⅱ

阶段Ⅱ为土壤反馈阶段，即研究阶段Ⅰ所得土壤对后续所种植植物生长的影响。

（1）每份土壤再分成 n 份，种植 n 种植物。

（2）种植一段时间后，测定植物的生长指标，包括出苗率、苗高、分蘖、地上及地下生物量、品质等。

利用反馈效应值（feedback effect value，FV）和净配对反馈值（net pairwise feedback，I）来具体反映植物-土壤反馈效果。$FV=(P_{home}-P_{foreign})/P_{foreign}$，其中 P_{home}、$P_{foreign}$ 分别表示某一植物在同源土壤以及异源土壤中的生长表现（地上部、地下部和总生物量），$FV>0$、$FV=0$ 和 $FV<0$ 分别表示正反馈、中性反馈和负反馈。$I=(\alpha_A-\beta_A)+(\beta_B-\alpha_B)$，其中 α_A、β_B 分别为 A 植物和 B 植物在同源土壤中的总生物量；β_A、α_B 分别为 A、B 两种植物在对方影响过的土壤（即土壤 B、A）中的总生物量。$I>0$，表示两物种关系为竞争排斥；$I<0$，则表示两物种关系为稳定共存（曲耀冰等，2018）。

9.2　三七根系形态学测定

9.2.1　研究目的

用于测定三七根系形态相关指标，有利于更好地了解三七根系生长状况。

9.2.2　仪器设备

EPSON PERFECTION V750 PRO 扫描仪，Win-RHIZO^{TM} 分析软件。

9.2.3　研究方法

1. 取样

从田间对三七根系进行取样，首先选取固定面积或者数量的三七，推荐每个重复三七样本数量大于 30 株，取样时注意不能直接通过拔、拉的方式从土壤中取出三七，而是用小铲子将三七根系带土挖出，再用清水冲洗至清楚看到三七根系。

2. 清洗

清洗三七根系。

3. 扫描

将三七须根从块根上剪下来，并均匀放置在扫根盒中通过扫描仪 EPSON PERFECTION V750 PRO （Epson Inc.，北京，中国），利用镊子调整三七须根的位置，保证所有根系没有重叠。

4. 数据分析

扫描三七根系照片用 Win-RHIZO^{TM}（Régent Instrument Inc.，Québec，加拿大）分析可以得到扫根盒内根系总根长、总表面积、总体积和平均直径的数据。

5. 注意事项

如果单个样品三七须根数量过多，可分几次进行扫描，分析后将总根长、总表面积、总体积进行加和得到相应数据，而根平均直径通过平均得到相应数据。

9.3　三七组织培养

9.3.1　研究背景

三七是林下的阴生稀有植物（陈照宙和李荫见，1958）。三七作为药用植物最先在广西西南部和云南东南部地区的少数民族（苗族、壮族、瑶族、彝族）中应用，其中云南文山是目前为止种植三七历史最为悠久的地区，已有 400 多年栽培历史，三七作为药用植物已有上千年的历史（龙朝明，2013；杨崇仁，2015）。三七传统用于活血化瘀、跌打损伤以及滋补强壮等作用，随着研究的深入，人们发现三七对血液系统、心血管系统、神经系统、免疫系统等均具有广泛的作用，而且能抗炎症、抗肿瘤、抗衰老等，临床上广泛地应用于心血管疾病等的治疗（张喜平等，2007）。由于三七生长周期长，种植困难，三七的种质资源难以满足市场需求。目前，在三七育种工作者的努力下，通过采用分子标记辅助育种等技术，获得了'苗乡抗七 1 号'等三七新品种（龙朝明，2013；熊高等，2019），但三七遗传育种工作进展仍然很缓慢。植物组织培养是一项在培养基上培养植物的离体组织并诱导其生长、增殖、分化从而形成植株的技术，可打破常规育种或育苗方式，解决种质资源困难的问题。利用植物组织培养技术开展三七育种及生产，目前已在愈伤组织诱导、次生代谢物生产、不定根与不定芽诱导等方面取得了很大的进展（黄勇等，2012）。建立完整的三七组培体系，对促进三七育种及生产具有重要的现实意义。本节主要介绍诱导三七愈伤组织形成、愈伤组织形成不定芽及幼苗、幼苗生根等方法。

9.3.2　研究目的

建立完整的三七组培体系，解决三七种质资源缺乏的问题，进而解决三七市场中种苗供应的难题。

9.3.3　仪器设备

组培室、培养室、高压灭菌锅、超净工作台、组培瓶、酒精灯、镊子、剪刀等。

9.3.4　常用试剂

MS 培养基、10%次氯酸钠、75%乙醇、70%乙醇、激素等。

9.3.5　研究方法

1. 愈伤诱导（图 9-1）

1）取材

田间一年生三七小苗，取叶片或茎段，流水清洗。

2）消毒

三七茎段用 70%的乙醇浸泡 90 s，用无菌水清洗 3～4 遍，再用 10%次氯酸钠溶液浸泡 10 min，用无菌水冲洗 3～4 次。

图 9-1　三七茎段（左）和叶片（右）诱导愈伤组织

3）接种

处理后的三七茎段或叶片剪成 1~2 cm 小段，放入含水杨酸和生长素 2,4-D 的 MS 培养基中，光照培养。材料的培养温度为 20~25℃，光照时间为 12 h/d，光照强度为 2000~2500 lx。

4）注意事项

2）~3）步骤在超净工作台内操作，放入超净台的所有物品需要先用 75%乙醇消毒，超净工作台需要紫外杀菌至少 30 min 后再使用。

2. 不定芽诱导

为了诱导愈伤组织成苗，从叶片来的愈伤组织经过继代培养后，经狭霉素及细胞分裂素处理，所培养愈伤组织长出胚性愈伤，并最终分化成不定芽及幼苗（图 9-2）。材料的培养温度为 20~25℃，光照时间为 12 h/d，光照强度为 2000~2500 lx。

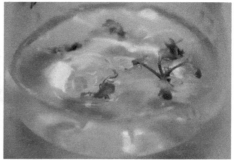

图 9-2　三七愈伤组织诱导不定芽

3. 生根诱导

在培养基中加入生长素和细胞分裂素后，可诱导三七成苗生根（图 9-3）。材料的培养温度为 20~25℃，光照时间为 12 h/d，光照强度为 2000~2500 lx。

图 9-3　三七成苗诱导生根

9.4　三七生理学测定方法

9.4.1　三七根系相关酶活性的测定

1. 研究目的和意义

三七根腐病是三七连作障碍的主要表现形式，三七代谢释放到土壤中的自毒物质是导致根腐病严重发生的重要诱因。有研究表明，三七生长过程中通过根系分泌及降解释放到土壤中的系列皂苷类化合物，如 R_1、Rg_1、Re、Rb_1、Rg_2 和 Rd 等，可抑制三七种子的萌发，并对根系细胞具有明显的自毒活性（Yang et al.，2015）。本课题组前期研究还发现，自毒皂苷处理三七根系后能抑制细胞内抗氧化剂的合成，导致氧自由基过量积累，进而破坏根细胞的活性，导致三七的自毒作用（杨敏，2015）。

逆境条件会导致植物体内的氧化还原稳态失衡，但通过外源补充抗氧化物质能够促进植物体内过氧化物酶（POD）、超氧化物歧化酶（SOD）、过氧化氢酶（CAT）等多种防御酶系活性的升高，可能有助于机体清除多余的自由基，恢复植物细胞内的稳态环境（郑小林，2010；刘高峰，2012）。

明确三七自毒皂苷对三七根系抗氧化酶系统中与活性氧清除相关的过氧化物酶、超氧化物歧化酶、过氧化氢酶的活性，以及抗坏血酸-谷胱甘肽（ASC-GSH）循环中抗坏血酸过氧化物酶（APX）和脱氢抗坏血酸还原酶（DHAR）的活性及抗坏血酸（ASC）和脱氢抗坏血酸（DHA）含量的影响，可为解析自毒皂苷对三七的自毒机制提供理论依据。

2. 研究方法

1）检测指标

三七须根中超氧化物歧化酶、过氧化氢酶、过氧化物酶、抗坏血酸过氧化物酶、脱氢抗坏血酸还原酶活性，抗坏血酸和脱氢抗坏血酸含量。

2）取样方法

取自毒皂苷处理过 3 h、12 h、24 h 的三七根系进行酶活性和抗氧化物质含量测定，以未进行任何处理的根系作为空白对照，每一处理设置 4 个重复。每个重复分别随机挑选 4 株三七苗，用无菌的镊子取下须根用锡箔纸包好后，立刻放入液氮冷冻，并置于–80℃冰箱保存。

3）仪器设备

冷冻高速离心机（HITACHI CR 22G，日本）、–80℃冰箱（海尔生物医疗设备有限公司，中国）、分光光度计（Spectronic Instruments，Rochester，美国）。

4）三七根系相关酶活性的测定方法

三七须根中超氧化物歧化酶、过氧化氢酶、过氧化物酶、抗坏血酸过氧化物酶、脱氢抗坏血酸还原酶活性测定方法（Wu et al.，2017）的具体操作如下：①将三七须根用液氮研磨成粉末，准确分装 100 mg 样品于离心管中。②加入 1 mL 50 mmol/L 磷酸钠缓冲液（pH 7.0）[0.2 mmol/L 乙二胺四乙酸（EDTA）和质量体积比 1%聚乙烯吡咯烷酮（PVP）]，在冰上混匀。③4 ℃ 12 000 g 离心 20 min，取上清液测定酶活性。④CAT、POD 和 SOD 活性的测定：通过分光光度计分别在 240 nm、470 nm 和 560 nm 检测波长下测定吸光度；DHAR 和 APX 活性的测定：使用分光光度计分别在 265 nm 和 290 nm 检测波长下测量吸光度。⑤SOD 活性以抑制 NBT 光化学还原 50%所需酶量为 1 个酶活单位（U），单位为 U/g，CAT 活性和 POD 活性均以每分钟酶促反应体系吸光度变化 0.01 所需酶量为 1 个酶活性单位（U），单位为 U/(g·min)，APX 活性以每克鲜重每分钟减少 1 μmol ASC 为 1 个酶活性单位[μmol/（g·min）]，DHAR 活性以每克鲜重每分钟还原 1 nmol DHA 为 1 个酶活性单位[nmol/（g·min）]。

5）三七根系中抗坏血酸和脱氢抗坏血酸含量的测定

抗坏血酸和脱氢抗坏血酸的含量测定方法（Chen et al.，2011）如下：①将三七须根用液氮研磨成粉末，准确分装 100 mg 样品于离心管中；②加入 5 mL 事先预冷（4℃）的三氯乙酸（TCA），混匀；③4℃ 8000 g 离心 10 min，立即收集上清液；④使用分光光度计在 265 nm 下测量吸光度；⑤ASC 和 DHA 的含量用每克鲜重中 ASC 和 DHA 的物质的量表示，其单位为 nmol/g。由于 ASC/DHA 的值是抗坏血酸-谷胱甘肽抗氧化循环体系（ASC-GSH）中决定植物是否受到氧化胁迫的重要指标，因此还需要根据这两种物质的含量计算 ASC/DHA 的值。

9.4.2　三七光合参数的测定

1. 研究目的和意义

光是植物光合作用必需的资源条件之一，对植物的生长发育、生理生化和形态结构等方面起着重要的作用。在自然环境中，光环境随着时间和空间发生变化，如光照强度、光照时间和光谱成分的改变，将对植物生长产生明显的影响。对于光照强度的改变，植物体可以通过改变生物量分配和形态的变化，也就是通常所说的形态可塑性，来实现适应光照强度的改变（江源，2001）。光环境对植物的直接作用就是光合作用，光合作用能吸收光能并将其转化为化学能。植物在生长发育过程中往往受到昼夜和季节的光照变化的影响，这种变化不仅影响许多生物化学过程，而且影响植物体内的物质分配、运输及累积等生理过程，光能条件与植物的生物学产量有直接关系（张英云，2006）。测定不同光照强度下各个时期三七的光合参数变化，为一年七在不同生长发育阶段的合理光照强度设定提供理论依据。

2. 研究方法

1）试验设置

选择空旷地块，搭建不同层数的三七遮阴网，搭建长 1.5 m、宽 1.5 m、高 2 m 的不同透光率荫棚。试验共设置 3 个透光率梯度（31.5%、15.8%、5.2%），每个梯度 4 个重复，随机放置，不同透光率通过遮盖不同层数的三七专用遮阴网来实现。使用 Li-1500 光量子记录仪（Li-Cor，美国），于晴天 11:30～12:30，每隔 5 min 记录一次每个荫棚内瞬时光照强度及全日照瞬时光照强度；以荫棚内瞬时光照强度占全日照瞬时光照强度的百分比作为不同荫棚的透光率。取健康三七种子种植到花盆中，每盆栽种 7 株，共 200 盆。根据三七不同的生长发育时期，在 4 月初、6 月初和 8 月初分别随机选取 1/3 的花盆移到不同光照处理的试验荫棚中生长 2 个月。试验期间土壤湿度保持在 27%～32%，施肥等其他田间管理保持一致。

2）仪器设备

便携式光合作用-荧光测量系统 GFS-3000 光合仪（WALZ 公司，德国）；光量子记录仪（Li-Cor，美国）。

3）测定指标

测定不同光照强度下三七叶片的气孔导度、蒸腾速率、净光合速率、水分利用率等。

4）取样方法

测量时选取 1 个掌状复叶的中间小叶片进行测量，每处理测定 9 株，每株 30 s 测定一次，重复 3 次。

5）具体操作步骤

光合仪参数设定：因一年生三七叶片较小，选用叶面积适配器 3010-R3，圆形，3 cm^2；主机里设定叶片的面积（area）也为 3 cm^2；设置流量（flow）为 750 μmol/s；CO_2 控制模式为关闭（CO_2 off）；设置相对湿度为 50%；设置通风器风扇的速度为 5；选择光强模式（light mode PARtop），设置上叶室光强；设置光强大小（light）为 100 μmol/（m^2·s）。

在 5 月初、7 月初、9 月初选取晴天，在 8:30～11:30 及 14:30～17:00 选取 1 个掌状复叶的中间小叶片进行测量，每处理测定 9 株，每株 30 s 测定一次，重复 3 次。注意事项：如果光合测定仪使用频率较高时，一般每隔 1～2 周需进行零点校准。

9.5 三七基因组学研究方法

9.5.1 研究背景

植物基因组学是研究植物基因组内基因与遗传信息是如何有机结合并如何决定其功能的一门学科。这门科学打破了以往在单个基因水平上进行研究的模式，是以基因组的结构、表达和相互作用为目标的一个崭新的领域。随着人类基因组计划、植物基因组计划和微生物基因组计划取得斐然成果，生物科学的研究已进入后基因组时代。基因组学的研究也从结构基因组学转向功能基因组学研究。结构基因组学以建立生物体遗传、物理和转录图谱为主，是基因组研究的初级阶段。功能基因组学是利用结构基因组学提供的信息，运用高通量序列分析技术、大规模实验技术、计算机统计分析技术和生物信息学来研究基因功能，是基因组研究的高级阶段。

中药材是中华民族几千年来积累的文化和物质瑰宝，然而，由于中药材的获取历史上多采用野生采集的方式，其驯化种植历史较短，与传统的农作物和经济作物相比，在遗传育种等方面的研究相对滞后。随着人民生活水平的日益提高，居民对健康生活的追求也不断发展，市场对中药材的需求与日俱增，给中药材的种植和加工带来了巨大的挑战。中药材品种缺乏、药材质量下滑、农残重金属超标等问题凸显，培育具有高产、优质、抗病虫等优良性状的中药材品种，采取创新可持续的生产和加工方式是破解当前中药材生产难题的关键举措。中药材遗传背景复杂、基因组体积大、杂合度高等问题一直是制约中药材基因组学研究发展的难点。近年来，随着测序技术的不断发展和完善，PacBio、Nanopore 等第三代测序技术已能有效解决中药材基因组学研究中的技术难题。

9.5.2 研究目的

针对中药材传统育种周期长、效率低等问题，利用基因组学手段来辅助中药材优质新品种选育已经成为突破中药材产业发展瓶颈的关键技术手段之一，为加快优质中药材品种选育、中药材品质形成机制及中药材抗性等研究进程，提供了重要的技术保障。

9.5.3 研究方法

1. 三七基因组 DNA 的提取

由于三七的驯化历史较短，目前仍没有培育出遗传背景单一的三七品种，为了尽可能获取较为简单的核酸材料，本方法从集群育种并多代纯化过的单株三七植株上采集组织样品并进行三七基因组 DNA 提取。使用 Qiagen DNeasy Plant Mini Kits 试剂盒（69104）进行基因组 DNA 的提取。具体操作步骤如下。

（1）将三七植株在温室中培养，出苗 4 周后采集叶片组织样品 3 g。

（2）使用球磨仪或研钵捣碎组织样品（湿重≤100 mg 或冻干组织≤20 mg）并转入离心管中。

（3）加入 400 μL 缓冲液 AP1 和 4 μL 的 RNase A。涡旋振荡并在 65℃孵育 10 min。孵育过程中将离心管颠倒混匀 2～3 次。

（4）添加 130 μL 缓冲液 AP3。混合并在冰上孵育 5 min。

（5）以 20 000 g（14 000 r/min）的速度将裂解物离心 5 min。

（6）将裂解液吸移到置于 2 mL 收集管中的 QIAshredder 小柱中。以 20 000 g 离心 2 min。

（7）轻轻将滤液转移到新的离心管中，如有沉淀应避免转移沉淀。加入 1.5 倍体积的 Buffer AW1 并混匀。

（8）轻轻吸取 650 μL 混合液转移到置于 2 mL 收集管中的 DNeasy Mini 小柱中。6000 g（≥8000 r/min）转速离心 1 min，弃滤液，将剩余样品重复此步骤。

（9）将小柱放入新的 2 mL 离心管中，加入 500 μL 缓冲液 AW2，并以 6000 g 的转速离心 1 min，弃滤液。

（10）再次加入 500 μL 缓冲液 AW2。以 20 000 g 离心 2 min。注意：小心地从收集管中取出旋转柱，以免柱与流通液接触。

（11）将离心小柱转移到新的 1.5 mL 或 2 mL 离心管中，加入 100 μL 缓冲液 AE 进行洗脱，在室温（15～25℃）下孵育 5 min。6000 g 离心 1 min；重复步骤（10）。

（12）获得基因组 DNA 后利用 1%的琼脂糖凝胶电泳检测 DNA 的提取质量，用超微量分光光度计（Nanodrop 2000，Thermo SCIENTIFIC）检测 DNA 的浓度及质量。

（13）取约 100 mg 的高质量基因组 DNA 用于文库构建。

2. 三七总 RNA 的提取

使用 Qiagen RNeasy Plant Mini Kits 试剂盒（74904）进行总 RNA 的提取。具体操作步骤如下。

（1）同"1. 三七基因组 DNA 的提取"中所述，分别从单个三七植株上采集新鲜的叶片、茎、花、果实、主根和须根组织样品各 3 g。

（2）使用球磨仪或研钵将组织样品捣碎，并和液氮一并倒入不含 RNase 且经液氮预冷的 2 mL 离心管中，待液氮自然蒸发但不要使组织解冻，立即重复此步骤。

（3）每 100 mg 组织样品，加入 450 μL 的 Buffer RLT 或 Buffer RLC，用涡旋仪猛烈振荡。

（4）将裂解液转移至 QIAshredder 的离心小柱中，20 000 g（14 000 r/min）离心 2 min，将滤液中的上清液转移到新的离心管中。

（5）在滤液中加入 0.5 倍体积的无水乙醇，并用移液器混匀，不要离心，立即重复此步骤。

（6）将所有样品（通常为 650 μL）转移到 RNeasy Mini 离心小柱中，以 8000 g（≥ 10 000 r/min）离心 15 s，弃滤液。

（7）加入 700 μL 缓冲液 RW1 至 RNeasy 离心小柱中，8000 g 离心 15 s，弃滤液。

（8）加入 500 μL 缓冲液 RPE 至 RNeasy 离心小柱中，8000 g 离心 15 s，弃滤液。

（9）加入 500 μL 缓冲液 RPE 至 RNeasy 离心小柱中，8000 g 离心 2 min。

（10）将 RNeasy 离心小柱置于新的 1.5 mL 离心管中，加入 30～50 μL 无 RNase 的水至离心柱膜上，8000 g 离心 1 min 以洗脱 RNA；如果预期的 RNA 产量＞30 μg，则使用另外的 30～50 μL 无 RNase 的水重复步骤（9）。

（11）获得总 RNA 后利用 1%的琼脂糖凝胶电泳检测 RNA 的提取质量，用 Nanodrop 检测 RNA 的浓度及质量。

（12）取约 5 mg 的高质量总 RNA 用于文库构建。

3. 文库构建和测序

1）DNA 片段获取

使用超声波破碎仪（Covaris，MA，美国）将纯化的基因组 DNA 剪切成较小的随机大小的片段。将 DNA 片段置于 0.8% E-Gel™ 通用琼脂糖凝胶（Invitrogen，CA，美国）中电泳，由此获得所需长度的 DNA 片段。

2）文库构建

使用纯化的 DNA 片段，我们构建了 34 个文库，其插入大小分别为 200 bp、350 bp、400 bp、550 bp、650 bp、800 bp、850 bp、2 kb、5 kb、6 kb、8 kb、10 kb、12 kb、16 kb 和 20 kb（使用 Illumina 配对末端 DNA 协议）。

3）测序

使用 PE-100 在 Illumina Genome HiSeq 4000 测序仪上对短插入文库（＜1 kb）进行测序。使用 PE-90 或 PE-150 在 Illumina Genome HiSeq 2500 测序仪上对长插入文库（＞1 kb）进行测序。使用 TruSeq RNA 库制备试剂盒 v2（Illumina，CA，美国）制备总 RNA-seq 库。使用 PE-100 在 Illumina Genome HiSeq 2500 测序仪上对它们进行测序。

4. 基因组的组装

为了确保随后的从头组装（de novo assembly）步骤获得高质量的数据，按照以下标准制定的条件过滤低质量的 reads。

（1）当一个 reads 中超过 5%的碱基是 N 或 poly（A）。

（2）当一个 reads 中有 30 个以上的低质量碱基。

（3）当一个 reads 被接头（adaptor）序列污染。

（4）当一个 reads 的长度太小。

（5）当两个双端（paired-end）的 reads 的序列相同（删除两个副本）。

过滤后的数据通过 SOAPec_v2.0.1 包（https://nchc.dl.sourceforge.net/project/ soapdenovo2/

ErrorCorrection/SOAPec_v2.01.tar.gz），使用默认设置进行数据校正。

三七基因组的从头组装流程包括 4 个步骤以应对基因组中的高杂合性，包括利用 Platanus 进行的初始 contig 组装，借助 SSPACE 使用小于 10 kb 插入大小的 paired-end reads 的第一个基因组支架（scaffold）进行组装，使用 SOAPdenovo 对所有 reads 进行 scaffold 组装，以及最后使用 Gapcloser 进行 gap closing。

5. RNA-seq 数据分析

在默认设置下，以从头组装的三七全基因组为参考基因组模板，使用 TopHat 将所有 RNA-seq reads 数据进行装配作图（mapping）。使用默认参数通过 Cufflinks（http://cufflinks.cbcb.umd.edu）为每个蛋白质编码基因计算每千个碱基的转录每百万映射读取的片段（FPKM）值。以 FPKM＞0.05 作为临界值来鉴定表达的基因（详见转录组学分析部分内容）。

6. 重复注释

以默认设置，使用 "Tandem Repeats Finder" 在整个基因组中鉴定出串联重复序列。通过基于同源性和从头测序（*de novo*）的方法相结合，确定三七的基因组中的转座因子（TE）。基于同源性的预测而言，RepeatMasker 被用于在 DNA 水平上针对 Repbase 识别 TEs（版本 16.10；http://www.girinst.org/repbase/index.html；默认设置）。此外，在蛋白质水平上，RepeatProteinMask 通过针对 RM 蛋白质数据库的 RMBLAST 搜索（默认设置）用于鉴定 TEs。对于 *de novo* 预测，RepeatModeler（http://repeatmasker.org/）和 LTR FINDER 被用于从组装的基因组中识别 *de novo* 进化的重复序列。

7. 蛋白质编码基因预测

基于同源性的预测、*de novo* 和基于 RNA-seq 的预测方法被用来注释三七基因组中的蛋白质编码基因。基于同源性的基因注释中使用了拟南芥、褐藻、家蝇、苜蓿、豌豆、波斯菊、葡萄和葡萄球菌的所有蛋白质编码基因的蛋白质序列。简而言之，首先使用 TBLASTN 将上述物种的蛋白质序列定位到三七基因组中，参数为 "E-value = 1e 5, F F"。对于单个蛋白质，在过滤低质量数据后，用 Solar 将三七参考基因组中所有匹配的 DNA 序列串联。通过在串联序列的上游和下游延伸 2000 bp 获得蛋白质编码区。然后使用 GeneWise 预测每个蛋白质编码区内的基因结构。此外，两个 *de novo* 预测程序 AUGUSTUS 和 GlimmerHMM 被用来注释蛋白质编码基因。使用一个利用拟南芥训练构建的基因模型参数。使用 EVidenceModeler 将蛋白质编码基因集进行合并，成为一个完整且非冗余的参考基因列表。

8. 非蛋白质编码基因注释

利用 tRNAscan-SE（1.23 版），使用真核生物默认参数进行 tRNA 注释。基于同源性的 rRNA 注释是使用参数为 "E-value = 1e 5" 的 BLASTN 将植物 rRNA 映射到三七的基因组来进行的。利用 Infernal v0.81（http://infernal.janelia.org）使用默认参数，通过

Rfam 数据库（版本 11.0）来进行 miRNA 和 snRNA 基因的预测。

9.6 转 录 组 学

9.6.1 转录组的定义

1. 转录组

一个活细胞所能转录出来的所有 RNA 的总和。近年来，测序技术发展迅速，基于系统生物学的多组学分析成为目前的研究热点。

2. 转录组测序

转录组测序（transcriptome sequencing）是指对某时间点和某种条件下生物样品的 mRNA 进行高通量测序，通过将序列数据（测序 reads）与所选参考基因组的序列进行比对，从而定位其在基因组或基因上的位置。研究人员基于比对上的数据进行一系列的生物信息学分析后，可得到下列信息（图 9-4）：确定外显子/内含子的边界，分析基因可变剪接情况；识别转录区的 SNP 位点；修正已注释的 5' 和 3' 端基因边界；发掘未注释的基因区和新的转录本；定量基因或转录本表达水平，进而识别不同样品（或样品组）之间显著差异表达的基因或转录本；通过对差异表达基因或转录本的功能注释和功能富集分析，为后续的生物学研究提供分子水平的依据（刘文鑫，2015）。

转录组测序可分为有参考基因组测序（genome sequencing）和转录组从头组装（*de novo* transcriptome assembly）。

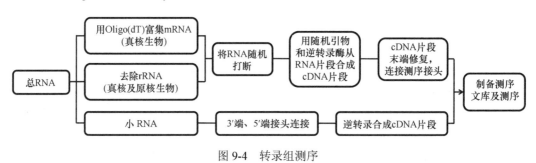

图 9-4 转录组测序

9.6.2 试验方法

近年来五加科人参属植物的转录组测序为其功能基因组学等方面的研究提供了丰富的基因信息。目前，研究者已经对人参、西洋参、三七转录组开展了研究（邹丽秋等，2016）。黑斑病是三七种植生产过程中危害最为严重的病害之一，该病的病原菌人参链格孢 *Altemaria panax* 寄主范围广泛且生存能力强，黑斑病发病快、传播迅速，三七产量常因该病损失达 10%以上（许振宁，2016）。利用转录组学能够对 *A. panax* 侵染过程中三七-病原菌互作的分子生物学过程进行深入了解。本书以转录组分析三七抗黑斑病关键基因为例，介绍三七转录组学的试验方法及其分析流程。

1. 取样

该步骤由试验设计者实施。选取植株大小和长势一致的三年生三七 7 组，对其中 6 组接种 *A. panax* 菌丝体，最后 1 组作为对照（只进行受伤处理而不接种菌丝体）。采集 0 h（即对照组）、2 h、12 h、24 h、48 h、72 h、96 h 的叶片。重复：所有处理均对 3 个单株进行平行处理。保存：收集的样品经液氮速冻后于 –80℃保存，备用。注意：取样前准备好液氮预冷的无酶管，并做好取样器械的消毒和去 RNA 酶处理。

2. 提取总 RNA

该步骤一般可由测序公司实施。称取 100 mg 的三七组织（根、茎、叶）放入预冷的研钵中，液氮研磨成粉末，利用 RNA 试剂盒对样品的总 RNA 进行提取。RNA 质量检测主要包括以下两种方法。

1）琼脂糖凝胶电泳分析

高质量 RNA 的获取是构建高质量文库的必要前提。该研究将提取的总 RNA 用 1% 的琼脂糖凝胶电泳和紫外分光光度计两种方法检测。琼脂糖凝胶电泳检测结果显示，各组样品的总 RNA 均出现 28S、18S、5.8S 三条带谱，28S 和 18S 条带比较亮，28S 条带亮度高于 18S，5.8S 条带很微弱，各条带间没有拖尾（图 9-5）。

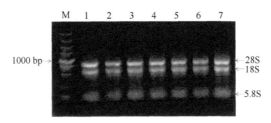

图 9-5　三七叶片总 RNA 琼脂糖凝胶电泳结果（许振宁，2016）

2）检测 RNA 的纯度

RNA 样品的品质检测一般分为总量、纯度与完整性三大项。总量：微量分光光度计测 260 nm 吸收值计算。纯度：微量分光光度计测 260 nm/230 nm 吸收值，用于评估有机溶剂残留；260 nm/280 nm 吸收值，用于评估蛋白质污染比例。完整性：以安捷伦生物分析仪进行毛细管电泳（capillary electrophoresis），并以软件的 RNA 完整值（RNA integrity number，RIN）分数评估，10 为 RNA 完整性最好，0 为最差。Agilent 2100 检测发现三七叶片 A_{260}/A_{280} 的值为 1.8～2.1，A_{260}/A_{230} 的值较低，可能存在小分子污染，RIN>7.0（表 9-1），检测结果均为 A 类，样品可用于继续建库。

RNA 保存：总体来说提取的 RNA 完整性较好，没有明显降解，RNA 质量较好。将 RNA 放于 –80℃冰箱保存。

表 9-1　三七接种黑斑病 0 h 三七叶片总 RNA 检测结果（许振宁，2016）

样品名称	浓度（ng/μL）	体积（μL）	总量（μg）	A_{260}/A_{280}	A_{260}/A_{230}	RIN	28S/18S	结果说明
0 h	360	60	21.6	2.04	1.32	8.2	2.8	A 类

注：检测结果类别分类要求如下（判断 A/B/C/D 类依据）：A 类，样品质量满足建库测序要求，且总量满足 2 次或者 2 次以上建库需要；B 类，样品质量满足建库测序要求，且总量满足 1 次但不足 2 次建库需要；C 类，样品质量不完全满足建库测序要求，可以风险建库但不保证测序质量的样品；D 类，样品质量完全不满足建库测序要求，为不建议使用的样品。

3. 链特异性文库构建

（1）样品的总 RNA 用 DNase I 消化 DNA 后，用带有 Oligo（dT）的磁珠富集 mRNA。

（2）加入打断试剂，在热混合器中适温将 mRNA 打断成短片段。

（3）以打断后的 mRNA 为模板合成一链 cDNA，然后配制二链合成反应体系，合成二链 cDNA。

（4）使用试剂盒进行纯化回收、黏性末端修复，cDNA 的 3′端加上碱基"A"并连接接头。

（5）进行片段大小选择，最后进行 PCR 扩增。

（6）构建好的文库用 Agilent 2100 Bioanalyzer 和 ABI StepOnePlus Real-Time PCR System 质检。

（7）合格后使用 Illumina HiSeq 4000 平台进行测序。

4. 上机测序

（1）将下机数据进行过滤得到 Clean Data。

（2）与指定的参考基因组进行序列比对，得到 Mapped Data。

（3）进行插入片段长度检验、随机性检验等文库质量评估。

（4）进行可变剪接分析、新基因发掘和基因结构优化等结构水平分析。

（5）该研究利用 Illumina HiSeq 4000 测序平台，对感染黑斑病不同时间点的三七叶片进行转录组测序。共获得 37.65 Gb 的数据。组装并去冗余后得到 114 009 个 unigene。

（6）后续开展生物信息学的研究，根据基因在不同样品或不同样品组中的表达量进行差异表达分析、差异表达基因功能注释和功能富集等表达水平分析。

5. 生物信息学分析

该步骤可由研究人员自主完成。

转录组生物信息学分析流程见图 9-6。

目前，转录组等生物信息学分析方法可以基于多个生物科技公司的云平台进行操作。本部分以百迈客生物科技公司的百迈客云平台为例（表 9-2），进行转录组分析的介绍。

1）进入百迈客云登录界面

打开浏览器，输入网址 www.biomarker.com.cn，登录百迈客云，见图 9-7。

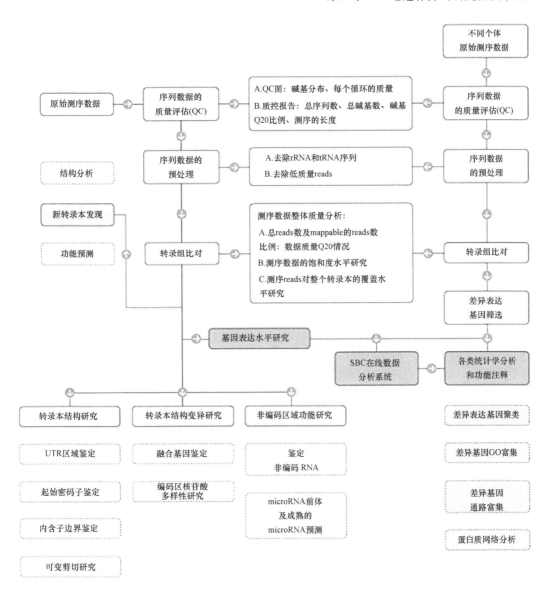

图 9-6 转录组生物信息学分析流程（PLob）

表 9-2 百迈客云平台分析功能（百迈客生物）

平台名称	类型	功能描述
真核有参转录组分析平台	RNA 类	基于已知的基因组序列和注释信息，以 RNA-seq 数据作为输入，通过序列比对，进行基因表达定量、可变剪切、差异分析、功能注释与富集、转录本 SNP 分析等
真核无参转录组分析平台	RNA 类	以 RNA-seq 数据作为输入，从头（de novo）组装转录本，构建 unigene 库，并对 unigene 进行表达定量、差异分析、功能注释与富集、SSR 鉴定、转录本 SNP 分析等
小 RNA 测序分析平台	RNA 类	以 miRNA-seq 数据作为输入，分析内容包含：miRNA 鉴定和预测、miRNA 家族分析、miRNA 表达定量和差异分析、样品相关性分析、靶基因预测及功能注释富集分析等

续表

平台名称	类型	功能描述
长链非编码 RNA 测序分析平台	RNA 类	分析内容包含了真核有参转录组分析平台的所有分析内容，且包含其特有分析内容：长链非编码 RNA（lncRNA）预测、lncRNA 靶基因预测、靶基因差异分析等
全转录组联合分析平台	RNA 类	以特定组织在某一时间所转录出的编码 RNA（mRNA）和非编码 RNA［lncRNA、环状 RNA（circRNA）、miRNA］整体作为研究对象，分析内容包含：不同 RNA 表达量计算及全局展示、差异表达 RNA 全局展示、共表达分析、竞争性内源 RNA（ceRNA）分析、关键基因通路整合分析等
有参全长转录组（ONT）分析平台	RNA 类	该平台以 Oxford Nanopore 转录组测序数据作为输入，基于参考基因组序列进行分析，包含：数据质控、转录本结构分析（可变剪切、选择性聚腺苷酸分析、CDS 预测、转录因子预测等）、转录本和基因定量、差异分析、功能注释与富集分析、蛋白互作分析等
蛋白质组分析平台	蛋白质	结合高精度质谱仪分析的结果对蛋白质进行定量，分析内容包含：蛋白表达定量及差异分析、功能注释与富集分析、与 mRNA 进行联合分析等
代谢组分析平台	代谢	基于色谱质谱等产生的数据，借助于统计学方法研究生物体内代谢物的变化状况，分析内容包含：代谢物定量及差异分析、正交偏最小二乘判别分析、与 mRNA 进行联合分析等
微生物多样性分析平台	微生物	可以基于 16S、18S、ITS、多种功能基因（AOA、nifH、pmoA 等）序列完成微生物多样性分析，分析内容包含：可操作分类单元（OTU）聚类、物种注释、Alpha 多样性分析、Beta 多样性分析、组间差异显著性分析、多元统计分析、16S 功能基因预测分析、典型相关分析（CCA）等
宏基因组分析平台	微生物	以下一代测序（NGS）数据作为输入，数据质控后，基于测序 reads 进行宏基因组物种注释；将测序 reads 组装成 contig 序列；预测 contig 序列中的基因；对所有预测得到的基因去冗余，构建非冗余基因集；对非冗余基因基于多种数据库进行基因功能注释；基于宏基因组物种注释信息和基因功能信息进行差异分析、富集分析等统计比较
全基因组重测序分析平台	DNA 类	以全基因组重测序（whole genome sequencing，WGS）数据作为输入，分析内容包含：序列比对、SNP/InDel 检测、Circos 环形绘图、功能注释与富集、引物设计、主成分分析（PCA）和进化树分析等
全基因组关联分析平台	DNA 类	以突变检测结果 vcf 文件作为输入，完成以下分析：群体结构、亲缘关系、候选基因功能注释、显著位点 LD block 分析、突变位点引物设计等
外显子组测序分析平台	DNA 类	可以完成全外显子组的突变挖掘，并基于 dbSNP 利用 vqsr 模型过滤假阳性突变位点，提高真实突变检出率，利用 ANNOVAR 完成 1k Genomes、dbSNP、SIFT、COSMIC70、ESP6500 五大数据库的关联，同时完成了 Polyphen2 突变对蛋白功能影响评估
ChIP-Seq 分析平台	DNA 类	染色质免疫共沉淀技术（chromatin immunoprecipitation，ChIP）是一种研究蛋白质与生物体细胞中 DNA 相互作用的经典方法，本平台以高通量测序数据作为输入，通过比对基因组进行位点峰值，并且可通过对峰值区域关联基因进行功能注释和富集分析预测其参与的生物学通路，是研究蛋白质和 DNA 相互作用的有力工具

资料来源：百迈客生物

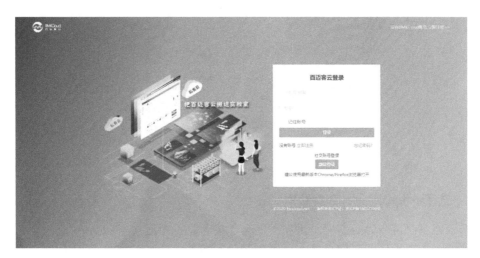

图 9-7　百迈客云用户登录界面（百迈客生物）

2）导入原始数据（2 种方式）

（1）导入需要分析测序数据双端 fastq 数据所在的文件夹（图 9-8），系统会自动识别到文件后缀为 1.fq 和 2.fq 的双端测序数据，并列在样品信息表中（图 9-9）。

（2）导入需要分析的双端测序 fastq 数据文件中的一个，如果该目录下存在同样样品的另一个 fastq 数据文件且双端测序 fastq 以 1.fq 和 2.fq 为后缀，系统会自动识别该样品的数据并列在样品信息表中。

（3）通过导入文件夹或文件导入双端测序数据后，下面会列出样品名称和对应的双端测序数据，样品名称为系统默认名称，由于样品名称会展现在最终结果的图表中，建议自定义样品名称，样品名称不超过 7 个字符，可以由字母和数字组成（只能以字母开头）（百迈客生物）。

图 9-8　导入原始数据（百迈客生物）

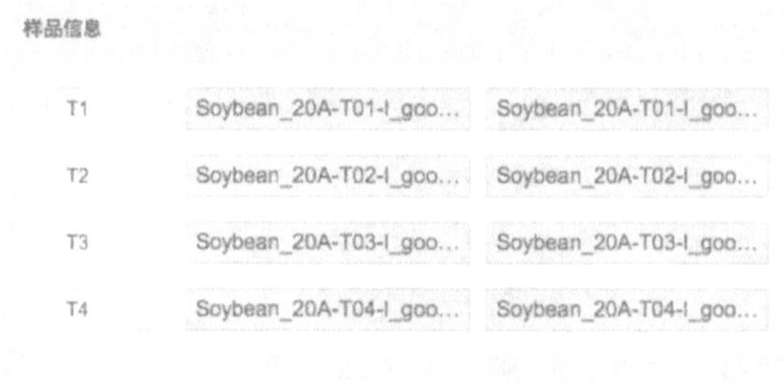

样品信息
T1
Soybean_20A-T01-I_goo...
Soybean_20A-T01-I_goo...
T2
Soybean_20A-T02-I_goo...
Soybean_20A-T02-I_goo...
T3
Soybean_20A-T03-I_goo...
Soybean_20A-T03-I_goo...
T4
Soybean_20A-T04-I_goo...
Soybean_20A-T04-I_goo...

图 9-9　样品信息表

3）选择参考物种/选择组装版本

转录组测序可分为有参考基因组测序和无参考基因组测序（图 9-10）。

针对参考基因组注释信息较为详细的物种，如人、小鼠、拟南芥等模式生物，同时实验目的很明确，就是分析已知的基因或转录本，那就可以直接基于基因组注释信息中提取出的转录本序列来进行后续分析。该分析模式分析流程简单、速度快（百迈客生物）。而对于没有参考基因组的物种，或者基因组组装水平较低的物种，必须先使用测序数据组装一套转录本，再基于转录本进行后续分析。目前，三七基因组数据已经发表（Chen et al.，2017）。

参考物种
土豆(Solanum_tuberosum)
大白菜(Brassica_rapa)
大豆(Glycine_max)
大麦(Hordeum_vulgare)
家蚕(Bombyx_mori)
家鹅(Anser_cygnoides)
小新壳梭孢菌(Neofusicoccum_parvum_UCRNP2)
小麦(Triticum_aestivum)
组装版本
V1.0
Wm82.a2.v1

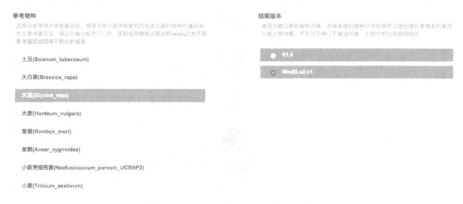

图 9-10　选择参考物种/选择组装版本（百迈客生物）

4）参数设置

设置差异表达分析错误发现率（FDR）/差异筛选倍数阈值（图 9-11）。

5）基因功能注释

转录组测序将产生大量数据，采用比对方法对预测出来的编码基因进行功能注释（图 9-12），通过与各种功能数据库（NR、Swiss-Prot、GO、KOG、KEGG）进行蛋白质比对，获取该基因的功能信息。其中 GO 和 KEGG 数据库分别在基因功能和代谢通路研究中占据重要地位。

该研究将对组装得到的 unigene 进行七大功能数据库注释（NR、NT、GO、COG、KEGG、Swiss-Prot、Interpro）（表 9-3），总共有 81 309 个 unigene 得到注释，注释率为 71.32%。

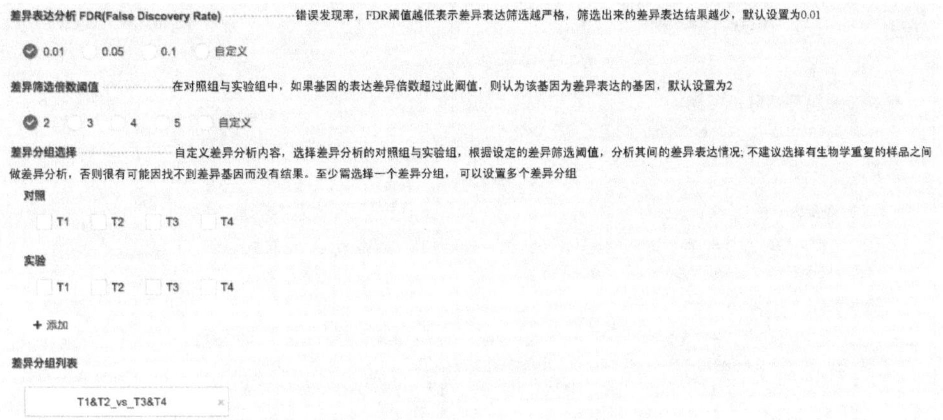

差异表达分析 FDR(False Discovery Rate) ⸻ 错误发现率，FDR阈值越低表示差异表达筛选越严格，筛选出来的差异表达结果越少，默认设置为0.01

☑ 0.01　　0.05　　0.1　　自定义

差异筛选倍数阈值 ⸻ 在对照组与实验组中，如果基因的表达差异倍数超过此阈值，则认为该基因为差异表达的基因，默认设置为2

☑ 2　　3　　4　　5　　自定义

差异分组选择 ⸻ 自定义差异分析内容，选择差异分析的对照组与实验组，根据设定的差异筛选阈值，分析其间的差异表达情况；不建议选择有生物学重复的样品之间
做差异分析，否则很有可能因找不到差异基因而没有结果。至少需选择一个差异分组，可以设置多个差异分组

对照

☐ T1　☐ T2　☐ T3　☐ T4

实验

☐ T1　☐ T2　☐ T3　☐ T4

＋ 添加

差异分组列表

[T1&T2_vs_T3&T4　　　✕]

图 9-11　参数设置（百迈客生物）

☑ 功能注释
　　☑ Go注释
　　☑ KEGG通路
　　☑ NR注释
　　☑ Swiss-Prot注释
　　☑ Pfam注释
　　☑ eggNOG注释
　　☑ COG注释
　　☑ KOG注释
　　☑ KEGG注释
☐ 基因ID检索
☐ 基因名称检索
☐ 序列信息检索
☐ 反向互补搜索

图 9-12　基因功能注释（百迈客生物）

表 9-3　功能注释结果统计（许振宁，2016）

标准	总数	NR注释	NT注释	Swiss-Prot注释	KEGG注释	COG注释	Interpro注释	GO注释
数量	114 009	73 870	70 520	52 477	47 135	31 240	53 630	33 569
百分比	100%	64.79%	61.85%	46.03%	41.34%	27.40%	47.04%	29.44%

6）查看结题报告

通过上述简单几步完成数据分析投递，即可在线查看结题报告，能够获得可视化报告（图 9-13），并交互查看数据。

例如，查看该研究的独立基因（unigene）在 KEGG 中的注释情况（图 9-14），其中57.3%的 unigene 被注释为新陈代谢，主要参与碳水化合物代谢（3837 个 unigene）、脂质代谢（2853 个 unigene）、氨基酸代谢（2404 个 unigene）、能量代谢（1715 个 unigene）。通过分析 KEGG 可以发现，三七中参与新陈代谢通路的基因最多，而参与植物抗病以及病菌的相互作用的基因也较多（许振宁，2016）。

7）个性化数据分析

个性化数据分析是在标准分析结果的基础上，进行更深入的二次挖掘，或者做一些

图 9-13 转录组分析结题报告（百迈客生物）

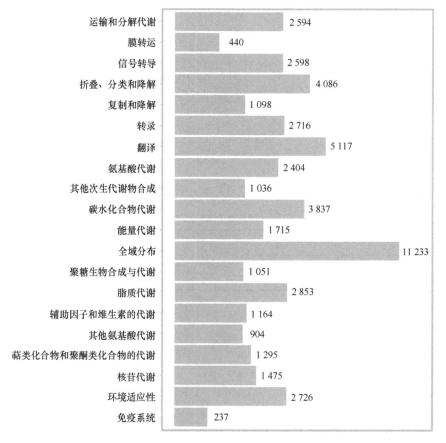

图 9-14 KEGG 功能分布统计图（许振宁，2016）

更高级的分析，得到的结果可以直接用于文章发表。目前百迈客云包含丰富的个性化分析功能，包括功能、序列、表达检索基因/共表达趋势筛选差异基因/PCA、进化树挖掘基因结构,图表交互挖掘/保存研究进展等,基本可以覆盖用户大部分个性化分析需求(百迈客生物)。

例如，通过个性化数据分析可以筛选特定功能的基因、筛选差异分组中的基因、筛选组间共有和特有的基因，见图 9-15。

图 9-15 个性化数据分析（百迈客生物）

将 6 个试验组分别与对照组进行比较（VS），进行差异表达基因（differentially expressed genes，DEG）数目统计（图 9-16），在限定阈值范围为 FDR≤0.001 和 Fold Change≥2.00 的条件下，0 h-VS-2 h、0 h-VS-12 h、0 h-VS-24 h、0 h-VS-48 h、0 h-VS-72 h、0 h-VS-96 h 各组分别有 13 959、16 723、13 869、14 460、14 691、12 934 个差异基因被检测到。从图 9-16 中还可以看到，上调基因在 0 h-VS-12 h 时达到最大值（13 961），随后逐渐下降，总体上上调基因呈现先上升再下降的趋势。与之相反，下调基因的数目在

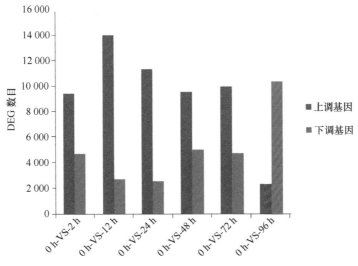

图 9-16 差异表达基因数目统计（许振宁，2016）

感染黑斑病后却呈现先下降后上升的趋势，在 24 h 下降到最低值（2484）。造成这种趋势的主要原因可能是在接种黑斑病后的 12 h 里，植物调动一系列防御反应机制来抵抗真菌的侵染，平时表达较少或不表达的抗逆基因都得到激活，植物大部分基因上调表达。随着时间的延长，植物在与真菌的竞争中逐渐处于劣势，植物正常代谢受到抑制，上调基因数逐渐下降（许振宁，2016）。

综上所述，该研究利用人参链格孢菌丝体接种三七叶片后成功提取总 RNA，随后采用 Illumina HiSeq 4000 测序平台，对感染黑斑病不同时间点的三七叶片进行转录组测序，共获得 37.65 Gb 的数据，组装并去冗余后得到 114 009 个 unigene。转录组分析中发现一个高表达的几丁质酶基因（Unigene15193_All）。该研究所获得的感染黑斑病不同时间点三七叶转录组数据为三七抗病功能基因的进一步研究及抗病品种的选育奠定了基础（许振宁，2016）。

9.7 三七代谢组分析

代谢组处于基因调控网络和蛋白质作用网络的下游，是对生物体在某一特定时期（如病理生理刺激、不同发育状态等）体内所有代谢物进行定性与定量分析；提供的是生物学的终端信息。代谢组学涉及生物系统的大量代谢物的全面定性和定量分析，主要优点是可以同时监测代谢网络，从而使它们的变化与生物和/或非生物致病因子相关联，并能够检测相应的生物标记（Adrian et al.，2018；Hu et al.，2018）。由于信息学和分析技术的创新发展以及正交生物学方法的整合，现在有可能扩展代谢组学分析，以了解代谢物在系统水平上的作用。此外，由于代谢组学的内在敏感性，可以检测到生物途径中的细微变化，以洞察各种生理条件和异常过程（包括疾病）的基础机制。基因组学告诉我们可能发生什么，转录组学告诉我们正在发生什么，代谢组学告诉我们已经发生了什么（图 9-17 和图 9-18）。

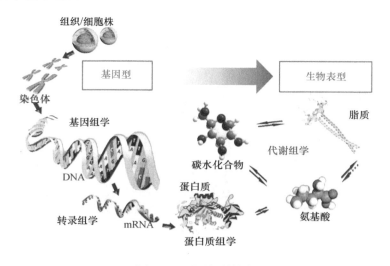

图 9-17　不同组学技术

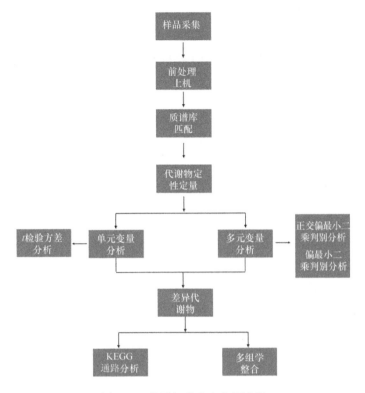

图 9-18　代谢组学基本分析流程

9.7.1　代谢前处理

1. 植物样品前处理

（1）液氮研磨：将同一个处理多个叶片样品用液氮研磨均匀后，取 30～50 mg 到 1.5 mL 离心管中。

（2）样品冷却：浸入液氮冷却。

（3）样品粉碎：在振荡器中放入装有样品的 1.5 mL 离心管，加入钢珠，1500 r/min 摇动 60 s，检查叶子是否被磨成细粉，必要时重复。

（4）钢珠的清洗：乙醇超声 1 min，水超声 1 min，烘箱烘干 30 min。

（5）萃取：研磨后，所有样品保存在冰上，将 1 mL 的预冷萃取液分别加入每根管子上，涡旋 6 min，14 000 r/min 离心 2 min。

（6）样品保存：分别取 450 μL 上清液于两个新离心管，取一份保存样品保存于–80℃冰箱作为备份。

（7）真空干燥：在真空干燥器中干燥样品，以完成干燥并进行下一步衍生化（真空干燥后的样品可以保存 1～2 年）。

2. 土壤样品前处理

（1）取样本 1 g 于 5 mL EP 管中，加入 1 mL 提取液（甲醇与水体积比为 3∶1），加入 1 mL 乙酸乙酯, 再加入 5μL *L*-2-氯苯丙氨酸, 涡旋 30 s。

（2）加入磁珠, 45 Hz 研磨仪研磨 4 min, 超声 5 min（冰水浴）（重复 6 次）。

（3）将样本 4℃离心, 10 000 r/min 离心 15 min。

（4）移取 1.2 mL 上清液于 1.5 mL EP 管中。

（5）在真空浓缩器中干燥提取物。

（6）向干燥后的代谢物中加入 20 μL 甲氧胺吡啶试剂（甲氧基胺盐酸盐, 溶于 20 mg/mL 吡啶）, 轻轻混匀后, 放入烘箱中 80℃孵育 30 min。

（7）向每个样品中加入 30 mL 双（三甲基硅烷基）三氟乙酰胺（BSTFA）[含有 1% 三甲基氯硅烷（TMCS）, 体积比], 将混合物于 70℃孵育 1.5 h。

（8）随机顺序上机检测。

3. 三七花、叶、根活体组织挥发物收集

采用改进后的常温常压吹气法收集三七不同组织挥发物。

（1）将三七组织放入洗净干燥后的干燥缸中, 盖上盖, 用 Parafilm 封口膜密封。

（2）用气体采样仪抽气（QC-1B 型, 北京市劳动保护科学研究所）, 抽气速率为 400～600 mL/min。用活性炭和硅胶吸附柱去除进气中的水分, 将 Porapak™ Q 填充入采样柱吸附挥发物。Porapak™ Q 采样柱先用丙酮（色谱纯, 99.9%）洗脱 30 次, 每次用量 1 mL, 再用正己烷（色谱纯, 99.9%）洗 12 次, 每次用量 1 mL; 正己烷淋洗液用气相色谱（GC）检测, 至无杂质峰为止。

（3）Porapak™ Q 采样柱洗好后再 40～50℃烘干, 用石英棉隔绝空气, 备用。每个样品收集重复 3 次, 以空缸作为对照。

（4）收集 3 天后, 用正己烷（色谱纯, 99.9%）淋洗吸附柱, 淋洗液用氮气浓缩, 浓缩液用 0.22 μm 尼龙有机相滤膜过滤至棕色样品瓶中, 待检测。

（5）挥发物成分分析。采用气相色谱-质谱联用仪（日本岛津公司 GCMS-QP2010 ultra）进行分析。具体条件为: 色谱柱（SH-Rxi-5Sil MS 30.0 m×0.25 mm×0.25 μm）。GC 条件: 起始柱温 40℃, 以 3.0℃/min 升温至 80.0℃后, 以 5.0℃/min 升温至 260.0℃, 保持 30.00 min, 柱流量为 1.0 mL/min。进样口温度 250.0℃, 进样量 2.0 μL, 进样方式为分流进样, 分流比 10：1, 载气为高纯氦气。MS 条件: 电子电离（EI）源, 离子源温度 230.0℃, 接口温度 250.0℃, 扫描范围 35～500 *m/z*, 采集方式 Scan, 扫描间隔 0.30 s。通过 NIST14s 谱库检索进行定性分析。

4. 松针淋溶物收集

采用静置浸提法来收集松针淋溶物。

首先, 将 600 g 松针放入洗净干燥后的 5 L 玻璃桶中, 注入 4 L 灭菌水, 确保浸没所有松针, 用 Parafilm 封口膜密封两天。然后使用直径为 12.5 cm 的定性滤纸（皎洁, 抚顺市民政滤纸厂, 中国）过滤一遍, 存放于 2℃冰箱静待使用。

其次, 使用乙酸乙酯进行萃取。

（1）每 100 mL 浸提液配 300 mL 乙酸乙酯, 乙酸乙酯分三次加入, 每次 100 mL,

摇匀静待沉淀出不同层次，然后使用分层器皿分离浸提液和乙酸乙酯。

（2）接着将分离出的乙酸乙酯倒入烧杯，放入脱水粉，脱掉最后一部分水。

（3）随后，倒入圆筒蒸发器皿，扣在旋转蒸发机上（Rotavapor R-200，Buchi，瑞士），底部放入 46℃水浴锅（Integrated Thermostatic Magnetic Blenders，GW 公司，中国），并打开循环水式真空泵（SHZ-D，巩义市予华仪器有限责任公司）和低温冷却液循环泵（DLSB-5L/25，巩义市予华仪器有限责任公司）。

（4）待旋转蒸发只剩 15～20 mL 的时候，倒入小蒸发皿，继续旋蒸至无可见液体。

（5）取下器皿，用 2.5 mL 正己烷洗出沉淀物，配合 0.22 μm 尼龙有机相滤膜过滤至棕色样品瓶中，待检测。

最后，采用 GC-MS 气相色谱-质谱联用仪（日本岛津公司 GCMS-QP2010 ultra）进行分析。具体条件为：色谱柱（SH-Rxi-5Sil MS 30.0 m×0.25 mm×0.25 μm）。GC 条件：起始柱温 40℃，以 3.0℃/min 升温至 80.0℃后，以 5.0℃/min 升温至 260.0℃，保持 30.00 min，柱流量为 1.0 mL/min。进样口温度 250.0℃，进样量 2.0 μL，进样方式为分流进样，分流比 10∶1，载气为高纯氦气。MS 条件：EI 电离源，离子源温度 230.0℃，接口温度 250.0℃，扫描范围 35～500 m/z，采集方式 Scan，扫描间隔 0.30 s。通过 NIST14s 谱库检索进行定性分析。

9.7.2 代谢组分析方法

1. 处理和重复设置

处理设置：样品 CK，样品处理，空白对照（blank），QC。重复不少于 6 次。

2. 进行样品采集、处理

1）叶片采集

要根据实验设计（生物学重复不少于 6 次），采集样本时保持样本一致性，例如，叶片取样时，颜色、衰老程度、叶脉占比、光照、位置等一致。

2）内标制备

二氯苯丙氨酸浓度 100 ppm（1 ppm=10^{-6}）。取 5 μL 加入 1 mL 萃取溶剂中，原则上不低于 10 ppm，不高于 500 ppm。核糖醇：取 5 μL 加入 1 mL 萃取溶剂中，使得萃取液中的浓度为 200 ppm。

3）萃取试剂制备

检查二蒸水（ddH₂O）的 pH=7。将甲醇、氯仿和水按体积比（5∶2∶2）混合制成萃取液。添加内标：每升萃取液添加 5 mL 内标。用氮气冲洗萃取液 5 min。–20℃保存，可储存半年。

4）脂肪酸甲酯混标（FAME）制备

C8、C9、C10、C12、C14、C16、C18、C20、C22、C24、C26、C28、C30。

5）空白样品准备

作用：检查是否有残留，去除本底干扰。不加样品，萃取、衍生化步骤和其他样品一致，10 个样品就要进一针空白样本，成本太高；因此，一次试验进一针空白样本。

6）QC 样品制备

作用：QC 样本代表了所跑批次的数据稳定性。所有样品，一批样品中每个样品取 10%混合而成。如果有 60 个以上样品可以每 10 个样品设置一个 QC，如果样品少，可以设置得频繁些，如 8 个样品一个 QC，进样顺序排在空白样品之前。

3. 植物样品前处理

（1）液氮研磨：将同一个处理多个叶片样品用液氮研磨均匀后，取 30～50 mg 加入 1.5 mL 的离心管中。

（2）样品冷却：浸入液氮冷却。

（3）样品粉碎：在振荡器中放入装有样品的 1.5 mL 的离心管，加入钢珠，1500 r/min 摇动 60 s，检查叶子是否被磨成细粉，必要时重复。钢珠的清洗：乙醇超声 1 min，水超声 1 min，烘箱烘干 30 min。

（4）萃取：研磨后，所有样品保存在冰上，将 1 mL 的预冷萃取液分别加入到每根管子上，涡旋 6 min，14 000 r/min 离心 2 min。

（5）样品保存：取出分别取 450 μL 上清液于两个新的离心管，取一份样品保存于–80℃ 冰箱作为备份。

（6）真空干燥：在真空干燥器中干燥样品，以完成干燥并进行下一步衍生化（真空干燥后的样品可以保存 1～2 年）。

4. 样品内标制备与土壤样品前处理

（1）取样品 1 g 于 5 mL EP 管中，加入 1 mL 提取液（甲醇与水体积比为 3∶1），加入 1 mL 乙酸乙酯，再加入 5 μL *L*-2-氯苯丙氨酸，涡旋 30 s。

（2）加入磁珠，45 Hz 研磨仪研磨 4 min，超声 5 min（冰水浴）（重复 6 次）。

（3）将样本 4℃离心，10 000 r/min 离心 15 min。

（4）移取 1.2 mL 上清液于 1.5 mL EP 管中。

（5）在真空浓缩器中干燥提取物。

（6）向干燥后的代谢物中加入 20 μL 甲氧胺吡啶试剂（甲氧基胺盐酸盐，溶于 20 mg/mL 吡啶），轻轻混匀后，放入烘箱中 80℃孵育 30 min。

（7）向每个样品中加入 30 mL BSTFA（含有 1% TMCS，体积比），将混合物 70℃ 孵育 1.5 h。

（8）随机顺序上机检测。

5. 衍生化

衍生化是指把难于分析的物质转化为与其化学结构相似但易于分析的物质，从而改善色谱分离，增强信号响应。具体操作如下。

（1）20 mg/mL 甲氧胺吡啶溶液配制：用甲氧基胺盐酸盐与吡啶按质量体积比配制为浓度为 20 mg/mL 的溶液。未完全溶解时用超声波溶解。

（2）80 μL 20 mg/mL 甲氧胺吡啶溶液加入干燥的 EP 管中，80℃（烘箱），1 h。

（3）冷却至室温，加 40 μL MSTFA［N-甲基-N-（三甲基硅烷基）三氟乙酰胺］，75℃（烘箱），1.5 h。

（4）1 mL（1000 μL）的 MSTFA 添加 10 μL 的脂肪酸甲酯混标，涡旋 10 s，仅在 QC 样本中添加，如果无 QC 样本，则将脂肪酸甲酯混标按 5 μL+200 μL 稀释液稀释后直接上样，稀释液可以使用氯仿、丙酮、吡啶，每次试验仅需要添加一次脂肪酸甲酯。

（5）如有残渣，离心（15 000 g，约 14 500 r/min，3 min）。吸取上清液于 GC-MS 瓶开始分析。

6. 进样顺序

空白 1、空白 2、空白 3、QC1、QC2、样品 1～10、QC3、样品 11～20、QC4、样品 21～30、QC5、样品 31～40、QC6。注意事项：样本衍生化后可以常温保存 2 天。

7. GC-MS 程序设定

用气相色谱-质谱联用仪（GCMS-QP2010 ultra，Shimadzu，日本）进行检测。GC 条件：SH-Rxi-5Sil MS 色谱柱（30.0 m×0.25 mm×0.25 μm）。起始柱温 40℃，以 3.0℃/min 升温至 80.0℃后，以 5.0℃/min 升温至 260.0℃，保持 30.00 min。载气为氦气，进样口温度 250.0℃，进样量 2 μL，进样方式为分流进样，分流比为 10∶1。MS 条件：EI 电离源，离子源温度 230℃，接口温度 250℃，扫描范围 35～500 m/z，采集方式 Scan，扫描间隔 0.30 s。

8. 初步判断图谱

根据 GC-MS 图谱，不合格的图谱：峰全部集中在中间时段，而且很多峰是连在一起的。合格的图谱：出峰时间前后分布相对均匀，而且峰型尖锐。

9. 下机数据处理

所用分析软件：岛津脱机软件，AbfConverter，MSDIAL ver 3.52。

10. GC-MS 上机数据预处理

1）脂肪酸甲酯混标保留时间提取（图 9-19～图 9-21）

用于峰的对齐与校准。通过公式计算把不同实验室/不同实验条件下完成的数据转换成标准化的保留指数来进行比对。

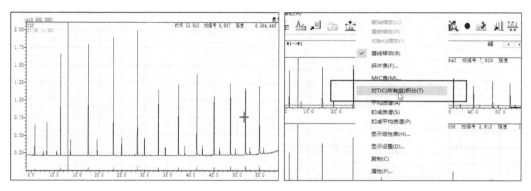

图 9-19　脂肪酸甲酯混标保留时间提取（一）

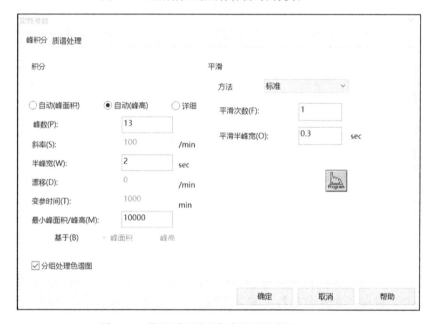

图 9-20　脂肪酸甲酯混标保留时间提取（二）

2）选择峰高

对峰号为 1～13 的峰进行自动积分并复制保留时间到一个新建的 txt 文件中。命名为*FAMES（图 9-21）。

峰号	保留时间	开始时间	结束时间	m/z	峰面积	峰面积%	峰高	峰高%	A/H
1	5.832	5.795	5.880	TIC	18374880	2.78	7210143	4.16	2.55
2	8.418	8.375	8.470	TIC	22547039	3.41	8117074	4.69	2.78
3	11.401	11.330	11.455	TIC	61886928	9.37	16697540	9.64	3.71
4	17.473	17.400	17.530	TIC	67202783	10.18	17065381	9.85	3.94
5	23.145	23.065	23.200	TIC	73948975	11.20	17729865	10.23	4.17
6	28.314	28.230	28.370	TIC	75568172	11.44	17735301	10.23	4.26
7	33.013	32.955	33.075	TIC	46954299	6.96	12892977	7.44	3.56
8	37.351	37.290	37.415	TIC	49201670	7.45	13248493	7.65	3.71
9	41.360	41.295	41.420	TIC	52861891	8.01	13821973	7.98	3.82
10	45.072	45.010	45.140	TIC	47105551	7.13	12086506	6.98	3.90
11	48.543	48.480	48.610	TIC	48915023	7.41	12483288	7.21	3.92
12	51.792	51.730	51.860	TIC	47274694	7.16	12277332	7.09	3.85
13	54.848	54.785	54.925	TIC	49505667	7.50	11862293	6.85	4.17

*FAMES - 副本.txt - 记事本

Carbon Number	RT [min]
8	5.832
9	8.418
10	11.401
12	17.473
14	23.145
16	28.314
18	33.013
20	37.351
22	41.360
24	45.072
26	48.543
28	51.792
30	54.848

图 9-21　脂肪酸甲酯混标保留时间提取（三）

11. 下机数据格式转化（图 9-22 和图 9-23）

转化为 mzXML 格式。

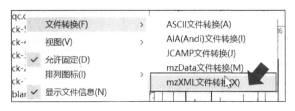

图 9-22　下机数据格式转化（一）

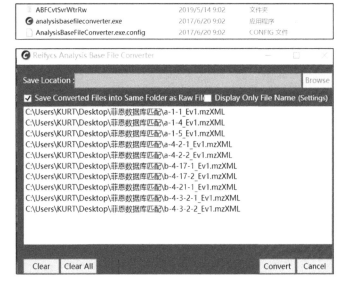

图 9-23　下机数据格式转化（二）

打开 Abfconverter（Tsugawa et al.，2015），点击鼠标左键，进行格式二次转换，将转化后的文件拖入，点击 Convert，将文件转化为 abf 格式。

12. MSDIAL 参数设置（图 9-24～图 9-27）

打开 MSDIAL（Kind et al.，2009；Ji et al.，2018）；新建项目。

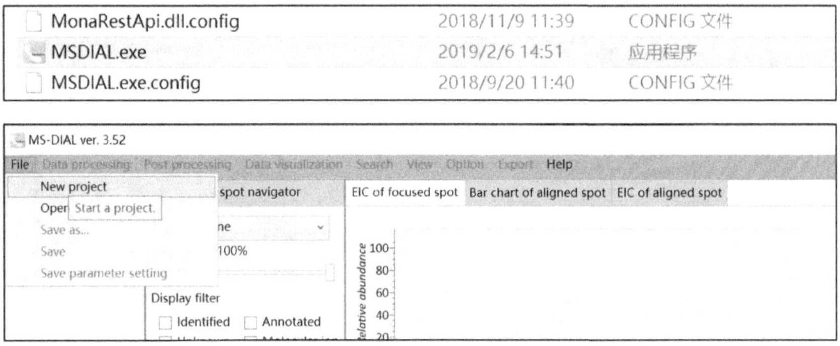

图 9-24　MSDIAL 参数设置（一）

选择文件位置，点击 Browse 选择到文件夹。

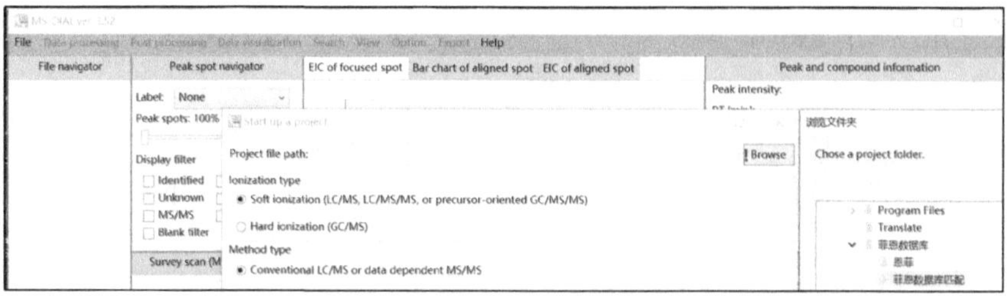

图 9-25　MSDIAL 参数设置（二）

电离类型选择 GC/MS，其他为默认参数，点击 Next。

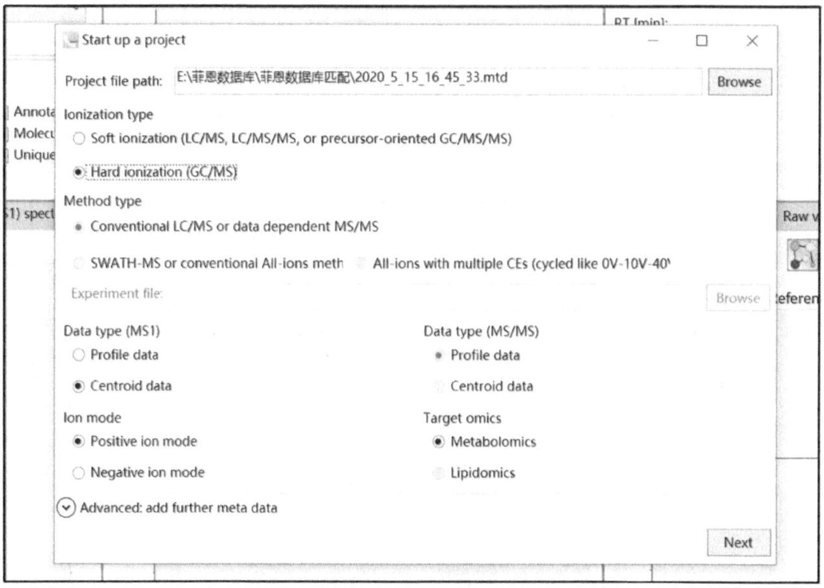

图 9-26　MSDIAL 参数设置（三）

选择需要分享的下机数据；设置样品类型，即 QC、空白、样品、标准品，样品多时（样本数超过 60 个，要有 8 个以上 QC）还要设置进样顺序（Analytical order），点击 Next 继续设置预处理参数。

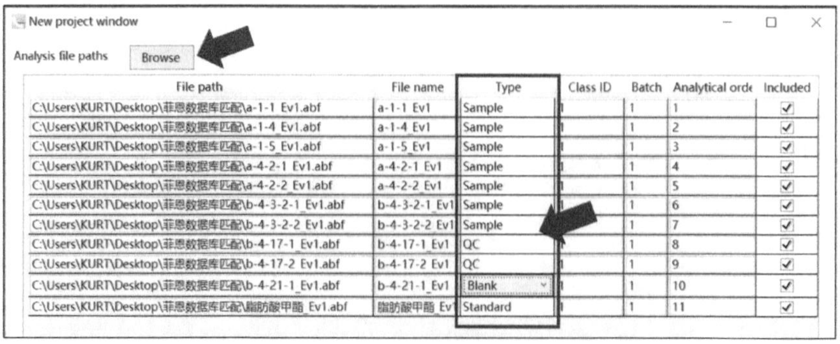

图 9-27　MSDIAL 参数设置（四）

13. Data collection（数据采集）（图 9-28）

Mass scan range 设置定量离子范围，选 85～500 Da（该范围为数据库的范围）。
Retention time begin 设置采集时间。
Multithreading 从第一个数据出现开始采集。

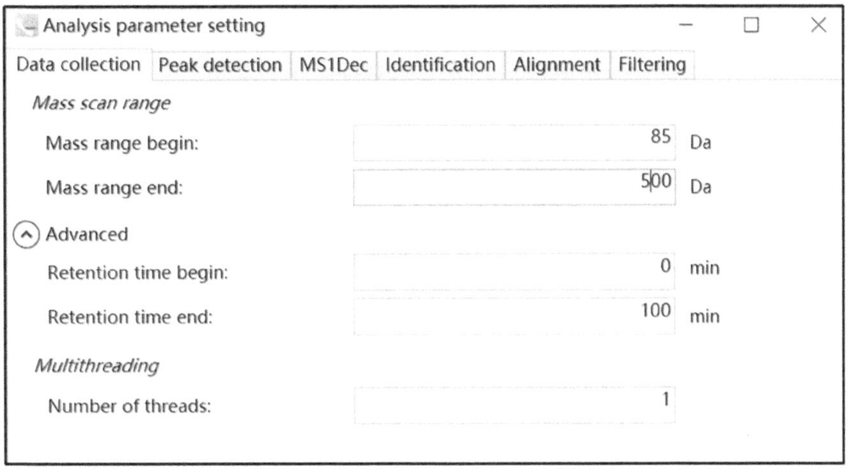

图 9-28　MSDIAL 参数设置（五）

14. Peak detection（峰值检测）（图 9-29）

Minimum peak height 为最小检测峰高，根据实验情况来进行设置，一般设置为 5000，根据峰图最低点的峰值来确定。

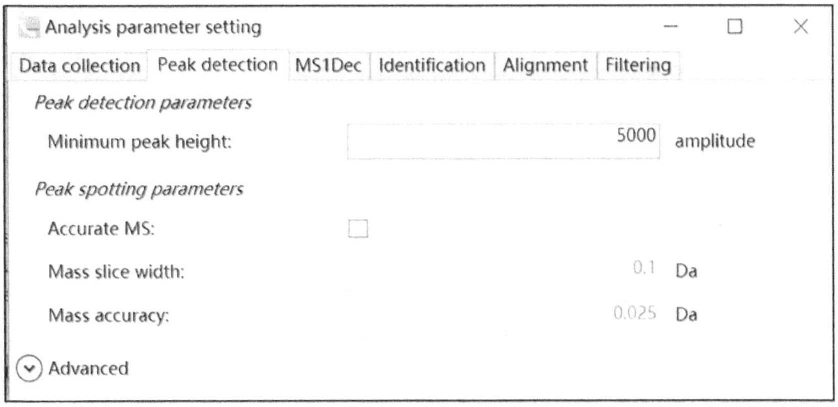

图 9-29　MSDIAL 参数设置（六）

15. MS1Dec（解卷积参数，峰分离）（图 9-30）

EI spectra cut off　去除 1%的质谱。
Sigma window value 西格玛窗口值 0.5。

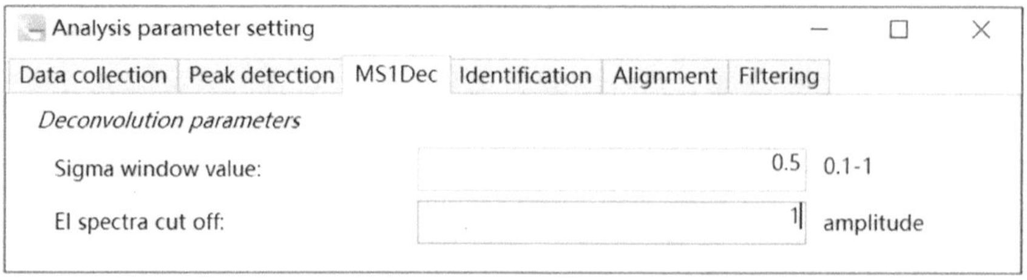

图 9-30　MSDIAL 参数设置（七）

由于色谱柱分离效能和峰容量的限制，样品在分离分析过程中分配系数或保留行为相近的一些化合物得到共洗脱的情况时有发生，体现为未达到基线分离、肩峰乃至完全包被的色谱峰组。这一现象在复杂体系样品的分析中十分普遍，严重影响定性、定量结果的精度与可靠性，并极大制约了对色谱联用技术所获得的如 PDA 和 TIC 等数据中所携带的海量化合物信息的提取和充分利用。

解卷积色谱峰后表征了该化合物在色谱图中的校正后的真实保留时间、峰型和峰面积等信息。质谱解卷积技术在较大程度上弥补了色谱法的分离性能以及柱容量的限制，从而可完整表征和利用质谱数据所携带的全部化合物定性及定量信息。这为分析工作者开展基于灰色复杂体系样本的化学指纹图谱、代谢组学，以及各类非目标分析提供了有力保障。

16. Identification 定性参数设置（图 9-31）

RI 为保留指数，RT 为保留时间，这里选择 RI。

Index type 选择 FAMEs，即脂肪酸甲酯。

MSP file 为数据库选择，选择菲恩数据库所在位置。

Retention index tolerance 为保留指数可接受的误差范围，设置为 10 000。

Retention time tolerance 为保留时间可接受的误差范围，设置为 60 min，我们已经采用保留指数，故可以将保留时间误差设置为我们的峰采集范围。

m/z tolerance 为分子精度可接受的误差范围，0.5 Da。

EI similarity cut off 为质谱图相似度，70%。

Identification score cut off 为相似度和保留指数接近程度的一个综合得分。

Use retention information for scoring 为使用保留指数来计算得分（要勾选）。

Use quant masses defined in MSP format file 使用数据库的默认离子作为定量离子（要勾选）。

Index file 设置保留指数文件来源（图 9-32）。

17. Alignment 峰对齐（图 9-33）

Reference file 为峰对齐的文件，选择 QC：a-1-4_Ev1。

RI or RT 选择 RT。

Retention time tolerance 为保留时间偏差，设置为 0.1 min。

EI similarity tolerance 为峰对齐相似度，80%。

Gap filling by compulsion 为空白值的填充（需要勾选）。

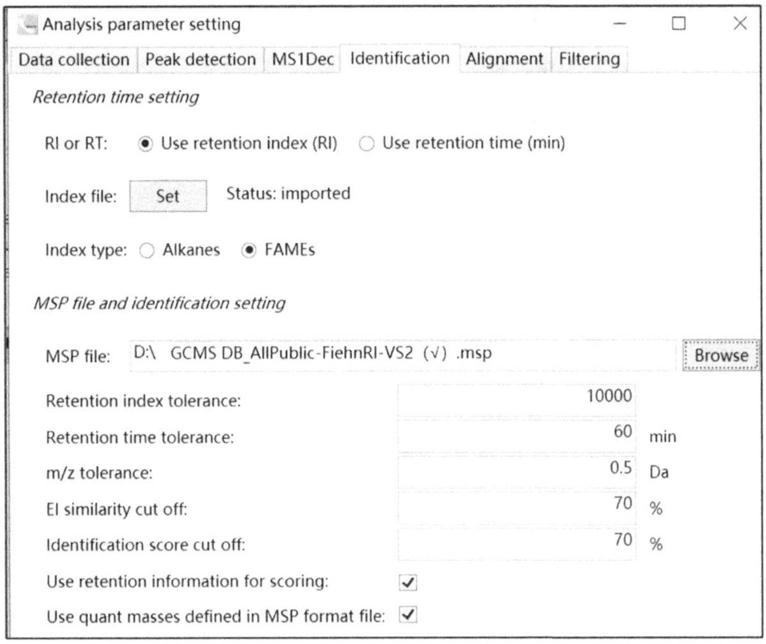

图 9-31　MSDIAL 参数设置（八）

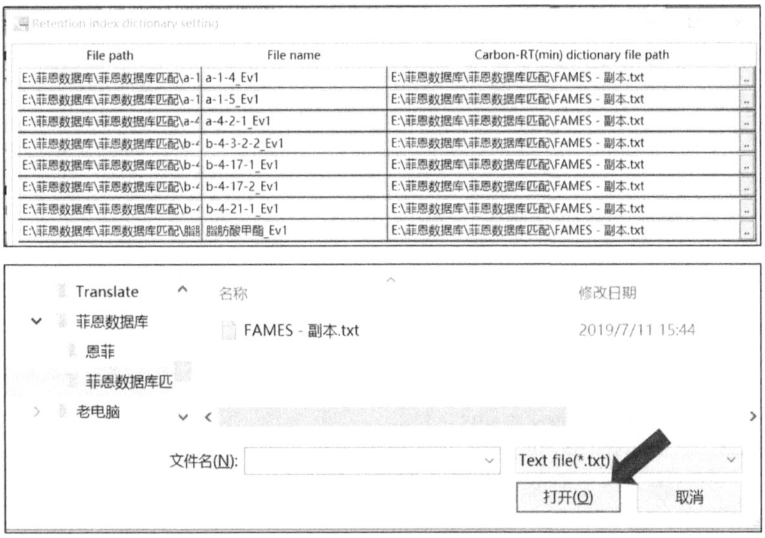

图 9-32　MSDIAL 参数设置（九）

18. Filtering 数据过滤（图 9-34）

Detected in all QCs 为去除 QC 中没有的物质（不勾选）。

Remove features based on blank information，以空白为参考去除噪音（勾选）。

Sample max/blank average，信噪比设置为 3。

点击 finish 开始分析（需要等待一段时间）。

分析结束后可保存分析参数（Save parameter setting）（图 9-35）。

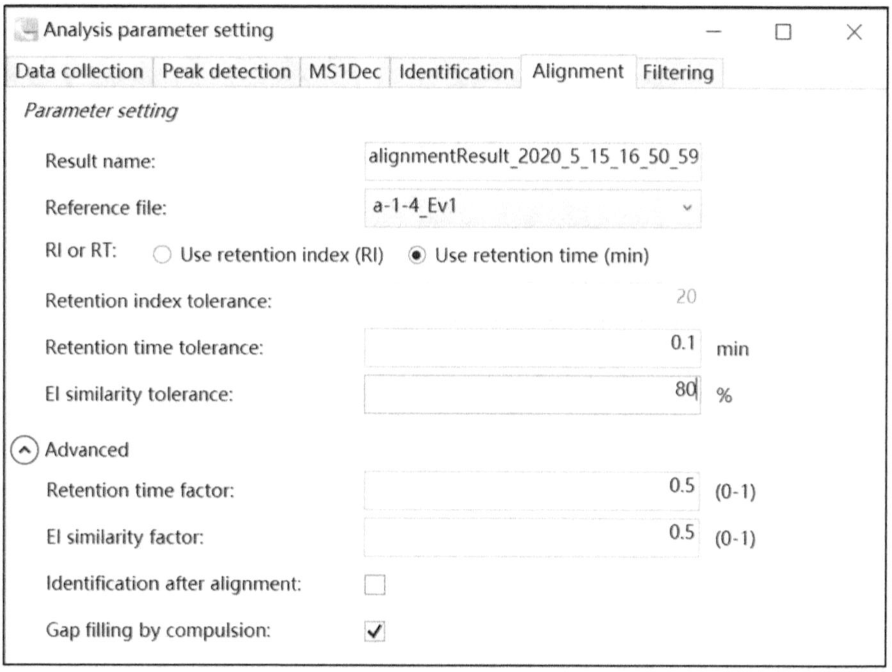

图 9-33　MSDIAL 参数设置（十）

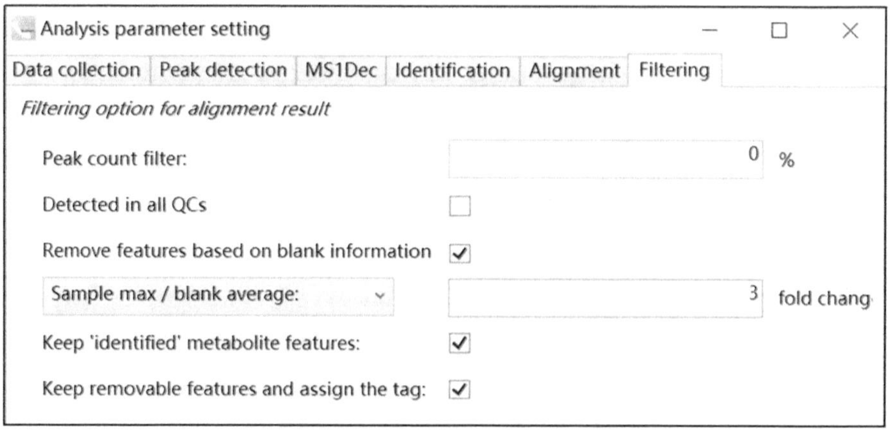

图 9-34　MSDIAL 参数设置（十一）

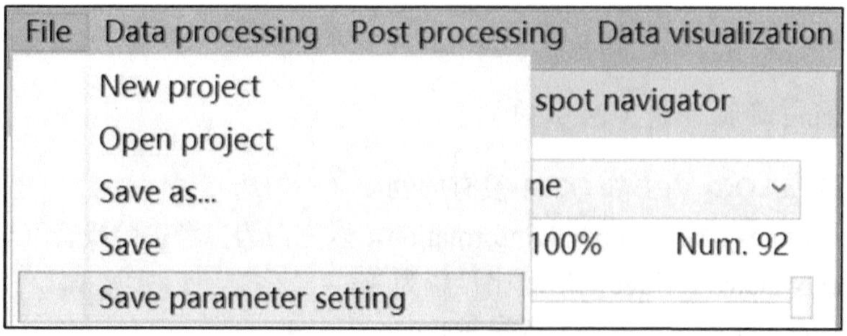

图 9-35　MSDIAL 分析（一）

19. 分析结果观察

勾选 Identified，Num. 95 表示鉴定出了 95 个物质可以和数据库匹配上（图 9-36）。

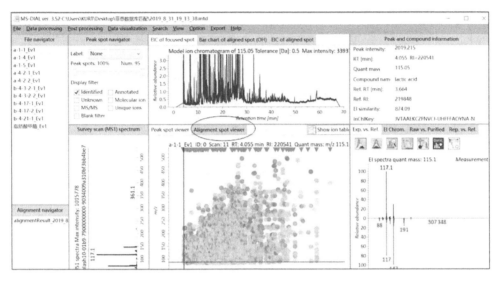

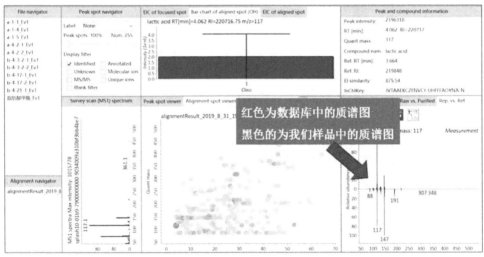

图 9-36　MSDIAL 分析（二）

修改定量离子，定量离子质量范围为 85～500（根据不同实验室气质仪器的不同进行设置，我们实验室的气质仪器基本能检测到 85～500），修改完后点 update，修改一次后所有处理的该物质都会进行更改（图 9-37）。

图 9-37　MSDIAL 分析（三）

设置完毕后输出结果（图 9-38，图 9-39）。

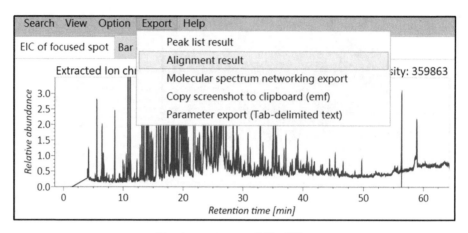

图 9-38　MSDIAL 分析（四）

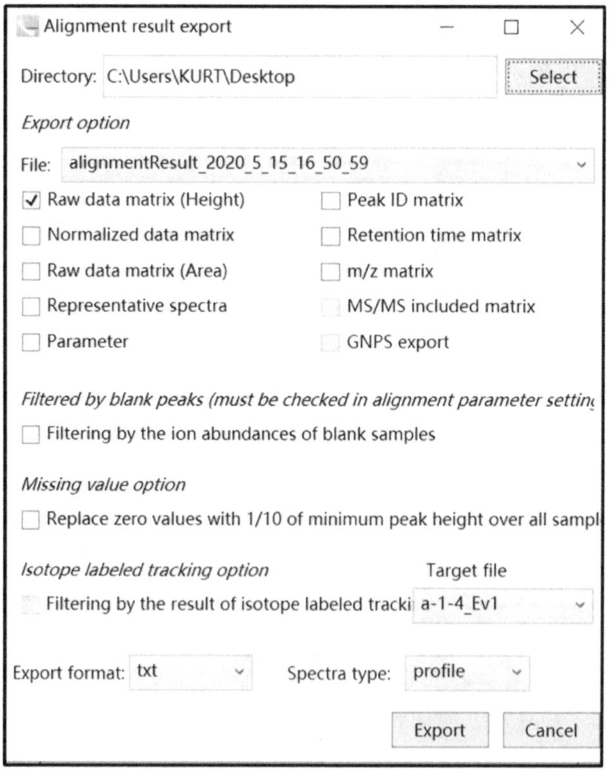

图 9-39　MSDIAL 分析（五）

Directory 为选择保存位置。

Raw data matrix（Height）为峰高，GC-MS 选择峰高（Height），LC-MS 选择峰面积 Raw data matrix（Area）。

Export format 为文件格式，选择 txt。

点击 Export 输出菲恩数据库匹配结果。

输出后将数据粘贴到 Excel 中，保存一份原始数据，新建表格，对原始数据进行筛选，一般会去除 20%～30% 的物质，最后物质总数一般不超过 200 个。

20. 输出数据筛选

1）化合物名称数据排序（图 9-40）

删除未知物质（Unknown）。

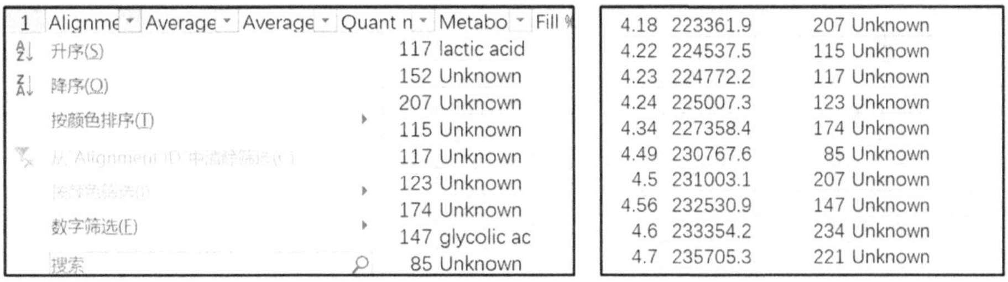

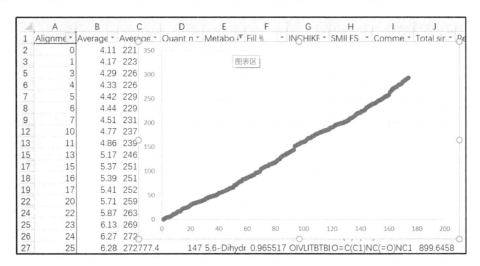

图 9-40　输出数据筛选（一）

2）观察 RT（保留时间）和 RI（保留指数）的线性

RT（保留时间）升序排列，将 Average RI（平均保留时间）和 Reference RI（保留指数）做散点图，若线性较好，连续且平滑，则物质的出峰顺序没问题（图 9-41）。

图 9-41　输出数据筛选（二）

3）相似度筛查

Total similarity（相似度）小于 800 认为物质鉴定不准确。

4）填充率筛查

填充率（fill）小于 0.5 则认为数据可信度不高，0.5 以下的数据为计算机补充的。

5）QC 样品物质稳定性筛查

一个物质在 QC 样本中组内标准差大于 30% 则认为物质的稳定性不好。Total similarity、fill、QC 方差三者均不符合要求的物质要剔除。在 Excel 中用公式 stdev.P（X：Y）/averager（X：Y）计算方差，在 0.3 以下计算时要注意，QC 在 6 个以上才有意义。QC 的峰图如果重叠效果不好（峰高差异在 30% 以上）可能是由于仪器稳定性不足，这批数据可能有问题。

6）碎片离子化率筛查

Fragment presence（碎片离子化率）是指样品中某物质离子碎片占数据库中离子碎片的比例，大于 800 比较好。上述这几个指标用来评价物质并取舍时，优先看填充率。

7）物质分子结构筛查

INCHIKEY 名称中需要删除的有：Z artifact 的物质，这些物质可能是人为添加的衍生化试剂，与样品无关；Like tag 开头的要去除，其为试验过程中的污染物。Contaminated compound 的物质，表示可能是污染的定量离子，定量离子使用不当，使用的是 116，但我们表格中使用的是 281，所以可以保留，定量离子和污染离子一样时要删除该物质。去除 44178 mz116 with 前缀，SMILES 和 INCHIKEY 是重要的分子结构信息，最好代入表格中。

8）信噪比筛查

仪器自动去除了信噪比为 3 以下的物质，在 10 以上比较严谨。

9）代谢物名称筛查

对带有后缀的物质如：1TMS、2TMS、3TMS、4TMS、 5TMS、6TMS、7TMS、TMS1、TMS2、TMS3、TMS4、TMS5、xTMS、NIST、minor、major、 Delta RI2469（保留指数偏差＜10 000）等物质进行后缀的删除，但保留化合物的主体名称。对 z 开头＋"空格"的物质进行整体删除，这可能是化学污染物。另外，由于本试验中所用的衍生化试剂为 TMS，因此对带有后缀 TBS 的物质进行整体删除。

10）重复物质筛查

用 INCHIKEY 进行排序筛查，用 Excel 标记重复值，之后会标记重复的化合物。重复的物质可能是衍生化后链接了不同数量的 TMS，导致极性、沸点、保留时间上的差异，一般选择一个来进行定量。Fill 为填充率，Fragment presence 碎片离子化率第一个要优于第二个，所以保留第二个，优先看填充率 Fill。相似度为 800 以上就好，800 和 900 差异不大。选择峰面积高的。将 Overload 后缀的物质删除。一些代谢物名称是一样的，要注意观察物质结构是否一致，不一致需要查询准确的名称替换。在 Pubchem 网站输入化合物结构，查询准确名称。

21. 代谢组学数据分析（https://www.metaboanalyst.ca/MetaboAnalyst/home.xhtml）

1）MetaboAnalyst 数据分析

点击 click here to start（Cui et al.，2018）；选择 Statistical Analysis 分析（图 9-42）。

设置分析参数：Data Type 选择 Peak intensity table（峰强度）。Format 选择 Samples in rows，表示样品在列。Samples in columns 表示样品在行。Unpaired 表示非连续变量（不同处理）。Paired 表示连续变量（同一处理不同时间），结束后点击 Submit（图 9-43）。

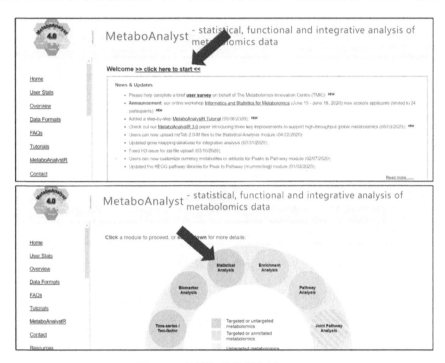

图 9-42 代谢组学数据分析（一）

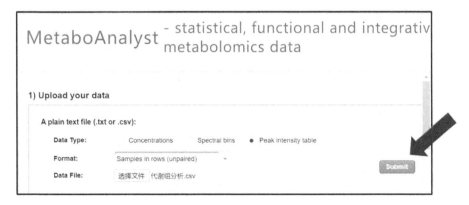

图 9-43 代谢组学数据分析（二）

点击 Missing value estimation 补齐空值（图 9-44）。

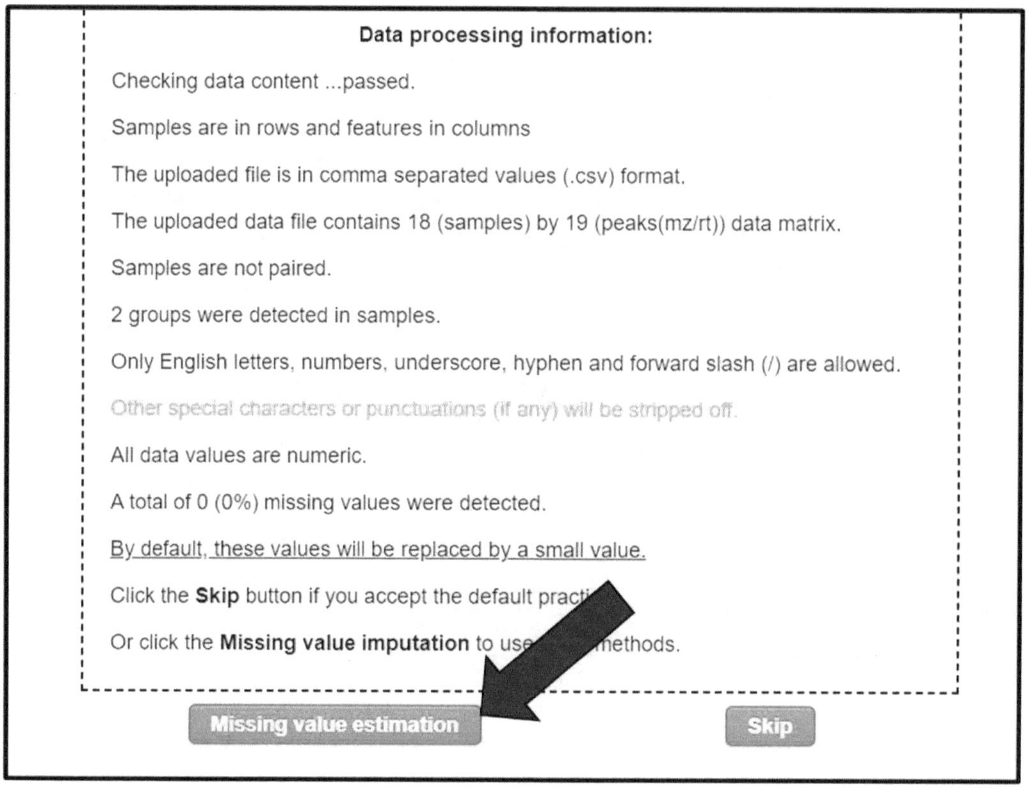

Data processing information:

Checking data content ...passed.

Samples are in rows and features in columns

The uploaded file is in comma separated values (.csv) format.

The uploaded data file contains 18 (samples) by 19 (peaks(mz/rt)) data matrix.

Samples are not paired.

2 groups were detected in samples.

Only English letters, numbers, underscore, hyphen and forward slash (/) are allowed.

Other special characters or punctuations (if any) will be stripped off.

All data values are numeric.

A total of 0 (0%) missing values were detected.

By default, these values will be replaced by a small value.

Click the **Skip** button if you accept the default practice.

Or click the **Missing value imputation** to use other methods.

Missing value estimation　　　　Skip

图 9-44　代谢组学数据分析（三）

点击 Proceed 继续（图 9-45）。

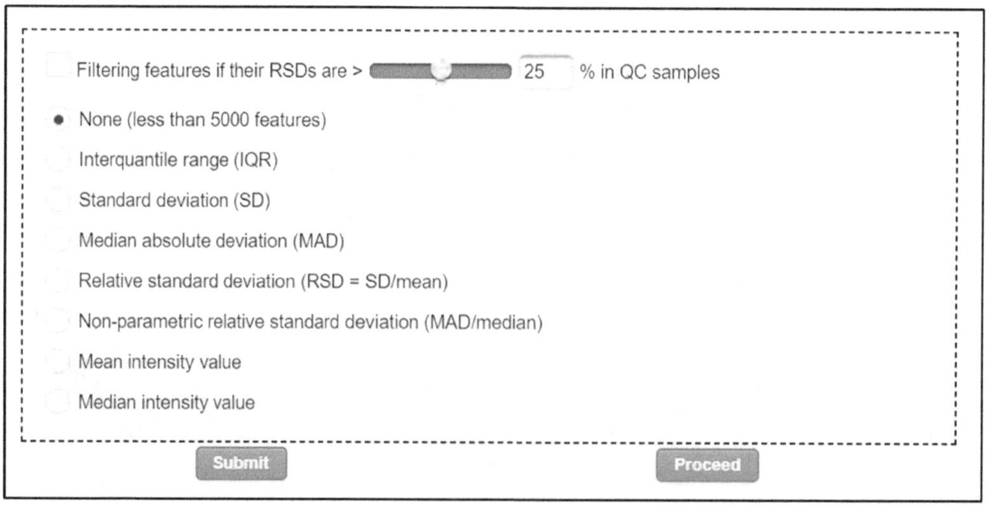

Filtering features if their RSDs are > 〔25〕 % in QC samples

- None (less than 5000 features)
- Interquantile range (IQR)
- Standard deviation (SD)
- Median absolute deviation (MAD)
- Relative standard deviation (RSD = SD/mean)
- Non-parametric relative standard deviation (MAD/median)
- Mean intensity value
- Median intensity value

Submit　　　　Proceed

图 9-45　代谢组学数据分析（四）

推荐使用填入质量校正和单个物质占总物质比例归一法（图 9-46）。

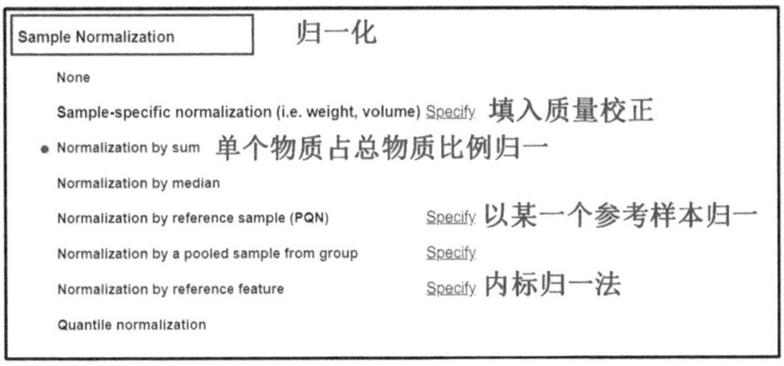

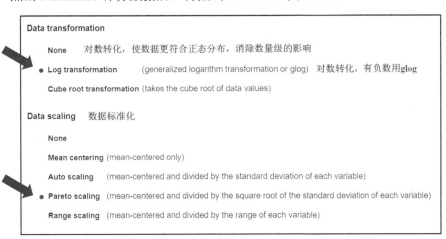

图 9-46 代谢组学数据分析（五）

点击 Normalize 计算数据后，再点击 Proceed（图 9-47）。

图 9-47 代谢组学数据分析（六）

各种分析结果按需要选择（图 9-48）。

图 9-48 代谢组学数据分析（七）

2）主成分分析（principal component analysis，PCA）

PCA 用于判断样本分布是否合理，以及是否能够与处理显著分开（PC1+PC2 在 50% 以上比较好）。在图 9-49 中，处理之间能完全分开，且重复之间很好聚集。

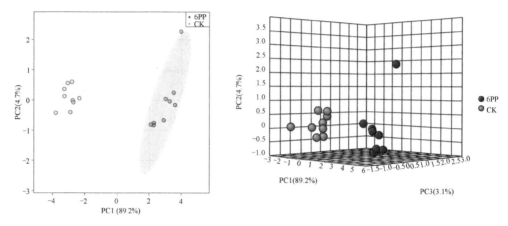

图 9-49 代谢组学数据分析（八）

3）热图构建

热图用于直观清楚地展示不同处理之下每一种代谢物的含量（图 9-50）。

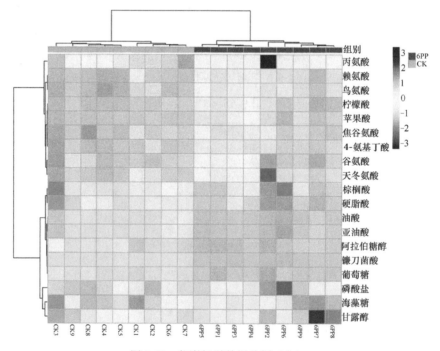

图 9-50 代谢组学数据分析（九）

4）差异代谢物的确定

选择 Imp.features，设置 show top feature number 显示的物质数为 30，点击 update，

VIP 值大于 1 为对区分两组处理影响大的物质。筛选差异代谢物时，一般选择 P 大于 0.05，且 VIP 值大于 1 的物质（图 9-51）。代谢组采取两两比较。组间差异越大，所需求的样本量就越多；组间差异越小，所需求的样本量就越少，要做好统计学分析，建议 10 个样品以上。

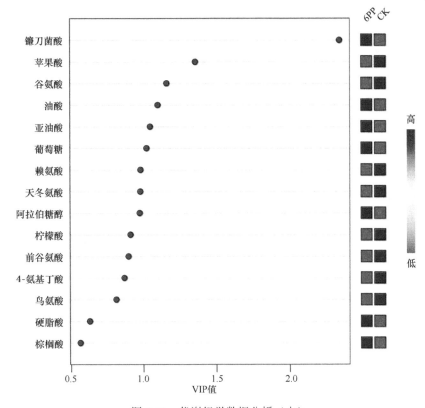

图 9-51　代谢组学数据分析（十）

5）代谢组学通路构建

选择通路分析 Pathway Analysis（图 9-52）（Chong et al.，2018）。

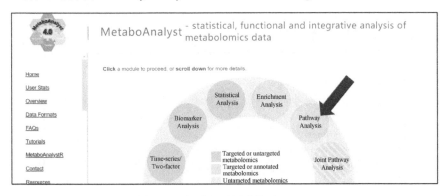

图 9-52　代谢组学通路构建（一）

导入数据（图 9-53）。

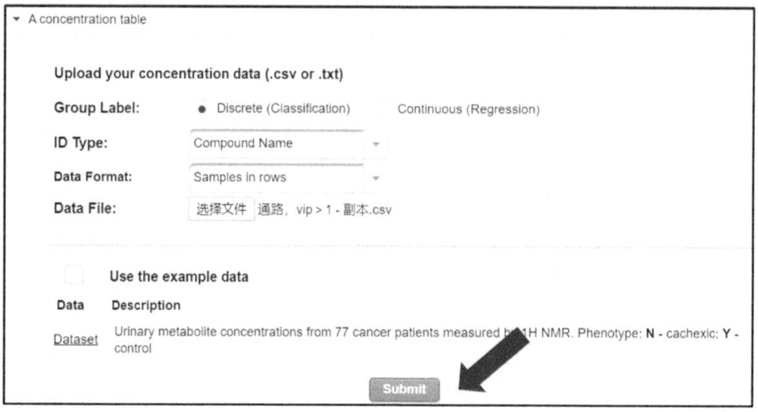

图 9-53　代谢组学通路构建（二）

数据上传后，对缺失数据进行补充（图 9-54）。

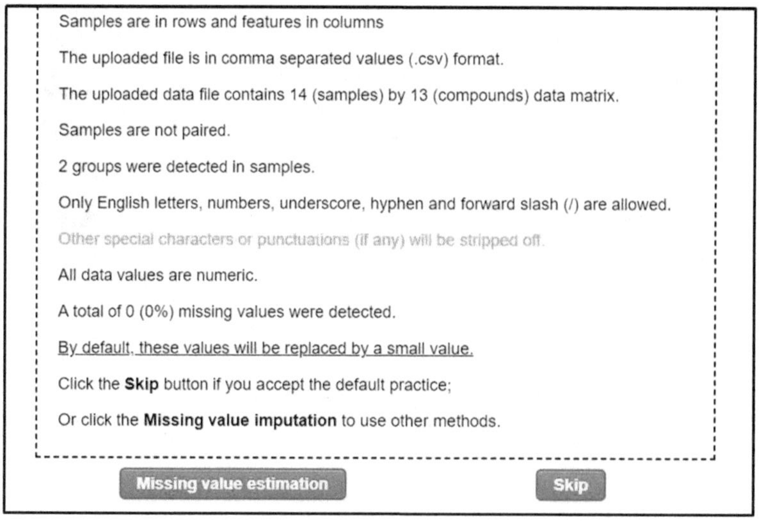

图 9-54　代谢组学通路构建（三）

单个物质峰面积归一（图 9-55）。

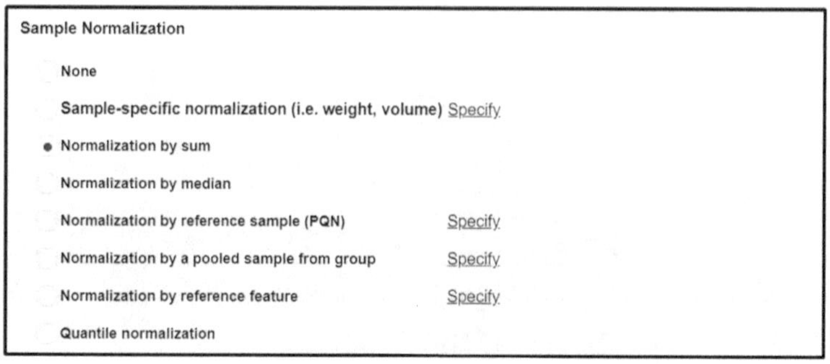

图 9-55　代谢组学通路构建（四）

选择 Pareto scaling，太小的数据权重低（图 9-56）。

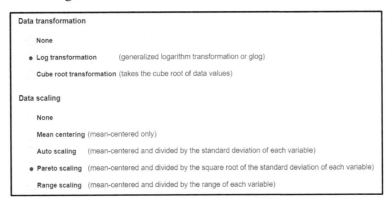

图 9-56 代谢组学通路构建（五）

根据自己的试验需求选择注释数据库版本，以及根据试验的材料选择相对应的物种，最后进行提交（图 9-57）。

图 9-57 代谢组学通路构建（六）

通路构建完成。每个点代表一条通路，点击每一个点，可得到相对应的通路。其横坐标代表通路的影响力，通路影响力越大，点的面积越大。纵坐标代表–log（P）的值，用于判断通路是否显著富集，通路越显著富集，点的颜色就越深（图 9-58）。

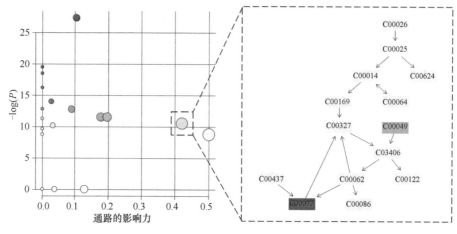

图 9-58　代谢组学通路构建（七）

9.8　三七蛋白质组学研究

蛋白质组学（proteomics）是以基因组所表达的全部蛋白质，即蛋白质组（proteome）为研究对象的科学。"蛋白质组学"这个概念最先由 Marc Wilkins 提出，主要源于 "protein 和 genome" 的结合（Wilkins et al.，1996）。它在本质上指的是在大规模水平上研究蛋白质的特征，包括蛋白质的表达水平、结构、功能、亚细胞定位、翻译后的修饰、蛋白与蛋白相互作用等，由此获得蛋白质水平上的关于疾病发生、细胞代谢等过程的整体而全面的认识（Chen and Harmon，2006）。近年来，有关高通量蛋白质组学的仪器、试剂、技术的大力发展使得蛋白质组已被广泛应用于转基因、生物医学、农业、新药开发及微生物学等领域（Kolkman et al.，2005；郭春燕和詹克慧，2010）。

在过去的十余年中，对蛋白质的分离主要有凝胶技术，如双向聚丙烯酰胺凝胶电泳（two-dimensional polyacrylamide gel electrophoresis，2DE），以及非凝胶技术，如液相色谱（liquid chromatography，LC）。为了以更高的灵敏度分析鉴定复杂的蛋白质及获得重要的生物学信息，蛋白质组学开始结合质谱法（mass spectrometry，MS），即根据分子的质荷比（m/z）来分离和确定样品的分子量，从而研究这些蛋白质在不同生理和病理条件下的表达（Zhang et al.，2014），如与基质辅助激光解吸电离飞行时间（matrix-assisted laser desorption/ionization-time of flight，MALDI-TOF）、表面增强激光解吸电离飞行时间（surface-enhanced laser desorption/ionization-time of flight，SELDI-TOF）、电喷雾离子化飞行时间（electrospray ionization-time of flight，ESI-TOF）的结合，以及串联质谱 MS-MS 等，这些技术的出现进一步完善了对生物大分子的鉴定。

随着蛋白质组学研究的深入，定性分析技术已经不能满足工作的需要。研究通常需要比较两个或者两个以上样品中蛋白丰度的变化。因此，定量蛋白质组学技术逐渐被开发并成为该领域的主要研究手段。定量蛋白质组学主要有两种方法，一种是基于传统凝胶电泳及染色的定量，一种是基于质谱检测技术的定量。基于质谱的定量有两类，一类是非标记定量技术（label-free quantitation），另一类是基于蛋白质的同位素标记的定量技术（labeling quantitation），如细胞培养条件下氨基酸稳定同位素标记（stable isotope labeling with amino acids in cell culture，SILAC）、同位素编码亲和标记（isotope-coded affinity tag，ICAT）、相对和绝对定量同位素标记（isobaric tags for relative and absolute quantitation，iTRAQ）技术。

近年来，蛋白质组学已被成功用于三七病害机制（Ma et al.，2019）、三七在生长发育过程中皂苷的代谢和累积（Ma et al.，2016）、三七对重金属胁迫的响应（祖艳群等，2016）、三七皂苷抑制血小板凝集的分子靶标等方面的研究（Yao et al.，2008）。

蛋白质组学可用来比较同种生物的两种或多种不同状态的细胞样品，来识别出那些在质和量上发生特异性改变的蛋白质，从而研究环境变化、疾病发生和药物等对细胞代谢的影响。

本部分内容主要以广州赛哲生物科技股份有限公司（www.sagene.com.cn）提供的iTRAQ技术为例来介绍植株蛋白组的研究。由于其具有效率高、分离强、分析范围大、自动化、定量准确的优点，因此以其独特的优势成为目前最流行的定量技术，已广泛应用于微生物、动物、植物和医学领域（谢秀枝等，2011）。iTRAQ是美国应用生物系统公司在2004年推出的一项新的体外同位素标记技术（图9-59）（Ross et al.，2004）。它可同时比较4种或8种不同样品中蛋白质的相对含量或绝对含量，寻找出差异表达蛋白并鉴定其功能。iTRAQ试剂由报告基因（report group）、平衡基团（balance group）、肽反应基团（peptide reactive group）三部分构成（Ross et al.，2004）。反应基团可以与肽段N端或赖氨酸侧链发生反应，从而可以标记任何肽段（图9-59B），在一级质谱时，

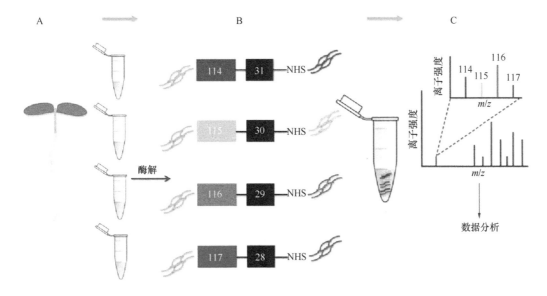

图 9-59 iTRAQ 关键流程（Vélez-Bermúdez et al.，2016）

A. 样品准备；B. 酶解和 iTRAQ 标记；C. 一级质谱和二级质谱分离；NHS. 肽反应基团；*m/z*. 离子质荷比

平衡基团可以确保无论用哪种报告离子标记肽段,都显示为相同的质荷比值(图 9-59C),图 9-59C 中横坐标为离子质荷比值,纵坐标为离子强度。在二级质谱时,平衡基团发生中性丢失,而报告基团的强度则可以反映肽段的相对丰度值,4 个峰表示 iTRAQ 试剂的 4 种报告基团,其高度分别代表了肽段的相对含量,用于后续定量。

iTRAQ 的分析流程一般为:样本准备,蛋白质提取,还原性烷基化,试剂定量或多肽分离,SDS-PAGE 电泳,酶解,iTRAQ 标记,样品混合,强阳离子交换(strong cation exchange,SCX)分离,液相串联质谱,生物信息学分析等。其中主要步骤具体如下。

9.8.1 样品的准备

根据测序公司的要求,送样前仔细阅读样品准备的注意事项,如样品的备份分装,取样的迅速性、低温性,送样重量的参考等。

1. 取样

植物组织样本推荐送样量为 1～5 g,取材于新鲜组织,用 PBS(磷酸盐缓冲溶液)或蒸馏水清洗样品表面,去除泥土或污物,用吸水纸吸去表面水渍。

2. 样品处理

将样品剪切成小块,装入液氮预冷的螺口离心管中,将螺口盖子旋紧。相同类型的样品选区的部位要一致,去除非目的组织,装入 1.5 mL 离心管、冻存管中,或者样品放入干净锡箔纸内包裹,并在外壁明确标示样品名称。

3. 保存

迅速投入液氮 5 min 以上,之后转移至–80℃冰箱冻存,避免反复冻融。
以下步骤均由测序公司完成。

9.8.2 蛋白质提取

1. 仪器设备

真空干燥仪冷冻离心机,超声仪,分光光度计,10 kDa 超滤管(Pall OD 010C33),裂解液 L3(广州辉骏生物科技有限公司)。

2. 常用试剂

裂解液 L3 SDS(含 0.2% SDS,使用前加入 1×的 PMSF),苯甲基磺酰氟(PMSF)(–20℃保存,使用前需摇匀,使结晶溶解)(生工,p0754),丙酮(–20℃ 预冷)。

3. 具体操作步骤

(1)从–80℃冰箱取出植物样本,称取 200 mg 装入 1.5 mL 离心管中。

(2)加入 500 μL 裂解液 L3(含 0.2% SDS,使用前加 1×PMSF),溶解后转移至

1.5 mL EP 管中。

（3）超声处理（功率 300 W，间隔 1 s，时间 1 s，超声 10 min）。

（4）12 000 r/min，离心 20 min，收集上清液。

（5）将上清液分装成 2 管，每管约 250 μL，加入 1 mL 丙酮−20℃沉淀过夜。

（6）沉淀完的蛋白质于 4℃，12 000 r/min，离心 20 min，倒去上清液，干燥，即可得到处理后的蛋白质团块。

（7）加入适量裂解液 L3（无 SDS），溶解蛋白质。

（8）超声助溶（功率 100 W，0.8 s 开，0.8 s 关，超声 4 下，重复一次），超声后 4℃，12 000 r/min，离心 20 min，吸出上清液，转移至新的 EP 管中。

9.8.3　蛋白质定量

1. 仪器及试剂

去离子水，Bradford 染液（595 nm），胎牛血清标准品 BSA（浓度为 5 μg/μL）（Sigma），甲醇（清洗比色皿）。分光光度计（上海光谱仪器有限公司，Spectrum SHANGHAI 765Pc）。

2. 具体操作步骤

（1）分别取 2 μg、5 μg、10 μg、15 μg、20 μg、25 μg、30 μg、35 μg 的 BSA 制作标准曲线，双复管测定。

（2）每支管加入 1 mL Bradford 染液进行染色，涡旋振荡 20 s，使其充分混匀。

（3）分光光度计测定吸光值，测定时两个样品之间的操作间隔也应该是 20 s 左右。

（4）配制 12%的 SDS-聚丙烯酰胺凝胶。每个样品分别与 2×上样缓冲液（loading buffer）混合，95℃加热 5 min。每个样品上样量为 30 μg，Marker 上样量 10 μg。120 V 恒压电泳 120 min。电泳结束后，考马斯亮蓝染液染色 2 h，再用脱色液脱色 3～5 次，每次 30 min。

3. 注意事项

（1）打入液体时要均匀，避免产生气泡。

（2）定量分两次进行，第一次为初步定量，计算得到各样品的浓度后，将所有样品浓度尽量调至比较接近，再进行第二次定量，为了保证定量的准确性，每次定量都需制作标准曲线。

9.8.4　蛋白酶切及 iTRAQ 试剂标记

1. 仪器及试剂

低温离心机、恒温箱、8-plex iTRAQ 试剂盒（AB Sciex，4381664）、胰酶（Promega，V5280）、10kDa 超滤管（Pall，OD010C33）、三乙基碳酸氢铵（TEAB）缓冲液（Sigma，

T418)。

2. 标记步骤

1) FASP 方法酶解

（1）蛋白定量后取 200 μg 蛋白溶液置于 1.5 mL 离心管中。

（2）加入 4 μL 磷酸三（乙氯乙基）酯（TCEP）Reducing Reagent（iTRAQ 试剂盒自带），60℃反应 1 h。

（3）加入 2 μL 甲基硫代磺酸甲酯（MMTS）Cysteine-Blocking Reagent（iTRAQ 试剂盒自带），室温 30 min。

（4）将还原烷基化后的蛋白溶液加入 10 kDa 的超滤离心管中，4℃ 12 000 g 离心 20 min，弃掉收集管底部溶液。

（5）加入 8 mol/L 尿素（pH 8.5）100 μL，4℃ 12 000 g 离心 20 min，弃掉收集管底部溶液，重复 2 次。

（6）加入 0.25 mol/L TEAB（pH 8.5）100 μL，4℃ 12 000 g 离心 20 min，弃掉收集管底部溶液，重复 3 次。

（7）更换新的收集管，在超滤管中加入 50 μL 0.5 mol/L TEAB，加入胰蛋白酶（胰蛋白酶与蛋白质量比 1∶50），37℃反应过夜。

（8）次日加入胰蛋白酶（胰蛋白酶与蛋白质量比 1∶100），37℃ 反应 4 h，12 000 g 离心 20 min，酶解消化后的肽段溶液离心于收集管底部。

（9）向超滤管中加入 50 μL 0.5 mol/L TEAB，4℃ 12 000 g 离心 20 min，与上步合并，收集管底部共得到 100 μL 酶解后的样品。

2) iTRAQ 试剂标记

（1）从冰箱中取出 8-plex iTRAQ 试剂盒，平衡到室温，将 iTRAQ 试剂离心至管底。
（2）向每管 iTRAQ 试剂中加入 150 μL 异丙醇，涡旋振荡，离心至管底。
（3）取 50 μL 样品（100 μg 酶解产物）转移到新的离心管中。
（4）将 iTRAQ 试剂添加到样品中，涡旋振荡，离心至管底，室温反应 2 h。
（5）加入 100 μL ddH₂O 终止反应。
（6）混合标记后的样品，涡旋振荡，离心至管底。
（7）真空冷冻离心干燥。
（8）抽干后的样品冷冻保存待用。

3. 注意事项

步骤 1：检查 iTRAQ 试剂的体积，约为 25 μL。
步骤 2：加入有机溶液的体积可以根据样品体积进行调整，保证其终浓度为 70%以上。
步骤 3：使用 iTRAQ 进行标记时，检测溶液的 pH，如果 pH 小于 7.5，可以加入 5 μL 1 mol/L TEAB。
步骤 4：目的是水解过剩的 iTRAQ 试剂，避免混合后交叉标记。

1）第一维高 pH-RP（pH 反相色谱）液相分离

仪器及试剂：液相色谱，一维柱子，乙腈（ACN）（Fisher，A998-4），氨水（Sigma，338818）。

具体操作及参数如下。

流动相 A：H$_2$O（NH$_3$ 溶于水，pH 10）。

流动相 B：80% ACN（NH$_3$ 溶于水，pH 10）。

（1）先用 95% A 相、5% B 相平衡柱子 30 min，然后将标记后抽干的混合多肽用 100 μL 的 A 相复溶。

（2）进样，以 0.2 mL/min 的流速进行梯度洗脱。

（3）梯度洗脱条件为：0～5 min，5% B；5～10 min，5%～10% B；10～60 min，10%～40% B；60～65 min，40%～95% B；65～75 min，保持 95% B；75～85 min，95%～5% B。

（4）整个洗脱过程在 214 nm 吸光度下进行监测，从线性梯度开始根据峰型收取 20 个组分，每 1 管每 60 s 接 1 次，梯度为 85 min，反复循环接样；根据峰型和时间共收取 20 个组分，真空干燥后，进行第二维 LC-MS 分析。

2）第二维反相液质联用（RPLC-MS）

仪器及试剂：液相色谱（二维）、质谱仪、二维柱子、乙腈（ACN）（Fisher，A998-4）、甲酸（Fluka，4265）。

具体操作及参数如下。

流动相 A：0.1%甲酸。流动相 B：0.1%甲酸，80% ACN。

（1）肽段用样品溶解液（0.1%甲酸、5%乙腈）溶解，充分振荡涡旋，13 500 r/min，4℃离心 20 min。

（2）上清转移到上样管中，每个组分取 3 μg 进行二维液相色谱分离。

（3）洗脱条件为：0～5 min，5% B；5～8 min，5%～10% B；8～40 min，10%～30% B；40～45 min，30%～35% B；45～50 min，35%～90% B；50～55 min，保持 90% B；55～56 min，90%～95% B；56～65 min，保持 5% B。每个组分分析时间为 65 min，流速为 300 nL/min。

分离后的肽段直接放入质谱仪 Thermo Scientific Q Exactive 进行在线检测，具体参数如下。

一级质谱参数。分辨率（resolution）：70 000；最大离子强度（AGC target）：3e6；最大注入时间（maximum IT）：100 ms；扫描范围（scan range）：350～1800 m/z。

二级质谱参数。分辨率（resolution）：17 500；最大离子强度（AGC target）：5e4；最大注入时间（maximum IT）：120 ms；母离子选择个数（Top N）：20；碰撞能量（NCE / stepped NCE）：30。

9.8.5 生物信息学分析

面对大量的蛋白质组数据，如何分析至关重要。生物信息学（bioinformatics）是蛋白质组学研究中一个不可或缺的部分（Vihinen，2001），它主要通过结合生物学、数学、统计学和计算机科学来分析生物体有关的蛋白质生物学信息，可以注释和解释蛋白质组学的研究结果。目前，将植物蛋白质组和生物信息学结合起来可以更好地帮助我们理解植物在生长发育过程中或是和环境的互作过程中的信号和代谢网络的变化，进一步探索生命体的奥秘。

在进行生物信息学分析前，需向测序公司说明需要分析的比较组名单。如表 9-4 所示，将对照与处理进行字母编号后，将需要比较的组别填入分组间差异方案。

表 9-4　送样样品信息单

样品名称	A1B1-1	A1B1-2	A1B3-1	A1B3-2	A1B4-1	A1B4-2
分组方案	A1B1：A1B1-1 & A1B1-2		A1B3：A1B3-1 & A1B3-2		A1B4：A1B4-1 & A1B4-2	
分组间差异方案	A1B1 ↔ A1B3		A1B1 ↔ A1B4		A1B3 ↔ A1B4	

质谱下机的原始文件，首先进行峰识别，得到峰列表。之后建立参考数据库，进行肽段及蛋白质的鉴定。比较各蛋白在各样品之间的相对含量的关系，从而获得一些感兴趣的重要蛋白。此外，还可将转录组数据和蛋白质组数据结合起来，进行蛋白质组与转录组的关联分析（图 9-60）。

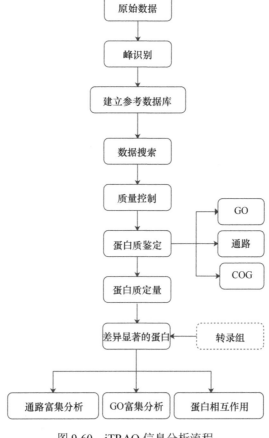

图 9-60　iTRAQ 信息分析流程

数据库的选择是基于质谱数据的蛋白质鉴定策略中的重要一步，最终鉴定到的蛋白质序列都来源于被选择的数据库，在选择数据库时，遵循如下原则：若为已经测序的生物，直接选用该物种数据库，若为非测序生物，则选择与被测样品最为相关的大类蛋白质组数据库。

在测序公司提供的结题报告中，研究者可根据科研需要挖掘报告中的结果。以广州赛哲生物科技股份有限公司提供的与三七相关项目（研究者可根据科研需要挖掘报告中的结果）结题报告为例，在目录中，通常包括项目概述、实验流程、分析流程、原始质谱数据、蛋白质鉴定、蛋白质注释、蛋白质定量和差异蛋白分析等部分（图 9-61）。在蛋白质的鉴定结果中，可得到一些基本的鉴定信息，如蛋白质相对分子质量、肽段序列长度分布、肽段序列覆盖度、鉴定肽段的质量分数等结果。对蛋白质的注释，主要有 Pathway 代谢通路注释、gene ontology（GO）注释及蛋白相邻类的聚簇（cluster of orthologous groups of proteins，COG/KOG）注释。对差异蛋白的比较分析是研究结果的关键数据来源，主要为分组间差异蛋白统计、差异蛋白 Pathway 富集分析和差异蛋白 GO 富集分析，具体介绍如下。

目录

目录	2
项目概述	3
实验流程	4
实验流程说明	4
iTRAQ定量原理	5
分析流程	6
原始质谱数据	7
蛋白质鉴定	8
基本鉴定信息	8
蛋白质相对分子质量	8
肽段序列长度分布	9
肽段序列覆盖度	9
鉴定肽段数量分布	10
蛋白质注释	12
Pathway代谢通路注释	12
GO注释	13
COG/KOG注释	14
蛋白质定量	17
实验标记信息	17
差异蛋白分析	18
分组间差异蛋白统计	18
差异蛋白Pathway富集分析	21
差异蛋白GO富集分析	24
参考文献	27

图 9-61　结题报告目录

根据研究者所提供的比较组信息单，测序公司会给出各比较组之间的上下调蛋白统计（图 9-62），根据蛋白丰度的水平，当差异倍数 log_2Ratios 大于 1.2 或者小于 0.83，且 $P<0.05$ 时视为差异显著的蛋白（Vélez-Bermúdez et al.，2016）。如图 9-62 所示，我们

可

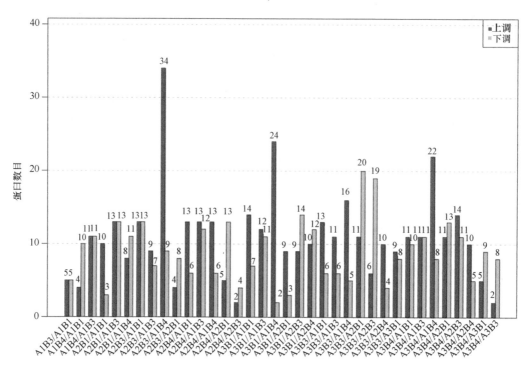

图 9-62 分组间差异蛋白数据统计（图片来自广州赛哲生物科技股份有限公司提供的 SGP1007 项目）

看出在 A1B3 和 A1B1 这两个比较组中共有 5 个蛋白显著上调，5 个蛋白显著下调。具体的蛋白名称可查询公司所提供的注释文件，如格式为 "A1B1-VS-A1B3.annotation.xls" 的文档。在此文档中，有显著差异表达的蛋白的 ID、上下调倍数（$\log_2 FC$）、显著性（P）、蛋白的描述（description）、差异蛋白富集的通路（KEGG）、GO 功能分类等信息，研究者可根据需要提取所需数据进行下一步分析，并找出研究的切入点。

9.8.6　差异蛋白 Pathway 富集分析

在生物体内，用 Pathway 分析可进一步了解不同蛋白相互协调行使的生物学行为和功能。KEGG 的全称是京都基因与基因组百科全书（Kyoto Encyclopedia of Genes and Genomes），由日本京都大学生物信息学中心的 Kanehisa 实验室于 1995 年建立，KEGG 是有关 Pathway 的主要公共数据库（Kanehisa，2008），且有强大的图形功能。因此，通过 Pathway 显著性富集能确定差异蛋白参与的最主要生化代谢途径和信号转导途径，如图 9-63 所示。表格中第一列为序号，第二列为通路名称，第三列为注释到该通路的差异蛋白数目，第四列为注释到该通路的总鉴定到的蛋白数目，第五列为超几何检验的 P 值，当 $P < 0.05$ 说明该通路显著富集，P 值越小，富集程度越明显，第六列为该通路的 ID。在公司给出的结题报告中，通常点击 Pathway ID 可以查看具体的 Pathway map，如图 9-64 所示的氧化磷酸化（oxidatitve phosphorylation）通路，研究者可直观地看到代谢路径图以及调控该路径的具体蛋白的上下调情况。

#	Pathway	Different Expressed Genes with pathway annotation (330)	All genes with pathway annotation (12860)	Pvalue	Qvalue	Pathway ID
1	Metabolic pathways	178 (53.94%)	3183 (24.75%)	1.264475e-30	1.100093e-28	ko01100
2	Phenylalanine metabolism	27 (8.18%)	131 (1.02%)	2.648503e-17	1.152099e-15	ko00360
3	Biosynthesis of secondary metabolites	97 (29.39%)	1589 (12.36%)	5.205831e-17	1.509691e-15	ko01110
4	Phenylpropanoid biosynthesis	29 (8.79%)	176 (1.37%)	9.446385e-16	2.054589e-14	ko00940
5	Oxidative phosphorylation	23 (6.97%)	299 (2.33%)	2.77368e-06	4.826203e-05	ko00190
6	Cysteine and methionine metabolism	15 (4.55%)	167 (1.3%)	2.593449e-05	3.760501e-04	ko00270
7	Glucosinolate biosynthesis	7 (2.12%)	45 (0.35%)	0.0001348425	1.587264e-03	ko00966
8	alpha-Linolenic acid metabolism	9 (2.73%)	77 (0.6%)	0.0001503998	1.587264e-03	ko00592
9	Photosynthesis	11 (3.33%)	114 (0.89%)	0.0001641997	1.587264e-03	ko00195
10	Stilbenoid, diarylheptanoid and gingerol biosynthesis	10 (3.03%)	99 (0.77%)	0.0002226163	1.936762e-03	ko00945
11	Flavonoid biosynthesis	5 (1.52%)	25 (0.19%)	0.0003757285	2.971671e-03	ko00941

图 9-63　基因的通路列表

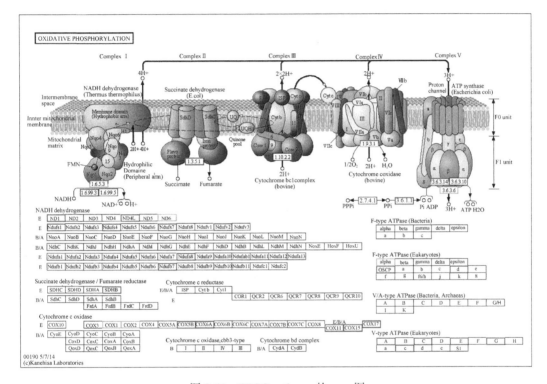

图 9-64　KEGG pathway 的 map 图
显著上调的为红色方框，显著下调的为绿色方框

9.8.7　差异蛋白的 GO 富集分析

GO 是一个国际标准化的基因功能分类体系，提供了一套动态更新的标准词汇表（controlled vocabulary）来全面描述生物体中基因和基因产物的属性。GO 总共有三个本体（ontology），分别描述基因的分子功能（molecular function）、所处的细胞成分（cellular component）、参与的生物过程（biological process）。如图 9-65 所示为三七项目中比较组 A1B1 和 A1B3 之间的差异蛋白的 GO 功能，除了可以看出差异变化的蛋白主要参与了哪些功能条目外，还可以得出参与这些功能分类的蛋白的上下调数量，如图中参与细胞成分（cellular component）的所有蛋白均为上调。

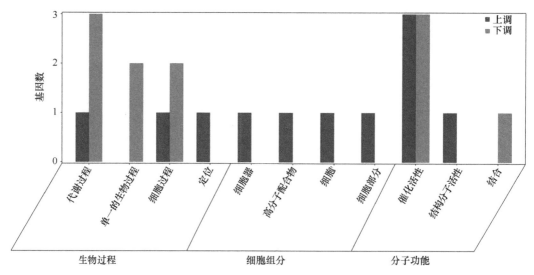

图 9-65　GO 功能统计表（图片来自广州赛哲生物科技股份有限公司提供的 SGP1007 项目）

纵坐标为基因数目，横坐标为 GO 条目和分类，红色代表上调，绿色代表下调

　　GO 功能显著性富集分析主要是分析差异蛋白中显著富集的 GO 功能条目，从而给出差异蛋白与哪些生物学功能显著相关。如图 9-66 所示，Gene Ontology term 为 GO 条目，Cluster frequency 为注释到该条目的差异蛋白与注释到所有 GO 条目的差异蛋白的数量和比值。Genome frequency of use 为注释到该条目的所有基因与注释到所有 GO 条目的所有基因的数量和比值。P 值为通过超几何检验计算得到 P 值，以 $P \leqslant 0.05$ 为阈值，满足此条件的 GO term 定义为在差异蛋白中显著富集的 GO term。根据 P 值，从图 9-66 可得知本项目中差异蛋白最显著富集的条目是次生代谢过程（secondary metabolic process）。

Terms from the Process Ontology with p-value as good or better than 1				
Gene Ontology term	Cluster frequency	Genome frequency of use	P-value	Corrected P-value
secondary metabolic process (view genes)	53 out of 432 genes, 12.3%	760 out of 19466 genes, 3.9%	1.40e-13	1.42e-10
response to stress (view genes)	165 out of 432 genes, 38.2%	4450 out of 19466 genes, 22.9%	3.20e-13	3.23e-10
cellular amino acid metabolic process (view genes)	63 out of 432 genes, 14.6%	1050 out of 19466 genes, 5.4%	5.20e-13	5.24e-10
response to chemical (view genes)	160 out of 432 genes, 37.0%	4435 out of 19466 genes, 22.8%	9.78e-12	9.87e-09
sulfur compound metabolic process (view genes)	52 out of 432 genes, 12.0%	850 out of 19466 genes, 4.4%	3.46e-11	3.49e-08

图 9-66　差异蛋白显著富集的 GO 条目

　　以上生物信息学分析将有助于我们找出研究中处理组与对照组相比，共有多少蛋白上下调，具体哪些蛋白显著上下调，蛋白质参与的最主要生化代谢途径和信号转导途径，差异蛋白行使的主要生物学功能类等信息，为研究提供新的思路。

9.9　土壤生物酶相关指标研究方法

9.9.1　研究目的

　　用于测定植物根际土壤相关酶活性，包括土壤脲酶、土壤酸性磷酸酶、土壤硝酸还原酶和土壤蔗糖酶，土壤酶活性的测定有利于了解土壤对营养元素的活化能力。

9.9.2 仪器设备

紫外分光光度计。

9.9.3 常用试剂和药品

甲苯、尿素、苯酚钠、次氯酸钠、对硝基苯磷酸二钠、对硝基酚、苯酚、硼酸、铁氰化钾、4-氨基铵替吡啉、硝酸钾、2,4-二硝基酚、氯化钾、氯化氨、蔗糖、3,5-二硝基水杨酸。

9.9.4 研究方法

1. 土壤脲酶的测定

（1）首先称取 5.00 g 新鲜土置于 50 mL 容量瓶中。

（2）加入 1 mL 甲苯并轻摇 15 min。

（3）再往瓶中加入 5 mL 10% 尿素溶液和 10 mL 柠檬酸盐缓冲液（pH 6.7），充分混匀后在 37℃ 恒温箱中培养 24 h。

（4）38℃ 蒸馏水将其稀释至刻度（甲苯应浮在刻度线以上），摇荡，将悬液过滤。

（5）取滤液 1 mL 置于 50 mL 容量瓶中，用蒸馏水稀释至 10 mL。

（6）然后加入 4 mL 苯酚钠溶液，并立即加入 3 mL 次氯酸钠溶液，立即摇匀，静置 20 min，稀释至刻度。

（7）于 578 nm 波长测定吸光值。脲酶活性等于样品所测吸光值与对照吸光值差值，于标准曲线计算出氨态氮含量。

（8）标准曲线绘制：分别取 0 mL、1 mL、3 mL、5 mL、7 mL、9 mL、11 mL、13 mL 氮标准溶液置于 50 mL 容量瓶中，加蒸馏水稀释至 20 mL，加入 4 mL 苯酚钠溶液和 3 mL 次氯酸钠溶液，摇匀后，显色 20 min，定容。1 h 内于 578 nm 波长测定吸光值。

用 1.00 g 新鲜土壤 24 h 释放 $NH_3\text{-}N$ 质量（mg）表示脲酶活性强弱：

$$Ure = a \times V \times n / m$$

式中，a 为由标准曲线求得的 $NH_3\text{-}N$ 浓度（mg/mL）；V 为显色液体积（50 mL）；n 为分取倍数；m 为烘干土重（g）。

2. 土壤酸性磷酸酶

测定原理：在一定时间和温度下，酸性磷酸酶将过量反应底物对硝基苯磷酸二钠（PNPP）反应生成对硝基苯酚（PNP），此生成物在碱性条件下呈现黄色，酸性条件下不显色，而 PNPP 在酸性和碱性条件下均不显色，通过比色，对照 PNP 标准溶液计算得出 PNP 含量，以 1 h 内 1.00 g 新鲜土壤生成 PNP 微摩尔数 [$\mu mol/(g \cdot h)$] 表示酸性磷酸酶活性强弱。

标准曲线绘制方法如下。

（1）取 1.00 g 苯酚溶于蒸馏水稀释至 1 L，溶液贮于棕色瓶。

（2）取 50 mL 苯酚溶液稀释至 1 L（终浓度：0.05 mg/mL）。

（3）100 mL 容量瓶中分别加入 1 mL、2 mL、3 mL、4 mL、5 mL、6 mL、7 mL 工作液（分别相当于 0.05 mg、0.10 mg、0.15 mg、0.20 mg、0.25 mg、0.30 mg、0.35 mg 酚）。

（4）加入 5 mL 硼酸缓冲液（pH 9.0），3 mL 2.5%铁氰化钾和 3 mL 0.5% 4-氨基铵替吡啉，摇匀后溶液呈粉红色，定容。

（5）颜色稳定 20～30 min 后，绘制标准曲线。

将样品吸光值代入标准曲线，换算出样品中生成 PNP 微摩尔数（C_{PNP}）：

$$酸性磷酸酶活性 = （C_{PNP} \times M_{PNP}）/（m_{土样} \times t）$$

式中，C 是根据标准曲线确定的对硝基苯酚（PNP）的物质的量，单位：mol；M_{PNP} 是 PNP 的摩尔质量，单位：g/mol；$m_{土样}$ 是土壤质量，单位：g；t 是反应时间，单位：h。

$CaCl_2$：防止土壤颗粒分散释放深色有机物质影响比色。培养前加入缓冲液，酸性磷酸酶在中性条件下活性最高，培养后加氢氧化钠溶液终止此反应，溶液呈碱性有利于显色。

3. 土壤硝酸还原酶

测定原理：利用硝酸钾溶液作为反应底物，将新鲜土壤置于密闭玻璃管，25℃ 淹水培养 24 h，加入 2,4-二硝基酚溶液抑制亚硝酸还原酶活性，释放出的 NO_2^--N 用氯化钾溶液浸提，520 nm 下测定吸光值（Abdelmagid and Tabatabai，1987）。

具体操作步骤如下。

（1）称 5.00 g 新鲜土壤于三支试管。

（2）分别吸 4 mL 2,4-DNP、1 mL KNO_3 溶液和 5 mL 蒸馏水于试管中，使土壤与溶液均匀混合，旋上试管塞，保持密闭状态。

（3）其中两支试管于 25℃ 培养（样品），余下试管–20℃条件下培养（对照）。

（4）培养结束将对照样品室温条件下解冻，所有试管中均加入 10 mL KCl 溶液，混合均匀后过滤。

（5）吸取 5 mL 滤液、3 mL NH_4Cl 缓冲液、2 mL 显色剂于试管中，均匀混合后室温下显色 15 min，520 nm 下测定吸光值。

$$硝酸还原酶活性 = （S - C）\times 20/（5 \times 5 \times a）$$

式中，S 为样品中产物浓度；C 为对照中产物浓度；20 为浸提液体积（mL）；两个 5 分别为吸取滤液体积（mL）和新鲜土壤样品质量（g）；a 为水分系数。

4. 土壤蔗糖酶

测定原理：蔗糖水解生成物与 3,5-二硝基水杨酸或磷酸铜生成有色化合物。

具体操作步骤如下。

（1）称取 5.00 g 新鲜土壤，置于 50 mL 三角瓶。

（2）分别注入 15 mL 8% 蔗糖溶液、5 mL pH 5.5 磷酸缓冲液和 1 mL 甲苯；混合均匀后在 37℃下恒温培养 24 h。

（3）过滤，吸取 1 mL 滤液于 50 mL 容量瓶。

（4）加入 3 mL 3,5-二硝基水杨酸溶液，沸水浴中加热 5 min，将容量瓶冷却 3 min，定容至 50 mL。

蔗糖酶活性以培养 24 h 1.00 g 新鲜土壤中葡萄糖毫克数表示：

$$蔗糖酶活性 = a \times 50 \times ts/m$$

式中，a 为显色液中葡萄糖浓度（μg/mL）；50 为显色液体积（mL）；ts 为分取倍数；m 为烘干土质量（g）。

以上土壤酶活性的测定方法均参考关松荫主编的《土壤酶及其研究法》（1986 年）。

9.10　土壤物理指标研究方法

9.10.1　研究目的

测定农作物种植地块中土壤的物理指标和参数，有利于了解农作物种植对土壤物理性状的影响。

9.10.2　仪器设备

激光粒度仪、土壤团聚体分析仪。

9.10.3　土壤机械组成

1. 参考方法

采用激光粒度仪衍射法（激光粒度仪型号是 MasterSizer 2000）。

2. 基本原理

按照光的 Fraunhofer 衍射和 Mie 散射理论，假设所测颗粒为球体，沿颗粒横断面绕射被定为球形绕射，粒子受到激光束照射，产生散射效应，粒子大小与入射光衍射角成反比，通过测量衍射光强度及衍射角确定被测样品颗粒分布情况。

3. 具体操作步骤

（1）待测样品称量 10.00 g，设置两次重复。

（2）加蒸馏水和分散剂以及 0.5 mol/L 氢氧化钠溶液，其余样品选用 0.5 mol/L 六偏磷酸钠浸泡 2 h。

（3）持续煮沸 1 h。

（4）将样品吸入激光粒度仪，读出各粒级所占比例，采用国际制分类标准。

4. 土壤团聚体

采用湿筛法（采用型号为 TTF-100 的土壤团聚体分析仪，浙江省上虞市分析仪器厂生产）。

采用田间原位取样法。在田间除去 3～5 cm 土壤表层土，将体积为 20 cm×10 cm×5 cm 的铝盒倒扣在土壤表面，缓慢压入土壤直至盒中完全充满原状土，轻轻地将包裹铝盒的土块铲出并进行编号。取回土壤在阴凉处风干。

分离步骤如下。

（1）称取 100 g 直径为 0.4～0.8 cm 的风干土样，放入土壤团聚体分析仪套筛（五个筛子）最上层。

（2）将套筛缓慢浸入装有去离子水的圆筒中，套筛处于最小端时，最上层筛子上边缘保持低于水面，样品浸泡 5 min。

（3）垂直运动 2 min，振动频率为 40 次/min。

（4）2 min 后，将最上层筛子中团聚体物质用去离子水全部洗入铝盒，如此反复，将不同粒级筛子上团聚体全部收集完毕，烘至恒重。

（5）本研究将土壤团聚体分为四级：大团聚体（＞2 mm）；较大团聚体（0.25～2 mm）；较小团聚体（0.106～0.25 mm）；小团聚体（＜0.106 mm）。

9.11　土壤化学指标研究方法

土壤的理化性质与三七生长、品质及连作障碍形成密切相关。根据适宜三七生长土壤的理化性质选择种植土壤或进行土壤改良是确保三七健康生长的关键。三七种植土壤的选择，首先需要严格控制土壤重金属、农药等污染物不超标；然后，添加多孔性材料（生物碳、沸石等）、有机质、矿物质土壤调理剂等改善土壤理化性质。通过改良构建适宜三七生长和品质形成的土壤环境，也可以增强土壤的排毒能力，减轻自毒危害。

9.11.1　土壤重金属检测方法及含量控制标准

1. 土壤重金属

重金属是指比重等于或大于 5.0 的金属，如镉（Cd）、汞（Hg）、镍（Ni）、锌（Zn）、铁（Fe）、锰（Mn）等。As 是一种类金属，但因其化学性质和环境行为与重金属多有相似之处，故在讨论重金属时往往包括砷。土壤中铁和锰含量较高，因而一般认为它们不是土壤污染元素。污染土壤的重金属主要包括汞（Hg）、镉（Cd）、铅（Pb）、铬（Cr）和类金属砷（As）等生物毒性显著的元素，以及有一定毒性的锌（Zn）、铜（Cu）、镍（Ni）等元素。故在《土壤环境质量标准》（GB 15618—2018）中将汞（Hg）、砷（As）、镉（Cd）、铅（Pb）、铬（Cr）、镍（Ni）、锌（Zn）、铜（Cu）作为农用地土壤污染风险筛选的必测项目。

2. 土壤重金属检测方法

参照 GB 15618—2018 土壤中铅、镉、铬、镍、铜、锌六种重金属测定方法进行了改进，采用硝酸-氢氟酸-盐酸微波消解法对土壤样品进行消解，用火焰原子吸收分光光度法进行重金属含量测定（图 9-67）。

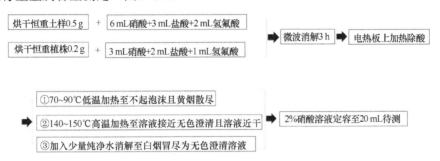

图 9-67　样品消解的具体方法

其中，利用微波消解仪（XT-9912 型，上海新拓分析仪器科技有限公司）消解土壤样品采用如下程序进行（表 9-5）。

表 9-5　微波消解程序

步骤	压力（kg/cm³）	温度（℃）	功率（W）	时间（s）
1	5	50	200	20
2	25	120	2000	300
3	25	120	2000	300
4	35	160	2000	300
5	35	160	2000	300
6	45	200	2000	600
7	45	200	2000	1200
冷却条件		60		7200

消解好的样品液，采用火焰原子吸收分光光度法进行重金属含量测定，测定条件如下（表 9-6）。

表 9-6　ContrAA700 连续光源原子吸收光谱仪工作条件

元素	吸收波长（nm）	火焰类型	乙炔总阀压力（MPa）	空气压缩机出口压力（MPa）
铅 Pb	283			
镉 Cd	228			
铬 Cr	357	空气-乙炔	0.1～0.15	0.5
镍 Ni	232			
铜 Cu	324			
锌 Zn	213			

土壤中汞和砷含量的测定参照 GB/T 22105.1—2008 和 GB/T 22105.2—2008 中土壤总汞和总砷测定方法进行改进，采用硝酸-盐酸-氢氟酸微波消解法对土壤样品进行消解，

用氢化物发生-原子荧光光谱法测定（图 9-68）。

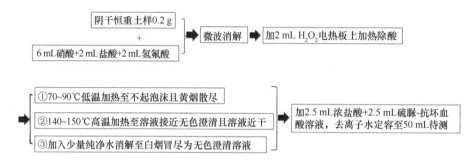

图 9-68　样品消解的具体方法

其中，微波消解条件如下（表 9-7）。以 2%硼氢化钾溶液为还原剂，5%盐酸为载流，采用原子荧光光谱法进行测定。

表 9-7　土壤中总汞和总砷测定时微波消解条件

步骤	功率（W）	升温时间	温度（℃）	恒温时间（min）
1	800	5	120	2
2	800	4	150	5
3	800	4	190	20

3. 土壤重金属含量控制标准

三七种植土壤中重金属含量控制标准遵循 GB 15618—2018 执行。根据土壤应用功能、保护目标和土壤主要性质，该国标规定了农用地土壤污染风险筛选值（表 8-3）和农用地土壤污染风险管制值（表 8-4），其中土壤重金属含量为其基本项目，即必测项目。

当三七种植土壤中重金属含量低于或等于表 8-3 中的风险筛选值时，说明土壤污染风险低，一般可忽略不计；若高于表 8-3 中的风险筛选值，低于或等于表 8-4 中的风险管制值，可能存在食用农产品不符合质量安全标准等农用地土壤污染风险，应加强土壤环境监测和农产品协同监测，原则上应采取农艺调控、替代种植等安全利用措施；若高于表 8-4 中的风险管制值，则食用农产品不符合质量安全标准等，农用地土壤污染风险高，难以通过安全利用措施降低土壤污染风险，原则上应当采取禁止种植食用农产品、退耕还林等严格管控措施。

9.11.2　土壤农药残留检测方法及含量控制标准

1. 农药残留定义

农药残留是指由于农药的应用而残存于生物体、农产品和环境中的农药原体及其具有毒理学意义的杂质、代谢转化产物和反应物等所有衍生物的总称。

例如，现已被禁用的有机砷、汞等农药，由于其代谢产物砷、汞最终无法降解而残存于环境和植物体中。有机氯农药如六六六、滴滴涕等在农作物及环境中消解缓慢，同时容易在人和动物体脂肪中积累，因而虽然有机氯农药及其代谢物毒性并不高，但它们的残毒问题仍然存在。有机磷、氨基甲酸酯类农药在施用后，因化学性质不稳定容易分解。但有机磷和氨基甲酸酯类农药中存在着部分高毒和剧毒品种，如甲胺磷、对硫磷、克百威、水胺硫磷等，如果被施用于生长期较短、连续采收的蔬菜，则很难避免因残留量超标而导致人畜中毒。

2. 土壤农药残留检测方法

施用于作物上的农药，其中一部分附着于作物上，一部分散落在土壤、大气和水等环境中。据报道，通过叶面喷施的农药大约有 60% 进入土壤。因此检测土壤中的农药残留十分重要。

通常用有机溶剂萃取法、吸附剂吸附法、固相微萃取等方法将残留于土壤中的微量农药或其代谢产物从土壤中提取出来，然后利用柱层析法、低温冷冻法、吹蒸法等进行分离纯化。最后用气相色谱-质谱联用技术（GC-MS）和液相色谱-质谱联用技术（LC-MS）等常规分析方法或用免疫检测技术和酶抑制率法等速测方法进行检测。

3. 土壤农药残留标准

据 GB 15618—2018 规定，土壤农药残留是农用地土壤污染风险筛选值的选测项目（表 8-5），包括六六六、滴滴涕和苯并[a]芘。由地方环境保护主管部门根据本地区土壤污染特点和环境管理需求进行选择。

9.12 植物根系与微生物互作研究方法

植物和微生物之间是存在着联系的，两者间相互影响，相互作用，构成了植物与微生物和谐共存的完整的生态环境。每一个植物个体并不是独立存在的，植物与植物之间，植物与周围的微生物之间，总是存在着某种联系，它们之间组成不同的生态区域，构成不同的生态环境。

植物根系作为根际的主要调控者，根构型和根系分泌物种类、数量的改变均可对根际微生物种群分布及其结构造成影响。

植物与微生物的相互作用是近年来微生物学研究的新热点，通过了解植物与微生物的相互作用，可以有效地进行植物病害防治，对于提高农作物的产量和品质具有重要的实践意义。

9.12.1 根系-微生物互作

1. 游动孢子悬浮液的制备

（1）制备菌饼：将培养 6～8 天的疫霉菌株，用无菌打孔器沿菌落边缘打取直径为 6 mm 的菌饼（注：所有菌饼的菌龄一致）。

（2）接菌：把菌丝块移入灭菌的装有 150 mL 10% 液体 V8 培养基的三角瓶（250 mL）

中，每瓶移入 20 块菌饼。

（3）菌株培养：置于 25℃黑暗培养箱，培养 48 h。

（4）菌丝清洗：待菌丝长出，把菌饼分别挑入灭菌培养皿中，并用 20 mL 无菌 ddH₂O 冲洗菌碟，冲洗 4~5 次，每次冲洗时间间隔 5~10 min；直至菌碟发白，菌丝充分展布开即可。

（5）一次性无菌注射器加入 15 mL 土壤浸提液。

（6）置于 25℃黑暗培养箱，培养 12~15 h。

（7）镜检：显微镜下观察即可看到大量游动孢子释放。

（8）孢子定量：吸出 400 μL 孢子悬浮液并用血球计数板检测浓度，稀释为每毫升 10^6 个游动孢子的悬浮液。

2. 趋化研究方法

（1）U 形管制备：用直径 1 mm 的毛细管制成一个 U 形槽，两端加热封闭。

（2）装置组装：将 U 形管置于载玻片上，盖上盖玻片后变成一端开口的槽（长 50 mm×宽 25 mm×高 1 mm）（图 9-69）。

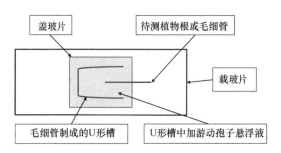

图 9-69 待测植物根系对微生物的趋化装置

（3）添加孢子悬浮液：在槽中加入 400 μL 浓度为每毫升 $1×10^6$ 个的游动孢子悬浮液。

（4）试验设置如下。

处理组：无损伤的待测植物根系（单根）用 ddH₂O 清洗干净，直接插入开口端。

对照组：一端放入直径为 1 mm 的封口的毛细管。

将做好的试验处理装置直接放在显微镜下观察即可，设置 3 次重复。

（5）镜检：显微镜下观察游动孢子在待测植物根际的行为。

3. 游动孢子休止研究方法

方法同趋化研究方法。观察待测植物根系对疫霉菌游动孢子休止的影响。

4. 游动孢子休止孢萌发研究方法

（1）将 1 mL 游动孢子悬浮液（浓度为每毫升 $1×10^6$ 个）吸入 2 mL 离心管中。

（2）在涡旋仪上振荡 2 min，使其鞭毛断裂。后期方法同"2.趋化研究方法"，观察待测植物根系对疫霉菌游动孢子休止孢萌发的影响。

9.12.2　根系分泌物-微生物互作

1. 根系分泌物的收集

当待测植株生长至 4 叶期时，进行根系分泌物的收集，具体方法如下。

（1）将待测植株从土中取出，清洗根系后置于组培瓶（一般容量为 500 mL 的组培瓶装 15 棵植株）。

（2）加入 150 mL 超纯水（不需要灭菌）确保淹没植株根系，然后置于摇床上，转速为 140 r/min，4 h 后收集浸泡液；收集液置于 4℃冰箱保存。

（3）再加入 150 mL 超纯水重复收集一次浸泡液，每天进行两次分泌物收集，其余时间将植株置于营养液中，连续收集 3 天。

（4）最后，将所有的收集液混合到一起。

2. 根系分泌物的萃取

（1）萃取方法：采用乙酸乙酯进行液液萃取。

（2）萃取比例：根系分泌物：乙酸乙酯=1：2。

（3）萃取所得萃取液通过旋转蒸发仪进行减压浓缩并氮吹至干，称重后用甲醇（AR）定容至 2 mL。然后放置于 4℃冰箱保存备用。

（4）经减压浓缩之后的根系分泌物母液用无菌水稀释成系列浓度梯度的药液（稀释液中甲醇的含量控制在体积分数为 1%以下）。试验以含有相同浓度甲醇的蒸馏水为空白对照。

3. 趋化研究方法

（1）制备装置：用直径 1 mm 的毛细管制成一个方形槽，四周顶端加热封闭。

（2）装置组装：将方形槽置于载玻片上，形成一个封闭的空间（长 50 mm×宽 50 mm×高 1 mm）。

（3）添加孢子悬浮液：在槽中加入 400 μL 浓度为每毫升 $1×10^6$ 个的游动孢子悬浮液。

（4）试验设置：处理组，将待测植物的根系分泌物插入左端（毛细管长度为 2 cm）；对照组，右端以与左端根系分泌物浓度相同的甲醇作为对照（毛细管长度为 2 cm），每组设置 3 次重复。

（5）镜检：在显微镜下观察游动孢子在方形槽内的行为（图 9-70）。试验设置完，即可进行观察。

4. 游动孢子休止研究方法

（1）根系分泌物准备：浓度梯度设置。

（2）试验设置：处理组，不同浓度根系分泌物与游动孢子悬浮液按体积比 1：4 混合，总体系 25 μL，滴加到凹玻片上；对照组，以含相同浓度甲醇的无菌水作为对照，总体系 25 μL，滴加到凹玻片上；每个浓度设置 3 次重复。

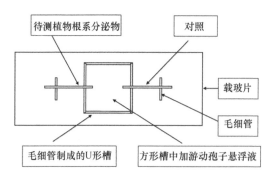

图 9-70　待测植物根系分泌物对微生物的趋化装置

（3）保湿培养：25℃光照保湿培养，5 min（以实际对照的效果决定）。

（4）镜检：在显微镜下观察游动孢子停止的数量，并拍照记录。

（5）统计分析：每个重复计算 1 个视野内的游动孢子停止数量，并按以下公式计算停止率和抑制率。停止率=单个视野内孢子停止数/单个视野内总孢子数×100%；抑制率=（对照游动率–处理游动率）/对照游动率×100%。

5. 游动孢子休止孢萌发研究方法

休止孢子制备：将配制好的游动孢子悬浮液在涡旋仪上振荡 10 min，使游动孢子休止。

（1）根系分泌物准备：设置浓度梯度。

（2）试验设置：处理组，不同浓度根系分泌物与游动孢子悬浮液按体积比 1∶4 混合，总体系 25 μL，滴加到凹玻片上；对照组：以含相同浓度甲醇的无菌水作为对照，总体系 25 μL，滴加到凹玻片上；每个浓度设置 3 次重复。

（3）保湿培养：25℃光照保湿培养，1.5 h（以实际对照的效果决定）。

（4）镜检：显微镜下观察游动孢子休止孢萌发的数量。

（5）统计分析：每个重复计算 1 个视野内的游动孢子休止孢萌发数量。并按以下公式计算萌发率和抑制率。萌发率=单个视野内萌发休止孢数/单个视野内休止孢总数×100%；抑制率=（对照休止孢萌发率–处理休止孢萌发率）/对照休止孢萌发率×100%。

9.13　三七相关微生物样品的收集

三七是五加科人参属植物，在中国传统中医药中有着非常重要的地位。传统中医认为三七是补血佳品，现代药理研究发现三七具有扩张血管、降血压、降血脂等药理作用。目前三七人工种植受到多种因素的制约，其中影响最大的就是根腐病及连作障碍。已知的三七根腐病病原菌大多是镰刀菌属真菌、细链格孢菌等，但根腐病病原菌是否同时存在于三七植株体内，作为内生真菌诱发三七根腐病尚不明确。为了研究根腐病等制约三七生长的影响因素，我们对三七内生真菌及根腐病病原菌进行分离鉴定。内生菌是指生活在植株组织内的微生物。Carroll 将内生菌定义为生活在地上部分活的植物组织内并不引起明显病害症状的真菌（Honegger，1996）。Petrini（1991）把 Carroll 的概念范畴进一步扩展，将内生菌定义为那些在其生活史中的某一段时期生活在植物组织内,对植物组织没有引起明显病害症状的菌。这个定义包括那些在其生活史中的某一阶段营表面生的腐生菌,对宿主暂时没有伤害的潜伏性病原菌和菌根菌。内生菌可以侵入根的皮层生存下来,在根衰老后这些内生菌从根中释放出来并返回到土壤中,其中一些内生菌也能定殖在种子中(Johnston-Monje and Raizada,2011;Hirsch and Mauchline,2012)。植物的根际土壤中包括腐生及共生的细菌和真菌,其中真菌包括丛枝菌根真菌(Philippot et al.,2013)。

内生菌在植物中的定殖产生了屏障效应,即它们可以取代和防止病原微生物对宿主植物的控制,从而使内生菌在植物防御机制中扮演了非常重要的角色(Abdalla and Matasyoh,2014)。内生菌对病原微生物所具有的防治能力,为我们利用内生菌开展对重要经济作物如三七的保护提供了一个新的思路。

我们对三七内生真菌进行了分离与鉴定,并对分离出的内生真菌与三七根际土壤真菌进行了系统的研究与分析。同时,分离了健康三七根中的真菌,以及根腐三七根中的病原菌。也对三七茎、叶、花蕾等不同组织部位进行了真菌分离鉴定。三七内生真菌的分离鉴定,有助于更好地预防三七根腐病,并且可以为克服连作障碍提供新的思路。研究三七内生真菌与三七根腐病病原菌,有助于揭示三七与相关真菌的互作机制。同时也有助于改良三七生产方法,起到减少病害、增加产量的作用。

9.13.1 仪器设备

莱卡生物显微镜(德国莱卡公司)、PCR 仪(ABI 公司)、荧光定量 PCR 仪(ABI 公司)、凝胶成像分析系统(HR410,UVP 公司)、核酸电泳仪(DYY-7C,北京六一)、超净工作台(SW-CJ-2F,苏州安泰公司)等。

9.13.2 常用试剂

无水乙醇、次氯酸钠、琼脂(SbaseBio)、CTAB(BIOSHARP)、琼脂糖(Invitrogen)、蔗糖、TransScript FastPfu Fly DNA Polymerase(全式金)等。

9.13.3 研究方法

1. 叶际微生物收集方法

(1)将植物组织浸没于无菌清洗溶液 PBS(Patricia et al.,2019),TE(pH=8)(Li et al.,2019;Yao et al.,2019)或者 0.01% Tween 80(Perazzolli et al.,2014)中,180 r/min 孵育 30 min。

(2)取出植物组织,180 r/min 孵育 30 min。

(3)再次取出植物组织,放入新的无菌清洗溶液,超声波洗涤 10 min(参数:160 W,30 s/30 s)。

(4)取出植物组织重复上一步骤,将三次洗涤液混合。

(5)0.22 μm 滤膜(或 13 000 g 离心 10 min,收集沉淀)过滤,滤膜用液氮速冻,转移至-80℃冰箱保存。

2. 根际土提取方法

（1）疏松植株周围土壤，缓缓取出植物，应尽量保证完整的根组织，并去除多余的土。

（2）然后将根放入 PBS 缓冲液中，涡旋或振荡 15 s。

（3）12 000 r/min 离心 10 min。

（4）收集沉淀即为根际土壤，若沉淀较少，也可用提取水体 DNA 的方法。

（5）经 0.22 μm 孔膜过滤收集土壤及微生物细胞。

（6）最后将收集到的根际土壤用液氮速冻，转移至-80℃冰箱保存。

3. 根面土提取方法

（1）将上述根再次放入 PBS 中+超声振荡 1 次（30 s，50～60 Hz）。

（2）由于此部分微生物较少，提取后离心对 DNA 进行浓缩，低温保存-80℃。

4. 内生微生物 DNA 提取方法

（1）用自来水将植物样本表面泥土洗干净，然后用无菌水洗涤 30 s。

（2）用 70%无菌乙醇洗涤 2 min。

（3）用 2.5% NaClO（含 0.1% Tween 80）浸泡 5 min。

（4）转移至 70%无菌乙醇浸泡 30 s。

（5）无菌水洗涤植物组织 3 次。

（6）将最后一次无菌水进行培养，看是否有微生物生长，确保植物组织表面已消毒干净，利用液氮将表面无菌化的植物组织研磨成粉末，进行核酸提取或者液氮速冻，然后保存于-80℃冰箱备用。

5. 可培养真菌分离

1）根际土壤可培养真菌分离

（1）采集三七苗，并把根表面多余的土去除，只留下紧密附着在根表面的土壤。

（2）用无菌水清洗根表面的土壤，并收集清洗后的混浊液。

（3）180 r/min 振荡 30 min；在超净台中将混浊液稀释为 10^{-1}、10^{-2}、10^{-3}、10^{-4}、10^{-5}。

（4）吸取 70 μL 稀释后的液体均匀涂布于孟加拉红培养基。

（5）28℃倒置培养；待单个真菌菌落长出后，挑取边缘菌丝于 PDA 培养基上进行纯化培养。收集菌丝保存于 20%甘油，并冻存于-80℃冰箱。

2）内生可培养真菌分离

（1）采集三七苗，将其表面用流水清洗干净。

（2）在超净台内对三七各组织（茎、叶、休眠芽、种子）进行外植体消毒（无菌水清洗 3 次，75%乙醇浸泡 90 s，无菌水清洗 3 次，有效氯浓度 1.5%的次氯酸钠浸泡 14 min，无菌水清洗 5 次以上）。

（3）将外植体消毒后的三七各组织剪切出伤口，培养于 PDA 培养基上。

（4）待伤口处长出真菌后，挑取边缘菌丝于 PDA 培养基上进行纯化培养。

（5）收集菌丝保存于 20% 甘油，并冻存于 –80℃ 冰箱。

3）根腐病病原真菌分离

（1）采集发生根腐病的三七，用流水将表面冲洗干净。

（2）在超净台内对三七各组织（根、茎、叶）用无菌水清洗 3 次。

（3）对三七组织剪切成适宜大小后培养于 PDA 培养基上（添加 50 mg/L 链霉素）。

（4）待三七组织周围长出真菌后，挑取边缘菌丝于 PDA 培养基上进行纯化培养。

（5）收集菌丝保存于 20% 甘油，并冻存于 –80℃ 冰箱。

4）真菌种类鉴定

（1）将分离出的真菌培养于 PDA 培养基上，长至直径 2～3 cm 时即可收集菌丝。采用 CTAB 法提取真菌 DNA。用特异性引物 ITS1（5′-TCCGTAGGTGAACCTGCGG-3′）和 ITS4（5′-TCCTCCGCTTATTGATATGC-3′）扩增真菌的内转录间隔区（ITS）序列，并测序。

（2）将得到的完整 ITS 序列于 NCBI 数据库进行比对，初步确定真菌种类。使用莱卡显微镜对真菌菌丝及孢子形态进行观察。依据分子结果和形态学特征最终确定真菌拉丁学名。

5）案例分析

（1）根际土壤可培养真菌

一共从三七根际土壤中分离到 5 种真菌，分别属于 *Trichurus*、*Penicillium*、*Fusarium* 3 个属（表 9-8）。

（2）可培养内生真菌

一共从三七各组织中分离出内生真菌 13 株（表 9-9）。

表 9-8　三七根际可培养真菌种类

菌株编号	拉丁学名
RSF-2018.4.15-#1	*Trichurus spiralis*
RSF-2018.4.22-#1	*Penicillium janthinellum*
RSF-2018.4.22-#2	*Trichurus* sp.
RSF-2018.4.22-#3	*Penicillium* sp.
RSF-2018.5.16-#2	*Fusarium oxysporum*

表 9-9　三七各组织可培养真菌种类

菌株编号	拉丁学名	分离组织
E-2018.1.22-#1	*Fusarium tricinctum*	胚
E-2018.1.22-#2	*Fusarium solani*	胚
E-2018.1.22-#3.1	*Fusarium proliferatum*	胚
E-2018.1.22-#3.2	*Fusarium striatum*	胚

续表

菌株编号	拉丁学名	分离组织
E-2018.2.7-#3	*Lecanicillium psalliotae*	胚
E-2018.2.7-#10	*Mucor hiemalis*	胚
B-2018.1.22-#3	*Chaetomium globosum*	休眠芽
D212	*Acremonium* sp. D212	休眠芽
PN-G-2018.6.11-#6	*Fusarium sloani*	根
PN-G-2018.5.2-#1	*Thielavia terrestris*	根
PN-G-2018.6.11-#4	*Ilyonectria destructans*	根
PN-Y-2018.5.16-#1	*Thielavia* sp.	叶
PN-Y-2018.5.29-#1	*Alternaria alternate*	叶

（3）根腐病病原真菌

一共分离到 7 株根腐病病原真菌（表 9-10）。

表 9-10　三七根腐病病原真菌种类

菌株编号	拉丁学名	分离组织
PN-G-2018.6.15-#2	*Plectosphaerella plurivora*	根
PN-G-2018.6.20-#5	*Chaetomium bostrychodes*	根
PN-G-2018.6.20-#7	*Chaetomium cochliodes*	根
PN-G-2018.6.25-#2	*Gilmaniella humicola*	根
PN-J-2018.6.15-#1	*Epicoccum nigrum*	茎
PN-J-2018.6.15-#7	*Phoma herbarum*	茎
PN-J-2018.6.15-#8	*Alternaria arborescens*	茎

9.14　三七相关微生物的分离培养——培养组学

随着测序技术的不断更新，通过高通量测序平台（目前较为流行的第二代测序平台 Illumina 以及日益兴起的三代测序平台）发展起来的宏组学（宏基因组、宏转录组、16S rRNA 和 ITS 高通量测序等），三七根际微生物的神秘面纱正逐步被揭开。然而，随着对三七相关微生物的深入研究，越来越多的研究需要获得微生物菌株加以验证，相比于宏大的组学数据，寥寥无几的可分离培养的微生物往往就显得捉襟见肘。目前，对于三七相关微生物[三七的内生菌，叶（根）际微生物和根围土壤微生物]的分离，常采用平板稀释涂布法，但"收效"甚微，往往得到的微生物种类比较单一，难以满足需求。随着人们对微生物可分离培养的迫切需要，以尽可能多地分离可培养微生物为目的的"培养组学"应运而生。

培养组学（culturomics）（Lagier et al.，2016），指的是通过多种培养方法结合快捷的微生物鉴定技术（MALDI-TOF 质谱技术以及 16S rRNA 鉴定）来尽可能多地分离和鉴定可培养微生物。研究人员利用培养组学方法，通过优化组合 70 种不同的培养方案，分离培养、鉴定出人体肠道超过 55%的微生物，极大地扩展了人们对于肠道微生物的认知（Lagier et al.，2012）。而对于植物微生物的分离培养，中国科学院白洋课题组开创性的研究（Bai et al.，2015；Zhang et al.，2019），开启了人们对于植物相关微生物的进一步认知。通过逐步稀释以及两步 PCR 的方法，鉴定出了拟南芥和水稻的大部分根系可培养微生物（根内生和根际微生物），鉴定到的种类占根系细菌的 60%～70%。并在试验中，展现了可培养微生物库的强大功能。

三七相关微生物作为一个巨大的微生物库，伴随着三七整个生命历程，与三七生长发育息息相关，包括：三七的内生菌，叶（根）际微生物和根围土壤微生物。目前，针对三七相关微生物的系统性分离培养尚缺乏相关工作。因此，本课题组在前期的研究基础上，借鉴培养组学的相关技术，正在开展有关三七的可培养微生物的分离鉴定。

9.14.1　不同培养基的配方

1. NA 培养基（g/L）

蛋白胨 10，牛肉浸粉 3，氯化钠 5，琼脂粉 15，pH 7.3±0.2。

2. LB 培养基（g/L）

胰蛋白胨 10，酵母提取物 5，氯化钠 5，琼脂粉 15，pH 7.3±0.2。

3. TSA 培养基（g/L）

胰蛋白胨 15，大豆蛋白胨 5，氯化钠 5，琼脂粉 15，pH 7.3±0.2。

4. R2A 培养基（g/L）

酸水解酪蛋白 0.5，酵母提取物 0.5，蛋白胨 0.5，葡萄糖 0.5，可溶性淀粉 0.5，磷酸氢二钾 0.3，硫酸镁 0.024，丙酮酸钠 0.3，琼脂粉 15，pH 7.3±0.2。

5. OLI 培养基（g/L）

硫酸镁 0.5，硝酸钾 0.5，磷酸氢二钾 1.3，硝酸钙 0.06，葡萄糖 0.05，酸水解酪蛋白 0.004，琼脂 15，pH 7.3±0.2。

6. ISP2 培养基（g/L）

麦芽浸粉 10，酵母提取物 4，葡萄糖 4，琼脂粉 20，pH 7.3±0.2。

7. VL55 培养基

2(N-吗啉基)乙磺酸 3.9 g，硫酸镁 0.048 g，氯化钙 0.066 588 g，磷酸氢二铵 0.052 824 g，钨酸盐/亚硒酸盐溶液 2 mL，SL10 溶液 2 mL，加 ddH$_2$O 定容至 1 L，pH 7.3±0.2；取 1 L 上述溶液，高压蒸汽灭菌，121℃，20 min，自然冷却到 55℃ 左右，加入 10 mL 5%（W/V）碳源（葡萄糖、蔗糖或者可溶性木聚糖）溶液，2 mL 维生素溶液 1，6 mL 维生素溶液 2，混匀，与 60℃ 左右 3% 已灭菌的琼脂溶液混合倒平板。

8. 钨酸盐/亚硒酸盐溶液

氢氧化钠 0.5 g，亚硒酸钠 3 mg，钨酸钠 4 mg，溶于 1 L ddH$_2$O 中，0.22 µm 滤网过

滤除菌，4℃保存。

9. SL10 溶液

25% HCl 10 mL，氯化亚铁 1.5 g，氯化钴 0.19 g，氯化锰 0.1 g，氯化锌 0.07 g，硼酸 0.062 g，钼酸钠 0.036 g，氯化镍 0.024 g，氯化铜 0.017 g，定容至 1 L ddH$_2$O 中，0.22 μm 滤网过滤除菌，4℃保存。

10. 维生素溶液 1

对氨基苯甲酸 40 mg，维生素 B$_7$ 10 mg，维生素 B$_3$ 100 mg，维生素 B$_5$ 50 mg，维生素 B$_6$ 150 mg，维生素 B$_1$ 100 mg，维生素 B$_{12}$ 50 mg，溶于 1 L ddH$_2$O 中，0.22 μm 滤网过滤除菌，4℃保存。

11. 维生素溶液 2

硫辛酸 10 mg，维生素 B$_2$ 10 mg，维生素 B$_9$ 4 mg，溶于 1 L ddH$_2$O 中，0.22 μm 滤网过滤除菌，4℃保存。

9.14.2 研究方法

（1）将获得的微生物悬浮液，基于传统平板稀释涂布法，利用多种培养基（NA、LB、TSA、R2A、OLI、ISP2、VL55 和高氏一号培养基）培养。

（2）结合不同的培养条件，在 25℃条件下培养 3～21 天。

（3）分离纯化得到约 800 株微生物，并基于 16S rRNA 鉴定，利用通用引物 27F-1492R，得到超过 80 属的可分离培养微生物。

还可以选择更多的培养条件，分离更多的可培养微生物，建立一个三七相关微生物的可培养微生物菌库，为深入了解三七生长过程中植物-微生物互作提供原材料。

9.15 三七相关微生物的结构和功能分析

9.15.1 16S 和 ITS 高通量测序分析

近年来，学者们越来越多地趋向于通过分子生物学手段来对土壤微生物进行研究。其主要思想为从土壤中提取和纯化微生物总 DNA 并进行 PCR 扩增，通过高通量测序技术检测土壤中微生物细胞内特定遗传物质（原核微生物 16S rDNA/rRNA，真核微生物 18S rDNA/rRNA 或 rDNA-ITS）。这些特定的遗传物质都具有一定的进化保守性，保守区序列为所有同类微生物所共有，在保守序列之间存在由进化造成的物种之间序列差异的可变区域。因此，通过对这些序列可变区域的测定和比对，可以探究并揭示土壤中微生物物种和群落结构的多样性。近年来，高通量测序技术在微生物学研究中得到了广泛的应用。高通量测序的优越性体现在：测序序列长，可以覆盖 16S/18S rDNA、ITS 等高变区域；测序通量高，可以检测到环境样品中的痕量微生物；实验操作简单、结果稳定，可重复性强；无须进行复杂的文库构建，微生物 DNA 扩增产物可以直接进行测序，实验周期短；测序数据便于进行生物信息分析。该方法已经得到国际顶级期刊的认可，已成为土壤微生物多样性检测的重要手段。

三七是一种重要的中药材，由于其特殊的生存环境，三七栽培土壤连作障碍因素日益突出，特别是以三七根腐病为主的土传病害不断加重。土传性病害的发生、发病的程度一般与病原菌、有益微生物及其寄主宿主在土壤生态环境条件下相互竞争、相互联系、相互制约有密切的关系。土壤中生活着大量微生物，作物连作导致专一性病原微生物积聚于土壤中，土壤微生物间的拮抗作用削弱，病原菌的活动增强，病害容易暴发流行。对三七根际土壤微生物进行较系统的研究，分析三七种植过程中其根际土壤微生物群落结构的动态，寻找与根腐病相关的微生物因子，并寻找具有生防潜力的活性菌株，可为三七病害的防治和克服连作障碍提供实验依据及微生物资源。自从根际微生物被发现以来，国内外研究者对其数量、种群结构和分布以及与植物根际生态系统的关系做了大量研究。关于三七微生物方面的研究以前主要集中在三七病害病原菌方面，土壤微生态方面的研究多数停留在纯培养或简单菌落计数统计的阶段。传统上主要依靠微生物培养技术，由于目前环境中仅不到 10%的微生物可被培养，可培养技术在这些研究中显得较为乏力，大量免培养技术尤其是分子微生物技术被大量应用到该研究领域。不断发展的分子微生物技术的应用极大地推动了根际微生物的研究，对根际微生物的深入认识和在各领域的应用发挥了关键作用。目前，有多种分子微生物学技术被应用在根际微生物研究中，如变性梯度凝胶电泳和温度梯度凝胶电泳、微孔板法、荧光原位杂交、末端限制性片段长度多态、克隆文库构建、高通量测序等。

16S rRNA 位于原核细胞核糖体小亚基上，包括 10 个保守区（conserved region）和 9 个高变区（hypervariable region），其中保守区在细菌间差异不大，高变区具有属或种的特异性，随亲缘关系不同而有一定的差异。因此，16S rRNA 可以作为揭示生物物种的特征核酸序列，被认为是最适于细菌系统发育和分类鉴定的指标。16S rDNA 扩增子测序（16S rDNA amplicon sequencing），通常是选择某个或某几个变异区域，利用保守区设计通用引物进行 PCR 扩增，然后对高变区进行测序分析和菌种鉴定，16S rDNA 扩增子测序技术已成为研究环境样品中微生物群落组成结构的重要手段（Youssef et al.，2009；Caporaso et al.，2011；Hess et al.，2011）。

传统的真菌分类鉴定主要是按照真菌的形态、生长以及生理生化等特征对真菌进行分类。随着分子生物学技术的发展，核酸序列分析已被广泛地应用于真菌分类鉴定中，目前常用的技术包括 18S rDNA（Stoeck et al.，2009；Cheung et al.，2010；Oros-Sichler and Smalla，2013）、内转录间区（internal transcribed spacer，ITS）（Bachy et al.，2013；Bengtsson-Palme et al.，2013；Findley et al.，2013）。ITS1/ITS2：常用作微生物分类研究的 ITS 包含 ITS1 和 ITS2 两种。ITS1 位于真核生物核糖体 rDNA 序列的 18S 和 5.8S 之间，ITS2 位于真核生物核糖体 rDNA 序列 5.8S 和 28S 之间。由于不需要加入成熟核糖体，因此在进化过程中能够承受更多的变异，其进化速率为 18S rDNA 的 10 倍，属于中度保守的区域，利用它可研究种及种以下的分类阶元。另外，也可通过选择引物同时扩增 18S rDNA 和 ITS，通过分析 18S rDNA 序列，先在较高级别上确定样品的归属，然后根据 ITS 序列，将真菌归类到种或亚种水平。

根据所扩增区域的特点，基于 Ion S5™ XL 测序平台，利用单端测序（single-end）的方法，构建小片段文库进行单端测序。通过对 reads 剪切过滤，运算分类单元（operational taxonomic unit，OTU）聚类，并进行物种注释及丰度分析，可以揭示样品物种构成；进一步的 α 多样性分析、β 多样性分析可以挖掘样品之间的差异。

9.15.2 工作流程

1. 实验上机流程

从 DNA 样品到最终数据获得的过程中，样品检测、PCR、纯化、建库、测序每一个环节都会对数据质量和数量产生影响，而数据质量又会直接影响后续信息分析的结果。为了从源头上保证测序数据的准确性、可靠性，需要对样品检测、建库、测序每一个实验步骤都严格把控，从根本上确保高质量数据的产出，流程图如图 9-71 所示。

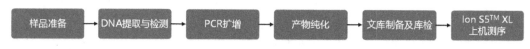

图 9-71　上机流程图

2. 信息分析流程

Ion S5™ XL 下机数据为 fastq 格式，使用 Cutadapt 软件过滤和按条形码拆分样本后，进行 OTU 聚类和物种分类分析。根据 OTU 聚类结果，一方面，可以对每个 OTU 的代表序列做物种注释，得到对应的物种信息和基于物种的丰度分布情况。同时，对 OTU 进行丰度、α 多样性、维恩图（Venn diagram）和花瓣图等分析，以得到样品内物种丰富度和均匀度信息、不同样品或分组间的共有和特有 OTU 信息等。另一方面，可以对 OTU 进行多序列比对并构建系统发生树，并进一步得到不同样品和分组的群落结构差异，通过 PCoA 和 PCA、非度量多维尺度分析（non-metric multidimensional scaling，NMDS）等降维图和样品聚类树进行展示。通过相似度百分比（similarity percentage，SIMPER）定量分析物种对组间差异的贡献度。为进一步挖掘分组样品间的群落结构差异，选用 t 检验、MetaStat（物种丰度差异分析）、LEfSe（线性判别分析）、Anosim（相似性分析）和 MRPP（多响应置换法）等统计分析方法对分组样品的物种组成和群落结构进行差异显著性检验。同时，也可结合环境因素进行 CCA/RDA/dbRDA 分析和多样性指数与环境因子的相关性分析，得到显著影响组间群落变化的环境影响因子。获得下机数据后的信息分析流程如图 9-72 所示。

3. 方法描述

1）基因组 DNA 的提取和 PCR 扩增

采用 CTAB 或 SDS 方法对样本的基因组 DNA 进行提取，之后利用琼脂糖凝胶电泳检测 DNA 的纯度和浓度，取适量的样品 DNA 于离心管中，使用无菌水稀释样品

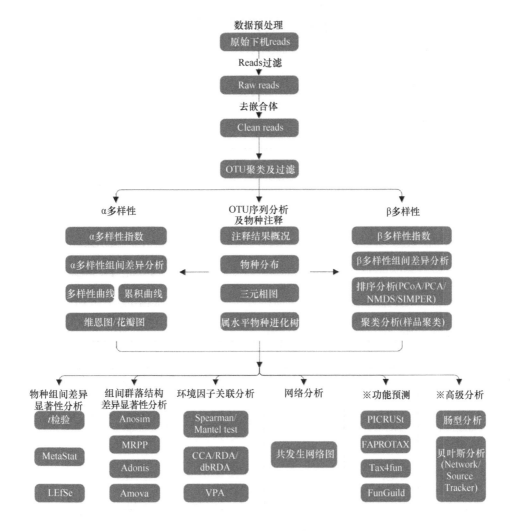

图 9-72　下机数据信息分析流程图

样品数小于 3 个，不能进行 β 多样性分析、组间群落结构差异显著性检验、组间差异物种分析和环境因子关联分析；
若无分组信息或者生物学重复少于 3 次，则不能进行组间群落结构差异显著性检验和组间差异物种分析；
环境因子关联分析需要客户提供环境因子数据。※表示高级分析

至 1 ng/μL。以稀释后的基因组 DNA 为模板，根据测序区域的选择，使用带 Barcode 的特异引物（表 9-11），利用 New England Biolabs 公司的 Phusion® High-Fidelity PCR Master Mix with GC Buffer 和高效高保真酶进行 PCR，确保扩增效率和准确性。

　　PCR 产物的混样和纯化：PCR 产物使用 2%浓度的琼脂糖凝胶进行电泳检测；根据 PCR 产物浓度进行等量混样，充分混匀后使用 1×TAE 浓度 2%的琼脂糖凝胶电泳纯化 PCR 产物，剪切回收目标条带。使用 Thermo Scientific 公司 GeneJET 胶回收试剂盒回收产物。

2）文库构建和上机测序

　　使用 Thermofisher 公司的 Ion Plus Fragment Library Kit 48 rxns 建库试剂盒进行文库

表 9-11　各区域常用引物序列

类型	区域	引物名称	引物序列（5'→3'）
细菌 16S	V4	515F	GTGCCAGCMGCCGCGGTAA
		806R	GGACTACHVGGGTWTCTAAT
	V3+V4	341F	CCTAYGGGRBGCASCAG
		806R	GGACTACNNGGGTATCTAAT
	V4+V5	515F	GTGCCAGCMGCCGCGGTAA
		907R	CCGTCAATTCCTTTGAGTTT
	V5+V7	799F	AACMGGATTAGATACCCKG
		1193R	ACGTCATCCCCACCTTCC
古菌 16S	V4+V5	Arch519F	CAGCCGCCGCGGTAA
		Arch915R	GTGCTCCCCCGCCAATTCCT
	V8	1106F	TTWAGTCAGGCAACGAGC
		1378R	TGTGCAAGGAGCAGGGAC
真核生物 18S	V4	528F	GCGGTAATTCCAGCTCCAA
		706R	AATCCRAGAATTTCACCTCT
	V9	1380F	CCCTGCCHTTTGTACACAC
		1510R	CCTTCYGCAGGTTCACCTAC
真菌 ITS	ITS1-5F	ITS5-1737F	GGAAGTAAAAGTCGTAACAAGG
		ITS2-2043R	GCTGCGTTCTTCATCGATGC
	ITS1-1F	ITS1-1F-F	CTTGGTCATTTAGAGGAAGTAA
		ITS1-1F-R	GCTGCGTTCTTCATCGATGC
	ITS2	ITS3-2024F	GCATCGATGAAGAACGCAGC
		ITS4-2409R	TCCTCCGCTTATTGATATGC

的构建，构建好的文库经过 Qubit 定量和文库检测合格后，使用 Thermofisher 的 Ion S5^{TM} XL 进行上机测序。

9.15.3　测序数据处理

将 Ion S5^{TM} XL 下机数据导出 fastq 文件。使用 Cutadapt（V1.9.1，http://cutadapt. readthedocs.io/en/stable/）（Martin，2011）先对 reads 进行低质量部分剪切，再根据 Barcode 从得到的 reads 中拆分出各样品数据，截去 Barcode 和引物序列，进行初步质控，得到原始数据（raw reads），经过以上处理后得到的 reads 需要进行去除嵌合体序列（http://www.drive5.com/usearch/manual/chimera_formation.html）的处理，reads 序列通过 UCHIME algorithm（http://www.drive5.com/usearch/manual/uchime_algo.html）（Edgar et al.，2011）与物种注释数据库进行比对检测嵌合体序列，并去除其中的嵌合体序列（Haas et al.，2011）得到最终的有效数据（clean reads）。

1. OTU 分析和物种注释

为了研究样品的物种组成多样性，利用 Uparse 软件（Uparse v7.0.1001，http://drive5.com/uparse/）（Edgar，2013）对所有样品的全部 clean reads 进行聚类，默认以 97% 的一致性（identity）将序列聚类成为 OTU，同时会选取 OTU 的代表性序列，依据其算法原则，筛选 OTU 中出现频数最高的序列作为 OTU 的代表序列。用 Mothur 方法与 SILVA（http://www.arb-silva.de/）（Wang et al.，2007）的 SSU rRNA 数据库（Quast et al.，2012）对细菌 16S 的 OTU 代表序列进行物种注释分析（设定阈值为 0.8～1）；用 Qiime 软件（Version 1.9.1）中的 blast 方法（http://qiime.org/scripts/ assign_taxonomy.html）（Altschul et al.，1990）与 Unit 数据库（https://unite.ut.ee/）（Kõljalg et al.，2013）对真菌 ITS 的 OTU 代表序列进行物种注释分析。获得分类学信息后分别在各个分类水平[界（kingdom），门（phylum），纲（class），目（order），科（family），属（genus），种（species）]统计各样本的群落组成。使用 MUSCLE（Version 3.8.31，http://www.drive5.com/muscle/）软件进行快速多序列比对，得到所有 OTU 代表序列的系统发生关系。最后对各样品的数据进行均一化处理，以样品中数据量最少为标准进行均一化处理，后续的 α 多样性分析和 β 多样性分析都是基于均一化处理后的数据。

2. 样品复杂度分析（α 多样性）

使用 Qiime 软件（Version 1.9.1）计算 Observed-otus、Chao1、Shannon、Simpson、ACE、Goods-coverage、PD_whole_tree 指数，使用 R 软件（Version 2.15.3）绘制稀释曲线、等级丰度曲线、物种累积曲线，并使用 R 软件进行 α 多样性指数组间差异分析；进行 α 多样性指数组间差异分析应分别进行有参数检验和非参数检验，如果只有两组，选用 t 检验和 Wilcox 检验，如果多于两组，选用 Tukey 检验和 agricolae 包的 Wilcox 检验。

3. 多样品比较分析（β 多样性）

用 Qiime 软件（Version 1.9.1）计算 UniFrac 距离、构建 UPGMA 样品聚类树。使用 R 软件（Version 2.15.3）绘制 PCA、PCoA 和 NMDS 图。PCA 分析使用 R 软件的 ade4 包和 ggplot2 软件包，PCoA 分析使用 R 软件的 WGCNA、stats 和 ggplot2 软件包，NMDS 分析使用 R 软件的 vegan 软件包。使用 R 软件进行 β 多样性指数组间差异分析，分别进行有参数检验和非参数检验，如果只有两组，选用 t 检验和 Wilcox 检验，如果多于两组，选用 Tukey 检验和 agricolae 包的 Wilcox 检验。

LEfSe 分析使用 LEfSe 软件，默认设置 LDA Score 的筛选值为 4。Metastat 分析使用 R 软件在各分类水平（门、纲、目、科、属、种）下，做组间的置换检验，得到 P 值，然后利用错误发现率方法对于 P 值进行修正，得到 P-adjust 值（White et al.，2009）。Anosim、MRPP 和 Adonis 分析分别使用 R vegan 包的 anosim 函数、mrpp 函数和 adonis 函数。AMOVA 分析使用 mothur 软件 amova 函数。组间差异显著的物种分析利用 R 软件做组间 t 检验并作图。

4. 环境因子关联分析

在进行 Spearman 相关性分析时，首先用 R 中 psych 包的 corr.test 函数计算物种和环境因子的 Spearman 相关系数值并检验其显著性，然后用 pheatmap 包中的 pheatmap 函数进行可视化。

Mantel test 使用的是 R 中的 vegan 包，根据物种矩阵和提供的环境因子数据矩阵，首先使用 vegdist 函数对两类数据进行距离矩阵的转化，然后用 mantel 函数对两类矩阵进行 Spearman 相关性分析得到 r 和 P 值。

对于 CCA 和 RDA,使用的是 vegan 包中的 cca 和 rda 函数进行排序分析,通过 envfit 函数可以计算出每个环境因子对物种分布影响的 r^2 和 P 值,然后用筛选出的具有显著影响的环境因子做 CCA 和 RDA 分析。通过 vegan 包中的 bioenv 函数,能够筛选出与物种矩阵相关性(Spearman)最大的环境因子或组合,将筛选得到的环境因子再进行针对性的 CCA 和 RDA 分析。方差膨胀因子(variance inflation factor,VIF)使用的是 vegan 包中的 vif.cca 函数对冗余约束的环境因子进行筛选,然后使用非冗余的环境因子进行 CCA 和 RDA 分析。

方差部分分析(variance partial analysis,VPA)属于部分分析方法(partial method),使用 vegan 包中的 rda(X,Y,Z)来分析主环境因子(Y)和协环境因子(Z)对物种分布(X)的影响,可以量化某类环境因子对物种分布的解释量。

5. 网络图构建

基于物种丰度,计算各菌属之间的相关系数值(斯皮尔曼相关系数 SCC 或皮尔逊相关系数 PCC),得到相关系数矩阵,设定过滤条件:①设定 cutoff 值(>0.6)过滤掉弱相关的连接;②过滤掉节点自连接;③去掉节点丰度小于 0.005% 的连接;根据过滤后的相关系数值,以菌属为节点,值为边,使用 graphviz-2.38.0 进行网络图的绘制。

6. 功能注释

FunGuild 是真菌的环境功能数据库,基于已有文献支持,对真菌的生态功能进行了归类,构建了 FunGuild 数据库。基于扩增子分析得到的物种信息,可以查询文献中已有的物种在环境中的生态功能。

FAPROTAX 是原核生物环境功能数据库,作者基于已发表文献证据,将细菌及古菌在环境中的生态作用进行归类,汇总整理为 FAPROTAX 数据库。基于扩增子物种注释结果,可以对数据库进行查询,获得已有文献支持的物种的环境功能信息。

Tax4Fun 功能预测是通过基于最小 16S rRNA 序列相似度的最近邻居法实现的,其具体做法为提取 KEGG 数据库原核生物全基因组 16S rRNA 基因序列,并利用 BLASTN 算法将其比对到 SILVA SSU Ref NR 数据库(BLAST bitscore >1500)建立相关矩阵,将通过 UProC 和 PAUDA 两种方法注释的 KEGG 数据库原核生物全基因组功能信息对应到 SILVA 数据库中,实现 SILVA 数据库功能注释。测序样品以 SILVA 数据库序列为参考序列聚类出 OTU,进而获取功能注释信息。

PICRUSt 的全称是 Phylogenetic Investigation of Communities by Reconstruction of Unobserved States。它基于 Greengenes 数据库中 OTU 的进化树和 OTU 上的基因信息,推断其共同祖先的基因功能谱,同时对 Greengenes 数据库中其他未测物种的基因功能谱进行推断,构建古菌和细菌域全谱系的基因功能预测谱,最后将测序得到的菌群组成"映射"到数据库中,就能进行菌群代谢功能预测了。

9.16　GeoChip 功能基因芯片分析

GeoChip 功能基因芯片由国际著名学者，劳伦斯奖（The Ernest Orlando Lawrence Award，2015）获得者周集中（Joe Jizhong Zhou）教授及其团队研发，是环境基因组学研究的一个重大突破。GeoChip 是一种基于全球基因组公共数据库并针对微生物相关的各类功能基因设计特异性寡核苷酸探针，从而揭示微生物群落功能基因的多样性的高通量宏基因组检测工具（He et al.，2007）。最新的 GeoChip 5.0 版本涵盖超过 570 000 种探针，靶向与基础生物地球化学循环、能量代谢及热点研究主题密切相关的 2400 多种功能基因家族中 260 000 余种编码基因（He et al.，2010a）。该技术作为每年 100 项最具创新性的科学技术发明，荣获美国 *R&D* 杂志 2009 年颁发的 *R&D* 100 奖。

GeoChip 功能基因芯片是一种高通量宏基因组学分析工具，用于分析微生物群落的功能组成和结构，并研究其对生态系统功能的影响和响应。GeoChip 广泛应用于包括土壤（He et al.，2010b）、水体（Hazen et al.，2010）、气体（Wang and Zhou，2009）、热泉（Wang et al.，2009）、污水（Zhou et al.，2008）、生物反应器（Van Nostrand et al.，2009）和动物肠道（Liu et al.，2010）等多种生境的研究当中。该基因芯片设计并涵盖了编码参与主要生物地球化学循环（如碳循环、氮循环、金属抗性、有机物降解、硫循环和磷循环等）的微生物功能基因及其相关酶类的寡聚核苷酸探针。GeoChip 芯片由华裔微生物生态学家周集中教授及其团队研发，GeoChip 的发明是微生物群落功能基因组成结构检测和分析方法的重大突破，对于解决微生物检测、植物生长、人体健康、生物多样性、污水处理、生物修复等众多领域中微生物的相关问题具有重大意义。

将与生物地球化学过程中具体途径靶向相关的基因分为各种功能性基因，待测样品的功能基因多样性可以被 50 mer（该长度对具有硝化、反硝化、固氮及亚硫酸盐还原等功能的微生物具有种水平的分辨率）变化的寡聚核苷酸探针预测评估，利用这些预测探针的信号强度总和反映基因的功能性代谢潜能（即基因的丰度）。基于以上原理，GeoChip 已研发至 5.0 版本，GeoChip5.0 当中已经开发了包括 570 042 种寡聚核酸探针，靶向与生物地球化学循环相关的代谢途径（C 循环、N 循环、P 循环、S 循环、耐受重金属、消减重金属及降解有机污染物）中 2433 种功能基因家族及 268 059 种编码基因。在这些探针中，80%以上具有基因特异性，20%左右具有功能簇特异性。从 GeoChip 研发至今，使用 GeoChip 发表的 SCI 文章已超过 1000 篇，平均影响因子超过 3.5。

9.16.1　GeoChip 实验流程

在获得实验样品之后，首先对样品中的微生物总 DNA 进行提取。之后对 DNA 样品进行检测，如 DNA 长度、总量及纯度等符合要求则进行后续实验，否则需要根据具体原因进行 DNA 样品的重新提取或对现有 DNA 进行纯化等，检测合格的 DNA 样品进行标记、杂交、检测（图 9-73）。

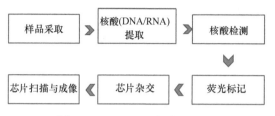

图 9-73　GeoChip 实验流程图

9.16.2　生物信息分析流程

在获得样品检测数据之后，对数据进行标准化处理（图 9-74）。

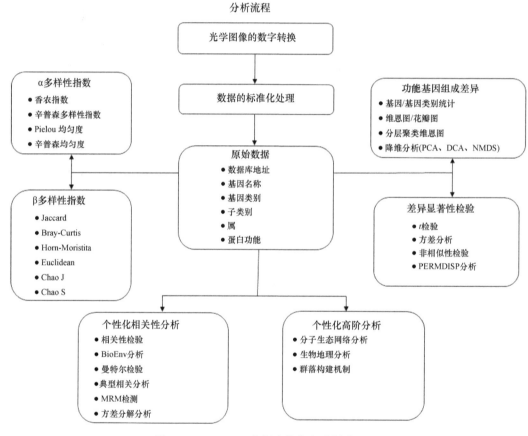

图 9-74　GeoChip 数据生物信息分析流程图

（1）移除信号质量过差的点。

（2）移除 SNR 值小于 2.0 的信号点。

（3）移除信号（signal）值＜1.5 倍背景值的点。

（4）数据标准化。

（5）若存在重复，可进行去单例模式操作。

对校正后的结果进行功能基因丰度及多样性等分析，从而了解样品中功能构成。同时，可以进行一系列的基于功能组成的聚类分析、主成分分析（PCA 分析）、样品间的聚类分析，并挖掘样品间功能/物种组成的差异。

注：当分组内的生物学重复数小于 3 时，诸如 CCA、RDA 等统计分析没有统计学意义。当样品数小于 3 时，在标准分析中，无法进行 PCA 分析、聚类分析及丰度聚类 Heatmap 分析等。

9.16.3 GeoChip 功能基因芯片注意事项

（1）土壤样品：在野外采集的样品尽量用干净的封口袋或灭菌的 10 mL、50 mL 离心管采集和封装。样品的质量不要少于 5 g，除尽石子或较大的颗粒。

（2）底泥或沉积物样品：取样时样品封装于灭菌的 10 mL、50 mL 离心管，若水分较多需通过离心或过滤的方式来富集样品。样品不要超过离心管的 2/3，以免冷冻后体积膨胀，使离心管开裂（质量可以参考土壤样品，即固体质量不少于 5g）。

（3）水样样品：水样样品含水量极高，所以要将水样通过滤膜过滤或者离心的方式富集样品。取水量依据其微生物的含量确定（1 L 以上）。

（4）DNA 样品：浓度 $\geqslant$ 50 ng/μL；总量 $\geqslant$ 3 ng；$OD_{260/280}$：1.8～2.0，$OD_{260/230} \geqslant$ 1.5，无明显的 DNA 降解，无 RNA、蛋白质等杂质污染。

（5）每个样品需要大于等于 3 个生物学重复以用于后续的数据分析。

（6）样品运输：样品保存期间切忌反复冻融，送样时请使用冰袋或干冰运输。

9.17 宏 转 录 组

随着分子生物学技术的快速发展，环境微生物群落结构研究已不再完全依赖于传统的微生物分离培养技术，近年来测序技术不断更新、测序通量急速扩大，从而可以对群落中所有微生物的 DNA 或 RNA 进行直接测序来分析微生物种群组成、分布及其动态演替（雷忠华等，2018）。宏组学（meta-omics）是涵盖了宏基因组学、宏转录组学和宏蛋白质组学等研究方法在内的一门学科（图 9-75，图 9-76）。

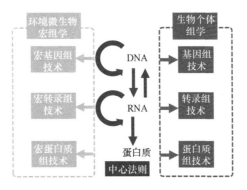

图 9-75 生物个体的组学与环境微生物的宏组学

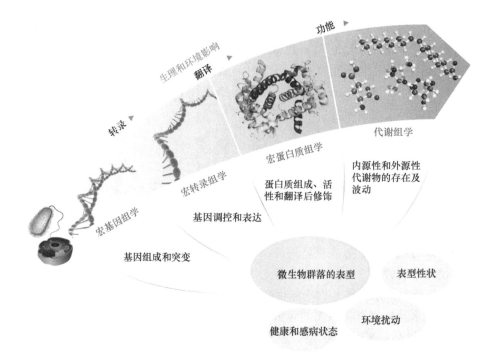

图 9-76　不同宏组学技术（Jansson and Baker，2016）

宏转录组学（metatranscriptomics）是在宏基因组学之后兴起的一门新学科，研究特定环境、特定时期群体细胞在某功能状态下转录的所有 RNA（包括 mRNA 和非编码 RNA）的类型及拷贝数（李晓晖，2011）。

宏转录组学技术不仅具有宏基因组技术的全部优点，可以检测环境中的活性微生物、活性转录本以及活性功能并进行研究，还可以比较不同环境下的差异表达基因和差异功能途径，揭示微生物在不同环境压力下的适应机制，探索环境与微生物之间的互作机制（美吉生物）。

该技术的适用范围主要包括：①医药领域：人体微生物与疾病关系的研究、分子标志和药物靶点的筛选鉴定等；②生态领域：生物互作、微生物制剂的开发、生物代谢调控研究等；③工业领域：微生物活性物质开发、生物能源、环境污染监控与生物修复等（美吉生物）。

由于目前人参属植物根际土壤微生物的宏转录组学研究尚未见报道，本书以荒漠土壤微生物群落结构研究为例（任敏，2018；Ren et al.，2018），说明土壤宏转录组学的应用与分析。该研究利用宏基因组学和宏转录组学技术探索荒漠土壤微生物群落组成及其在氮碳营养元素循环中的作用。

（1）取样。取样方法与微生物多样性和宏基因组取样方法相似，具体可参考本书 9.4.1。

（2）提取土壤微生物总 RNA。利用土壤 RNA 试剂盒提取土壤总 RNA，该过程一般由测序公司实施。RNA 的质量检测与本书 9.6.2 转录组相同。

（3）文库构建及库检。该过程一般由测序公司实施，方法与本书 9.6.2 转录组相同。

（4）测序。该过程一般由测序公司实施，方法与本书 9.6.2 转录组相同。

（5）生物信息学分析。与常规转录组分析相似，测序得到的原始数据（raw data），会存在一定比例的低质量数据，为了保证后续信息分析结果的准确可靠，首先要对原始数据进行预处理，得到有效数据（clean data）。然后基于有效数据进行物种分类分析和复杂度分析以及基因的表达丰度分析；再进行拼接与组装，进行代谢通路（KEGG）、同源基因簇（eggNOG）等功能注释，全面了解样品中的微生物组成结构和功能注释信息。最后，基于以上分析结果，可以进行多样品比较分析，如聚类分析、PCoA 分析等，挖掘出样品之间的物种和功能差异（诺禾致源）。宏转录组分析区别于常规转录组分析的步骤是微生物多样性分析（主要包括物种注释），微生物多样性分析方法可参考本书9.15。因此，土壤宏转录组测序数据通过上述的质控、组装、功能注释后，需要使用软件或云平台对土壤样品中具有转录活性的微生物组成及丰度进行深度分析（图9-77）。

图 9-77　宏转录组学生物信息分析流程（美吉生物）

　　研究以不同分类学水平（门、纲、目、科、属、种）物种的相对丰度为衡量标准，选取在各样品中相对丰度排名前 10 的物种，并将其余的物种设置为"others"，绘制出各样品对应的物种注释结果在不同分类学水平上的相对丰度柱形图（图 9-78～图 9-83）。例如，如图 9-79 所示，γ 变形菌纲、放线菌纲、嗜盐菌纲、α 变形菌纲、热球菌纲、β 变形菌纲、酸杆菌纲、未分类的奇古菌门、芽孢杆菌、未分类的植物类病毒在样品中转录活性相对丰度排名前 10（任敏，2018；Ren et al.，2018）。随后进一步分析了土壤中活跃的微生物群落物种组成及丰度（图 9-83），发现塔里木盆地荒漠盐碱土壤中，嗜盐微生物的基因转录活性高于其他微生物（图 9-84），因而推测嗜盐微生物很可能是塔里木盆地活跃的微生物。

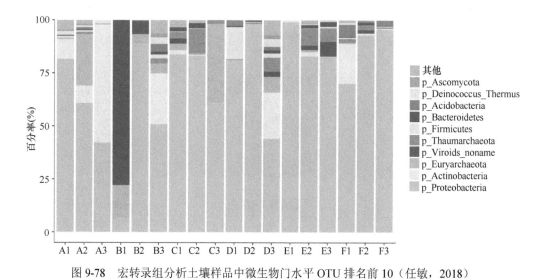

图 9-78　宏转录组分析土壤样品中微生物门水平 OTU 排名前 10（任敏，2018）

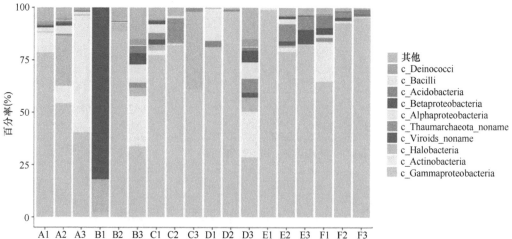

图 9-79　宏转录组分析土壤样品中微生物纲水平 OTU 排名前 10（任敏，2018）

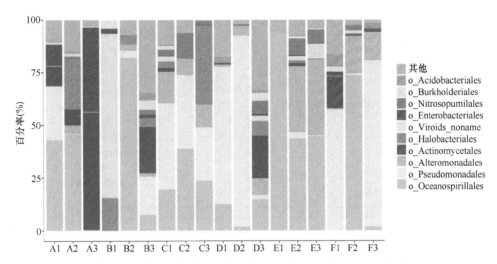

图 9-80　宏转录组分析土壤样品中微生物目水平 OTU 排名前 10（任敏，2018）

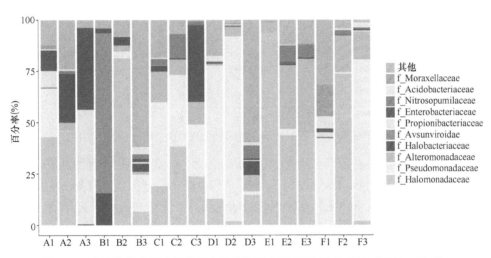

图 9-81　宏转录组分析土壤样品中微生物科水平 OTU 排名前 10（任敏，2018）

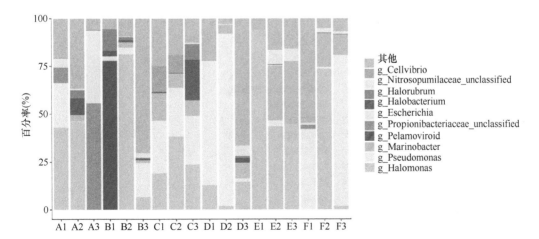

图 9-82　宏转录组分析土壤样品中微生物属水平 OTU 排名前 10（任敏，2018）

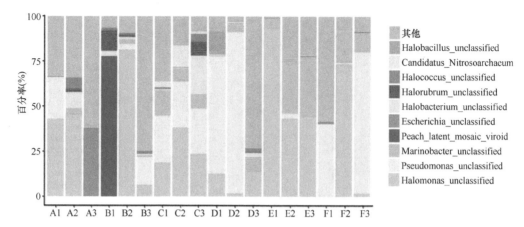

图 9-83　宏转录组分析土壤样品中微生物种水平 OTU 排名前 10（任敏，2018）

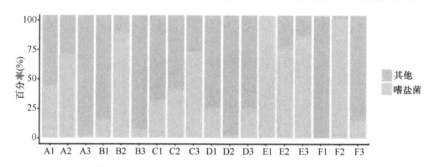

图 9-84　宏转录组分析土壤样品中嗜盐微生物 OTU 丰度（任敏，2018）

除此以外，该研究还对塔里木盆地环境里最活跃的嗜盐微生物盐杆菌 *Halobacterium* sp.
DL1 和 *Halomonas elongate* DSM 2581 前 500 个高丰度功能基因进行富集。从图 9-85 可
以看到，*Halobacterium* sp. DL1 中基因转录活性从高到低排列依次是 RNA 聚合酶、核
糖体蛋白、嘧啶代谢、嘌呤代谢、基底转录因子、丙酸代谢、氧化磷酸化、氨酰 tRNA
生物合成、柠檬酸循环代谢等；而 *Halomonas elongate* DSM 2581 中则为核糖体蛋白、
柠檬酸循环代谢、RNA 降解、2-氧代二羧酸代谢、氨酰 tRNA 生物合成、丙氨酸-天冬氨
酸-谷氨酸代谢、甘氨酸-丝氨酸-苏氨酸代谢、嘧啶代谢、糖酵解/糖异生代谢、丙酸代谢。
以上两个菌株在转录活性方面差异较大（任敏，2018）。

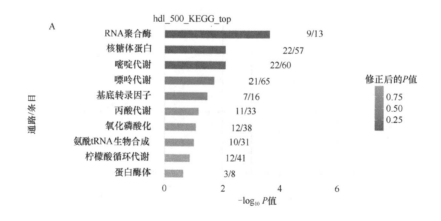

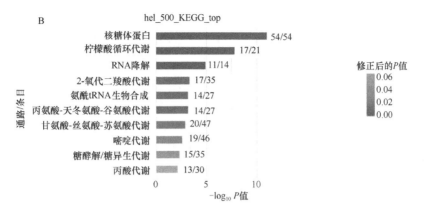

图 9-85　*Halobacterium* sp. DL1（A）和 *Halomonas elongate* DSM 2581（B）中表达丰度
最高的 500 个基因的富集（任敏，2018）

综上所述，宏转录组学技术可以帮助人们认识微生物在特定环境下的代谢过程，不仅可以认识微生物相关基因，还可以认识微生物群落的代谢活动。然而，该方法仍存在许多技术上的挑战，如 mRNA 半衰期短、RNA 富集非常困难、cDNA 合成和扩增存在偏差等。除了样品处理与存储等问题外，宏转录组学方法和测序平台优化提升可以解决部分问题。随着样品处理与测序技术的进步，宏转录组学技术将给微生物群落研究带来新的变革（马海霞等，2015）。

9.18　三七病原菌分离和鉴定

9.18.1　植物病原菌株分离方法

在研究病原菌形态、致病性、寄主范围、病原-植物互作关系等多种试验中，需要病原菌的纯培养物。然而，在自然环境下，病原菌与其他杂菌混生在一起，需要从病组织中将目的菌株单独分离和培养出来，这是植物病理学研究的起点，也是最基本的操作技术之一。为了减少腐生菌株的污染，分离尽量选用新鲜的、病健交界的组织进行选材。

9.18.2　植物病原真菌分离方法

1. 活体培养法

1）常用培养基

PDA 培养基（马铃薯 200 g，葡萄糖 20 g，琼脂 15～20 g，蒸馏水 1000 mL，自然 pH，高压灭菌 20 min）。

2）具体操作

（1）取样：将含有病健交界处的组织剪下，长 5～7 cm；3～5 个重复。

（2）表面消毒：70%乙醇浸泡 60～70 s；无菌水漂洗 4 min，每次 2 min。

（3）保湿培养：在无菌培养皿中放入 2 张无菌滤纸（叠成纸桥），滤纸用无菌水微微浸湿；将处理后的病组织放在纸桥上，使其避免接触滤纸上的流动水；28℃、12 h 光暗交替条件下，培养 24 h 观察。

（4）观察：超净台内，将产孢组织连同培养皿一同放置在解剖镜下；取 0.3 mm 内径的毛细管，一端在酒精灯上烧成水滴状；冷却后，在解剖镜下悬空黏附病菌分生孢子。

（5）单孢分离：将粘有分生孢子的毛细管均匀地涂布在 1.2%～2%水琼脂平板（尽量做到一个视野下有 1～2 个分生孢子，便于挑单孢）；28℃ 培养 8～14 h（8 h：孢子萌发量少，芽管短；12～14 h：孢子萌发量多，芽管长）；待分生孢子萌发后，用挑针在解剖镜下挑取单个已萌发的分生孢子；接种到培养基中，28℃、12 h 光暗交替条件下培养 7～10 天。

（6）真菌菌株保存。

2. 组织分离法

（1）取样：将含有病健交界处的组织剪下，0.3～0.5 cm；3～5 个重复。

（2）表面消毒：70%乙醇浸泡 60～70 s；无菌水漂洗 4，每次 2 min。

（3）置于灭菌滤纸片上，吸去多余水分。

（4）培养：将处理好的组织正面向下，贴于 PDA 培养基，2～3 个/皿。

（5）28℃ 培养 2～4 天。

（6）待长出菌丝，挑取边缘带有培养基的菌饼接种到新的培养基继续培养。

（7）单孢分离（同上）。

（8）菌株保存。

3. 真菌菌株保存

1）滤纸片保存法

该方法于-80℃保存，保存时间较长，1～2 年，保存量大，不占空间。不足：操作烦琐。具体操作如下。

（1）用灭菌解剖刀或打孔器沿培养的单孢菌丝体边缘切取 8 mm×8 mm 菌块；接种到固体培养基，3～5 个重复。

（2）25～28℃培养 2～3 天，待菌落长至直径 1～2cm。

（3）无菌滤纸片均匀平放在平板上。

（4）28℃、12 h 光暗交替条件下培养 5～7 天。

（5）在超净台内，用无菌镊子或小勺刮取长满菌丝体的滤纸片。

（6）将滤纸片转入灭菌牛皮纸袋（4 mm×5 mm），37℃烘干。

（7）将纸袋放入塑料袋中，真空除气后，-80℃保存备用。

2）斜面培养基保存法

该方法的特点是，可 4℃保存，半年至一年；操作简单。不足是存放占空间且易污染。挑取边缘菌落接种到制备斜面培养基，3～5 个重复；25～28℃培养 2～3 天；待菌株长出便可置于 4℃冰箱保存。

9.18.3　植物病原细菌分离方法

1）常用方法

稀释分离法和划线分离法。

2）常用培养基

LB 培养基（蛋白胨 10 g，酵母提取物 5 g，NaCl 5 g，琼脂粉 15 g，定容至 1 L）。

3）稀释分离法

（1）取样：选取病健交界部分组织 1～2 g。
（2）制备悬浮液：在灭菌研钵中加入 1 mL 灭菌水研磨。
（3）培养：将研磨液体转移至 2 mL 无菌离心管中，浸泡 30～60 min。
（4）稀释涂板：采用"稀释涂板法"，将研磨液充分稀释至 10^{-1}、10^{-2}、10^{-3}，分别吸取 50～100 μL 涂布于分离培养基，3～5 个重复。
（5）培养：放于 30～37℃培养箱培养，1～2 天观察。

4）划线分离法

（1）配制细菌悬浮液（同上）。
（2）划线：用无菌环形接种针蘸取混匀的菌悬液，采用方格划线、蛇形划线、交叉划线等方法轻轻将菌液划到培养基上，注意不要用力过猛，戳破培养基；也不要划线太密，不利于单菌落分离。
（3）培养：放于 30～37℃培养箱培养，1～2 天观察。

5）细菌保存方法

常用甘油保存法。具体操作如下。
（1）吸取 10～20 μL 菌液接种到含 10 mL LB 的棕形瓶。
（2）37℃、220 r/min 过夜摇培（16～30 h）。
（3）将菌液保存至终浓度为 20%～30%甘油中，混匀。
（4）–80℃保存。

9.18.4　植物病原菌致病力测定

1. 植物病原真菌致病性分析

1）真菌菌株活化

（1）挑取 2～3 个滤纸片（滤纸片保存）或菌饼（斜面保存）接种到 PDA 培养基，25～28℃温箱培养，直至长出菌落。

（2）扩繁。

2）果实/块根菌饼离体接种

（1）挑取健康果实或块根的表面灭菌（超净台中操作）：自来水冲洗，无菌纱布擦去表面水渍。

（2）70%无菌水冲洗 30～60 s；1% NaClO 处理 60 s。

（3）超净台吹干。

（4）挑取 5 cm 菌饼接种到有伤口和无伤口果实或块根，重复 3 个以上。

（5）保湿无菌培养容器中密闭培养 3～5 天。

（6）观察和统计结果。

（7）注意：每株菌都要做有伤和无伤不接菌的对照。动作轻柔，避免菌块掉落。

3）活体接种法——叶部喷雾接种

（1）孢子悬浮液制备

方法一：挑取菌饼或菌丝接种到相应液体培养基（加有灭菌玻璃珠），25～28℃，150 r/min 摇培至产孢。充分摇匀后，转移至加有 2～3 层无菌滤纸的漏斗过滤。充分洗净后，用无菌 ddH$_2$O 反复冲洗滤渣。用血球计数板测孢子浓度。

方法二：菌株在固体培养基培养至产孢子（培养数量依据产孢量而定）；吸取 3～5 mL 无菌 ddH$_2$O 加入培养皿；用镊子轻轻刮下菌丝；转移至加有 2～3 层无菌滤纸的漏斗过滤。充分洗净后，用无菌 ddH$_2$O 反复冲洗滤渣。血球计数板测孢子浓度。孢子浓度一般为 $1×10^5$～$1×10^8$ CFU/ mL（孢子浓度可根据接种要求而调整）。

（2）喷雾接种

常加入 0.01%～0.05% Tween20 等表面活性剂，促进孢子分散，增强悬浮液在叶片表面的展着性；于傍晚均匀喷洒孢子液；避光保湿培养。重复≥10 个。

4）活体接种法——根部灌菌和菌株接种

（1）方法一：灌菌接种法（Yang et al.，2018）

植株种植：植株+灭菌土，植株+自然土。孢子悬浮液制备：同上。按照处理组和对照的设置，分别将 50 mL 菌悬液和 ddH$_2$O 接种到种有寄主的相应盆内。温室内保湿培养（25℃，光照/黑暗 = 12 h/12 h）。重复≥10 个。观察调查发病情况。

（2）方法二：菌株接种法（Mertely et al.，2005；Yang et al.，2018）

植株种植：植株+灭菌土，植株+自然土。菌株培养：将灭菌的牙签（2 cm×0.5 cm）放置于灭菌的 PDA 平板上，并按常规方法接种菌饼和培养；待菌株长满整个培养皿且附着在牙签上。接种：将带有菌丝体的牙签埋在距离根部 2～3 cm 的位置。保湿培养（25℃，光照/黑暗 = 12 h/12 h）和观察。重复≥10 个。观察调查发病情况。

2. 植物病原细菌致病性分析

细菌的致病性鉴定方法与真菌类似。

（1）接种方法

针刺接种（Golzar and Cother，2008；Bastas and Karakaya，2012）和喷雾接种（Vanneste et al.，2011）。

（2）接种浓度

针刺接种：$1×10^7$～$1×10^8$ CFU/mL；喷雾接种：$1×10^7$～$1×10^9$ CFU/mL。

（3）保湿培养条件

温度：25～28℃；相对湿度：80%。

9.18.5　三七根腐病田间分级标准研究及评价

目前三七根腐病尚无病害分级标准，为发现抗病种质资源和评估病害防控效果，本研究建立了用于三七根腐病的田间分级标准（李迎宾等，2020）。从云南省文山州收集200株发生根腐病的三年生植株，筛选获得具有代表性的腐烂程度不同的98株样本，通过对表面腐烂占比、横截面腐烂、支须根腐烂、芽腐烂及芦头腐烂5项指标进行描述，采用SPSS21进行样本聚类分析，制定了如下用于三七根腐病的田间分级标准。

0级，健康，无症状（A）。

1级，腐烂仅发生在块根表面，且0＜腐烂面积占比≤10%，或腐烂已扩展至内部且5%＜腐烂面积占比≤10%（B）。

2级，腐烂已扩展至内部，且10%＜腐烂面积占比≤40%，支须根无腐烂（C）。

3级，腐烂已扩展至内部，且40%＜腐烂面积占比≤50%，支须根腐烂（D）。

4级，腐烂已扩展至内部，且50%＜腐烂面积占比≤70%，支须根腐烂脱落（E）。

5级，腐烂已扩展至内部，且腐烂面积占比＞70%直至整个块根完全腐烂，支须根腐烂（F）。

本标准于2016～2017年连续2年被用于评价土壤处理防控三七根腐病害的发生危害和防治效果，结果显示，该标准可以较好地对不同土壤处理的防病效果进行量化和评估（图9-86）。

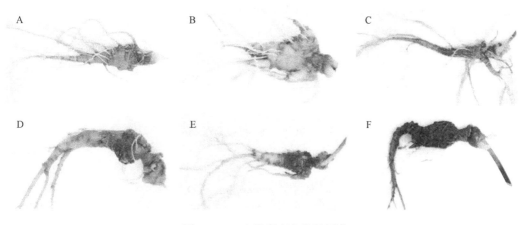

图 9-86　三七根腐病害分级标准

A～F 分别表示根腐病 0～5 级症状

9.19 三七内生真菌分离和鉴定

9.19.1 三七内生真菌分离方法

三七内生真菌的分离参照 Han 等（2020）的方法进行。

1）组织表面消毒

试验对三年生三七的根、茎、叶、胚、胚乳和芽按如下方法进行表面消毒：先用 70%乙醇消毒 90 s，再用 2%次氯酸钠消毒 10 min，最后用无菌水冲洗 5 次。

2）培养

将处理后的材料置于 MS 培养基（MS Basal Medium；M5519；Sigma-Aldrich）（MS 培养基内含 4.4 g/L MS 粉、30 g/L 蔗糖和 6.8 g/L 琼脂）中培养 14 天。

3）单胞分离纯化

从在培养基上培养出的真菌中挑取单个孢子在 PDA 培养基（PDA 培养基内含马铃薯 200 g/L、蔗糖 10 g/L 和琼脂 15 g/L）上 28℃条件下培养 14 天，用莱卡荧光显微镜（Leica Microsystems）观察菌丝和孢子。

4）植物内生真菌分离

采用表面消毒研磨分离内生菌。
（1）选材：挑选健康的植物组织进行分离。
（2）表面消毒：75%乙醇浸泡 10～15 min，无菌水漂洗 2～3 次，置于灭菌滤纸片吹干。
（3）组织印迹法检测表面消毒是否彻底。
（4）转移至灭菌研钵中加无菌 ddH$_2$O 研磨。
（5）采用稀释梯度法吸取 100 μL 悬浮液涂板。
（6）30℃培养，观察和记录菌落形态和数量。
（7）保存方法同病原真菌保存方法一致。

9.19.2 内生真菌功能评价

此处以内生真菌枝顶孢霉 *Acremonium* sp. D212 为例进行说明。

1. 内生真菌室内拮抗能力分析

为检测真菌拮抗作用，将枝顶孢霉 *Acremonium* sp. D212 接种于 PDA 培养基的 4 个位置，从根际土壤分离的真菌接种于 PDA 培养基的中心位置。将接种在 PDA 培养基上的真菌在 28℃下培养 7 天，进行真菌生长特性的研究。

2. 枝顶孢霉 *Acremonium* sp. D212 促进三七生长、抗根腐病和植物激素的田间试验

1）试验地点

三七植株种植于云南农业大学大河桥农场（103°16′49″E，25°31′2″N）的温室中，温室温度 28℃，光照 20%。

2）田间设计

每块地的占地面积为 1.5 m²，种植一年生三七植株 600 株、两年生三七植株 66 株、三年生三七植株 66 株。三七植株种植于灭过菌的腐殖土中，每年施 2 次含氮、磷、钾的肥料。5～8 月和 9 月到翌年 4 月，每隔 5 天用水浇三七植株。

具体操作步骤如下。

（1）枝顶孢霉 *Acremonium* sp. D212 在 PDA 培养基上 28℃培养 14 天。

（2）收集菌丝和孢子，用水稀释后，用血球计数板计算孢子浓度。

（3）检测枝顶孢霉 *Acremonium* sp. D212 对不同生长阶段的三七的影响：处理 1：稀释到一定浓度后的真菌孢子溶液 （2.25×10^5 个孢子/mL、3.75×10^5 个孢子/mL、4.5×10^5 个孢子/mL）喷洒到一年生三七植株上；处理 2：稀释到一定浓度后的真菌孢子溶液（1.5×10^5 个孢子/mL、2×10^5 个孢子/mL、3×10^5 个孢子/mL、3.5×10^5 个孢子/mL）喷洒到二年生三七植株上。

（4）检测植物激素对三七生长的影响：用稀释到一定浓度后的真菌孢子溶液（3×10^5 个孢子/mL）、MeJA（20 μmol/L）和 NAA（20 μmol/L）处理三年生三七植株作为处理组。水处理三年生三七植株作为对照组。每隔 14 天处理一次，连续处理 3 个月。

（5）为检测枝顶孢霉 *Acremonium* sp. D212 对三七植株根腐病的抗性：将三年生三七植株每隔 14 天用稀释到一定浓度后的真菌孢子溶液（3.5×10^5 个孢子/mL）处理一次，连续处理 3 个月。对接种枝顶孢霉 *Acremonium* sp. D212 10 个月的三七植株的叶片和根的表型进行观察。

3. 枝顶孢霉 *Acremonium* sp. D212 在三七和水稻中的定殖

1）试验目的

检测枝顶孢霉 *Acremonium* sp. D212 在三七及水稻根中是否定殖。

2）具体操作步骤

将枝顶孢霉 *Acremonium* sp. D212 的菌丝接种在三七组培苗的根部和组培一周的日本晴水稻的根部，当用 *Acremonium* sp. D212 接种时，其菌丝距离表达 *35S∷miR393b* 的水稻和 *coi1-18* 突变体水稻的根为 2～3 mm，分别在 28℃下孵育 14 天和 7 天。未接种枝顶孢霉 *Acremonium* sp. D212 的组培苗作为对照组。每个实验至少重复三次。用枝顶孢霉 *Acremonium* sp. D212 接种水稻苗 7 天后，收集水稻苗，测量主根长度。真菌菌丝染色方法参考文献（Sun et al.，2014），具体为：将根样品在乙醇中保存过夜，用 10% 氢氧化钾处理过夜，然后转移到磷酸缓冲液（pH 7.4）中。接下来，根样品在含有 10 μg/mL WGA－Alexa Fluor 488（Thermo Fisher Scientific）染色溶液的 1∶10 000 稀释液中孵育 30 min。然后真空处理 2 min，在 28℃条件下，PBS 溶液处理 5 次，用 Leica SP5 共聚 焦显微镜（confocal microscope）（Leica Microsystems）在 488 nm 激发波长下，用 500～ 550 nm 波长检测。

检测低 IAA 和 JA 浓度对枝顶孢霉 Acremonium sp. D212 定殖的影响。将组培了 7 天的水稻苗移至添加和不添加 NAA（2 μmol/L、10 μmol/L、20 μmol/L）或者 MeJA （2 μmol/L、5 μmol/L、15 μmol/L、20 μmol/L）的激素的 MS 培养基中，并将枝顶孢霉 Acremonium sp. D212 菌丝接种在水稻的主根，培养 7 天。随后用 CTAB 法提取水稻基因 组 DNA，使用基因特异性引物通过实时荧光定量 PCR 检测真菌 ITS 的表达量而计算真 菌的定殖量。

4. 皂苷和植物激素含量测定

（1）处理 1：在 26℃条件下，用稀释到 $1×10^6$ 个孢子/mL 的枝顶孢霉 Acremonium sp. D212 菌液处理一年生三七植株 3 个月和用 20 μmol/L NAA 处理 9 天；处理 2：用 稀释到 $3.5×10^5$ 个孢子/mL 的枝顶孢霉 Acremonium sp. D212 菌液处理两年生三七植株 14 天。

（2）将枝顶孢霉 Acremonium sp. D212 接种到在 MS 培养基上培养了 5 天的日本晴 35S∷miR393b 和 coi1-18 水稻株系的根部；在 26℃条件下培养 7 天。

（3）使用高效液相色谱/串联质谱联用技术（HPLC-MS/MS）对三七、枝顶孢霉 Acremonium sp. D212 和水稻根的 IAA 和 JA 水平进行定量测定（Luo et al.，2016）。

（4）为了测定三七中皂苷的含量，将三七的根烘干后磨成粉末，0.2 g 粉末与 15 mL 70%甲醇混合，室温（28℃）超声振荡 30 min。甲醇提取液用 0.22 μm 滤头过滤两遍，随后用高效液相色谱法进行测定。用皂苷 Re、Rd、Rb$_1$、R$_1$、Rg$_1$ 建立标准曲线。为了 检测枝顶孢霉 Acremonium sp. D212 分泌的 IAA，将枝顶孢霉 Acremonium sp. D212 在有 和没有加 12.5 pmol/L NPA 的液体 MS 培养基中培养 5 天，然后用离心机 12 000 r/min 离 心 10 min。取上清液用来测定 IAA 含量，具体方法参考文献（Luo et al.，2016）。

5. GUS 活性测定

（1）取接种和不接种枝顶孢霉 Acremonium sp. D212 7 天的三七根各 50 μg，在液氮 中研磨。

（2）GUS 活性的测量方法如前人所述（Yoo et al. 2007），并做了小部分修改。具体 为：将根样品在含有 100 mmol/L Tris-HCl（pH 7.6）、50 mmol/L α-钠乙二胺四乙酸、5% polyvinylpolypyrrolidone（Sigma-Aldrich）和 5 mg/mL 二乙基二硫代氨基甲酸酯（交联 聚维酮）萃取缓冲液中混匀。随后离心（16 000 g，4 ℃，20 min），离心后收集上清液，用 Bradford 法测定蛋白浓度。GUS 活性测定是将 10 μL 的蛋白质样品混合到 100 μL 底 物溶液中（10 mmol/L Tris-HCl、1 mmol/L 4-甲基伞形酮和 2 mmol/L MgCl$_2$），37℃ 孵

育 30～180 min。随后加入 0.9 mL 0.2 mol/L 的 Na_2CO_3 停止反应，用激发波长为 365 nm、发射波长为 455 nm 的荧光仪测定 GUS 活性。

9.20　酵母菌株分离方法

1. 培养基的制备

（1）酵母菌富集培养基-液体（YEPD）：葡萄糖 20 g/L，酵母浸粉 10 g/L，蛋白胨 20 g/L，为了防止细菌污染添加 100 mg/L 的氯霉素。

（2）酵母分离培养基-固体（YEPD 琼脂培养基）：葡萄糖 20 g/L，酵母浸粉 10 g/L，蛋白胨 20 g/L，琼脂 20 g/L，为了防止细菌污染添加 100 mg/L 的氯霉素。

（3）酵母菌保存：用 YEPD 琼脂液体培养基+终浓度为 20%～30%的甘油。

2. 果皮上酵母菌的分离

（1）选材：选取健康的和表面没有机械损伤的果子，3 个为一组，共选取 3 组，为 3 个重复。

（2）果皮酵母培养：将每一组的果子放入盛有酵母菌富集培养基的三角瓶中，确保培养基淹没果子，然后放入摇床（转速 120 r/min）中摇培 24 h。

（3）稀释涂板：将摇培后的培养液稀释适当梯度（10^{-2}～10^{-5} 倍），取 0.2 mL 涂布于 YEPD 琼脂培养基上。

（4）培养：28℃培养 2～3 天。

（5）菌株保存：根据培养皿表面长出菌落的颜色和形态不同，随机挑取 10～15 个菌落进行划线纯化，多次纯化保存备用（一般进行 3 次纯化）。

3. 果肉内酵母菌的分离

（1）选材：选取健康的和表面没有机械损伤的果子，用自来水将表面清洗干净，3 个为一组，共选取 3 组，为 3 个重复。

（2）表面消毒：放入 75%的乙醇中浸泡 5 min，并以无菌水冲洗 3 次，置于灭菌滤纸上吸干水分，以上步骤需在超净工作台中进行。

（3）去皮：用灭菌手术刀将果子去皮，获得纯果肉。

（4）培养：然后将果肉切碎放入灭菌三角瓶中，加入适量无菌水至淹没果肉，放入摇床（转速 120 r/min）中摇培 24 h。

（5）稀释涂板：将摇培后的发酵液稀释适当梯度（10^{-2}～10^{-5} 倍），取 0.2 mL 涂布于 YEPD 琼脂培养基上。

（6）培养：28℃培养 2～3 天。

（7）保存：根据培养皿表面长出菌落的颜色和形态不同，随机挑取 10～15 个菌落进行划线纯化，多次纯化保存备用（一般进行 3 次纯化）。

4. 酵母菌的保存

1）斜面试管保存法

（1）用 YEPD 琼脂培养基制作斜面培养基。

（2）在超净工作台中用接种针将纯化好的酵母菌接种到斜面试管中。

（3）在 28℃培养箱中培养 2～3 天。

（4）放入 4℃冰箱中保存备用，一般可以保存 3～6 个月。

2）甘油保存法

（1）将纯化好的酵母菌株接种到 YEPD 培养基（不加琼脂）中。

（2）放入摇床（转速 120 r/min）中摇培 24 h。

（3）采用菌液与 30%甘油（需灭菌）1：1 的比例混合。

（4）–80℃冰箱冷冻保藏，此种方法可以保存 1～2 年。

9.21　三七有益微生物功能验证

9.21.1　真菌-细菌对峙培养

1）方法

十字交叉法（图 9-87）。

2）处理组

供试拮抗菌株、供试病原真菌。

3）对照组

供试病原真菌。

4）重复

每个处理重复 6 次。

5）具体操作

（1）接种真菌：用灭菌打孔器制备直径 0.5 cm 的病原真菌菌饼，菌丝面朝下接种于直径 9 cm 的 PDA 平板中央。

（2）接种细菌：再按十字交叉位置在距离菌饼 3 cm 处点接种利福平抗性菌株，以野生型为对照。

（3）培养：将培养皿倒置于 25℃下培养。

（4）观察和调查：待对照菌落直径达 9 cm 后，测量抑菌带宽度，用十字交叉法测定处理的菌落直径，计算菌落生长抑制率。试验重复≥3 次。抑菌带宽度：指 2 个接菌点连线上的无菌区宽度。

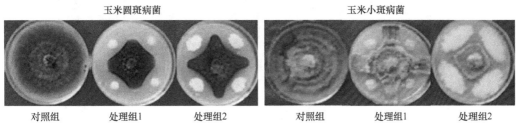

图 9-87　拮抗菌株与病原真菌对峙试验（郭力维等，2015）

（5）数据分析：生长抑制率（%）=［（对照菌落直径–处理菌落直径）×100 /（对照菌落直径–0.5 cm）］。

9.21.2　细菌-细菌对峙/融合分析

1）方法

抑菌圈法（图 9-88）。

2）处理组

供试拮抗细菌、对峙病原细菌。

3）对照组

供试病原真菌。

4）重复

每个处理重复 6 次。

5）具体步骤

（1）供试菌株培养：分别挑取供试拮抗细菌和病原细菌，接种到 15 mL LB 液体培养基；37℃、220 r/min 下培养 36～48 h。

（2）菌悬液制备。菌株冲洗：分别吸取 0.5 mL 无菌水冲洗长满菌株的平板。浓度检测：采用稀释平板法，制成终浓度为 10^8 CFU/mL 的细菌悬浊液。

（3）对峙培养。带病原细菌培养皿制备：吸取 1 mL 细菌悬浊液到 40～45℃的 100 mL NA 培养基中，摇匀，倒约 15 mL 含菌培养基于直径 9.5 cm 的培养皿中，待含菌平板冷却凝固。

（4）滤纸片+拮抗细菌：使用 3～6 片直径约 5 mm 灭菌滤纸片浸润在供试拮抗细菌；充分混匀，用无菌镊子取出，放在无菌培养皿稍作风干至没有大量液体流出。

（5）对峙培养：将带有拮抗细菌的滤纸片放在带病原菌培养皿上 37℃培养箱培养 24～36 h。

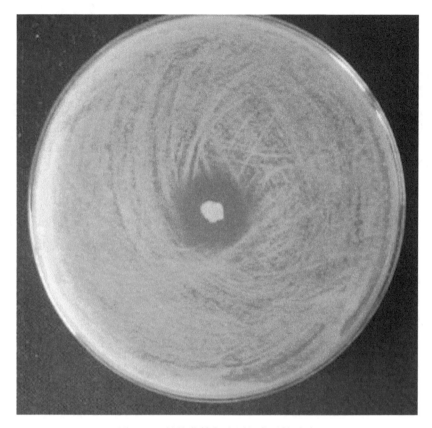

图 9-88 拮抗菌株与病原细菌对峙试验

9.21.3 盆栽试验有益拮抗内生细菌菌株定殖能力分析

生防菌与目标作物间良好的亲和能力是发挥稳定生防效果的关键，其定殖就是植物与内生菌互作的结果。定殖是植物内生菌在植株体内发挥生物学功能的前提和基础。

为了探究生防菌株在目标作物上的定殖情况，分析内生细菌在植株组织内的稳定性，本试验选用具有生防和促生效果的菌株为材料，同时为了区分目标野生型菌株与土著微生物，通常采用抗链霉素、利福平、红霉素、氨苄青霉素等抗生素标记菌株，分析其定殖动态和生物学功能。

1. 诱导利福平抗性标记

（1）细菌活化：采用划线的方法于 LB 培养皿上活化菌株。

（2）抗性筛选：采用划线的方法，挑取单菌落接入含有利福平（10 μg/mL）的 LB 液体培养基中培养：150 r/min 和 37℃条件下于摇床中培养 24 h。

（3）抗性筛选：再吸取菌液移至含有利福平（25 μg/mL）的 LB 液体培养基中培养。

（4）按照此方法，依次提高利福平的含量，经过含利福平 10 μg/mL、50 μg/mL、100 μg/mL、150 μg/mL、200 μg/mL、250 μg/mL、300 μg/mL 的 LB 培养基的筛选。

2. 利福平抗性菌株的培养特征和抗性的稳定性

为了探究生防菌株在目标作物上的定殖情况，分析内生细菌在植株组织内的稳定性，本试验选用具有生防和促生效果的菌株 Y19 为材料，同时为了将目标野生型菌株 Y19（标记为 Y19-W）与土著微生物区分，对目标菌株 Y19 进行利福平抗性标记。

将抗性菌株在不含利福平的 LB 培养基上连续转接 10 次，再接种到 LB 液体培养基中，150 r/min 和 37℃条件下于摇床中培养 24 h 后，涂布于含利福平（250 μg/mL）培养基上，观察其生长情况。

另将低温（4℃）保存 6 个月的抗性菌株接种到含利福平（300 μg/mL）培养液中培养，待液体变混浊后稀释涂平板，观察是否有菌落出现。

采用利福平抗性标记逐级提高带药培养基的浓度，连续多代筛选培养，最终得到抗利福平且能稳定生长的抗性菌株（Y19-M），其培养形态与原始菌株基本相似。野生型菌株在 LB 平板中正常生长，但在含利福平的 LB 平板上不能生长，而抗性菌株均能在两种培养基上生长（图 9-89）。

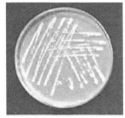  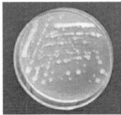 

| Y19-W:LB | Y19-W:LB+Rif | Y19-M:LB | Y19-M:LB+Rif |

图 9-89　野生型及其利福平抗性标记菌株 Y19 在不同培养基上的表型（郭力维等，2015）
Y19-W:LB 表示野生型菌株 Y19 在 LB 培养基上的生长表型；Y19-W:LB+Rif 表示野生型菌株 Y19 在含有 250 μg/mL 利福平 LB 培养基上的生长表型；Y19-M:LB 表示利福平抗性标记菌株 Y19 在 LB 培养基上的生长表型；Y19-M:LB+Rif 表示利福平抗性标记菌株 Y19 在含有 250 μg/mL 利福平 LB 培养基上的生长表型

3. 微生物盆栽试验功能验证-定殖能力和促生长功能分析

试验用土。根据试验需求取土，将土样过筛除去石块、枯草等杂物后均匀混合，装入盆钵中。灭菌土（121℃湿热灭菌 60 min，冷却；再重复灭菌）。

种子挑选和处理。挑选籽粒外观饱满无病虫害危害的健康种子；表面消毒和冲洗后吸干多余水分、自然晾干；分别按 4～6 粒/盆的播种量直接播种于盆钵中（根据种子大小和盆钵选择）。

1）拮抗菌株接种：浇灌法

（1）拮抗细菌菌株准备：将利福平抗性菌株接种于 LB 培养液中，摇床中 150 r/min 和 37℃条件下培养至浓度达 $1×10^6$ CFU/mL。

（2）拮抗细菌接种：接种时在每粒种子附近的土壤中施入菌悬液 1 mL，再在种子上方覆 1 cm 厚的土壤，置于温室中培养。对照组：对照用菌株培养液浇灌，方法同处理。处理与对照均重复 4 次。

2）标记拮抗菌株回收

（1）取样时间：待植株长出新芽，如水稻和玉米长至四叶期开始取样。

（2）取样方法：此后每隔 5 天取样 1 次，共取样 7 次，即分别于出苗后 25 天、30 天、35 天、40 天、45 天、50 天、55 天取样。

（3）取样部位：取样调查根际土、根表土、根系以及茎秆和叶片组织。取样时将植株轻轻地从土中拔出。

3）标记抗性菌株分离

（1）根际土：将拔出的植株充分抖动，收集抖落的土壤，称取重量后置于装有 50 mL 无菌水的三角瓶中，摇床上 100 r/min 振荡 30 min。

（2）根表土：将采过根际土的植株根系剪下，称质量（m_1），再置于装有 50 mL 无菌水的三角瓶中，在摇床上 100 r/min 振荡 30 min 后取出，用吸水纸吸尽根周围的水分后称质量（m_2），两次质量之差（m_1-m_2）即为根表土的质量。

（3）根内：将称重后的根系置于 75%乙醇浸泡 2 min，无菌水漂洗 3 次，并用 1%次氯酸钠浸泡 5 min，然后转移至无菌水漂洗 3 次，用灭菌滤纸片吸干表面水分，转移至灭菌研钵加水研磨，吸取 100 μL 悬浮液涂板，37℃培养，观察和记录菌落形态和数量。

（4）各处理的土样或组织的悬浮液，按稀释平板法逐级稀释，分别移取样品 200 μL 均匀涂布于含利福平（250 μg/mL）的 LB 平板上，37℃条件下培养 48 h 后分别观察、记录菌落形态和数量。每个处理 4 次重复。定殖密度按下述公式计算：定殖密度（CFU/g 土壤或根）=同一稀释度 3 次重复的平均菌落数×稀释倍数×5。

9.21.4　微生物盆栽试验功能验证促生长功能分析

拮抗菌株对供试植株的促生作用。在定殖试验调查时，对拮抗菌株促植株生长进行生物量测量指标：茎粗，株高、根长、地上部干鲜重、地下部干鲜重。

9.21.5　拮抗菌株对供试植株的抗病作用

1. 拮抗菌株菌悬液对病原真菌孢子萌发的影响

1）病原真菌孢子悬浮液制备

将长满病斑的平板加入适量无菌水，用涂布器刮取菌丝，用双层纱布过滤，在 4×10 倍显微镜下检测，使得每个视野下有 5～10 个孢子为宜。

2）孢子萌发试验

按照 1∶1 的比例吸取各 0.5 mL 的浓度为 10%的拮抗菌悬液和孢子悬浮液于凹玻片中，使拮抗菌株与孢子悬浮液混合均匀，置于带有层析水的培养皿中，加盖保湿培养与 25℃培养箱中培养。每个处理 3 次重复，并设无菌水的处理为空白对照，6 h 后观察孢子萌发率。

计算方法：

$R=N_g/N_t×100\%$（R：孢子萌发率；N_g：孢子萌发数；N_t：调查的孢子总数）

$R_e=R_t×100\%/R_0$　（R_e：处理校正孢子萌发率；R_t：处理孢子萌发率；R_0：空白对照孢子萌发率）

$I=（R_0-R_e）×100\%/R_0$　（I：孢子萌发抑制率；R_0：空白对照孢子萌发率；R_e：处理校正孢子萌发率）

2. 拮抗菌株活体拮抗试验

1）病原真菌培养方法

挑取单菌落，待菌体长出之后挑取菌块接种于小麦粒培养基中，混匀，25℃培养，隔天晃动培养基，待小麦粒上长满病菌即可。

2）田间接种病原菌

利用拮抗细菌处理的植株为活体接种材料，将带病菌的小麦粒接种于新叶，每个植株接种 6 粒小麦粒；设置处理和对照（未接种和培养基 PSJ 处理的植株），每个处理 10 次重复。

3）实验调查与统计

调查发病后各处理叶片的病情指数，每隔 2 天调查一次。调查叶片：每个处理固定调查植株，每株自上而下调查第四、五片叶，记载病情，计算病情指数和防治效果。分级标准分类计算方法：病情指数=∑（各病级×各病级叶数）×100%/（最高病级×总调查叶数）；相对防效=（对照病情指数−处理病情指数）×100%/对照病情指数。

9.22　微生物菌群网络功能分析

微生物菌群的网络分析是在微生物菌群的 ITS、16S rDNA 高通量测序的基础上，所进行的一种微生物与微生物、微生物与环境之间等互作的分析（Barberán et al.，2012）。通过网络结构的可视化，可以直接地观测到微生物结构的差异，以及迅速在整个微生物群落里找出具有最高连接度的物种或微生物群落，并且可以迅速确定整个微生物网络中的关键微生物等 （Hartman and Van Der Heijden，2018；Banerjee et al.，2019）。目前，网络分析方法已经被广泛运用于研究各个环境中微生物的群落研究，在探索微生物群落的结构、功能及群落的稳定性方面有着重要的意义。

9.22.1　基本步骤

对样品进行真菌 ITS 和细菌 16S rDNA 高通量测序，可以得到不同处理或者不同环境因子情况下微生物在菌群中的相对丰度。将不同的处理梯度或环境因子与样品中所有的微生物的相对丰度开展皮尔逊相关性分析、斯皮尔曼相关性分析或者肯德尔相关性分析，即可得到处理或环境因子与菌种的相关系数 *R* 值和 *P* 值。也可以对不同的菌种开展相关性分析。根据自己的试验需求，利用作图软件即可绘制出网络图。

9.22.2 常用分析软件

常用的相关性计算软件有 SPSS、SAS、R 语言等，常用的网络分析可视化工具有 Cytosacpe、Gephi、R 语言、Python 等。

9.22.3 案例分析

下面以随机生成的一组微生物高通量数据进行简单的网络分析示范，示范中使用了 0 g/L、5 g/L、10 g/L、20 g/L 浓度的化合物 A 对土壤进行处理，然后对土壤进行了 16S 高通量测序，得到了不同浓度处理下微生物的丰度。首先用 SPSS 计算不同浓度的化合物 A 与土壤微生物的相对丰度的相关性。此处使用 IBM SPSS Statistics 25 进行计算，首先打开软件，将不同浓度处理下的微生物相对丰度导入软件中，SPSS 软件的导入规则为：第一列为处理的浓度，第二列及以后的列为某一微生物在不同处理浓度下的相对丰度（图 9-90）。

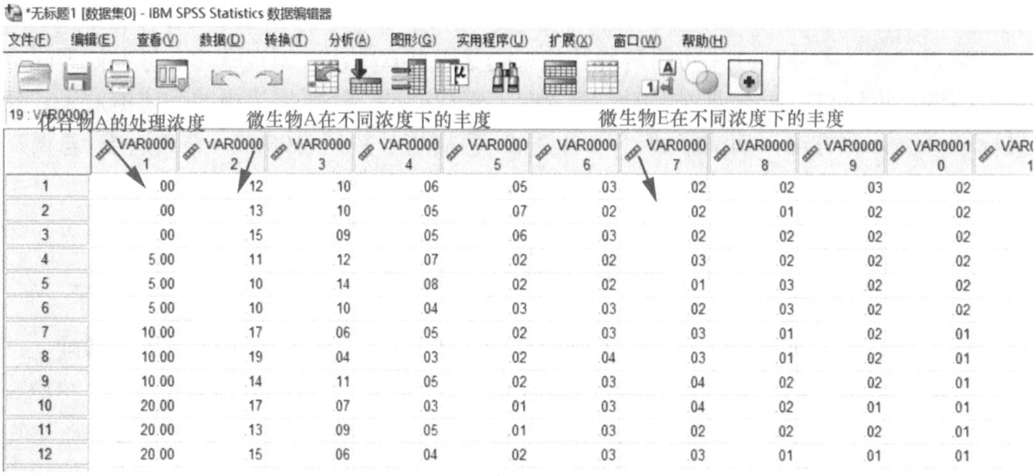

	VAR00001	VAR00002	VAR00003	VAR00004	VAR00005	VAR00006	VAR00007	VAR00008	VAR00009	VAR00010	VAR0001
1	.00	.12	.10	.06	.05	.03	.02	.02	.03	.02	
2	.00	.13	.10	.05	.07	.02	.02	.01	.02	.02	
3	.00	.15	.09	.05	.06	.03	.02	.02	.02	.02	
4	5.00	.11	.12	.07	.02	.02	.03	.02	.02	.02	
5	5.00	.10	.14	.08	.02	.02	.01	.03	.02	.02	
6	5.00	.10	.10	.04	.03	.03	.02	.03	.02	.02	
7	10.00	.17	.06	.05	.02	.03	.03	.01	.02	.01	
8	10.00	.19	.04	.03	.02	.04	.03	.01	.02	.01	
9	10.00	.14	.11	.05	.02	.03	.04	.02	.02	.01	
10	20.00	.17	.07	.03	.01	.03	.04	.02	.01	.01	
11	20.00	.13	.09	.05	.01	.03	.02	.02	.02	.01	
12	20.00	.15	.06	.04	.02	.03	.03	.01	.01	.01	

图 9-90 化合物 A 与土壤微生物的相对丰度的相关性

随后点击左下角的变量视图，将微生物的属名与对应的列相对应，如数据视图中的 VAR00002 所对应的菌属为 *Sphingomonas*，将该菌的属名填写到变量视图中 VAR00002 所对应的标签列，便于后期直接查看结果（图 9-91）。

数据录入完毕后，点击分析—相关—双变量，进行相关性分析（图 9-92）。

将左边的待分析数据添加到右边变量框里，同时根据数据，选择需要计算的相关系数（此处选择皮尔逊相关系数进行演示），显著性检验默认双尾，同时标记显著性相关性，便于查看结果。设置后点击确定键进行计算（图 9-93）。

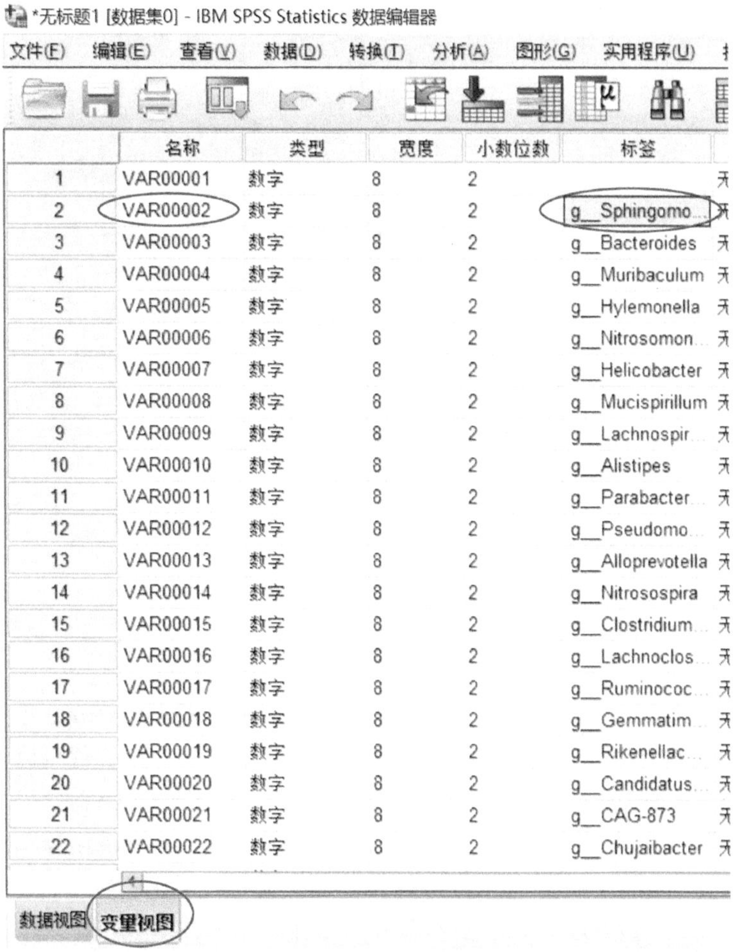

图 9-91　变量视图

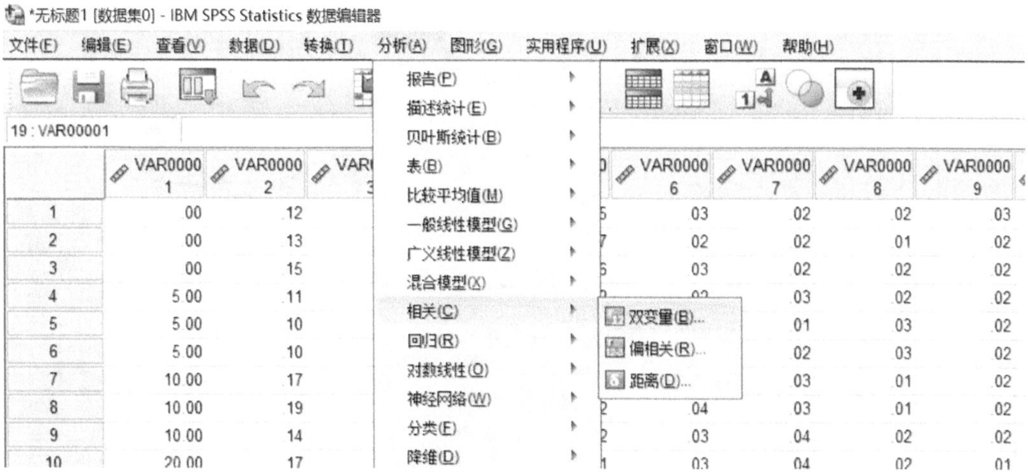

图 9-92　相关性分析

图 9-93 双变量相关性

计算完毕后会弹出一个相关性表格，从该表格中可以看出 VAR00001 为我们的化合物 A 处理，其余的为做好了标记的各个微生物菌属，从表格中第一行可以查看到化合物 A 对各个菌属的相关系数，带有负号的为负相关，数据右上角带有"*"号的，表示该菌属与化合物浓度显著相关，如图 9-94 中红圈所示，表示 *Hylemonella* 菌属与化合物 A 呈现出极显著的负相关，即随着化合物 A 浓度的上升，该菌株的相对含量降低。与此类似，也可从第二行 *Sphingomonas* 菌株与其他菌株的相关性系数，得到该菌株与其他菌的互作情况（图 9-94）。

		VAR00001	g__Sphingo monas	g__Bacteroid es	g__Muribacul um	g__Hyleme lla	g__Nitrosom onas	g__Helicobac ter
VAR00001	皮尔逊相关性	1	.454	-.474	-.551	-.735**	.242	.634*
	Sig.（双尾）				.064	.006	.448	.027
	个案数	12			12	12	12	12
g__Sphingomonas	皮尔逊相关性	.454			-.753**	-.186	.574	.614*
	Sig.（双尾）	.138			.005	.562	.051	.034
	个案数	12			12	12	12	12
g__Bacteroides	皮尔逊相关性	-.474			.876**	.165	-.701*	-.512
	Sig.（双尾）	.120			.000	.607	.011	.089
	个案数	12			12	12	12	12
g__Muribaculum	皮尔逊相关性	-.551			1	.124	-.721**	-.524
	Sig.（双尾）	.064	.005	.000		.701	.008	.081
	个案数	12	12	12		12	12	12
g__Hylemonella	皮尔逊相关性	-.735**	-.186	.165	.124	1	.002	-.470
	Sig.（双尾）	.006	.562	.607	.701		.006	.123

图 9-94 各个微生物菌属相关性分析

随后将该相关性表格导出，将具备显著性的菌属进行整合。通过整理数据发现，随着化合物 A 的浓度增加，有 11 个菌属化合物 A 的浓度呈现出显著的相关性，由此可以得出这 11 个菌是对化合物 A 最为敏感的菌群。同时，可以在相关性表格中找到与这 11 个菌群显著相关的其他微生物（图 9-95），绘制简单的网络图。

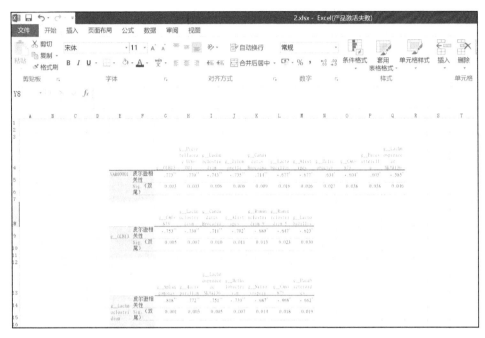

图 9-95　菌群间显著相关性分析

Network 图使用 Cytoscape 进行绘制，首先需要把数据整理成 Cytoscape 软件要求的格式，其格式如图 9-96 所示，Excel 表中的 source 列和 target 列为具有显著相关性的两

图 9-96　Network 图绘制（一）

个节点（A 为处理所用的化合物 A），cor-size 列为皮尔逊相关系数，p 列为 P 值，cor-type 列为相关类型，如果两个节点呈正相关，即记为"positive"，负相关为"negative"。数据整理完成后，储存为 Excel 工作表，打开 Cytoscape 软件，将 Excel 表拖入软件中，弹出如图 9-97 所示的窗口，软件会按照 Excel 中所设置的格式自动设置，此时点击 OK 即生成了最初的网络分析图（图 9-98）。

	A	B	C	D	E
1	source	target	cor-size	p	cor-type
2	A	g__Lachnoclostridium	-0.743	0.005610291	negative
3	A	g__Hylemonella	-0.735	0.006443076	negative
4	A	g__Lactobacillus	-0.677	0.015509378	negative
5	A	g__Alistipes	-0.677	0.015692434	negative
6	A	g__CAG-873	-0.604	0.037638901	negative
7	A	g__Lachnospiraceae NK4A136	-0.585	0.045904106	negative
8	A	g__Parasutterella	0.603	0.037861752	positive
9	A	g__Helicobacter	0.634	0.026931776	positive
10	A	g__Candidatus Brocadia	0.714	0.009084182	positive
11	A	g__Prevotellaceae UCG-001	0.77	0.003393643	positive
12	A	g__OLB13	0.773	0.003213079	positive
13	g__Alistipes	g__Sphingomonas	-0.775	0.003070347	negative
14	g__Alistipes	g__Helicobacter	-0.703	0.010703978	negative
15	g__Alistipes	g__OLB13	-0.702	0.010967658	negative
16	g__Alistipes	g__Mailhella	-0.625	0.029869197	negative
17	g__Alistipes	g__Candidatus Brocadia	-0.598	0.040032045	negative
18	g__Alistipes	g__Rudaea	-0.58	0.047843985	negative
19	g__Alistipes	g__Muribaculum	0.581	0.047774461	positive
20	g__Alistipes	g__Bacteroides	0.605	0.037297084	positive
21	g__Alistipes	g__Mucispirillum	0.621	0.031026187	positive
22	g__Alistipes	g__Lachnospiraceae NK4A136	0.631	0.027851144	positive
23	g__Alistipes	g__Clostridium sensu strict	0.659	0.019768153	positive
24	g__Alistipes	g__Lactobacillus	0.785	0.002487058	positive
25	g__Alistipes	g__CAG-873	0.817	0.001165294	positive
26	g__CAG-873	g__OLB13	-0.753	0.004663965	negative
27	g__CAG-873	g__Sphingomonas	-0.75	0.004920372	negative
28	g__CAG-873	g__Alloprevotella	-0.64	0.024847098	negative
29	g__CAG-873	g__Mailhella	-0.626	0.02952733	negative
30	g__CAG-873	g__Bacteroides	0.597	0.040434123	positive
31	g__CAG-873	g__Clostridium sensu strict	0.652	0.021661053	positive

图 9-97　Network 图绘制（二）

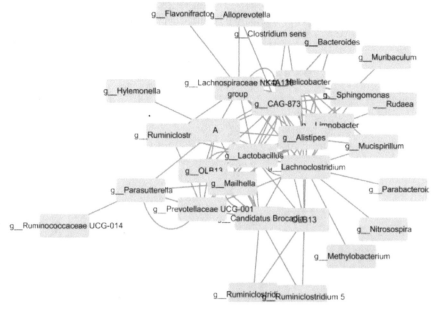

图 9-98　网络分析图

可以看到初始的网络分析图较为混乱，通过调整，将正相关的两个点间的线调整为红色，负相关的调整为绿色，以及将同样正相关的聚为一簇等，得出便于观察的网络分析图（图 9-99）。

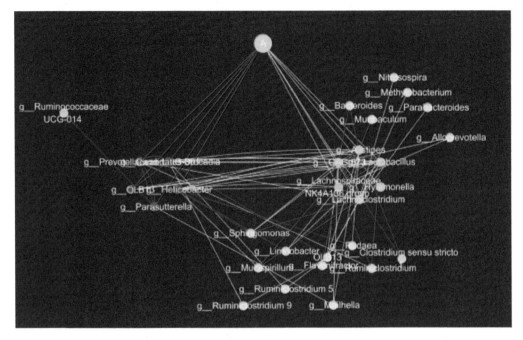

图 9-99　调整后的网络分析图

以图 9-99 为例，从图中我们可以清楚地看到，随着化合物 A 的上升，有 5 个菌属是显著正相关的，在左边聚在一起为红色的点，有 6 个菌属随着化合物 A 浓度的升高而降低，在右边聚为一簇，调整为绿色。同时随着这 11 个显著相关的菌属的含量的变化，还会有一些菌群的丰度发生变化，此处将这些菌分布在各自相关菌的周围，它们之间线段的颜色同样表示正负相关。通过这个网络分析，我们可以清楚地看到哪些菌对化合物 A 比较敏感，同时也可以快速找到与这些核心变化菌群相关的菌，从而研究微生物菌群的网络功能。Cytoscape 能够快速地绘制网络关系图，同时还有许多强大的功能，需要大家亲自上手演练，此处就不过多赘述。

9.23　植物线虫分离方法

9.23.1　土壤根结线虫的分离

1）方法一：浅盘法分离土壤根结线虫

（1）在 80 目网筛上放 2 层面巾纸，将网筛置于塑料小盆上。

（2）取土样 100 mL 均匀地铺在面巾纸上，网筛底部与塑料小盆之间留有 0.5 cm 间隙。

（3）定量加入蒸馏水，使面巾纸上的土样刚刚淹没，呈湿润状。

（4）置于25℃下静置24 h，然后利用500目筛收集小盆中的线虫，体视显微镜下计数。

2）方法二：Byrd法分离土壤根结线虫

参考Byrd等（1972）的方法进行分离，具体步骤如下。

（1）取土样500 mL放入10 L塑料桶中，加入6 L水，搅拌均匀后静置30 s。

（2）上清液过40目网筛，再加入水重复操作3次。

（3）把40目筛上的物质冲到500 mL烧杯中，定容至200 mL。

（4）加入20 mL 5.25% NaOCl，以1600 r/min振荡10 min后过20目和500目套筛，自来水冲洗。

（5）收集500目筛上的线虫，并于体视显微镜下计数。

3）方法三：浅盘法与漏斗法相结合

采用浅盘法与漏斗法相结合的分离法（唐跃辉等，2011），具体步骤如下。

（1）取一根橡皮管，一头用夹子夹住，另一端连接漏斗，放在配套的架子上。

（2）在10目的标准冲筛框上垫一块双层的纱布，用水稍稍沾湿，使纱布贴紧网筛，再在上面垫一张滤纸。

（3）然后装入称好的50 g土样，铺平。

（4）先往漏斗内加水至1/2处，注意漏斗底部不应有气泡。

（5）再将带样土的标准冲筛框浸入漏斗中，水漫过土壤约0.5 cm。

（6）静置24～48 h。

（7）松开止水夹，将漏斗中水缓慢放入小烧杯内（50 mL），如果分离液中有杂物，先用200目的筛子过滤收集滤液，再用400目的筛子再次过滤，过滤时筛子稍倾斜，最后将筛子内的滤液（5 mL）收集到培养皿内。

（8）体视显微镜下观察，记录线虫活虫的数量。

4）方法四：改良离心法

参考李秀花等（2016）的方法进行分离，具体步骤如下。

（1）将50 mL土样倒入离心管，加入100 mL 1.0% NaOCl溶液，用玻璃棒搅拌30 s。

（2）3000 r/min离心3 min。

（3）上清液倒入80目和500目的套筛中。

（4）自来水冲洗后收集500目筛上的线虫。

（5）再向沉淀物中加入100 mL相对密度为1.18的蔗糖溶液，搅拌30 s，3000 r/min离心3 min。

（6）上清液过500目筛，收集500目筛上的线虫。

（7）将NaOCl上清液中的线虫与蔗糖上清液中的线虫混合。

（8）体视显微镜下计数。

9.23.2　植株根结线虫的分离

1）方法一：机械捣碎–过筛喷淋法

参考刘丽等（2012）的方法进行分离，具体步骤如下。

（1）取样：用清水洗净植株根结样品，用剪刀将发病重、根结多的根系剪成长约 1 cm 的小段，放入组织捣碎匀浆机中，加适量水捣碎 5～10 min，形成线虫与根组织碎片的混合物。

（2）将混合物倒入装有 1.0% NaClO 溶液的三角瓶中，使溶液没过根系，摇晃三角瓶 3 min（张小艳等，2007）。

（3）再将混合物倒入组合筛上，组合筛自上而下依次为 40 目、200 目、325 目和 500 目。

（4）用喷壶形成薄雾喷洒 40 目筛上的混合物约 0.5 h，使线虫和卵从根组织内移到表面，被喷雾水冲洗至组合筛的底部。注意调节好水的流量，以免水溢出使线虫流失（王寿华，1994），喷淋后期使用无菌水。

（5）喷淋过后，取出组合筛中的 325 目筛，用无菌水自筛的一侧向另一侧喷淋冲洗，使线虫集中到筛的一侧，然后再用少量无菌水从筛的背面冲洗筛上物，收集液体到容器中，获得根结线虫悬液。

（6）用同法冲洗 500 目筛，可获得根结线虫卵悬液。

（7）体视显微镜下计数。

2）方法二：直接挑取卵囊与雌性成虫

参考杨艳梅（2017）的方法进行分离，具体步骤如下。

（1）将病根用清水洗净，采用直接解剖法（冯志新，2001），取带有明显根结的根样用剪刀剪成小块，放入培养皿内。

（2）左手用镊子夹住根部将其固定，右手用挑针轻轻挑开根结表皮组织，挑取成熟饱满的雌成虫置于生理盐水中。卵块一般存在于雌虫周围，故卵块的收集与雌虫收集同时进行。

（3）解剖镜下解剖根部挑取雌虫时，若见到乳白色、透明、黏稠状的卵块堆积物，则用解剖针将其挑出并放入盛有清水的培养皿中。

9.23.3　根结线虫纯化及保存

1. 根结线虫单卵块纯化

从温室中剪取感病番茄或空心菜的病根，在解剖镜下，从根结上选取色泽淡黄、大而饱满的优质成熟单卵块，接种到预先培育在消毒土壤上的感病番茄或空心菜幼嫩根尖上，每棵苗接种一个卵块，置于温室中扩大培养，定时浇水、施肥，防治污染，培养约 8 周（董莹，2014；符美英等，2017）。

2. 活体寄主植物保存根结线虫

一直以来，根结线虫的繁殖和保存多利用活体寄主植物，如盆栽感病番茄（王汝贤等，1999；万景旺，2014）、马铃薯（吴庆丽等，2006）、空心菜（焦春伟等，2012）、烟草（李国栋等，2010）培养根结线虫等。选取已鉴定的南方根结线虫、北方根结线虫、花生根结线虫、爪哇根结线虫植株，挑取根部成熟的卵块，根据根结线虫种类选择其最佳扩繁活体寄主，将卵块接种到预先用灭菌土培育的感病活体寄主幼苗根部，扩大繁殖，使其获得足够试验所需的根结线虫及卵块。

9.23.4　植物线虫致病性分析

1. 人工培养和繁殖根结线虫

利用香蕉枯萎病镰刀菌 *Fusarium oxysporum* f. *spcubense* 和牡丹根腐病镰刀菌 *Fusarium solani* 培养和繁殖根结线虫（鲍时翔等，2009；刘丽等，2012），钱骅等（2018）探索发现灰霉菌 *Botrytis cinerea* 制备的二重培养基适宜培养根结线虫，以上方法解决了根结线虫培养依赖寄主植物的问题，使得根结线虫的全部生命周期能在培养皿中完成，能简便、高效、长期地保存根结线虫。下面详细介绍钱骅等（2018）报道的根结线虫的人工培养和繁殖方法。

1）方法一：二重培养基的制备（钱骅等，2018）

在新配制的培养基上，28℃恒温条件下活化菌种，待菌丝长满培养皿后，挑取少量菌丝于 PDA 液体培养基中扩大培养，培养条件为：150 r/min，28℃恒温培养。4 天后出现许多大小不一的菌丝球，挑取菌丝球，接种至固体 PDA 培养基，培养基厚度为 3～5 mm，以延长根结线虫的培养时间，在室温、室内自然散射光下培养，一定的光照能够促进灰霉菌菌丝生长（杨红玉等，2005），4～5 天后整个培养皿长满菌丝，即为二重培养基。

2）方法二：根结线虫体外培养

（1）根结线虫接种方法（钱骅等，2018）。收集 9.23.2 分离的根结线虫，在显微镜下计数稀释，得到密度为约 50 条/100 μL 的线虫悬液。将线虫悬液接种到已培养好的灰霉菌二重培养基上（培养皿直径为 3 cm），每个培养基上接种 200 μL（约 100 条线虫），合盖静置 30 min 使液滴浸沉，然后放置在室内阴凉处倒置培养。

（2）采用淌水法从培养皿上收集根结线虫。将二重培养基皿的一侧稍微垫高，在垫高处滴少许无菌水，让无菌水缓缓淌下，根结线虫缓缓爬入水中，静置 5 min，便可得到大部分线虫。待根结线虫在二重培养基上生长繁殖，产卵、孵化，得到生长发育一致的二龄幼虫。

（3）传代培养和保存。灰霉菌二重培养基中的营养有限，根结线虫生长繁殖一定时间后生长、繁殖速度减缓，甚至停止生长，需要进行传代培养。传代培养时，可以用淌水法从原二重培养基上洗下线虫，重新制备线虫悬液，再接种到新的灰霉菌二重培养基上培养。或者用接种铲取 1 cm 见方的带有线虫的二重培养基小块，直接放到新的灰霉菌二重培养基上，进行倒置培养。

2. 根结线虫接种方法

按照如下步骤进行接种。

（1）供试植株单盆单株种植于温室大棚的花盆中，所用土壤基质经过高温灭菌处理。

（2）当供试植株有 3～4 片真叶时，分别挑取温室感病番茄上纯化的根结线虫卵块置于培养皿的清水中孵化 5 天。

（3）配制成浓度为 200 头/mL 的根结线虫 2 龄幼虫（J2）悬浮液。

（4）以供试植株地上部为中心，距离植株茎 2～3 cm 处打孔，将定量好的线虫悬浮液分别加入打好的孔中，每盆接种 5 mL 制备好的 J2 悬浮液（即 1000 头/盆）。

（5）接种完后加无菌土覆盖（董莹，2018），插上标签牌。

（6）3 天后浇水。

（7）另设接种等量同种根结线虫的感病番茄'白果强丰'和不接种根结线虫的植株各 3 盆为对照。接种后的植株在温室中培育，试验期间温室内温度 20～30℃，常规管理。

（8）接种后 60 天，进行病害调查。

（9）调查时，将供试植株取出，轻轻抖落根系上的栽培基质；用清水将根系漂洗干净，并以株为单位调查记录根结数、卵块数和孵化出的活虫数（25℃孵化 1 周）（王仙林等，2011；李冬梅等，2013）；根据病级划分标准，以株为单位记录处理结束时植株的受害等级，计算根结指数、病情指数，再根据根结指数、病情指数评价植株对接种根结线虫的抗性（曲艳华等，2014）。

3. 植株对根结线虫的抗性评价

1）植株根结线虫病病级分级标准

（1）根据根结百分率划分

根据植株的根结百分率将病情分级标准分为 6 个病级（马金慧等，2014；王婷等，2019）（表 9-12）。根结百分率=（有根结的根数/总根数）×100%。

表 9-12　植株病情分级标准

发病级数	根系症状描述
0	整个根系没有根结
1	轻微感染，仅有少量根结，根结百分率小于 10.0%
2	根结百分率为 10.1%～25.0%，根结明显，尚无连成串的大型根结
3	根结百分率为 25.1%～50.0%，个别根结相连成大型根结
4	根结百分率为 50.1%～75.0%，部分根结连成串，有些主、侧根出现畸形
5	根结百分率大于 75.0%，多数根结相互连接，主、侧根明显畸形或腐烂

（2）根据根结数量多少划分

鉴定植株分为 6 个病级（Barker，1985；王雯君等，2009）：0 级，无根结；1 级，1～

10 个根结；2 级，11～30 个根结；3 级，31～70 个根结；4 级，71～ 150 个根结；5 级，多于 150 个根结。

$$根结指数=\sum（病级×同病级株数）/（调查总株数×最高级别）×100$$

（3）根据根结数、卵块数和孵出活虫数划分

根据根结数、卵块数和孵出活虫数将被测植株的受害情况分为 6 个等级（邵姗姗等，2014）。0 级为无根结；1 级为有根结、无或有卵块，无孵出活虫；2 级为有根结、有卵块，孵出活虫数小于等于接种量的 5 倍；3 级为有根结、有卵块，孵出活虫数大于接种量的 5 倍，小于等于接种量的 15 倍；4 级为有根结、有卵块，孵出活虫数大于接种量的 15 倍，小于等于接种量的 50 倍；5 级为有根结、有卵块，孵出活虫数大于接种量的 50 倍。

$$病情指数=\sum（病级×同病级株数）/（最高病级×调查总株数）×100$$

2）植株对根结线虫的抗性评价标准

（1）根结指数法评价

依照根结指数高低将植株抗病性分为 6 个等级（叶航等，2006；王雯君等，2009a）。免疫（I）：根结指数=0；高抗（HR）：0＜根结指数≤10.0；中抗（MR）：10.0＜根结指数≤30.0；低抗（LR）：30.0＜根结指数≤50.0；感病（S）：50.0＜根结指数≤70.0；易感病（T）：根结指数＞70.0。

（2）综合评价法

依据根结数量、根内线虫数量和根内雌成虫数量占接种线虫数量的百分比将植株抗病性分为 6 个等级（王雯君等，2009b）。

免疫（I）：无根结，根内无线虫或有线虫，无雌成虫。

高抗（HR）：有根结，根内有线虫，雌成虫数小于接种线虫数的 1%。

中抗（MR）：有大量根结，根内有线虫，雌成虫数占接种线虫数的 1%～5%。

低抗（LR）：有大量根结，根内有大量线虫，雌成虫数占接种线虫数的 5%～10%。

感病（S）：有大量根结，根内有大量线虫，雌成虫占接种线虫数的 10%～20%。

易感病（T）：有大量根结，根内有大量线虫，雌成虫数大于接种线虫数的 20%。

参 考 文 献

鲍时翔, 曾庆飞, 方哲, 等. 2009. 一种植物根结线虫人工培养及繁殖保存的方法[P]: 中国, CN101473808A.

陈照宙, 李荫见. 1958. 三七综述[J]. 中药通报, 4(7): 224-230.

董莹. 2014. 万寿菊根系对根结线虫病的拮抗机制[D]. 昆明: 云南农业大学博士学位论文.

董莹. 2018. 象耳豆根结线虫诱导的根结特异启动子的克隆与功能验证[D]. 昆明: 云南农业大学博士学位论文.

冯志新. 2001. 植物线虫学[M]. 北京: 中国农业出版社: 168-172.

符美英, 王会芳, 芮凯, 等. 2017. 2 个根结线虫种群鉴定及致病性研究[J]. 中国植保导刊, 37(3): 12-17.

郭春燕, 詹克慧. 2010. 蛋白质组学技术研究进展及应用[J]. 云南农业大学学报, 25(4): 583-591.

郭力维, 吴毅歆, 何月秋. 2015. 玉米内生细菌-解淀粉芽孢杆菌 Y19-RifM 在玉米根部定殖能力的研究[J]. 玉米科学, 23(4): 132-137.

黄勇, 张铁, 张文生, 等. 2012. 三七组织培养研究综述[J]. 文山学院学报, 25(6): 13-15.

江源. 2001. 德国南部落叶阔叶林下常见植物的光适应性研究——以德国 Kraichtal 地区落叶阔叶林为例[J]. 植物学报(英文版), 43(9): 960-966.

焦春伟, 徐春玲, 谢辉, 等. 2012. 用沙培空心菜繁殖根结线虫效果的研究[J]. 西北农林科技大学学报(自然科学版), 40 (3): 126-130.

雷忠华, 陈聪聪, 陈谷. 2018. 基于宏基因组和宏转录组的发酵食品微生物研究进展[J]. 食品科学, 39(3): 330-337.

李冬梅, 王仙林, 朱立新, 等. 2013. 野生樱桃李对北方根结线虫和花生根结线虫的抗性评价[J]. 中国农业大学学报, 18(1): 118-122.

李国栋, 刘志明, 陆秀红, 等. 2010. 烟草品种对南方根结线虫的抗性鉴定[J]. 广西农业科学, 41(3): 233-235.

李晓晖. 2011. 抗草甘膦转基因水稻及草甘膦对根际微生物群落结构的影响[D]. 北京: 中国农业科学院硕士学位论文.

李秀花, 耿亚玲, 马娟, 等. 2016. 一种准确测定土壤根结线虫种群数量的方法[J]. 植物保护学报, 43(5): 768-773.

李迎宾, 刘屹湘, 朱书生, 等. 2020. 三七根腐病田间分级标准研究及评价[J]. 植物病理学报, 4: 450-461.

刘高峰. 2012. NO 和钙信使系统在草酸诱导黄瓜叶片抗霜霉病中的作用[J]. 西北植物学报, 2(5): 969-974.

刘丽, 颜世翠, 姚良同, 等. 2012. 一种番茄根结线虫人工培养和保存的优化方法[J]. 山东农业科学, 44(11): 117-120.

刘文鑫. 2015. 杨树溃疡病发生的水分生理效应及转录组分析[D]. 保定: 河北农业大学硕士学位论文.

龙朝明. 2013. 三七研究综述[J]. 实用中医药杂志, 29(6): 502-503.

马海霞, 张丽丽, 孙晓萌, 等. 2015. 基于宏组学方法认识微生物群落及其功能[J]. 微生物学通报, 2042(5): 902-912.

马金慧, 茆振川, 李惠霞, 等. 2014. 刺角瓜对南方根结线虫的抗性及特征分析[J]. 园艺学报, 41(1): 73-79.

钱骅, 钱康英, 陈斌, 等. 2018. 根结线虫的人工培养和繁殖研究[J]. 中国野生植物资源, 37(2): 13-25.

曲艳华, 阿布都外力·木米尼, 李冬梅, 等. 2014. 新疆桃对 4 种主要根结线虫的抗性评价[J]. 中国果树, (5): 54-60.

曲耀冰, 任慧琴, 高韶勃, 等. 2018. 内蒙古典型草原区四种主要物种的植物-土壤反馈作用[J]. 生态学杂志, 37(2): 353-359.

任敏. 2018. 塔里木盆地微生物群落结构及其在碳氮元素循环中的作用[D]. 武汉: 华中农业大学博士学位论文.

邵姗姗, 朱立新, 贾克功, 等. 2014. '大叶草樱'对主要根结线虫的抗性评价[J]. 中国农业大学学报, 19(2): 81-85.

唐跃辉, 林建英, 吴永汉. 2011. 土壤根结线虫的分离与密度调查[J]. 温州农业科技, (2): 16-18.

万景旺. 2014. 根结线虫生防菌的筛选与应用研究[D]. 徐州: 中国矿业大学硕士学位论文.

王汝贤, 王刚. 1999. 根结线虫的一种水培繁殖方法[J]. 植保技术与推广, 19(5): 8-9.

王寿华. 1994 果树线虫学[M]. 北京: 中国农业科技出版社.

王婷, 宋克光, 史倩倩, 等. 2019. 不同马铃薯品种对南方根结线虫的抗性测定[J]. 山东农业科学, 51(10): 125-134.

王雯君, 贾克功, 朱立新, 等. 2009a. 毛桃对北方根结线虫的抗性研究[J]. 中国农业大学学报, 14(4): 71-76.

王雯君, 叶航, 王灵燕, 等. 2009b. 蒙古扁桃对北方根结线虫的抗性鉴定[J]. 北京农学院学报, 24(1):

24-27.

王仙林, 贾克功, 吴静利, 等. 2011. 野生樱桃李对南方根结线虫的抗性评价[J]. 中国农业大学学报, 16(6): 94-98.

吴庆丽, 王鲜, 廖金铃, 等. 2006. 不同光温条件对马铃薯繁殖根结线虫效果的影响[J]. 植物保护, (6): 27-29.

谢秀枝, 王欣, 刘丽华, 等. 2011. iTRAQ 技术及其在蛋白质组学中的应用[J]. 中国生物化学与分子生物学报, 27 (7): 616-621.

熊高, 王勇, 胡永媛, 等. 2019. 三七育种研究综述[J]. 文山学院学报, 32(3): 1-5.

许振宁. 2016. 基于转录组分析的三七抗黑斑病关键基因的研究[D]. 昆明: 昆明理工大学硕士学位论文.

杨崇仁. 2015. 三七的历史与起源[J]. 现代中药研究与实践, 29(6): 83-86.

杨红玉, 李湘, 张一凡, 等. 2005. 灰霉菌培养及其对拟南芥的侵染[J]. 西南农业学报, (4): 431-434.

杨敏. 2015. 三七根系皂苷的自毒作用机制研究[D]. 昆明: 云南农业大学博士学位论文.

杨艳梅. 2017. 云南烟草主产区根结线虫种类动态及新药剂防治试验[D]. 昆明: 云南农业大学硕士学位论文.

叶航, 简恒, 朱立新, 等. 2006. 4 种桃砧木对南方根结线虫抗性研究[J]. 中国果树, (4): 39-42.

张喜平, 齐丽丽, 刘达人. 2007. 三七及其有效成分的药理作用研究现状[J]. 医学研究杂志, 36(4): 96-98.

张小艳, 张荣, 毛琦, 等. 2007. 陕西省蔬菜根结线虫拮抗真菌的分离与初步鉴定[J]. 干旱地区农业研究, (4): 62-64.

张英云. 2006. 不同光强下结球莴苣光保护机制和营养成分形成关系的研究[J]. 浙江大学学报, 7(1): 1-5.

郑小林. 2010. 外源草酸对水果的保鲜效应及其机制研究进展[J]. 果树学报, 27(4): 605-610.

邹丽秋, 匡雪君, 李滢, 等. 2016. 人参属药用植物转录组研究进展[J]. 中国中药杂志, 41(22): 6.

祖艳群, 梅馨月, 闵强, 等. 2016. 砷胁迫对三七皂苷和黄酮含量、关键酶活性的影响及其蛋白质组分析[J]. 应用生态学报, 27(12): 4021-4031.

Abdalla M A, Matasyoh J C. 2014. Endophytes as producers of peptides: an overview about the recently discovered peptides from endophytic microbes[J]. Natural Products and Bioprospecting, 4(5): 257-270.

Abdelmagid H M, Tabatavai M A. 1987. Nitrate reductase activity of soils[J]. Soil Biology & Biochemistry, 19(4): 421-427.

Adrian S, Rafal S, Sylwia R, et al. 2018. Metabolomics of the recovery of the filamentous fungus *Cunninghamella echinulata* exposed to tributyltin[J]. International Biodeteriotation & Biodegradation, 127: 130-138.

Altschul S F, Gish W, Miller W, et al. 1990. Basic local alignment search tool[J]. Journal of Molecular Biology, 215(3): 403-410.

Bachy C, Dolan J R, López-García P, et al. 2013. Accuracy of protist diversity assessments: morphology compared with cloning and direct pyrosequencing of 18S rRNA genes and ITS regions using the conspicuous tintinnid ciliates as a case study[J]. The ISME Journal, 7(2): 244-255.

Bai Y, Müller D B, Srinivas G, et al. 2015. Functional overlap of the *Arabidopsis* leaf and root microbiota[J]. Nature, 528(7582): 364-369.

Banerjee S, Walder F, Büchi L, et al. 2019. Agricultural intensification reduces microbial network complexity and the abundance of keystone taxa in roots[J]. The ISME journal, 13(7): 1722-1736.

Barberán A, Bates S T, Casamayor E O, et al. 2012. Using network analysis to explore co-occurrence patterns in soil microbial communities[J]. The ISME Journal, 6(2): 343-351.

Barker K R. 1985. Design of greenhouse and microplot experiments for evaluation of plant resistance to nematodes[M]. Plant Nematology Laboratory Manual: 103-113.

Bastas K K, Karakaya A. 2012. First report of bacterial canker of kiwifruit caused by *Pseudomonas syringae* pv. *actinidiae* in Turkey[J]. Plant Disease, 96(3): 452.

Bengtsson-Palme J, Ryberg M, Hartmann M, et al. 2013. Improved software detection and extraction of ITS1 and ITS2 from ribosomal ITS sequences of fungi and other eukaryotes for analysis of environmental sequencing data[J]. Methods in Ecology and Evolution, 4(10): 914-919.

Bennett J A, Klironomos J. 2018. Climate, but not trait, effects on plant-soil feedback depend on mycorrhizal type in temperate forests[J]. Ecosphere, 9(3): e02132.

Bergmann J, Verbruggen E, Heinze J, et al. 2016. The interplay between soil structure, roots, and microbiota as a determinant of plant-soil feedback[J]. Ecology and Evolution, 6(21): 7633-7644.

Bever J D. 2003. Soil community feedback and the coexistence of competitors: Conceptual framework and empirical tests[J]. New Phytologist, 157(3): 465-473.

Bever J D, Dickie I A, Facelli E, et al. 2010. Rooting theories of plant community ecology in microbial interactions[J]. Trends in Ecology & Evolution, 25(8): 468-478.

Bever J D, Westover K M, Antonovics J. 1997. Incorporating the soil community into plant population dynamics: The utility of the feedback approach[J]. Journal of Ecology, 85(5): 561-573.

Bonanomi G, Giannino F, Mazzoleni S. 2005. Negative plant soil feedback and species coexistence[J]. Oikos, 111(2): 311-321.

Brandt A J, de Kroon H, Reynolds H L, et al. 2013. Soil heterogeneity generated by plant-soil feedbacks has implications for species recruitment and coexistence[J]. Journal of Ecology, 101(2): 277-286.

Byrd D W Jr., Ferris H, Nusbaum C J. 1972. A method for estimating numbers of eggs of *Meloidogyne* spp. in soil[J]. Journal of Nematology, 4(4): 266-269.

Caporaso J G, Lauber C L, Walters W A, et al. 2011. Global patterns of 16S rRNA diversity at a depth of millions of sequences per sample[J]. Proceedings of the national academy of sciences, 108(Supplement 1): 4516-4522.

Chen L, Ying H, Hao J, et al. 2011. Nitrogen nutrient status induces sexual differences in responses to cadmium in *Populus yunnanensis*[J]. Journal of Experimental Botany, 62(14): 5037-5050.

Chen S, Harmon A C. 2006. Advances in plant proteomics[J]. Proteomics, 6(20): 5504-5516.

Chen W, Kui L, Zhang G, et al. 2017. Whole-genome sequencing and analysis of the Chinese herbal plant *Panax notoginseng*[J]. Molecular Plant, 10(6): 899-902.

Cheung M K, Au C H, Chu K H, et al. 2010. Composition and genetic diversity of picoeukaryotes in subtropical coastal waters as revealed by 454 pyrosequencing[J]. The ISME Journal, 4(8): 1053-1059.

Chong J, Soufan O, Li C, et al. 2018. MetaboAnalyst 4.0: towards more transparent and integrative metabolomics analysis[J]. Nucleic Acid Research, 46: W486-W494.

Cui L, Pang J, Lee Y H, et al. 2018. Serum metabolome changes in adult patients with severe dengue in the critical and recovery phases of dengue infection[J]. PLoS Neglected Tropical Disease, 12(1): e0006217.

Edgar R C. 2013. UPARSE: highly accurate OTU sequences from microbial amplicon reads[J]. Nature Methods, 10(10): 996-998.

Edgar· R C, Haas B J, Clemente J C, et al. 2011. UCHIME improves sensitivity and speed of chimera detection[J]. Bioinformatics, 27(16): 2194-2200.

Findley K, Oh J, Yang J, et al. 2013. Topographic diversity of fungal and bacterial communities in human skin[J]. Nature, 498(7454): 367-370.

Golzar H, Cother E J. 2008. First report of bacterial necrosis of mango caused by *Pseudomonas syringae* pv. *syringae* in Australia[J]. Australasian Plant Disease, 3(1): 107-109.

Haas B J, Gevers D, Earl A M, et al. 2011. Chimeric 16S rRNA sequence formation and detection in Sanger and 454-pyrosequenced PCR amplicons[J]. Genome Research, 21(3): 494-504.

Han L, Zhou X, Zhao Y, et al. 2020. Colonization of endophyte *Acremonium* sp. D212 in *Panax notoginseng* and rice mediated by auxin and jasmonic acid[J]. Journal of Integrative Plant Biology, 62(9): 1433-1451.

Hartman K, Van Der Heijden M G A, Wittwer R A, et al. 2018. Cropping practices manipulate abundance patterns of root and soil microbiome members paving the way to smart farming[J]. Microbiome, 6(1): 14.

Hazen T C, Dubinsky E A, DeSantis T Z, et al. 2010. Deep-sea oil plume enriches indigenous oil-degrading bacteria[J]. Science, 330(6001): 204-208.

He Z, Deng Y, Van Nostrand J D, et al. 2010a. GeoChip 3.0 as a high-throughput tool for analyzing microbial community composition, structure and functional activity[J]. The ISME Journal, 4(9): 1167-1179.

He Z, Gentry T J, Schadt C W, et al. 2007. GeoChip: a comprehensive microarray for investigating biogeochemical, ecological and environmental processes[J]. The ISME Journal, 1(1): 67-77.

He Z, Xu M, Deng Y, et al. 2010b. Metagenomic analysis reveals a marked divergence in the structure of belowground microbial communities at elevated CO_2[J]. Ecology Letters, 13(5): 564-575.

Hess M, Sczyrba A, Egan R, et al. 2011. Metagenomic discovery of biomass-degrading genes and genomes from cow rumen[J]. Science, 331(6016): 463-467.

Hirsch P R, Mauchline T H. 2012. Who's who in the plant root microbiome?[J]. Nature Biotechnology, 30(10): 961-962.

Honegger R. 1996. Structural and functional aspects of mycobiont-photobiont relationships in lichens compared with mycorrhizae and plant pathogenic interactions[M]. Histology, Ultrastructure and Molecular Cytology of Plant-Microorganism Interactions. Netherlands: Springer: 157-176.

Hu Z, Dai T, Li L, et al. 2018. Use of GC-MS based metabolic fingerprinting for fast exploration of fungicide modes of action[J]. BMC Microbiology, 19(1): 141.

Jansson J K, Baker E S. 2016. A multi-omic future for microbiome studies[J]. Nature microbiology, 1(5): 1-3.

Ji J, Zhu P, Blaženović I, et al. 2018. Explaining combinatorial effects of mycotoxins deoxynivalenol and Zearalenone in mice with urinary metabolomic profiling[J]. Scientific Reports, 8(1): 37-62.

Jiang L, Han X, Zhang G, et al. 2010. The role of plant-soil feedbacks and land-use legacies in restoration of a temperate steppe in northern China[J]. Ecological Research, 25(6): 1101-1111.

Kind T, Wohlgemuth G, Lee D Y, et al. 2009. FiehnLib: mass spectral and retention index libraries for metabolomics based on quadrupole and time-of-flight gas chromatography/mass spectrometry[J]. Analytical Chemistry, 81(24): 10038-10048.

Kõljalg U, Nilsson R H, Abarenkov K, et al. 2013. Towards a unified paradigm for sequence-based identification of fungi[J]. Molecular Ecology, 22(21): 5271-5277.

Kolkman A, Slijper M, Heck A J R. 2005. Development and application of proteomics technologies in *Saccharomyces cerevisiae*[J]. Trends in Biotechnology, 23(12): 598-604.

Lagier J C, Armougom F, Million M, et al. 2012. Microbial culturomics: paradigm shift in the human gut microbiome study[J]. Clinical Microbiology and Infection, 18(12): 1185-1193.

Lagier J C, Kheliaffa S, Tidjani A M, et al. 2016. Culture of previously uncultured members of the human gut microbiota by culturomics[J]. Nature Microbiology, 1(2): 179.

Li Y, Sun H, Wu Z, et al. 2019. Urban traffic changes the biodiversity, abundance, and activity of phyllospheric nitrogen-fixing bacteria[J]. Environmental Science and Pollution Research, 26(16): 16097-16104.

Liu W, Wang A, Cheng S, et al. 2010. Geochip-based functional gene analysis of anodophilic communities in microbial electrolysis cells under different operational modes[J]. Environmental Science & Technology, 44(19): 7729-7735.

Luo J, Wei K, Wang S H, et al. 2016. COI1-regulated hydroxylation of jasmonoyl-*L*-isoleucine impairs *Nicotiana attenuata*'s resistance to the generalist herbivore *Spodoptera litura*[J]. Journal of Agricultural and Food Chemistry, 64(14): 2822-2831.

Ma R, Jiang R, Chen X, et al. 2019. Proteomics analyses revealed the reduction of carbon-and nitrogen-metabolism and ginsenoside biosynthesis in the red-skin disorder of *Panax ginseng*[J]. Functional Plant Biology, doi: 10.1071/fp18269.

Ma R, Sun L, Chen X, et al. 2016. Proteomic analyses provide novel insights into plant growth and ginsenoside biosynthesis in forest cultivated *Panax ginseng* (*F. ginseng*) [J]. Frontiers in Plant Science, 7: 1.

Mangan S A, Schnitzer S A, Herre E A, et al. 2010. Negative plant-soil feedback predicts tree-species relative abundance in a tropical forest[J]. Nature, 466(7307): 752-755.

Martin M. 2011. Cutadapt removes adapter sequences from high-throughput sequencing reads[J]. Embnet Journal, 17(1): 10-12.

Mertely J, Seijo T, Peres N. 2005. First report of Macrophomina phaseolina causing a crown rot of strawberry in Florida[J]. Plant Disease, 89(4): 434.

Oros-Sichler M, Smalla K. 2013. Semi-Nested PCR Approach to Amplify Large 18S rRNA Gene Fragments for PCR-DGGE Analysis of Soil Fungal Communities[M]. New York: Springe: 289-298.

Packer A, Clay K. 2000. Soil pathogens and spatial patterns of seedling mortality in a temperate tree[J]. Nature, 404(6775): 278-281.

Patricia L, Julia G H, Hailey S, et al. 2019. Microbiomes differ in composition and diversity of bacteria[J]. Ecological and Evolutionary Science, e00088-19.

Perazzolli M, Antonielli L, Storari M, et al. 2014. Resilience of the natural phyllosphere microbiota of the grapevine to chemical and biological pesticides[J]. Applied and Environmental Microbiology, 80(12): 3585-3596.

Petrini O. 1991. Fungal ndophytes of tree leaves [M]. Microbial Ecology of Leaves. New York: Springer: 179-197.

Philippot L, Raaijmakers J M, Lemanceau P, et al. 2013. Going back to the roots: the microbial ecology of the rhizosphere[J]. Nature Reviews Microbiology, 11(11): 789-799.

Quast C, Pruesse E, Yilmaz P, et al. 2012. The SILVA ribosomal RNA gene database project: improved data processing and web-based tools[J]. Nucleic Acids Research, 41(D1): D590-D596.

Reinhart K O. 2012. The organization of plant communities: negative plant-soil feedbacks and semiarid grasslands[J]. Ecology, 93(11): 2377-2385.

Ren M, Zhang Z, Wang X, et al. 2018. Diversity and contributions to nitrogen cycling and carbon fixation of soil salinity shaped microbial communities in Tarim Basin[J]. Frontiers in Microbiology, 9: 431.

Ross P L, Huang Y N, Marchese J N, et al. 2004. Multiplexed protein quantitation in Saccharomyces cerevisiae using amine-reactive isobaric tagging reagents[J]. Molecular & Cellular Proteomics, 3(12): 1154-1169.

Stoeck T, Behnke A, Christen R, et al. 2009. Massively parallel tag sequencing reveals the complexity of anaerobic marine protistan communities[J]. BMC Biology, 7(1): 72.

Sun H, Hu X, Ma J, et al. 2013. Requirement of ABA signalling-mediated stomatal closure for resistance of wild tobacco to Alternaria alternata[J] Plant Pathology, 63(5):1070-1077.

Teste F P, Kardol P, Turner B L, et al. 2017. Plant-soil feed-back and the maintenance of diversity in Mediterranean climate shrublands[J]. Science, 355(6321): 173-176.

Tsugawa H, Cajka T, kind T. 2015. MS-DIAL: data-independent MS/MS de convolution for comprehensive metabolome analysis[J]. Nature Methods, 12(6): 523-526.

van de Voorde T F J, van der Putten W H, Bezemer T M. 2012b. The importance of plant-soil interactions, soil nutrients, and plant life history traits for the temporal dynamics of Jacobaea vulgaris in a chronosequence of old-fields[J]. Oikos, 121(8): 1251-1262.

van de Voorde T F, Ruijten M, van de Putten W H, et al. 2012a. Can the negative plant-soil feedback of Jacobaea vulgaris be explained by autotoxicity?[J]. Basic and Applied Ecology, 13(6): 533-541.

van der Putten W H, Bardgett R D, Bever J D, et al. 2013. Plant soil feedbacks: the past, the present and future challenges[J]. Journal of Ecology, 101(2): 265-276.

van der Putten W H, Peters B A. 1997. How soil-borne pathogens may affect plant competition[J]. Ecology, 78(6): 1785-1795.

Van Nostrand J D, Wu W M, Wu L, et al. 2009. GeoChip-based analysis of functional microbial communities during the reoxidation of a bioreduced uranium-contaminated aquifer[J]. Environmental Microbiology, 11(10): 2611-2626.

Vanneste J L, Poliakoff F, Audusseau C, et al. 2011. First report of Pseudomonas syringae pv. actinidiae, the causal agent of bacterial canker of kiwifruit in France[J]. Plant Disease, 95(10): 1311.

Vélez-Bermúdez I C, Wen T N, Lan P, et al. 2016. Isobaric Tag for relative and absolute quantitation (iTRAQ)-based protein profiling in plants[M]. New York: Plant Proteostasis: 213-221.

Vihinen M. 2001. Bioinformatics in proteomics[J]. Biomolecular Engineering, 18(5): 241-248.

Wang F, Zhou H, Meng J, et al. 2009. GeoChip-based analysis of metabolic diversity of microbial communities at the Juan de Fuca Ridge hydrothermal vent[J]. Proceedings of the National Academy of Sciences, 106(12): 4840-4845.

Wang Q, Garrity G M, Tiedje J M, et al. 2007. Naive Bayesian classifier for rapid assignment of rRNA sequences into the new bacterial taxonomy[J]. Appllied and Environmental Microbiology, 73(16): 5261-5267.

White J R, Nagarajan N, Pop M. 2009. Statistical methods for detecting differentially abundant features in clinical metagenomic samples[J]. PLoS Computational Biology, 5(4): e1000352.

Wilkins M R, Sanchez J C, Gooley A A, et al. 1996. Progress with proteome projects: why all proteins expressed by a genome should be identified and how to do it[J]. Biotechnology and Genetic Engineering Reviews, 13(1): 19-50.

Wu L B, Ueda Y, Lai S K, et al. 2017. Shoot tolerance mechanisms to iron toxicity in rice (*Oryza sativa* L.)[J]. Plant Cell & Environment, 40(4): 570-584.

Yang L, Lu X H, Li S D, et al. 2018. First report of common bean (*Phaseolus vulgaris*) root rot caused by *Plectosphaerella cucumerina* in China[J]. Plant Disease, 102(9): 1849.

Yang M, Zhang X D, Xu Y G, et al. 2015. Autotoxic ginsenosides in the rhizosphere contribute to the replant failure of *Panax notoginseng*[J]. PLoS One, 10 (2): e0118555.

Yao H, Sun X, He C, et al. 2019. Phyllosphere epiphytic and endophytic fungal community and network structures differ in a tropical mangrove ecosystem[J]. Microbiome, 7(1): 57.

Yao Y, Wu W Y, Guan S H, et al. 2008. Proteomic analysis of differential protein expression in rat platelets treated with notoginsengnosides[J]. Phytomedicine, 15(10): 800-807.

Yoo S D, Cho Y H, Sheen J. 2007. *Arabidopsis* mesophyll protoplasts: a versatile cell system for transient gene expression analysis[J]. Nature Protocols, 2(7): 1565-1572.

Youssef N, Sheik C S, Krumholz L R, et al. 2009. Comparison of species richness estimates obtained using nearly complete fragments and simulated pyrosequencing-generated fragments in 16S rRNA gene-based environmental surveys[J]. Applied & Environmental Microbiology, 75(16): 5227-5236.

Zhang J, Liu Y X, Zhang N, et al. 2019. NRT1.1B is associated with root microbiota composition and nitrogen use in field-grown rice[J]. Nature Biotechnology, 37(6): 676.

Zhang Z, Wu S, Stenoien DL, et al. 2014. High-throughput proteomics[J]. Annual Review of Analytical Chemistry, 7: 427-454.

Zhou J, Kang S, Schadt C W, et al. 2008. Spatial scaling of functional gene diversity across various microbial taxa[J]. Proceedings of the National Academy of Sciences, 105(22): 7768-7773.